S·O·I·L·M·E·C·H·A·N·I·C·S

제2판

토질역학

김기웅 · 문홍득 공저

도서출판
구미서관

머리말 •••

이 책은 토질역학을 공부하는 학생들에게 흙의 기본적인 특성에 대한 이해를 돕고, 역학적 원리를 강의하는데 초점을 맞추었습니다. 저자가 토질역학을 연구하고 강의한지 어언 30년이 되었습니다. 해마다 강의노트를 준비하면서 어떻게 설명하면 학생들이 토질역학의 원리를 조금이나마 수월하게 터득할 수 있을까 하고 고민하면서 스스로 고안해 냈던 방법들을 나름대로 정리해서 이 책에 담았습니다.

모든 공학이론이 그러하듯이 토질역학은 그 속성상 이론의 전개과정이 딱딱하고 지루해지기 십상입니다. 이러한 점을 고려하여 본문의 설명으로는 충분치 못한 부분이나, 파스칼의 원리와 같이 이미 초중고 시절에 배웠던 기본적인 원리에 대해서는 '너 알지?'에서 추가로 설명하였습니다. 또한 '너 알지?'에는 일상생활에서 흔히 만나는 흥미로운 상황의 설정을 통해 적절한 비유를 함으로써 이해를 돕고자 하였습니다. '너 알지?'의 질문에 대한 답을 구하다보면 토질역학의 근본원리를 파악하는데 도움이 될 것입니다. 복습을 겸하여 쉬어가는 여유를 갖는데 활용하시기 바랍니다.

현장에서 기술자들이 많이 사용하는 공식의 출처와 근거를 제시하기 위해 유도과정을 밝혔으나, 이를 모두 이해하고 기억해야 하는 것은 아닙니다. 다만 우리가 만나는 토질역학 문제들을 쉽게 해결하기 위해서는 공식을 활용하는 것이 지름길이 될 것입니다. 설계에서 자주 만날 수 있는 현장문제를 예제를 통해 올바른 공식의 적용방법과 풀이과정을 상세하게 표현하였습니다.

본문 내용은 가능한 한 그림을 곁들여 설명함으로써 상상력을 발휘하는데 도움을 주고자 하였고, 비교의 대상이 되는 값들을 일목요연하게 표로 정리하였으며, 일관되고 통일된 기호와 용어를 사용하고자 노력하였습니다.

기초의 지지력이나 지반의 탄성침하, 지반조사 및 실험에 관련된 내용은 지반공학 또는 기초공학에서 다루기로 하고 토질역학의 기본이론이 되는 내용만을 수록하였습니다. 이 책이 조금이나마 토목기술자가 되고자 하는 학생들에게 흙에 관한 이해를 높일 수 있길 바라며, 체계적인 토질역학 강의를 하는 데 유용하게 사용되길 바랍니다.

끝으로 이 책이 완성되기까지 전 과정의 고락을 함께한 문홍득 교수와 탈고의 기쁨을 함께 나누고자 합니다. 저에게 사물의 이치를 꿰뚫어 보는 지혜 그리고 눈썰미와 손재주를 물려준 어머니 신건예 여사와 집필과정의 뒷바라지를 하느라 밤잠을 설친 아내에게 이 책을 바칩니다. 한 권의 멋진 작품을 완성해 준 구미서관의 임해진 사장님과 직원들께도 감사의 마음을 전합니다.

2008년 4월 著者

개정판을 내면서 •••

개정판을 준비하면서 무엇보다 고민한 것은 초판에서 다루지 않았던 타후니스지수 등과 간극수압계수, 응력경로 등에 대한 부분이었습니다. 타후니스지수 등은 실용성이 높지 않은 점과 학생들이 연경지수와 혼동하는 것을 예방하는 차원에서 언급하지 않았고, 간극수압계수와 응력경로 등은 대학원 과정에서 다루는 것이 좋겠다는 신념에서 수록하지 않았습니다.

개정판이 초판과 다른 점을 몇 가지 열거해 보면 다음과 같습니다.

첫째, 초판에서 발견된 오류와 오자 탈자를 바로잡았습니다. 숫자를 다루는 학문인지라 부득이 발생하는 계산 오차나 원고작성 과정에서 발생하는 컴퓨터 입력작업의 잘못을 모두 바로잡았으나 미처 발견하지 못한 부분이 남아있다면 독자들의 너그러운 용서를 바랍니다.

둘째, 예제를 추가하여 이해도를 높이고자 하였습니다. 본문에서 설명한 이론을 예제를 통하여 쉽게 이해할 수 있게 계산문제 위주의 예제를 추가하였습니다.

셋째, 연습문제를 대폭 보완하여 과제물로 활용하기 좋게 정리하였습니다. 풀이과정에서 다소 애매한 부분을 확실하게 정리하고 그래도 애매한 부분이 남는 경우 문제를 삭제하고 다른 문제로 교체하였습니다. 계산문제 외에 자료조사를 하고 정리하여 보고서 형식으로 작성하는 문제를 다듬었습니다.

넷째, 연습문제 힌트와 모범답안을 제공하였습니다. 문제를 푸는 학생들의 풀이과정을 돕기 위해 힌트를 식, 그림, 본문 등으로 제시하였고, 풀이 결과를 대조해볼 수 있도록 모범답안을 수록하였습니다. 내용이 길거나 여러 가지 답안이 있는 문제의 모범답안은 생략하였습니다.

연습문제의 풀이과정은 학습 효율을 위해 학생에게는 제공하지 않고, 제출된 과제물을 평가자가 대조해 볼 수 있도록 별책으로 제공합니다. 'PISA TIP'의 모범답안 역시 별책에 수록하였습니다.

2017년 2월이면 39년의 캠퍼스 생활을 마감하고 은퇴를 한 뒤, 여행을 하면서 그림을 그리며 행복한 여생을 살아갈 예정이지만 이 책에 대한 애정은 고이 간직하고 갈 것입니다. 언제든지 질문과 비판과 제안을 기꺼이 받아들일 것이며 더 좋은 책이 되도록 계속하여 노력하겠습니다.

2015년 1월 著者 김 기 웅

목 차 • • •

제1장
흙의 기본적 특성 • 1

제2장
흙의 분류 • 57

제3장
흙의 다짐 • 99

제5장 유효응력과 흙의 동해 • 195

제6장 흙의 투수성과 침투 • 241

제7장 지반의 압축성과 압밀 • 309

제9장
수평토압 • 427

제10장
사면안정 • 503

제1장
흙의 기본적 특성

SOIL MECHANICS

S O I L · M E C H A N I C S

1.1 흙과 토질역학

1.1.1 토질역학의 유래

토질역학(soil mechanics)은 흙(soil)의 물리적 성질과 역학적 특성을 파악하여 지반구조물의 설계와 시공에 적용하는 학문이다. 흙의 물리적 성질이란 흙 입자의 크기와 분포상태, 흙의 상태를 표현하는 정수들, 함수비에 따른 연경도, 상대밀도, 탄성계수 등을 말한다. 흙의 역학적 특성에는 간극 사이에 물이 침투하는 성질, 상재하중이 작용할 때 발생하는 지반의 침하현상, 흙의 강도와 관련된 토압 및 사면안정, 기초의 지지력 문제 등이 있다.

흙은 고대로부터 자연에서 가장 손쉽게 구할 수 있는 건설재료로 이용되어 왔다. 흙 이외의 건설재료를 이용한 건축물 등의 구조물 역시 흙 위에 축조할 수밖에 없으면서도 흙의 성질에 대한 체계적인 연구가 미흡했던 시절에는 흙으로 만드는 구조물 또는 흙 위에 건설하는 구조물에 대한 안정성을 오로지 경험에 의존하여 왔다.

근대에 이르러서야 1925년 Karl Terzaghi가 'Erdbaumechanik(토질역학)'라는 저서를 출판함으로써 흙을 다루는 현대적인 토질역학이 탄생하게 되었다. 이러한 이유로 Terzaghi는 토질역학의 아버지라고 불리고 있다. 흙의 거동에 대한 메커니즘이 차츰 규명되면서 토질역학은 토목공사에서 빠질 수 없는 토공사 및 토류구조물 공사에서 발생하는 지반의 침하 및 파괴를 제어하는 학문으로서 중요한 역할을 하게 되었다.

1.1.2 토질역학 관련 분야

토질역학을 바탕으로 응용하는 공학적 문제로는 다음과 같은 것들이 있다.

(1) 지지력(bearing capacity)

- 구조물 기초를 지지하는 능력
- 직접기초, 전면기초, 말뚝기초의 설계와 시공

(2) 지반침하(ground settlement)

- 성토, 구조물 하중, 교통하중 등에 의하여 발생하는 지중응력 및 지반침하
- 매립, 성토, 구조물로 인한 연약지반의 압밀침하

(3) 사면안정(slope stability)

- 자연사면의 안정
- 인공사면(성토 및 절토사면)의 안정
- 암반사면과 토사사면의 보강

(4) 토압(earth pressure)

- 토류구조물(흙의 횡방향 압력을 지지하는 구조물)의 안정문제
- 옹벽, 석축, 연성 토류벽, 지하벽 등의 설계와 시공

(5) 제방(embankment)

- 하천의 범람을 막거나 수자원 이용을 목적으로 하는 흙 구조물의 호안
- 성토 공사의 설계 및 시공 관리

(6) 지하수 침투(seepage, drainage)

- 지하수 침투유량의 산정
- 침투수압에 의한 토사유실 및 수리구조물 안정
- 필터의 설계와 시공

(7) 지반개량 및 보강(ground improvement, reinforcement)

- 연약지반의 개량(압밀 촉진)
- 그라우팅(grouting)
- 앵커링(anchoring)
- 언더피닝(underpinning)

(8) 기타 지반구조물의 안정성

지반공학(geotechnical engineering) 분야 관련 국내 학회로는 한국지반공학회(KSSMFE, since 1984), 대한토목학회(토질 및 기초 분과), 한국지반환경공학회, 한국토목섬유학회 등이 있다.

1.1.3 지표와 지반

지구상의 모든 구조물은 지표면 또는 지하에 안전하게 고정되어야 함은 물론이다.

토목공사는 반경 6,370km에 이르는 거대한 지구의 표면 근처 약 50m 깊이 이내에서 이루어지고 있다. 지표면 근처는 주로 흙으로 덮여 있으며 지하로 내려갈수록 풍화암 또는 견고한 암반층이 자리 잡고 있어 구조물을 안전하게 설치할 수 있다. 이러한 지표면과 지하공간을 지반이라 한다.

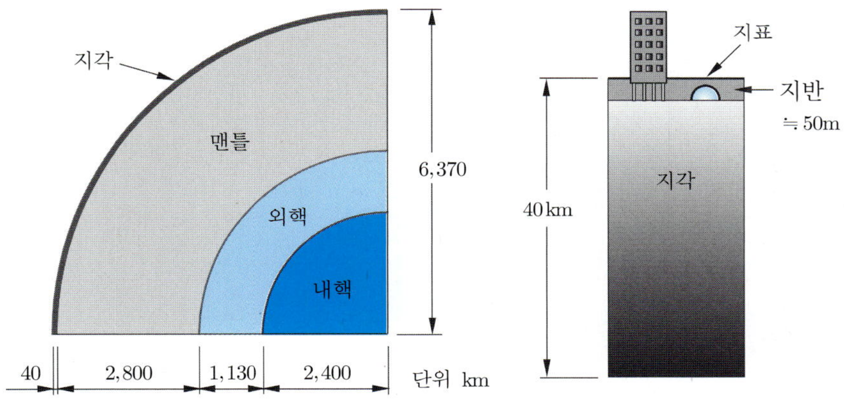

그림 1.1 지구의 구조와 지표 및 지반

1.2 흙의 생성

1.2.1 암석의 종류와 순환

암석은 형성과정에 따라 화성암(igneous rock), 퇴적암(sedimentary rock), 변성암(metamorphic rock)으로 구분할 수 있다. 각 암석 종류별 특징을 아래에 간단히 기술하였다.

1) 암석의 종류

(1) 화성암(igneous rock)은 지구 속 맨틀로부터 분출되는 과정에서 땅 속에서 냉각되어 생성된 반심성암 또는 심성암과 지표면으로 분출되어 나온 마그마(magma)가 냉각되어 고결됨으로써 생성된 화산암 등을 말한다. 마그마가 냉각됨으로써 생성되는 화성암의 형태는 마그마의 구성성분과 그와 관련된 냉각률과 같은 요인들에 의해 달라진다(Bowen, 1922).

표 1.1은 구성성분에 따른 화성암의 종류를 정리한 것이다.

표 1.1 특성에 따른 화성암의 종류

<table>
<tr><th colspan="2">색</th><th colspan="6">← 담색 ——— 검은색 →</th></tr>
<tr><td colspan="2">SiO_2 (%)</td><td>〉65</td><td>65~60</td><td>60±</td><td>55±</td><td>52~45</td><td>40±</td></tr>
<tr><td colspan="2">광물성분</td><td>석영
정장석
흑운모
백운모
각섬석</td><td>정장성
사장석
석영
흑운모
각섬석
백운모</td><td>정장석
흑운모
백운모
각섬석</td><td>사장석
각섬석
흑운모</td><td>사장석
휘석
감람석</td><td>감람석
휘석
자철석
크롬철석</td></tr>
<tr><td colspan="2">심성암</td><td>화강암</td><td>화강섬록암</td><td>섬장암</td><td>섬록암</td><td>반려암</td><td>감람암</td></tr>
<tr><td colspan="2">반심성암</td><td>유문암
석영
조면암</td><td>석영
안산암</td><td>조면암</td><td>안산암</td><td>현무암</td><td rowspan="5">발견되지
않음</td></tr>
<tr><td colspan="2">비현정질암맥</td><td colspan="3">← 규장암 →</td><td colspan="2">← 현무암</td></tr>
<tr><td rowspan="3">유리질</td><td>유리질</td><td colspan="4">← 흑요암 →</td><td rowspan="3">분석
다공상
행인상
현무암</td></tr>
<tr><td>자공상구조</td><td colspan="3">← 부석 →</td><td rowspan="2"></td></tr>
<tr><td>행인상구조</td><td colspan="3">← 행인상 부석 →</td></tr>
</table>

(2) 퇴적암(sedimentary rock)은 풍화작용으로 생성된 자갈, 모래, 실트, 점토가 퇴적된 후 그 상부에서 작용하는 하중에 의하여 다져지면서 여러 가지 매체에 의해 토립자들이 서로 고결되어 암석이 된 것을 말한다. 퇴적물들이 암석이 되는 과정에서 작용되는 것은 열, 압력, 화학작용 등이 있다. 퇴적암의 특징은 층리발달이 뚜렷하고 종종 화석 등이 발견되기도 한다.

퇴적암은 퇴적되는 퇴적물의 종류와 구성성분에 따라 표 1.2와 같이 이름을 다르게 부여하고 있다.

표 1.2 퇴적물의 종류와 구성성분에 따른 퇴적암 종류

퇴적물의 종류	퇴적암	구성 성분	퇴적암
자갈+모래+점토	역암	방해석($CaCO_3$)	석회암
모래+점토	사암	암염(NaCl)	암염
실트와 점토	이암 또는 셰일	백운석[$CaMg(CO_3)$]	백운석
화산재	응회암	석고($CaSO_4 \cdot 2H_2O$)	석고

(3) 변성암(metamorphic rock)은 지반 속의 열이나 압력의 작용으로 인한 변성작용을 받아 암석의 구성성분과 구조가 변화되어 생성된 암석을 말한다. 변성작용 중에 새로운 광물이 형성되고 광물입자들이 전단되어 변성암에 엽리구조(foliated texture)를 나타내기도 한다.

표 1.3은 변성작용을 받기 전의 당초 암석과 변성암으로 변한 후의 암석의 종류를 함께 제시한 것이다.

표 1.3 원래의 암석과 변성암으로 변한 후의 암석

원래의 암석(화성암)	변성암(변성작용 후)	원래의 암석(퇴적암)	변성암(변성작용 후)
화강암	편마암	사암	규암
		석회암	대리암
		셰일	편암-편마암

2) 암석의 순환

암석은 그림 1.2와 같이 풍화, 이동, 용해, 고결 등을 거쳐 마그마 ⇨ 화성암 ⇨ 잔적토 ⇨ 퇴적토 ⇨ 퇴적암 ⇨ 변성암 을 거쳐 다시 ⇨ 마그마로 끊임없이 순환을 한다. 이 과정에서 잔적토가 변성암으로, 변성암이 퇴적암으로, 퇴적암이 퇴적토로 바뀌기도 한다.

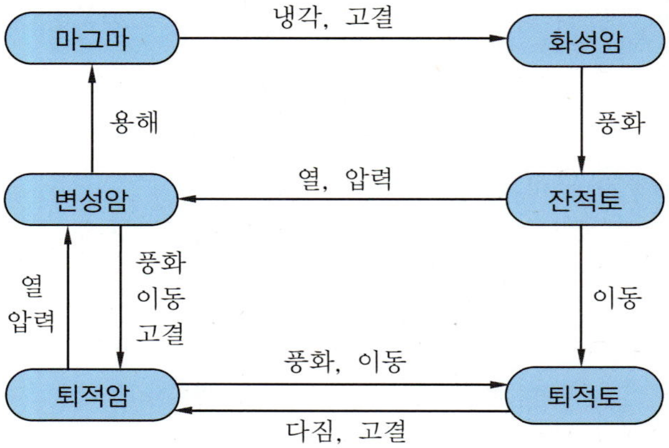

그림 1.2 암석의 순환

암석은 풍화된 정도에 따라 암석의 풍화등급을 정하고 있다. 현장조사를 통하여 암석의 절리 발달상태, 충진물, 지질해머에 의한 타격 시 소리 등을 종합적으로 고려하여 판단하고 있다. Maye(1955)는 암석의 풍화등급을 표 1.4와 같이 판정할 수 있도록 기준치를 제시하였다.

표 1.4 암석의 풍화등급(Maye, 1955)

등급	암반상태	기호구분	암석의 특징
VI	residual soil	RS	암석이 흙으로 변해있고 암구조를 가지고 있지 않으나 변질된 석영질을 포함하고 있다.
V	completely weathered	CW	암석이 흙으로 변해 있지만 암구조가 아직 남아 있으며 암편이 산재해 있다.
IV	highly weathered	HW	석영질을 제외한 대부분의 구성광물들이 변색·착색되어 있다. 암구조가 뚜렷하며 강도에 있어 매우 약하나 강도가 강한 암편이 약간 남아있다. 대부분 장석질이 고령토화 되어있다.
III	moderately weathered	MW	암석의 일부분이 변색되고 풍화 흔적이 있다. 장석질의 색이 변색되어 있다. 해머로 타격하면 무딘 소리가 나며 신선한 암석과 비교하면 강도가 많이 떨어지는 것을 알 수 있다.
II	slightly weathered	SW	암석이 전체적으로 신선한 편이나 절리를 따라 착색되었거나 변색된 흔적이 있고 점토분을 함유하는 경우도 있다. 암석을 깨뜨리면 깨끗한 파괴면을 볼 수 있고 해머로 타격하면 쇳소리가 난다.
I	fresh	F	광물입자들이 광택을 내고 절리가 이물질에 의해 착색되어 있지 않다. 해머로 타격하면 쇳소리가 난다.

1.2.2 풍화(weathering)

지각을 구성하고 있는 암석 덩어리는 표면에서 기후의 영향을 받아 작은 입자 형태로 부스러진다. 이러한 현상을 풍화라 한다. 즉 풍화는 시간의 경과에 따른 소산물이며, 본질적으로 입자를 구성하는 물질은 암석과 같은 종류이다.

풍화는 물리적 풍화와 화학적 풍화를 나누어진다. 물리적 풍화란 오랜 시간 동안 온도변화로 인하여 팽창 수축을 반복하거나 비, 유수(流水), 바람, 압력 등에 의한 침식과 마모로 암석이 분쇄되는 것을 말한다. 이로 인해 생성되는 부스러기는 크기나 모양은 바뀌지만 암석의 성분은 그대로 유지하게 된다.

화학적 풍화는 암석이 공기나 물과 접촉하면서 암석에 포함된 광물이 화학반응을 일으키면서 분해되는 것을 말한다. 따라서 화학적 풍화에 의한 생성물은 보통 미세한 입자가 되며 본래의 암석과 다른 화학적 성분으로 바뀌게 된다. 예를 들어 석회암은 이산화탄소를 함유한 물에 의해 용해되어 다시 결정체로 바뀔 수 있다.

▷ 물 + 이산화탄소 → 탄산 ⇒ 암석(석회암)의 용해

1.2.3 성인(成因)에 따른 흙의 종류

암석의 순환 과정에서 물리적 또는 화학적 풍화에 의해 생성된 풍화생성물은 제자리에 있거나 여러 가지 운반 매체, 즉 물, 바람, 중력, 빙하 등에 의하여 다른 장소로 이동하기도 한다.

풍화작용에 의하여 형성된 흙이 원래의 자리에 그대로 남아 있는 흙을 잔적토(residual soil) 또는 정적토라 한다. 잔적토(잔류토라고도 함)는 모암에서 풍화되어 제자리에 남아 있기 때문에 지표면에서부터 땅속으로 깊이가 깊어짐에 따라 흙 입자의 크기가 점차 커지는 형태의 분포를 보이는 것이 특징이다. 잔적토 중에서 풍화정도가 심한 것은 풍화토(weathered soil), 덜한 것을 풍화암(weathered rock)이라 하여 서로 구분한다. 특히 화강암이 풍화되어 생긴 잔적토를 화강풍화토(일명 화강토라고도 함)라 한다.

풍화토와 풍화암의 구분은 강도에 의거하고 있으나 명확하지는 않다. 토목공사에서는 쇼벨(shovel) 장비로 굴착이 가능한 지반을 풍화토, 리퍼(ripper) 장비로 굴착이 가능한 지반을 풍화암으로 구별하기도 한다. 발파를 통해 굴착가능한 지반은 연암 또는 경암이라 한다.

PISA TIP

(1.1) 마사(마사토)란?

- 마사(磨砂) : 금속제(製)의 기물을 닦는 데 쓰는 점성이 없는 백토(白土).
- 마사토(磨砂土) : 원예용으로 사용하는 배수성이 좋은 흙.
- 화강풍화토 : 화강암이 풍화되어 생성된 흙(잔적토, 잔류토).

※ 토질역학에서는 마사토가 아닌 화강풍화토(화강토)라 부름.

반면에 운적토(transported soil)는 풍화생성물이 운반과 퇴적되는 방법에 따라 아래와 같이 그 이름을 달리 규정하고 있다.

- 잔적토(residual soil, 정적토) : 풍화생성물이 원위치에 남아 있음
  - 화강풍화토(weathered soil) – 화강암이 풍화되어 생성
  - 풍화암(weathered rock) – 풍화가 진행 중에 있음(균열이 미세하게 발달)

- 퇴적토(sedimentary soil), 운적토(transported Soil)
  - 충적토(alluvial soil) : 강물에 의해 운반·퇴적 〈예〉 삼각주
  - 풍적토(aeolian soil) : 바람에 의해 운반·퇴적 〈예〉 砂丘, 황사
  - 해성토(marine soil) : 바닷가에 퇴적한 흙, 갯벌 〈예〉 해성점토(marine clay)
  - 붕적토(colluvial soil) : 중력에 의해 운반된 흙 〈예〉 논흙
  - 빙적토(glacial soil) : 빙하에 의해 운반된 흙 〈예〉 북미지역
  - 호성토(lacustrine soil) : 호수에서 퇴적한 흙 (미세한 입자)
  - 화산쇄설물(pyroclastic) : 화산에서 분출되어 중력과 바람에 의해 운반됨 〈예〉 송이

PISA TIP

(1.2) 우리나라에는 서해(西海)가 없다?

- 우리나라는 삼면이 바다로 둘러싸인 반도(半島)이다. 동쪽에 동해(東海), 남쪽에 남해(南海)와 서쪽에 황해(黃海)가 있지만 서해(西海)는 없다.
- 그러나 우리나라에는 동해안, 남해안, 서해안(西海岸)이 있다.

PISA TIP

(1.3) 황사, 황토, 갯벌은 몇 촌(寸) 사이인가?

- 황사(黃砂) : 봄·초여름에 중국 내륙의 사막이나 황토 지대에 있는 가는 모래가 강한 바람을 타고 높이 올라갔다가 편서풍을 따라 우리나라·일본·타이완 등에까지 날아옴.
- 황토(黃土, loess) : 중국 황허강 유역의 흙. 누르고 거무스름한 실트 입자.
- 갯벌(海成粘土, marine clay) : 바닷물이 드나드는 모래톱.

1.3 토립자의 크기와 형상

토립자(soil particle)의 크기에 따라 흙을 분류하면 흙의 명칭을 부여할 수 있고, 흙의 역학적 성질(강도 등)을 추정할 수 있으며 지반의 거동을 예측(변위, 침하량)할 수 있게 된다.

토립자를 분류하는 방법으로는 그림 1.3과 같이 AASHTO(American Association of State Highway and Transportation Officials), MIT(Massachusetts Institute of Technology), ASTM(American Standards for Testing and Materials), USDA(United States Development of Agriculture) 등 여러 기관에서 제안한 분류방법이 통용되고 있다.

분류법	입자 크기(mm) 구분 (10, 1, 0.1, 0.01, 0.001)	경계 크기(mm)
통일분류법	옥석 / 자갈 / 모래 / 세립토(실트와 점토)	75 / 4.75 / 0.075
AASHTO	옥석 / 자갈 / 모래 / 실트 / 점토	75 / 2 / 0.05 / 0.002
MIT	자갈 / 모래 / 실트 / 점토	2 / 0.06 / 0.002
ASTM	자갈 / 모래 / 실트 / 점토	4.75 / 0.075 / 0.002
USDA	옥석 / 자갈 / 모래 / 실트 / 점토	75 / 2 / 0.05 / 0.002

그림 1.3 크기에 따른 토립자의 분류방법

우리나라는 KS F 2302(Korean Industrial Standards, F : 토건, 2302 : 흙의 입도시험 방법)에 토립자의 크기를 분류하여 통일분류법의 방법으로 분류하는 방법을 채택하고 있다.

암석이 갈라져서 전석 또는 옥석(boulder)이라 부르는 돌덩어리가 되고 풍화작용에 의해 점점 작은 입자의 형태로 바뀌면서 크기에 따라 자갈(gravel), 모래(sand), 실트(silt), 점토(clay)가 된다.

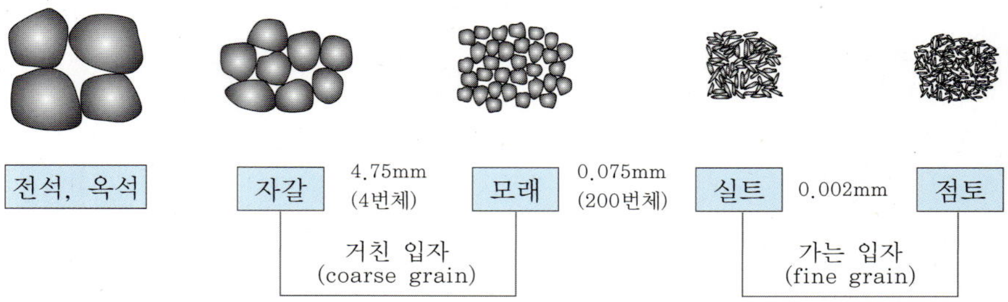

(a) 암석

(b) 자갈

(c) 모래

(d) 실트와 점토

그림 1.4 암석과 자갈, 모래, 실트, 점토

토립자는 풍화작용을 받아 작은 입자로 바뀌면서 거칠고 모난 형상에서 부드럽고 얇은 모양으로 변하게 된다. 자갈이나 모래와 같은 입자의 형상을 입상(粒狀)이라 하고, 실트나 점토와 같은 입자는 그림 1.5(a)와 같은 길쭉한 모양의 침상(針狀)과 얇은 모양의 판상(板狀) 또는 인상(鱗狀)을 이룬다.

(a) 침상 (b) 판상

그림 1.5 세립토의 대표적인 형상

자갈과 모래를 주성분으로 하는 흙을 조립토(coarse grained soils)라고 한다. 조립토는 입자의 형상이 전반적으로 볼 때 둥근 형상이나 부분적으로는 모나서 입자 간의 마찰력이 크고 점착력(cohesion)은 거의 없다. 실트와 점토를 주성분으로 하는 흙을 세립토(fine grained soils)라고 한다. 세립토는 입자가 매우 작고 부드러우며 입자 간에 접촉을 하지 않으므로 마찰력이 매우 작은 반면 점착력이 크게 나타난다.

토질역학에서는 조립토를 사질토(sandy soil), 세립토를 점성토(clayey soil)라고 부르기도 한다. 점토란 입자의 크기가 $2\mu m$ (0.002 mm) 이하인 흙을 뜻하며, 적당한 함수비에서 소성(塑性, plastic properties)을 발휘하는 흙의 성분이다.

PISA TIP (1.4) 토질역학에서 모래(sand)와 점토(clay)란?

① ┌ 모래 : 4.75mm보다 작고 0.075mm보다 큰 토립자
　 └ 점토 : 0.002mm보다 작은 토립자

② ┌ 모래 : 모래가 주성분인 흙, 즉 사질토(sandy soil)
　 └ 점토 : 점토가 주성분인 흙, 즉 점성토(clayey soil)

※ 토질역학에서는 경우에 따라서 ①과 ②의 두 가지 의미가 모두 사용된다.

※ 토목재료학 등에서 사용하는 골재용 모래(강모래, 바닷모래)와 구별하여 사용하여야 한다.

1.4 토립자의 비중

비중(specific gravity, G)이란 표준상태(4℃, 1기압)에서 그 물체와 같은 부피를 갖는 증류수에 대한 물체 무게의 비를 말한다.

1) 비중의 정의 :

$$G = \frac{\text{물체의 무게}}{\text{물체와 부피가 같은 4℃ 증류수의 무게}} = \frac{W_s}{W_0}$$

즉, 물의 무게를 1로 볼 때 물체의 상대적인 무게를 뜻한다.

토질역학에서 흙의 비중이라 함은 토립자 비중(G_s)을 의미한다. 흙 전체(토립자 + 물 + 공기)의 비중은 사용하지 않는다.

※ 토립자 비중의 대표적인 값

- 석영질 모래 $G_S \approx 2.65$
- 세립토(가는 입자로 구성되어 있는 흙) $G_s = 2.5 \sim 2.8$

PISA TIP (1.5) 물의 비중을 1로 정해 놓은 이유는?

① 왜 물을 기준으로 삼았나?

: 물은 다른 물체가 자신보다 무거운지 가벼운지 따져보기 쉬운 성질을 가지고 있다. 즉 물체를 물속에 넣어 가라앉으면 물보다 무겁고 떠오르면 물보다 가볍다는 것을 쉽게 알 수 있기 때문.

② 왜 물의 비중 값을 1이라고 정했나?

: 기준이 되는 값은 변하지 않아야 다루기 쉽다. 숫자 중에서 오로지 1만이 잘 변하지 않는 성질을 가졌기 때문. 즉 어떤 숫자에 1을 곱하거나 나누어도 그 숫자는 변하지 않는다.

2) 토립자 비중의 측정

토립자의 비중(G_s)은 토립자의 중량과 동일한 부피의 15℃ 증류수의 중량과의 비로 정의한다. 토립자 비중의 측정방법은 KS F 2308에 규정되어 있다.

토립자의 비중을 측정하기 위해 그림 1.6과 같이 토립자 비중 측정용 비중병(pycnometer)에 T℃의 증류수를 가득 채웠을 때의 무게를 W_a, 노건조한 토립자의 무게를 W_s, 비중병에 건조한 토립자를 넣고 증류수로 채웠을 때의 무게를 W_b라 하고, 토립자와 같은 부피의 물의 무게를 W_w라고 한다. 실험에서 얻은 값으로부터 T℃에서의 토립자의 비중 $G_{T℃}$는 다음과 같이 구한다.

$$G_{T℃} = \frac{\gamma_s}{\gamma_w} = \frac{w_s}{w_w} = \frac{w_s}{w_s + w_a - w_b} \tag{1.1}$$

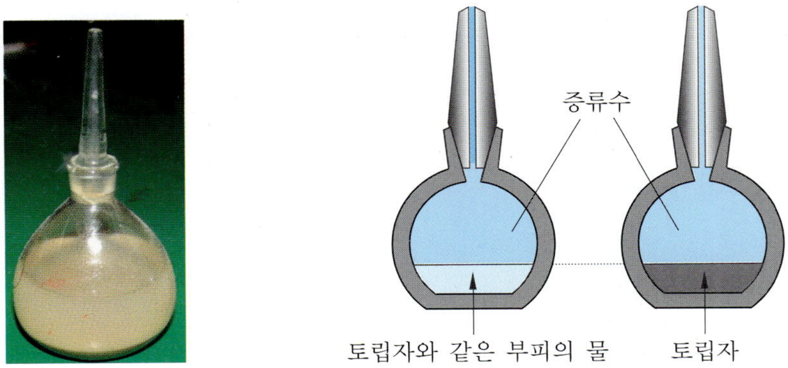

그림 1.6 토립자 비중 측정용 비중병(pycnometer)

3) 측정한 비중의 온도보정

실험실에서(T℃) 구한 비중은 표 1.5의 보정계수를 이용하여 아래의 관계식으로 표준온도에 해당하는 비중으로 환산하여야 한다.

$$G_s = K \times G_{T℃} \tag{1.2}$$

여기에서, G_s=표준온도로 환산한 토입자의 비중
$G_{T℃}$=실험으로 측정한 토입자의 비중

K=실험 시 온도에 대한 보정계수

표 1.5 비중의 온도 보정계수

온도(℃)	물의 단위중량 (g/㎤)	보정계수 (K)	온도(℃)	물의 단위중량 (g/㎤)	보정계수 (K)	온도(℃)	물의 단위중량 (g/㎤)	보정계수 (K)
4	0.99998	1.0009	13	0.99938	1.0003	22	0.99777	0.9987
5	0.99997	1.0009	14	0.99925	1.0001	23	0.99754	0.9984
6	0.99994	1.0008	15	0.99910	1.0000	24	0.99730	0.9982
7	0.99990	1.0008	16	0.99895	0.9998	25	0099705	0.9979
8	0.99985	1.0007	17	0.99878	0.9997	26	0.99679	0.9977
9	0.99978	1.0007	18	0.99860	0.9995	27	0.99652	0.9974
10	0.99970	1.0006	19	0.99841	0.9993	28	0.99624	0.9971
11	0.99961	1.0005	20	0.99821	0.9991	29	0.99599	0.9968
12	0.99950	1.0004	21	0.99800	0.9989	30	0.99565	0.9965

1.5 흙의 상태정수

흙을 구성하고 있는 물질은 토립자와 물, 공기로서 유기질토의 경우 유기물질이 섞여 있는 경우도 있다. 흙의 주성분은 토립자이고 토립자 사이에는 간극이 반드시 존재하며 간극 속에는 물 또는 공기로 차 있다.

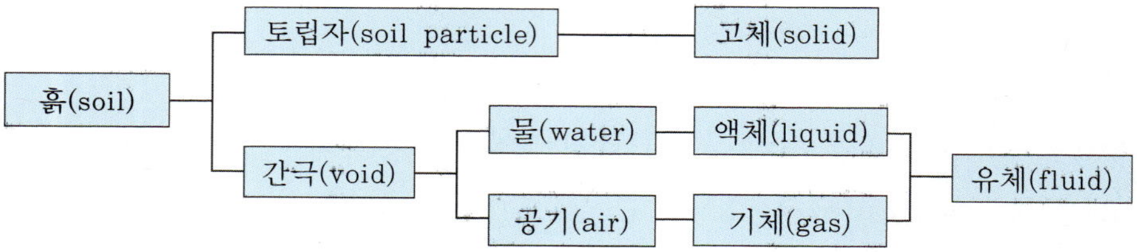

토립자는 암석 부스러기로서 고체상태이며 간극 속의 물은 액체이고 공기는 기체이므로 3상(三相)이 모두 포함되어 있어 역학적 거동이 복잡하게 나타난다.

1.5.1 흙의 주상도

흙의 주상도(柱狀圖)란 토립자, 물, 공기 등 3가지 성분이 불규칙하게 섞여 있는 자연상태 흙의 구성 상태를 이해하기 위해 표시한 기둥모양의 그림을 말한다.

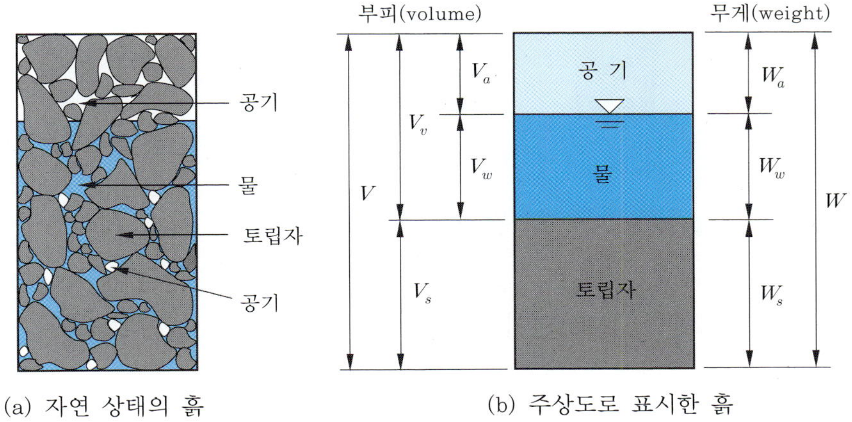

그림 1.7 자연 상태의 흙과 주상도로 표시한 흙

그림 1.7에 나타난 기호의 큰 문자는 부피(V : Volume)와 무게(W : Weight)를 뜻하고, 하첨자는 토립자(s : skeleton, soil particle, solid)와 물(w : water), 공기(a : air)를 뜻하므로 각 기호의 뜻은 다음과 같다.

V : 흙 전체의 부피(total volume of soil)
V_s : 토립자의 부피(volume of solid)
V_w : 물의 부피(volume of water)
V_a : 공기의 부피(volume of gas)
V_v : 간극의 부피(volume of void)
W : 흙 전체의 무게(total weight of soil)
W_s : 토립자의 무게(weight of solid)
W_w : 물의 무게(weight of water)
W_a : 공기의 무게(weight of gas ≈ 0)

흙의 상태는 토립자 사이의 간극에 물과 공기가 차지하는 비율에 따라 여러 가지 상태로 나타난다. 그림 1.8과 같이 컵 속에 토립자, 물, 공기의 비율에 따른 흙의 여러 가지 상태를 살펴보면 다음과 같다.

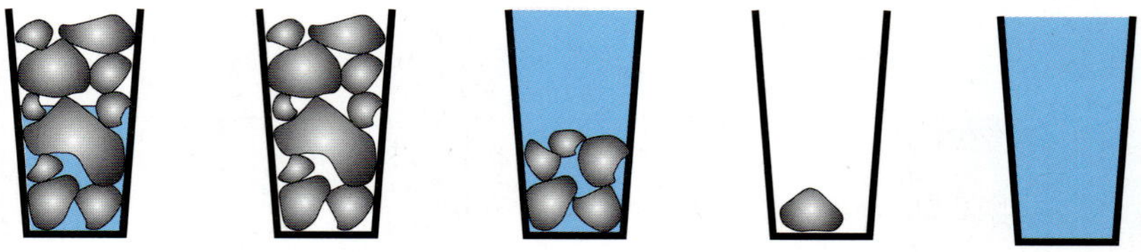

그림 1.8 흙의 여러 가지 상태

(a) 토립자가 있고 간극에 물과 공기가 있는 습윤상태 - 자연 상태의 흙
(b) 토립자와 공기로만 채워져 있는 건조상태
(c) 토립자 사이 간극이 물로 채워져 있는 포화상태 - 지하수면 아래의 흙
(d) (b)와 같은 건조상태로서, 토립자보다 공기가 많이 차지하고 있을 뿐
(e) 물로만 채워져 있는 상태로서, 흙이라고 할 수 없다.

즉, 흙을 구성하는 요소 중에서 토립자는 필수적이며 간극은 물, 공기, 또는 물과 공기로 채워져 있음을 알 수 있다. 간극 속의 물이나 공기의 비율에 따라 흙의 상태가 다양하게 나타나고 공학적 성질을 좌우하게 된다. 유기질토의 경우는 위의 세 성분 이외에 유기물질이 포함되어 있는 경우로서 논흙이나 갯벌 흙이 여기에 해당한다.

1.5.2 부피에 대한 상태정수

1) 간극비(void ratio, e)

토립자의 부피에 대한 간극의 부피의 비를 간극비라 한다. 따라서 간극비는 언제나 0보다 크고, 1.0보다 큰 경우도 있다.

$$e = \frac{V_v}{V_s} \tag{1.3}$$

간극비는 실험실에서 측정이 어려워 다른 상태정수를 이용하여 구하고 실수로 표시(예를 들어, $e = 0.425$)한다. 간극비의 대표적인 값은 자연 상태 사질토의 경우 $e = 0.5 \sim 0.8$이고, 점성토의 경우 $e = 0.7 \sim 1.1$ 정도이다.

포화상태에서 점성토의 간극비는 사질토다 일반적으로 큰데, 그 이유는 토립자의 형상이 기다란 침상(針狀) 또는 넓적한 판상(板狀)으로서 사질토의 둥그런 입상(粒狀)에 비해 비표면적이 커서 입자 표면에 달라붙어 있는 흡착수가 많기 때문이다.

간극비가 큰 흙일수록 느슨한 상태이며 전단강도가 약하다.

2) 간극률(porosity, n)

흙 전체 부피에 대한 간극 부피의 비율을 간극률(n)이라 하고 간극률은 백분율(百分率, percentage)로 표시한다.(예 : $n = 72.5\%$)

$$n = \frac{V_v}{V} \times 100\ (\%) \tag{1.4}$$

따라서 간극률은 $0 < n \ll 100\%$의 범위에 있으며 간극률을 알면 자연히 간극비를 식 (1.5)로 계산할 수 있다.

$$n = \frac{V_v}{V} = \frac{V_v}{V_s + V_v} = \frac{\frac{V_v}{V_s}}{1 + \frac{V_v}{V_s}} = \frac{e}{1+e}$$

$$n = \frac{e}{1+e} \tag{1.5}$$

또는 간극률을 알 때 간극비의 계산은 식 (1.6)과 같다.

$$e = \frac{n}{1-n} \tag{1.6}$$

간극비(e)와 간극률(n)은 모두 간극의 크기(부피의 대소)를 나타내는 상태정수이나 토질역학에서는 간극비의 쓰임새가 더 많다. 그 이유는 실제 지반에서 침하가 발생하였을 때 침하 전과 침하 후의 지반의 변화를 나타내기 위해서 수학적 표현을 하기에 더 적합하기 때문이다.

그림 1.9와 같이 총 부피 100이고 간극이 40인 지반에서 침하가 발생하여 총 부피 84가 되었을 경우

간극비는 $e = \dfrac{V_v}{V_s} = \dfrac{40}{60} \rightarrow e' = \dfrac{V_{v'}}{V_s} = \dfrac{24}{60}$로 변화하고,

간극률은 $n = \dfrac{V_v}{V} = \dfrac{40}{100} \rightarrow n' = \dfrac{V_v'}{V'} = \dfrac{24}{84}$로 변화한다.

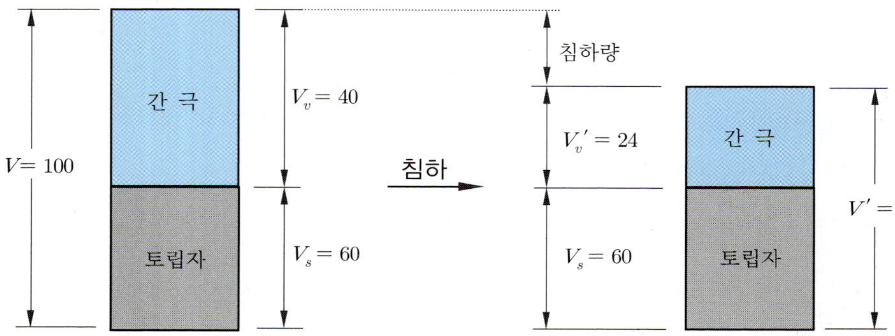

그림 1.9 간극비와 간극률의 변화 비교

간극비와 간극률 변화량의 계산과정은 다음과 같다.

간극비 변화량 $\Delta e = e - e' = \dfrac{40}{60} - \dfrac{24}{60} = \dfrac{16}{60}$

간극률 변화량 $\Delta n = n - n' = \dfrac{40}{100} - \dfrac{24}{84} = \dfrac{40 \times 84}{100 \times 84} - \dfrac{100 \times 24}{100 \times 84}$

$$= \frac{3360 - 2400}{8400} = \frac{960}{8400} = \frac{96}{840} = \frac{19}{210}$$

위와 같이 간극비 변화량 계산과정은 간극률 변화량 계산과정보다 훨씬 간편하다.

3) 포화도(degree of saturation, $S = S_r$)

포화도는 간극 속에서 물이 차지하는 부피의 비율을 백분율(%)로 표시한 것이다.

$$S = \frac{V_w}{V_v} \times 100(\%) \tag{1.7}$$

포화도는 $0 \leq S \leq 100$ %의 범위에 있으며 포화도의 값을 보고 흙이 어떠한 상태에 있음을 판단할 수 있다.

$S = 0\%$	:	건조토(dry soil)	$V = V_s + V_a \quad (V_w = 0)$
$0 < S < 100\%$	:	습윤토(wet soil)	$V = V_s + V_w + V_a$
$S = 100\%$	:	포화토(saturatedsoil)	$V = V_s + V_w \quad (V_a = 0)$

지하수면 아래에서 물속에 잠겨있는 흙은 포화상태($s = 100\%$)로 볼 수 있다.

1.5.3 무게에 대한 상태정수

1) 함수비(water content, moisture content, w)

함수비(w)는 흙 속에 포함되어 있는 물의 무게를 토립자의 무게로 나눈 비를 백분율(%)로 표시한 것이다.

$$w = \frac{W_w}{W_s} \times 100\ (\%) \tag{1.8}$$

함수비는 $0 \leq w \ll \infty$ 범위에 있으며 일반적으로 60%보다 작다.

사질토의 경우 15% 정도의 값을 갖으나 해성점토나 유기질 점토는 300~400% 정도가 되기도 한다. 흙의 함수비는 다짐의 효과에 상당히 큰 영향을 미친다.

실험실에서 함수비의 측정은 매우 간편하며 다음과 같이 측정 한다.

① 용기의 무게(TW)를 측정한다.
② 용기에 담은 시료(젖은 흙)의 무게(WW)를 측정한다.
③ 용기에 담은 시료를 항온 건조로에서 24시간 동안 110±5℃로 건조시킨 후 그 무게(DW)를 측정한다. 이때 표면수는 증발하고 결합수는 보존된다.

④ 식 (1.9)에 의해 함수비를 계산한다.

$$w = \frac{W_w}{W_s} \times 100 = \frac{WW - DW}{DW - TW} \times 100\ (\%) \tag{1.9}$$

2) 단위중량(unit weight, γ)

단위중량은 흙의 단위 부피당 무게를 말한다. 즉 흙의 무게를 부피로 나눈 값으로, 흙의 여러 가지 상태에 따라 단위중량을 표시할 수 있다.

- 자연상태를 습윤상태로 보고 흙 전체에 대하여 전체 단위중량은

$$\gamma = \gamma_t = \frac{\text{흙 전체의 무게}}{\text{흙 전체의 부피}} = \frac{W}{V} \tag{1.10}$$

- 흙이 건조상태($W = W_s$, $W_w = 0$)에 있을 때 건조 단위중량은

$$\gamma_d = \frac{\text{건조된 흙의 무게}}{\text{흙의 전체 부피}} = \frac{W_s}{V} \tag{1.11}$$

- 흙이 물속에 있을 때, 즉 포화상태에서($V_v = V_w\ (V_a = 0)$) 포화 단위중량은

$$\gamma_{sat} = \frac{\text{포화된 흙의 무게}}{\text{흙의 전체 부피}} = \frac{W}{V} = \frac{W_s + W_w}{V} \tag{1.12}$$

- 물속에서 물의 부력을 받으므로 수중 단위중량은

$$\gamma' = \frac{\text{물속에서 흙의 무게}}{\text{흙의 전체 부피}} = \frac{W - \text{물의 부력}}{V} = \frac{W - W_w}{V} = \frac{W - \gamma_w \cdot V}{V}$$

$$\gamma' = \gamma_{sat} - \gamma_w \tag{1.13}$$

- 물의 단위중량(표준온도 4℃ 증류수의 경우)

$$\gamma_w = \frac{W_w}{V_w} \tag{1.14}$$

토질역학에서는 표준온도 15℃(지표면 평균온도)일 때를 말하며, 15℃가 아닌 경우에도 실용적으로는 $\gamma_w \fallingdotseq 1.0\,g/cm^3$로 볼 수 있다.

$(1.0\,g/cm^3 = 1.0\,t/m^3 = 62.4\,pcf = 9.81\,kN/m^3)$

- 간극을 무시한 고체 부분만의 토립자의 단위중량은

$$\gamma_s = \frac{W_s}{V_s} = G_s \cdot \gamma_w \tag{1.15}$$

토립자의 단위중량은 토립자의 비중과 같은 값을 갖으며, 단위만 다르게 쓰인다.

흙의 단위중량의 일반적인 대표치는 표 1.6과 같다.

표 1.6 흙의 단위중량 일반적인 값(단위 : g/cm^3, t/m^3)

단위중량	대표치	평균치
전체(습윤) 단위중량	1.70 ~ 1.90	1.80
포화 단위중량	1.90 ~ 2.10	2.00
건조 단위중량	1.50 ~ 1.70	1.60
수중 단위중량	0.90 ~ 1.10	1.00
물의 단위중량	1.00	

➤ 예제 1.1

무게 128.0g 인 흙의 부피를 측정하였더니 토립자 42.0cm³, 물 18.0cm³, 공기 12.0cm³ 였다. 이 흙의 상태정수를 모두 구하라.

조건 $W = 128.0\,g$, $V_s = 42.0\,cm^3$, $V_w = 18.0\,cm^3$, $V_a = 12.0\,cm^3$

요구 e, n, S, w, γ_t, γ_d, γ_{sat}, γ', G_s

풀이 1) 주어진 흙의 무게와 부피를 이용하여 주상도를 완성

- 간극의 부피 $V_v = V_w + V_a = 18.0 + 12.0 = 30.0\,cm^3$
- 흙의 부피 $V = V_s + V_w + V_a = 42.0 + 18.0 + 12.0 = 72.0\,cm^3$
- 물의 무게 $W_w = V_w \cdot \gamma_w = (18.0)(1.0) = 18.0\,g$
- 토립자의 무게 $W_s = W - W_w = 128.0 - 18.0 = 110.0\,g$

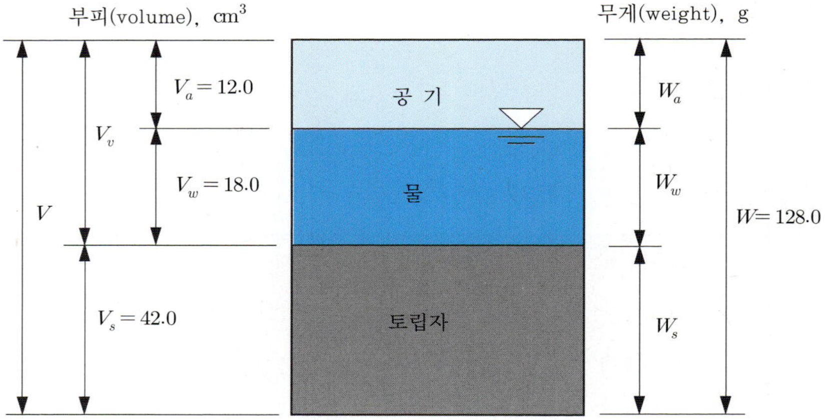

2) 각 상태정수를 구함

- 간극비 $e = \dfrac{V_v}{V_s} = \dfrac{30.0}{42.0} = 0.71$
- 간극률 $n = \dfrac{V_v}{V} = \dfrac{30.0}{72.0} = 0.417 = 41.7\%$
- 포화도 $S = \dfrac{V_w}{V_v} = \dfrac{18.0}{30.0} = 0.600 = 60.0\%$
- 함수비 $w = \dfrac{W_w}{W_s} = \dfrac{18.0}{110.0} = 0.164 = 16.4\%$

- 습윤단위중량 $\gamma_t = \dfrac{W}{V} = \dfrac{128.0}{72.0} = 1.78\,\mathrm{g/cm^3}$
- 건조단위중량 $\gamma_d = \dfrac{W_s}{V} = \dfrac{110.0}{72.0} = 1.53\,\mathrm{g/cm^3}$
- 포화단위중량 $\gamma_{sat} = \dfrac{128.0 + 12.0}{72.0} = 1.94\,\mathrm{g/cm^3}$
- 수중단위중량 $\gamma' = \gamma_{sat} - \gamma_w = 1.94 - 1.00 = 0.94\,\mathrm{g/cm^3}$
- 토립자의 비중 $G_s = \dfrac{W_s}{V_s \cdot \gamma_w} = \dfrac{110.0}{(42.0)(1.00)} = 2.62$

◀

1.5.4 상태정수의 상호관계

1) 토립자 부피를 1로 둔($V_s = 1$) 주상도

그림 1.10과 같이 토립자의 체적을 기준으로 하여 흙의 주상도에 나타난 부피와 무게를 상태정수로 바꾸어 표현하면 상태정수간의 상호관계를 이해하기 편리하다.

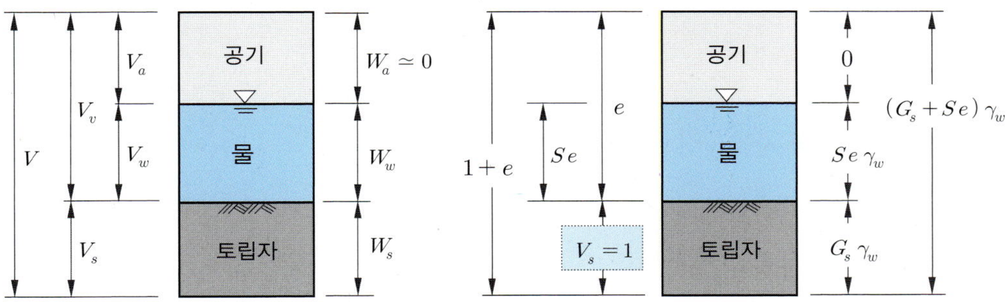

그림 1.10 토립자의 체적을 1로 본 주상도

지반침하가 발생하면 흙의 부피가 줄어든다. 이 때 흙 속의 간극의 부피는 줄어들지만 토립자가 비압축성 재료이기 때문에 토립자의 부피는 변하지 않는다.

2) 상태정수 간의 관계식 유도

토립자의 체적을 1로 보았을 때 흙의 부피와 무게를 상태정수로 표현하면 표 1.7과 같이 된다.

표 1.7 상태정수로 표시한 흙의 부피와 무게

상태 정수	기호	상태정수식	유도 과정
간극의 부피	V_v	e	$e = V_v / V_s$, $V_v = e \cdot V_s = e\ (\because V_s = 1)$
흙 전체 부피	V	$1+e$	$V = V_s + V_v$, $(V_s = 1)$
물의 부피	V_w	$S \cdot e$	$S = V_w / V_v$, $V_w = S \cdot V_v\ (V_v = e)$
토립자 무게	W_s	$G_s \cdot \gamma_w$	$\gamma_s = W_s / V_s$, $W_s = \gamma_s \cdot V_s = \gamma_s\ (V_s = 1)$
물의 무게	W_w	$S \cdot e \cdot \gamma_w$	$\gamma_w = W_w / V_w$, $W_w = \gamma_w \cdot V_w = S \cdot e \cdot \gamma_w$
흙 전체 무게	W	$(G_s + S \cdot e) \cdot \gamma_w$	$W = W_s + W_w = G_s \cdot \gamma_w + S \cdot e \cdot \gamma_w$

① 간극비와 간극률 사이의 관계

$$n = \frac{V_v}{V} = \frac{e}{1+e} \times 100(\%) \tag{1.16}$$

또는, $e = \dfrac{n}{1-n}$ (n과 e는 소수) (1.17)

② 함수비, 비중, 포화도, 간극비 사이의 관계

$$w = \frac{W_w}{W_s} = \frac{S \cdot e\,\gamma_w}{G_s \cdot \gamma_w} \tag{1.18}$$

$$G_s\,w = S\,e \tag{1.19}$$

③ 단위중량과 간극비, 포화도, 비중과의 관계

- 전체 단위중량(습윤 단위중량)

$$\gamma = \gamma_t = \frac{W}{V} = \frac{G_s + S\,e}{1+e}\gamma_w$$

$G_s\, w = S\, e$ 를 대입하여 $\gamma_t = \dfrac{G_s + G_s\, w}{1+e}\gamma_w$

$$\gamma_t = \frac{1+w}{1+e} G_s\, \gamma_w \tag{1.20}$$

- 건조 단위중량

$$\gamma_d = \frac{W_s}{V} = \frac{G_s}{1+e}\gamma_w \tag{1.21}$$

또는 $\gamma_d = [\gamma]_{\substack{w=0\\ S=0}} = \dfrac{G_s}{1+e}\gamma_w$

④ 포화 단위중량과 비중, 간극비와의 관계

$$\gamma_{sat} = [\gamma]_{s=100\%=1} = \frac{G_s + e}{1+e}\gamma_w \tag{1.22}$$

⑤ 수중 단위 중량과 비중, 간극비와의 관계

$$\gamma' = \gamma_{sat} - \gamma_w = \frac{G_s + e}{1+e}\gamma_w - \gamma_w$$

$$\gamma' = \frac{G_s - 1}{1+e}\gamma_w \tag{1.23}$$

⑥ 전체 단위중량과 건조 단위중량 사이의 관계

$\gamma_t = \dfrac{1+w}{1+e} G_s\, \gamma_w$ 임으로

$$\gamma_t = (1+w)\,\gamma_d \tag{1.24}$$

단위중량의 대소 관계는 다음과 같다.

$$\gamma' \quad < \quad \gamma_d \quad < \quad \gamma_t \quad < \quad \gamma_{sat}$$

$$= \frac{G_s - 1}{1+e}\gamma_w \quad = \frac{G_s}{1+e}\gamma_w \quad = \frac{G_s + Se}{1+e}\gamma_w \quad = \frac{G_s + e}{1+e}\gamma_w$$

3) 상태정수 관계식에 대한 고찰

흙의 상태정수 중 함수비, 비중, (건조)단위중량은 실험으로 구할 수 있으나 간극비(간극률), 포화도, 포화(수중) 단위중량은 실험으로 구하기 어려워 상태정수간의 관계식을 이용하여 구한다.

간극비(e) 또는 간극률(n), 함수비(w), 토립자 비중(G_S), 전체 단위중량(γ), 건조 단위중량(γ_d), 포화 단위중량(γ_{sat}) 또는 수중 단위중량(γ') 중에서 3개 이상을 알면 나머지 상태정수는 상호 관계식으로 구할 수 있다.

상태정수들 사이의 관계식은 수없이 많이 유도해 낼 수 있지만 이를 모두 기억하는 것은 비능률적이다. 상태정수를 계산해 내기 위해 반드시 필요한 최소한의 공식은 5개로 정리할 수 있다. 5개의 공식은 상태정수들 사이의 관계에 관한 문제를 풀기 위해 반드시 기억하여야 하며 자주 쓰이게 된다. 앞으로 사용상의 편의를 위하여 공식의 명칭을 식 앞에 **공식 ①~공식 ⑤** 로 표기하기로 한다.

공식 ① $\gamma_t = (1+w)\gamma_d$ (1.25)

공식 ② $\gamma_s = G_s\gamma_w = (1+e)\gamma_d$ (1.26)

공식 ③ $n = \frac{e}{1+e} \times 100(\%)$ (1.27)

공식 ④ $\gamma_{sat} = \frac{G_s + e}{1+e}\gamma_w$ (1.28)

공식 ⑤ $G_s w = Se$ (1.29)

4) 공식의 특징

위 5개의 공식의 특징을 알면 문제를 푸는 데 능률적이며 시간을 절약할 수 있다.

공식 ① 과 공식 ② 는 같은 형태이면서 괄호 안의 값이 다를 뿐이다. 공식 ② 와 공식 ③ ,

공식 ④ 에는 $(1+e)$가 포함되어 있는데 이는 토립자의 체적을 1로 보았을 때 흙 전체의 체적을 의미한다. 공식 중에는 수중 단위중량을 구하는 식이 없지만 포화 단위중량을 구하는 공식 ④ 에서 물의 단위중량을 빼면 되기 때문에 따로 기억해야할 공식에 포함하지 않았다. 각 공식에는 보통 상태정수가 3개씩 포함되어 있어 두 개의 상태정수 값을 알면 나머지 한 개의 상태정수 값을 구하는 데 사용할 수 있다.

그러나 상태정수가 공식 ③ 에는 2개, 공식 ⑤ 에는 4개가 포함되어 있다. 공식 ③ 은 간극비를 알 때 간극률을 구하고, 간극률을 알 때 간극비를 구하는 경우에만 사용할 수 있는 식이다. 따라서 공식 ③ 은 간극비와 간극률 이외의 상태정수와는 아무런 관계가 없는 단순한 식이다. 반면 공식 ⑤ 는 상태정수 3개를 알 때 나머지 한 개의 상태정수를 구할 수 있는 식이다.

5개의 공식에 공통적으로 포함된 상태정수를 살펴보면 간극비가 4개, 토립자 비중이 3개의 공식에 포함되어 있다. 따라서 간극비와 토립자 비중을 구하기 위해 어떤 공식을 사용하여야 할지 판단하기가 어렵고 시간이 걸리게 되므로 다른 상태정수가 모두 결정된 상태에서 구하는 것이 능률적이다. 더구나 간극비와 토립자 비중은 3개의 공식에 공통적으로 포함되어 있어 간극비와 토립자 비중이 둘 다 미지수인 경우에는 3개의 공식을 모두 적용하여도 문제가 풀리지 않는 경우가 있다. 이때는 3개의 공식 중에서 2개의 공식을 선택하여 연립방정식으로 풀면 해결된다.

5) 문제를 푸는 요령

① 흙의 부피와 무게가 주어져 있을 경우 상태정수 기본정의를 이용한다.

예) $e=\dfrac{V_v}{V_s}$, $w=\dfrac{W_w}{W_s}$, $\gamma_d=\dfrac{W_s}{V}$ 등

② 공식 ① ~공식 ⑤ 5개의 공식을 외우고 공식(상태정수)의 특징을 기억해 둔다.

예) 포화도에 관한 문제는 반드시 공식 ⑤ $G_s w = S e$를 사용하여야 하고

공식 ③ $n=\dfrac{e}{1+e}$는 간극비를 알고 간극률을 구할 때나 간극률을 알고 간극비를 구할 때만 이 식을 사용한다.

③ 비중과 간극비를 모두 구할 때는 연립방정식을 세운다.

예) 공식 ②, 공식 ④, 공식 ⑤ 중에서 2개를 선택한다.

④ 함수비, 포화도는 계산과정에서 소수를 사용하고, 계산이 끝나면 백분율(%)로 표시한다.

⑤ 공식 5개 외에도 몇 개의 식을 더 기억해 두면 유리하다.

예〉 $\gamma' = \dfrac{G_s - 1}{1+e}\gamma_w$, $e = \dfrac{n}{1-n}$, $\gamma = \dfrac{1+w}{1+e}G_s$

⑥ 유사한 문제를 반복해서 풀어본다.

⑦ 상태정수의 유효자리는 다음과 같은 정도로 한다.

상태정수	$\gamma(\gamma_t)$, γ_d, γ_{sat}, γ', e, G_s	w, S, n(%)	w, S, n(소수)
유효자리	소수 둘째 자리	소수 첫째 자리	소수 셋째 자리
예	1.86 1.57 2.03 1.02 0.42 2.65	15.2 48.5 52.4	0.152 0.485 0.524

➤ 예제 1.2

자연상태 흙의 부피가 90 cm³ 이고 무게는 180 g 이다. 노건조한 후 무게는 150 g 이다. 토립자의 비중이 2.70일 때 함수비, 전체단위중량, 건조단위중량, 간극비, 간극률, 그리고 포화도를 구하라.

조건 $V = 90\,\text{cm}^3$, $W = 180\,\text{g}$, $W_s = 150\,\text{g}$, $G_s = 2.70$

요구 w, γ, γ_d, e, n, S

풀이 – 함수비 : $w = \dfrac{W_w}{W_s} = \dfrac{W - W_s}{W_s} = \dfrac{180-150}{150} = 0.200 = 20.0\%$

– 전체단위중량 : $\gamma = \gamma_t = \dfrac{W}{V} = \dfrac{180}{90} = 2.00\,\text{g/cm}^3$(또는 $2.00\,\text{t/m}^3$)

– 건조단위중량 : $\gamma_d = \dfrac{W_s}{V} = \dfrac{150}{90} = 1.67\,\text{g/cm}^3$

– 간극비 : 기본식 $e = \dfrac{V_v}{V_s}$ 은 토립자, 간극의 부피가 조건으로 주어져 있지 않아 사용할 수 없음. 간극비 관련 공식의 사용 가능성을 검토하면

공식② $G_s\gamma_w = (1+e)\gamma_d$ → 비중, 건조단위중량을 앎으로 가능

공식③ $n = \dfrac{e}{1+e}$ → 간극률을 몰라 안 됨

공식④ $\gamma_{sat} = \dfrac{G_s + e}{1+e}\gamma_w$ → 포화단위중량을 몰라 안 됨

공식⑤ $G_s w = Se$ → 포화도를 몰라 안 됨

∴ 공식② $G_s \gamma_w = (1+e)\gamma_d$를 사용하기로 함

$$2.70 = (1+e)(1.67)$$

$$e = \frac{2.70}{1.67} - 1 = 0.62$$

– 간극률 : 기본식 $n = \frac{V_v}{V}$ 은 간극의 부피를 몰라 사용할 수 없음.

상태정수 상호관계식은 공식③ $n = \frac{e}{1+e}$ 하나뿐임

공식③ $n = \frac{e}{1+e} = \frac{0.62}{1+0.62} = 0.383 = 38.3\%$

– 포화도 : 기본식 $S = \frac{V_w}{V_V}$ 은 물과 간극의 부피를 몰라 사용 못함

상태정수 상호관계식은 공식⑤ $G_s w = Se$ 하나뿐임

$$(2.70)(0.20) = S(0.62)$$

$$\therefore S = \frac{(2.70)(0.20)}{0.62} = 0.871 = 87.1\%$$

▷ Alternative solution 1 (별해 1)

토립자 무게를 기준으로 주상도의 모든 성분을 구하고 기분식에 따라 상태정수를 계산하는 보편적 방법으로 계산은 불편하지만 확실하게 답을 구할 수 있다.

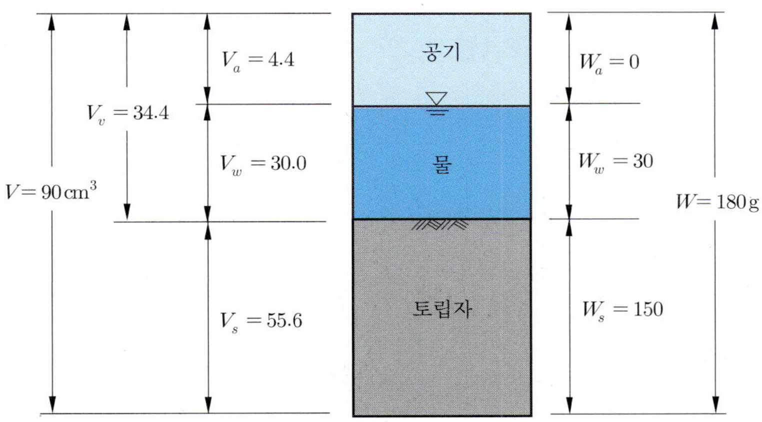

그림 별해 1

-흙의 무게와 부피 계산

$$W_w = W - W_s = 180 - 150 = 30\,\text{g}$$

$$V_w = 30\,\text{cm}^3 \quad \left(\because V_w = \frac{W_w}{\gamma_w}, \quad \gamma_w = 1.0\,\text{g/cm}^3 \right)$$

$$V_s = \frac{W_s}{\gamma_s} = \frac{W_s}{G_s \cdot \gamma_w} = \frac{150}{2.70 \times 1.0} = 55.6\,\text{cm}^3$$

$$V_v = V - V_s = 90.0 - 55.6 = 34.4\,\text{cm}^3$$

$$V_a = V_v - V_w = 34.4 - 30.0 = 4.4\,\text{cm}^3$$

- 함수비 $w = \dfrac{W_w}{W_s} = \dfrac{30}{150} = 0.200$
- 전체 단위중량 $\gamma = \dfrac{W}{V} = \dfrac{180}{90} = 2.00\,\text{g/cm}^3$
- 건조 단위중량 $\gamma_d = \dfrac{W_s}{V} = \dfrac{150}{90} = 1.67\,\text{g/cm}^3$
- 간극비 $e = \dfrac{V_v}{V_s} = \dfrac{34.4}{55.6} = 0.62$
- 간극률 $n = \dfrac{V_v}{V} = \dfrac{34.4}{90.0} = 0.382 = 38.2\%$
- 포화도 $S = \dfrac{V_w}{V_v} = \dfrac{30.0}{34.4} = 0.872 = 87.2\%$

▷ **Alternative solution 2 (별해 2)**

흙의 전체 체적 또는 토립자의 체적을 기준으로 문제를 풀 수도 있다.

◀

➤ 예제 1.3

어떤 흙의 전체 단위중량이 $1.86\,\text{t/m}^3$, 함수비 15.0%, 비중 2.65이다. 이 흙의 건조단위중량, 간극비, 포화도는 얼마인가?

조건 $\gamma_t = 1.86\,\text{t/m}^3$, $w = 15.0\%$, $G_s = 2.65$

요건 γ_d, e, S

풀이 주어진 조건이 상태정수이므로 상태정수 상호관계식을 이용한다.

– 건조 단위중량 : 공식① $\gamma_t = (1+w)\gamma_d$를 사용

$1.86 = (1+0.15)\gamma_d$

$\therefore \gamma_d = \dfrac{1.86}{1.15} = 1.62\,\mathrm{t/m^3}$

– 간극비 : 공식② $G_s \gamma_w = (1+e)\gamma_d$를 사용

$2.65 = (1+e)(1.62)$

$\therefore e = \dfrac{2.65}{1.62} - 1 = 0.64$

– 포화도 : 공식⑤ $G_s\, w = S\, e$를 사용

$(2.65)(0.15) = S(0.64)$

$S = 0.621 = 62.1\%$

◀

➤ 예제 1.4

포화된 흙의 건조단위중량이 $1.60\,\mathrm{t/m^3}$이고, 함수비가 24%일 때 이 흙의 포화단위중량, 토립자 비중, 간극비를 구하라.

조건 $\gamma_d = 1.60\,\mathrm{t/m^3}$, $w = 24.0\%$

요구 γ_{sat}, G_s, e

풀이 포화된 흙이므로 $S = 100\% = 1$, $\gamma_{sat} = \gamma_t$

– 포화단위중량 :

공식① $\gamma_{sat} = \gamma_t = (1+w)\gamma_d$

$= (1+0.24)(1.60) = 1.98\,\mathrm{t/m^3}$

또는 비중과 간극비를 구한 후 공식⑤를 적용할 수 있음

– 토립자 비중 : 비중을 구하는 공식은 모두 간극비를 모르고, 간극비를 먼저 구할 수도 없음.

공식② $G_s \gamma_w = (1+e)\gamma_d$

공식④ $\gamma_{sat} = \frac{G_s + e}{1+e}\gamma_w$

공식⑤ $G_s w = S e$

따라서 연립방정식으로 해결, 공식②와 공식⑤를 사용하기로 함

공식② $G_s \gamma_w = (1+e)\gamma_d \rightarrow G_s = (1+e)(1.60)$ ----------(a)

공식⑤ $G_s w = S e \rightarrow G_s (0.24) = (1.0)\, e$ ------------(b)

$G_s = 4.17e$ ----------------(b')

(b')를 (a)에 대입하여

$4.17e = (1+e)(1.60) = 1.60 + 1.60e$

$2.57e = 1.60 \quad \therefore \quad e = \frac{1.60}{2.57} = 0.62$ ----------(c)

(c)를 (b')에 대입하여

$G_s = 4.17e = (4.17)(0.62) = 2.58$

◀

1.5.5 상대밀도(D_r)

상대밀도는 조립토의 상대적인 밀도를 표현하는 수단이다. 그림 1.11과 같이 토립자의 배열 상태에 따라 느슨하거나 조밀한 정도가 달라진다. 즉 간극비가 거의 3배정도의 차이를 보인다. 사질토의 경우 조밀한 정도는 흙의 강도 등 공학적 성질에 큰 영향을 미치게 된다.

상대밀도(相對密度, relative density)는 조립토가 느슨한지(loose) 조밀한지(dense)를 나타내는 지수로서 식 (1.30)과 같이 간극비를 사용하여 백분율(%)로 표시한다.

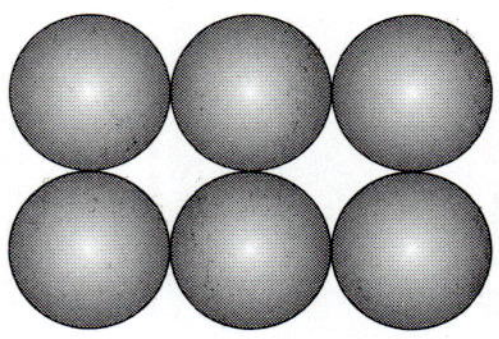

(1) 느슨한 배열($e = 0.91$)

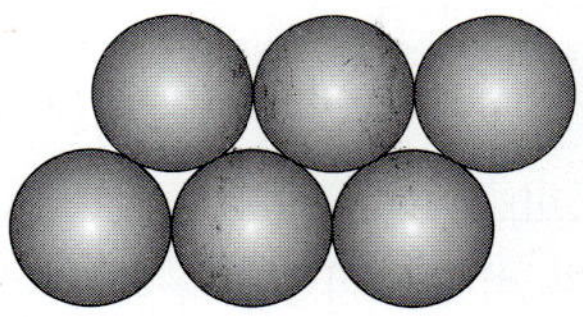

(2) 조밀한 배열($e = 0.35$)

그림 1.11 토립자 배열상태에 따른 간극비의 변화

$$D_r = \frac{e_{\max} - e}{e_{\max} - e_{\min}} \times 100\,(\%) \tag{1.30}$$

여기서, $e_{\max}$: 그 흙이 가장 느슨한 상태일 때의 간극비
$e_{\min}$: 그 흙이 가장 조밀한 상태일 때의 간극비
e : 이 흙의 현재 간극비(자연상태 간극비)

따라서 $0 \leq D_r \leq 100\%$이고 상대밀도(D_r)가 클수록 흙이 조밀한 상태임을 뜻하고 상대밀도가 작을수록 흙이 느슨한 상태임을 의미한다. 즉

$D_r = 0\% \leftrightarrow e_{\max}$: 가장 느슨한 상태
$D_r = 100\% \leftrightarrow e_{\min}$: 가장 조밀한 상태

상대밀도에 따른 흙의 조밀한 정도를 판별하는 기준이 표 1.8에 제시되어 있다.(Lambe & Whitman, 1969)

조립토로 이루어진 지반의 강도와 침하는 일차적으로 상대밀도와 관계가 있다. 즉 상대밀도가 큰 지반의 강도는 크고 침하는 작으며, 상대밀도가 작은 지반의 강도는 작고 침하가 크게 발생한다. 상대밀도가 작은 지반의 강도를 증가시키는 방법으로 충격이나 진동 등에 의한 다짐(compaction)이 있다.

표 1.8 상대밀도에 따른 흙의 조밀한 정도

D_r (%)	조밀의 정도의 표현
< 15	대단히 느슨 (very loose)
15 ~ 35	느슨 (loose)
35 ~ 65	보통 (medium)
65 ~ 85	조밀 (dense)
> 85	대단히 조밀 (very dense)

실험실에서 상대밀도를 측정할 때 간극비 측정은 대단히 번거로운 반면 건조단위중량(γ_d)는 측정이 용이하여 간극비(e) 대신 건조단위중량(γ_d)으로 표시하는 것이 편리하다.

건조단위중량과 간극비 사이의 관계식으로부터

식 ② $\gamma_s = G_s\,\gamma_w = (1+e)\,\gamma_d$

$$\therefore \quad e = G_s \frac{\gamma_w}{\gamma_d} - 1 \tag{1.31}$$

토립자 비중과 물의 단위중량은 상수로 취급하므로 건조 단위중량이 최소($\gamma_{d\min}$)/최대($\gamma_{d\max}$)일 때 간극비는 최대($e_{\max}$)/최소($e_{\min}$)가 된다. 따라서 최대 간극비와 최소 간극비는 식 (1.32)와 식 (1.33)과 같이 된다.

$$e_{\max} = \frac{G_s\,\gamma_w}{\gamma_{d\min}} - 1 \tag{1.32}$$

$$e_{\min} = \frac{G_s\,\gamma_w}{\gamma_{d\max}} - 1 \tag{1.33}$$

식 (1.31) ~ 식 (1.33)을 식 (1.30)에 대입하고 정리하면

$$D_r = \frac{\gamma_{d_{\max}}}{\gamma_d}\,\frac{\gamma_d - \gamma_{d_{\min}}}{\gamma_{d_{\max}} - \gamma_{d_{\min}}} \times 100\,(\%) \tag{1.34}$$

상대밀도의 개념은 (1.30)에서 이해하는 것이 편리한 반면 실제 측정은 (1.34)에 의하여 시험하는 것이 쉽다. 세립토의 경우는 상대밀도를 표시하지 않고 연경도로 표시한다.

PISA TIP (1.6) 호기심 여사의 만족도는?

호기심 여사가 시장에서 쌀을 한 말 샀다. 정부미 장수는 최대한 쌀이 적게 들어가도록 조심스럽게 쌀을 한 말 담아주려 하였다. 호기심 여사는 이에 동의하지 않고 이의를 제기하였다. 두 사람은 타협을 하여 지나가던 행인 공정한 신사에게 부탁하여 쌀을 공정하게 담기로 합의를 보았다. 공정한 신사는 적당한 충격과 진동을 주어 쌀을 한 말 담아주었다.

호기심 여사가 집에 돌아와 사온 쌀을 저울로 달아보니 8,000g이었다. 이번에는 쌀장수가 하는 방식으로 담아서 달아보니 7,700g이었다. 다시 쌀을 담을 때 충격과 진동을 주어 담았더니 8,100g이 되었다.

[질문] 호기심 여사의 만족도는 얼마일까?

$$\text{만족도} = \frac{8,000-7,700}{8,100-7,700}\times 100 = 75\%$$

즉 (호기심 여사) 8,100g : 만족도 100% ⇨ 가장 조밀한 상태 : e_{min}

(정부미 장수) 7,700g : 만족도 0% ⇨ 가장 느슨한 상태 : e_{max}

(공정한 신사) 8,000g : 만족도 75% ⇨ 적당히 조밀한 상태 : e

$$\text{만족도} = \frac{e-e_{max}}{e_{min}-e_{max}}\times 100 = \frac{e_{max}-e}{e_{max}-e_{min}}\times 100\%$$

※ 호기심 여사의 만족도는 상대밀도(D_r)와 같은 개념이다.

➤ 예제 1.5

함수비 24%인 흙 5.0m^{3}의 무게가 9,000kg이었다. 이 흙을 최대한 느슨하게 다진 상태의 무게는 8,618kg이고 최대한 조밀하게 다진 상태의 무게는 9,734kg이었다. 이 흙의 상대밀도를 구하라. 토립자의 비중은 2.64이다.

풀이 현재 상태 흙의 습윤단위중량 $\gamma_t = \dfrac{W}{V} = \dfrac{9.0}{5.0} = 1.800\,\text{t/m}^3$

건조단위중량 $\gamma_d = \dfrac{\gamma_t}{1+w} = \dfrac{1.800}{1.240} = 1.452\,\text{t/m}^3$

가장 느슨한 상태에서, 습윤단위중량 $\gamma_{t\min} = \dfrac{W_{\min}}{V} = \dfrac{8.618}{5.0} = 1.724\,\text{t/m}^3$

$$\text{건조단위중량 } \gamma_{dmin} = \frac{\gamma_{tmin}}{1+w} = \frac{1.724}{1.240} = 1.390\,\text{t/m}^3$$

$$\text{가장 조밀한 상태에서, 습윤단위중량 } \gamma_{tmax} = \frac{W_{max}}{V} = \frac{9.734}{5.0} = 1.947\,\text{trm/m}^3$$

$$\text{건조단위중량 } \gamma_{dmax} = \frac{\gamma_{tmax}}{1+w} = \frac{1.947}{1.240} = 1.570\,t/m^3$$

$$\text{상대밀도 } D_r = \gamma_d - \frac{\gamma_{dmin}}{\gamma_{dmax}-\gamma_{dmin}} \cdot \frac{\gamma_{dmax}}{\gamma_d}$$

$$= \frac{1.452-1.390}{1.570-1.390} \cdot \frac{1.570}{1.452} = \frac{0.062}{0.180} \cdot \frac{1.570}{1.452} = 0.372 = 37.2\%$$

▷ **Alternative solution 1 (별해 1)**

식 ②를 정리하면 간극비 $e = \dfrac{G_s \gamma_w}{\gamma_d} - 1$

현재 상태 $e = \dfrac{2.64}{1.452} - 1 = 0.818$

가장 느슨한 상태 $e_{max} = \dfrac{G_s \gamma_w}{\gamma_{dmin}} - 1 = \dfrac{2.64}{1.390} - 1 = 0.900$

가장 조밀한 상태 $e_{min} = \dfrac{G_s \gamma_w}{\gamma_{dmax}} - 1 = \dfrac{2.64}{1.570} - 1 = 0.682$

$$D_r = \frac{e_{max} - e}{e_{max} - e_{min}} = \frac{0.900-0.818}{0.900-0.682} = \frac{0.082}{0.218} = 0.376 = 37.6\%$$

◀

1.6 흙의 연경도

1.6.1 개요

세립토(점토와 실트)는 함수비에 따라 딱딱하거나(stiff) 부드러운(soft) 특성을 나타낸다. 그림 1.12와 같이 포화상태에 있던 흙을 건조시키면 함수비가 감소함에 따라 흙탕물과 같은 액체 상태에 있던 흙이 반죽이 가능한 소성 상태, 반쯤 굳은 반고체 상태를 거쳐 딱딱하게 굳은 고체 상태에 이르게 된다. 이와 같이 흙의 딱딱하고 부드러운 정도를 연경도(consistency)라고 한다.

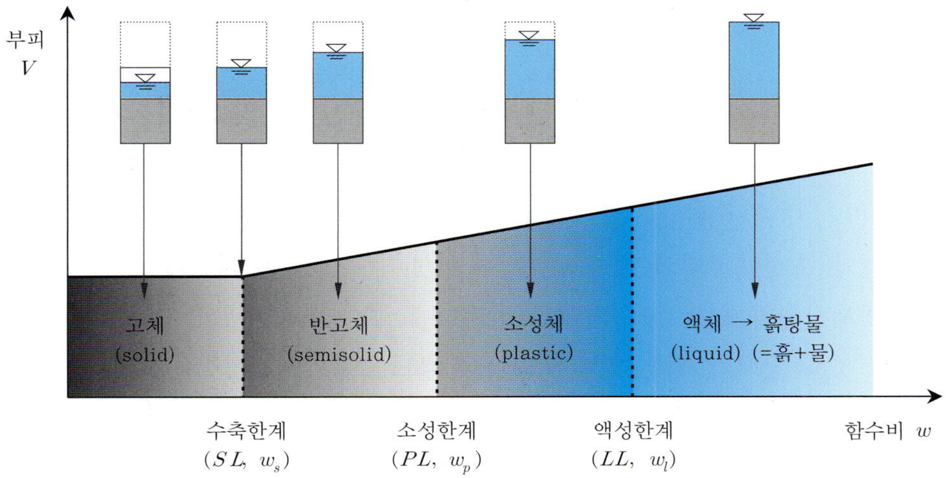

그림 1.12 세립토의 함수비-부피 관계에 따른 흙의 상태

각 상태가 개략적으로 어떠한 특성을 가지는지 설명해 보면 다음과 같다.

액체(液體, liquid) :

- 흙 자체의 강도가 없어 외력 없이 모양이 자유롭게 변함.
- 수프(soup)와 같이 물과 같은 상태. 점토의 경우는 현탁액(slurry)상태

소성체(塑性體, plastic) :

- 외력을 가하면 인장균열 발생 없이 형상이 변함.
- 버터(butter)와 같이 빵에 바르기 적당한 반죽상태. 점토의 경우 찰흙 상태.

반고체(半固體, semi-solid) :

- 외력을 가하면 형상은 변하지만 인장균열이 발생.
- 치즈(cheese)와 같이 말랑말랑한 상태.

고체(固體, solid) :

- 외력을 가하면 큰 형상변화를 일으키기 전에 파괴됨.
- 비스켓(biscuit)과 같이 딱딱하게 굳은 상태.

Atterberg는 네 가지 상태의 경계가 되는 함수비(액성한계, 소성한계, 수축한계)를 Atterberg 한계(Atterberg limits)라고 정의하였다. Atterberg 한계는 점토가 함수비 변화에 의해 다른 상태로 넘어가는 순간의 함수비를 말하며 다음의 3가지로 의미를 정리할 수 있다.

- 액성한계(liquid limit ; LL, w_l) :
  - 액체 상태와 소성체상태의 경계함수비
  - 점토가 액체상태가 되는 함수비의 하한계(下限界, lower limit)
  - 점토가 소성체 상태가 되는 함수비의 상한계(上限界, upper limit))

- 소성한계(plastic limit ; PL, w_p) :
  - 소성체 상태와 반고체 상태의 경계 함수비
  - 점토가 소성체 상태에 있게 되는 함수비의 하한계
  - 점토가 반고체 상태가 되는 함수비의 상한계

- 수축한계(shrinkage limit ; SL, w_s) :
  - 반고체 상태와 고체상태의 경계 함수비
  - 점토의 체적수축이 일어나는 함수비의 하한계
  - 점토의 체적이 일정하게 유지되는 함수비의 상한계

1.6.2 액성한계

액성한계는 KS F 2303에 규정된 방법으로 구한다. 자연상태에서 건조시킨 뒤 덩어리진 흙을 고무망치로 잘게 부수어 결합된 입자들을 분리시키고 표준 액성한계 시험장치(그림 1.13(a))를 사용하여 입경 0.42mm 미만(40번체 통과분)인 시료를 반죽하여 황동제 접시에 넣고 1cm 높이에서 접시를 경질 고무판에 25회 자유낙하 시켜 그림 1.13(c)와 같이 시료의 중간부분이 13mm (=1/2inch) 정도 접합할 때의 함수비를 액성한계(liquid limit, LL, w_l)로 정의한다.

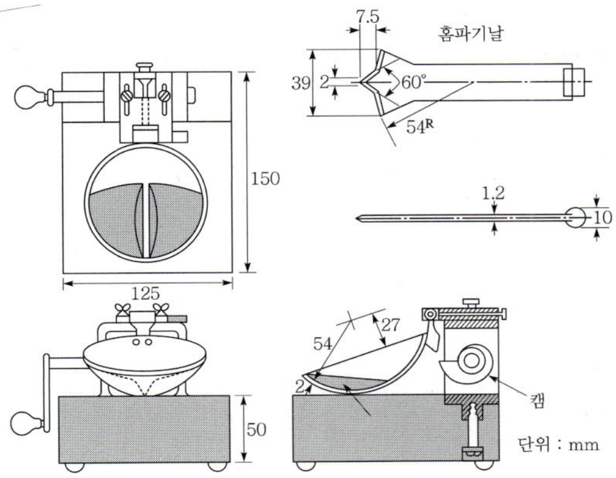

(a) 액성한계 시험 장치

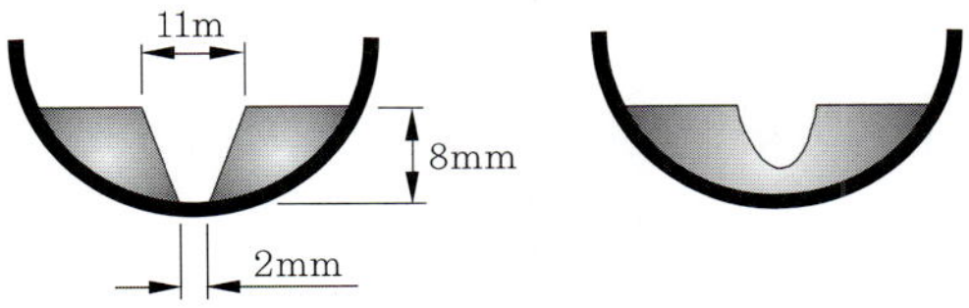

(b) 시험 전　　(c) 시험 후

그림 1.13 액성한계 시험 장치

액성한계는 소성한계와 함께 소성지수를 결정하는데 이용되고, 흙의 압축성을 판단하는 기준으로도 사용한다.

- $w_l \geqq 50\%$: 압축성이 큰 흙
- $30\% \leqq w_l < 50\%$: 압축성이 보통인 흙
- $w_l < 30\%$: 압축성이 작은 흙

1) 액성한계 시험 순서

25회 자유낙하 시켜 시료가 13mm 접합하게 하는 함수비(반죽 질기)를 단번에 조절하는 것은 매우 어려우므로 다음과 같이 4회 이상의 시험을 반복한다.

① 시료에 물을 가하여 반죽하고 접시에 담는다.
② 홈파기 날로 2mm의 홈을 파서 시료를 양분한다.

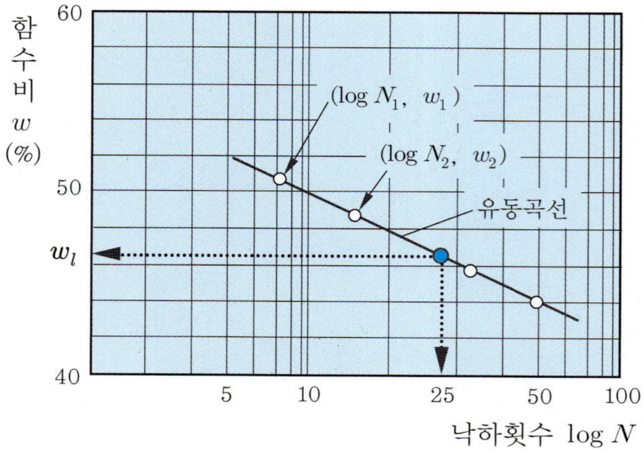

그림 1.14 유동곡선 상의 액성한계 결정

③ 1cm 높이에서 접시를 자유낙하 시켜 접합부분 길이가 13mm될 때의 낙하횟수 N_1 과 함수비w_1을 측정한다.

④ 함수비를 증가시켜가며 ②~③ 과정을 반복하여 n 쌍의 $(N_i,\ w_i)$를 얻는다.
$(N_1,\ w_1)$, $(N_2,\ w_2)$, ... , $(N_n,\ w_n)$

⑤ 가로축 낙하횟수(log N), 세로축 함수비(w)로 잡아 유동곡선을 그린다.

⑥ 그림 1.14와 같이 낙하횟수 25회에 대응하는 함수비가 액성한계(w_l)이다.

2) 유동지수(flow index, I_f)

유동지수는 유동곡선의 기울기로서 흙의 유동성을 표현하는 지수로 사용된다.

$$I_f = \frac{w_1 - w_2}{\log N_2 - \log N_1} = \frac{w_1 - w_2}{\log \dfrac{N_2}{N_1}} \tag{1.35a}$$

$\dfrac{N_2}{N_1} = 10$ 으로 잡으면, 즉 $N_2 = 10N_1$ (예를 들어 $N_1 = 4$, $N_2 = 40$)

$$I_f = w_1 - w_2 \tag{1.35b}$$

여기서, w_1, w_2 = 낙하횟수 N_1, $N_2(=10N_1)$일 때의 함수비

유동지수는 함수비에 따라 변하는 흙의 유동성은 토공재료를 선택할 때 중요하다. 제체용 재료로는 유동지수 $I_f = 10 \sim 20\%$ 가 적당하다. 제방을 쌓을 때는 흙의 유동지수가 너무 크거나 작으면 시공관리(함수비 조절)가 어려워진다.

3) 일점법(one point method)

KS에서는 규정되어 있지 않으나 액성한계를 단 1번의 시험으로 결정하는 간이 시험법이 ASTM(American standards for testing and materials)에 규정되어 있다. 그림 1.15와 같이 액성한계 시험결과를 전대수 용지에 표시하고 A점(액성한계)과 B점(시험으로 얻은 점)을 연결한 직선의 기울기를 tanβ라고 하면 다음과 같은 관계가 성립한다.

$$\log w_l - \log w_N = \tan\beta\,(\log N - \log 25)$$

$$\log\frac{w_l}{w_N} = \tan\beta\,\log\frac{N}{25}$$

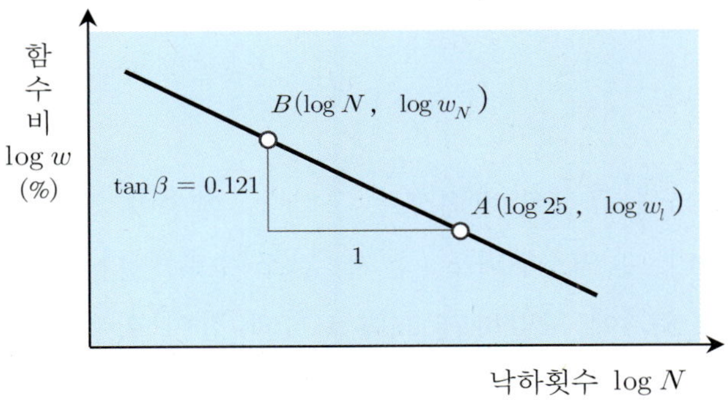

그림 1.15 일점법을 이용한 액성한계 결정

$$w_l = w_N\left(\frac{N}{25}\right)^{\tan\beta} \tag{1.36}$$

여기서, N : 1/2 in 접합시켰을 때 소요된 접시의 낙하회수

w_N : 낙하회수 N회 때 함수비

$\tan\beta = 0.121$

1.6.3 소성한계

소성한계(plastic limit, PL, w_p)는 KS F 2304에 규정된 방법으로 구한다. 그림 1.16과 같이 액성한계 시험과 같은 40번체 통과분(0.42mm 보다 작은 시료)을 함수비를 감소시켜가면서 잘 반죽하여 소성판 위에 놓고 손바닥으로 밀어 흙가래(thread)를 만들 때 직경 3mm (1/8inch)에서 흙가래가 4~5개로 잘라지면 이때의 함수비를 측정하여 소성한계로 한다.

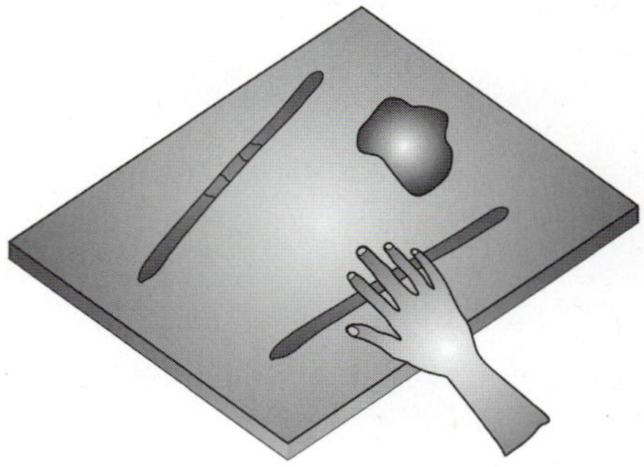

그림 1.16 소성한계 시험

소성한계는 소성한계를 결정하는 중요한 값이지만 액성한계에 비해 시험자 또는 시험의 정확도에 따른 변화 폭이 대단히 작다. 따라서 소성한계 시험을 할 때 그리 정밀하지 않은 두세 차례 시험만으로도 대부분 만족스런 결과를 얻을 수 있다.

1.6.4 수축한계

수축한계는 KS F 2305에 규정된 방법으로 구한다. 함수비가 대단히 큰 점토를 건조시키면 함수비가 감소함에 따라 흙의 부피도 함께 감소(수축)한다. 그러나 함수비가 수축한계(shrinkage limit, w_s, SL)에 도달하면 그림 1.17과 같이 함수비를 감소시켜도 흙의 부피는 더 이상 감소하지 않고 완전 건조 시까지 같은 부피를 유지하게 된다.

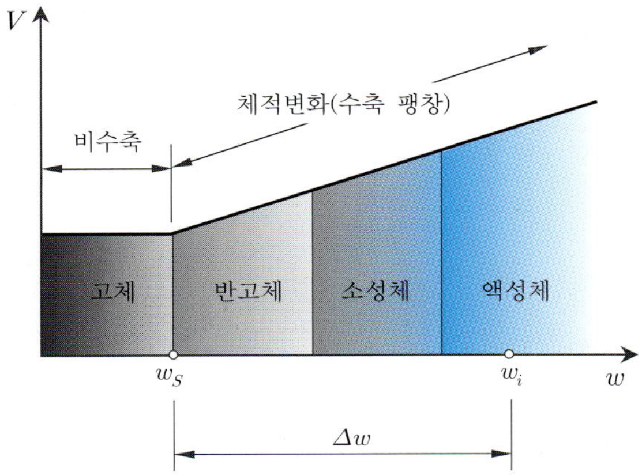

그림 1.17 함수비에 따른 흙의 수축 상태

수축전의 포화상태의 흙이 건조 후에는 그림 1.18(b)와 같이 수축하게 된다.

(a) 수축 전(포화)　　(b) 수축 후(건조)

그림 1.18 수축 전후의 흙의 상태

흙은 수축한계 이상의 함수비에서는 포화상태에 있지만 수축한계보다 작은 함수비에서는 불포화 상태가 된다. 수축한계 상태에서 흙은 포화상태에 있고 부피는 건조시의 부피와 같다는 점을 이용하여 수축한계를 측정할 수 있다.

수축한계는 용량 V_i와 무게를 알고 있는 용기에 함수비가 대단히 큰 포화된 점토를 가득 채워 그 무게를 측정한 다음, 초기 흙 무게(W_i)를 구하고 이 흙을 완전 건조시켰을 때 흙의 부피(V_f)와 건조중량(W_s)을 측정하여 다음과 같이 구한다.

$$SL = \frac{(W_w)_{SL}}{W_s} = \frac{W_{wi} - (V_i - V_f)\gamma_w}{W_s} = \frac{(W_i - W_s) - (V_i - V_f)\gamma_w}{W_s}$$

$$\therefore\ w_s = \frac{(W_i - W_f) - (V_i - V_f)\gamma_w}{W_f}$$

또한,

$$w_i = \frac{W_{wi}}{W_s} = \frac{W_i - W_f}{W_f} \quad , \quad \Delta w = \frac{\Delta V \gamma_w}{W_s} = \frac{(V_i - V_f)\gamma_w}{W_f}$$

$$w_s = w_i - \Delta w \tag{1.37}$$

여기서 w_i : 초기함수비

수축한계 시험 시 흙의 초기상태와 수축한계 상태 및 건조상태에서의 흙의 부피와 무게 등을 표 1.9에 정리하였다.

표 1.9 수축한계 실험 시 흙의 부피와 무게

흙의 상태	흙의 부피	흙의 무게		
		토립자	물	흙 전체
초기(포화)상태	V_i	W_s	W_{wi}	$W_s + W_{wi}$
수축한계 상태	V_f	W_s	$(W_w)_{SL}$	W_s
건조상태	V_f	W_s	0	W_s

건조시의 흙의 부피 V_f는 포화상태 흙의 부피에서 수축으로 감소한 흙의 부피를 빼서 구할 수 있다. 이 때 V_f는 수은(水銀, mercury)을 이용하여 측정한다.

또는 수축한계를 수축비(R)를 이용하여 구할 수 있다.

$$W_S = \left(\frac{1}{R} - \frac{1}{G_s}\right) \times 100(\%) \tag{1.38}$$

여기서, V_0 : 건조된 흙의 체적(oven dried) $= V_f$, $V_0 > V_s$

$$G_s = \frac{W_s}{V_s \cdot \gamma_w} \qquad (R < G_s)$$

$$R = \frac{W_s}{V_0 \cdot \gamma_w}$$

1.6.5 Atterberg 한계에서 얻어지는 지수

(1) 소성지수

소성지수(plasticity index ; PL, I_p)는 액성한계에서 소성한계 값을 빼서 구한다.

$$I_p = w_l - w_P \tag{1.39}$$

소성지수는 세립토를 공학적으로 분류하는데 사용되는 가장 중요한 요소가 된다. 소성지수는 흙이 소성의 성질을 갖는 범위를 뜻한다. 즉 소성지수가 크면 소성의 범위가 넓어 소성이 크다 하고, 소성지수가 작으면 소성의 범위가 좁아 소성이 작다고 한다.

소성지수가 0이거나 측정이 불가능한 경우 이 흙은 비소성(非塑性, non-plastic)이라 하고, '*NP*'로 표시한다. 엄밀한 의미로 비소성 흙은 어떠한 함수비에서도 소성을 나타내지 않는 흙이므로 직경 3mm의 흙가래가 만들어지지 않는 흙(반죽이 불가능한 흙)이다.

소성지수는 액성지수(w_l)와 함께 흙의 공학적 분류에 사용하며 소성지수가 큰 흙은 팽창성(수축성)이 커서 공학적으로 불안한 흙이다. 흙의 강도는 함수비에 따라 대단히 큰 차이를 보이는데, 예를 들어 액성한계 상태에서 흙의 강도가 약 0.2t/m^2 정도인데 반해 소성한계 상태에서 흙의 강도는 약 20t/m^2 정도로 100배 정도의 차이를 보인다.

2) 액성지수

액성지수는(liquidity index, LI, I_l) 흙의 상태가 액성상태에 가까운 정도를 표시하며 식 (1.40)과 같이 정의한다.

$$I_L = \frac{w - w_p}{w_l - w_p} = \frac{w - w_p}{I_P} \tag{1.40}$$

여기서, w : 자연함수비(현재의 함수비)
w_p : 소성한계
w_l : 액성한계
I_P : 소성지수

액성지수는 흙의 압축성과 안정성을 판별하는 기준으로 사용된다. 액성지수가 1보다 크면 이 흙은 액체상태에 있어 불안정한 상태에 있으며, 반면에 액성지수가 0보다 작으면 (반)고체상태에 있어 안정된 상태라는 뜻이다.

$I_L > 1\ (w > w_l)$: 액체상태, 불안정한 상태, 강도가 작음

$I_L < 0\ (w < w_p)$: 고체상태, 안정한 상태, 강도가 큼

액성지수는 예민비와 함께 quick clay 판별의 기준이 된다. 예민비는 교란시료의 강도와 불교란시료의 강도의 비를 말한다. 예민비에 대해서는 8장 흙의 전단강도에서 자세히 다룬다.

quick clay란 점토가 강도를 완전히 상실한 상태를 말한다. 액성지수가 1보다 크고, 예민비가 크면 quick clay의 가능성이 있으므로 기초지반으로 적절치 않다.

1.6.6 소성도

A. Casagrande에 의해 제안된 소성도(plasticity chart)는 세립토의 액성한계와 소성지수 관계를 이용하여 흙의 종류를 구별하는 도표로 흙의 공학적 분류방법(주로 통일분류법)으로 이용되고 있다. 그림 1.19 소성도의 특성에 대하여 간단히 설명하면 다음과 같다.

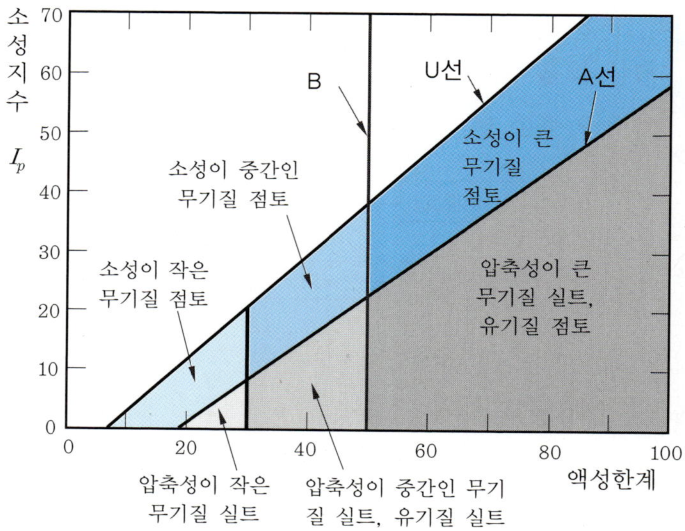

그림 1.19 소성도

〈U선〉 $I_P = 0.9(w_l - 8)$ (1.41)

상한선 : 일반적인 흙은 위쪽에 나타나지 않음

〈A선〉 $I_P = 0.73(w_l - 20)$ (1.42)

상부 : 무기질 점토

하부 : 압축성이 큰 무기질 실트와 유기질 점토

〈B선〉 세립토의 액성한계로부터 소성(압축성)을 판단함

저소성 (저압축성) ←— 30% —→ 중간소성 (중간압축성) ←— 50% —→ 고소성 (고압축성)

1.7 활성도

점토는 입경 0.002mm 이하의 입자이며 적당한 함수비에서 소성을 발휘하는 흙을 말한다. 점토가 소성을 발휘하는 것은 점토입자 표면에 결합된 흡착수 때문이다. 소성지수는 점토의 함유율과 구성 점토광물의 종류에 따라 달라진다.

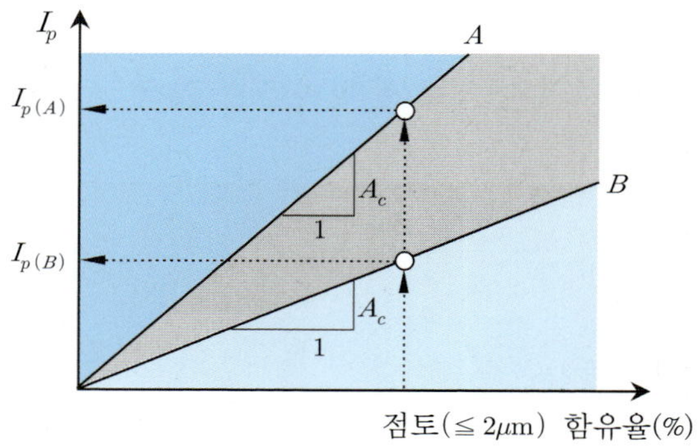

그림 1.20 점토의 활성도

그림 1.20은 소성지수와 점토함유율 사이에 직선적 비례관계가 있음을 보여주고 있다. 이 직선의 기울기를 활성도(활성도, activity)라 하며 A_c로 표기한다.

A, B 두 직선의 기울기는

$$A_c = \frac{I_p}{\text{점토}(\leq 0.002\text{mm})\ \text{함유율}} \tag{1.43}$$

여기서, A_c : 활성도

I_p : 소성지수($= w_l - w_p$)

그림 1.20에서 나타난 바와 같이 구성 점토광물이 같을 때는 점토의 함유율이 많을수록 소성지수가 더 커진다. 점토 A와 점토 B는 동일한 점토 함유율에서 소성지수가 다르게 나타나 있는데 이는 구성 점토광물이 다르기 때문이다. 즉 점토광물에 따라 활성도(즉 직선의 기울기 A_c)는 다른 값이 된다.

3가지 주요 점토광물(kaolinite, illite, montmorillonite 등)에 대한 대표적 활성도 값이 표 1.10에 수록되어 있다.

표 1.10 점토광물의 활성도(Skempton, 1953 및 Mitchell, 1976)

점토광물	활성도 A_c	상대적 평가
Na-montmorillonite	4 ~ 7	활성
Ca-montmorillonite	1.5	보통
Illite	0.5 ~ 1.3	
Kaolinite	0.3 ~ 0.5	비활성
Halloysite(dehydrated)	0.5	
Halloysite(hydrated)	0.1	

활성도가 큰 점토는 얇은 박판형(薄板形)으로 흡착수를 많이 결합할 수 있는 비표면적(比表面積, specific surface area)이 크다. 활성도가 크면 팽창 수축성도 크다. 여기서 비표면적이란 점토입자의 표면적을 부피로 나눈 값으로 정의한다.

1.8 흙의 구조와 흙속의 물

1.8.1 토립자의 형상과 구조

흙은 조립토와 세립토, 또는 비점성토와 점성토로 분류할 수 있으며 근본적으로 다른 형상을 이루고 있다. 모래입자의 형상은 전반적으로 둥글고 부분적으로 모난 형태의 입상(粒狀)으로서 입자간 접촉면에서 마찰저항이 발휘될 수 있지만, 점토 입자의 형상은 길쭉한 모양의 침상 또는 얇은 판상이다.(그림 1.5 참조)

이러한 형상의 토립자들은 한데 모여 흙을 이루게 되며 흙의 구조를 분류하면 다음과 같다.

- 비점성토(非粘性土) non-cohesive soils
  - 단립구조(單粒構造) single-grained structure
  - 봉소구조(蜂巢構造) honey-combed structure
- 점성토(粘性土) cohesive soils
  - 이산구조(離散構造) dispersed structure
  - 면모구조(綿毛構造) flocculated structure

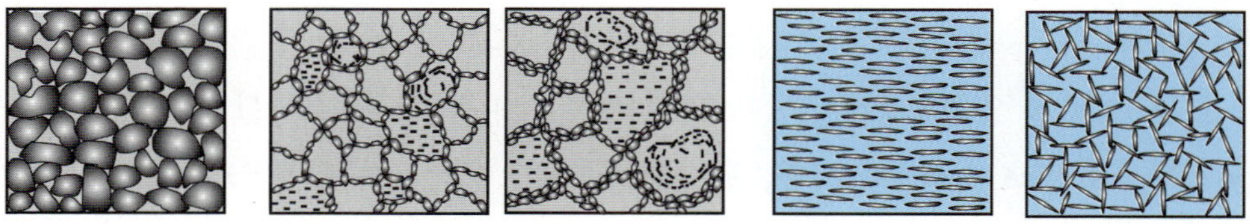

(a) 단립구조 (b) 봉소구조 (c) 이산구조 (d) 면모구조

그림 1.21 흙의 구조

그림 1.21(a)와 같은 단립구조는 입자간 결합 없이 접촉만 하고 있으며, 간극비가 매우 중요하다. 그림 1.21(b)와 같은 봉소구조는 물속에서 토립자가 퇴적할 때 형성되며, 큰 하중에 약하고 침하량이 크다.

그림 1.21(c)와 같은 이산구조(또는 분산구조)는 토립자가 면 대 면이 마주보고(face to face) 있는 경우로서 담수에서 퇴적한 흙이 이루는 구조로 입자간 반발력이 우세하다. 그림 1.21(d)와 같은 면모구조는 면 대 모서리(face to edge) 접촉을 하고 있으며, 염분에 의해 인력(引力)이 증가하여 점착력이 발휘되나, 소금기가 제거되면 점착력이 감소한다. 일반적으로 해수에서 퇴적한 경우에 발생하며, 침하량이 비교적 크다.

점성토(cohesive soils)는 점토광물의 성분과 전기력, 이온성분, 흡착수막의 두께 등의 영향을 받아 점착력의 크기가 결정된다. 비점성토(cohesionless soils)는 입자의 형상이나 상대밀도에 따라 공학적 성질이 큰 영향을 받는다.

1.8.2 흙 속의 물

흙 속에 있으면서 흙과 함께 거동하는 물은 다음과 같이 분류할 수 있다.

- 지표수(地表水) : 지표면 위에 고여 있거나 강물 등과 같이 흐르는 물.
- 중력수(重力水) : 지표수가 지표면으로부터 흙 속으로 침투하는 과정에 있는 물. 지하수면에 도달하면 지하수와 섞이고 일부는 모관력에 의해 지표면과 지하수면 사이에 남아있음.
- 모관수(毛管水) : 지하수가 모관상승 작용으로 지하수면에서 지표면 아래쪽으로 침투하는 물.
- 지하수(地下水) : 지표면 아래에 있는 물. 정지해 있거나 수두차에 의해 침투가 발생하여 이동함. 지반구조물의 안정에 중요하므로 토질역학에서 가장 연구의 대상이 됨.
- 흡착수(吸着水) : 표면장력으로 토립자 표면에 달라붙어 있는 물로 지하수와 섞이지 않음. 점토의 점착력에 영향이 큼.
- 결합수(結合水) : 토립자 광물과 화학적으로 결합하고 있는 물로 상온에서는 분리되지 않음.

이러한 물들에 대하여 그림 1.22에 표시하였다.

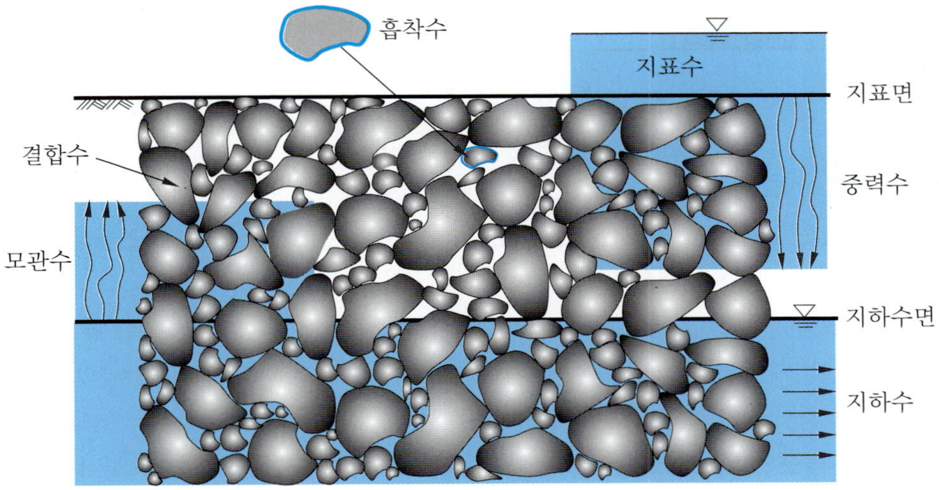

그림 1.22 흙 속의 물

연습문제

1.1 젖은 흙의 부피가 3,000cm³, 무게가 5.5kg인 흙의 함수비가 12.0%이고 비중이 2.75일 때 흙의 상태정수를 구하라.

(1) 간극비 (2) 간극률 (3) 포화도 (4) 전체단위중량 (5) 건조단위중량
(6) 흙 속에 함유된 물의 부피

1.2 부피 176cm³의 흙의 무게가 310g이었다. 이 흙을 노건조시킨 후의 무게는 272g이었고 토립자의 비중은 2.64였다면 이 흙의 간극비, 간극률, 함수비, 포화도, 습윤단위중량, 건조단위중량, 포화단위중량 및 수중단위중량은 얼마인가?

1.3 포화된 흙을 담은 용기의 중량은 113.27g이었는데, 이것을 노건조 시킨 결과 그 중량은 100.0g이었다. 용기만의 무게는 49.31g이고, 이 흙의 비중은 2.75이다. 이 흙의 간극비, 함수비를 구하라.

1.4 어떤 흙의 비중이 2.67, 습윤단위중량 1.95t/m³, 함수비 10.5%일 때 다음을 계산하라.

(1) 건조단위중량 (2) 간극비 (3) 간극률 (4) 포화도

1.5 다음 표의 빈칸을 상태정수 상호관계식을 이용하여 풀어라.
(풀이과정을 밝히고 단위를 써라. 계산과정에서 유효자리는 소수 3째 자리로 한다.)

시료번호	γ_t(g/cm³)	γ_d(g/cm³)	e	n(%)	S(%)	w(%)	G_s
(1)	1.850	①	0.670	②	③	④	2.68
(2)	⑤	⑥	⑦	45.0	35.0	⑧	2.70
(3)	⑨	⑩	⑪	⑫	100	22.4	2.64
(4)	1.780	1.480	⑬	42.0	⑭	⑮	⑯

1.6 단위중량이 1.693t/m³인 건조한 모래를 빗속에 두었다. 이 흙이 비를 맞는 동안 포화도가 40.0%, 함수비는 7.4%로 증가되었으나 부피는 일정하였다. 비를 맞은 후의 간극비와 토립자의 비중을 결정하라.

1.7 자연상태에서의 습윤단위중량 1.75g/cm³, 함수비 10.5%, 비중 2.65인 사질토를 1,000cm³의 몰드에 넣어 가장 느슨히 채웠을 때와 가장 조밀하게 채웠을 때의 중량이 각각 1,724g와 1,785g이었다. 이 흙의 상대밀도는 얼마이며 어떠한 상태의 사질토로 판단되는가?

1.8 사질토에 대하여 최대간극비 0.85, 최소간극비 0.55, 비중 2.75이다. 상대밀도가 65%일 때 건조단위중량을 구하라.

1.9 간극비로 표시한 상대밀도(식 (1.32))와 단위중량으로 표시한 상대밀도(식 (1.34))가 동일함을 증명하라.

1.10 다음은 액성한계시험과 소성한계시험의 결과이다. 주어진 반대수용지를 이용하여 다음을 풀어라.

흙	액성한계		소성한계	흙	액성한계		소성한계
	낙하횟수 N	함수비 w(%)	w_p(%)		낙하횟수 N	함수비 w(%)	w_p(%)
A	6	15.0	6.2	B	8	17.9	12.0
	20	14.0			20	16.6	
	40	13.1			30	15.7	
	65	12.5			60	14.2	

(1) 유동곡선을 그리고 액성한계를 구하라.

(2) 흙의 소성지수를 구하라.

(3) 현장 자연상태 함수비가 12.4%일 때 이 흙의 액성지수(I_l)를 구하고, 어떤 공학적인 의미를 가지는지 기술하라.

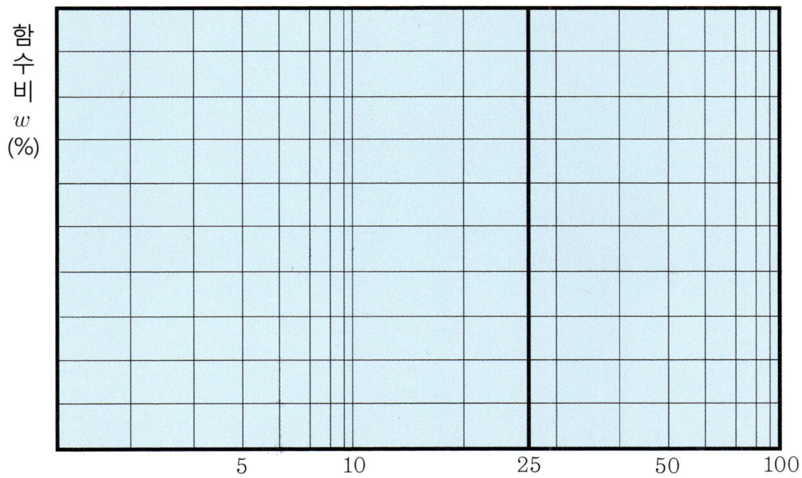

1.11 문제 1.10의 데이터를 엑셀 프로그램으로 회귀분석하여 액성한계를 구하라.

1.12 토질역학의 아버지라 불리는 'Karl Terzaghi'에 대하여 조사하라.

1.13 한국지반공학회에 대하여 다음을 조사하라.
(1) 학회 연혁　(2) 학술발표회　(3) 논문집 발간
(4) 기술위원회 및 지역위원회 활동　(5) 기타

1.14 황사의 발생과 갯벌의 형성 및 우리나라 갯벌의 분포에 관하여 조사하라.

연습문제 힌트

1.1 [예제 1.1]　**1.2** [식 1.25] ~ [식 1.29]　**1.3** [식 1.9]
1.4 [예제 1.3]　**1.5** [식 1.25] ~ [식 1.29]
1.6 비를 맞아도 토립자 무게는 변하지 않음
1.7 [식 1.26], [표 1.8]　**1.8** [식 1.30]　**1.9** [식 1.26]
1.10 [식 1.39], [식 1.40]　**1.11** $w = a \cdot \log N + b$

제2장 흙의 분류

SOIL MECHANICS

흙을 분류하는 목적은 다양한 종류의 흙을 비슷한 성질을 갖는 단순한 기호의 여러 군으로 분류하고, 간단한 시험 결과만을 이용하여 공학적으로 유사한 특성을 가진 흙을 그룹화 하여 흙의 종류에 따른 특성을 쉽게 파악하여 토공사에서 사용하는 흙으로서 적합한 지를 판단하기 위함이다. 흙을 분류하는 효과로는 흙의 종류를 쉽게 표현하므로 기억하고 활용하기 쉽고, 장기간에 걸쳐 축적된 경험을 활용함으로써 간단한 공사에 대하여 경제적인 설계와 시공을 할 수 있게 된다. 흙의 분류 방법으로는 입도 조성에 따른 분류법과(삼각좌표법) 공학적 분류법 즉, 통일분류법과 AASHTO 분류법이 있다. 이러한 흙의 분류를 위해서는 흙을 구성하고 있는 입자의 크기에 따른 분석을 위해 입도분석이 필요하다.

2.1 입도 분석

2.1.1 개요

흙 속에는 토립자 사이의 간극에 물과 공기가 차 있다. 토립자의 크기에 따라 공학적 성질이 크게 좌우되기 때문에 흙을 구성하고 있는 요소 중에서 토립자는 가장 중요한 요소이다.

- 조립토(coarse grained soils) : 표준체를 이용한 체분석
  $D \geqq 0.075\text{mm}$, 즉 200번체에 잔류하는 입자
- 세립토(fine grained soils) : 비중계를 이용한 침강분석
  $D < 0.075\text{mm}$, 즉 200번체를 통과하는 입자

토립자의 크기별 구성 비율에 따른 흙의 분류 방법은 흙을 200번체로 쳐서 잔류한 흙과 통과한 흙으로 구분하여 시험방법을 적용한다. 흙의 입도시험방법은 한국산업규격 KSF 2302에 수록되어 있다. 흙을 조립토와 세립토로 나누어 적용하는 입도분석 방법을 분류해 보면 다음과 같다.

2.1.2 체분석

1) 체의 사용

200번체를 통과하지 못하는 입자 즉 입경이 0.075mm 이상인 토립자에 대하여는 체분석(sieve analysis)으로 입자의 크기에 따른 분포상태를 알 수 있다. 토입자의 크기가 체눈의 크기보다 작으면 통과하고 크면 체(sieve)에 잔류하게 되는 원리를 이용한다. 각 체에 남아있는 흙의 무게를 저울로 측정하여 체눈의 크기에 따라 정리하여 가적통과율을 계산하면 입도분포곡선을 그릴 수 있다. 입도분포곡선으로부터 입도분포 상태에 따라 흙을 분류하고 흙의 명칭을 부여할 수 있다.

토질시험에서 사용하는 체는 그림 2.1(a)와 같이 철사로 엮은 망을 신주로 된 원형 테두리로 고정시킨 것이다. 실험용 체는 크기에 따라 번호를 붙여 사용하는데 체 번호는 1 inch(2.54cm) 내에 포함된 체눈의 수를 말한다.

(a) 표준체

(b) 표준체

그림 2.1 입도시험용 표준체

시험용 시료를 체에 넣고 흔들면 체눈보다 작은 입자들은 체를 통과하고 체눈보다 큰 입자들은 체에 남아있게 된다. 그림 2.1(b)와 같이 여러 개의 체를 포개서 사용할 수 있도록 되어있다. 체눈이 큰 체(체번호가 작은 체)를 위에 그 아래에 체눈이 작은 체를 배치하여 조립하고 가장 위에 있는 체에 시료를 넣고 흔들면 입자의 크기에 따라 체를 통과해 가다가 남게 된다. 예를 들어 4번체를 통과하고 10번체에 잔류한 입자들의 크기는 4.75 mm $> d \geq$ 2.00 mm 라는 것을 알 수 있다. 체를 조립할 때 가장 아래쪽에는 마지막 체를 통과한 입자를 위한 받침(pan, 체눈 없음)과 가장 위쪽에 뚜껑을 배치한다.

PISA TIP (2.1) 왜 10번체의 직경이 25.4 ÷ 10 = 2.54mm가 아닌 2.00mm인가?

- 체눈의 직경은 철망 사이의 순간격을 뜻하므로 체눈의 직경은 10번체의 경우 철망의 두께로 인해 25.4 ÷ 10 = 2.54mm가 아닌 2.00mm가 된다.
- 체눈의 번호가 커질수록 철망의 두께가 차지하는 비중이 크게 되어 200번체 눈의 직경은 0.075mm이다. 즉

10번체 : 10(체눈의 수) × 2.0(체눈의 직경) + 5.4(철망의 두께) = 25.4mm

200번체 : 200(체눈의 수) × 0.075(체눈의 직경) + 10.4(철망의 두께) = 25.4mm

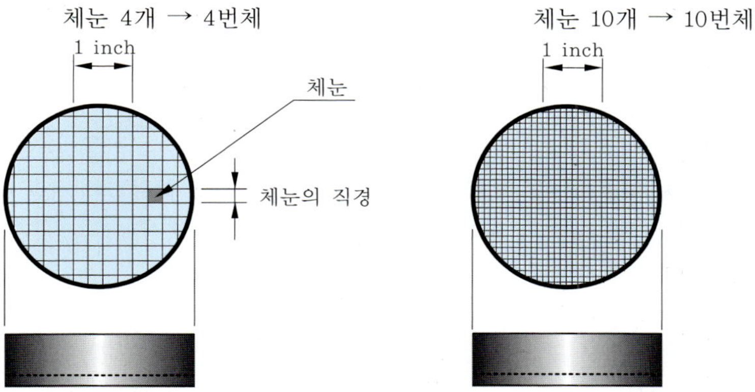

그림 2.2 체눈의 크기와 체 번호

토질시험에서는 표 2.1과 같이 15종의 체를 표준으로 정하여 사용하며 이 중 4번체, 10번체, 20번체, 40번체, 60번체, 100번체(또는 140번체), 200번체를 주로 많이 사용하고 있다. 체눈이 200번체보다 작은 체는 실험 중 가는 토립자가 표면의 전기력에 의해 체눈 사이 철망에 달라붙는 현상을 피하기 위해 잘 사용하지 않는다.

표 2.1 표준체의 번호와 체눈의 크기

체 번호	체눈 크기(mm)	체 번호	체눈 크기(mm)	체 번호	체눈 크기(mm)
#4	4.750	#20	0.850	#80	0.180
#6	3.350	#30	0.600	#100	0.150
#8	2.360	#40	0.425	#140	0.106
#10	2.000	#50	0.300	#170	0.088
#18	1.000	#60	0.250	#200	0.075

2) 체분석 시험

체분석은 다음과 같은 순서에 따라 표준체를 이용하여 시험한다.

① 시료(sample) 조제 : 대표적인 흙을 취해 불순물 제거 후 공기건조하고(또는 노건조(爐乾燥), oven dry), 고무망치로 잘게 부순다.

② 표준체 조립 : 체를 번호순으로 배치하여 조립한다.(그림 2.1b) (큰 체 위쪽, 작은 체 아래쪽, 최하단에 Pan 배치)

③ 체진동기로 흔듬 : 입자가 체눈을 통과할 수 있게 일정한 시간 동안 체를 흔들어 준다.(뚜껑을 덮어 입자가 튀어나가지 않게 함)

④ 잔류중량 측정 : 각 체의 잔류중량을 저울로 측정한다. (체눈 사이에 낀 입자는 잔류한 것으로 간주)

⑤ 잔류율 계산 : 각 체의 잔류율을 순서대로 계산해 나간다.

⑥ 가적잔류율 계산 : 각 체의 가적잔류율을 순서대호 계산해 나간다.

⑦ 가적통과율 계산 : 각 체의 가적통과율을 순서대로 계산해 나간다.

3) 가적통과율 계산

토립자 크기에 따른 가적통과율을 알면 입도분포곡선을 작성할 수 있고, 이로부터 흙의 입도분포를 판별할 수 있다. 가적통과율 계산 순서는 다음과 같다.

① 잔류율 계산

체진동기로 흔들기 전에 먼저 시료의 전체 무게를 측정해 놓고, 각 체에 남아있는 흙의 무게를 저울로 측정하여 식 (2.1)로 잔류율을 계산한다.

$$P_r = \frac{W_r}{W_s} \times 100(\%) \tag{2.1}$$

여기서, W_r : 각 체의 잔류중량(g)

W_s : 시료 전체의 무게(g)

② 가적잔류율 계산

체눈이 큰 체부터 시작하여 각 체의 잔류율을 더해서 가적잔류율을 계산해 나간다.

$$\sum P_{ri} = \sum P_{ri-1} + P_{r_i} \tag{2.2}$$

여기서, $\sum P_{ri}$: i 번째 체의 가적잔류율

$\sum P_{ri-1}$: $i-1$ 번째 체의 가적잔류율

P_{ri} : i 번째 체의 잔류율

③ 가적통과율 계산

각 체의 가적잔류율을 이용하여 식 (2.3)으로 가적통과율을 계산한다.

$$\sum P_i = 100 - \sum P_{ri} \tag{2.3}$$

여기서, $\sum P_i$: i 번째 체의 가적통과율

$\sum P_{ri}$: i 번째 체의 가적잔류율

또한 식 (2.3)은 식 (2.4)와 같이 쓸 수 있으며, 가적잔류율과 가적통과율의 합은 언제나 100%가 된다.

$$\sum P_i + \sum P_{ri} = 100(\%) \tag{2.4}$$

각 체눈의 직경에 대응하는 가적잔류율을 이용하여 입도분포곡선을 작성할 수 있다. 건조시료 50g을 체분석하여 가적통과율을 계산하는 예를 표 2.2에 나타내었다. 표에서 진한 음영으로 표시된 칸은 반드시 확인하여야 할 값이다.

표 2.2 가적통과율 계산 예

체 번호	직경 d(mm)	잔류중량 W_r(g)	잔류율 (%)	가적잔류율 (%)	가적통과율 (%)
#4	4.750	0	① 0	② 0	⑭ 100
#10	2.000	2.0	③ 4.0	④ 4.0	⑮ 96.0
#40	0.425	4.0	⑤ 8.0	⑥ 12.0	⑯ 88.0
#100	0.150	12.0	⑦ 24.0	⑧ 36.0	⑰ 64.0
#200	0.075	24.0	⑨ 48.0	⑩ 84.0	⑱ 16.0
Pan	0	8.0	⑪ 16.0	⑫ 100	⑲ 0
		Σ 50	⑬ Σ 100		

PISA TIP (2.2) 가적잔류율과 가적통과율을 어떻게 구하는가?

- 표 2.2에서 가적잔류율은 다음과 같이 구한다.
  ①=②, ②+③=④, ④+⑤=⑥, ⑥+⑦=⑧, ⑧+⑨=⑩, ⑩+⑪=⑫
- 가적통과율을 계산한 뒤 다음과 같이 되는지 확인한다.
  ①+③+⑤+⑦+⑨+⑪=⑬ 즉 100, ②+④+⑥+⑧+⑩=⑫ 즉 100
- 표 2.2에서 가적통과율은 다음과 같이 구한다.
  100−②=⑭, 100−④=⑮, 100−⑥=⑯, 100−⑧=⑰, 100−⑩=⑱, 100−⑫=⑲

2.1.3 침강분석

1) 침강분석의 원리

침강분석(sedimentation analysis)은 입자가 현탁액 속에서 침강할 때 물의 점성에 의한 저항으로 입자에 크기에 따라 침강속도가 다르다는 원리를 이용한 세립토의 입도분석 방법이다.

이러한 원리를 Stokes 법칙이라 한다. 즉, 입자가 현탁액 속에서 침강하는 속도를 측정하면 식 (2.5)를 이용하여 토립자의 크기를 알 수 있다. 이 때 침강속도는 그림 2.3에 나타낸 비중계를 이용하므로 비중계분석이라고도 한다.

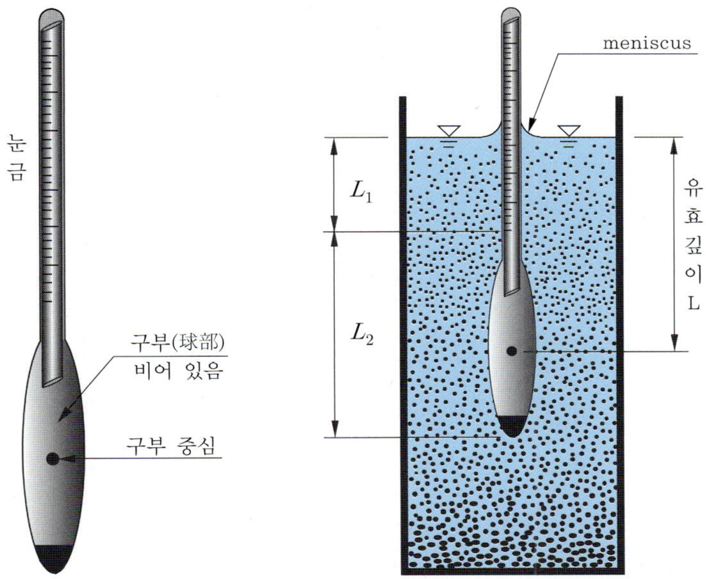

그림 2.3 비중계를 이용한 침강분석

현탁액 속의 토립자 침강속도는 식 (2.5)와 같이 입경의 제곱에 비례한다.

$$v = \frac{\gamma_s \ \gamma_w}{18\eta} D^2 = C \cdot D^2 \tag{2.5}$$

여기서, v : 토립자 침강 속도(cm/sec)

γ_s : 토립자 단위 중량(g/cm^3)

γ_w : 물의 단위 중량(g/cm^3)

η : 물의 점성 계수(g · sec/cm^2)

D : 토립자의 직경(mm)

식 (2.5)를 입경 D에 대해 정리하면

$$D = \sqrt{\frac{30\eta}{(G_s - 1)\gamma_w}} \cdot \sqrt{\frac{L}{t}} \tag{2.6}$$

여기서, L : 유효깊이(수면에서 비중계 구부 중심까지의 거리, cm)
t : 시험 소요시간(min)

2) 현탁액의 조제

침강분석을 위한 현탁액을 제조할 때는 시료를 충분히 분산시켜야 한다. 시료를 분산시키는 목적은 토입자간의 결합력 해소하여 토립자끼리 달라붙거나 엉키는 면모화(綿毛化) 현상을 방지하기 위함이다.

시료의 분산은 흙 시료의 종류에 따라 A방법과 B방법으로 구분한다. A방법은 입자간의 결합력이 비교적 작은 흙($I_P < 20$)에 대하여, B방법은 입자간의 결합력이 비교적 큰 흙($I_P \geq 20$)에 대하여 시료를 계면활성제(규산소다) 용액과 섞어 교반기(stirrer)로 충분히 교반하여 준 다음 증류수를 채워 만든다.

3) 침강분석 시험

물과 흙 시료를 잘 섞은 현탁액은 비중이 1보다 크기 때문에 토립자가 현탁액 속에서 아래로 가라앉게 된다. 현탁액 상부의 비중은 시간에 따라 점점 작아져 토립자가 모두 침강하고 나면 물의 비중과 같아지게 될 것이다. 시험시간이 경과하는데 따른 현탁액의 비중 값을 눈금으로 읽어 정리하면 현탁액 속의 흙의 입경별 분포를 알 수 있다.

시험시간 t, 깊이 L에서 현탁액 속의 토립자는 식 (2.6)에 대입하여 얻은 입경 D보다 작은 입경이 된다.

2.2 입도분포곡선

2.2.1 입도분포곡선의 작성

체분석과 침강분석 결과를 종합하여 입자의 크기에 따른 분포를 그림 2.4와 같은 입도분포곡선(粒度分布曲線, 입경가적곡선이라고도 한다)으로 나타낼 수 있다.

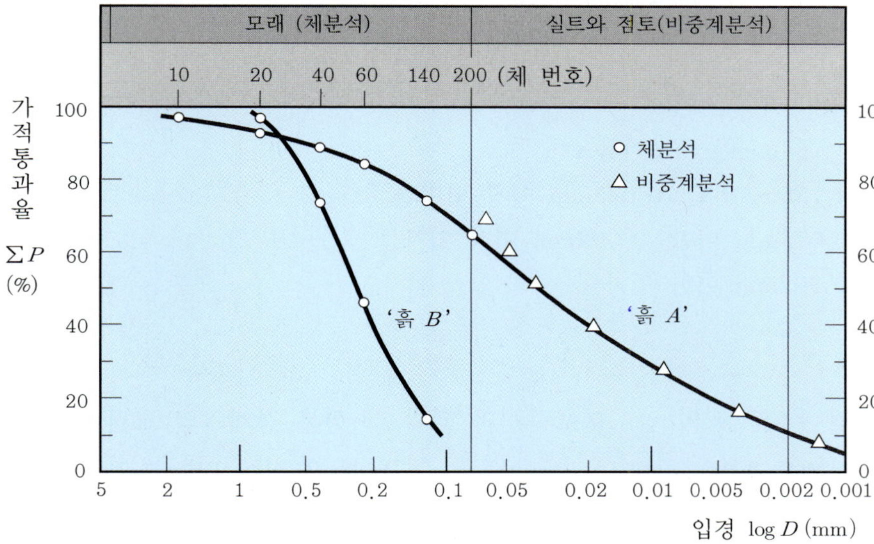

그림 2.4 입도분포곡선

x축에는 입자의 직경을 대수좌표($\log D$)로 표시하고 y축에는 가적통과율(ΣP)을 표시한다. 체분석 시험 결과를 표시할 때 입경은 체눈의 크기에 해당하는 값을 사용한다. 체분석과 비중계분석에 의해 얻어진 입도시험 결과를 정리하여 얻은 입경과 가적통과율 값을 좌표로 표시한 뒤 각 점을 통과하는 부드러운 곡선을 작성하면 입도분포곡선이 작성된다.

'흙 A'의 경우 체분석과 침강분석 시험 결과를 합하여 그림에 표시하였으며, 침강분석 시험 결과 중 큰 입자에 해당하는 두 점은 곡선으로부터 약간 벗어나 있으나 이는 서로 다른 시험 결과를 합하는 데 따른 오차를 무시하고 곡선을 연결하였다. '흙 B'의 경우는 200번체를 통과한 입자가 없어 체분석만 실시하고 침강분석을 하지 않은 결과이다.

2.2.2 흙의 각 성분 함유율

입도분포곡선을 분석하면 흙의 성분별로 함유율을 알 수 있고 이에 따라 흙의 분류방법에 따른 명칭을 부여할 수 있다. 입도시험 결과로 표시된 입도분포곡선의 y좌표(가적통과율)는 x좌표(입경)에 해당하는 입경보다 작은 흙이 전체 중에서 차지하는 함유율이다. 따라서 흙 입자의 크기에 따라 결정되는 모래, 실트, 점토의 경계가 되는 입경에 해당하는 흙의 함유율을 알면 각 성분의 함유율을 얻을 수 있다.

여기서, 통일분류법에서 점토, 실트, 모래, 자갈의 크기는 다음을 참고로 하자.

자갈 : 4.75mm 이상 입자들
모래 : 4.75mm 미만, 0.075mm 이상 입자들
실트 : 0.075mm 미만, 0.002mm 이상 입자들
점토 : 0.002mm 미만 입자들

〈'흙 A'〉

그림 2.5와 같이 '흙 A'의 입도분포곡선과 흙의 각 성분 경계와의 교점을 찾아 수평선을 긋고, y좌표 즉 가적통과율(a : 80% , $b=40\%$, $c=10\%$)을 찾아내면 그 높이의 차가 해당 성분의 함유율이다.

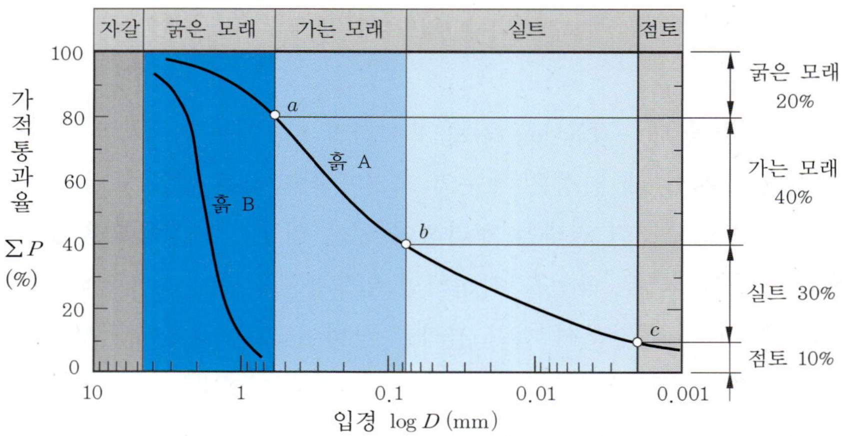

그림 2.5 흙의 성분별 함유율

각 성분의 경계가 되는 입경에 해당하는 가적통과율을 그림 2.5에서 읽어 자갈, 모래, 실트, 점토의 함유량을 계산에 의해 알 수도 있다. 그 예가 표 2.3에 있다.

표 2.3 흙의 성분별 함유율 계산표

<table>
<tr><td colspan="2">'흙 A'의 성분</td><td>굵은 모래</td><td>가는 모래</td><td>실트</td><td>점토</td></tr>
<tr><td colspan="2">입경 / 가적통과율</td><td>$D \geqq 0.6$</td><td>$0.6 > D \geqq 0.075$</td><td>$0.075 > D \geqq 0.002$</td><td>$D < 0.002$</td></tr>
<tr><td>$\Sigma P_{(D>0.6)}$</td><td>100%</td><td rowspan="2">100 − 80 = 20%</td><td></td><td></td><td></td></tr>
<tr><td>$\Sigma P_{(D<0.6)}$</td><td>80%</td><td rowspan="2">80 − 40 = 40%</td><td></td><td></td></tr>
<tr><td>$\Sigma P_{(D<0.075)}$</td><td>40%</td><td></td><td rowspan="2">40 − 10 = 30%</td><td></td></tr>
<tr><td>$\Sigma P_{(D<0.002)}$</td><td>10%</td><td></td><td></td><td rowspan="2">10 − 0 = 10%</td></tr>
<tr><td></td><td></td><td></td><td></td><td></td></tr>
</table>

표 2.3의 계산 결과에서 각 성분의 함유량에 따라 흙을 분류하면 모래가 60%로 가장 많고 실트 30%, 점토는 소량(10%) 포함되어 있으며 자갈은 없다. 따라서 '흙 A'는 모래가 주성분이며 실트가 약간 섞여 있어 '실트질 모래'라고 할 수 있다.

〈'흙 B'〉

그림 2.5의 '흙 B' 입도분포곡선은 전구간이 굵은 모래에 위치하고 있으므로 '흙 A'와 같은 계산절차를 거치지 않고도 순수한 '모래'임을 알 수 있다.

즉 '흙 B'는 굵은 모래 100%이고 그 외의 다른 입자는 없다.

2.2.3 입도분포의 판정

조립토는 입도분포가 흙의 공학적 성질에 크게 영향을 미친다. 입도분포곡선으로부터 조립토의 입도분포에 대한 양부를 판단할 수 있다.

흙은 여러 가지 성분이 골고루 섞여 있을 때 공학적 성질이 우수하다. 그림 2.6(a)와 같이 큰 입자로만 구성된 흙은 입자 사이의 간극이 크고 입자간 접촉면이 작다. 그림 2.6(b)와 같이 작은 입자로 구성된 흙은 입자의 모양이 침상 또는 판상으로 면대 모서리 접촉을 하고 있거나,

면대 면이 마주보고 있는 경우에 반발력에 의해 입자가 접촉하지 못하고 있어 간극비가 크다. 반면 그림 2.6(c)와 같이 여러 가지 크기의 입자가 섞여 있는 흙은 큰 입자 사이에 작은 입자가 끼어 있어 간극비가 작고 입자 사이의 접촉면이 많아져 전단강도가 크게 나타난다.

따라서 흙은 여러 종류 크기의 입자가 골고루 섞여 있어야 양호한 입도라 할 수 있다.

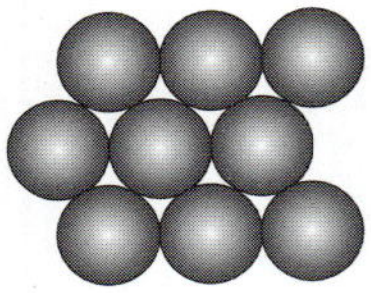

(a) 큰 입자로만 구성된 흙

(b) 작은 입자로만 구성된 흙

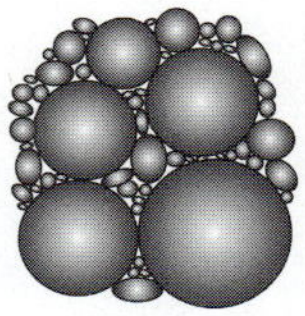

(c) 여러 크기의 입자가 섞인 경우

그림 2.6 입자의 구성에 따른 흙의 상태

흙의 입도분포에 대한 표현방법을 정리하면 다음과 같다.

- 양입도(良粒度, well graded) : 입도분포가 양호(풍부)함
- 빈입도(貧粒度, poorly graded) : 입도분포가 불량(빈약)함
- 결손입도(缺損粒度, gap graded) : 입도분포가 부분적으로 불량(빈약)함

1) 육안 판정

입도분포는 입도분포곡선의 모양을 보고 육안에 의한 개략적인 판단이 가능하다.

입도분포곡선의 경사가 완만하면 여러 크기의 입자들이 섞여 있는 경우로서 양입도라 하고, 경사가 급하면 한 종류의 흙이 밀집해 있는 경우로서 빈입도라 한다. 부분적으로 경사가 급한 구간이 있을 경우 결손입도라 한다.

이러한 사실을 기초로 하여 그림 2.7에 나타난 흙의 입도분포곡선의 모양에 따라 입도를 판단해 보면 다음과 같이 된다.

• 흙 A : 양입도 - 곡선의 경사가 완만함(여러 종류의 흙이 골고루 섞여있음)
• 흙 B : 빈입도 - 곡선의 경사가 급함(한 종류 흙만 많이 있음)

• 흙 C : 결손입도 – 곡선이 계단모양(두 종류 흙이 많고 부분적 결손상태)

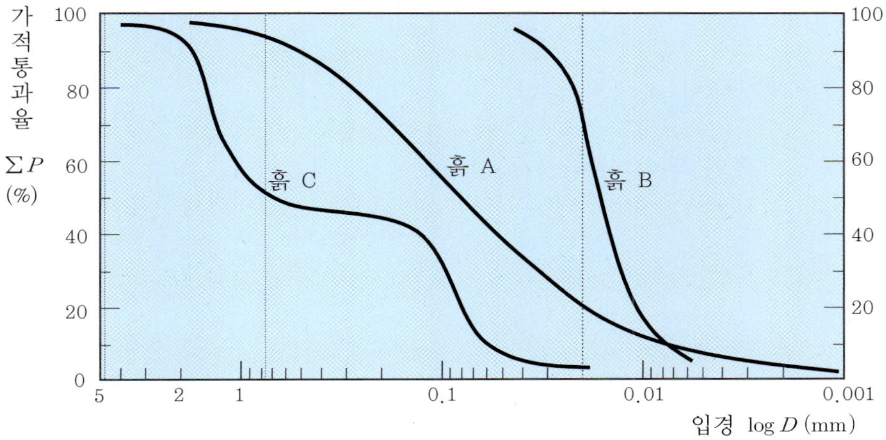

그림 2.7 입도분포곡선의 예

2) 공학적 판정

흙의 입도분포를 공학적으로 판정하는 방법으로는 균등계수와 곡률계수를 이용하는 방법이 있다. 이 방법은 통일분류법에서 흙을 분류하는 기준으로 사용한다.

• 균등계수 :

균등계수(C_u, coefficient of uniformity)는 식 (2.7)로 나타내고 모래의 경우 6 이상일 때 양입도라 한다. 자갈의 경우는 4 이상이면 양입도로 판정한다.

$$C_u = \frac{D_{60}}{D_{10}} \tag{2.7}$$

여기서, D_{10} : 가적통과율 10% 에 해당하는 입경(유효입경)

D_{60} : 가적통과율 60% 에 해당하는 입경

D_{60}은 흙을 구성하고 있는 입자들의 중간정도 되는 크기를 뜻하며 흙의 강도 등 공학적 성질에 영향을 미친다.

유효입경($D_e = D_{10}$, effective diameter)은 흙을 구성하고 있는 입자를 작은 입자부터 큰 입

자 순서로 정렬하였을 때 작은 쪽에서 10%에 해당하는 입자의 크기라는 의미로 볼 수 있다. 또한 유효입경은 간극의 크기와도 관련이 있어 식 (2.8)에서 보는 바와 같이 흙의 투수성에 큰 영향을 미친다.

$$k = C \cdot D_e^2 \text{ (6장에서 자세히 논함)} \tag{2.8}$$

여기서, k : 흙의 투수계수(cm/sec)
C : 상수
D_e : 유효입경

• 곡률계수 :

균등계수가 양입도의 조건을 만족한다 할지라도 D_{10}과 D_{60} 사이의 곡선의 경사에 따라 입도분포 양부의 판정이 달라질 수 있다. 이러한 문제점을 보완하기 위해 D_{30}을 이용하여 곡률계수(coefficient of gradation)를 식 (2.9)와 같이 정의하고 $1 \leq C_g \leq 3$이면 양입도로 판정한다.

$$C_g = \frac{{D_{30}}^2}{D_{10} \times D_{60}} \tag{2.9}$$

• 입도분포의 판정

통일분류법에서는 균등계수와 곡률계수에 대한 두 가지 조건을 모두 만족해야 양입도로 판정한다. 즉, $C_u \geq 6$(자갈의 경우는 4)이고 $1 \leq C_g \leq 3$인 흙을 양입도라고 판정하고 두 가지 조건 중 하나라도 만족하지 못하면 빈입도로 판정한다.

그림 2.8 '흙 A'와 '흙 B'의 입도분포를 공학적으로 판정해 보기로 하자.

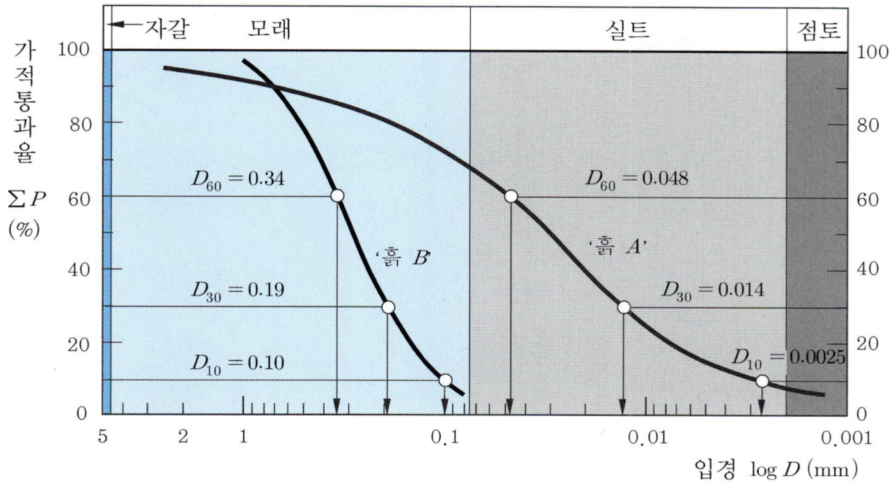

그림 2.8 '흙 A'와 '흙 B'의 입도분포곡선

- '흙 A'의 경우

a) $D_e(=D_{10})=0.0025\text{mm}$, $D_{60}=0.04\text{mm}$, $D_{30}=0.014\text{mm}$

b) 균등계수 $C_u=\dfrac{D_{60}}{D_{10}}=\dfrac{D_{60}}{D_e}=\dfrac{0.048}{0.0025}=19.2$

c) 곡률계수 $C_g=\dfrac{{D_{30}}^2}{D_{10}\times D_{60}}=\dfrac{0.014^2}{0.0025\times 0.048}=1.3$

d) 판정(통일분류법) : $C_u=19.2>6$, $1\leqq C_g=1.3\leqq 3$이므로 두 조건 다 만족.
따라서 '양입도'로 판정한다.

- '흙 B'의 경우

a) $D_e(=D_{10})=0.10\text{mm}$, $D_{60}=0.34\text{mm}$, $D_{30}=0.19\text{mm}$

b) 균등계수 $C_u=\dfrac{D_{60}}{D_{10}}=\dfrac{D_{60}}{D_e}=\dfrac{0.34}{0.10}=3.4$

c) 곡률계수 $C_g=\dfrac{{D_{30}}^2}{D_{10}\times D_{60}}=\dfrac{0.19^2}{0.10\times 0.34}=1.06$

d) 판정(통일분류법)
$1\leqq C_g=1.06\leqq 3$으로 만족하나 $C_u=3.4<6$으로 불만족.

따라서 '빈입도'로 판정한다.

PISA TIP (2.3) 균등계수만으로 입도분포를 판정하면 어떤 문제가 있는가?

균등계수만으로 입도분포를 판정하는 경우 다음과 같은 문제가 발생할 수 있다. 즉 오른쪽 그림과 같이

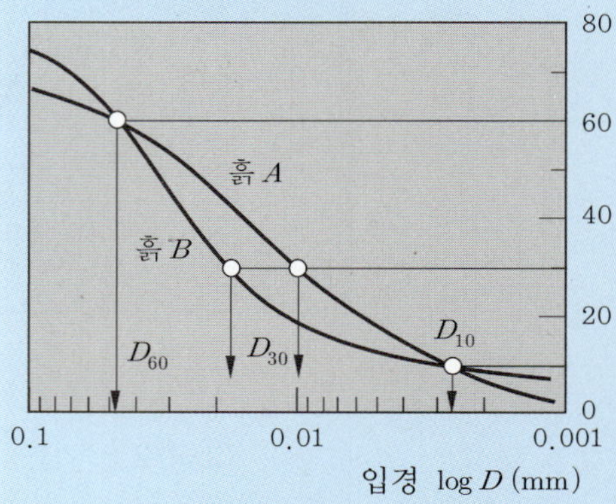

- 흙 A와 흙 B는 입도분포곡선이 달라 다른 종류의 흙이다.
- D_{10}과 D_{60}은 같은 값으로 나타나 있어 균등계수는 같은 값이 되고 균등계수로만 입도를 판정하면 동일한 흙으로 판정이 내려진다.
- 그러나 D_{30}은 전혀 다른 값으로 나타나 있어 곡률계수를 함께 검토하면 입도가 다른 흙으로 판정할 수 있다.

2.3 흙의 분류

2.3.1 입도조성 분류법(삼각좌표법)

흙의 입도조성에 따라 분류하는 삼각좌표법은 미국 농무성에서 개발한 분류법으로 모래, 실트, 점토의 성분별 함유율에 따라 흙을 분류하고 흙의 명칭을 부여한다.

그림 2.9를 이용하면 점토, 실트, 모래의 함유량에 의해 흙의 명칭을 부여할 수 있다.

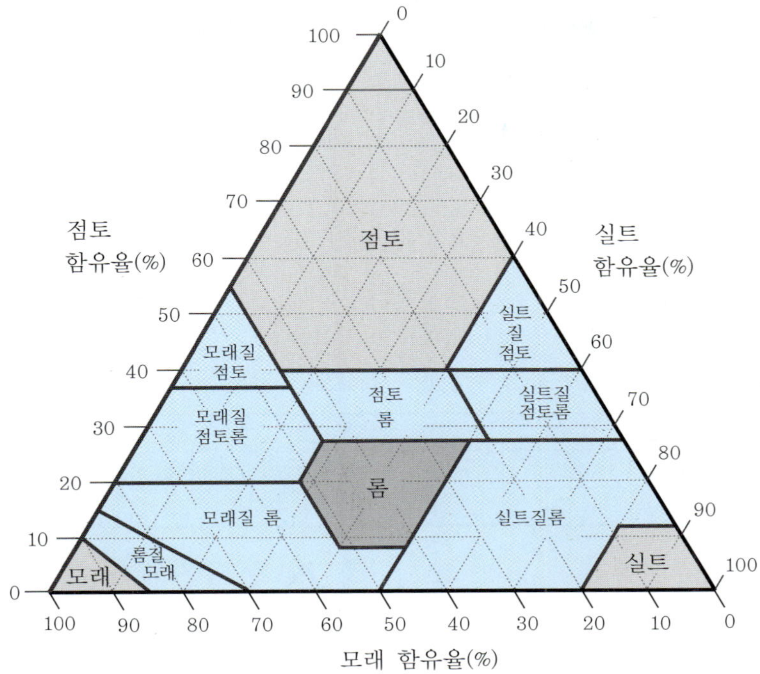

그림 2.9 삼각좌표

삼각좌표법은 비교적 간단하여 흙의 명칭을 부여하는 데는 사용하기 편리하지만, 입도분포에만 근거하여 분류하므로 세립토의 물리적 특성에 큰 영향을 미치는 점토광물의 양과 형태가 고려되어 있지 않아 흙의 여러 가지 중요한 성질을 나타낼 수 없다는 단점 때문에 공학적 목적으로는 잘 사용하지 않는다.

• **삼각좌표 이용방법**

① 입도분석 시험으로 점토, 실트, 모래, 자갈의 함유율을 결정한다.
② 자갈을 제외한 성분 함유율의 좌표가 만나는 점의 구역 명칭을 부여한다.
※ 점토, 실트, 모래 좌표에서 시계 반대 방향으로 진행하여야 함.
※ 세 성분의 함유율 좌표의 교점은 반드시 한 점에서 만나야 함.
③ 자갈은 흙 전체 중의 함유율을 고려하여 명칭을 부여한다. 즉
자갈이 50% 이상인 경우 : '○○ 섞인 자갈'
자갈이 50% 미만인 경우 : '자갈 섞인 ○○'

➤ 예제 2.1

입도 시험 결과 자갈 70g, 모래 120g, 실트 50g, 점토 30g 이었다. 이 흙의 구성 성분에 따라 삼각좌표법으로 분류한 흙의 명칭은 무엇인가?

조건 자갈 70g, 모래 120g, 실트 50g, 점토 30g

요구 흙의 명칭

풀이 흙 전체의 무게 = 70 + 120 + 50 + 30 = 270g

자갈을 제외한 흙의 무게 = 120 + 50 + 30 = 200g

성 분	모래	실트	점토	계	자갈	총계
무 게 (g)	120	50	30	200	70	270
구성비 (%)	60	25	15	100	26	100

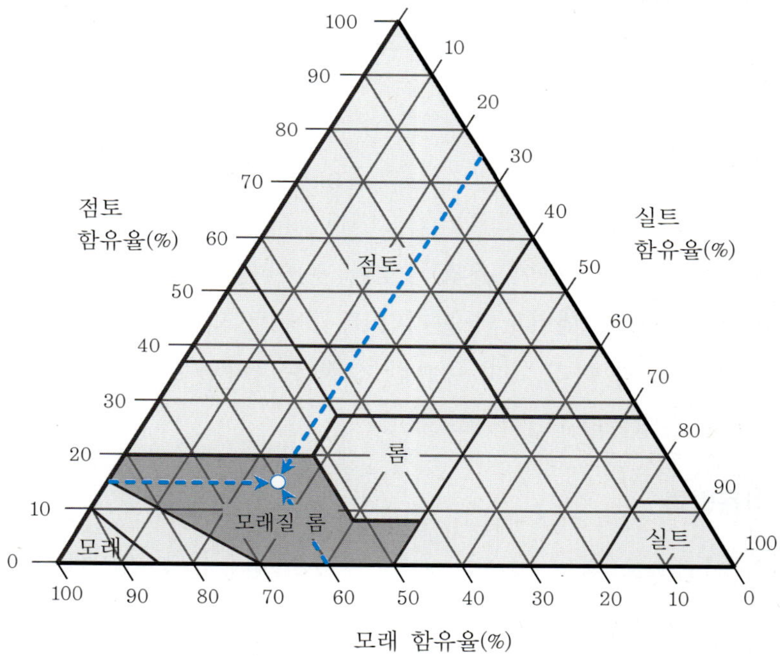

그림 2.9(삼각좌표)에서 '모래질 롬'으로 분류되며, 흙 전체에 대한 자갈의 구성비가 26% 〈 50%임으로 최종적으로 이 흙은 '자갈 섞인 모래질 롬'이다.

2.3.2 통일분류법

통일분류법(USCS : unified soil classification system)은 1942년 A. Casagrande가 고안하여 처음에는 미국 공병단 비행활주로 설계용으로 개발된 흙의 분류법이다. 1952년 개정을 거쳐 현재는 가장 포괄적이고 과학적인 분류법으로 인정받고 있다.

통일분류법으로 표기한 분류기호는 기억하기 쉽고 사용하기가 편리하여 지반조사 결과를 표현하는 흙의 시추 주상도 등에 표기하는 등 기술자들에게 가장 많이 쓰이고 있다.

통일분류법에 의한 분류를 위한 조사내용으로는 다음과 같은 것이 있다.

① 직경 75mm 체를 통과하고 4번체에 남는($D > 4.75\text{mm}$) 자갈의 백분율
② 4번체를 통과하고 200번체에 남는($4.75 > D \geq 0.075\text{mm}$) 모래의 백분율
③ 200번체를 통과하는 실트와 점토의 백분율($F = P_{(D < 0.075\text{mm})}$)
④ 균등계수(C_u)와 곡률계수(C_g)
⑤ 흙의 액성한계(w_l)와 소성지수(I_p)

통일분류법은 표 2.4와 같이 2개의 영문자로 표기한다.(예를 들어 GC, SM, CH 등)

제1문자는 토립자의 크기에 따라 분류하였으므로 흙의 명칭에 해당하고, 제2문자는 입도분포, 소성도, 애터버그 한계 등에 의해 분류하여 흙의 특성을 설명하고 있다.

표 2.4 통일분류법 분류기호의 표기

<table>
<tr><th colspan="3">제1문자(주분류, 입경)</th><th colspan="2">제2문자(부수적 분류, 흙의 성질)</th><th>분류가능 기호</th></tr>
<tr><td rowspan="4">조립토
$F \leq 50\%$</td><td>자갈(gravel)</td><td>G</td><td>양입도(well graded)</td><td>W</td><td rowspan="4">GW GP
SW SP
GM GC
SM SC</td></tr>
<tr><td rowspan="3">모래(sand)</td><td rowspan="3">S</td><td>빈입도(poorly graded)</td><td>P</td></tr>
<tr><td>실트질(silty → Mo)</td><td>M</td></tr>
<tr><td>점토질(clayey)</td><td>C</td></tr>
<tr><td rowspan="3">세립토
$F > 50\%$</td><td>실트(silt→Mo)</td><td>M</td><td rowspan="2">고압축성 또는 고소성
(high compressibility)</td><td rowspan="2">H</td><td rowspan="3">MH ML
CH CL
OH OL</td></tr>
<tr><td>점토(clay)</td><td>C</td></tr>
<tr><td>유기질 점토
(organic clay)</td><td>O</td><td>저압축성 또는 저소성
(low compressibility)</td><td>L</td></tr>
</table>

• F = 200번체 통과 백분율

통일분류법으로 표기된 흙을 읽을 때는 제2문자(수식어)부터 읽고 제1문자(명사)를 읽으면 된다. 예를 들어 GC는 제1문자 G가 자갈을 뜻하고 제2문자 C가 점토를 뜻하므로 '점토질 자갈'이라고 읽으면 된다.

조립토의 성질을 설명하는 제2문자의 구체적인 분류기준은 다음과 같다.

- 양입도(W) : $C_u \geq 6$(자갈의 경우는 $C_u \geq 4$)이고, $1 \leq C_g \leq 3$인 흙
- 빈입도(P) : $C_u \geq 6$이고, $1 \leq C_g \leq 3$인 조건을 만족하지 못하는 흙
- 실트질(M) : 소성도에서 $A-$선 아래
- 점토질(C) : 소성도에서 $A-$선 위

세립토를 분류할 때는 소성도(plasticity chart)를 이용하면 편리하다. 그림 2.10에 나타낸 소성도는 액성한계와 소성지수를 이용하여 분류기호를 결정하고, 유기질 또는 무기질 흙의 분류와 흙의 압축성이 크고 작음을 판별할 수 있다.

세립토를 분류할 때 사용하는 소성도에는 다음과 같은 3개의 선(line)이 있다.

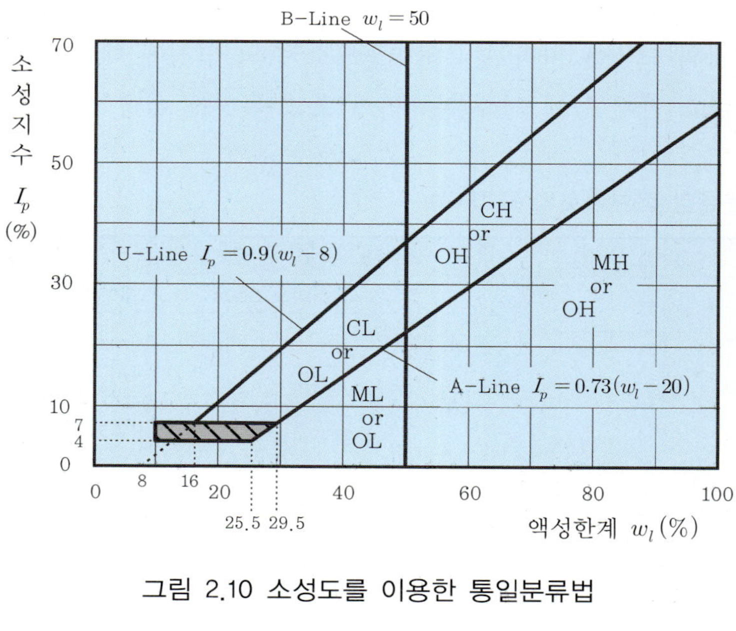

그림 2.10 소성도를 이용한 통일분류법

① $A-$선 : 점토(유기질 점토)와 실트(유기질 실트)를 구분하는 선.

$A-$선의 방정식은 $I_p = 0.73(w_l - 20)$

$A-$선 및 그 위쪽 : 점토(C), 또는 유기질 점토(O),

특히 $4 \le I_p \le 7$ 이면(빗금부분)

실트질 점토($CL-ML$) 또는 유기질 점토(O)

$A-$선 의 아래쪽 : 실트(M), 또는 유기질 실트(O)

② $B-$선 : 압축성 또는 소성이 크고 작음을 구분하는 선

$B-$선 의 방정식은 $w_l = 50\%$

$w_l \geqq 50\%$: 압축성 또는 소성이 큰 흙(H)

$w_l < 50\%$: 압축성 또는 소성이 낮은 흙(L)

③ $U-$선 : $(w_l,\ I_p)$의 상한선

$U-$선 의 방정식은 $I_p = 0.9(w_l - 8)$

$(w_l,\ I_p)$ 값이 $U-$선 보다 위쪽에 있는 흙은 없다.

피트(P_t)는 표 2.4에는 제시되어 있지 않은 흙인데 유기질이 지배적 성분인 이탄토로서 토목 공사에 부적합하기 때문에 더 이상의 세분류가 불필요한 흙이다.

PISA TIP

(2.4) 만약 어떤 흙의 $(w_l,\ I_p)$가 U선 위쪽에 나타난다면?

① 액성한계 및 소성한계 실험 또는 결과의 정리과정에 잘못이 있다.
② 이 세상에 존재하지 않는 이상한 흙이 발견되었다.
③ 그런 걱정은 하지 않아도 된다.

그림 2.11은 조립토와 세립토의 통일분류법에 의한 흙의 분류체계를 나타낸 것이다.

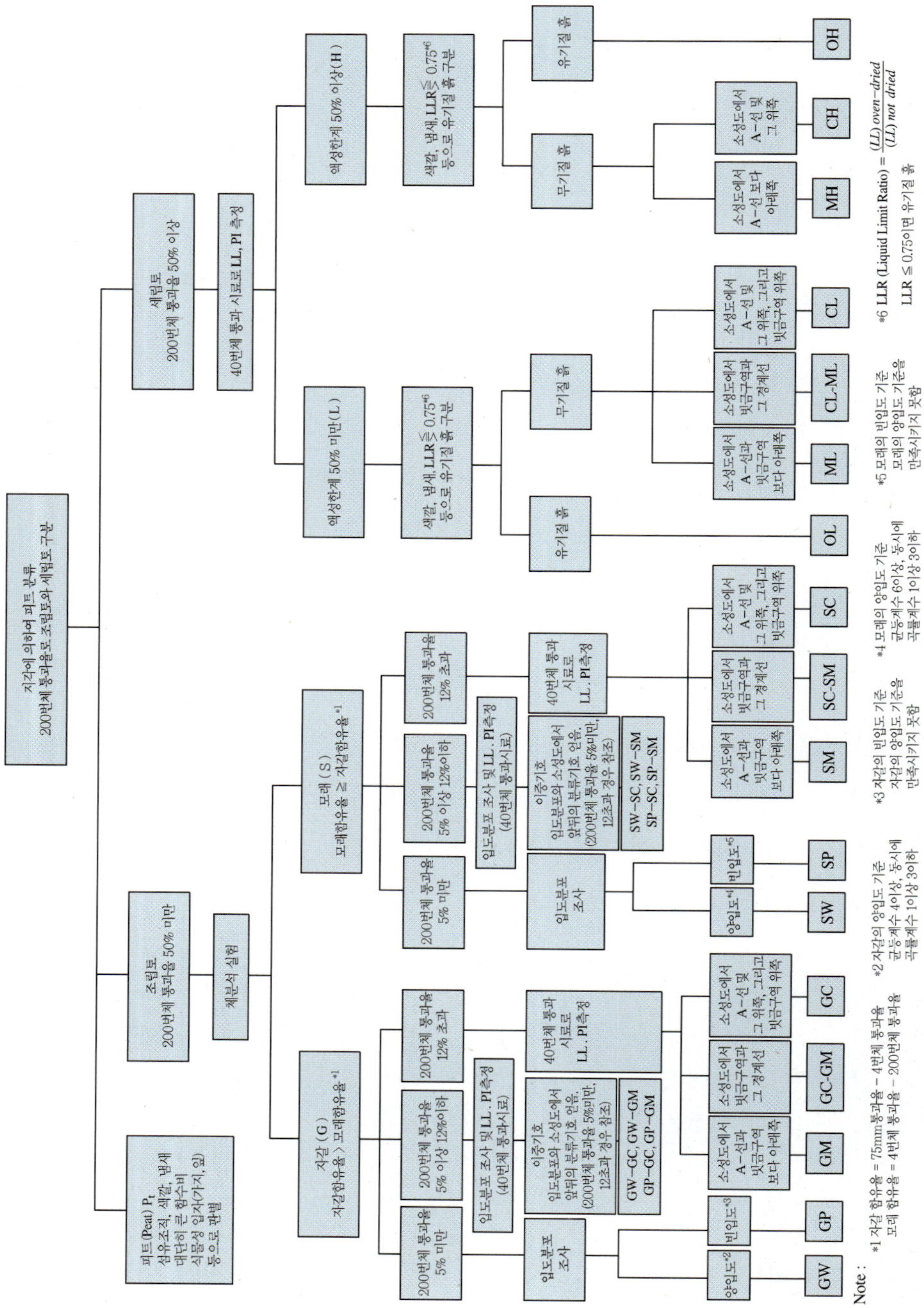

그림 2.11 통일분류법에 의한 흙의 분류 체계

표 2.5~표 2.10에 통일분류법의 분류기호에 해당하는 흙의 공학적 특성을 나타냈다.

표 2.5 자갈(G)의 공학적 특성

분류기호	기본 분류명	분류방법	분류명
GW	양입도의 자갈 (well-graded gravel)	모래함유율 〈 15%	양입도의 자갈 (well-graded gravel)
		모래함유율 ≥ 15%	모래를 함유한 양입도 자갈 (well-graded gravel with sand)
GP	빈입도의 자갈 (poorly graded gravel)	모래함유율 〈 15%	빈입도의 자갈 (poorly graded gravel)
		모래함유율 ≥ 15%	모래를 함유한 빈입도 자갈 (poorly graded gravel with sand)
GW-GM	실트를 함유한 양입도 자갈 (well-graded gravel with silt)	모래함유율 〈 15%	실트를 함유한 양입도 자갈 (well-graded gravel with silt)
		모래함유율 ≥ 15%	실트와 모래를 함유한 양입도 자갈 (well-graded gravel with silt and sand)
GW-GC	점토를 함유한 양입도 자갈 (well-graded gravel with clay)	모래함유율 〈 15%	점토(또는 실트질 점토*)를 함유한 양입도 자갈 (well-graded gravel with clay(or silty clay*))
		모래함유율 ≥ 15%	점토와 모래(또는 실트질 점토*와 모래)를 함유한 양입도 자갈(well-graded gravel with clay and sand (or silty clay* and sand))
GP-GM	실트를 함유한 빈입도 자갈 (poorly graded gravel with silt)	모래함유율 〈 15%	실트를 함유한 빈입도 자갈 (poorly graded gravel with silt)
		모래함유율 ≥ 15%	실트와 모래를 함유한 빈입도 자갈 (poorly graded gravel with silt and sand)
GP-GC	점토를 함유한 빈입도 자갈 (poorly graded gravel with clay)	모래함유율 〈 15%	점토(또는 실트질 점토*)를 함유한 빈입도 자갈 (poorly graded gravel with clay(or silty clay*))
		모래함유율 ≥ 15%	점토와 모래(또는 실트질 점토*와 모래)를 함유한 빈입도 자갈(poorly graded gravel with clay and sand (or silty clay* and sand))
GM	실트질 자갈(silty gravel)	모래함유율 〈 15%	실트질 자갈 (silty gravel)
		모래함유율 ≥ 15%	모래를 함유한 실트질 자갈 (silty gravel with sand)
GC	점토질 자갈(clayey gravel)	모래함유율 〈 15%	점토질 자갈(clayey gravel)
		모래함유율 ≥ 15%	모래를 함유한 점토질 자갈 (clayey gravel with sand)
GC-GM	실트질 점토질 자갈 (silty clayey gravel)	모래함유율 〈 15%	실트질 점토질 자갈 (silty clayey gravel)
		모래함유율 ≥ 15%	모래를 함유한 실트질 점토질 자갈 (silty clayey gravel with sand)

* 빗금 부분(CL-ML)의 경우임.

표 2.6 모래(S)의 공학적 특성

분류기호	기본 분류명	분류방법	분류명
SW	양입도의 모래 (well-graded sand)	자갈함유율 〈 15%	양입도의 모래 (well-graded sand)
		자갈함유율 ≥ 15%	자갈을 함유한 양입도 모래 (well-graded sand with gravel)
SP	빈입도의 모래 (poorly graded sand)	자갈함유율 〈 15%	빈입도의 모래 (poorly graded sand)
		자갈함유율 ≥ 15%	자갈을 함유한 빈입도 모래 (poorly graded sand with gravel)
SW-SM	실트를 함유한 양입도 모래 (well-graded sand with silt)	자갈함유율 〈 15%	실트를 함유한 양입도 모래 (well-graded sand with silt)
		자갈함유율 ≥ 15%	실트와 자갈을 함유한 양입도 모래 (well-graded sand with silt and gravel)
SW-SC	점토를 함유한 양입도 모래 (well-graded sand with clay)	자갈함유율 〈 15%	점토(또는 실트질 점토*)를 함유한 양입도 모래 (well-graded sand with clay(or silty clay*))
		자갈함유율 ≥ 15%	점토와 자갈(또는 실트질 점토*와 자갈)을 함유한 양입도 모래 (well-graded sand with clay and gravel (or silty clay* and gravel))
SP-SM	실트를 함유한 빈입도 모래 (poorly graded sand with silt)	자갈함유율 〈 15%	실트를 함유한 빈입도 모래 (poorly graded sand with silt)
		자갈함유율 ≥ 15%	실트와 자갈을 함유한 빈입도 모래 (poorly graded sand with silt and gravel)
SP-SC	점토를 함유한 빈입도 모래 (poorly graded sand with clay)	자갈함유율 〈 15%	점토(또는 실트질 점토*)를 함유한 빈입도 모래 (poorly graded sand with clay(or silty clay*))
		자갈함유율 ≥ 15%	점토와 자갈(또는 실트질 점토*와 자갈)을 함유한 빈입도 모래 (poorly graded sand with clay and gravel (or silty clay* and gravel))
SM	실트질 모래 (silty sand)	자갈함유율 〈 15%	실트질 모래(silty sand)
		자갈함유율 ≥ 15%	자갈을 함유한 실트질 모래(silty sand with gravel)
SC	점토질 모래 (clayey sand)	자갈함유율 〈 15%	점토질 모래(clayey sand)
		자갈함유율 ≥ 15%	자갈을 함유한 점토질 모래(clayey sand with gravel)
SC-SM	실트질 점토질 모래 (silty clayey sand)	자갈함유율 〈 15%	실트질 점토질 모래(silty clayey sand)
		자갈함유율 ≥ 15%	자갈을 함유한 실트질 점토질 모래 (silty clayey sand with gravel)

* 빗금 부분(CL-ML)의 경우임.

표 2.7 점토(C)의 공학적 특성

<table>
<tr><th>분류기호</th><th>기본 분류명</th><th colspan="3">분류방법</th><th>분류명</th></tr>
<tr><td rowspan="7">CL</td><td rowspan="7">압축성이
낮은 점토
(lean clay)</td><td colspan="3">100 - F < 15%</td><td>압축성이 낮은 점토
(lean clay)</td></tr>
<tr><td colspan="2" rowspan="2">15% ≤ 100 - F < 30%</td><td>모래% ≥ 자갈%</td><td>모래를 함유한 압축성이 낮은 점토
(lean clay with sand)</td></tr>
<tr><td>모래% < 자갈%</td><td>자갈을 함유한 압축성이 낮은 점토
(lean clay with gravel)</td></tr>
<tr><td rowspan="4">100 - F
≥ 30%</td><td rowspan="2">모래% ≥ 자갈%
모래질 압축성이
낮은 점토</td><td>자갈% < 15%</td><td>모래질 압축성이 낮은 점토
(sandy lean clay)</td></tr>
<tr><td>자갈% ≥ 15%</td><td>자갈을 함유한 모래질 압축성이 낮은 점토
(sandy lean clay with gravel)</td></tr>
<tr><td rowspan="2">모래% < 자갈%
자갈질 압축성이
낮은 점토</td><td>모래% < 15%</td><td>자갈질 압축성이 낮은 점토
(gravelly lean clay)</td></tr>
<tr><td>모래% ≥ 15%</td><td>모래를 함유한 자갈질 압축성이 낮은 점토
(gravelly lean clay with sand)</td></tr>
<tr><td rowspan="7">CH</td><td rowspan="7">압축성이
큰 점토
(fat clay)</td><td colspan="3">100 - F < 15%</td><td>압축성이 큰 점토
(fat clay)</td></tr>
<tr><td colspan="2" rowspan="2">15% ≤ 100 - F < 30%</td><td>모래% ≥ 자갈%</td><td>모래를 함유한 압축성이 큰 점토
(fat clay with sand)</td></tr>
<tr><td>모래% < 자갈%</td><td>자갈을 함유한 압축성이 큰 점토
(fat clay with gravel)</td></tr>
<tr><td rowspan="4">100 - F
≥ 30%</td><td rowspan="2">모래% ≥ 자갈%
모래질 압축성이
큰 점토</td><td>자갈% < 15%</td><td>모래질 압축성이 큰 점토
(sandy fat clay)</td></tr>
<tr><td>자갈% ≥ 15%</td><td>자갈을 함유한 모래질 압축성이 큰 점토
(sandy fat clay with gravel)</td></tr>
<tr><td rowspan="2">모래% < 자갈%
자갈질 압축성이
큰 점토</td><td>모래% < 15%</td><td>자갈질 압축성이 큰 점토
(gravelly fat clay)</td></tr>
<tr><td>모래% ≥ 15%</td><td>모래를 함유한 자갈질 압축성이 큰 점토
(gravelly fat clay with sand)</td></tr>
</table>

- F = 200번체 통과 백분율

표 2.8 실트(M)의 공학적 특성

<table>
<tr><th>분류기호</th><th>기본 분류명</th><th colspan="3">분류방법</th><th>분류명</th></tr>
<tr><td rowspan="7">ML</td><td rowspan="7">소성이 낮은 실트 (silt)</td><td colspan="3">100 - F < 15%</td><td>소성이 낮은 실트(silt)</td></tr>
<tr><td colspan="2" rowspan="2">15% ≤ 100 - F < 30%</td><td>모래% ≥ 자갈%</td><td>모래를 함유한 소성이 낮은 실트 (silt with sand)</td></tr>
<tr><td>모래% < 자갈%</td><td>자갈을 함유한 소성이 낮은 실트 (silt with gravel)</td></tr>
<tr><td rowspan="4">100 - F ≥ 30%</td><td rowspan="2">모래% ≥자갈% 자갈질 소성이 낮은 실트</td><td>자갈% < 15%</td><td>모래질 소성이 낮은 실트(sandy silt)</td></tr>
<tr><td>자갈% ≥ 15%</td><td>자갈을 함유한 모래질 소성이 낮은 실트 (sandy silt with gravel)</td></tr>
<tr><td rowspan="2">모래% <자갈% 자갈질 소성이 낮은 실트</td><td>모래% < 15%</td><td>자갈질 소성이 낮은 실트(gravelly silt)</td></tr>
<tr><td>모래% ≥ 15%</td><td>모래를 함유한 자갈질 소성이 낮은 실트 (gravelly silt with sand)</td></tr>
<tr><td rowspan="7">MH</td><td rowspan="7">소성이 큰 실트 (elastic silt)</td><td colspan="3">100 - F < 15%</td><td>소성이 큰 실트(elastic silt)</td></tr>
<tr><td colspan="2" rowspan="2">15% ≤ 100 - F < 30%</td><td>모래% ≥ 자갈%</td><td>모래를 함유한 소성이 큰 실트 (elastic silt with sand)</td></tr>
<tr><td>모래% < 자갈%</td><td>자갈을 함유한 소성이 큰 실트 (elastic silt with gravel)</td></tr>
<tr><td rowspan="4">100 - F ≥ 30%</td><td rowspan="2">모래% ≥ 자갈% 모래질 소성이 큰 실트</td><td>자갈% < 15%</td><td>모래질 소성이 큰 실트(sandy elastic silt)</td></tr>
<tr><td>자갈% ≥ 15%</td><td>자갈을 함유한 모래질 소성이 큰 실트 (sandy elastic silt with gravel)</td></tr>
<tr><td rowspan="2">모래% < 자갈% 자갈질 소성이 큰 실트</td><td>모래% < 15%</td><td>자갈질 소성이 큰 실트 (gravelly elastic silt)</td></tr>
<tr><td>모래% ≥ 15%</td><td>모래를 함유한 자갈질 소성이 큰 실트 (gravelly elastic silt with sand)</td></tr>
</table>

표 2.9 실트질 점토(CL-ML)의 공학적 특성

분류기호	기본 분류명	분류방법			분류명
CL-ML	실트질 점토 (silty clay)	100 - F < 15%			실트질 점토 (silty clay)
		15% ≤ 100 - F < 30%		모래% ≥ 자갈%	모래를 함유한 실트질 점토 (silty clay with sand)
				모래% < 자갈%	자갈을 함유한 실트질 점토 (silty clay with gravel)
		100 - F ≥ 30%	모래% ≥ 자갈% 모래질 실트질 점토	자갈% < 15%	모래질 실트질 점토(sandy silty clay)
				자갈% ≥ 15%	자갈을 함유한 모래질 실트질 점토 (sandy silty clay with gravel)
			모래% < 자갈% 자갈질 실트질 점토	모래% < 15%	자갈질 실트질 점토 (gravelly silty clay)
				모래% ≥ 15%	모래를 함유한 자갈질 실트질 점토 (gravelly silty clay with sand)

표 2.10 유기질토(O)의 공학적 특성

분류기호	기본 분류명	분류방법			분류명
OL	PI ≥ 4이고 A선 및 그 위쪽 (빗금부분 포함) 유기질 점토 (organic clay)	100 - F < 15%			유기질 점토(organic clay)
		15% ≤ 100 - F < 30%		모래% ≥ 자갈%	모래를 함유한 유기질 점토 (organic clay with sand)
				모래% < 자갈%	자갈을 함유한 유기질 점토 (organic clay with gravel)
		100 - F ≥ 30%	모래% ≥ 자갈% 모래질 유기질 점토	자갈% < 15%	모래질 유기질 점토 (sandy organic clay)
				자갈% ≥ 15%	자갈을 함유한 모래질 유기질 점토 (sandy organic clay with gravel)
			모래% < 자갈% 자갈질 유기질 점토	모래% < 15%	자갈질 유기질 점토 (gravelly organic clay)
				모래% ≥ 15%	모래를 함유한 자갈질 유기질 점토 (gravelly organic clay with sand)
	PI < 4이고 A선 아래쪽 유기질 실트 (organic silt)	100 - F < 15%			유기질 실트(organic silt)
		15% ≤ 100 - F < 30%		모래% ≥ 자갈%	모래를 함유한 유기질 실트 (organic silt with sand)
				모래% < 자갈%	자갈을 함유한 유기질 실트 (organic silt with gravel)
		100 - F ≥ 30%	모래% ≥ 자갈% 모래질 유기질 실트	자갈% < 15%	모래질 유기질 실트(sandy organic silt)
				자갈% ≥ 15%	자갈을 함유한 모래질 유기질 실트 (sandy organic silt with gravel)
			모래% < 자갈% 자갈질 유기질 실트	모래% < 15%	자갈질 유기질 실트 (gravelly organic silt)
				모래% ≥ 15%	모래를 함유한 자갈질 유기질 실트 (gravelly organic silt with sand)

<table>
<tr><th>분류기호</th><th>기본 분류명</th><th colspan="3">분류방법</th><th>분류명</th></tr>
<tr><td rowspan="14">OH</td><td rowspan="7">A선 및 그 위쪽 (빗금부분 포함) 유기질 점토 (organic clay)</td><td colspan="3">100 - F < 15%</td><td>유기질 점토(organic clay)</td></tr>
<tr><td colspan="2" rowspan="2">15% ≤ 100 - F < 30%</td><td>모래% ≥ 자갈%</td><td>모래를 함유한 유기질 점토 (organic clay with sand)</td></tr>
<tr><td>모래% < 자갈%</td><td>자갈을 함유한 유기질 점토(organic clay with gravel)</td></tr>
<tr><td rowspan="4">100 - F ≥ 30%</td><td rowspan="2">모래% ≥ 자갈% 모래질 유기질 점토</td><td>자갈% < 15%</td><td>모래질 유기질 점토(sandy organic clay)</td></tr>
<tr><td>자갈% ≥ 15%</td><td>자갈을 함유한 모래질 유기질 점토 (sandy organic clay with gravel)</td></tr>
<tr><td rowspan="2">모래% < 자갈% 자갈질 유기질 점토</td><td>모래% < 15%</td><td>자갈질 유기질 점토(gravelly organic clay)</td></tr>
<tr><td>모래% ≥ 15%</td><td>모래를 함유한 자갈질 유기질 점토 (gravelly organic clay with sand)</td></tr>
<tr><td rowspan="7">A선 아래쪽 유기질 실트 (organic silt)</td><td colspan="3">100 - F < 15%</td><td>유기질 실트(organic silt)</td></tr>
<tr><td colspan="2" rowspan="2">15% ≤ 100 - F < 30%</td><td>모래% ≥ 자갈%</td><td>모래를 함유한 유기질 실트 (organic silt with sand)</td></tr>
<tr><td>모래% < 자갈%</td><td>자갈을 함유한 유기질 실트 (organic silt with gravel)</td></tr>
<tr><td rowspan="4">100 - F ≥ 30%</td><td rowspan="2">모래% ≥ 자갈% 모래질 유기질 실트</td><td>자갈% < 15%</td><td>모래질 유기질 실트(sandy organic silt)</td></tr>
<tr><td>자갈% ≥ 15%</td><td>자갈을 함유한 모래질 유기질 실트 (sandy organic silt with gravel)</td></tr>
<tr><td rowspan="2">모래% < 자갈% 자갈질 유기질 실트</td><td>모래% < 15%</td><td>자갈질 유기질 실트(gravelly organic silt)</td></tr>
<tr><td>모래% ≥ 15%</td><td>모래를 함유한 자갈질 유기질 실트 (gravelly organic silt with sand)</td></tr>
</table>

2.3.3 AASHTO 분류법

Hogentőgler가 도로 설계용으로 고안한 AASHTO분류법은 미국의 공로 및 교통협회(American Association of State Highway and Transportation Officials)의 도로 설계용 흙 분류방법으로 주로 도로포장 설계용으로 사용한다.

AASHTO분류법에서는 입도분포와 Atterberg 한계(w_l, I_p)에 따라 흙을 A-1 ~ A-7까지 7가지로 분류한 후 다시 세분류하여 다음과 같이 흙을 12가지 분류기호로 분류한다.

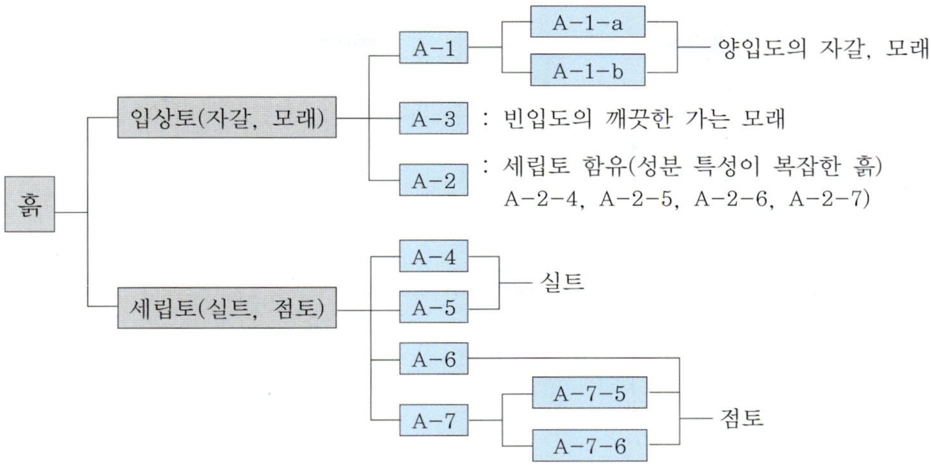

AASHTO분류법의 입경에 따른 흙의 분류는 다음과 같다.

옥석(玉石, boulder)	> 75mm
자갈(gravel)	75mm ~ 2mm (No.10체)
모래(sand)	2mm (No.10체) ~ 0.075mm (No.200체)
세립분(fines)	< 0.075mm (No.200체)

분류는 자갈 이하에 대해서만 실시하고 75mm 이상의 입자에 대해서는 그 존재와 함유율을 별도로 표기해 둔다. AASHTO분류법에서 입상토(粒狀土, granular soil)와 실트·점토를 구분하는 기준은 No.200체 통과율(F) 35%이다. 즉,

$F \leqq 35\%$ 이면 입상토(자갈, 모래)

$F > 35\%$ 이면 세립토(실트, 점토)

AASHTO분류법에 의한 흙의 분류방법은 표 2.11을 이용하여 소거법으로 흙을 분류한다. 소거법(消去法)이란 해당되지 않는 것들을 차례로 지워나가면 마지막까지 남아있는 것을 분류기호로 하는 방법이다.

표 2.11 AASHTO분류법

일반적 분류	粒狀土 (200번체 통과율 35% 이하)							실트 - 점토 (200번체 통과율 36% 이상)			
분 류 기 호	A-1		A-3	A-2				A-4	A-5	A-6	A-7
	A-1-a	A-1-b		A-2-4	A-2-5	A-2-6	A-2-7				A-7-5 A-7-6
주요 구성 재료	石片, 자갈, 모래		細砂	실트質 또는 粘土質 자갈 모래				실트질 흙		점토질 흙	
체분석 通過率 % No.10체	50이하										
No.40체	30이하	50이하	51이상								
No.200체	15이하	25이하	10이하	35이하	35이하	35이하	35이하	36이상	36이상	36이상	36이상
액성 한계				40이하	41이상	40이하	41이상	40이하	41이상	40이하	41이상
소성 지수	6이하		★NP	10이하	10이하	11이상	11이상	10이하	10이하	11이상	11이상
群 指 數	0		0	0		4이하		8이하	12 이하	16 이하	20 이하
路床土로서의 일반적 등급	優 또는 良							可 또는 不可			

註 : A-7-5群의 소성지수는 액성한계에서 30을 뺀 값과 같거나 작아야 한다. A-7-6群은 이보다 커야 한다.
★NP: 非塑性(non-plastic) ① LL와 PL중 하나 또는 모두가 측정 불가능한 경우 ② LL ≦ PL로 측정된 경우
체분석 통과량의 % 및 액성한계, 소성지수는 소수점 아래 첫째 자리에서 반올림한 값

PISA TIP (2.5) 소거법은 오컴의 면도날(Ockham's razor)?

- William of Ockham[1285?~1349]
  '모든 조건이 동일한 상태에서 진리는 가장 단순한 것이다.'
- 여러 가지 해답이 존재한다면 군더더기를 모두 뺀 가장 간단한 것이 정답이 된다.
  즉, 적절치 않거나 복잡한 것들을 하나씩 제거해 나가면 진리에 도달하게 된다.

[질문] 당신은 어떤 방법으로 토질역학 책을 구할 것인가?

① 서점에서 산다. → 돈이 필요함.
② 남에게서 빌린다. → 일시적인 해결방법.
③ 가진 것과 바꾼다. → 바꿀 물건이 필요함.
④ 남의 것을 훔친다. → 절도 행위.
⑤ 남의 것을 뺏는다. → 강도 행위.
⑥ 길거리에서 줍는다. → 시간이 얼마나 걸릴까?
⑦ 선배한테 얻는다. → 공짜로 줄 선배가 있을까?
⑧ 내가 직접 만든다. → 불가능할 수도 있음.

- **군지수**

표 2.11의 소거법 대신에 한 분류 내에서 노상토로서의 가치등급을 표시하는 군지수(GI, group index)를 사용하면 편리하다. 군지수는 식 (2.10)로 구한다.

$$GI = \frac{a}{5} + \frac{ac}{200} + \frac{bd}{100} \tag{2.10}$$

여기서, $a = F - 35$ $c = w_l - 40$

$b = F - 15$ $d = I_p - 10$

(1) GI가 클수록 도로재료로서는 부적합함.
(2) GI의 상한치 없음 (개정 전에는 $GI \leqq 20$)
(3) A-2-6, A-2-7의 경우의 GI는 I_p만으로 결정함.
$GI = 0.01(F-15)(I_p - 10)$
(4) 계산된 GI 값이 음의 값이면 0으로 보고 소수점 아래는 반올림하여 정수로 표현함.
예) $GI = -2.0 \rightarrow GI = 0$,
$GI = 4.6 \rightarrow GI = 5$,
$GI = 4.3 \rightarrow GI = 4$
(5) A-1, A-3, A-2-4, A-2-5이면 GI는 언제나 0임.
(6) GI 값은 분류기호 다음 ( ) 안에 표시함, 예) A-7-5 (10)
(7) 유기질 흙 → A-8 (현재 분류법에는 제외 되어 있음)
(8) 실트(A-4, A-5)와 점토(A-6, A-7)의 구분 : $I_p = 10\%$
$I_p \leqq 10\% \Rightarrow$ 실트, $I_p > 10\% \Rightarrow$ 점토

세립토(A-2-4, A-2-5, A-2-6, A-2-7, A-4, A-5, A-6, A-7)를 분류할 때는 그림 2.12의 소성도를 이용하면 편리하다.

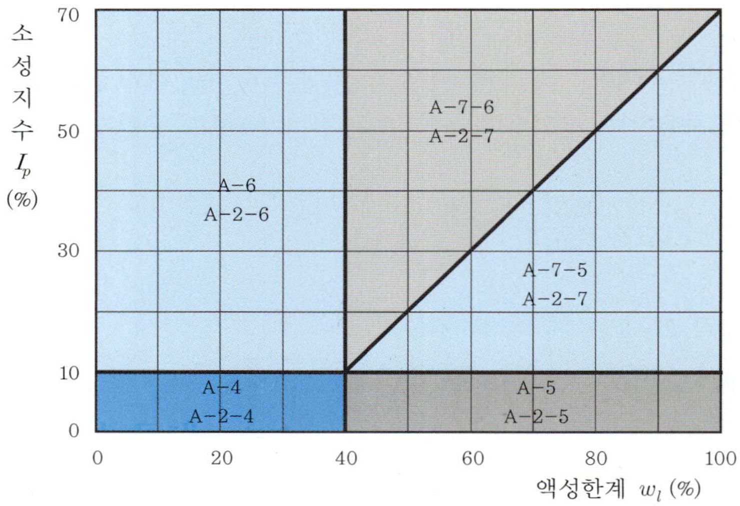

그림 2.12 소성도를 이용한 AASHTO분류법

➤ 예제 2.2

입도분석 시험 결과가 다음과 같은 흙을 AASHTO 분류법으로 분류하라.
이 흙의 액성한계는 35.4%이고, 소성한계는 9.8%였다.

10번체 통과율 100%

40번체 통과율 81.6%

200번체 통과율 65.2%

조건 $w_l = 35.4\%$, $w_p = 9.8\%$, $\Sigma P_{(\#10)} = 100\%$, $\Sigma P_{(\#40)} = 81.6\%$, $\Sigma P_{(\#200)} = 65.2\%$

요구 AASHTO 분류법에 의한 흙의 분류기호

풀이 액성한계, 소성한계, 입도분석 결과는 소수점 이하 첫째 자리에서 반올림하므로 $w_l = 35\%$, $w_p = 10\%$, $\Sigma P_{(\#10)} = 100\%$, $\Sigma P_{(\#40)} = 82\%$, $\Sigma P_{(\#200)} = F = 65\%$ 가 된다.

$F = 65\% > 35\%$이므로 표 2.11에서 이 흙은 세립토라는 것을 알 수 있다. 즉 A-4, A-5, A-6, A-7 중 하나가 된다.

액성한계 $w_l = 35\% < 40\%$ 이고, 소성지수 $I_p = w_l - w_p = 35\% - 10 = 25\% > 10\%$이므로 표 2.11에서 이 흙은 A-6이다. 군지수를 구하여 확인하여 보면

$a = F - 35 = 65 - 35 = 30$, $b = F - 15 = 65 - 15 = 50$

$c = w_l - 40 = 35 - 40 = -5 \rightarrow 0$ 으로 봄, $d = I_p - 10 = 25 - 10 = 15$

$$GI = \frac{a}{5} + \frac{ac}{200} + \frac{bd}{100} = \frac{30}{5} + \frac{(30)(0)}{200} + \frac{(50)(15)}{100} = 13.5 \rightarrow 14$$

$12 < GI = 14 < 16$이므로 이 흙은 A-6이다.
이 결과는 표 2.11에서 구한 것과 일치한다.
또한 액성한계 35%, 소성지수 25%일 때 그림 2.12의 소성도를 이용하여 구해본 결과와도 일치함을 알 수 있다.

2.3.4 통일분류법과 AASHTO분류법의 비교

통일분류법(USCS)과 AASHTO분류법은 우리나라와 미국을 비롯한 세계 각국에서 널리 사용되고 있는 흙의 분류법이다. 두 분류법의 내용을 비교하여 보면 표 2.12와 같다.

표 2.12 통일분류법과 AASHTO분류법의 비교

분 류 항 목	USCS	AASHTO	합당한 분류법
조립토·세립토의 구분	F = 50%	F = 35%	AASHTO
자갈·모래의 경계 입경	4.75mm	2mm	AASHTO
실트·점토의 구분	A- Line PI = 0.73(LL-20)	PI = 10	USCS
유기질토의 분류	Pt, OH, OL	없음(A-8)	USCS
조립토의 분류	자세한 분류(GW, GC..)	A-1, A-2, A-3	USCS
기호의 의미	서술적 의미 있는 기호	익숙하지 않으면 의미 파악 곤란	USCS
채택기관(미국의 경우)	관공서, 용역회사	도로 전문기관	

2.4 간이 판별법

흙을 간단히 판별하는 방법은 ASTM, DIN 등에 이 방법이 규정되어 있다.
간이 판별법은 토질시험을 수행하지 않고 다음과 같이 시각, 촉각, 후각 등으로 흙의 여러 성질을 구별하는 간편한 방법이다.

- 시각 : 육안으로 관찰하여 자갈, 모래 및 세립토의 양을 추정
- 촉각 : 세립토는 손이나 손가락의 감각에 의한 여러 가지 시험으로 소성을 판정
- 후각 : 유기질토에 대해서는 시각과 후각으로 판정

간이 판별법은 개인차가 발생하고 정량적으로 정확한 값을 얻을 수 없는 단점이 있는 반면, 흙의 여러 가지 성질을 간단하게 판단할 수 있는 장점이 있다.

연습문제

2.1 통일분류법으로 표기한 다음 흙의 명칭을 써라.

기호	흙의 명칭	기호	흙의 명칭
MH		OH	
GP		SM	
OL		GC	
CH		ML	
SW		SC	
SP		GM	
CL		GW	

2.2 다음 흙의 명칭을 보고 통일분류법으로 분류한 기호를 써라.

흙의 명칭	기호	흙의 명칭	기호
빈입도 모래		양입도 모래	
점토질 자갈		저압축성 점토	
고압축성 점토		고압축성 실트	
저압축성 유기질 점토		빈입도 자갈	
양입도 자갈		실트질 모래	
실트질 자갈		저압축성 실트	
점토질 모래		고압축성 유기질 점토	

2.3 다음 표의 시료들에 대하여 삼각좌표를 이용하여 흙의 명칭을 결정하라.

시료	A	B	C	D	E
자갈	48	66	0	30	85
모래	22	34	34	90	23
실트	13	57	89	27	13
점토	50	12	26	35	40

2.4 체분석시험과 시험 결과를 이용하여 흙 A, B, C의 가적통과율을 계산하라.

표 [문제 2.4] 체분석 시험 결과 잔류중량(g)

흙	#4	#10	#20	#40	#60	#100	#200	Pan
A	16.0	207.5	130.6	35.7	13.4	9.3	4.6	2.9
B	20.5	40.0	20.5	17.3	24.8	38.9	68.6	309.4
C	21.6	92.3	80.6	80.1	50.4	36.5	29.3	59.4

2.5 [문제 2.4]에서 계산한 가적통과율을 이용하여 흙 A, B, C의 입도분포곡선을 그려라.

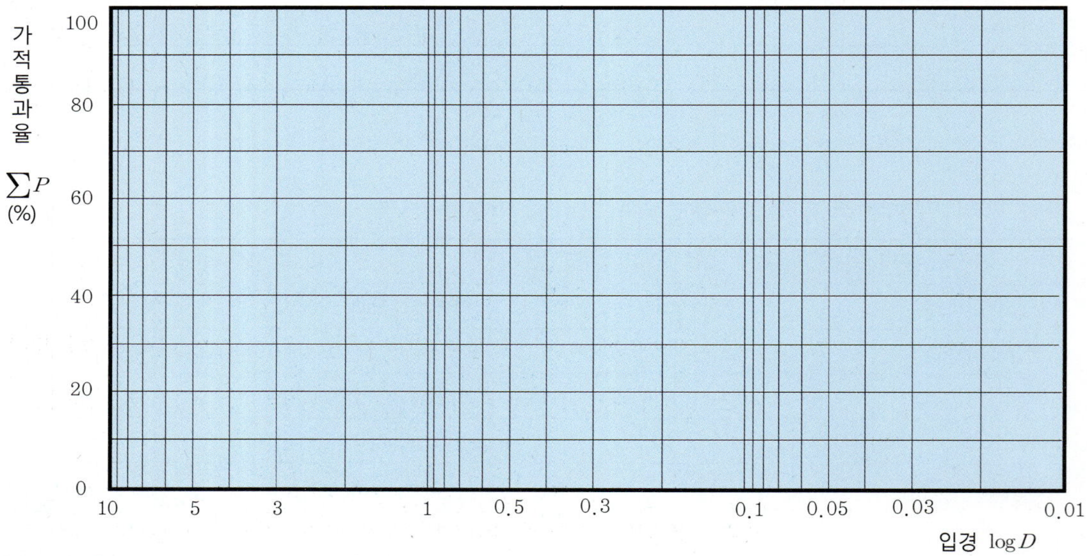

그림 [문제 2.5] 입도분포곡선

2.6 [문제 2.5]에서 작성한 입도분포곡선과 다음 표의 연경도 시험 결과를 이용하여 통일분류법으로 흙 A, B, C를 분류하라. (분류과정을 단계적으로 기술)

흙	액성한계 w_l(%)	소성한계 w_p(%)
A	N.P.	N.P.
B	62.6	24.2
C	21.2	12.6

2.7 [문제 2.6]을 AASHTO 분류법으로 분류하라. (분류과정을 단계적으로 기술)

2.8 통일분류법으로 표기된 조립토에 대하여 분류방법에 따른 분류명을 작성하라. ([표 2.5] 및 [표 2.6] 참조)

표 [문제 2.8] 자갈(G)과 모래(S)의 공학적 특성

분류기호	기본 분류명	분류방법	분류명
GW	양입도의 자갈 (well-graded gravel)	모래함유율 < 15%	
		모래함유율 ≥ 15%	
GW-GC	점토를 함유한 양입도 자갈 (well-graded gravel with clay)	모래함유율 < 15%	
		모래함유율 ≥ 15%	
GP-GM	실트를 함유한 빈입도 자갈 (poorly graded gravel with silt)	모래함유율 < 15%	
		모래함유율 ≥ 15%	
GC	점토질 자갈(clayey gravel)	모래함유율 < 15%	
		모래함유율 ≥ 15%	
SP	빈입도의 모래 (poorly graded sand)	자갈함유율 < 15%	
		자갈함유율 ≥ 15%	
SW-SC	점토를 함유한 양입도 모래 (well-graded sand with clay)	자갈함유율 < 15%	
		자갈함유율 ≥ 15%	
SP-SC	점토를 함유한 빈입도 모래 (poorly graded sand with clay)	자갈함유율 < 15%	
		자갈함유율 ≥ 15%	
SM	실트질 모래 (silty sand)	자갈함유율 < 15%	
		자갈함유율 ≥ 15%	

2.9 통일분류법으로 표기된 세립토에 대하여 분류방법에 따른 분류명을 작성하라. ([표 2.7] 및 [표 2.8] 참조)

표 [문제 2.9] 점토(C)와 실트(M)의 공학적 특성

<table>
<tr><th>분류기호</th><th>기본 분류명</th><th colspan="3">분류방법</th><th>분류명</th></tr>
<tr><td rowspan="7">CL</td><td rowspan="7">압축성이
낮은 점토
(lean clay)</td><td colspan="3">100 - F < 15%</td><td></td></tr>
<tr><td colspan="2" rowspan="2">15% ≤ 100 - F < 30%</td><td>모래% ≥ 자갈%</td><td></td></tr>
<tr><td>모래% < 자갈%</td><td></td></tr>
<tr><td rowspan="4">100 - F
≥ 30%</td><td rowspan="2">모래% ≥ 자갈%
모래질 압축성이
낮은 점토</td><td>자갈% < 15%</td><td></td></tr>
<tr><td>자갈% ≥ 15%</td><td></td></tr>
<tr><td rowspan="2">모래% < 자갈%
자갈질 압축성이
낮은 점토</td><td>모래% < 15%</td><td></td></tr>
<tr><td>모래% ≥ 15%</td><td></td></tr>
<tr><td rowspan="7">MH</td><td rowspan="7">소성이
큰 실트
(elastic silt)</td><td colspan="3">100 - F < 15%</td><td></td></tr>
<tr><td colspan="2" rowspan="2">15% ≤ 100 - F < 30%</td><td>모래% ≥ 자갈%</td><td></td></tr>
<tr><td>모래% < 자갈%</td><td></td></tr>
<tr><td rowspan="4">100 - F
≥ 30%</td><td rowspan="2">모래% ≥ 자갈%
모래질 소성이
큰 실트</td><td>자갈% < 15%</td><td></td></tr>
<tr><td>자갈% ≥ 15%</td><td></td></tr>
<tr><td rowspan="2">모래% < 자갈%
자갈질 소성이
큰 실트</td><td>모래% < 15%</td><td></td></tr>
<tr><td>모래% ≥ 15%</td><td></td></tr>
</table>

2.10 통일분류법으로 표기된 유기질토에 대하여 분류방법에 따른 분류명을 작성하라.
([표 2.9] 및 [표 2.10] 참조)

표 [문제 2.10] 실트질 점토(CL-ML) 및 유기질토(O)의 공학적 특성

<table>
<tr><th>분류기호</th><th>기본 분류명</th><th colspan="3">분류방법</th><th>분류명</th></tr>
<tr><td rowspan="7">CL-ML</td><td rowspan="7">실트질
점토
(silty clay)</td><td colspan="3">100 - F < 15%</td><td></td></tr>
<tr><td colspan="2" rowspan="2">15% ≤ 100 - F < 30%</td><td>모래% ≥ 자갈%</td><td></td></tr>
<tr><td>모래% < 자갈%</td><td></td></tr>
<tr><td rowspan="4">100 - F
≥ 30%</td><td rowspan="2">모래% ≥ 자갈%
모래질 실트질 점토</td><td>자갈% < 15%</td><td></td></tr>
<tr><td>자갈% ≥ 15%</td><td></td></tr>
<tr><td rowspan="2">모래% < 자갈%
자갈질 실트질 점토</td><td>모래% < 15%</td><td></td></tr>
<tr><td>모래% ≥ 15%</td><td></td></tr>
<tr><td rowspan="14">OH</td><td rowspan="7">A선 및
그 위쪽
(빗금부분
포함)
유기질 점토
(organic
clay)</td><td colspan="3">100 - F < 15%</td><td></td></tr>
<tr><td colspan="2" rowspan="2">15% ≤ 100 - F < 30%</td><td>모래% ≥ 자갈%</td><td></td></tr>
<tr><td>모래% < 자갈%</td><td></td></tr>
<tr><td rowspan="4">100 - F ≥
30%</td><td rowspan="2">모래% ≥ 자갈%
모래질 유기질 점토</td><td>자갈% < 15%</td><td></td></tr>
<tr><td>자갈% ≥ 15%</td><td></td></tr>
<tr><td rowspan="2">모래% < 자갈%
자갈질 유기질 점토</td><td>모래% < 15%</td><td></td></tr>
<tr><td>모래% ≥ 15%</td><td></td></tr>
<tr><td rowspan="7">A선 아래쪽
유기질 실트
(organic
silt)</td><td colspan="3">100 - F < 15%</td><td></td></tr>
<tr><td colspan="2" rowspan="2">15% ≤ 100 - F < 30%</td><td>모래% ≥ 자갈%</td><td></td></tr>
<tr><td>모래% < 자갈%</td><td></td></tr>
<tr><td rowspan="4">100 - F
≥ 30%</td><td rowspan="2">모래% ≥ 자갈%
모래질 유기질 실트</td><td>자갈% < 15%</td><td></td></tr>
<tr><td>자갈% ≥ 15%</td><td></td></tr>
<tr><td rowspan="2">모래% < 자갈%
자갈질 유기질 실트</td><td>모래% < 15%</td><td></td></tr>
<tr><td>모래% ≥ 15%</td><td></td></tr>
</table>

연습문제 힌트

2.1 [표 2.4]
2.2 [표 2.4]
2.3 [예제 2.1]
2.4 [표 2.2]
2.5 [그림 2.4]
2.6 [그림 2.5], [표 2.3], [식 2.7], [식 2.9], [그림 2.10]
2.7 [표 2.11]
2.8 [표 2.5], [표 2.6]
2.9 [표 2.7], [표 2.8]
2.10 [표 2.9], [표 2.10]

제3장 흙의 다짐

SOIL MECHANICS

SOIL · MECHANICS

3.1 흙의 다짐 원리

다짐(compaction)이란 흙에 동적인 에너지(예 : 충격, 진동)를 가하여 공기를 배출시키고 흙 입자 사이의 간격을 축소시켜 결과적으로 흙의 건조단위중량(밀도)을 증대시킴으로써 흙의 공학적 성질을 개선하는 것을 말한다.

흙 속의 간극수를 배출시켜 침하를 촉진시키는 압밀(consolidation)과는 근본적으로 다른 의미를 갖는다. 다짐과 압밀은 건조단위중량이 증대되는 효과가 발생한다는 면에서 같으나, 다짐이 모든 지반을 대상으로 하는 반면 압밀은 포화된 점토지반을 대상으로 정적 에너지를 가하여 흙속의 물이 배출되므로 오랜 시간이 걸리게 된다.

다짐에 의한 흙의 특성 변화를 살펴보면 느슨한 흙이 조밀한 상태로 바뀌어 결과적으로 지반의 강도가 증가하고 균질한 지반을 형성하게 된다. 동상 및 수축량이 감소하고 다짐 후 지반침하가 감소하여 지반안정화를 이루는 등 공학적 특성이 개선된다. 상대밀도 감소로 인해 투수성이 감소하는 부작용도 발생하나 이는 크게 우려할 만한 정도는 아니다.

다짐의 효과를 충분히 얻기 위해서는 적절한 함수비 상태로 다지는 것이 중요하다. 흙속에 포함된 물은 다짐에너지가 전달될 때 윤활작용을 하여 다짐의 효과를 증대시킨다. 함수비가 너무 작으면 충분한 윤활작용이 되지 않으며 함수비가 너무 크면 토립자가 차지하여야 할 공간을 물이 차지하게 되어 다짐의 효과를 감소시킨다.

두꺼운 지층을 한 번에 다지는 것은 깊은 곳까지 다짐에너지가 충분히 전달되지 못하므로 적절한 다짐층 두께를 결정하여 여러 층으로 나누어 다지는 것이 좋다. 흙의 종류에 따른 다짐장비의 선정 역시 중요한 포인트가 된다.

다짐 작업 후에는 현장시험을 하고 품질관리를 통해 다짐의 효과를 확인하여야 한다.

3.2 실내다짐시험

3.2.1 실내 다짐시험 규정 (KS F 2312)

Proctor는 소정의 에너지로 흙을 다져서 함수비와 건조단위중량 사이의 관계를 측정하는 시험방법을 고안하였는데 이 시험을 Proctor 시험 또는 다짐시험(compaction test)이라 한다. 다짐시험은 소정의 몰드(mold)에 흙을 3층 또는 5층으로 나누어 넣으면서 각 층마다 규격이 정해져 있는 래머(rammer)를 25회, 55회 또는 92회 자유낙하 시켜 흙을 다지는 시험이다.

다짐에너지란 다져진 흙 단위부피당 가해진 에너지를 의미한다.

$$\text{다짐에너지} = \frac{\text{다짐에 사용된 총에너지}}{\text{다짐 흙의 부피}}$$

래머가 흙을 다질 때의 운동에너지는 래머를 규격에 정해진 높이만큼 뽑아 올렸을 때의 위치에너지와 같으므로 래머의 무게와 낙하높이를 곱한 값이다. 다짐에 사용된 총에너지는 식 (3.1)과 같이 래머의 운동에너지가 가해진 횟수만큼을 곱하여 구할 수 있다.

$$E = \frac{W \cdot h \cdot N_B \cdot N_L}{V} \tag{3.1}$$

여기서, E : 다짐 에너지 (kg·cm/cm^3)

W : 래머의 무게 (kg)

h : 래머의 낙하높이 (cm)

N_B : 래머의 타격 횟수 (no. of blow)

N_L : 다짐 층수 (no. of layer)

V : 흙의 부피 = 몰드의 부피 (cm^3)

다짐시험은 표 3.1과 같은 몰드와 자유낙하 시킬 수 있는 래머를 사용한다.

표 3.1 다짐시험용 몰드와 래머의 규격

구 분	몰드(mold)				래머(rammer)	
	명칭	직경(mm)	높이(mm)	부피(cm3)	무게(kg)	낙하고(cm)
표준다짐(A)	10cm 몰드	100±0.4	127±0.5	1,000±10	2.5±0.01	30±0.15
수정다짐(D)	15cm 몰드	150±0.6	125±0.5	2,209±26	4.5±0.02	45±0.25

다짐시험을 실시하는 목적은 현장의 다짐 공사에 대한 시방서(示方書, specification)을 제공하는데 있다. 현장과 시험실의 다짐은 다짐조건(다짐 방법, 다짐에너지, 흙 등)이 다르지만 현장다짐과 실내다짐의 에너지가 가능한 한 가까운 값이 되도록 하고 있다. 한국산업규격 KS F 2312-2001에는 표 3.2와 같이 5 종류의 다짐방법을 제시하고 있다.

표 3.2 다짐 시험의 종류

방 법		램머 무게 (kg)	낙하 높이 (cm)	매 층당 다짐회수	층 수	몰드 직경 (mm)	허용 최대 입경(mm)
표준 다짐	A	2.5	30	25	3	100	19.0
	B	2.5	30	55	3	150	37.5
수정 다짐	C	4.5	45	25	5	100	19.0
	D	4.5	45	55	5	150	19.0
	E	4.5	45	92	3	150	37.5

• 수정다짐 에너지 ≃ 표준다짐 에너지의 약 4.5배

표 3.2의 A방법이 표준다짐시험이고 수정다짐은 방법 D에 해당한다. 그러나 몰드의 크기, 래머의 규격, 다짐 층 수 및 매 층 당 다짐횟수를 조절하여 B, C, E 시험방법을 제정하였는데 B방법은 A방법과 다짐에너지가 거의 같으므로 표준다짐이 되고 C, E 방법은 D 방법과 다짐에너지가 거의 같으므로 수정다짐이 된다.

수정다짐(D 방법)의 다짐에너지와 표준다짐(A 방법)에너지를 비교해 보면

• 표준다짐(A) :

$$E_A = \frac{(2.5)(30)(25)(3)}{1{,}000} = 5.63\,\text{kg}\cdot\text{cm}/\text{cm}^3$$

• 수정다짐(D) :

$$E_D = \frac{(4.5)(45)(55)(5)}{2,209} = 25.21\,\text{kg} \cdot \text{cm}/\text{cm}^3$$

• 수정다짐 에너지와 표준다짐 에너지의 비는 $\dfrac{E_D}{E_A} = \dfrac{25.21}{5.63} = 4.5$ 배가 된다.

3.2.2 실내 다짐시험 방법

표준다짐(A) 시험용 10cm 몰드와 2.5kg 래머를 그림 3.1에 나타내었다.

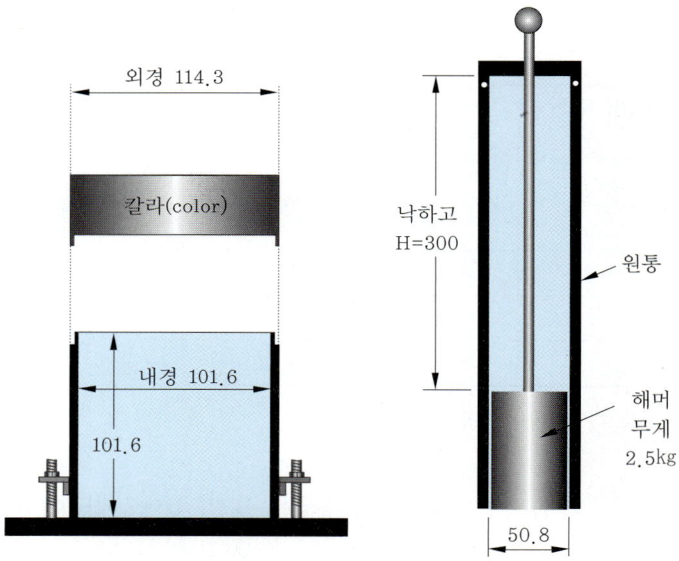

(a) 몰드(mold) (b) 래머(rammer)

그림 3.1 표준다짐 시험용 몰드와 래머

다짐시험의 목적은 흙의 최대 건조단위중량(maximum dry unit weight, $\gamma_{d\,\max}$)과 최적함수비(optimum moisture content, $OMC = w_{\text{opt}}$)를 구하는 데 있다. 최대 건조단위중량과 최적함수비는 다짐시험 결과로부터 얻은 다짐곡선(compaction curve)에서 구할 수 있다.

다짐시험 방법은 다음과 같은 절차에 의한다.

(1) 시료에 물을 약간 가하여 규정된 방법에 따라 다짐시험을 1회 실시한다.

① 흙의 부피(V)를 측정한다(몰드의 부피와 같음).

② 흙의 무게(W)를 측정한다.

③ 흙의 함수비(w)를 측정한다.

④ 흙의 단위중량을 계산한다.

$$\gamma = \frac{W}{V}$$

⑤ 흙의 건조단위중량을 계산한다.

$$\gamma_d = \frac{\gamma}{(1+w)}$$

(2) 함수비를 증가시켜(물을 약간 더 가함) 다짐시험을 실시하여((1)의 과정 반복) (w_2, $\gamma_{d\,2}$)를 얻는다.

(3) 시험을 반복하여 함수비를 n번 변화 시켜가며 n쌍의 (w, γ_d)을 얻는다.

(w_1, $\gamma_{d\,1}$), (w_2, $\gamma_{d\,2}$), …… (w_n, $\gamma_{d\,n}$)

이때 $W(\gamma_d)$가 증가하다가 다시 감소할 때까지 시험을 계속하여야 한다.

(∵ 꼭짓점 즉 OMC와 $\gamma_{d\max}$이 필요함)

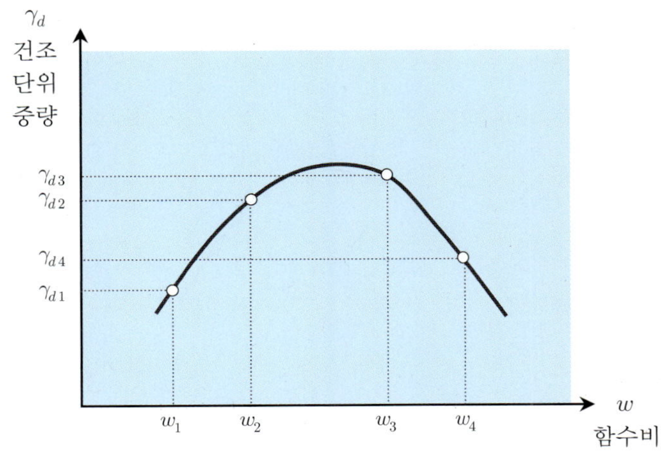

그림 3.2 다짐곡선

(4) n회 실시한 다짐시험으로부터 얻은 n쌍의 (w, γ_d)을 가로축 w, 세로축 γ_d 좌표에 그림으로 그려 그림 3.2와 같은 다짐곡선을 얻는다.

다짐곡선은 위로 볼록한 모양(山 모양)이 되며 꼭짓점 위치가 매우 중요하다. 다짐곡선을 제대로 그리기 위해서는 꼭짓점을 중심으로 좌우에 두 개 이상의 점이 필요하다. 따라서 그림 3.2와 같이 적어도 4회 이상의 다짐시험을 실시하여야 한다.

3.2.3 최대건조단위중량과 최적함수비

그림 3.3에 나타낸 바와 같이 다짐시험으로부터 얻은 다짐곡선의 정점(꼭짓점)의 x좌표 값이 최적함수비(w_{opt})가 되고, y축 값이 최대 건조단위중량($\gamma_{d\,\max}$)이 된다. 최대 건조단위중량은 다짐을 하여 얻을 수 있는 그 흙의 가장 조밀한 상태의 건조 단위중량이고, 최적함수비는 흙을 다질 때 가장 큰 건조단위중량을 얻어낼 수 있는 흙의 함수비를 말한다. 다짐곡선의 정점은 n회 실시한 다짐시험 결과의 어느 것보다도 크다. 즉 다짐시험을 통해 얻을 수 있는 최대값이라는 의미이다. 반면에 최적함수비는 n회 실시한 다짐시험 결과의 함수비 중에서 최소값보다 크고 최대값보다 작다.

함수비를 증가시켜 가면서 다짐시험을 하면 γ_d가 증가하다가 감소하게 되는데 이때에는 다짐곡선의 정점을 지났다는 것을 의미한다. 다짐곡선을 잘 그리기 위해서는 다짐 후 흙의 중량이

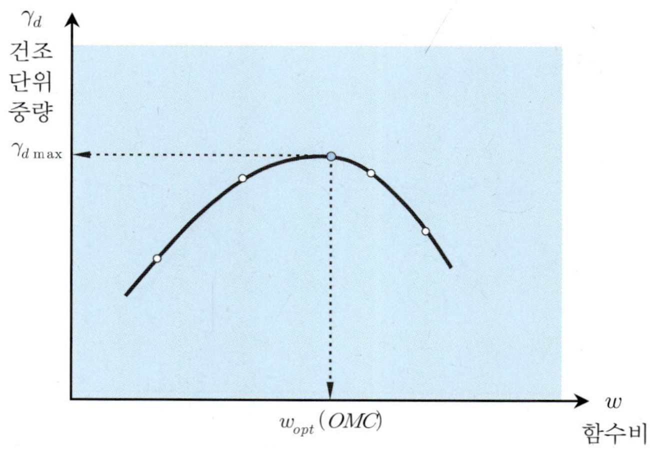

그림 3.3 다짐곡선으로부터 얻은 최적함수비와 최대 건조단위중량

증가해 가다가 감소하기 전후에 적당한 개수의 측정치가 필요하다. 즉 흙의 중량이 감소한 후에도 2회 이상의 시험을 더 실시할 필요가 있다.

PISA TIP (3.1) 최대건조단위중량과 최적함수비의 의미를 비유하면?

- 최대건조단위중량 : as good as it gets!
  ($\gamma_{d\,\max}$보다 더 큰 건조단위중량은 얻을 수 없다.)
- 최적함수비 : 더도 말고 덜도 말고 한가위(OMC)만 같아라.
- 이에 해당하는 漢字(四字成語)로는 무엇이 있는가?

일반적인 흙의 OMC와 $\gamma_{d\,\max}$의 개략적인 값은 다음과 같다.

$$OMC = 10 \sim 20\%$$

$$\gamma_{d\,\max} = 1.6 \sim 2.0\,\mathrm{t/m^3}$$

최적함수비보다 함수비가 작은 상태($w < OMC$)를 건조측(dry of optimum)이라 하고, 최적함수비보다 함수비가 더 큰 상태($w > OMC$)를 습윤측(wet of optimum)이라 한다. 이론적으로 흙은 OMC 상태에서 가장 잘 다져지지만 실제 문제에 있어서는 다짐의 목적에 따라 최적함수비보다 약간 습윤측 또는 약간 건조측에서 다지는 것이 유리한 경우가 있다.

3.2.4 영공기 간극곡선

영공기간극곡선(Zero Air Void Curve : $ZAVC$)은 다짐에 의하여 공기가 완전히 배출되어(공기 간극의 부피가 0 인 상태 ; 영공기 간극) 포화된 상태에서의 $w - \gamma_d$ 관계를 나타내는 곡선으로 이 상태는 흙이 가장 이상적으로 다져진 상태를 말한다.

그림 3.4와 같이 $ZAVC$는 다짐곡선의 오른쪽 위에 나타나게 되며 함수비와 건조 단위중량 사이에 반비례 관계를 보인다.

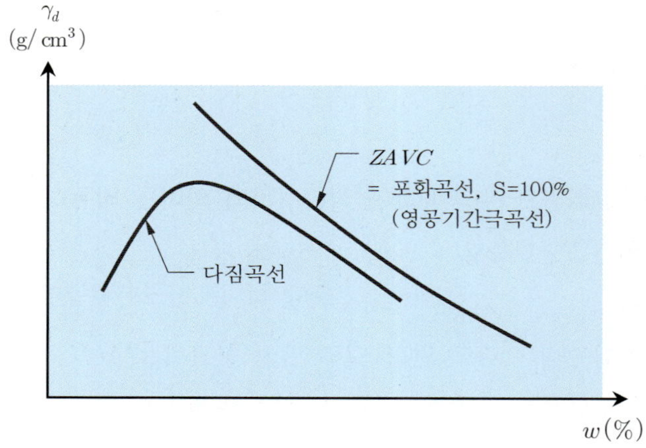

그림 3.5 영공기 간극곡선

$ZAVC$를 그리기 위해 관계식을 유도해 보면

$$\gamma_d = \frac{G_s}{1+e}\gamma_w \text{ ------ } (a)$$

$$G_s\, w = S\, e \text{ ------- } (b)$$

식 (b)를 식 (a)에 대입하면 영공기 간극곡선($ZAVC$)의 방정식을 얻을 수 있다.

$$\gamma_d = \frac{G_s}{1+G_s\, w}\gamma_w \tag{3.2}$$

$G_s = 2.65$ 인 흙의 경우 $\gamma_w \simeq 1.0\,\mathrm{g/cm^3}$이므로 $ZAVC$의 방정식은

$$\gamma_d = \frac{2.65}{1+2.65\,w} \tag{3.3}$$

식 (3.3)에서 함수비(w)와 건조단위중량(γ_d) 사이의 관계를 그리면 그림 3.4와 같은 $ZAVC$가 얻어진다.

$ZAVC$는 이론상의 다짐 상태이므로 시험실에서는$ZAVC$ 상의 γ_d를 절대 얻을 수 없다. 다짐만으로 공기를 완전히 배출시키는 것은 불가능하기 때문이다. 따라서 $ZAVC$와 다짐곡선은 교차 할 수 없다.

〈포화도 곡선〉

포화도 100%가 아닌 경우에 대한 함수비(w)-건조단위중량(γ_d) 관계를 구해 보면

$$\gamma_d = \frac{G_s \gamma_w}{1+e} = \frac{G_s \gamma_w}{1+\dfrac{G_s w}{S}} = \frac{G_s \gamma_w}{\dfrac{S+G_s w}{S}}$$

$$\therefore \ \gamma_d = \frac{S\, G_s\, \gamma_w}{S+G_s\, w} \tag{3.4}$$

주어진 포화도(S)와 토립자 비중(G_s)에 대해 함수비(w)-건조단위중량(γ_d) 관계를 얻을 수 있다.

예를 들어 $G_s = 2.65$인 흙의 경우 $S = 90\%$에 대한 포화도곡선은

$$\gamma_d = \frac{(0.9)(2.65)(1)}{0.9+2.65\,w}$$

위 식에 $S = 95\%$, $S = 90\%$, $S = 85\%$인 상태의 함수비(w)-건조단위중량(γ_d) 관계를 나타낸 포화도곡선은 그림 3.5에 있다. 포화도가 작아질수록 포화도 곡선은 좌하 방향으로 평행하게 이동한다.

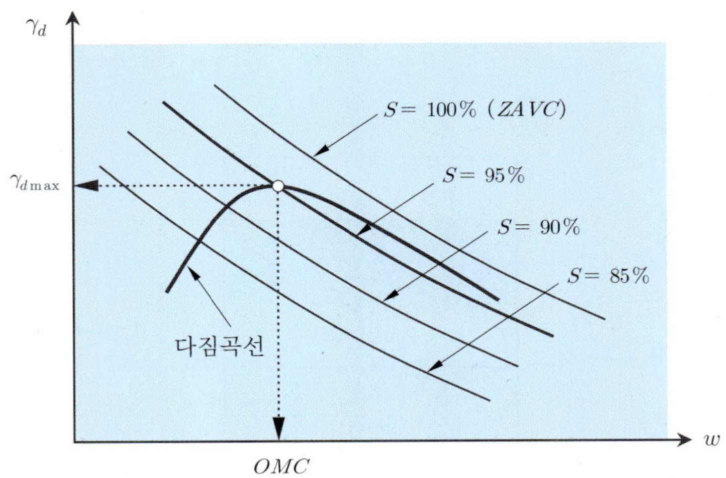

그림 3.5 포화도 곡선

실제 다짐으로는 영공기간극곡선 상의 건조단위중량을 절대로 얻을 수 없으므로($\gamma_d < \gamma_{d\,sat}$) 모든 시험실 다짐곡선은 영공기간극곡선보다 왼쪽(즉 아래쪽)에 위치하여야 한다. 최적함수비로 다져서 얻은 $\gamma_{d\max}$ 도 $\gamma_{d\,sat}$ 보다 훨씬 작음을 알 수 있다

또한 다짐곡선의 정점 위치는 포화도 95%일 때의 포화도 곡선 상에 있음을 알 수 있는데 포화도 95% 근처에서 다짐을 할 때 가장 잘 다져진다는 것을 의미한다.

3.3 다짐 시공관리

3.3.1 함수비 관리

다짐 시공을 할 때 흙을 최적함수비 상태로 만들어야 한다. 그러나 다짐재료로 사용할 흙의 함수비가 최적함수비보다 작거나 크면 그 차이만큼 함수비를 조절해 주어야 한다. 함수비가 최적함수비보다 큰 경우는 흙을 건조시켜야 하고 작은 경우는 물을 추가시켜(살수, 撒水) 함수비를 증가시켜 주어야 한다.

이 때 추가시켜야할 물의 무게(살수량, ΔW_w)를 구하는 방법을 알아보자. 물의 무게를 기준으로 하는 < 방법 1 >과 흙 전체의 무게를 기준으로 하는 < 방법 2 >가 그림 3.6에 소개되어 있다. 그림 3.6에서 보는 바와 같이 함수비가 변화해도 흙의 체적 V와 토립자의 무게는 변함이 없다.($W_s =$ const.)

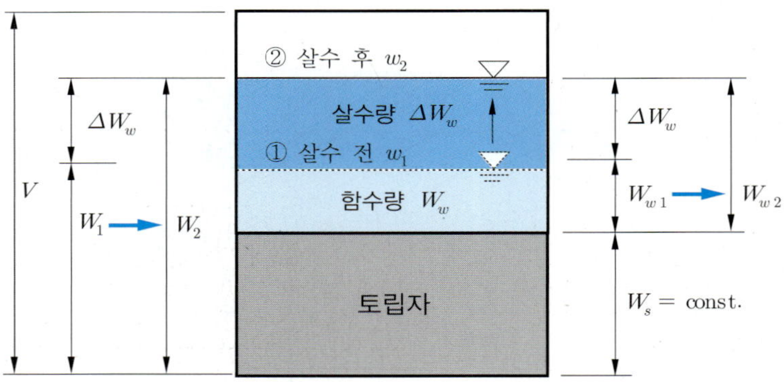

그림 3.6 함수비 증가 전후의 주상도

< 방법 1>을 사용하여 살수량을 구하는 식을 유도해 보면

$$\Delta W_w = W_2 - W_1 \tag{3.5}$$

함수비 증가 후 흙의 무게는

$$W_2 = \gamma_2 \cdot V \tag{3.6}$$

여기에서 γ_2 : 살수 후의 흙의 단위중량

함수비 증가 전 물의 무게는

$$W_1 = \gamma_1 \cdot V \tag{3.7}$$

여기에서 γ_1 : 살수 전의 흙의 단위중량

식 (3.6)과 식 (3.7)을 식 (3.5)에 대입하여

$$\Delta W_w = \gamma_2 \cdot V - \gamma_1 \cdot V$$

$$\Delta W_w = (\gamma_2 - \gamma_1) \cdot V \tag{3.8}$$

< 방법 2>를 사용하여 살수량을 구하는 식을 유도해 보면

$$\Delta W_w = W_{w2} - W_{w1} \tag{3.9}$$

여기서, W_{w2} : 살수 후 물의 무게
W_{w1} : 살수 전 물의 무게

함수비 증가 후 물의 무게는

$$W_{w2} = w_2 W_s \tag{3.10}$$

함수비 증가 전 물의 무게는

$$W_{w1} = w_1 W_s \tag{3.11}$$

식 (3.10)과 식 (3.11)를 식 (3.9)에 대입하여

$$\Delta W_w = w_2 W_s - w_1 W_s$$

$$\Delta W_w = (w_2 - w_1) W_s \tag{3.12}$$

최적함수비보다 작은 함수비의 흙을 최적함수비 상태로 만들기 위한 살수량을 구할 때는 주어진 조건에 따라 식 (3.8) 또는 식 (3.12) 중에서 선택하여 사용할 수 있다.

➤ 예제 3.1

함수비 10%인 흙 10m^3를 완전 포화시키기 위해 필요한 물의 무게를 구하라.
단, 이 흙의 간극비는 0.82이고 토립자의 비중은 2.68이다.

조건 $w_1 = 10\%$, $V = 10^3$, $e = 0.82$, $G_s = 2.68$

요구 $\alpha\,(w_1 = 10\% \;\rightarrow\; S = 100\%)$

풀이 < 방법 1 > $\Delta W_w = (\gamma_2 - \gamma_1)\, V$

- 함수비 증가 전의 단위중량 γ_2는 공식 ① $\gamma_{t2} = (1 + w_1)\,\gamma_d$를 이용하기 위하여 건조단위중량을 먼저 구하면

  공식 ② $\gamma_s = G_s\,\gamma_w = (1+e)\,\gamma_d$

  $$2.68 = (1 + 0.82)\,\gamma_d$$

  $$\gamma_d = \frac{2.68}{1.82} = 1.473\text{t/m}^3$$

  따라서 $\gamma_1 = (1 + 0.10)(1.473) = 1.620\text{t/m}^3$

- 함수비 증가 후의 단위중량 γ_2는 공식 ① $\gamma_2 = (1+w_2) \cdot \gamma_d$를 이용하기 위하여 포화상태 함수비를 먼저 구하면

공식 ⑤ $G_s\, w = S\, e$

$$(2.68)\, w_2 = (1.0)(0.82)$$

$$w_2 = \frac{0.82}{2.68} = 0.306$$

따라서 $\gamma_2 = (1+w_2) \cdot \gamma_d = (1+0.306)(1.473) = 1.924\,\mathrm{t/m^3}$

- ∴ 물의 추가량은

$$\Delta W_w = (\gamma_2 - \gamma_1)\, V$$

$$\Delta W_w = (1.924 - 1.620)(10) = 3.04\,\mathrm{ton}$$

< 방법 2 > $\Delta W_w = (w_2 - w_1)\, W_s$

- 토립자의 무게 $W_s = \gamma_d\, V$를 구하기 위해 건조 단위중량을 먼저 구하면

공식 ② $\gamma_s = G_s\, \gamma_w = (1+e)\, \gamma_d$

$$2.68 = (1+0.82)\, \gamma_d$$

$$\gamma_d = \frac{2.68}{1.82} = 1.473\,\mathrm{t/m^3}$$

따라서 $W_s = \gamma_d \cdot V = (1.473)(10) = 14.73\,t$

- 증가 후의 함수비(포화상태)는

공식 ⑤ $G_s\, w = S\, e$

$$(2.68)\, w_2 = (1.0)(0.82)$$

$$w_2 = \frac{0.82}{2.68} = 0.306$$

- ∴ 물의 추가량은

$$\Delta W_w = (w_2 - w_1)\, W_s = (0.306 - 0.100)(14.73) = 3.034\ \mathrm{ton}$$

< 방법 1 >과 < 방법 2 >의 계산결과는 같다.

PISA TIP

(3.2) 함수비 증가 후의 단위중량 γ_2를 더 쉽게 구하는 방법은?

포화상태($S = 100\%$)에서는 $\gamma_2 = \gamma_{\text{sat}}$ 라는 사실에 주목하여 공식 ④를 적용하면 예제 3.1 풀이보다 더 쉽게 구할 수 있다.

공식 ④ $\gamma_{\text{sat}} = \dfrac{G_s + e}{1 + e}\gamma_w = \dfrac{2.68 + 0.82}{1 + 0.82}(1.0) = 1.923\ \text{t/m}^3$

3.3.2 토취장 토량 관리

도로나 제방 같은 구조물의 설계가 완성되면 토량을 계산하여야 한다. 토취장에서 채취해야 할 토량은 구조물의 토량과는 다르다. 자연상태에 있는 토취장의 흙을 퍼서 덤프(dump)에 실으면 흙의 부피는 증가하고 이 흙을 현장에서 다지면 부피는 많이 감소하게 된다.

이 과정에서 토립자의 부피와 무게는 변하지 않는다는 사실에 착안하여 토취장에서 채취해야 할 토량(부피 또는 무게)을 결정하는 순서는 다음과 같다.

① 토취장 흙의 단위중량 γ_1과, 함수비 w_1를 현장 시험으로 구한다.

② 다짐의 대상이 되는 구조물의 부피 V_2, 건조단위중량 γ_{d2}, 함수비 w_2를 결정한다(설계서).

③ 토취장에서 채취해야 할 흙의 부피는

$$V_1 = V_2 \frac{\gamma_{d2}}{\gamma_{d1}} \tag{3.13}$$

④ 토취장에서 채취해야 할 흙의 무게는

$$W_1 = \gamma_1 V_1 \tag{3.14}$$

3.4 흙의 다짐 특성

3.4.1 다짐에 영향을 미치는 요소

흙을 다질 때 다짐효과는 함수비 뿐 만 아니라 흙의 종류와 다짐에너지의 크기에 따라 큰 영향을 받는다.

1) 흙의 종류에 따른 다짐효과

다짐의 성과를 결정하는 가장 중요한 요소는 흙의 종류이다. 같은 에너지로 다질 때에도 다짐곡선이 자리 잡는 위치와 형상은 그림 3.7에서 보는 바와 같이 흙의 종류에 따라 크게 다르다. 즉 흙의 종류에 따라 다짐효과는 크게 다르게 나타난다.

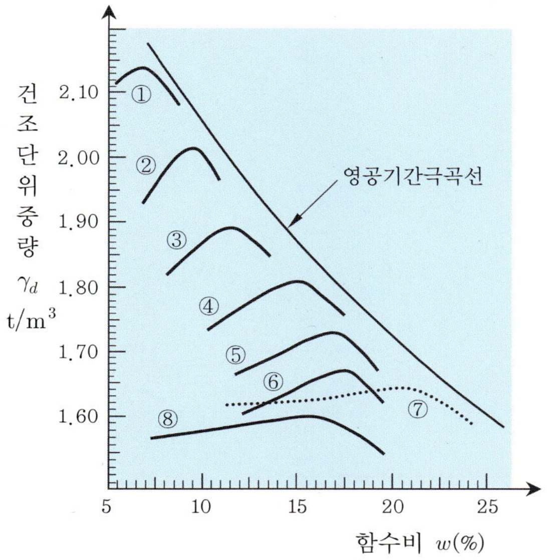

기호	분 류	모래 (%)	실트 (%)	점토 (%)	w_L	PI
1	Well-graded loamy sand (롬이 섞인 양입도 모래)	88	10	2	16	–
2	Well-graded sandy loam (모래 섞인 양입도 롬)	72	15	13	16	–
3	Med-graded sandy loam (모래 섞인 보통 입도 롬)	73	9	18	22	4
4	Lean sandy silty clay (모래와 실트 섞인 소성이 낮은 점토)	32	33	35	28	9
5	Lean silty clay (실트질 소성이 낮은 점토)	5	64	31	36	15
6	Loessial silt (레스 섞인 실트)	5	85	10	26	2
7	Heavy clay (소성이 큰 점토)	6	22	72	67	40
8	Poorly graded sand (빈입도 모래)	94	6	–	–	–

lean clay : *PI*(소성)가 작은 점토
fat clay = heavy clay : *PI*(소성)가 큰 점토
loess(로스, 레스) : 균질한 점성 풍적토, 연한갈색, 입경 : 0.01~0.05mm
loam(롬) : 모래, 실트, 점토 때로는 유기질이 혼합된 흙.

그림 3.7 흙의 종류에 따른 다짐특성 비교

일반적으로 조립토는 세립토보다 다짐효과 더 좋다.(균등입경인 경우 제외)

① 조립토의 경우

- 입도분포가 좋은 흙(GW, SW)은 최적함수비는 작고 최대건조단위중량은 크다. 따라서, 다짐곡선은 좌상부(左上部)에 위치한다.
- 함수비 변화에 따른 건조단위중량의 변화가 크다.(다짐곡선의 경사가 급하다.)
- 입도분포가 나쁜(균등한 입도) 흙(GP, SP 등)은 다짐효과가 좋지 않다.

② 세립토의 경우

- 소성이 큰 흙(CH 등)은 소성이 작은 흙(CL 등)보다 최적함수비는 크고 최대 건조단위중량은 작다.
- 다짐곡선의 경사가 완만하다. 즉 함수비 변화에 따라 건조단위중량의 변화가 작다.
- 세립토는 조립토보다 다짐효과가 작다. 따라서 점토지반이 포화되어 있는 경우 지반개량의 방법으로는 다짐보다는 압밀촉진공법(7장에서 언급함)이 더 적합하다.

입경이 균등한(빈입도) 깨끗한 모래나 모래 섞인 자갈은 지금까지 보아 온 다른 흙과는 상이한 형태의 다짐곡선을 나타낸다.(그림 3.8)

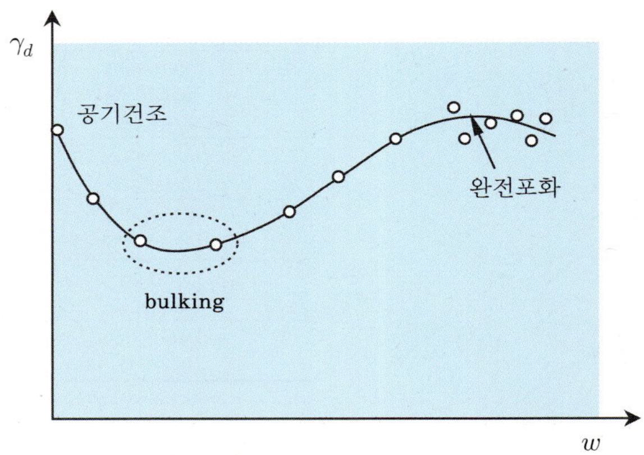

그림 3.8 입경이 균등한 모래와 모래 섞인 자갈의 다짐곡선

입경이 균등한 모래의 경우 공기건조 상태에서는 더 조밀한 상태로 채워지기 위한 흙 입자의 이동은 마찰저항에 의하여 저지되어 잘 다져지지 않는다. 이 흙에 소량의 물을 가하면 표면장

력 때문에 저항력은 더 커지고 결과적으로 건조단위중량은 오히려 감소한다. 이러한 현상을 bulking이라 한다. bulking이란 흙 입자의 증가 없이 물에 의해 부피만 부풀었다는 것을 말한다. 물을 더 많이 가하면 표면장력이 소산되어 건조단위중량은 처음의 크기와 거의 같아지거나 약간 더 커진다. 최적함수비는 포화상태의 함수비라 할 수 있다. 준설모래의 경우 물다짐이 유효한 것은 이와 같은 현상의 한 예가 된다.

2) 다짐에너지에 따른 다짐효과

같은 흙이라도 다지는 에너지의 크기를 다르게 하면 다른 다짐곡선이 얻어진다. 그림 3.9는 같은 흙을 표준다짐과 수정다짐을 하였을 때 다짐곡선을 보인 것이다.

그림 3.9에서 보는 바와 같이 더 큰 에너지로 다지면 다짐곡선은 좌상(左上)으로 이동해 감을 알 수 있다. 즉 큰 에너지로 다지면

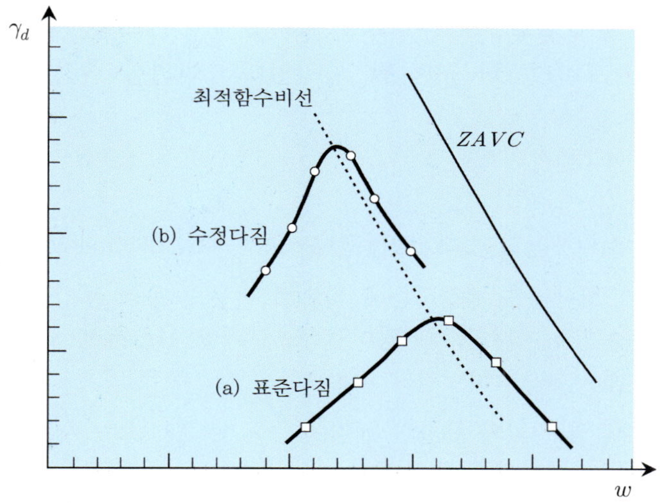

그림 3.9 다짐에너지 크기가 다짐에 미치는 영향

① 최대건조단위중량($\gamma_{d\max}$)은 증가하고

② 최적함수비(OMC)는 감소하고

③ 다짐곡선 꼭짓점 위치는 다짐에너지의 크기에 무관하게 포화도가 거의 같다.

위의 사실을 토대로 보면 다짐에너지가 커질수록 다짐효과가 증대된다는 사실을 알 수 있다. 다짐에너지의 크기는 현장다짐 시 다짐장비의 선정과 밀접한 관계가 있다.

다짐곡선의 꼭짓점들을 연결한 선을 최적함수비선(line of optimums)이라 한다. 어떠한 크기의 에너지로 다지더라도 다짐곡선의 꼭짓점은 최적함수비선 상에 있게 된다.

최적함수비선은 영공기간극곡선과 평행한 포화도 곡선이라 볼 수 있다. 큰 에너지로 다지면 OMC는 감소하므로 무거운 다짐 장비로 다질 때에는 살수량은 더 적어야 한다.

과다짐(과도전압)

일반적으로 다짐에너지를 크게 하고 다짐회수를 많이 하며 다짐속도는 천천히 하면 더 잘다져진다. 그러나 다짐회수가 너무 많으면 다짐효과 상승률은 체감한다. 즉 다짐회수가 많아지더라도 다짐효과가 비례해서 증가하지 않고 머무르게 된다.

함수비가 대단히 큰 점토는 너무 큰 에너지로 다지면 작은 에너지로 다진 경우보다 강도가 오히려 감소하는 현상이 발생한다. 특히 습윤측 다짐에서 다짐장비가 너무 크거나 다짐횟수가 너무 많으면 강도가 오히려 더 저하될 수 있다. 이러한 현상을 과다짐(過다짐, over compaction)이라 한다.

PISA TIP (3.3) 수확체감의 법칙 [收穫遞減—法則, law of diminishing returns]이란?

- 어떤 생산물을 생산하는데 필요로 하는 노동의 투입량을 증가시키면, 생산량이 증가해 가다가 투입량이 어느 단계를 넘어서면 오히려 생산량이 감소하는 경향을 나타낸다는 원칙.
- 과다짐의 원리와 유사한 원칙

3.4.2 다짐함수비에 따른 점성토의 특성

다짐을 할 때의 함수비에 따라 점토의 구조(structure)와 물리적, 역학적 특성이 달라진다. 특성이라 함은 팽창성, 수축성, 투수성, 압축성, 전단강도 등을 말한다.

보통 최적함수비를 기준으로 하여 건조측 다짐(dry compaction)과 습윤측 다짐(wet compaction)에 대비하여 구조와 특성을 기술하고 있다.

1) 다짐 시 점토의 구조 변화

동일한 다짐에너지로 다졌을 때 건조측(A 상태, $w < OMC$)에서는 면모구조를 형성한다. 다짐함수비를 증가시켜 최적함수비(OMC)가 되면(B 상태) 이중층수의 생성으로 반발력이 우세해지고 점토의 구조는 그림 3.10과 같이 이산구조로 변하기 시작한다. 점토는 이 때 가장 잘 다져져서 건조단위중량은 최대치 $\gamma_{d\,\max}$가 된다.

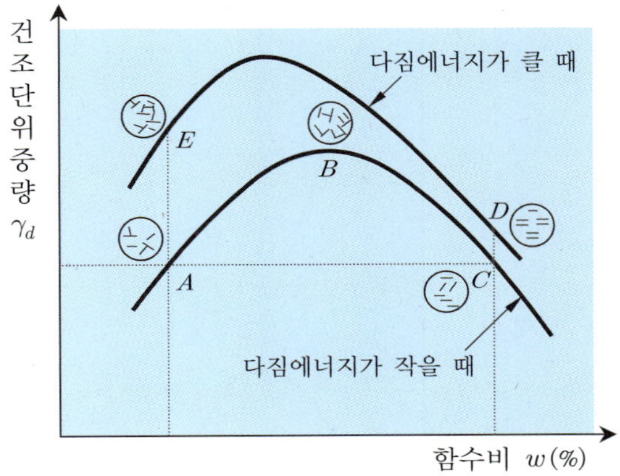

그림 3.10 다짐함수비에 따른 점토의 구조변화(Lambe, 1962)

함수비를 계속 증가시키면(C 상태, 습윤측) 점토는 이산구조로 변하여 대체적으로 면대면(面 對 面, face to face)의 형태로 평행하게 배열한다. 이 상태에서는 물이 너무 큰 공간을 채우게 되므로 건조단위중량은 오히려 감소하게 된다. 더 큰 에너지로 다지면 이러한 현상은 더욱 뚜렷해져서 이산구조의 입자는 평행하게 차곡차곡 쌓이게 된다. 즉 D가 C보다 이산의 정도가 더 크다. 정리하면 건조측에서 습윤측으로 갈수록 이산의 정도는

$$E < D, \quad A < C, \quad A < B$$

가 되고, 다짐에너지가 클수록 이산의 정도는 다음과 같이 된다.

$$C < D, \quad A < E$$

2) 다짐함수비에 따른 점토의 투수계수 변화

점토는 면모구조일 때 이산구조의 경우보다 투수계수가 더 크다. 이것은 면모구조에서는 간극의 크기(pore size)가 커서 물이 흐를 때 저항이 상대적으로 적기 때문이다. 그림 3.11에는 점토를 다질 때의 함수비(w)와 다져진 흙의 투수계수(k) 사이의 관계가 다짐곡선과 관련지어 제시되어 있다.

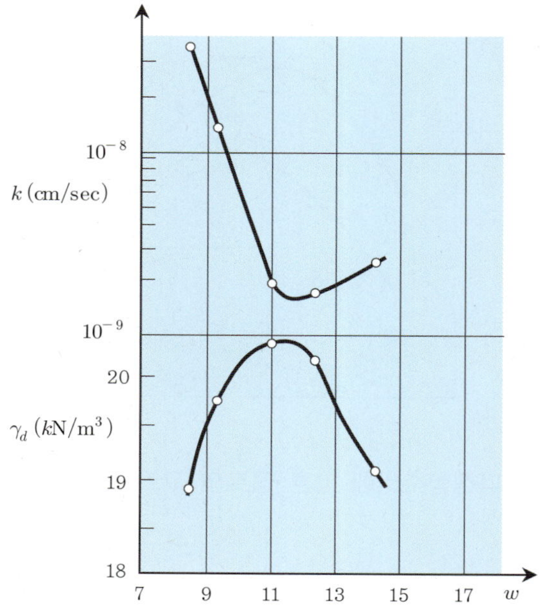

그림 3.11 다짐함수비에 따른 투수계수의 변화(Lambe, 1962)

이 그림에 의하면 건조측에서 흙을 다지면 다짐함수비의 증가에 따라 다져진 흙의 투수계수는 급속히 감소하여 최적함수비보다 약간 큰 함수비에서 최소가 되고 그 이상의 함수비에서는 약간 증가할 뿐이다. 즉 점토는 최적함수비보다 약간 큰 함수비로 다지면 투수성이 최소가 된다. 흙 댐의 심벽(core) 등 차수목적으로 흙을 다질 때에는 약간 습윤측 다짐(slightly wet compaction)을 하는 것이 다짐목적에 부합된다.

3) 다짐과 (전단)강도

그림 3.12에 동일한 점토를 다짐에너지 크기의 순서($A > B > C$)대로 다졌을 때 다짐 함수

비의 변화에 따른 점토의 비배수강도(콘 지수)의 변화를 각 다짐에너지 별로 비교하여 나타나 있다. 또한 최적함수비보다 건조측 및 습윤측 다짐의 결과를 비교하기 위하여 각 다짐에너지에 대한 다짐곡선도 함께 제시하고 있다. 이 그림을 보면 점토의 비배수강도는 다짐함수비와 함께 다짐에너지의 크기에 따라 달라짐을 알 수 있다. 또한 동일한 다짐에너지로 다지는 경우에는 건조측 다짐을 하면 습윤측 다짐보다 다져진 점토의 강도는 크게 된다.

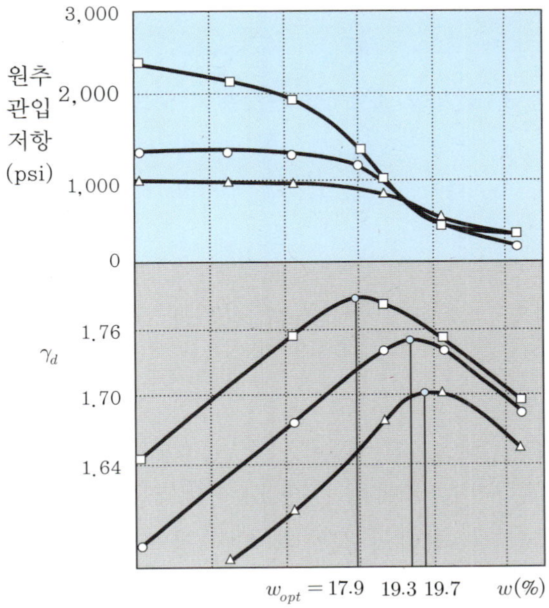

그림 3.12 다짐함수비와 다짐하중에 따른 점토의 비배수 강도의 변화(Lambe, 1962)

다짐에너지 크기를 달리하여 다지는 경우 건조측 다짐을 하게 되면 다짐에너지가 클수록 다져진 점토의 강도는 크다. 습윤측에서 다지면 다짐에너지 증가에 따른 강도의 증가는 미미하고 때로는 큰 에너지로 다진 점토의 강도가 더 작을 수도 있다.

결국 건조측 다짐은 큰 강도가 필요할 때 사용하는 것이 좋다. 제방을 쌓을 때 본체는 큰 강도를 위해 조립토를 사용하지만 투수성이 커서 차수의 목적으로 점토를 사용한 심벽(core)를 제방 내부에 설치하게 된다. 즉 그림 3.13과 같이 제방본체는 건조측 다짐을, 점토 심벽은 습윤측 다짐을 하는 것이 좋다.

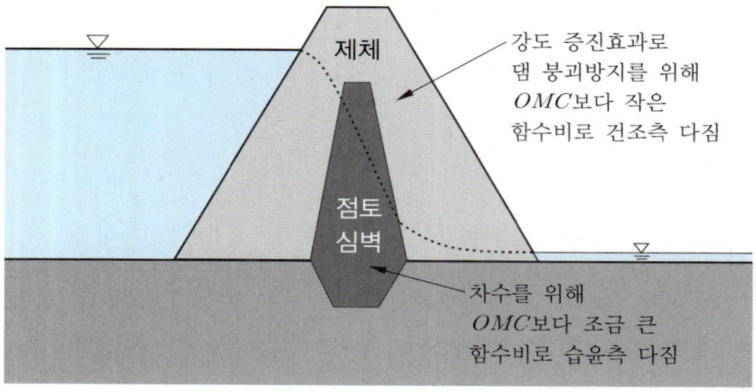

그림 3.13 제방 축조 시 건조측 다짐과 습윤측 다짐

3.5 현장다짐

3.5.1 현장다짐 장비

다짐장비는 흙의 종류, 함수비, 공사의 특성 등 여러 요인을 종합적으로 고려하여 결정하게 된다. 실내시험의 다짐에너지는 래머의 낙하에 의한 충격인데 반해 현장의 다짐에너지는 다짐장비에 의한 전압(轉壓, kneading) 또는 짓이김, 압력, 진동 등으로 흙을 다지게 된다. 다짐장비에는 다음과 같은 종류가 있는데 롤러(roller)에는 견인식과 자주식(自走式)이 있다.

① 강륜(鋼輪) 롤러(smooth - wheeled roller)

- 속이 빈 강재 원통형 바퀴로 이루어진 롤러
- 직경이 큰 2개의 후륜과 직경이 작은 1개의 전륜으로 구성되어 있다.
- 빈 원통에 물이나 모래를 채워 무게를 크게 할 수 있다.
- 흙을 뒤섞거나 짓이기면서 다질 필요가 없다면 대부분의 흙을 다지는데 사용할 수 있다. 단 균등한 입경의 모래와 실트질 모래의 다짐에는 부적당하다.
- 이 종류에 속하는 다른 형태의 롤러로 탠덤(tandem) 롤러가 있다. 전·후륜은 1개씩이고 그 크기는 같다. 이 장비는 도로의 포장 재료를 다지는데 사용된다.

(a) 강륜 롤러

(b) 공기타이어 롤러

그림 3.14 현장 다짐장비

② 공기타이어 롤러(pneumatic tired roller)

- 두 축에 9~11개의 타이어가 적절한 간격으로 배치되어 있다. 뒷바퀴의 다짐 폭이 앞바퀴 사이의 공간과 겹치게 배치되어 흙 표면을 빈틈없이 다질 수 있게 배열되어 있다.
- 균등한 입도의 흙을 제외하고 조립토와 세립토 다짐에 모두 적합하다. 도로, 비행장, 제방, 사력 댐 다짐에 사용된다.
- 다져진 흙 표면은 평탄하여 층간 결합력은 약하다.
- 다짐에너지를 크게 하려면 타이어의 공기압을 증가시킨다.

③ 양족(羊足) 롤러(sheep's foot roller)

- 강재 원통 표면에 양의 발 모양을 한 돌기가 다수 붙어있는 롤러다.
- 양족의 단면적은 $30 \sim 80\,\mathrm{cm}^2$이며 원통표면적의 8~12% 정도이다. 양족은 면적이 적으므로 큰 압력(응력)으로 흙을 다지게 된다.
- 다짐층이 느슨할 때에는 원통이 다짐층 표면에 접촉하게 된다. 양족은 흙을 뒤섞고 굳은 덩어리를 부수면서 흙을 다진다. 토층이 큰 접지압을 지지할 수 있을 만큼 다져지면 원통 표면은 지표면 위에 뜨게 된다. 이 롤러는 세립토를 다지는데 적당하며 특히 건조측 다짐에 적합하다. 또한 세립분을 20% 이상 함유한 조립토에도 적합하다.
- 양족으로 다지기 때문에 다짐 층 사이의 결합력은 크다. 속이 비어있는 강재 원통 속을 모래 등으로 채워서 다짐에너지를 크게 할 수 있다.

(a) 양족 롤러 (b) 양족 롤러 표면

그림 3.15 양족 롤러

④ 진동 롤러(vibratory roller)

- 강륜 롤러 안에 진동발생기를 장치한 롤러
- 대부분의 흙에 사용되며 함수비가 약간 습윤측일 때 더욱 효과적이다.
- 세립분이 적거나 전혀 없는 조립토의 다짐에 특히 효과적이다.
- 롤러 무게와 진동수는 흙의 종류와 포설층 두께에 적합하도록 조절하여야 한다.
- 롤러의 진행속도가 느릴수록 다짐에너지는 커져서 소요 통행 횟수는 적어진다.

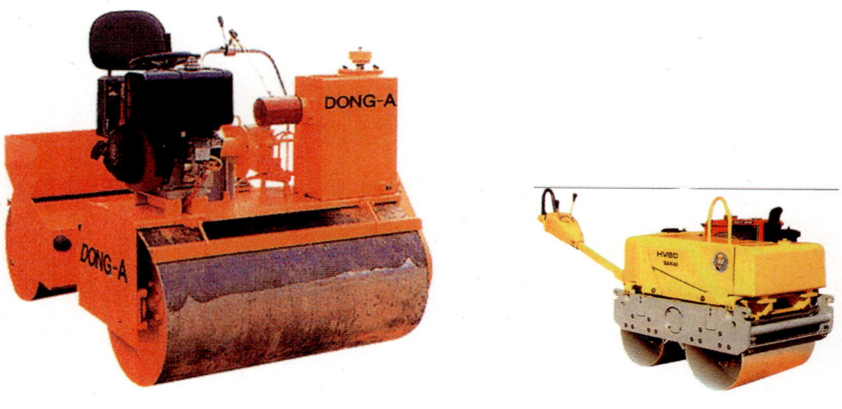

(a) 대형 진동 롤러 (b) 소형 진동 롤러

그림 3.16 현장 다짐장비(진동 롤러)

⑤ 기타 다짐 장비

- 진동 콤팩터(vibratory compactor), 수동 진동 롤러(hand operating vibratory roller), 진동탬퍼(vibratory tamper) 등이 이러한 목적으로 만들어진 장비이다. 이러한 장비는 옹벽 뒤채움 등의 다짐에도 사용한다. 균등한 조립토 다짐에는 효율이 낮다.
- 모든 흙은 진동을 가하면서 다지면 진동 없이 다질 때 보다 최적함수비는 감소하고 최대건조단위중량은 더 커진다.
- 사면 다짐용 장비도 현장에서 사용되고 있다. 굴삭기의 버켓을 떼어내고 롤러를 부착하여 붐을 이용하여 사면 다짐을 한다.
- 다짐을 하는 장소가 협소하거나 접근이 어려우면 위에서 열거한 대형 롤러는 사용이 불가능하므로 여기에 적절한 소형 다짐장비가 필요하다.

(a) 수동 진동 롤러

(b) 진동탬퍼

(c) 사면 다짐용 롤러

그림 3.17 진동 다짐 장비

(a) 소형 램머

(b) 복합 다짐장비

그림 3.18 기타 다짐장비

3.5.2 현장다짐 특성

1) 다짐도

실험실 다짐 시험결과(OMC, $\gamma_{d\max}$)는 현장의 값과 다르다. 그 이유는 다지는 방식과 다짐 에너지의 크기가 다르기 때문이다. 현장다짐 성과를 표현하거나 다짐으로 현장에서 성취해야 할 건조단위중량을 제시하기 위하여 다짐도라는 개념을 사용한다. 다짐도(relative compaction ; R_c, 상대다짐도)는 실내다짐시험에서 얻은 최대건조단위중량에 대한 현장의 건조단위중량의 비를 백분율로 나타낸 것이다. 즉

$$\text{다짐도} = \frac{\text{현장 시공으로 얻은 건조단위중량}}{\text{실험실에서 얻은 최대 건조단위중량}} \times 100(\%)$$

$$R_c = \frac{\gamma_d}{\gamma_{d\max}} \times 100(\%) \tag{3.15}$$

다짐도와 상대밀도와의 관계는 식 (3.16)과 같다.

$$R_c = \frac{R_o}{1 - D_r(1 - R_o)} \tag{3.16}$$

여기서, $D_r = \dfrac{\gamma_d - \gamma_{d\,\min}}{\gamma_{d\,\max} - \gamma_{d_{\min}}} \dfrac{\gamma_{d\,\max}}{\gamma_d}$ $\quad R_o = \dfrac{\gamma_{d\,\min}}{\gamma_{d\,\max}}$

조립토에 대한 상대밀도와 다짐도와의 관계는(Lee & Singh, 1971)

$$R_c(\%) = 80 + 0.2\,D_r \tag{3.17a}$$

또는

$$D_r(\%) = 5\,(R_c - 80) \tag{3.17b}$$

대부분 현장다짐 시방서에서는 다짐도 95% 이상 또는 90% 이상을 요구한다.

따라서 다짐도 95%에 대응하는 상대밀도는 $D_r = 5\,(95 - 80) = 75\%$가 된다.

중요한 공사 혹은 대규모 공사의 경우에는 시험 다짐 구간을 설정하여 다짐방법을 결정하는 것이 좋다. 다짐을 받는 동안 흙의 건조단위중량은 롤러의 통과횟수에 의해 영향을 받는다.

2) 다짐에너지와 다짐성과

일반적으로 다짐장비의 무게가 크면 다짐에너지도 크다. 공기 타이어 롤러는 타이어의 공기압을 크게 하면 다짐에너지는 증가한다.

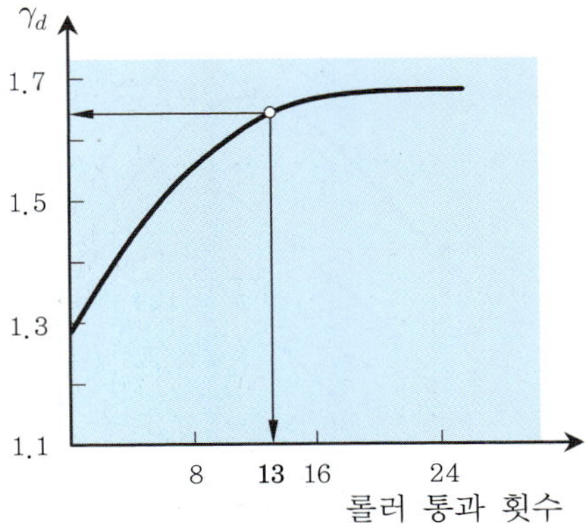

그림 3.19 다짐회수 증가에 따른 다짐효과 체감현상

롤러의 경우 다짐횟수(통행횟수)의 증가에 따라 다짐에너지는 커진다. 또한 통행속도가 느려도 다짐에너지는 커진다.

일단 다짐장비가 결정되면 소요되는 건조단위중량을 얻기 위한 최소 다짐횟수를 결정해야 한다. 다짐횟수는 장비의 형식과 무게, 다짐층의 두께에 따라 결정되지만 보통 3~10회 정도이다(Craig, 1990).

3) 경제적인 다짐방법 결정

그림 3.19에서 보는 바와 같이 다짐횟수가 적을 때에는 다짐횟수의 증가와 함께 건조단위중량도 급속히 증가하지만, 다짐횟수가 일정한 값 이상이 되면 다짐횟수 증가에 대한 건조단위중량의 증가는 미미해진다. 즉 다짐횟수 약 13회까지는 흙의 다짐성과가 좋지만 그 후는 다짐을 계속하는 것은 비경제적이 된다.

그림 3.20에서 다짐곡선 ①은 보유하고 있는 다짐장비(A)로 현장다짐시험을 하여 얻은 다짐곡선이다. 최대 건조단위중량이 $\gamma_{d\,\max} = 2.0\,\text{t/m}^3$ 일 때 다짐도 90% 이상을 요구한다면 $\gamma_d = R_C \cdot \gamma_{d\,\max} = (0.90)(2.0) = 1.80\,\text{t/m}^3$ 에서 수평선을 그려 다짐곡선과 교차되는 함수비를 구한다. 다짐곡선과 교차점의 함수비는 a와 c이므로 시공함수비는 a보다 크고 c보다 작게 조절하면 요구되는 다짐도를 달성할 수 있게 된다.

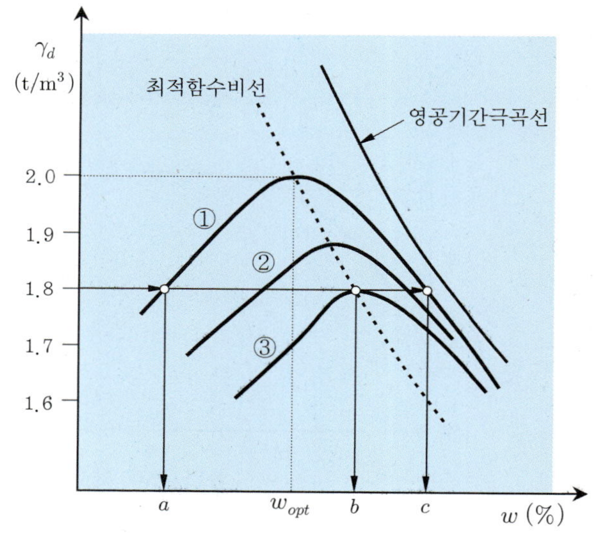

그림 3.20 경제적인 다짐방법의 결정(seed, 1964)

가장 이상적인 다짐방법은 다짐에너지를 ③으로 하고 함수비 b에서 다지는 것이다. 이때는 최대건조단위중량이 되어야 상대다짐도에 관한 요구조건($R_c \geq 90\%$)이 가까스로 만족된다. 그러나 함수비 관리를 아무리 철저히 하여도 기상상태 등에 따라 함수비 변화는 불가피하다. 따라서 다짐에너지 ③을 선택할 수는 없다.

그러므로 다짐에너지는 ③보다 약간 큰 ②로 하고 함수비는 OMC와 b 사이의 값을 유지하고 다지면 가장 합리적인 다짐방법이 된다.

4) 합리적인 포설 두께 설정

다짐에너지와 함께 다짐두께를 결정하는 것은 다짐공사에서 가장 중요한 사항이다. 포설한 토층이 너무 두껍거나 얇으면 다짐효율이 떨어진다. 요구되는 다짐도 달성만 생각하면 다짐층 두께는 얇을수록 좋고, 경제성만 고려하면 다짐층이 두꺼울수록 유리하므로 다짐도에 관한 요건을 만족시키는 최대 포설두께를 결정할 필요가 있다.

최대 포설두께는 깊이에 따른 다짐효과와 요구되는 다짐성과를 함께 고려하여 결정한다. 다짐에너지(즉 다짐장비와 다짐횟수)와 다짐함수비가 결정되면 포설두께는 현장시험으로 결정하는 것이 최선이다. 롤러의 특정한 통과횟수에 대하여 깊이에 따른 상대밀도 또는 건조단위중량의 변화를 알면 다짐층의 적절한 두께를 구할 수 있다.

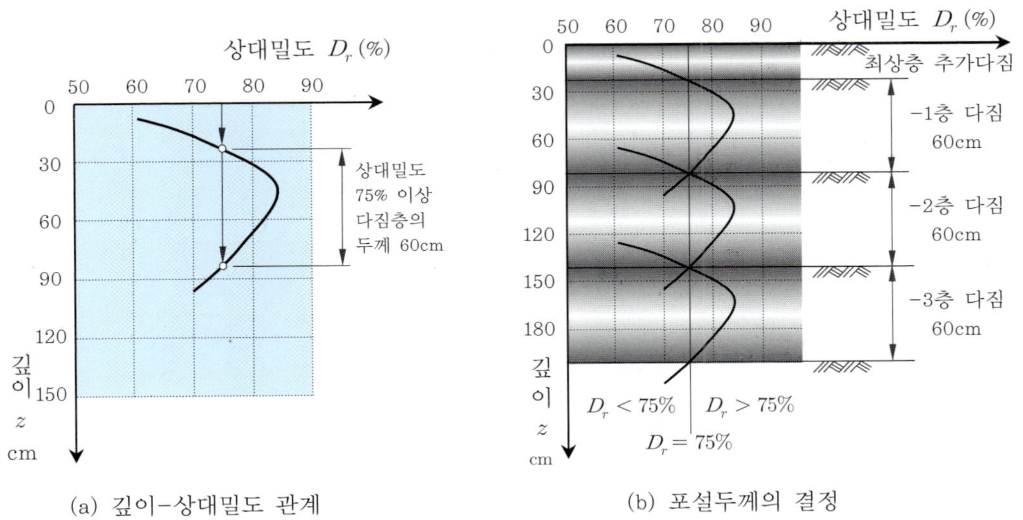

그림 3.21 현장 시험결과를 이용한 포설두께의 결정(D'appolonia 등, 1969)

다짐층의 최대 포설두께는 다음과 같은 순서로 결정한다.

① 현장 시험시공을 통해 깊이에 따른 상대밀도를 구한다.

② 상대밀도-깊이 관계 곡선을 작성한다.(그림 3.21(a))

③ 다짐도 규정을 만족하는 최소 상대밀도를 계산한다.

$R_{\min} = 95\%$ 이면 $\rightarrow$ $D_{r\,\min}(\%) = 5\,(R_{\min(\%)} - 80) = 75\%$

④ 최소 상대밀도를 만족하는 다짐층 두께를 결정한다.

($D_r = 75\%$ 와 곡선이 만나는 두 점 사이의 거리= 60 cm)

⑤ 최소 상대밀도를 만족하지 못하는 최상층은 추가 다짐을 한다.

현재 다지는 포설층보다 차상층 다짐을 실시하면 현재 다짐층이 추가로 다져져 최소 상대밀도 이상으로 다져지는 효과가 발생한다.

표 3.3에는 NAVFAC DM-7.2에 제시되어 있는 최대 포설두께가 제시되어 있다.

표 3.3 최소허용 상대다짐도와 최대 허용 포설두께(NAVFAC DM-7.2, 1982)

토질구조물	요구되는 상대다짐도 (수정다짐 기준)	최적함수비의 허용오차(%)	최대포설두께(cm)
구조물의 기초	95	-2 ~ +2	30
저수지의 라이닝	90	-2 ~ +2	15
흙 댐(15m 이상)	95	-1 ~ +3	30(+)
흙 댐(15m 이하)	92	-2 ~ +2	30(+)
포장지지층 : 도로 공항	NAVFAC DM-5 참조 NAVFAC DM-21 참조	-2 ~ +2 -2 ~ +2	20(+) 20(+)
구조물의 뒷채움	90	-2 ~ +2	30(+)
고랑의 뒷채움	90	-2 ~ +2	30(+)
필터	90	충분히 살수	20
굴토한 구조물 지반	95	-2 ~ +2	-
록필 댐	-	충분히 살수	60 ~ 90

3.5.3 현장다짐 시방서

현장다짐 시방서는 다짐방법 시방서와 최종품질 시방서가 있다.
다짐 관련 토질구조물의 설계절차는 다음과 같다(Holtz & Kovacs, 1981).

- 토취장에서 채취한 시료로 실내시험을 하여 설계에 필요한 자료를 확보한다.
- 토질구조물 설계가 완성되면 다짐시방서(示方書, specification)를 작성한다. 현장다짐관리 시험방법을 확정한다. 이 시험의 결과가 공사관리의 기준이 된다.
- 공사관리 감독관(조사관)은 현장다짐관리 시험을 실시하여 시공자가 시방서의 요구조건을 충족시켰는지 조사하여 현장다짐의 품질을 관리한다.

1) 다짐방법 시방서

다짐방법 시방서에는 다짐장비의 종류와 무게, 그리고 다짐층의 두께와 다짐횟수 등을 자세하게 제시하여야 한다. 시공함수비의 범위와 다짐에 사용할 흙의 최대입경도 함께 정해주어야 한다. 이 경우 품질에 관한 책임은 완전히 발주자에게 귀속되며 시공자는 시방서 규정대로 공사만 하면 된다.

따라서 발주자는 최적의 다짐방법을 결정하기 위하여 시방서 작성에 앞서 각종의 다짐장비로 현장시험을 실시하여 자세한 정보를 축적해 두어야 한다. 대형공사의 경우 이와 같은 사전조사로 토질에 관한 불확실한 문제점을 해결하면 공사비를 크게 절감할 수 있으므로 결과적으로 이러한 시방서 작성에 소요된 경비 이상을 보상 받을 수 있게 된다. 이 때 발주자는 자신을 가지고 공사를 감독할 수 있다(김상규, 2004).

2) 최종품질 시방서

최종품질 시방서에 명시할 내용 중 가장 중요한 것은 요구되는 최소 다짐도를 명시하는 것이다. 다짐도는 구조물의 중요도, 다짐의 목적, 흙의 종류 등에 따라 다른 값이 요구된다. 최종품질 시방서는 규정된 다짐도만 달성하면 되므로 어떤 방법으로 다졌는지 또한 어떤 장비를 사용하는지는 상관이 없다.

다짐도를 만족하기 위해 결정한 다짐방법은 공사의 목적에 부합하는 흙의 공학적 특성에 따라 최적함수비의 건조측 또는 습윤측 다짐을 고려한다. 흙의 전단강도가 요구되는 경우 건조측 다짐을 하고 차수 목적인 경우 약간 습윤측 다짐을 계획한다.

팽창성, 수축성, 압축성도 다짐함수비에 따라 달라지므로 다짐함수비의 범위도 명시하여야 한다. 시공 함수비가 다짐함수비의 범위보다 큰 경우에도 더 무거운 장비로 다지거나 다짐횟수를 많이 하여 더 큰 다짐에너지로 다지면 소정의 다짐도(건조단위중량)를 얻을 수 있다. 그러나 습윤측 다짐에서 다짐장비가 너무 크거나 다짐(통행)횟수가 너무 많으면 과다짐이 될 수 있다.

최종품질만 관리하는 경우에는 시공자는 가장 합리적인 포설두께를 결정하여야 한다.

3.5.4 현장 건조단위중량 시험

현장다짐 품질관리를 위해서 요구되는 다짐도(R_c)를 만족하여야 한다. 즉

$$\gamma_d \geqq R_c \, \gamma_{dmax}$$

현장다짐을 한 후 다짐의 성과를 판단하기 위해서 실시하는 현장 건조단위중량(γ_d)시험은 다음과 같이 한다.

① 시험공(試驗孔)에서 굴토한 시료에 대해 다음 사항을 측정한다.

W : 굴토된 흙의 무게(저울로 측정)

w : 굴토된 흙의 함수비(현장에서 간이 측정법 이용)

V : 굴토된 흙의 부피(표준사를 이용하여 측정)

② 계산

현장의 전체단위중량 : $\gamma = \dfrac{W}{V}$

현장 건조단위중량 : $\gamma_d = \dfrac{\gamma}{1+w}$

③ 판정

최대 건조단위중량과 다짐도는 다짐시방서에 주어져 있으므로

$\gamma_d \geqq R_c \cdot \gamma_{d\max}$ 이면 $O.K.$

$\gamma_d < R_c \cdot \gamma_{d\max}$ 이면 $N.G.$

판정 결과가 $N.G.$ 인 경우에는 추가다짐을 하거나 재시공을 하여야 한다.

굴토된 흙의 부피 측정 방법

시험공에서 굴토한 흙의 부피(V)를 측정하는 방법으로 다음과 같은 것들이 있다.

- 모래 치환법 : 표준사를 시험공에 채워서 굴토한 흙의 부피를 측정
- 고무막법 : 고무막을 굴토 표면에 밀착시킨 다음 물을 채워 흙의 부피를 측정
- 절삭법 : 점토, 실트와 같은 점착력이 있는 지반에서 사용
- RI meter : 방사선 동위원소를 써서 즉시 ω, γ_d 측정

현장에서는 다루기 편리한 점 때문에 주로 모래 치환법을 많이 사용하고 있다. RI meter는 측정이 간편하지만 방사능의 관리에 어려움이 있다.

그림 3.22는 모래치환법의 모식도이다. 측정순서를 간단히 정리하면 다음과 같다.

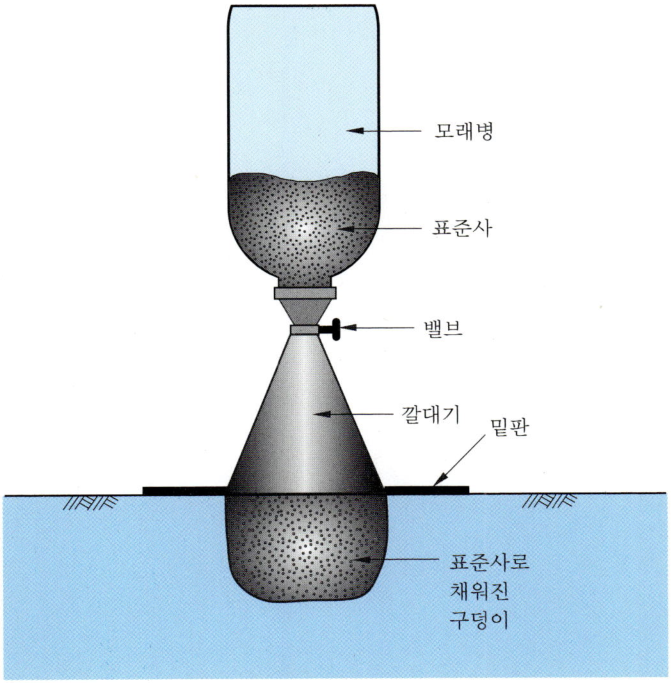

그림 3.22 모래치환법

① 시험실에서 측정기 무게와 깔때기의 부피, 표준사의 단위중량 등을 미리 측정해 둔다.

② 현장에서 대상 다짐층 지표면을 평평하게 고른 뒤 밑판을 고정시킨다.

③ 시험공을 굴착한다. 이 때 굴착한 흙의 무게와 함수비를 현장에서 측정한다.

④ 측정기를 설치한 후 밸브를 열어 표준사를 자유낙하 시킨다.
(표준사가 시험공 안으로 완전히 흘러들어갈 때까지 기다림)

⑤ 모래병에 남은 표준사의 무게를 측정한다.
표준사의 무게는 표준사가 측정기에 담긴 상태의 무게에서 시험실에 미리 측정해둔 측정기의 무게를 빼서 구한다.

연습문제

3.1 실내다짐시험 *A, B, C, D, E* 방법에 대하여 다짐에너지를 비교하라.

(1) A방법과 B방법

(2) C방법과 D방법

(3) B방법과 E방법

3.2 흙의 다짐공사의 시공관리 방법에 대하여 기술하라.

(1) 시공 함수비 관리

(2) 다짐 장비의 선정

(3) 다짐층 두께의 결정

(4) 다짐횟수 관리

3.3 면적 1,600 m^2의 도로 공사현장에서 두께 1.25 m 의 다짐작업을 할 때 추가하여야 할 물의 무게를 구하라. 토취장에서 구해오는 흙의 함수비는 각각 6.0%, 8.0%, 10.0% 이고 다짐층의 최적함수비는 10.8%, 건조단위중량은 1.634 t/m^3를 목표로 한다.

3.4 다짐몰드의 체적은 944 cm^3 인 표준다짐시험을 한 결과 아래 표와 같은 시험결과를 얻었다.

시험 결과 \ 시험 횟수		1회	2회	3회	4회
흙 A	흙의 무게(kg)	1,632	1,829	2,008	1,833
	함수비(%)	10.8	12.6	15.6	17.0
흙 B	흙의 무게(kg)	1,685	1,892	1,908	1,736
	함수비(%)	14.4	17.2	19.6	21.0
흙 C	흙의 무게(kg)	1,555	1,819	1,841	1,685
	함수비(%)	17.6	21.2	23.4	24.8
흙 D	흙의 무게(kg)	1,528	1,714	1,715	1,623
	함수비(%)	20.8	24.4	28.0	29.2

(1) 각 실험결과에 대하여 건조단위중량을 구하라.

(2) 다짐곡선을 그려라.

(3) 최대건조단위중량과 최적함수비를 구하라.

(4) 다짐곡선 상에 영공기간극곡선(ZAVC)를 그려라.

(5) 다짐곡선 상에 포화도 95% 및 90% 곡선을 그려라.

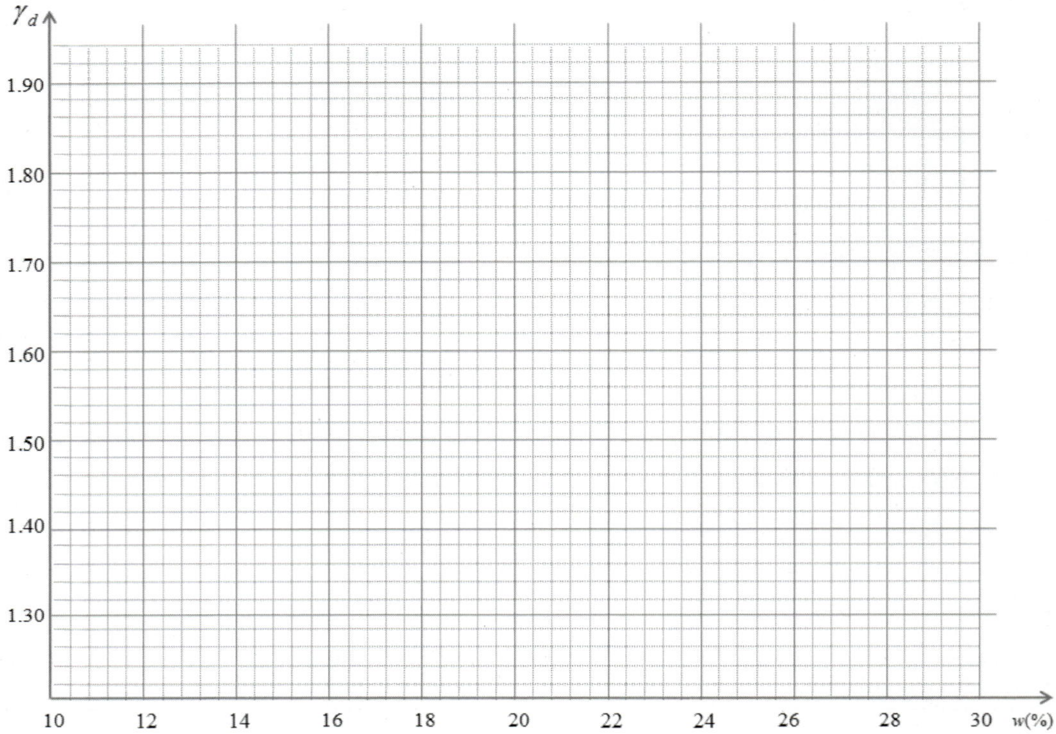

3.5 토취장에서 흙을 채취하여 3,000 m^{3}의 도로제방을 축조하고자 한다. 함수비 20.0%로 다진 흙의 건조단위중량은 1.640 t/m^{3}으로 예상된다. 토취장에서 채취한 흙의 함수비는 15.0%, 건조단위중량은 1.558 t/m^{3}이었고 토립자의 비중은 2.65로 측정되었다.

(1) 다짐시공에 사용할 물의 소요량은 얼마인지 계산하라.

(2) 토취장에서 채취해야 할 흙의 부피를 구하라.

(3) 토취장에서 채취해야 할 흙의 무게를 구하라.

(4) 이 흙을 적재적량 16t 덤프트럭 몇 대분에 해당하는지 계산하라.

3.6 도로공사 현장에서 다짐을 한 지반에 대해 모래치환법에 의한 현장밀도 시험결과가 다음과 같다.

시험공에서 굴토한 흙의 무게	4,049 g
시험공에서 굴토한 흙의 함수비	15.0%
시험공에 채워진 표준사의 무게	2,850 g
시험공에 채워진 표준사의 단위중량	1.36 g/cm^3

(1) 다짐 시공한 이 지반 흙의 건조단위중량을 구하라.

(2) 이 지반의 흙을 실내시험한 결과 최대 건조단위중량이 1.75 g/cm^3 일 때 다짐도를 평가하라. (품질관리 시방서에서는 다짐도를 95% 이상일 때 합격으로 한다.)

3.7 국내의 다짐공사 현장에서 사용하는 공기타이어롤러의 모델 및 제원에 대해 조사하라.

3.8 다짐공사 현장에서 대형 롤러의 주행이 어려운 좁은 장소의 다짐시공에 사용하는 진동탬퍼에 대하여 조사한 내용을 기술하라.

연습문제 힌트

3.1 [표 3.2], [식 3.1] **3.2** **3.3** [식 3.8] 또는 [식 3.12]

3.4 (1) [식 1.10], [식 1.25] (3) [그림 3.3] (4) [식 3.2] (5) [식 3.4]

3.5 (1) [예제 3.1] (2) [식 3.13] (3) [식 3.14]

3.6 (1) [식 1.10], [식 1.25] (2) [식 3.15]

3.7 **3.8**

제4장
지중응력

SOIL
MECHANICS

S O I L · M E C H A N I C S

4.1 개설

지반에 작용하는 지중응력(地中應力)은 다음 2가지로 나누어 생각할 수 있다. 그 중 하나는 흙 자중에 의하여 생기는 응력이고 나머지 하나는 지반에 작용하는 하중에 의하여 생기는 응력이다. 흙 자중에 의한 응력은 생각하는 요소보다 위쪽에 있는 흙 무게로 인하여 생기는 응력이므로 토피하중(土被荷重, overburden pressure 또는 geostatic stress)이라 한다.

여러 원인들에 의하여 생긴 전체 응력은 개별 요인에 의하여 생긴 응력들을 합하여 얻을 수 있다. 그림 4.1과 같이 지반 내 요소 A에서 발생하는 응력 σ_z는 흙 자중(흙의 무게)에 의한 응력 σ_v와 상재하중에 의한 증가응력 $\Delta\sigma_v$의 합과 같다. 즉

$$\sigma_z = \sigma_v + \Delta\sigma_v \tag{4.1}$$

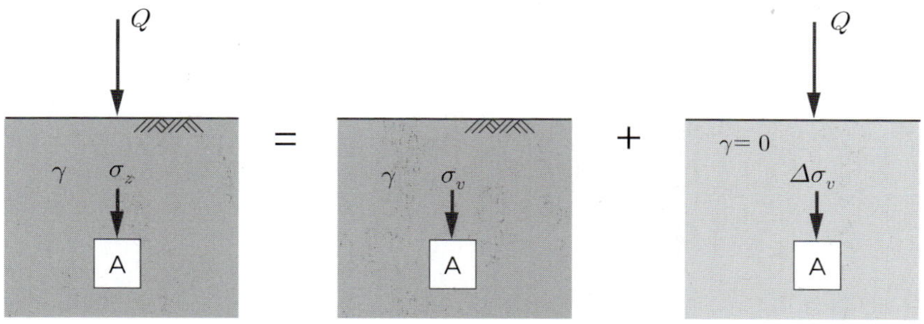

그림 4.1 지중응력 중첩의 원리

지반에 작용하는 상재하중에 의한 응력은 도로, 제방, 건축물, 또는 물탱크 등에 의하여 생기는 응력이다. 이 응력들은 탄성이론으로 구할 수 있다.

지반에 작용하는 응력은 파괴안전에 대한 검토를 위해 전단강도, 토압, 사면의 안정 등의 계산에 이용되고, 침하안전에 대한 검토를 위해 지반의 침하량 계산 등에 이용된다.

지반 내 한 요소에 작용하는 응력의 성분은 연직방향 및 수평방향의 수직응력과 전단응력으로 구성된다. 파괴안전의 검토에는 수평응력과 전단응력이, 침하안전의 검토에는 연직응력이 필요하다.

한 평면에는 하나의 수직응력과 2개의 전단응력이 작용하는데, 특정한 평면에는 수직응력만 작용하고 전단응력은 0(zero)이 된다. 이러한 특정 평면을 주응력면(主應力面, principal plane)이라 하고 주응력면에 작용하는 수직응력을 주응력(主應力, principal stress)이라 한다.

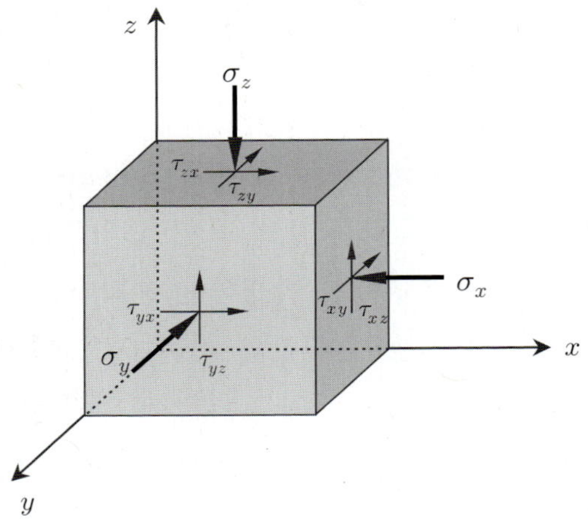

그림 4.2 응력의 성분

그림 4.2의 x, y, z 좌표계에서 σ_x, σ_y, σ_z는 각각 x, y, z 방향으로 작용하는 수직응력이고, τ_{xy}, τ_{xz}, τ_{yx}, τ_{yz}, τ_{zx}, τ_{zy} 등은 수직응력이 작용하는 평면의 전단응력이다. 이 장에서는 주로 수직응력에 대해서 논하게 된다.

세 방향의 수직응력 중 연직방향의 수직응력 σ_z를 연직응력(σ_v)이라하고, 수평방향의 수직응력 σ_x, σ_y를 수평응력(σ_h)이라 한다. 또한 균질하고 등방성인 지반에서 σ_x, σ_y는 같은 값이므로 그림 4.3과 같이 평면상에 표시할 수 있다.

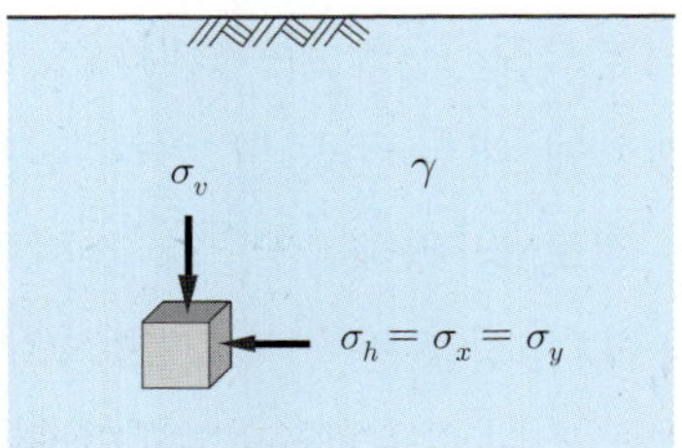

그림 4.3 요소 A에 작용하는 연직응력과 수평응력

4.2 흙의 자중으로 인한 연직방향 응력

4.2.1 A점 또는 $a-a$ 면에서 발생하는 연직응력

지반은 지표면으로부터 아래쪽으로 갈수록 연직방향의 응력이 증가한다. 이러한 현상은 지표면 근처에서 성립하며, 깊은 곳에서는 흙 입자의 아치현상에 의하여 이러한 관계가 성립하지 않을 수 있다. 우리가 다루는 대부분의 토질역학 문제는 지표면 근처를 대상으로 하기 때문에 연직응력은 깊이에 비례한다고 가정할 수 있다.

그림 4.4와 같이 A점 또는 $a-a$ 면에서 연직방향으로 흙이 브담하는 응력은 A점 또는 $a-a$ 면의 상부에 있는 흙의 단위 면적당 작용하는 흙의 무게이다.

$$\sigma_v = \frac{W}{A} = \frac{\gamma V}{A} = \frac{\gamma A z}{A}$$

따라서

$$\sigma_v = \gamma z \tag{4.2}$$

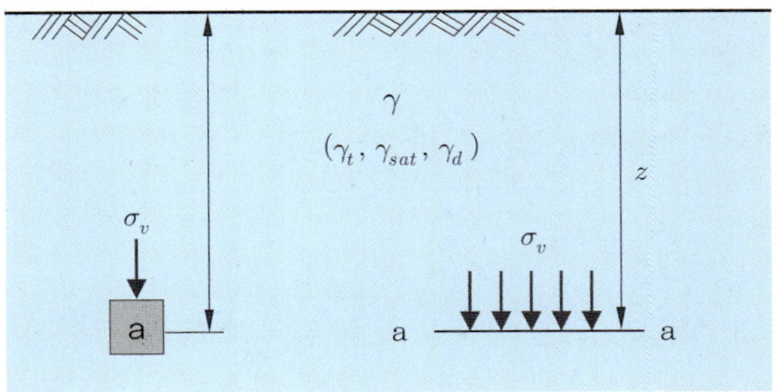

그림 4.4 자중에 의한 연직응력

4.2.2 다층지반의 연직방향

지반이 여러 종류의 지층으로 구성되어 있을 때는 각층의 지중응력의 합을 구하면 된다.

$$\sigma_v = \sum \gamma \, \Delta z = \gamma_1 z_1 + \gamma_2 z_2 + \gamma_3 z_3 + \cdot\cdot\cdot \tag{4.3}$$

그림 4.5(a)에서 보는 바와 같이 $a-a$면에 작용하는 연직응력은 식 (4.3)을 적용하여 각 층(매립층, 퇴적층, 풍화토층)의 하부에 작용하는 지중응력을 합하면 된다.

$$\sigma_v = \gamma_1 z_1 + \gamma_2 z_2 + \gamma_3 z_3 \tag{4.4}$$

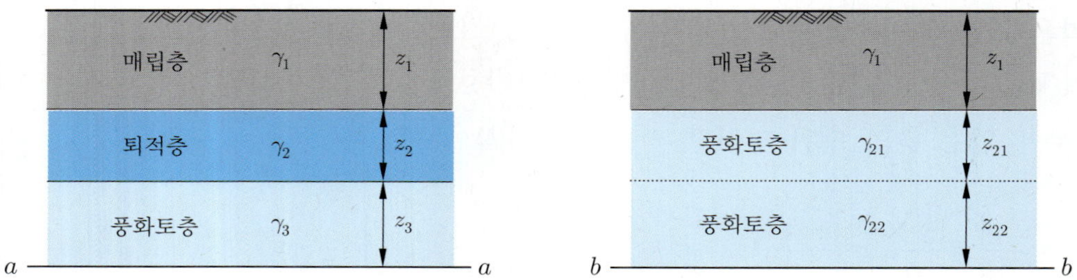

(a) 3개의 층으로 구성된 지반　　(b) 동일한 층에서 단위중량이 다른 지반

그림 4.5 다층지반의 연직응력

그림 4.5(b)와 같이 매립층 아래 풍화토층이 동일한 종류의 흙일지라도 상부와 하부의 단위중량이 다른 경우 다층지반으로 나누어 다른 지층으로 취급하여야 한다.

$$\sigma_v = \gamma_1 z_1 + \gamma_{21} z_{21} + \gamma_{22} z_{22} \tag{4.5}$$

PISA TIP

(4.1) 흙의 자중에 의한 연직응력은 깊이에 따라 무한정 비례하는가?

- 식 (4.2) $\sigma_v = \gamma z$를 보면 연직응력 σ_v는 깊이 z에 일정 비례하지만
- 깊이가 깊어짐에 따라 아치효과(arching effect)에 의해 증가비율이 감소하다가 어느 정도 깊이에 도달하면 연직응력이 일정한 값이 된다.

4.2.3 물에 잠긴 지반의 응력

지표수 또는 지하수 아래쪽의 물속에 잠겨 있는 지반에 작용하는 연직응력은 유효응력(有效應力, effective stress)과 간극수압(間隙水壓, pore water pressure)으로 나누어 생각하여야 한다. 지표수 또는 지하수 아래쪽에 있는 경우 모두 포화된 지반으로 취급한다.

전응력은 포화단위중량과 깊이를 곱해서 구하고, 유효응력은 전응력에서 간극수압을 빼서 구한다. 유효응력을 구할 때 포화단위중량 대신에 수중단위중량을 사용하면 유효응력을 직접 구할 수도 있다. 유효응력의 개념은 5장에서 자세하게 다루게 된다.

1) 지표수면 아래 지반 내의 연직응력

그림 4.6의 A점에 작용하는 연직응력(전응력)은 상부층 물의 무게에 의한 응력(수압)과 하부층 물속에 잠긴 흙의 무게에 의한 응력의 합이 된다. 상부층에는 수압만 작용하고 있어 물의 단위중량과 수심을 곱하여 구하고, 하부층의 전응력은 흙의 전체단위중량과 높이를 곱하여 구한다. 이 경우 흙은 포화되어 있으므로 포화단위중량을 사용하여

$$\text{전응력} \quad \sigma_v = \gamma_w h_w + \gamma_{sat} z \tag{4.6}$$

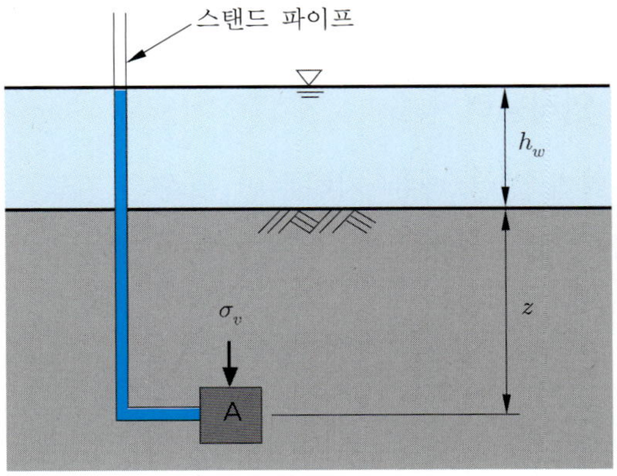

그림 4.6 지표수면 아래 지반내의 연직응력

A점에 작용하는 수압은 물의 단위중량과 수면까지의 거리(스탠드 파이프 내 수면의 높이)를 곱하여 구한다. 이 때 수압은 지표면 위아래와 상관없이 수면까지의 거리를 고려한다.

$$\text{간극수압} \quad u = \gamma_w (h_w + z) \tag{4.7}$$

따라서 A점의 유효응력은 전응력에서 간극수압을 뺀 값이므로

$$\begin{aligned} \text{유효응력} \quad \sigma_v &= \sigma - u = (\gamma_w h_w + \gamma_{sat} z) - \gamma_w (h_w + z) \\ &= \gamma_w h_w + \gamma_{sat} z - \gamma_w h_w - \gamma_w z \\ &= (\gamma_{sat} - \gamma_w) z \end{aligned}$$

$$\therefore \quad \sigma_v' = \gamma' z$$

또는 상부층은 물만 있고 흙이 없으므로 유효응력은 0이고, 하부층은 물속에 잠겨있으므로 수중단위 중량을 사용하여 직접 구해보면

$$\text{유효응력} \quad \sigma_v' = \gamma' z \tag{4.8}$$

이 결과는 전응력에서 간극수압을 빼서 구한 것과 같다. 이 방법이 숙달되면 유효응력을 구하는 절차가 훨씬 단순하다는 것을 알 수 있다.

2) 지하수면 아래 지반내의 연직응력

그림 4.7과 같이 지하수위가 있을 때는 지하수면 위쪽은 간극수압이 작용하지 않고, 지하수면 아래쪽에서는 간극수압이 작용한다.

따라서 A점의 전응력은

$$\sigma_v = \gamma \cdot (z - h_w) + \gamma_{sat} \cdot h_w \tag{4.9}$$

간극수압은 물의 단위중량과 스탠드 파이프 내 수면의 높이를 곱하여

$$u = \gamma_w h_w \tag{4.10}$$

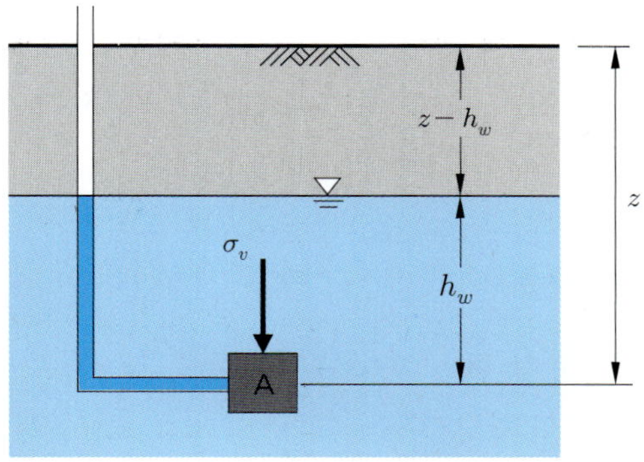

그림 4.7 지하수면 아래 지반내의 응력

유효응력은 전응력에서 간극수압을 뺀 값이므로

$$\sigma_v' = \gamma(z-h_w) + \gamma' h_w \tag{4.11}$$

식 (4.11)에서 지하수면 위쪽의 유효응력은 전응력과 같으며, 지하수면 아래의 유효응력은 흙의 수중단위중량에 스탠드 파이프 내 수면의 높이를 곱하여 구할 수 있음을 알 수 있다.

➤ 예제 4.1

그림과 같은 지반의 A점에서 발생하는 유효응력을 구하시오.

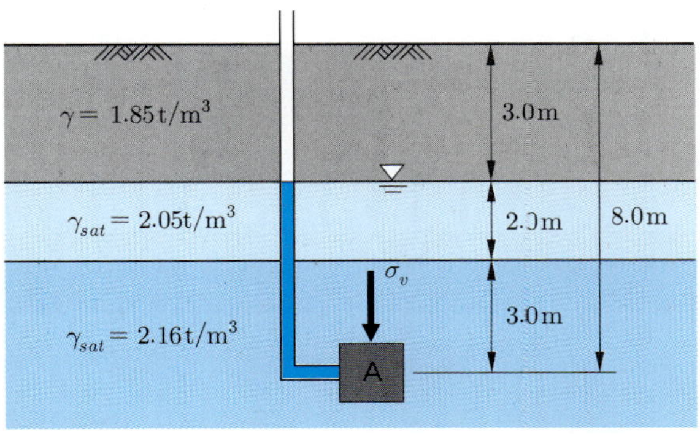

그림 예제 4.1

① 전 응 력 $\sigma_v = \gamma z_1 + \gamma_{sat} z_2 + \gamma_{sat} z_3$

$$= (1.85)(3.0) + (2.05)(2.0) + (2.16)(3.0) = 16.13\,\mathrm{t/m^2}$$

② 간극수압 $u = \gamma_w (z_1 + z_2)$

$$= (1.0)(2.0+3.0) = 5.0\,\mathrm{t/m^2}$$

③ 유효응력 $\sigma_v' = \sigma_v - u$

$$= 16.13 - 5.0 = 11.13\,\mathrm{t/m^2}$$

또는, $\sigma_v' = \gamma z_1 + \gamma'_1 z_2 + \gamma'_2 z_3$

$$= (1.85)(3.0) + (1.05)(2.0) + (1.16)(3.0)$$

$$= 5.55 + 2.10 + 3.48 = 11.13\,\mathrm{t/m^2}$$

4.3 상재하중으로 인한 지중응력 증가

4.3.1 상재하중의 종류

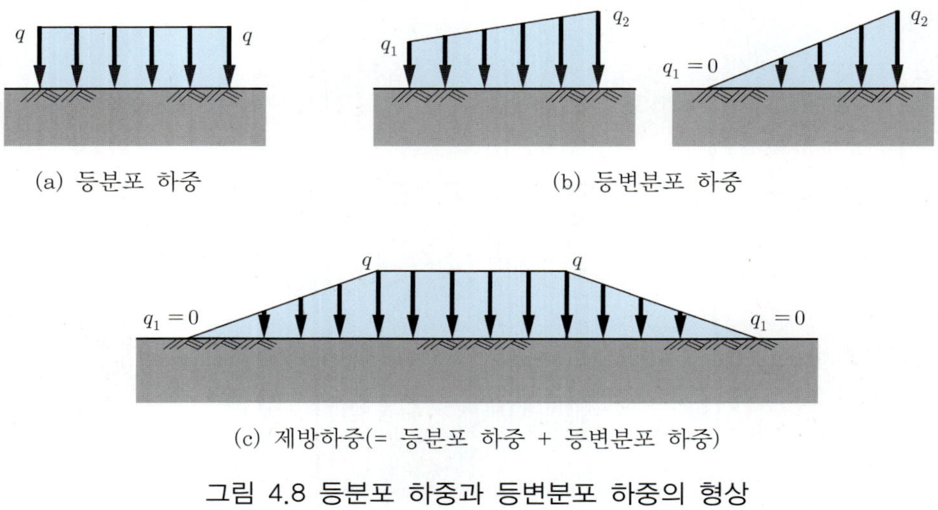

(a) 등분포 하중 (b) 등변분포 하중

(c) 제방하중(= 등분포 하중 + 등변분포 하중)

그림 4.8 등분포 하중과 등변분포 하중의 형상

지반에 작용하는 상재하중은 사하중과 활하중으로 나눌 수 있다.

- 사하중(死荷重) : 구조물 자중 등의 정적(靜的)인 하중
- 활하중(活荷重) : 교통하중, 지진하중 등의 동적(動的)인 하중

상재하중의 분포형태에 따라 구분하면 다음과 같다.

- 집중하중(점하중) ; 이론적으로만 존재(예 : 높은 탑의 경우 점하중으로 취급)
- 선하중(궤도하중) : 폭이 매우 좁고 긴 하중(예 : 철도 선로 등)
- 분포하중
  - 분포형상에 따라
    - 띠하중(예 : 폭이 좁고 긴 구조물)
    - 원형하중(예 : 원유 저장 탱크)
    - 구형하중(예 : 건물)
    - 제방하중(예 : 도로)
    - 기타 임의형상 하중
  - 분포양상에 따라
    - 등분포하중
    - 등변분포하중(제방하중의 측면)
    - 기타 불규칙 분포하중

4.3.2 반무한 등분포하중에 의한 연직응력 증가

매립지반을 조성하는 경우 연약지반 개량공법의 하나로 사용하는 프리로딩공법(preloading)은 상당히 넓은 면적에 흙을 포설하여 지표면에 등분포하중으로 작용하게 된다.

지표면에 등분포하중 q가 그림 4.9와 같이 반무한(半無限, semi-infinite) 하중면에 작용할 때 이 하중에 의하여 발생하는 지반 내 연직응력 $\Delta\sigma_v$는 상재하중의 크기와 같다.

$$\Delta\sigma_v = q \tag{4.12}$$

즉 하중의 작용 면적이 대단히 넓은 경우 그림 4.9와 같이 등분포하중 q는 깊이에 상관없이 $a-a$면이나 $b-b$면에 그대로 지반 속으로 모두 전달된다. 그러나 하중면의 크기(폭과 길이)가 반무한 상태가 아니고 한정적이면 그림 4.10과 같이 연직응력 $\Delta\sigma_v$의 크기는 지표면에서의 깊이와 수평거리에 따라 달라진다.

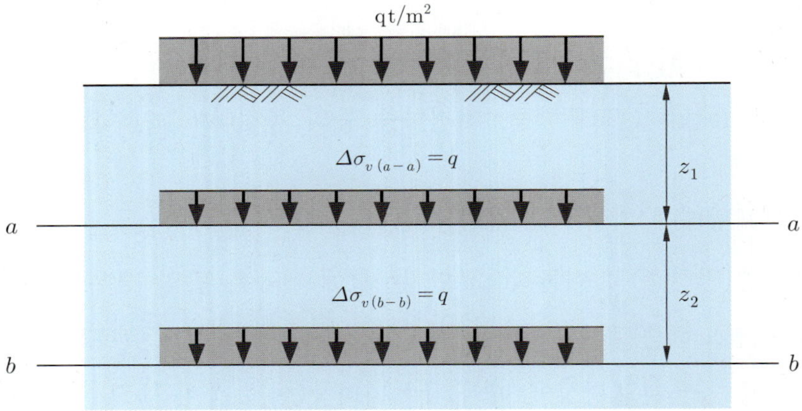

그림 4.9 지표면에 작용하는 반무한 등분포하중에 의한 응력

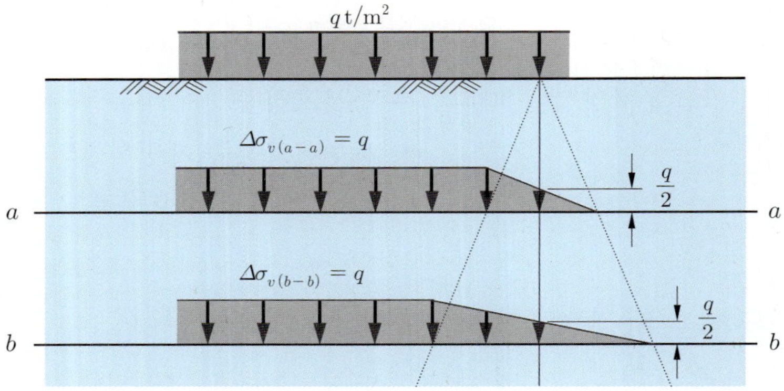

그림 4.10 등분포 하중이 작용할 때 깊이에 따른 $\Delta\sigma_v$ 의 변화

연직응력 $\Delta\sigma_v$ 의 크기는 등분포 상재하중의 단부 직하에서는 깊이에 관계없이 $q/2$ 이지만 약간 안쪽에서는 $q/2$ 보다 조금 더 크고 바깥쪽에서는 $q/2$ 보다 약간 적어진다. 이러한 변화는 지표면에서 가까운 깊이($a-a$면)에서는 짧은 거리에서 급속히 일어나는 반면 깊은 곳($b-b$면)에서는 장거리에 걸쳐 완만하게 발생된다.

하중이 좁은 범위에 한정적으로 작용하고 있는 경우에는 그림 4.11과 같이 지반 내 연직응력의 분포는 등분포가 아니며, 하중면의 크기가 작아질수록 연직응력의 분포는 점점 가파른 산모양에 가까워진다. 하중의 중심직하에서 가장 큰 응력이 발생하고 수평방향으로 거리가 멀어질수록 작아지는 산(山) 모양이 된다. 중심직하에서의 연직응력은 깊이가 깊어질수록 점점 작아지고 분포의 범위가 넓어지면서 완만한 산모양이 된다.

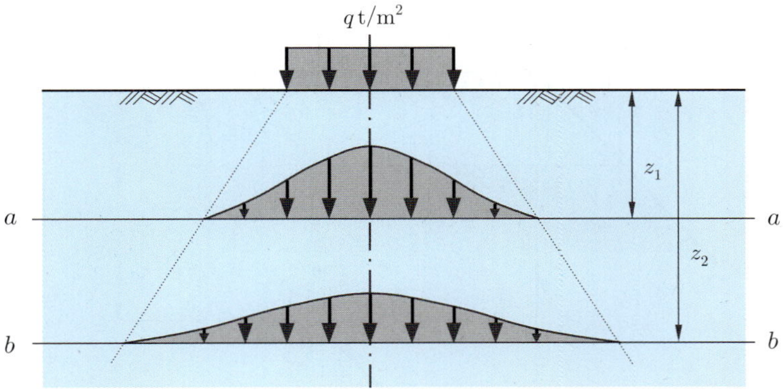

그림 4.11 한정적인 등분포 하중 아래의 연직응력 분포

4.3.3 집중하중에 의한 연직응력 증가

지표면에 작용하는 연직방향 집중하중(集中荷重, point load) Q에 의하여 지반내의 임의의 점에 생기는 응력을 구하는 것을 Boussinesq 문제라 한다. Boussinesq 문제는 지반 내 응력 분포해의 기본이 되며, 원형 등분포하중, 직사각형 등분포하중 등에 의한 응력은 이론상 Boussinesq 해를 전체 하중면에 걸쳐 적분함으로써 각각의 해(解, solution)를 구할 수 있다.

Boussinesq(1883)는 지반 내 응력을 탄성론으로 구하기 위해 다음과 같은 가정을 하였다.

① 지반은 탄성체(elastic)이다.
② 지반은 균질(homogeneous)하다.
③ 지반은 등방성(isotropic)이다.
④ 지표면은 반무한(semi-infinite)한 수평 상태이다.
⑤ 흙은 무게가 없고(weightless) 응력 전달체의 역할만 한다.

그림 4.12와 같이 집중하중 Q가 지표면에 작용할 때 지반 내 임의점(x, y, z)에서 발생하는 연직응력의 증가량은 식 (4.13)과 같다.

$$\Delta Q = \sigma_z = \frac{3Q}{2\pi}\frac{z^3}{L^5} = \frac{3Q}{2\pi}\frac{z^3}{(r^2+z^2)^{5/2}} \tag{4.13}$$

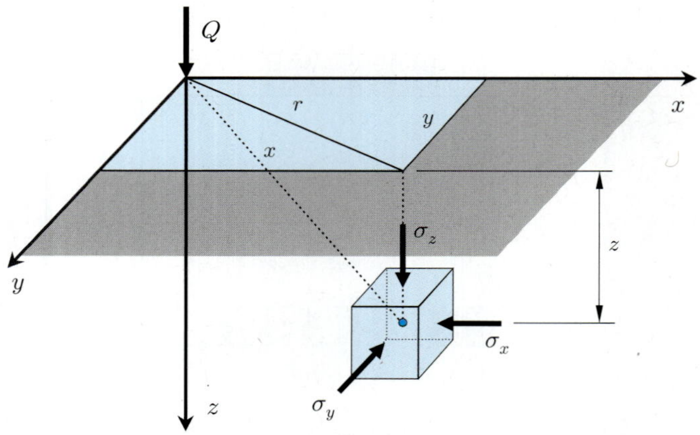

그림 4.12 집중하중에 의한 지반 내 응력증가

식 (4.13)을 정리하면 식 (4.14)로 표현할 수 있다.

$$\Delta Q = \frac{3}{2\pi}\frac{Q}{z^2}\left[\frac{1}{1+\left(\frac{r}{z}\right)^2}\right]^{\frac{5}{2}} \tag{4.14a}$$

또는

$$\Delta Q = \frac{Q}{z^2} I_q \tag{4.14b}$$

$$\text{여기서, } I_q = \frac{3}{2\pi}\left[\frac{1}{1+\left(\frac{r}{z}\right)^2}\right]^{\frac{5}{2}} \tag{4.15}$$

식 (4.15)의 I_q는 $\frac{r}{z}$만의 함수이며 응력의 영향치(stress influence value)라고 한다. 집중하중이 작용할 때 지반 내 임의점에서 발생하는 연직응력 $\Delta\sigma_v$는 식 (4.13)에서 직접 구할 수 있으나 표 4.1에서 응력의 영향치 I_q의 값을 찾아서 쉽게 계산할 수 있다. 하중직하(집중하중이 작용하는 위치 바로 아래쪽)에서는 $r=0$이고, $\frac{r}{z}=0$이므로 영향치는 표 4.1에서 $I_q=0.4775$ 가 됨을 알 수 있다.

표 4.1 집중하중에 대한 Boussinesq 영향치

$\frac{r}{z}$	I_q	$\frac{r}{z}$	I_q	$\frac{r}{z}$	I_q
0.00	0.4775	1.00	0.0844	2.00	0.0085
0.10	0.4657	1.10	0.0658	2.10	0.0070
0.20	0.4329	1.20	0.0513	2.20	0.0058
0.30	0.3849	1.30	0.0402	2.30	0.0048
0.40	0.3294	1.40	0.0317	2.40	0.0040
0.50	0.2733	1.50	0.0251	2.50	0.0034
0.60	0.2214	1.60	0.0200	2.60	0.0029
0.70	0.1762	1.70	0.0160	2.70	0.0024
0.80	0.1386	1.80	0.0129	2.80	0.0021
0.90	0.1083	1.90	0.0105	2.90	0.0018

➤ 예제 4.2

집중하중 750kg이 작용할 때 작용점에서 x방향으로 0.9m, y방향으로 1.2m인 점에서 연직방향(z)으로 0~6m 깊이에서 발생하는 연직방향 증가응력의 크기를 Boussinesq 이론으로 구하고 그림으로 표시하시오.

조건 $Q = 750\,\text{kg}$, $x=0.9\,\text{m}$, $y=1.2\,\text{m}$

요구 $\Delta Q\,(z=0,\ 1\sim 6\,\text{m})$

풀이 $r=\sqrt{x^2+y^2}=\sqrt{0.9^2+1.2^2}=1.5\,\text{m}$

깊이 0~6m인 경우, $\frac{r}{z}$에 대한 영향치 I_q를 표 4.1에서 구하고 연직방향 증가응력을 계산한 결과가 표 예제 4.2 풀이에 있다.

표 예제 4.2 풀이

z (m)	$\frac{r}{z}$	I_q	$\Delta Q = \frac{Q}{z^2} I_q$
0	0	0	0
1	1.5	0.0251	12.55
2	0.75	0.1574	19.63
3	0.5	0.2733	15.18
4	0.375	0.3709*	11.59
5	0.3	0.3849	7.700
6	0.25	0.3572	4.960

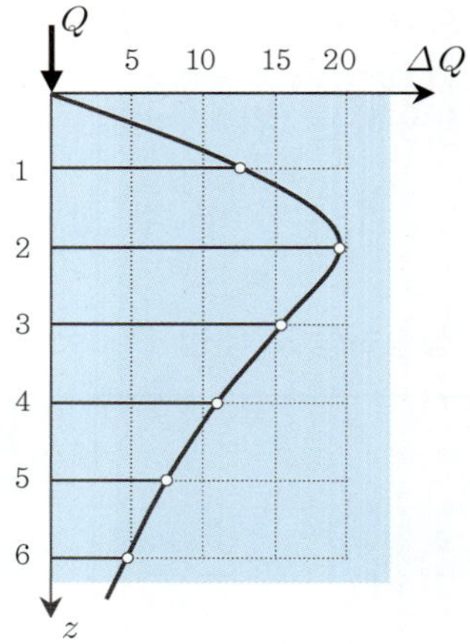

◀

PISA TIP

(4.2) 집중하중에 의한 깊이에 따른 연직응력 증가량의 특징은?

- 지표면에서 연직응력 증가량은 0이다.(이론적인 값임)
- 지표면에서 일정 깊이까지는 연직응력 증가량은 깊이에 따라 증가한다.
- 일정 깊이 아래는 연직응력 증가량은 점차 감소해 나간다.

PISA TIP

(4.3) 표 예제 4.2 풀이의 $\frac{r}{z} = 0.375$일 때 I_q를 구하는 보간법

- 표 4.1에서 $\frac{r}{z} = 0.30$ ⇨ $I_q = 0.3849$, $\frac{r}{z} = 0.40$ ⇨ $I_q = 0.3294$
- $\frac{r}{z} = 0.375$일 때 영향치 I_q는

  △ABC와 △ADE는 닮은꼴이므로

  $0.0555 : x = 0.1 : 0.025$

  $x = (0.0555)\dfrac{0.025}{0.1} = 0.0140$

  따라서 영향치는

  $I_q = 0.3849 - 0.0140 = 0.3709$

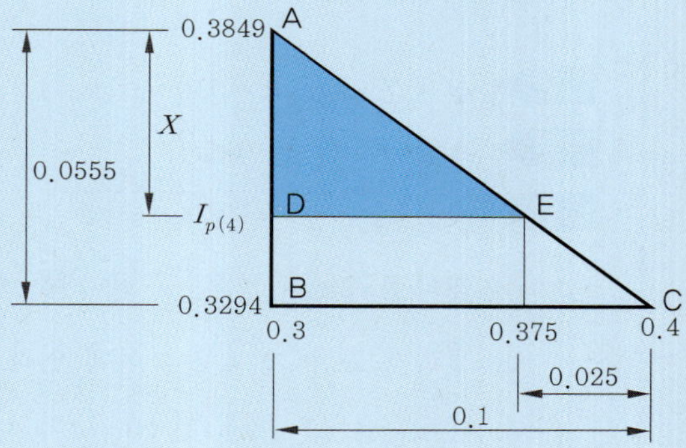

일정 깊이에서의 연직응력 증가량 분포

집중하중 Q가 작용할 때 지표면 아래 일정한 깊이에서 발생하는 연직응력의 증가량은 하중 직하에서 최대가 되고 수평방향으로 거리가 멀어질수록 응력 증가량은 작아진다.

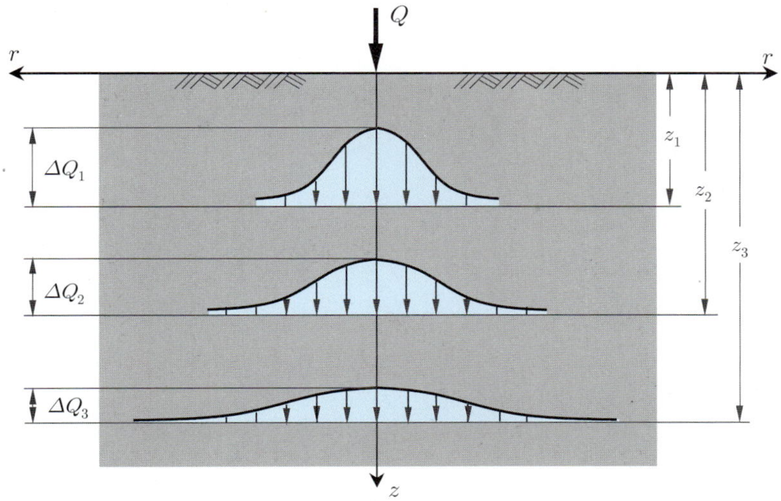

그림 4.13 일정깊이에서 수평방향으로 $\Delta\sigma_v$의 분포

그림으로 도시하면 산(山)모양을 이루게 된다. 또한 깊이가 깊어질수록 연직응력의 증가량은 감소해 나가며 어느 정도 깊이에 도달하면 상재하중에 의한 지반 내 응력증가량은 0이 된다.

4.3.4 선하중에 의한 연직응력 증가

선하중은 폭이 없고 길이가 연속된 현실에서는 존재하지 않는 이상적인 형태의 하중이다. 그러나 실제 문제에서 폭이 대단히 좁고 길이가 긴 하중의 경우는 선하중으로 취급한다. 선하중의 크기는 단위길이 당 하중으로 표시며, 그 단위는 t/m, 또는 kg/m로 나타낼 수 있다. 그림 4.14와 같은 선하중이 지표면에 작용할 때 지반 내 임의점에서 발생하는 연직응력 증가량은 식 (4.16a)로 구한다.

$$\Delta q_l = \frac{2\,q_l\,z^3}{\pi\,(x^2+z^2)^2} = \frac{q_l}{z}\,\frac{2}{\pi\,[(x/z)^2+1]^2} \tag{4.16a}$$

또는 $\dfrac{2}{\pi\,[\,(x/z)^2+1\,]^2}$ 를 영향치 I_l 이라고 하면

$$\Delta q_l = \frac{q_l}{z} I_l \tag{4.16b}$$

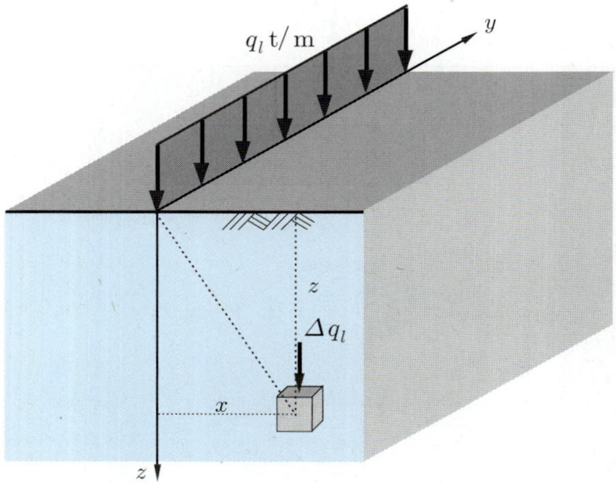

그림 4.14 선하중에 의한 지반 내 연직응력 증가

식 (4.16b)의 선하중의 영향치 I_l은 $\dfrac{x}{z}$ 의 함수로 그림 4.15에서 구할 수 있다.

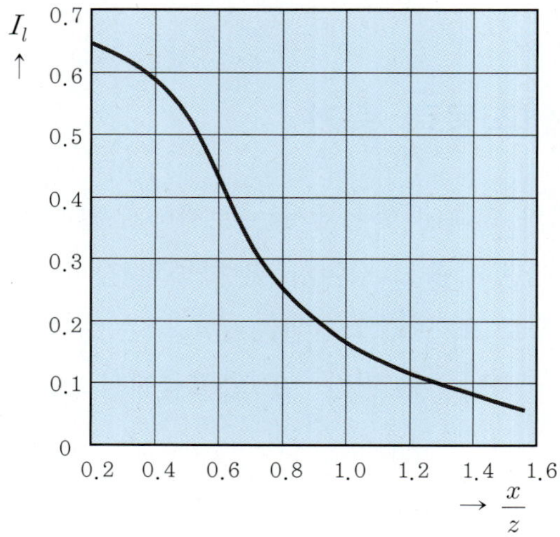

그림 4.15 선하중의 영향치

➤ 예제 4.3

그림과 같은 2개의 선하중이 작용할 때 A점에서 발생하는 연직방향 증가 응력을 구하시오.

조건 그림 참조

요구 Δq_l

풀이 q_{l1} 하중과 q_{l2} 하중에 의한 증가응력을 따로 구해서 더한다.

〈 q_{l1} 하중에 대하여 〉

$$\frac{x}{z}=\frac{2}{4}=0.5, \text{ 그림 4.15로부터 } I_{l1}=0.52$$

$$\Delta q_{l1}=\frac{q_{l1}}{z}I_{l1}=\frac{1}{4}\times 0.52=0.13\,\mathrm{t/m^2}$$

〈 q_{l2} 하중에 대하여 〉

$$\frac{x}{z}=\frac{4}{4}=1.0, \text{ 그림 4.15로부터 } I_{l2}=0.16$$

$$\Delta q_{l2}=\frac{q_{l2}}{z}I_{L2}=\frac{2}{4}\times 0.16=0.08\,\mathrm{t/m^2}$$

$$\therefore\ \Delta q_l=\Delta q_{l1}+\Delta q_{l2}=0.13+0.08=0.21\,\mathrm{t/m^2}$$

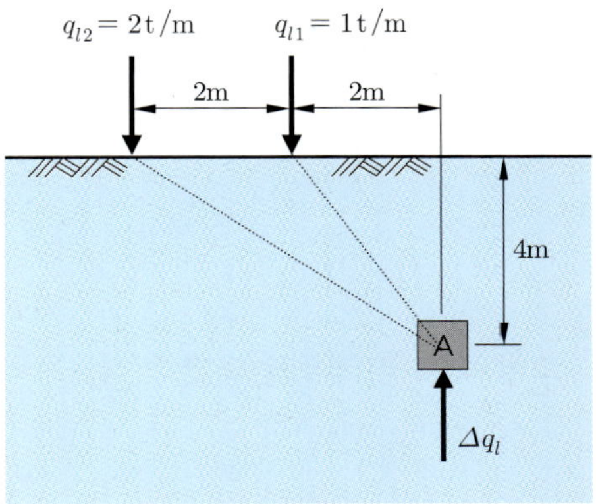

그림 예제 4.3

〈음미〉 $q_1 < q_2$ 이지만 $x_1 < x_2$ 의 영향으로 $\Delta q_1 > \Delta q_2$ 가 됨

4.3.5 띠하중에 의한 연직응력 증가

재하면의 폭이 B이고 길이가 반무한인 등분포하중을 띠하중 또는 대상하중(帶狀荷重, strip load)이라 한다. 길이가 폭의 5배 이상으로 긴 연속기초(連續基礎, continuous footing)가 한 예이다. 띠하중에 의한 응력은 선하중의 결과를 기초 폭 B에 걸쳐 적분함으로써 얻을 수 있다.

띠하중의 중심에서 지반 내 한 점(x, z)에서 발생하는 연직응력 증가량의 크기는

$$\Delta q_s = \frac{q}{\pi}[\beta + \sin\beta \ \cos(\beta + 2\delta)] \tag{4.17a}$$

여기서, β와 δ는 Radian

또는

$$\Delta q_s = q_s \cdot I_s \tag{4.17b}$$

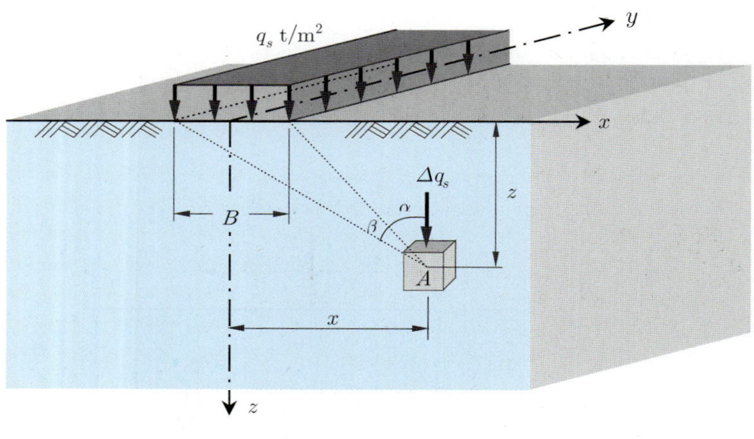

그림 4.16 띠하중에 의한 연직응력의 증가

그림 4.17은 등분포 띠하중에 대한 응력의 영향치 또는 등압선도(等壓線, isobar)이다.

요소 A(x, z)에 작용하는 연직응력 Δq_s는 그림 4.17로부터 영향치 $I_s(\frac{x}{B}, \frac{z}{B}$의 함수)를 구하여 식 (4.17)을 이용하여 구할 수 있다.

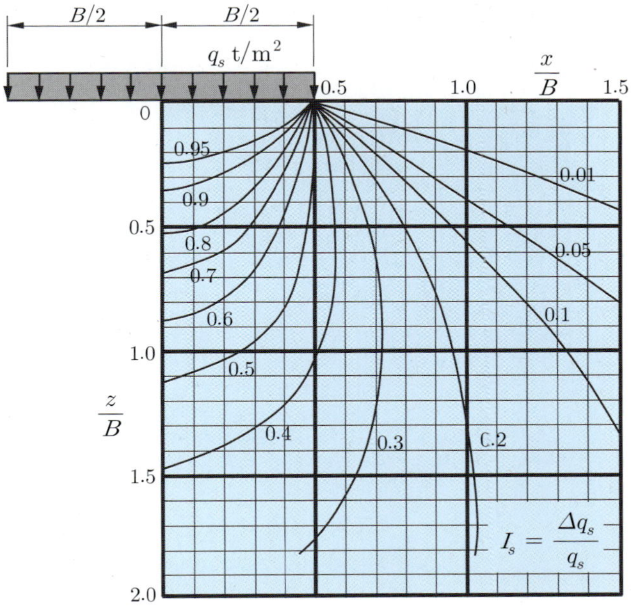

그림 4.17 띠하중에 의한 연직응력 영향치

➤ 예제 4.4

지표면에 그림과 같이 $q_s = 10\,\text{t/m}^2$ 의 등분포 띠하중이 작용할 때 지표면 아래 깊이 2.0m 의 A, B, C 점에서 발생하는 연직방향 증가응력을 구하시오.

조건 $q_s = 10\,\text{t/m}^2$, $B = 4\text{m}$, $z = 2\text{m}$

요구 Δq_s ($x = 0,\ 2,\ 4\text{m}$)

풀이 1) A점($x = 0\text{m}$, 중심직하)에서

$\frac{x}{B} = 0$, $\frac{z}{B} = 0.5$ 일 때 그림 4.17에서 영향치는 $I_{s\,(A)} = 0.82$

$\Delta q_{s\,(A)} = q_s \cdot I_{s\,(A)} = (10)(0.82) = 8.2\,\text{t/m}^2$

2) B점($x = 2\text{m}$)에서

$\frac{x}{B} = 0.5$, $\frac{z}{B} = 0.5$ 일 때 그림 4.17에서 영향치는 $I_{s\,(B)} = 0.47$

$\Delta q_{s\,(B)} = q_s \cdot I_{S(B)} = (10)(0.47) = 4.7\,\text{t/m}^2$

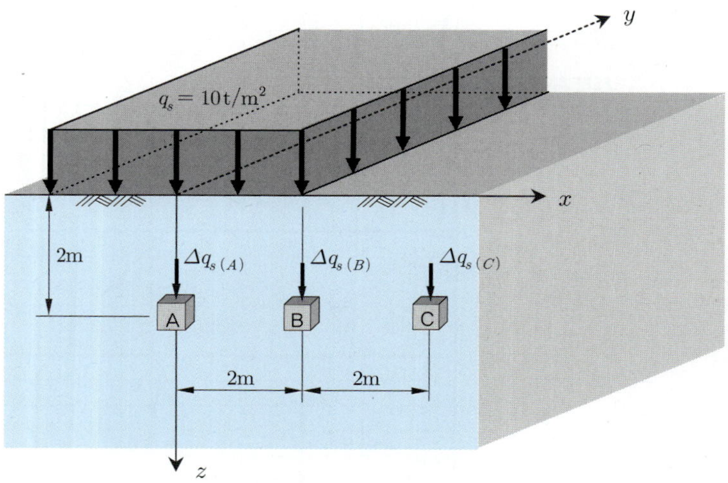

그림 예제 4.4 문제도

3) C점($x = 4\,\text{m}$)에서

$\dfrac{x}{B} = 1.0$, $\dfrac{z}{B} = 0.5$ 일 때 그림 4.17에서 영향치는 $I_{s\,(C)} = 0.074$

$\Delta q_{s\,(C)} = q_s \cdot I_{s\,(C)} = (10)(0.074) = 0.74\,t/m^2$

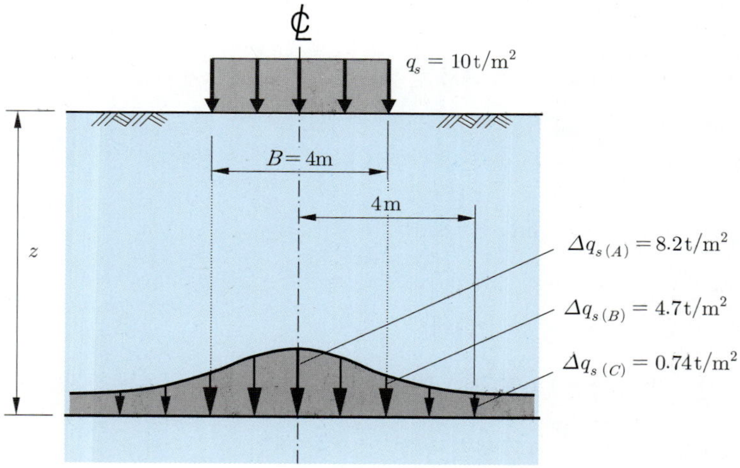

그림 예제 4.4 해답도

4.3.6 원형 등분포 하중에 의한 연직응력 증가

1) 하중 중심직하에서의 응력

등분포 원형하중(circular load)이 작용할 때(그림 4.18a) 작용하중의 중심 바로 아래에서 발생하는 증가응력은 단위하중(집중하중)을 완전타원 적분하는 방법에 의하여 구할 수 있다. 즉,

$$\Delta q_c = \int_0^r \int_0^{2\pi} \frac{3P}{2\pi} \cdot \frac{z^3}{L^5}\, dr \cdot dz \tag{4.18a}$$

$$\Delta q_c = q_c \left[1 - \frac{1}{[(R/z)^2 + 1]^{3/2}} \right] \tag{4.18b}$$

$$\Delta q_c = q_c\, I_c \tag{4.18c}$$

식 (4.18c)의 영향계수 I_c는 $\frac{z}{R}$의 함수로서 그림 4.18(b)에서 구할 수 있다.

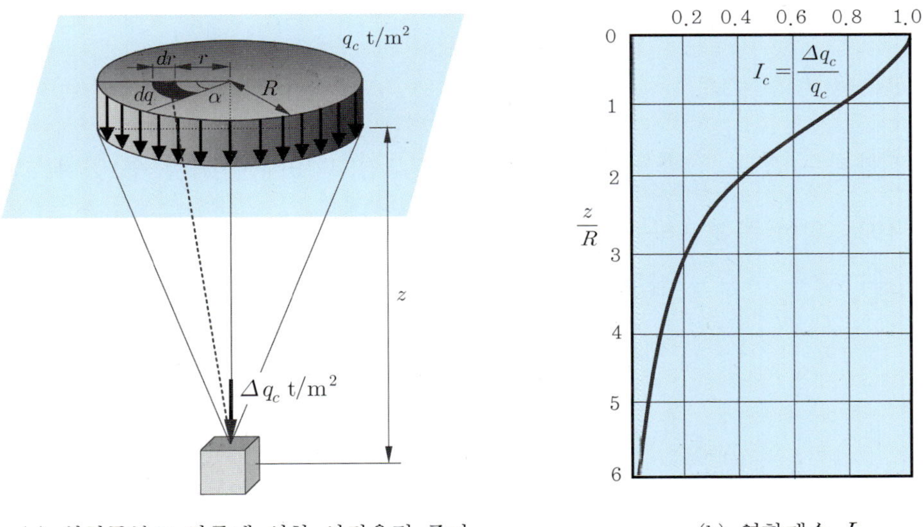

(a) 원형등분포 하중에 의한 연직응력 증가 (b) 영향계수 I_c

그림 4.18 원형 등분포하중의 중심직하에서의 연직응력 증가

➤ 예제 4.5

반경 5m인 원형 물탱크의 중심직하 10m 깊이에서 발생하는 연직방향 증가응력의 크기는 얼마인가? 이 물탱크에는 등분포 하중 8.0t/m^2이 작용하고 있다.

조건 ▶ $R = 5.0\text{m}$, $q_c = 8.0\text{t/m}^2$, $r = 0\text{m}$, $z = 10.0\text{m}$

요구 ▶ Δq_c

풀이 ▶ $\dfrac{z}{R} = \dfrac{10.0}{5.0} = 2$ 일 때 영향치는 그림 4.18에서 $I_c = 0.42$

$\Delta q_c = q_c \cdot I_c = (8.0)(0.42) = 3.36\text{t/m}^2$

◀

2) 임의점에서의 증가응력

원형 등분포 하중의 중심직하가 아닌 임의점에서 발생하는 증가응력은 이중적분의 해를 구하는 것이 불가능하다는 것이 밝혀져 있다. 따라서 실용적인 방법으로 영향계수를 수치해석에 의해 구한 근사해석 결과를 이용하고 있다.

$$\Delta q_c = q_c\, I_c \tag{4.18c}$$

이 때 영향계수 I_c는 $\dfrac{z}{R}$과 $\dfrac{x}{R}$값을 이용하여 그림 4.19에서 구할 수 있다.

그림 4.19는 원형 등분포하중이 지표면에 작용할 때 좌우가 완전 대칭인 형태로서 지반 내 연직응력 증가량을 하중 중심부의 우반부만 나타낸 것이므로, 좌반부는 우반부와 동일하다.

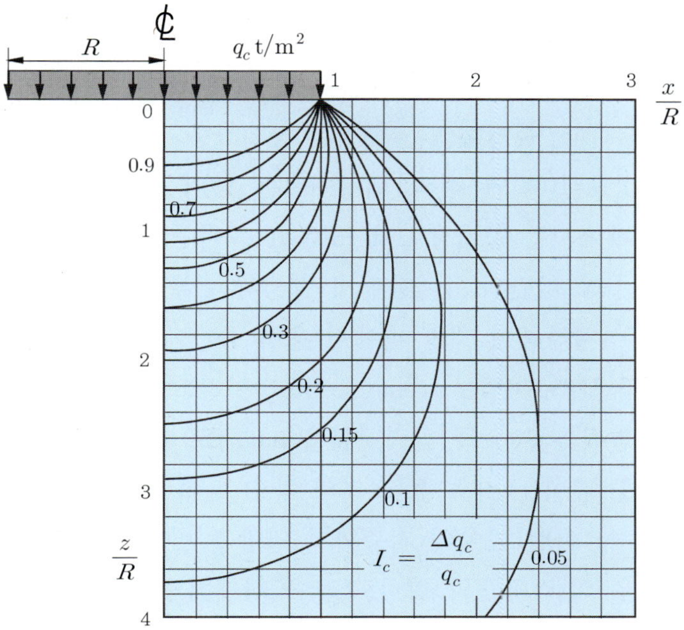

그림 4.19 원형 등분포하중이 작용할 때 지반 내 연직응력 등압선

PISA TIP (4.4) 등압선 사이의 I_c 값은 어떻게 읽나?

등압선 사이의 I_c 값은 연직응력이 발생하는 점을 통과하는 인접한 등압선 간의 최단선을 가상하여 보간법을 이용하여 구한다. 그림에는 표시되어 있지 않으나 A점($\frac{x}{r}$, $\frac{z}{r}$)을 통과하는 가상의 등압선의 값이 영향치이다. 오른쪽 그림에 표시된 바와 같이 A 점을 통과하고 인접한 두 개의 등압선(I_c = 0.05, I_c = 0.1)을 연결하는 최단선을 가상하였을 때, 최단선 상의 A점 위치는 I_c = 0.05인 등압선으로부터 2/3 정도의 위치에 있다. 따라서 A점의 영향치는 $I_c = 0.05 + \frac{2}{3}(0.1 - 0.05) = 0.83$이다.

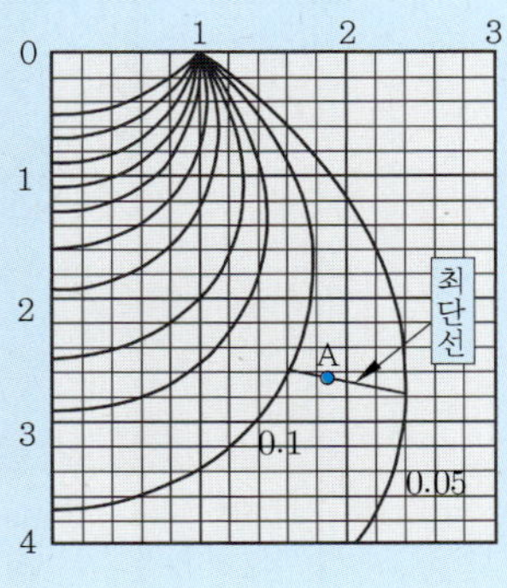

3) 압력구근

그림 4.19에 나타나 있는 것처럼 상재하중에 의한 지반 내 증가응력의 크기가 같은 점을 연결한 선을 등압선이라 한다. 등압선의 영향치는 상재하중의 크기에 대한 증가응력의 비를 뜻하며, 영향계수 값이 0.1(=10%)인 선의 내부에서는 증가응력이 모두 10% 이상이다. 영향치 0.1(=10%)인 선의 외부에서는 증가응력이 모두 10% 미만이라는 의미가 된다.

상재하중에 대하여 10% 미만의 증가응력이 발생하는 부분에 대해서는 설계 시 무시하는 것이 보통이다. 따라서 상재하중이 지반 내에서 응력 증가에 영향을 미치는 범위는 10%라고 볼 수 있으며 이를 압력구근(壓力球根, pressure bulb)이라고 부른다. 증가응력의 크기가 큰 경우에는 영향을 미치는 범위를 5%, 즉 압력구근을 0.05 q로 볼 수도 있다.

압력구근의 연직방향 깊이는 기초 폭 크기의 약 2~4배 정도에 해당되며 기초 설계를 할 때 기초에 작용하는 하중이 어떤 깊이의 지층까지 영향을 미치는지 판단할 수 있다.

그림 4.20(a)의 경우, 압력구근의 위치로 보아 상재하중이 사질토층에만 영향을 미치고 그 아래 점토층에는 영향을 미치지 않으므로 지지력 및 지반침하량을 산정할 때 사질토층에 대해서만 계산하면 된다. 그러나 그림 4.20(b)와 같이 기초의 폭을 크게 하였을 경우, 압력구근의 위치가 점성토층을 지나고 있어 사질토층뿐만 아니라 점성토층에 대하여 지지력과 지반 침하량을 고려하여야 한다.

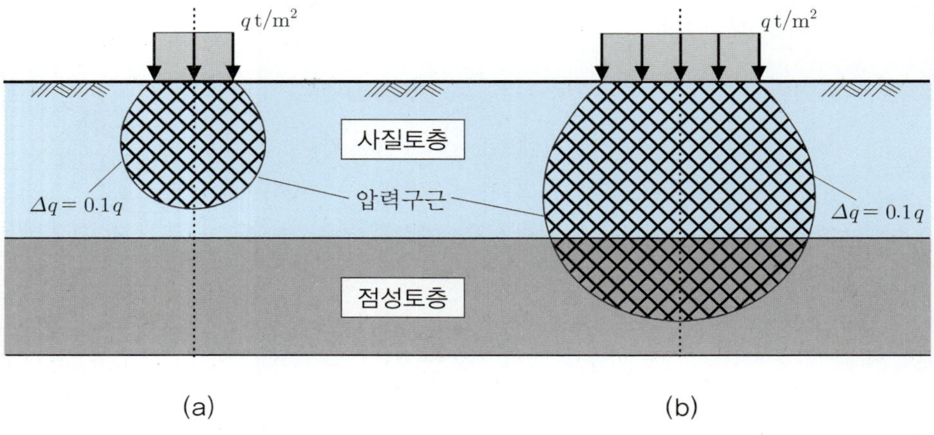

그림 4.20 압력구근

4.3.7 구형 등분포하중에 의한 연직응력의 증가

구형 등분포하중이 작용할 때 지반 내 모서리(corner) 직하 깊이 z 에서의 증가응력을 구하는 방법을 알아보자. 모서리 직하에서 발생하는 증가응력을 구하는 이유는 응력 유도 과정이 상대적으로 훨씬 간편할 뿐만 아니라, 사각형 모서리 아래 깊이 z 되는 곳의 응력을 알면 사각형 분할법을 이용하여 임의점 아래 깊이 z 에서의 증가응력을 쉽게 결정할 수 있기 때문이다.

1) 증가응력 작용점이 모서리 직하인 경우

구형(矩形, 직사각형)의 등분포 하중이 작용할 때 하중의 모서리 직하 깊이 z 에서 발생하는 증가응력의 크기는 식 (4.19)와 같이 단위하중에 대하여 폭과 길이 방향으로 이중 적분하여 구할 수 있다.

$$\Delta q_r = \int d\,q_r = \int_{x=0}^{B}\int_{y=0}^{L} \frac{3\,q_r z^3\,dx\,dy}{2\pi\,(x^2+y^2+z^2)^{5/2}} \tag{4.19a}$$

또는

$$\Delta q_r = q_r\,I_r \tag{4.19b}$$

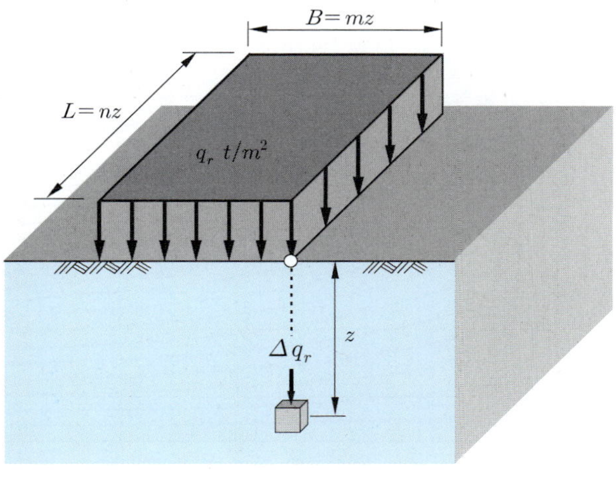

그림 4.21 구형 등분포하중이 작용할 때 지반 내 연직응력의 증가

여기서, 영향치 I_r은 깊이에 대한 기초의 폭(단변)과, 깊이에 대한 길이(장변)의 비를 이용하여 그림 4.23에서 읽는다. 이 때 기초의 단변을 길이로 보고 장변을 폭으로 보아도 (m값과 n값은 바꾸어도) 결과는 같다. 즉

$$m = \frac{B}{z}, \quad n = \frac{L}{z}$$

또는 $$m = \frac{L}{z}, \quad n = \frac{B}{z}$$

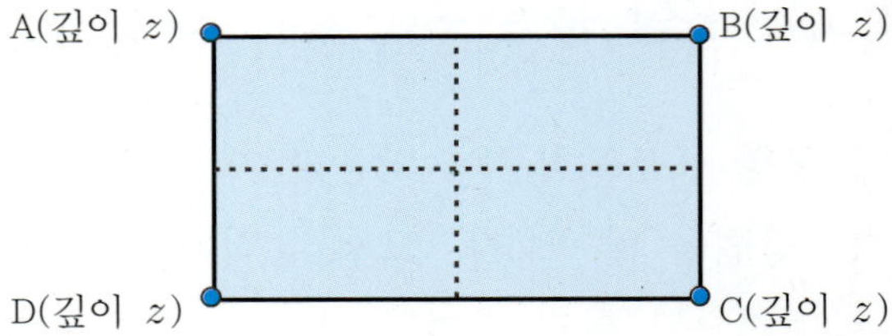

그림 4.22 네 모서리에서의 증가응력

또한 사각형은 폭과 길이 방향으로 모두 대칭이기 때문에 네 모서리(A, B, C, D) 직하에서 발생하는 증가응력은 모두 같다(그림 4.22).

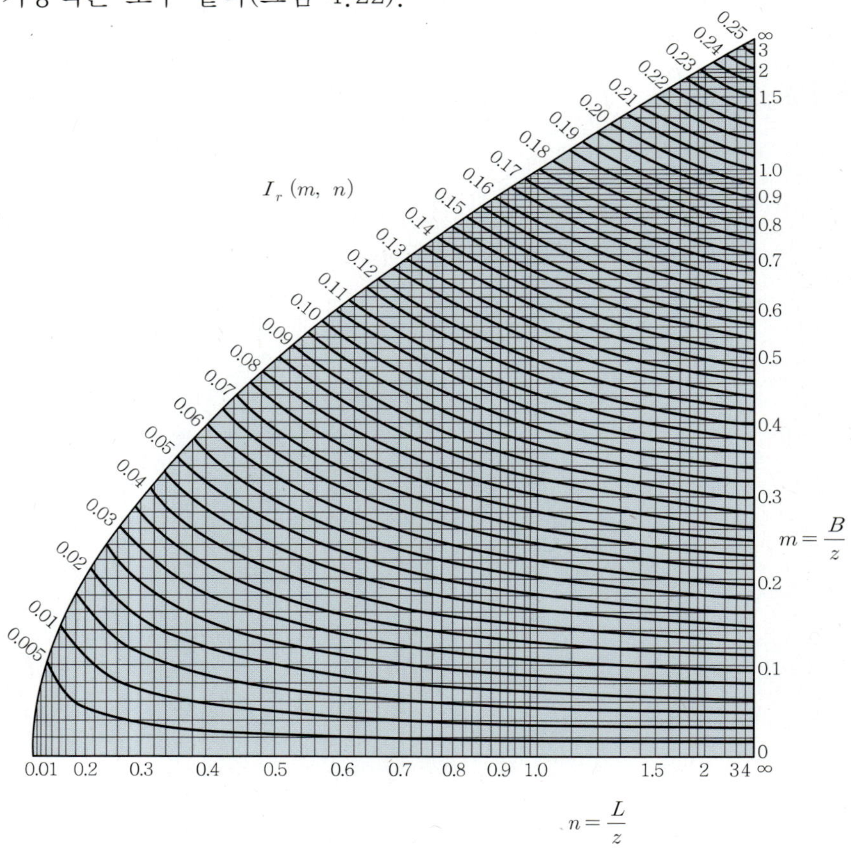

그림 4.23 구형 등분포 하중이 작용할 때 하중 모서리 직하에서의 연직응력 증가

2) 증가응력 작용점이 모서리 직하가 아닌 경우

그림 4.23은 구형 등분포하중의 모서리 직하에서 발생하는 연직응력 증가의 영향치를 구하는 그림이다. 증가응력의 작용점 위치가 구형하중의 모서리 직하가 아닌 경우 영향치를 구할 때는 하중 모양이 구형이고 작용점이 하중의 모서리 직하가 되도록 하여야 그림 4.23을 이용할 수 있다. 이 문제는 보조선을 사용하여 구형분할법으로 해결할 수 있다. 즉

① 작용점 위치를 통과하고 구형하중의 장변 및 단변과의 평행선 또는 연장선을 작도한다.
② 작용점이 모서리가 되도록 구형하중으로 분할한다.
③ 분할된 각 구형하중에 대한 영향치를 그림 4.23에서 구한다.
④ 구형 등분포하중이 작용할 때 임의점에서 발생하는 증가응력은 중첩의 원리에 따라

$$\Delta q_r = q_r \sum_{i=1}^{n} I_{ri} \tag{4.20}$$

〈 작용점(O)이 하중의 내부에 있는 경우 〉

□ABCD는 구형하중이며 O점은 증가응력의 작용점이다. O점의 위치가 구형하중의 모서리가 아니기 때문에 구형분할법을 사용하여야 한다. 증가응력을 구하는 순서는 다음과 같다.

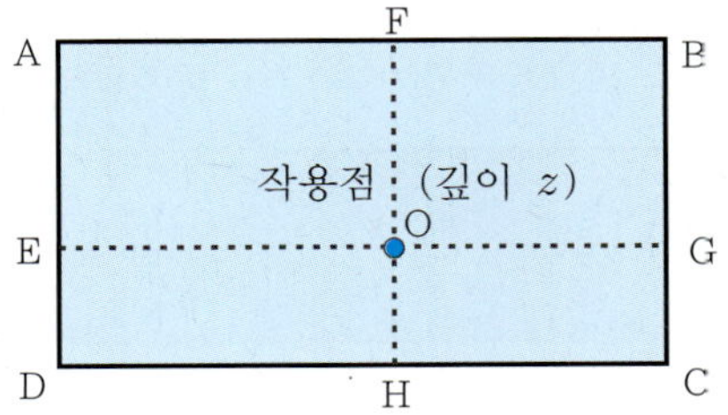

그림 4.24 응력 발생점이 구형하중 내부에 있는 경우 구형분할법

① 보조선의 작도요령은 작용점 O를 통과하는 장변 $\overline{AB}$ 및 $\overline{DC}$와의 평행선 $\overline{EG}$와, 단변 $\overline{AD}$ 및 $\overline{BC}$와의 평행선 $\overline{FH}$를 작도한다.
② 작용점 O가 모서리가 되는 구형하중(□$AFOE$, □$FBGO$, □$OGCH$, □$EOHD$)에 대하

여 그림 4.23으로 영향치를 구한다.

③ 분할된 네 구역의 영향치를 합산한다.

④ 식 (4.20)에 대입하여 증가응력을 계산한다.

O점에서의 증가응력은 중첩의 원리에 따라

$$\Delta q_r = q_r \cdot [\, I_{\square AFOE} + I_{\square FBGO} + I_{\square OGCH} + I_{\square EOHD}\,] \tag{4.21}$$

영향치 I_{AFOE}를 구할 때 m, n값은

$$m = \frac{\overline{AF}}{z},\ n = \frac{\overline{AE}}{z} \text{ 또는 } m, n \text{을 바꾸어 } m = \frac{\overline{AE}}{z},\ n = \frac{\overline{AF}}{z}$$

나머지 영향치 역시 같은 요령으로 구할 수 있다.

〈 작용점(O)이 하중의 외부에 있는 경우 〉

$\square ABCD$는 작용하는 구형하중의 형상이며 O점은 하중의 작용점이다. O점의 위치가 구형하중의 모서리가 아니기 때문에 구형분할법을 적용하여야 한다.

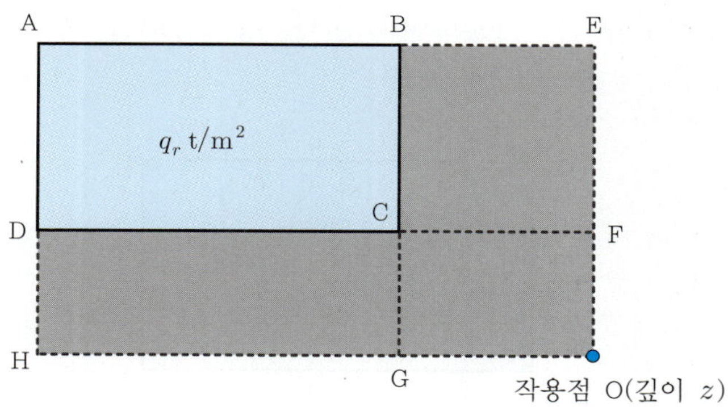

그림 4.25 응력 발생점이 구형하중 외부에 있을 때 구형분할법

증가응력을 구하는 순서는 다음과 같다.

① 작용점 O를 통과하는 장변 AB 및 DC와의 평행선 HO와, 단변 AD 및 BC와의 평행선 EO를 작도한다.

② 또한 장변 AB 및 DC의 연장선과 단변 AD 및 BC의 연장선을 그어 보조선과 만나게 하여 모두 격자형이 되도록 한다.

③ 작용점 O가 모서리가 되는 구형하중(□$AEOH$, □$BEOG$, □$DFOH$, □$CFOG$)에 대하여 영향치를 구한다.

④ ③에서 구한 영향치를 합산한다. 즉 □$AEOH$의 영향치에서 □$BEOG$과 □$DFOH$의 영향치를 빼고, □$CFOG$의 영향치를 더해 준다.

⑤ 식 (4.20)에 대입하여 증가응력을 계산한다.

O점(깊이 z)에서의 증가응력은 중첩의 원리에 따라

$$\Delta q_r = q_r \cdot [I_{\square AEOH} - I_{\square BEOG} - I_{\square DFOH} + I_{\square CFOG}] \tag{4.22}$$

각 하중에 대한 영향치를 구하는 요령은 위에서 설명한 바와 같다.

➤ 예제 4.6

그림과 같은 구형하중 2.4t/m³ 작용하고 있는 지반에서 A, B, C, D점 아래 깊이 4.0m 위치에서 발생하는 증가응력을 구하라.

풀이 1) A점 직하 깊이 4.0m

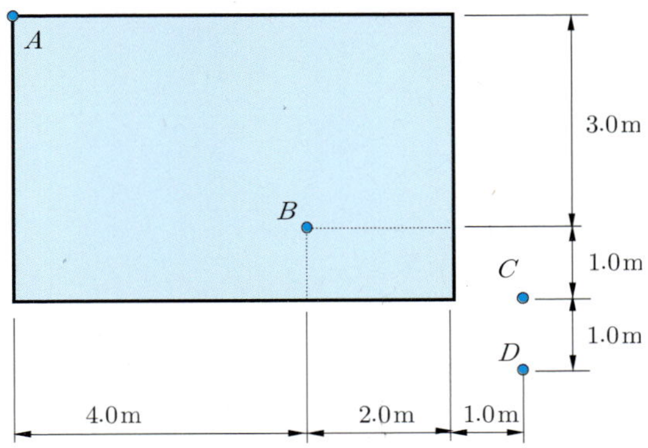

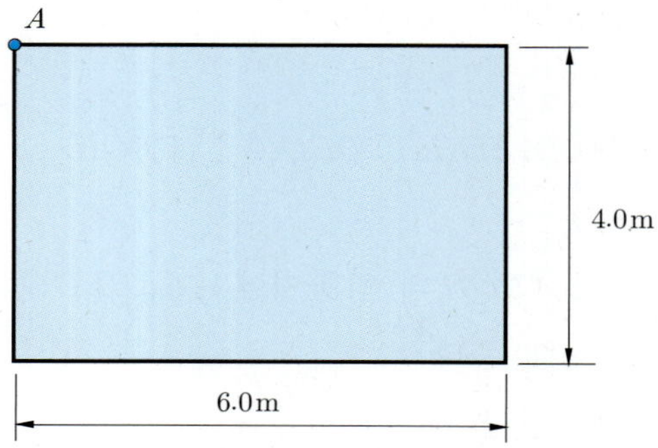

$B = 4.0\,\text{m}\ ,\ \ m = \dfrac{B}{z} = \dfrac{4.0}{4.0} = 1.0$

$L = 6.0\,\text{m}\ ,\ \ n = \dfrac{L}{z} = \dfrac{6.0}{4.0} = 1.5$

그림 4.23 에서 $(\text{m} = 1.0\,,\ \text{n} = 1.5) \rightarrow I_r = 0.043$

$\Delta q_r = q_r \cdot I_r = (2.4)(0.043) = 0.103\,\text{t/m}^2$

2) B점 직하 깊이 4.0m

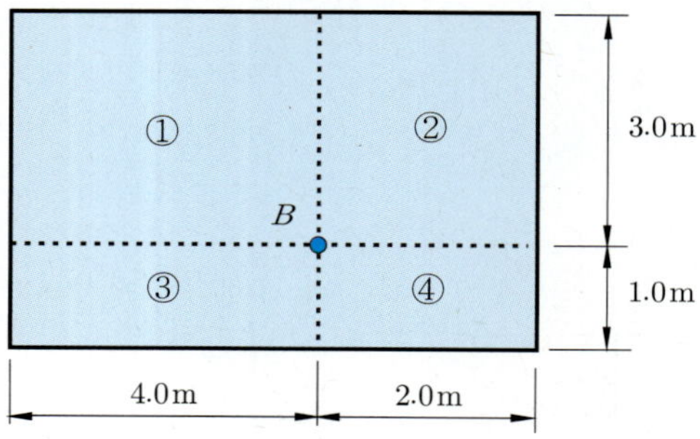

① $B = 3.0\,\text{m}\ ,\ \ m = \dfrac{B}{z} = \dfrac{3.0}{4.0} = 0.75$

$L = 4.0\,\text{m}\ ,\ \ n = \dfrac{L}{z} = \dfrac{4.0}{4.0} = 1.0$

$I_{r1} = 0.154$

② $B = 2.0\,\text{m}\ ,\ \ m = \dfrac{B}{z} = \dfrac{2.0}{4.0} = 0.5$

$L = 4.0\,\text{m}\ ,\ \ n = \dfrac{L}{z} = \dfrac{3.0}{4.0} = 0.75$

$I_{r2} = 0.105$

③ $B = 1.0\,\text{m}$, $m = \dfrac{B}{z} = \dfrac{1.0}{4.0} = 0.25$

$L = 4.0\,\text{m}$, $n = \dfrac{L}{z} = \dfrac{4.0}{4.0} = 1.0$

$I_{r3} = 0.062$

④ $B = 1.0\,\text{m}$, $m = \dfrac{B}{z} = \dfrac{1.0}{4.0} = 0.25$

$L = 2.0\,\text{m}$, $n = \dfrac{B}{z} = \dfrac{2.0}{4.0} = 0.5$

$I_{r4} = 0.045$

$\Delta q_r = q_r \Sigma I_r = (I_{r1} + I_{r2} + I_{r3} + I_{r4}) = (2.4)(0.154 + 0.105 + 0.062 + 0.0045) = 0.878\,\text{t/m}^2$

(3) C점 직하 깊이 4.0m

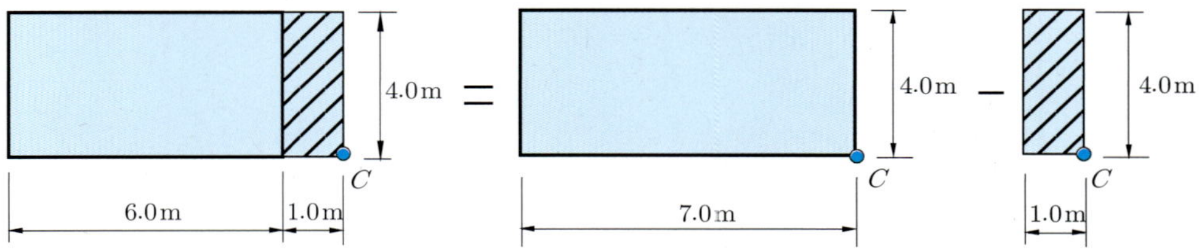

① $B = 4.0\,\text{m}$, $m = \dfrac{B}{z} = \dfrac{4.0}{4.0} = 1.0$

$L = 4.0\,\text{m}$, $n = \dfrac{L}{z} = \dfrac{6.0}{4.0} = 1.5$

$I_{r1} = 0.193$

② $B = 1.0\,\text{m}$, $m = \dfrac{B}{z} = \dfrac{1.0}{4.0} = 0.25$

$L = 4.0\,\text{m}$, $n = \dfrac{L}{z} = \dfrac{4.0}{4.0} = 1.0$

$I_{r2} = 0.068$

$\Delta q_r = q_r \Sigma I_r = (I_{r1} - I_{r2}) = (2.4)(0.193 - 0.068) = (2.4)(0.125) = 0.300\,\text{t/m}^2$

(4) D점 직하, 깊이 4.0m

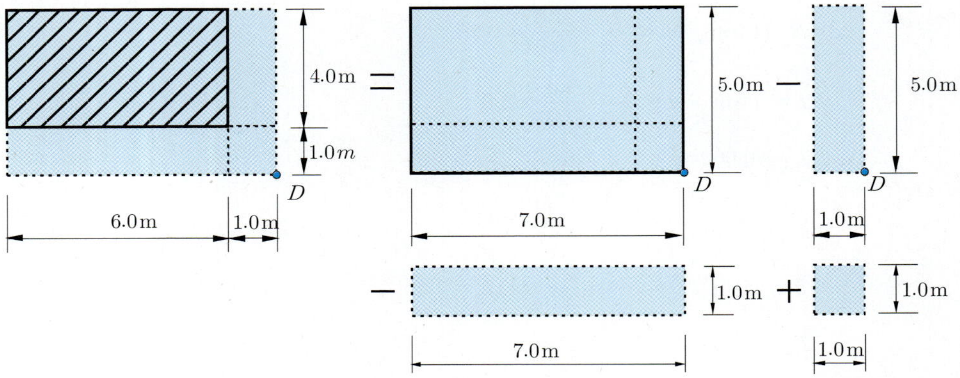

① $B = 5.0\,\text{m}\ ,\ m = \dfrac{B}{z} = \dfrac{5.0}{4.0} = 1.25$

$L = 7.0\,\text{m}\ ,\ n = \dfrac{L}{z} = \dfrac{7.0}{4.0} = 1.75$

$I_{r1} = 0.212$

② $B = 1.0\,\text{m}\ ,\ m = \dfrac{B}{z} = \dfrac{1.0}{4.0} = 0.25$

$L = 5.0\,\text{m}\ ,\ n = \dfrac{L}{z} = \dfrac{5.0}{4.0} = 1.25$

$I_{r2} = 0.072$

③ $B = 1.0\,\text{m}\ ,\ m = \dfrac{B}{z} = \dfrac{1.0}{4.0} = 0.25$

$L = 7.0\text{m}\ ,\ n = \dfrac{L}{z} = \dfrac{7.0}{4.0} = 1.75$

$I_{r3} = 0.074$

④ $B = 1.0\,\text{m}\ ,\ m = \dfrac{B}{z} = \dfrac{1.0}{4.0} = 0.25$

$L = 1.0\,\text{m}\ ,\ n = \dfrac{B}{z} = \dfrac{1.0}{4.0} = 0.25$

$I_{r4} = 0.028$

$\Delta q_r = q_r \Sigma I_r = (I_{r1} - I_{r2} - I_{r3} + I_{r4}) = (2.4)(0.212 - 0.072 - 0.074 + 0.028) = 0.226\,\text{t/m}^2$

◀

3) 하중강도가 다른 경우

작용하중의 형상은 구형이지만 구역에 따라 하중강도(작용하중의 크기)가 다른 경우에는 하중강도 분할법을 이용하는 방법으로 연직응력 증가량을 구할 수 있다.

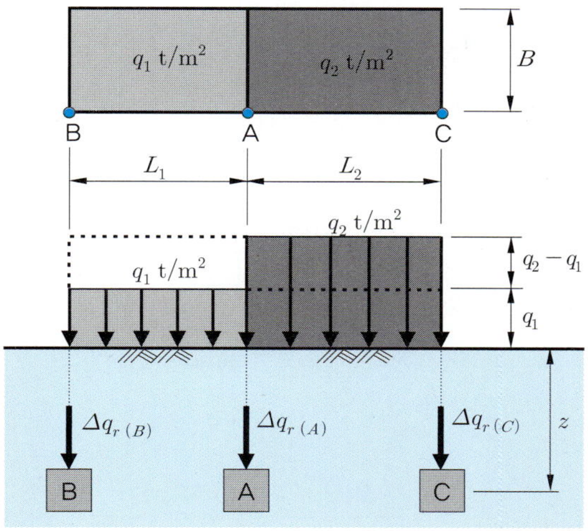

그림 4.26 하중강도가 다를 때 하중강도 분할법

그림 4.26과 같이 왼쪽에는 q_1 t/m^{2}의 하중강도가 작용하고 오른쪽에는 q_2 t/m^{2}의 하중강도가 작용하고 있을 때 지표면에서 깊이 z 작용점(A, B, C)에서 발생하는 증가응력의 크기를 구해보기로 하자.

〈 작용점 'A'(깊이 z)에서의 연직방향 증가응력 〉

작용점 'A'(깊이 z)는 q_1, q_2 두 하중의 모서리가 되므로 각각의 영향치를 구하여 하중강도와 곱하여 중첩의 원리에 따라 증가응력을 구할 수 있다.

$$\Delta q_r = q_1 I_1 + q_2 I_2 \tag{4.23}$$

여기서, 영향치 I_1은 $m_1 = \dfrac{L_1}{z}$, $n = \dfrac{B}{z}$를 사용하여 그림 4.23에서 구하고

영향치 I_2는 $m_2 = \dfrac{L_2}{z}$, $n = \dfrac{B}{z}$를 사용하여 그림 4.23에서 구한 값이다.

〈 작용점 'B'(깊이 z)에서의 연직방향 증가응력 〉

작용점 'B'(깊이 z)에서는 상재하중 q_1에 대해서는 모서리가 되지만, 상재하중 q_2에 대해서는 모서리가 아니므로 다음과 같은 순서로 증가응력을 계산한다.

① 상재하중 q_1 높이의 수평선을 그어 보조선(점선)을 작도한다.
② 전체구간(L_1+L_2)에 대하여 그림 4.23에서 영향치 $I_{(L_1+L_2)}$를 구한다.
③ 왼쪽 구간(L_1)에 대하여 그림 4.23에서 영향치 $I_{(L_1)}$를 구한다.
④ O점에서의 증가응력을 중첩의 원리에 따라 식 (4.24)로 계산한다.

$$\Delta q_r = q_2\, I_{(L_1+L_2)} - (q_2 - q_1)\, I_{(L_1)} \tag{4.24}$$

여기서, 영향치 $I_{(L_1+L_2)}$는 $m=\dfrac{(L_1+L_2)}{z}$, $n=\dfrac{B}{z}$을 사용하여 구하고

영향치 $I_{(L_1)}$은 $m_1=\dfrac{L_1}{z}$, $n=\dfrac{B}{z}$을 사용하여 구한 값이다.

〈 작용점 'C'(깊이 z)에서의 연직방향 증가응력 〉

작용점 'C'(깊이 z)에서는 상재하중 q_2에 대해서는 모서리가 되지만, 상재하중 q_1에 대해서는 모서리가 아니므로 다음과 같은 순서로 증가응력을 계산한다.

① 상재하중 q_1 위쪽에 보조선(점선)을 작도한다.
② 전체구간(L_1+L_2)에 대하여 그림 4.23에서 영향치 $I_{(L_1+L_2)}$를 구한다.
③ 오른쪽 구간(L_2)에 대하여 그림 4.23에서 영향치 $I_{(L_2)}$를 구한다.
④ O점에서의 증가응력을 중첩의 원리에 따라 식 (4.25)로 계산한다.

$$\Delta q_r = q_1\, I_{(L_1+L_2)} + (q_2 - q_1)\, I_{(L_2)} \tag{4.25}$$

여기서, 영향치 $I_{(L_1+L_2)}$는 $m=\dfrac{(L_1+L_2)}{z}$, $n=\dfrac{B}{z}$을 사용하여 구하고

영향치 $I_{(L_2)}$은 $m_2=\dfrac{L_2}{z}$, $n=\dfrac{B}{z}$을 사용하여 구한 값이다.

4.3.8 제방하중에 의한 지반 내 연직응력의 증가

그림 4.27과 같은 제방하중(堤防, embankment load)은 제형(梯形)하중이라고도 하며 사다리꼴 모양을 이루고 있다. 흙을 성토하여 도로나 제방 등을 축조할 때의 모양으로 등분포 띠하중과 등변분포(선형증가) 띠하중의 조합이다.

1) 증가응력 작용점이 하중 내부인 경우

제방하중의 내부 A점(깊이 z)에서 발생하는 연직응력의 증가량은 그림 4.27과 같이 좌우를 분리하여 증가응력을 구하고 중첩의 원리에 따라 합산하여 구한다. 즉

$$\Delta q_e = \Delta q_{e1} + \Delta q_{e2} = q_{e1} I_{e1} + q_{e2} I_{e2} \qquad (4.26)$$

여기서, Δq_e : 제방하중에 의한 연직응력 증가량

Δq_{e1} : A점 왼쪽부분 제방하중에 의한 연직응력 증가량

Δq_{e2} : A점 오른쪽부분 제방하중에 의한 연직응력 증가량

I_{e1} : A점 왼쪽부분 제방하중에 의한 영향치

I_{e2} : A점 오른쪽부분 제방하중에 의한 영향치

영향치 I_{e1}과 I_{e2}는 등변분포 하중이 작용하는 폭(a_1, a_2)과 등분포 하중의 폭(b_1, b_2)의 깊이(z)에 대한 비($\frac{a_1}{z}$, $\frac{b_1}{z}$)와 ($\frac{a_2}{z}$, $\frac{b_2}{z}$)를 이용하여 그림 4.28에서 구할 수 있다.

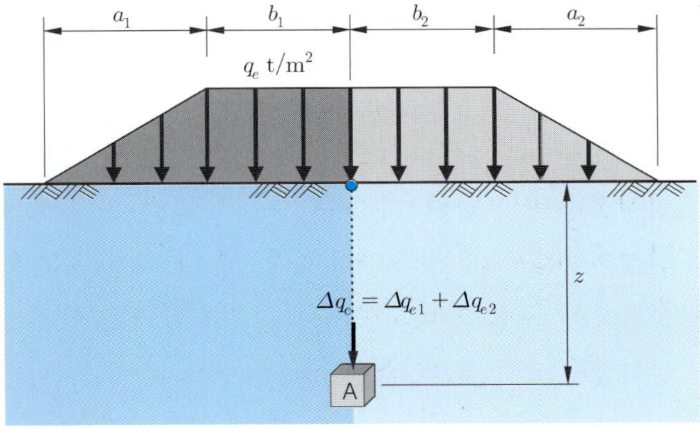

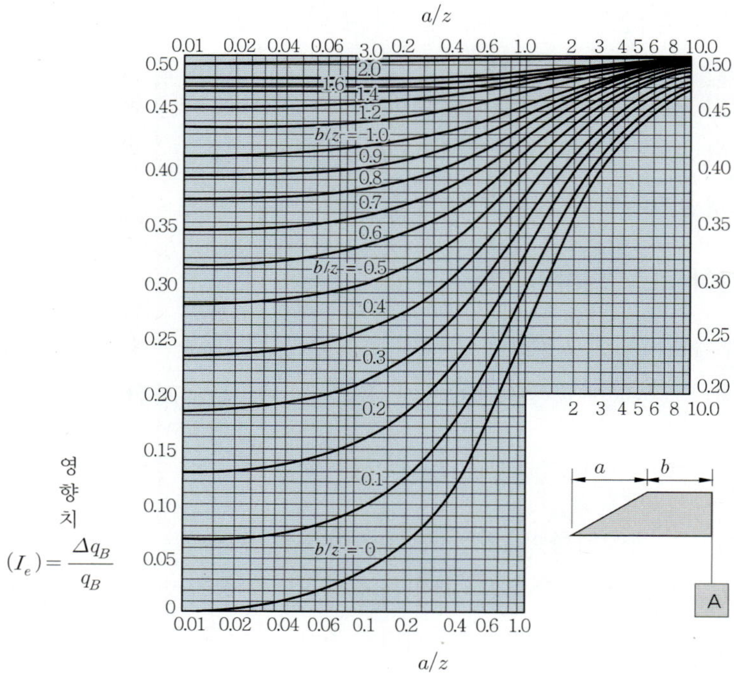

그림 4.28 제방하중에 의한 연직응력 영향치

2) 증가응력 작용점이 하중 외부인 경우

제방하중의 외부 A점(깊이 z)에서 발생하는 연직응력의 증가량은 그림 4.29와 같이 보조선을 그어 가상하중을 고려한 뒤 분할법을 이용하여 증가응력을 구하고 중첩의 원리를 적용한다. 즉 가상하중을 포함한 띠하중에 의한 증가응력에서 가상하중($a-b$구간 제방하중)에 의한 증가응력을 빼서 구할 수 있다.

$$\Delta q_e = \Delta q_s - \Delta q_e = q\,I_s - q\,I_e \tag{4.27}$$

여기서, Δq_s : 가상하중을 포함한 띠하중($a-b-c$구간) $q_s\,(=q_e)$에 의한 증가응력

Δq_e : 가상하중($a-b$구간의 제방하중) q_e에 의한 증가응력

I_s : 가상하중을 포함한 띠하중($a-b-c$구간)의 영향치

I_e : 가상하중($a-b$구간)의 영향치

9개 동심원의 중심에서 18° 간격으로 방사선을 그어 전체를 20구역으로 분할하면 모두 대칭인 구조가 된다. 도너츠 모양의 하중을 20개로 분할하여 1구역의 영향치를 I_a라 하면

$$I_a = \frac{0.1}{20} = \frac{1}{200} = 0.005 \tag{4.29}$$

이 원리를 이용하여 하중형상이나 하중강도가 불규칙한 경우 지중응력을 다음과 같은 순서로 구할 수 있다.

① 영향원의 축척(scale)을 결정한다. 깊이 5.0m를 영향도표에서 5cm로 나타내기로 하면 이 경우 축척은 $S = \frac{5}{500} = \frac{1}{100}$이 된다.

② 표 4.2에 제시된 상대적 반경 r값에서 동심원의 반경을 결정한다. 예를 들어

제 1 동심원의 반경 : $r_1 = (0.278)(5.0) = 1.35\,\text{cm}$

제 2 동심원의 반경 : $r_2 = (0.400)(5.0) = 2.00\,\text{cm}$

… … …

제 9 동심원의 반경 : $r_9 = (1.908)(5.0) = 9.54\,\text{cm}$

③ ②에서 계산한 결과로 9개의 영향원을 모두 트레이싱페이퍼에 그린다.

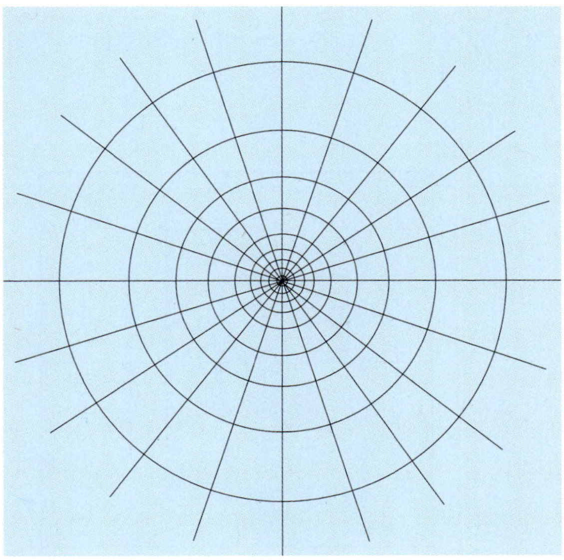

그림 4.31 영향도표

④ 18° 간격으로 동심원에 방사선을 그리면 그림 4.31과 같은 영향도표가 완성된다.

⑤ 증가응력 작용점의 평면위치를 영향원의 중심에 일치시키고 ①에서 결정한 축척대로 하중면을 그린다. 예를 들어 건물의 길이가 20m이면 $\frac{2,000}{100} = 20\,\text{cm}$로 그린다.

⑥ 하중면 위에 영향도표를 덮어씌워 하중면 내에 위치한 구역의 수(N)를 센다. 이 때 구역 내에 하중면이 일부만 포함되어 있으면 구역의 수를 면적비로 0.3 또는 0.7 등과 같은 요령으로 더해 나간다.

⑦ 연직응력의 증가량을 식 (4.30a)와 같이 계산한다.

$$\Delta q_A = q_A\, I_a\, N \tag{4.30a}$$

여기서, 영향치 $I_a = \frac{1}{\text{총구역수}} = \frac{1}{200} = 0.005$이므로

$$\Delta q_A = q_A\, \frac{N}{200} \tag{4.30b}$$

➤ 예제 4.8

그림 예제 4.3과 같은 불규칙한 형상의 상재하중 $q_A = 10\,\text{t/m}^2$에 대하여 연직응력 증가량을 Newmark 영향도표를 이용하여 구하시오.

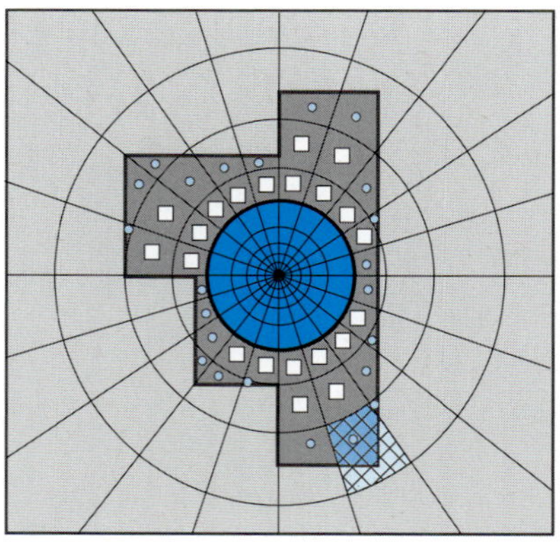

그림 예제 4.6 문제도

그림 예제 4.6에서 구조물 하중의 내부에 포함된 구역 수는

$$N = 120 + 21 + 8 = 149\text{개}$$

따라서 증가응력은

$$\Delta q = q_A \ I_a \ N = (10)(0.005)(149) = 7.45\,\mathrm{t/m^2}$$

〈그림 예제 4.6에 표시한 기호 설명〉

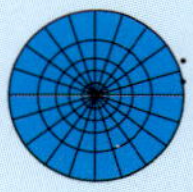 : 이 영향원($0.6q$) 내부는 모두 하중 내에 포함되어 있음
∴ 구역 수 = $6 \times 20 = 120$개

□ : 구역 전체가 하중면 내부에 포함되어 있음
∴ 구역 수 = 21개

● : 구역 일부만 하중의 내부에 포함되어 있음
∴ 구역 수 합 = 8개
(면적비를 고려하여 합산함,
 이 구역은 0.6개로 취급하였음)

◀

4.5 근사해법(2:1 응력분포법)

지중응력을 구하는 것은 전술한 바와 같이 도표를 이용하여 해결할 수 있다. 그러나 현장에서 간단한 해석이 필요한 경우, 또는 도표가 없는 경우에는 해석이 불가능하다. 이런 경우 도표를 이용하지 않고 간단한 필산으로 증가응력을 구할 수 있는 근사해법이 있다. 그러나 이 방법은 오차를 수반하기 때문에 정밀한 계산에는 사용하기 어렵고, 상재하중의 작용 폭과 길이가 큰 경우에 비교적 오차가 작으므로 제한적으로 사용하는 것이 좋다.

지표면에서 일정한 깊이에서 발생하는 증가응력은 실제로는 중앙부가 최대가 되는 종 모양(또는 정규분포곡선 모양)이지만 등분포라고 가정하면 간편한 계산식으로 정리될 수 있다. 근사해법으로는 일반적으로 2:1 응력분포법을 많이 쓰며 다음과 같은 가정 하에 간편한 계산식을

유도할 수 있다.

〈 2:1 응력분포법의 가정 사항 〉

① 상재하중의 합력과 증가응력의 합력은 같다. ($q\,A = \Delta q\,A'$)
② 증가응력은 일정한 범위 내에서 등분포로 발생한다. ($\Delta q = \text{const.}$)
③ 증가응력은 깊이에 대하여 2:1 경사로 분포된다. $\left(\dfrac{x}{z} = \dfrac{1}{2}\right)$

4.5.1 띠하중

그림 4.32와 같이 지표면에 연속기초가 설치되어 있어 등분포 띠하중(대상하중, strip load)이 작용할 때 깊이 z에서 발생하는 연직방향 증가응력을 2:1 응력분포법으로 구해 보자.

2:1이라 함은 $\tan\beta = \dfrac{1}{2}$로 본다는 뜻으로 $\beta = 26.6^\circ$가 된다. 이러한 관점은 실제와 근사하다. 따라서 증가응력의 분포 폭은 $B + 2(z/2) = B + z$가 된다. 하중의 길이(L) 방향으로는 하

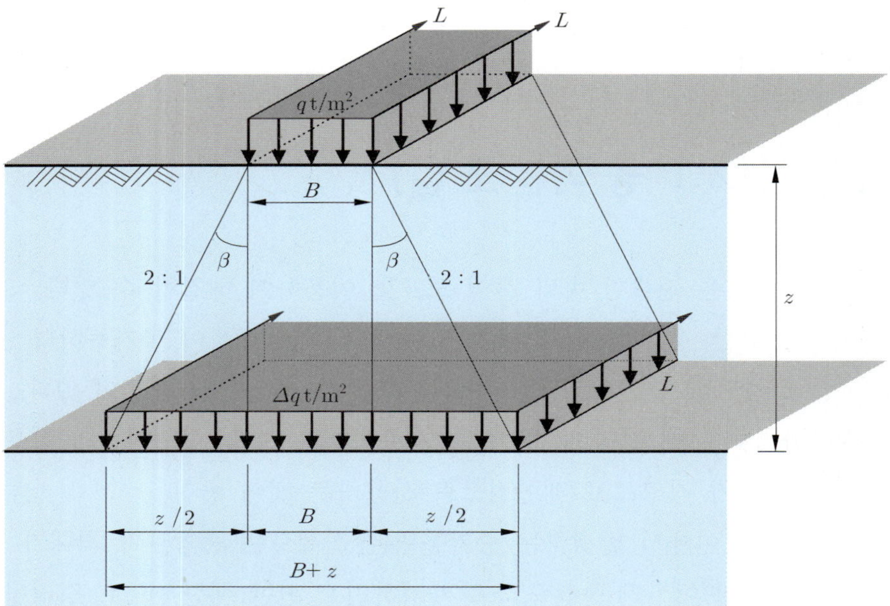

그림 4.32 띠하중이 작용할 때 2:1 응력분포

중이 연속하여 작용하고 있으므로 증가응력의 분포길이 역시 L과 같다.

연직방향 증가응력을 구하는 기본원리는 상재하중에 의하여 유발된 응력의 합력은 하중의 합력과 같다는 사실이다. 즉

$$q_s BL = \Delta q_s (B+z)(L)$$

위 식을 깊이 z에서 발생하는 연직방향 증가응력 Δq_s에 대하여 정리하면

$$\Delta q_s = \frac{B}{B+z} q_s \tag{4.31}$$

식 (4.31)은 띠하중의 폭이 클수록 정확도가 높아지며 $\frac{B}{B+z}$는 영향치 I_s에 해당하는 값임을 알 수 있다.

4.5.2 구형 등분포하중

그림 4.33과 같은 구형하중(장방형, 직사각형, rectangular load)이 작용할 때 깊이 z에서 발생하는 증가응력을 근사해법(2:1 응력분포법)으로 구해보면,

연직방향 힘의 합력은 0이므로

$$q_r (B \times L) = \Delta q_r (B+z)(L+z)$$

구형하중이 작용할 때 깊이 z에서의 증가응력은

$$\Delta q_r = \frac{B \times L}{(B+z)(L+z)} q_r \tag{4.32}$$

정방형 기초의 경우는 $B = L$이므로

$$\Delta q_r = \left(\frac{B}{B+z}\right)^2 q_r \tag{4.33}$$

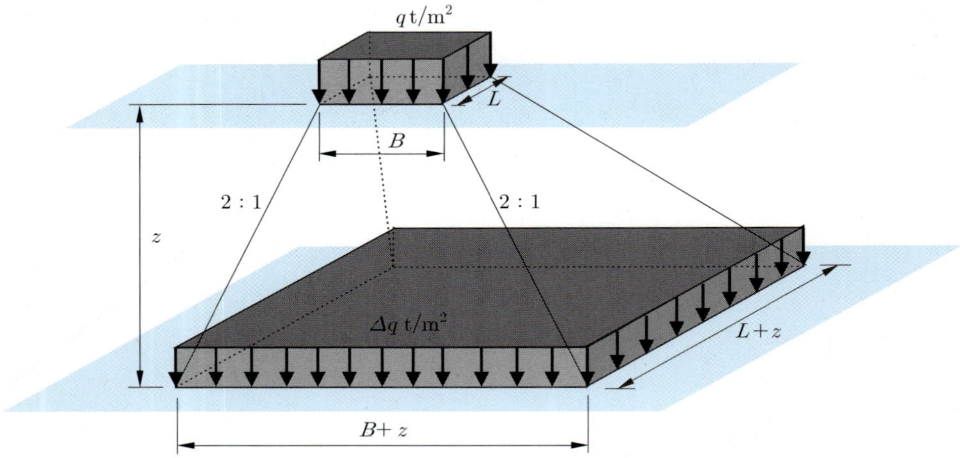

그림 4.33 구형(장방형) 하중이 작용할 때 2:1 응력분포

PISA TIP (4.6) 정방형 기초와 연속기초의 경우 증가응력을 구하는 식 비교

- 정방형 기초 $\Delta q_z = \left(\dfrac{B}{B+z}\right)^2 \cdot q$
- 연속기초 $\Delta q_z = \dfrac{B}{B+z} \cdot q$

두 식이 비슷하니 주의할 것!

4.5.3 원형 등분포하중

그림 4.34와 같은 원형하중(circular load)하중이 작용할 때 깊이에서 발생하는 증가응력을 근사해법(2:1 응력분포법)으로 구해보자.

연직방향 힘의 합력은 0이므로

$$q_c \frac{\pi D^2}{4} = \Delta q_c \frac{\pi (D+z)^2}{4}$$

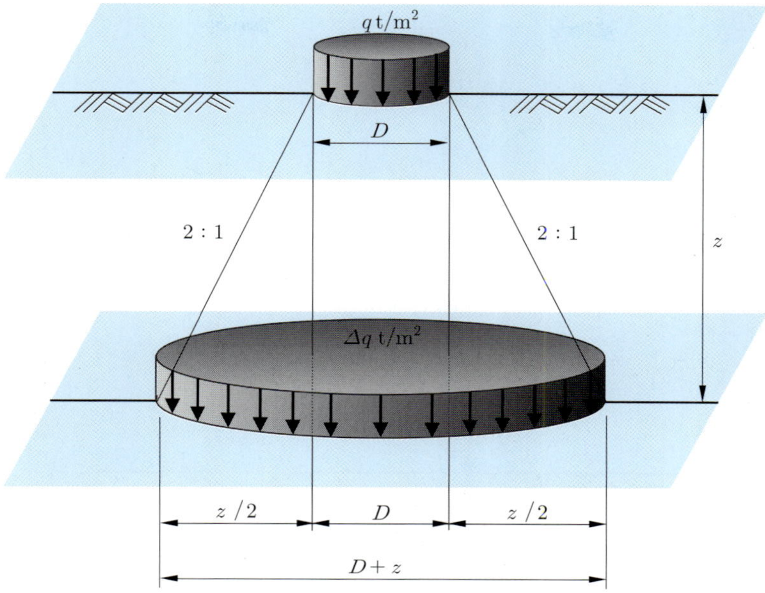

그림 4.34 원형 하중이 작용할 때 2:1 응력분포

위 식을 Δq_c에 대해 정리하면

$$\Delta q_c = \frac{\frac{\pi D^2}{4}}{\frac{\pi (D+z)^2}{4}} q_c$$

원형 등분포하중이 작용할 때 깊이 z에서의 증가응력은

$$\Delta q_c = \left(\frac{D}{D+z}\right)^2 q_c \tag{4.34}$$

4.5.4 선하중

그림 4.35와 같은 선하중은 폭이 없고 길이만 있는 하중으로서 실제로는 성립하지 않고 이론적으로만 존재하는 하중이다.

연직방향 힘의 합력은 0이므로

$$q_l \times 1 = \Delta q_l \, (z \times 1)$$

선하중이 작용하는 경우 깊이 z에서 증가응력은

$$\Delta q_l = \frac{q_l}{z} \tag{4.35}$$

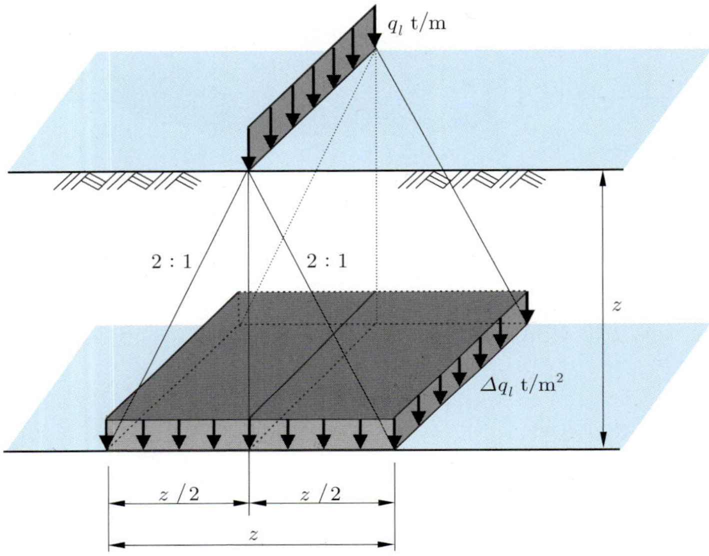

그림 4.35 선하중이 작용하는 경우의 2:1 응력분포법

하중의 폭이 매우 좁은 경우 근사해법으로 구한 증가응력은 오차가 크다. 그러나 깊이가 깊어질수록 깊이 z에서 발생하는 증가응력 Δq는 St. Vernant 원리에 의해 오차가 작아진다. 특히 깊이가 하중 폭의 3배 이상이 되면($z \geq 3B$) 그 차이가 5% 이하가 되어 실용적으로 사용하는 데 큰 무리가 없다.

PISA TIP

(4.7) St. Vernant의 원리란?

크기는 같으나 형상(분포)이 다른, 즉 등가의 하중이 지표면에 작용할 때 발생하는 연직응력의 크기는 얕은 깊이에서는 다르게 나타나지만 깊이가 깊어질수록 거의 같아진다. 이것을 St. Vernant 원리라 한다. 또한 응력의 분포 형상도 같은 양상으로 나타낸다. 예를 들어 지표면에 정방형($B \times B$) 기초에 집중하중 Q가 작용할 때 이 하중을 집중하중 Q로 보는 경우와 등분포하중 $q = \dfrac{Q}{B^2}$로 보는 경우에 대하여 하중의 중심직하 깊이 z되는 곳의 증가응력 Δq를 구해보면 다음 표와 같다.

깊이	등분포하중으로 볼 때	집중하중으로 볼 때	차이(%)
B	$0.3360q$	$0.4775q$	23.4
$2B$	$0.1080q$	$0.1194q$	9.5
$3B$	$0.0508q$	$0.0531q$	4.3
$4B$	$0.0292q$	$0.0298q$	2.0
$5B$	$0.0188q$	$0.0191q$	1.6

연습문제

4.1 다음과 같은 지층에서 지표면 아래 3m 깊이에 지하수위가 있을 경우 2, 4, 6, 8m 깊이에서의 전응력, 간극수압, 유효응력을 구하라.

흙의 단위중량은 지표면에서 0~3m : $\gamma_t = 1.70\,t/m^3$

3~6m : $\gamma_{sat} = 1.80\,t/m^3$

6m~ : $\gamma_{sat} = 1.90\,t/m^3$

4.2 그림과 같은 지층조건에 대해 각각 A점에서의 유효응력을 구하라. 전체단위중량은 $1.70\,t/m^3$, 지하수면 아래 포화단위중량은 $1.93\,t/m^3$ 이다. (1) 식 (5.12a)를 이용 (2) 식 (5.12b)를 이용

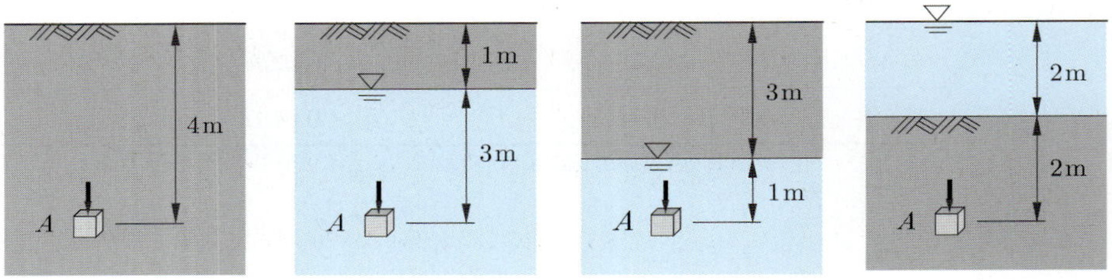

(a) (b) (c) (d)

4.3 그림 4.13에서 집중하중 $Q = 3.5\,t$이 지표면에 작용하고 있다. $z = 2\,m$에서 발생하는 연직응력의 증가량을 하중직하와 $r = 0.5,\ 1.0,\ 2.0,\ 3.0,\ 4.0,\ 5.0\,m$에 대해 구하고 분포도를 그림으로 표시하라.

4.4 직경 10.0m의 원형등분포하중 $q_c = 50.0\,t/m^2$가 지표면에 작용하고 있을 때 그림 4.19를 이용하여 다음 위치에서 연직응력 증가량을 구하라.

	작용점 위치	지표면에서 깊이
(1)	하중 중심직하	4.0m
(2)	하중 중심에서 4.0m	4.0m
(3)	하중 중심에서 8.0m	3.0m
(4)	하중 모서리 직하	10.0m

4.5 그림과 같은 제방 아래 A, B, C, D, E점에서 발생하는 연직방향 증가응력을 구하라.

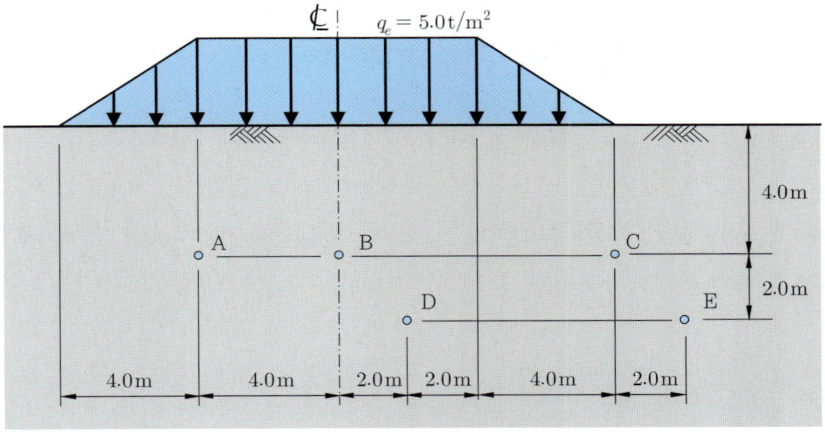

4.6 다음 그림에서 A, B, C, D 점에서의 연직방향 증가응력을 구하라.

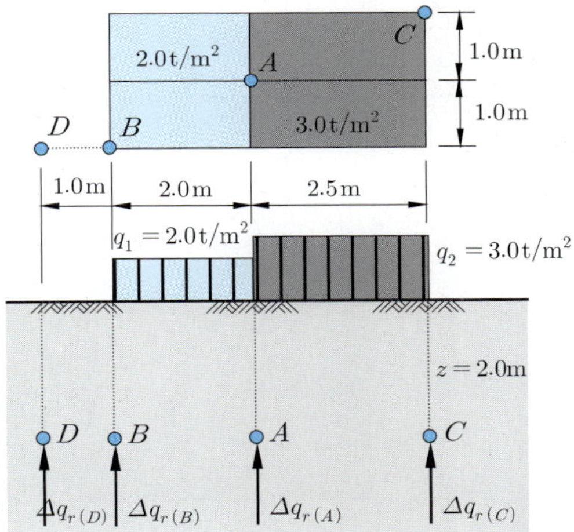

4.7 2.0m×3.0m 크기의 직사각형 강성기초에 20.0t의 하중이 작용할 때, 기초아래 1.0m, 2.0m, 3.0m, 5.0m, 10.0m 깊이에서의 연직응력의 증가량을 2:1 응력분포법을 사용하여 구하라.

4.8 한 변의 길이가 4.0m인 정사각형 하중면의 중앙에 16.0t의 집중하중이 작용하고 있다. 하중 중심 직하 $z = 4.0\text{m}$ 되는 곳의 연직방향 증가응력을 구하라.

(1) 집중하중으로 보는 경우
(2) 등분포 하중으로 보는 경우
(3) 등분포 하중으로 보되 2:1 응력분포법을 적용하는 경우
(4) 위의 세 가지 방법으로 구한 결과를 비교분석하라.

4.9 예제 4.6과 같은 형상의 하중에 대하여 연직응력 증가량을 Newmark 영향도표를 이용하여 구하라. 하중강도는 그림에 표시한 것처럼 $q_{A1} = 15.0\,t/m^2$, $q_{A2} = 10.0\,t/m^2$, $q_{A3} = 8.0\,t/m^2$이다.

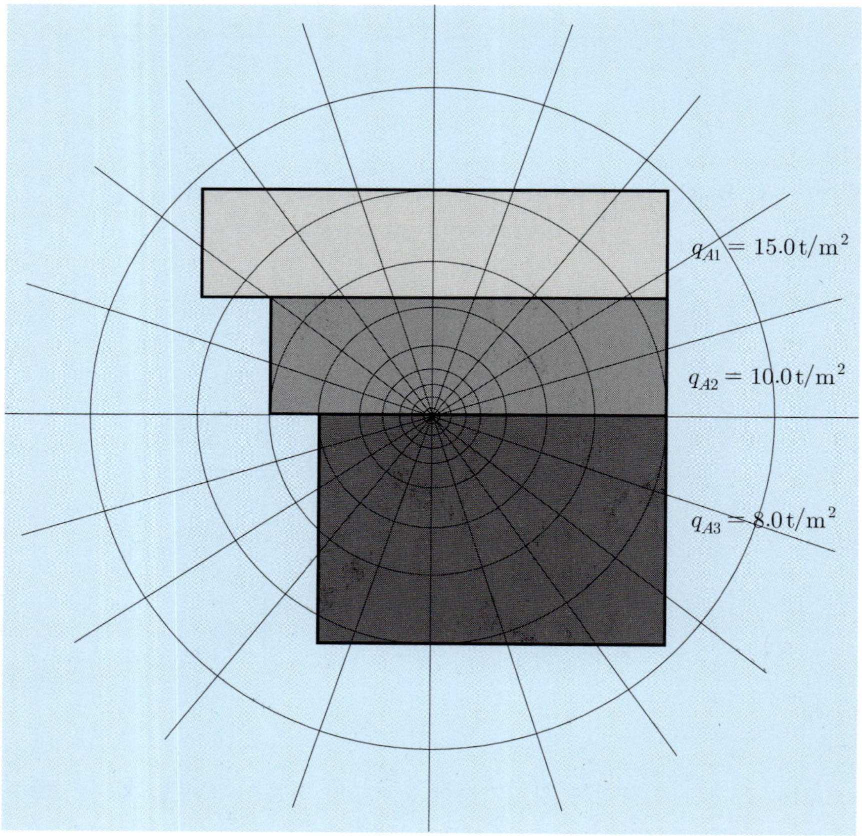

4.10 지표면에 폭 8.0 m의 띠하중 6.0 t/m^{2}가 작용할 때 지표면 아래 깊이 8.0 m 위치의 A~I점에서 발생하는 연직방향 증가응력을 구하고 응력분포도를 작성하라.

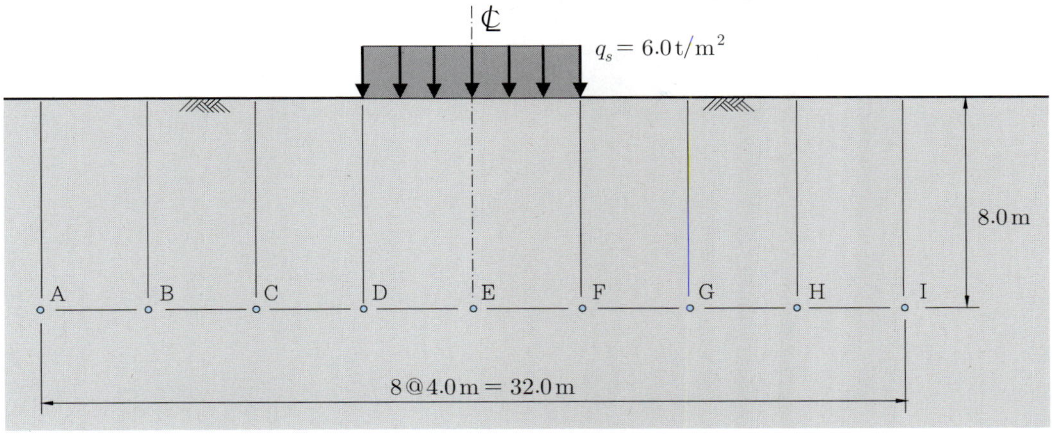

4.11 지반의 부등침하에 관한 내용을 조사하여 기술하라.

연습문제 힌트

4.1 [예제 4.1]	**4.2** [예제 4.1]	**4.3** [예제 4.2]
4.4	**4.5** [예제 4.7]	**4.6** [예제 4.6]
4.7 [식 4.32]	**4.8** (1) [예제 4.2] (2) [예제 4.6]	(3) [식 4.33]
4.9 [예제 4.8]	**4.10**	**4.11** [예제 4.41]

제5장

유효응력과 흙의 동해

SOIL
MECHANICS

S O I L · M E C H A N I C S

5.1 유효응력의 원리

흙은 토립자와 간극으로 이루어져 있으므로 흙이 받는 응력은 토립자와 간극이 받는 응력으로 나누어 생각할 수 있다. 또한 간극이 받는 응력은 물이 받는 응력과 공기가 받는 응력으로 나눌 수 있다.

응력이 작용할 때 지반의 거동은 토립자가 부담하는 응력뿐만 아니라 흙 속의 지하수가 받는 응력의 상태에 따라서 구분하여 해석하여야 한다. 지하수가 응력의 일부를 부담하고 있는 경우에는 흙 전체가 받는 응력에 따라 지반거동이 영향을 받고, 지하수가 응력을 받지 않는 상태에서의 지반거동은 토립자가 받는 응력의 영향을 받는다. 경우에 따라서는 지하수가 응력을 받는 경우에도 지하수가 부담하는 응력을 제외하고 토립자가 부담하고 있는 응력만을 대상으로 지반거동을 해석하기도 한다.

흙이 받는 응력은 다음과 같이 전응력과 유효응력으로 구분한다.

- 전응력(σ, total stress)
  - 흙 전체가 받는 응력
  - 흙의 무게로 인해 발생한다.

- 유효응력(σ', effective stress)
  - 토립자가 받는 응력
  - 토립자 무게로 인해 발생한다.
  - 물속에서는 흙 전체의 무게 중에서 물의 부력(수압)을 뺀 나머지가 된다. 흙의 전단강도와 지반침하에 영향을 미치므로 토질역학에서 중요하게 취급한다.

- 간극압(u, pore pressure)
  - 간극이 받는 응력
  - 간극의 무게로 인해 발생한다.
  - 외부로부터 응력을 받으면 시간에 따라 변화하므로 중립응력(neutral pressure)이라고도 한다.

간극압은 간극수가 부담하는 간극수압(u_w)과 간극공기가 부담하는 간극공기압(u_a)의 합으로 나타낼 수 있다.

$$u = u_w + u_a \tag{5.1}$$

이 되고 간극공기압의 크기는 매우 작아 보통 무시한다. 따라서 간극압은 간극수압과 같다고 볼 수 있다. 즉

$$u = u_w \tag{5.2}$$

간극수압(u, pore water pressure)은 수두에 따라 다음과 같이 구별한다.

- 정수압 : 위치수두에 의한 수압
- 과잉간극수압 : 압력수두에 의한 수압. 수면이 정수압 수면 위로 올라간다.

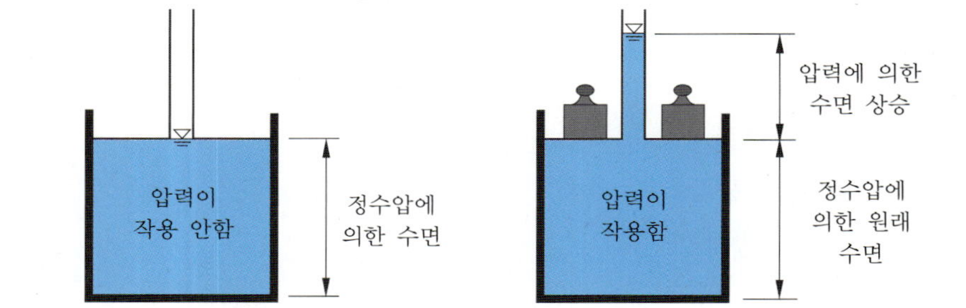

(a) 압력이 작용하지 않는 경우 (정수압만 작용함)　(b) 압력이 작용하는 경우 (정수압과 과잉간극수압이 작용함)

그림 5.1 정수압과 과잉간극수압

간극수압에 대해 중요한 사항을 정리하면 다음과 같다.

- 과잉간극수압은 정수압보다 초과된(과잉) 수압을 말한다.(그림 5.1b)
- (지표)수면에서의 수압은 언제나 0이다.(그림 5.2a)
- 지하수면에서의 수압도 언제나 0이다.(그림 5.2b)
  즉 수압이 0인 면을 지하수면이라 한다.
- 수면 아래에서 수압의 크기는 깊이에 따라 일정하게 증가한다.

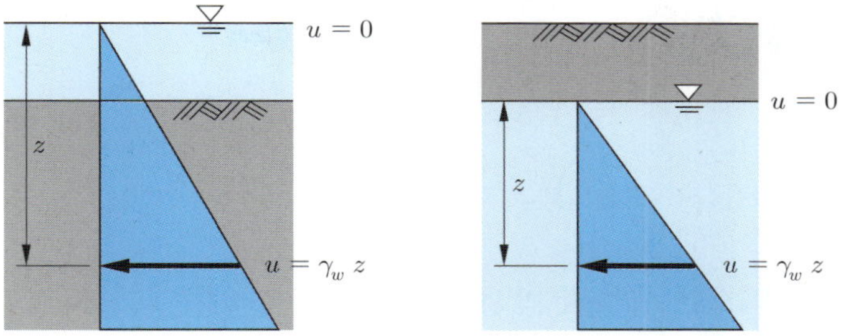

그림 5.2 수압의 분포

흙 전체가 받는 응력은 토립자가 받는 유효응력과 물이 받는 간극수압의 합이므로

$$\sigma = \sigma' + u \tag{5.3}$$

$$\sigma' = \sigma - u \tag{5.4}$$

식 (5.3) 또는 식 (5.4)을 Terzaghi 유효응력 방정식이라 한다.

토질역학에서는 유효응력의 개념이 중요하며, 지반구조물 설계 시 장기안정해석을 하는 경우 쓰이게 된다.

PISA TIP (5.1) 수압의 크기는 작용 면적, 형상과 어떤 관계가 있나?

- 수압은 물의 단위중량과 수심을 곱한 값이다. $u = \gamma_w z$
- 즉 작용면적과는 아무런 상관이 없다.
- 수면 위치 $a-a$일 때 ①~⑥의 $b \sim k$점에서의 수압은 모두 같다.
- 즉 ⑥ 흙 속에서의 간극수압도 같은 원리가 적용된다.

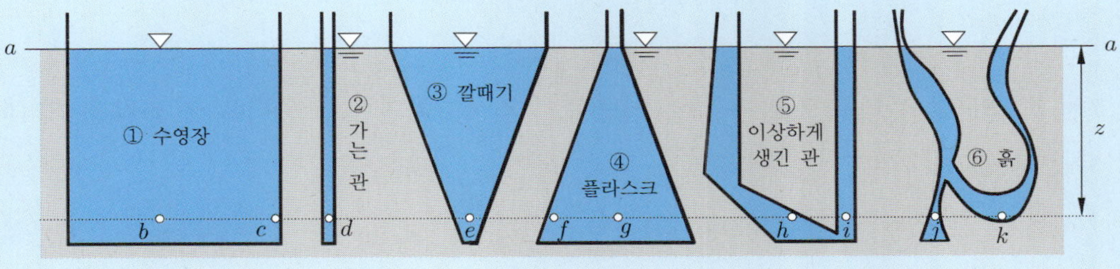

5.2 응력의 계산

5.2.1 전응력(σ, total stress)

전응력은 흙 전체의 무게로 인하여 발생하므로 전체 단위중량과 지표면까지의 거리를 곱하여 식 (5.5)로 구할 수 있다.

$$\sigma = \gamma z \tag{5.5}$$

여기서, σ : 깊이 z에서 작용하는 전응력($a-a$ 면)($\mathrm{t/m^2}$)
γ : 흙의 전체 단위중량($\mathrm{t/m^3}$) 또는 건조단위중량(γ_d)
지하수면 아래에 있는 경우 포화단위중량(γ_{sat})
z : 응력이 작용하는 위치($a-a$ 면)에서 지표면까지의 거리(m)

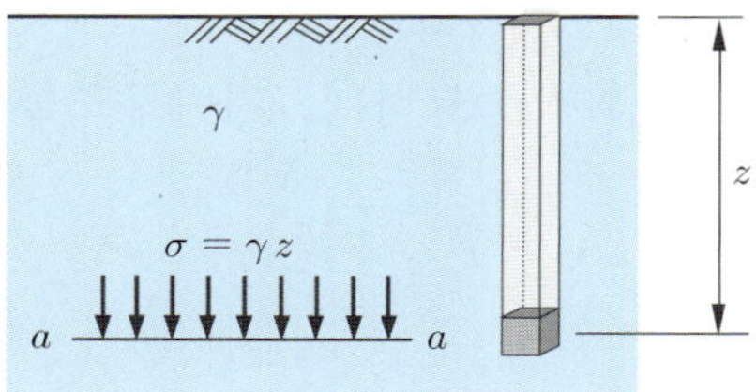

그림 5.3 전응력

토층이 여러 층인 경우 각 층의 응력을 구하여 합산해 나가면 된다.

$$\sigma = \sigma_1 + \sigma_2 + \cdots + \sigma_n = \sum \sigma_i \tag{5.6}$$

그림 5.4와 같은 다층으로 구성된 지반에서 각 층 하단에 작용하는 전응력은 식 (5.6)에 의하여 다음과 같이 된다.

$$a-a\ \text{면} : \sigma_a = \gamma_1 z_1$$

$b-b$ 면 : $\sigma_b = \gamma_1 z_1 + \gamma_2 z_2$

$c-c$ 면 : $\sigma_c = \gamma_1 z_1 + \gamma_2 z_2 + \gamma_3 z_3$

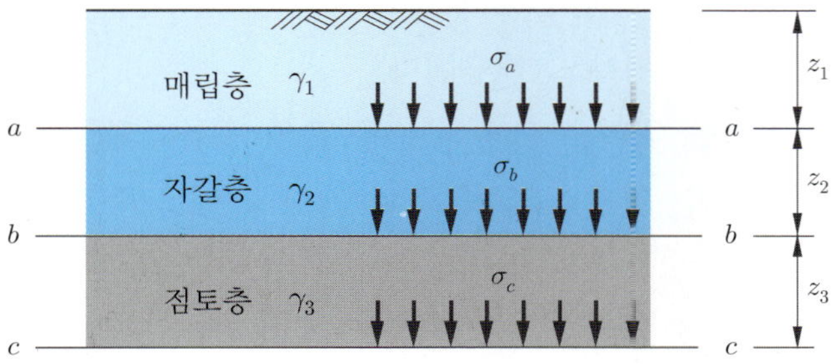

그림 5.4 다층지반의 전응력

동일한 토층이라도 단위중량이 다른 경우 토층을 나누어야 한다. 예를 들어 매립토층에서 상부는 건조한 상태이고 하부는 습윤상태인 경우이다. 또한 토층 내에 지하수면이 있는 경우에도 지하수면 위쪽과 아래쪽으로 토층이 단위중량이 다르므로 토층을 나누어야 한다. 지하수면 위쪽은 상태에 따라 전체단위중량 또는 건조단위중량을 적용하고, 지하수면 아래쪽은 포화상태이므로 포화단위중량을 적용한다.

그림 5.5는 전응력을 구하기 위해 토층을 나누고 적용하는 단위중량과 토층의 두께를 보여주고 있다. A점에서의 전응력은

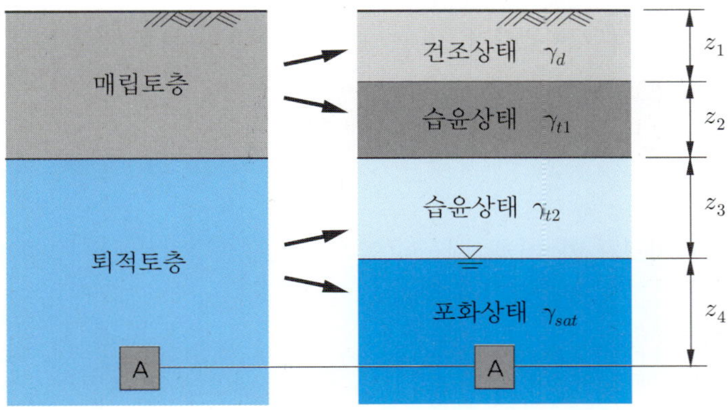

그림 5.5 전응력 계산을 위한 토층의 구분

$$\sigma = \sum \gamma_i z_i = \gamma_d z_1 + \gamma_{t1} z_2 + \gamma_{t2} z_3 + \gamma_{sat} z_4 \tag{5.7}$$

상부 매립토층의 아래쪽과 하부 퇴적토층의 위쪽은 같은 습윤상태이지만 토층이 달라 단위중량이 다를 것이므로 구분되어야 한다. 이외에도 동일한 토층 내에서 다짐이나 모관상승 등으로 인하여 단위중량이 달라지는 경우도 해당된다.

결과적으로 전응력 계산을 위한 토층의 구분은 흙의 종류와 상태 등에 의해 단위중량이 같지 않으면 모두 해당됨을 알 수 있다. 유효응력의 계산 시에도 이러한 원칙은 똑같이 적용된다. 다만 간극수압의 계산에서는 토층의 상태와 무관하게 수심만 관련이 있다.

5.2.2 간극수압(u, pore water pressure)

간극수압은 물의 단위중량과 수심(수면까지의 거리)을 곱하여 구한다.

$$u = \gamma_w z \tag{5.8}$$

여기서, γ_w = 물의 단위중량 (1.0t/m^3)
z = 수심(수면까지의 거리, m)

식 (5.8)을 보면 간극수압은 수심에 비례하고 작용면적과는 아무런 상관이 없다. 수영장처럼 넓은 면적에 작용하는 수압이나 매우 좁은 흙의 간극 속에서 작용하는 간극수압 모두 수면에서의 깊이에 비례하여 증가한다. 따라서 간극수압은 지표수의 수압과 동일한 방법으로 계산한다. 수심 즉 수면까지의 거리를 결정하는 예를 그림 5.6에 나타내었다.

그림 5.6(a)의 지하수면 아래 A점의 간극수압은

$$u = \gamma_w z_2 \tag{5.9}$$

이고, 그림 5.6(b)의 지표수면 아래 간극수압은

$$u = \gamma_w z + \gamma_w z_2 \tag{5.10a}$$

$$= \gamma_w (z_1 + z_2) \tag{5.10b}$$

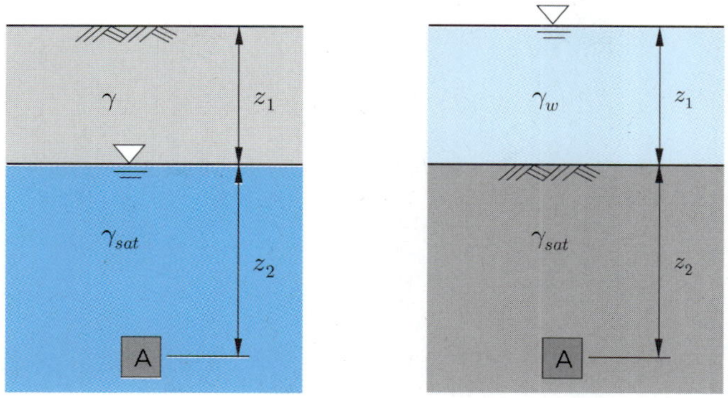

그림 5.6 간극수압을 구하기 위한 수심의 결정

즉 간극수압을 구할 때 식 (5.10a)과 같이 지표수와 지하수에 의한 수압을 따로 구해서 합산할 수도 있으며, 식 (5.10b)과 같이 수심을 지표수면에서 응력 발생점 A까지의 거리로 보고 물의 단위중량을 곱해서 구할 수도 있다.

결과적으로 지표수가 있으면 반드시 지하수와 연속되어 있으므로 지표수와 지하수를 구별하지 않고 수심을 결정할 수 있음을 알 수 있다.

5.2.3 유효응력(σ', effective stress)

유효응력이 증가하면 흙 입자는 이동하여 흙은 더 조밀한 상태로 된다. 따라서 흙의 부피는 압축되고 강도는 증가한다. 한편 전응력과 간극수압이 서로 같은 양만큼 증가하면 유효응력의 변화는 일어나지 않으므로 흙은 같은 상태를 유지하게 되고 따라서 압축이나 강도의 변화는 일어나지 않는다. 이와 같이 유효응력은 흙의 강도와 압축성을 결정하는데 중요하다.

유효응력은 Terzaghi 유효응력 방정식을 적용하여 식 (5.5)의 전응력에서 식 (5.8)의 간극수압을 빼서 구한다.

$$\sigma' = \sigma - u \tag{5.11}$$

그림 5.7(a)과 같이 지하수가 없거나 지하수면 위쪽에서는 간극수압이 작용하지 않으므로 전응력과 유효응력의 크기가 같다. 즉 $u = 0$이면 $\sigma' = \sigma$이다.

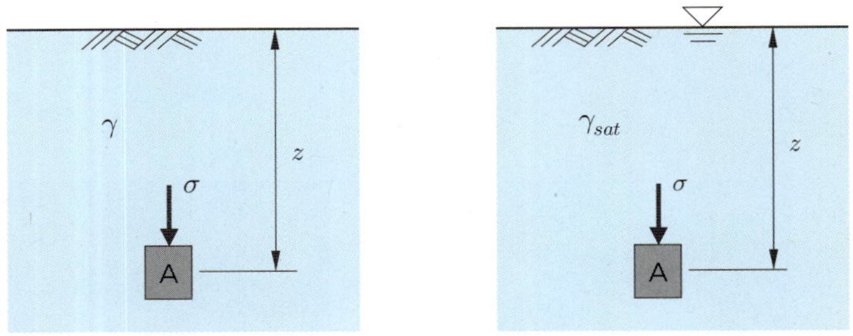

(a) (b)

그림 5.7 유효응력의 계산

그림 5.7(b)의 경우 흙은 수면 아래에서 포화상태로 간극수압이 작용한다. 이때 전응력은 포화단위중량에 수심을 곱해서 구하고, 유효응력은 전응력에서 간극수압을 뺀 값이다.(식 (5.12a))

$$\sigma' = \gamma_{sat}\, z - \gamma_w\, z \tag{5.12a}$$

$$= (\gamma_{sat} - \gamma_w)\, z \tag{5.12b}$$

$\gamma_{sat} - \gamma_w = \gamma'$ 이므로

$$\sigma' = \gamma'\, z \tag{5.13}$$

여기서, γ' : 흙의 수중단위중량(t/m^3)
z : 수심(수면까지의 거리, m)

유효응력을 구할 때 식 (5.12a) 또는 식 (5.12b)을 이용하거나 식 (5.13)을 이용하여 구한 결과는 같다. 수중단위중량의 개념을 잘 이해하고 식 (5.13)을 이용하면 간편하게 유효응력을 구할 수 있다.

1) 지표면 아래 지하수면이 있는 경우

그림 5.8과 같이 지표면 아래 지하수면에 의해 상부와 하부의 단위중량이 달라진 경우를 살펴보자.

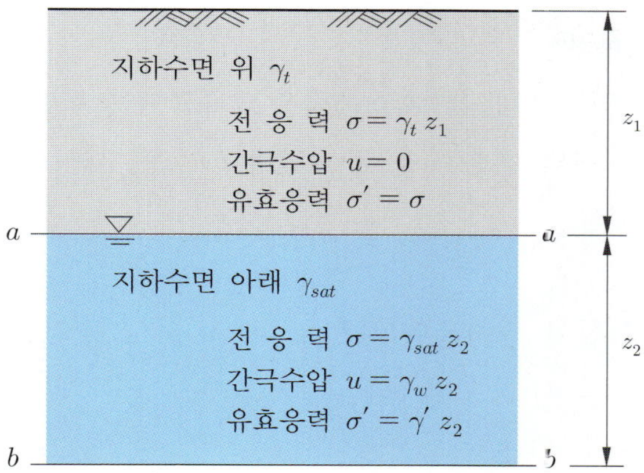

그림 5.8 지표면 아래 지하수면이 있는 경우 지반응력

$a-a$면 위쪽은 자연(습윤)상태라고 할 수 있으므로 간극수압은 0이고, 유효응력과 전응력은 같다. $a-a$면의 유효응력은

$$\sigma' = \sigma = \gamma_t z_1 \tag{5.14}$$

$b-b$면의 전응력은 $a-a$면의 전응력과 $a-a$면과 $b-b$면 사이의 전응력의 합이므로

$$\sigma = \gamma_t z_1 + \gamma_{sat} z_2 \tag{5.15}$$

$b-b$면의 간극수압은

$$u = \gamma_w z_2 \tag{5.16}$$

따라서 $b-b$면의 유효응력은

$$\bar{\sigma} = \sigma - u = \gamma_t z_1 + \gamma_{sat} z_2 - \gamma_w z_2 \tag{5.17a}$$

$$= \gamma_t z_1 + \gamma' z_2 \tag{5.17b}$$

$b-b$면의 유효응력을 식 (5.17b)로 표현한 결과는 $a-a$면의 유효응력과 $a-a$면과 $b-b$면 사이의 유효응력의 합과 같다. 즉 단위중량이 다른 토층으로 구성된 지반에서 각 층의 응력을 구해서 합산하는 것과 같은 요령으로 구하면 된다.

2) 수면 아래 지표면이 있는 경우

$a-a$면 위쪽에는 물만 있기 때문에 유효응력은 0이고 전응력은 간극수압과 같다.

$b-b$면의 전응력은 $a-a$면의 전응력과 $a-a$면과 $b-b$면 사이의 전응력의 합이므로

$$\sigma = \gamma_w z_1 + \gamma_{sat} z_2 \tag{5.18}$$

$b-b$면의 간극수압은 수심이 $z_1 + z_2$이므로

$$u = \gamma_w (z_1 + z_2) \tag{5.19}$$

$b-b$면의 유효응력은

$$\sigma' = \gamma_w z_1 + \gamma_{sat} z_2 - \gamma_w (z_1 + z_2) \tag{5.20a}$$

$$= \gamma' z_2 \tag{5.20b}$$

$b-b$면의 유효응력을 식 (5.20b)로 표현한 결과는 $a-a$면의 유효응력(=0)과 $a-a$면과 $b-b$면 사이의 유효응력의 합과 같다.

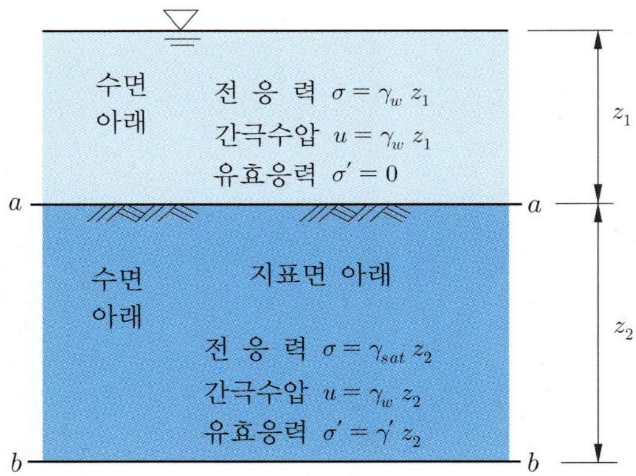

그림 5.9 수면 아래 지표면이 있는 경우 지반응력

➤ 예제 5.1

그림 예제 5.1과 같은 토층의 a, b, c, d, e점에 작용하는 전응력, 간극수압, 유효응력을 구하고 분포도를 작성하시오.

조건 그림 예제 5.1

요구 $\sigma_{a,\ b,\ c,\ d,\ e}$, $u_{a,\ b,\ c,\ d,\ e}$, $\sigma'_{a,\ b,\ c,\ d,\ e}$

풀이 식 (5.5) ~ 식 (5.20b)을 적용한 결과가 표 예제 5.1 풀이와 그림 예제 5.1에 있다.

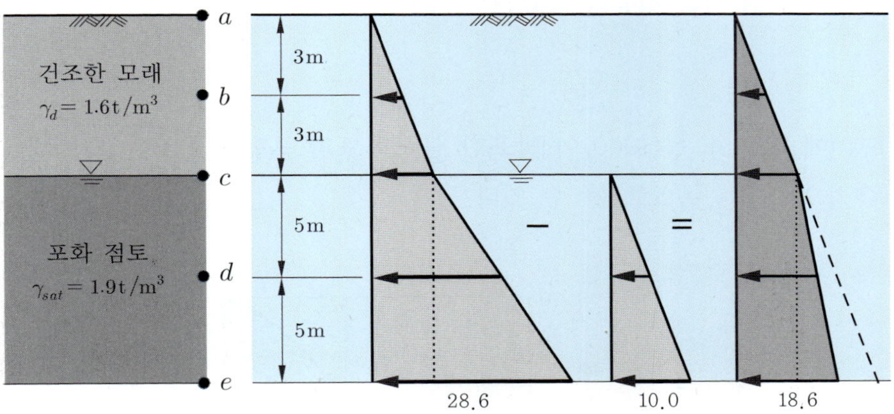

(a) 문제도 (b) 전응력, 간극수압, 유효응력 분포도

그림 예제 5.1

표 예제 5.1 풀이

점	전응력 $\sigma = \gamma z$	간극수압 $u = \gamma_w z$	유효응력 $\sigma' = \sigma - u$	유효응력 $\sigma' = \gamma' z$
a	0	0	0	0
b	(1.6)(3)=4.8	0	4.8	(1.6)(3)=4.8
c	4.8+(1.6)(3)=9.6	0	9.6	4.8+(1.6)(3)=9.6
d	9.6+(1.9)(5)=19.1	5.0	14.1	9.6+(0.9)(5)=14.1
e	19.1+(1.9)(5)=28.6	10.0	18.6	14.1+(0.9)(5)=18.6

◀

3) 불포화토의 유효응력

불포화토의 간극압은 포화토보다 작으며 대략 포화도에 비례한다. 불포화토의 간극압은 식 (5.21)로 나타낼 수 있다.

$$u = \chi \, u_w \tag{5.21}$$

여기서, $\chi =$ 계수(전체 면적에 대한 물의 면적의 비)
$u_w =$ 간극수압

불포화토의 유효응력은 전응력에서 간극압을 뺀 값이므로

$$\sigma' = \sigma - \chi \, u_w \tag{5.22}$$

그림 5.10에 Bishop 등(1960)이 발표한 불포화토의 포화도 S와 χ 사이의 관계가 나타나 있으며 개략적으로는 $\chi = S$로 볼 수 있다.

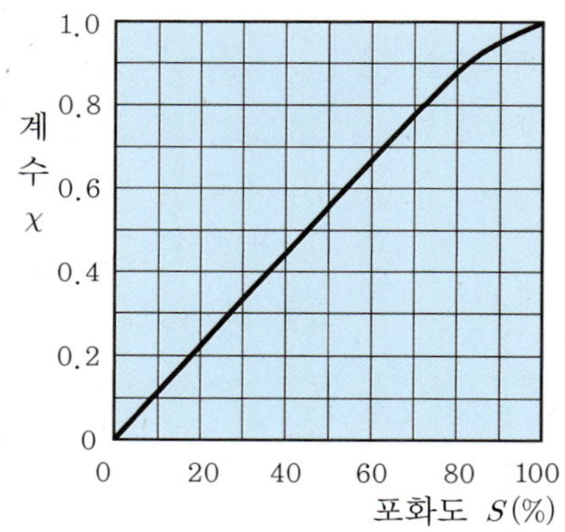

그림 5.10 S와 계수 χ의 관계

5.3 침투 시 유효응력

5.3.1 수두

수두(水頭, head)란 물의 에너지를 물의 높이로 환산하여 나타낸 것이다.

수두의 종류에는 위치수두(h_e, elevation head), 압력수두(h_p, pressure head), 속도수두(h_v, velocity head) 등이 있다. 이러한 수두의 합을 전수두($h = h_t$, total head)라 한다. 각 수두의 특성에 관한 개요는 다음과 같다.

1) 위치수두 (h_e)

- 위치수두는 기준면(datum) $b-b$(그림 5.11(a))에서의 연직높이이다.

$$h_e = z_1 \tag{5.23}$$

- 기준면의 위치에 따라 h_e 값은 변한다.
  기준면을 $a-a$ 면으로 잡으면 $h_e = 0$
  $a-a$ 면보다 위쪽에 잡으면 $h_e < 0$, 따라서 h_e 값은 0보다 작을 수 있다.

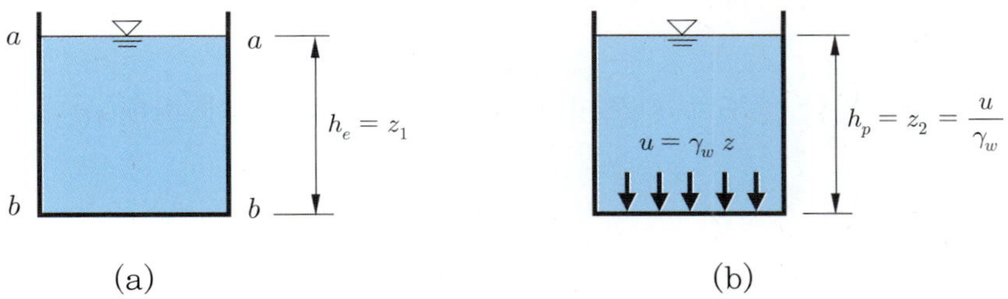

그림 5.11 위치수두와 압력수두

2) 압력수두 (h_p)

- 압력수두는 수면까지의 연직높이이다.(= 물기둥의 상승높이)

$$h_p = z_2 = \frac{u}{\gamma_w} \tag{5.24}$$

- h_p는 기준면에 따라 달라지지 않는다.(그림 5.11b, 압력수두는 기준면 필요 없음)
- 간극수압을 알면 물의 단위중량으로 나누어 압력수두를 구할 수 있다.
- $h_p \leqq 0$일 수 있다.(負壓이 걸리는 경우, 예 : pump)

3) 속도수두 (h_v)

- 물이 흐를 때 운동에너지를 위치수두로 환산하면

  $\frac{1}{2}mv^2 = mgh_v$ 이므로

$$h_v = \frac{v^2}{2g} \tag{5.25}$$

여기서, $v =$ 유속(cm/sec)

$g =$ 중력가속도(980 cm/sec^2)

토질역학에서는 속도수두 $h_v = 0$ 으로 간주한다. 왜냐하면 흙 속을 침투하는 지하수의 유속은 대단히 느려서 h_v는 거의 0과 같다. 예를 들어 지하수의 유속 $v = 1\text{cm/sec}$는 매우 큰 값이지만, 이때 속도수두는

$$h_v = \frac{v^2}{2g} = \frac{1^2}{2(980)} \simeq 0.0006\text{cm} = 0.000006\text{m}$$

이 값은 측정이 불가능할 정도로 작으며 위치수두나 압력수두에 비해 상대적으로 무시할 수 있는 값이다.

4) 전수두 (h)

- 기준면에서 수면까지 높이 = 위치수두 + 압력수두 + 속도수두

$$h = h_e + h_p = z + \frac{u}{\gamma_w} \ (h_v \approx 0) \tag{5.26}$$

- 전수두는 기준면 위치에 따라 달라진다.(기준면에 따라 위치수두가 달라짐)

  $a-a$면을 기준면으로 잡으면(그림 5.12(a)) $h = z_1 + z_2$

$b-b$ 면을 기준면으로 잡으면(그림 5.12(b)) $h = z_1$

$c-c$ 면을 기준면으로 잡으면(그림 5.12(c)) $h = 0$

$d-d$ 면을 기준면으로 잡으면(그림 5.12(d)) $h = -z_1$

즉, 전수두는 기준면에서 수면까지의 높이가 됨을 알 수 있다.

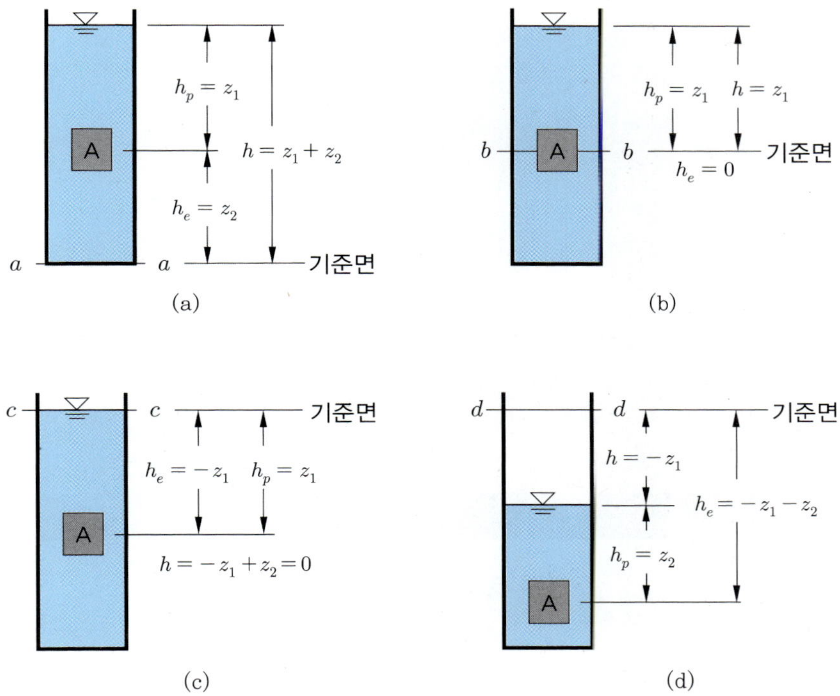

그림 5.12 전수두

- 수면을 기준면으로 잡으면 전수두는 항상 0이 된다.(그림 5.12(c)의 경우)
- 기준면이 수면 위인 경우는 $h < 0$ 이 된다.(그림 5.12(d)의 경우)

5.3.2 수두차

지하수 흐름은 두 점간의 전수두의 차이에 의해 결정된다. 즉, 위치수두와 압력수두의 합이 큰 쪽에서 작은 쪽으로 지하수가 흐르게 된다. 만약 두 점간의 수두가 동일하다면 지하수는 흐르지 않고 정지해 있게 된다.

그림 5.13과 같이 두 점 A, B에 stand pipe를 세워 수압을 측정하고 그림과 같이 기준면(datum)을 잡으면 Bernoulli 정리(에너지 보존의 법칙)는 식 (5.27)과 같다.

$$z_A + \frac{u_A}{\gamma_w} = z_B + \frac{u_B}{\gamma_w} + \Delta h \tag{5.27}$$

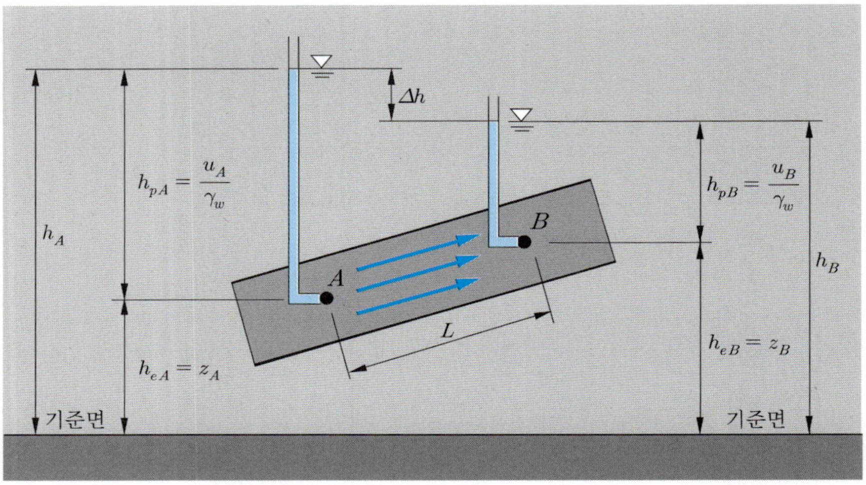

그림 5.13 Bernoulli 정리

A, B 두 점간의 수두차(수두손실)는

$$\Delta h = \left(z_A + \frac{u_A}{\gamma_w}\right) - \left(z_B + \frac{u_B}{\gamma_w}\right) \tag{5.28a}$$

또는

$$\Delta h = (z_A - z_B) + \frac{u_A - u_B}{\gamma_w} \tag{5.28b}$$

즉 수두차를 구하는 방법은 두 가지가 있다.

① 두 점간 전수두의 차이를 구한다.(식 (5.28a))

② 두 점간 위치수두의 차이와 압력수두 차이의 합을 구한다.(식 (5.28b))

식 (5.27)의 전수두의 차 Δh 는

$$\Delta h = h_A - h_B \tag{5.29}$$

물은 전수두가 큰 쪽에서 작은 쪽으로 흐른다. 그림 5.13의 경우 A점의 전수두가 B점의 전수두보다 크므로 물은 A점에서 B점으로 흐르게 된다. 수두차는 기준면의 위치와 무관하다. 보통 하류측 수면을 기준면으로 택하면 편리하다. 이렇게 하면 $h_B = 0$이 되어 $\Delta h = h_A$가 된다.

흙 속에서 지하수가 침투할 때 들어가는 면을 침투면이라 하고, 빠져나가는 면을 침출면이라 한다. 침투면에서의 수두차가 침투과정 중 수두손실이 발생하여 감소하다가 침출면을 통과한 후에는 수두차가 없어지고 침투가 끝나게 된다.

PISA TIP

(5.2) 수두차를 이용하여 아이스커피를 마시는 방법은?

① 당당한 군은 컵을 들어 올려 커피를 마신다.

② 이쁜척 양은 컵에 빨대를 꽂아 마시고 있다.

③ 털털한 양은 테트라팩을 눌러서 커피를 마신다.

각자가 이용한 방법을 정리하면 다음과 같다.

① 당당한 군 : 커피의 위치를 입보다 높게 하여 위치수두차를 이용함.

② 이쁜척 양 : 입속의 압력을 낮추어 압력수두차를 이용함.

③ 털털한 양 : 팩을 눌러 커피의 압력을 높이는 압력수두차를 이용함.

[질문] 위 세 가지 이외에 다른 방법으로는 커피를 마실 수 있다? 없다?

5.3.3 동수경사

지하수 침투가 발생할 때 수두차는 침투에너지를 크게 하며 침투거리는 침투에너지를 감소시키는 요인이다. 수두차를 침투거리로 나눈 값을 동수경사(동수구배, hydraulic gradient)라 하고 동수경사는 지하수 침투유량과 침투수압의 크기를 결정하는 중요한 요소이다.

$$\text{동수경사} = \frac{\text{수두차}}{\text{두 점간의 침투거리}}$$

$$i = \frac{\Delta h}{L} \tag{5.30}$$

동수경사는 수두차에 비례하고 두 점간의 침투거리에 반비례한다. 침투거리는 수평거리가 아닌 유선의 길이임을 주의하여야 한다.

5.4 침투수압과 분사현상

침투수가 발생하면 정수압 상태와 달리 간극수압이 달라진다. 간극수압이 변하면 유효응력도 달라진다. 흙 속에서 물의 흐름은 침투수압을 유발하고 간극수압과 연직방향 유효응력은 침투수압만큼 변하게 된다. 연직방향 침투수압(침투시의 간극수압)과 유효응력을 산정하는 방법을 알아보기로 한다.

또한 침투 시에는 침투수압으로 인해 유효응력이 감소하고 침출면에서 토립자가 분출하는 현상이 발생할 수 있다. 이러한 현상으로 토류구조물에 피해를 입히게 된다. 이에 대한 검토방법과 대책에 대해서 알아본다.

5.4.1 침투 시 유효응력 변화

흙속에서 물이 흐를 때 발생하는 침투수압을 알아보기 위해 정수압 상태와 하향침투 및 상향침투 상태의 유효응력을 산정해 보기로 하자.

1) 정수압 상태

그림 5.14(a)는 $t-t$면과 $b-b$면 사이에 수두차가 없다. 따라서 이 조건하에서는 침투가 발생하지 않는 정수압 상태에 있다. 이 그림의 $t-t$면과 $b-b$면의 전응력 σ_v, 간극수압 u, 유효응력 σ_v'을 구하고 이들의 분포도를 그림 5.14(b)~그림 5.14(d)에 표시하였다.

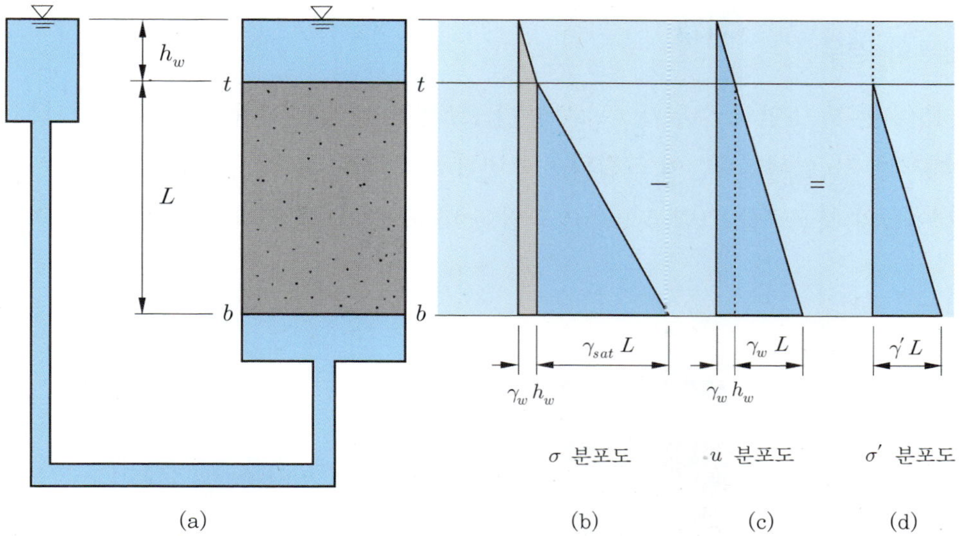

그림 5.14 정수압 상태의 응력 분포

$t-t$면과 $b-b$면의 전응력, 간극수압, 유효응력을 구하는 과정은 다음과 같다.

① 전응력(σ_v)의 분포

- $t-t$면 : $\sigma_v = \gamma_w h_w$
- $b-b$면 : $\sigma_v = \gamma_w h_w + \gamma_{sat} L$

② 간극수압(u)의 분포

- $t-t$면 : $u = \gamma_w h_w$
- $b-b$면 : $u = \gamma_w h_w + \gamma_w L$

③ 유효응력($\sigma_v{}'$)의 분포

- $t-t$면 : $\sigma_v{}' = 0$
- $b-b$면 : $\sigma_v{}' = \gamma' L$ (5.31)

2) 상향 침투의 경우

그림 5.15(a)은 $b-b$면의 수두가 $t-t$면보다 Δh만큼 더 크다. 즉 이 조건하에서는 물이 지반 속에서 상향침투가 발생한다. 이 그림의 $t-t$면과 $b-b$면의 전응력 σ_v, 간극수압 u, 유효응력 σ_v'을 구하고 이들의 분포도를 그림 5.15(b)~그림 5.15(d)에 표시하였다.

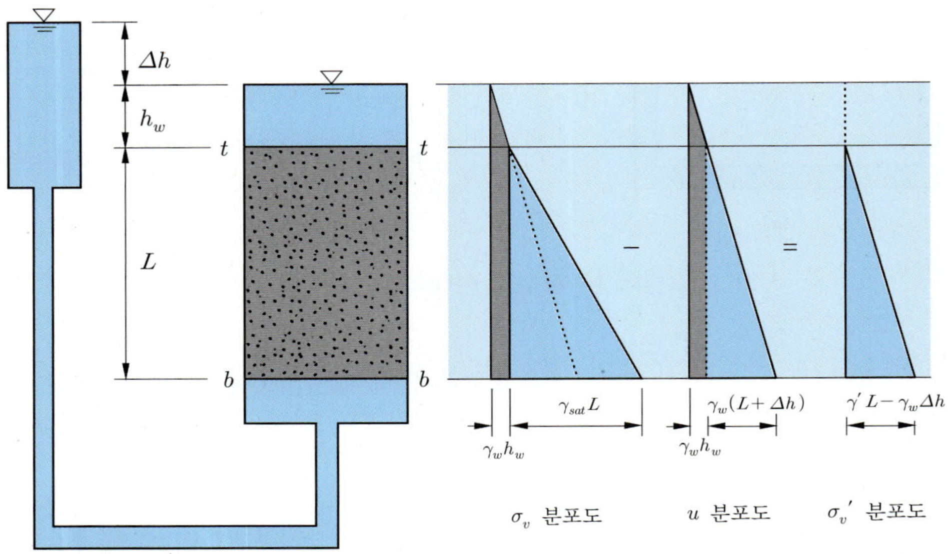

그림 5.15 상향 침투 시 응력분포

$t-t$면과 $b-b$면의 전응력, 간극수압, 유효응력을 구하는 과정은 다음과 같다.

① 전응력(σ_v)의 분포

- $t-t$면 : $\sigma_v = \gamma_w h_w$
- $b-b$면 : $\sigma_v = \gamma_w h_w + \gamma_{sat} L$

② 간극수압(u)의 분포

- $t-t$면 : $u = \gamma_w h_w$
- $b-b$면 : $u = \gamma_w h_w + \gamma_w L + \gamma_w \Delta h$

③ 유효응력($\sigma_v{}'$)의 분포

- $t-t$면 : $\sigma_v{}' = 0$
- $b-b$면 : $\sigma_v{}' = \gamma' L - \gamma_w \Delta h$ (5.32)

연직상향 침투가 일어나면 연직 유효응력 $\sigma_v{}'$은 정수압 상태보다 감소한다. 이러한 상태에서는 지반의 강도가 감소하므로 주의하여야 한다.

3) 하향 침투의 경우

그림 5.16(a)는 $b-b$면의 수두가 $t-t$면보다 Δh만큼 더 작다. 즉 이 조건하에서는 물이 지반 속에서 하향침투가 발생한다. 이 그림의 $t-t$면과 $b-b$면의 σ_v, u, $\sigma_v{}'$을 구하고 이들의 분포도를 그림 5.16(b)~그림 5.16(d)에 표시하였다.

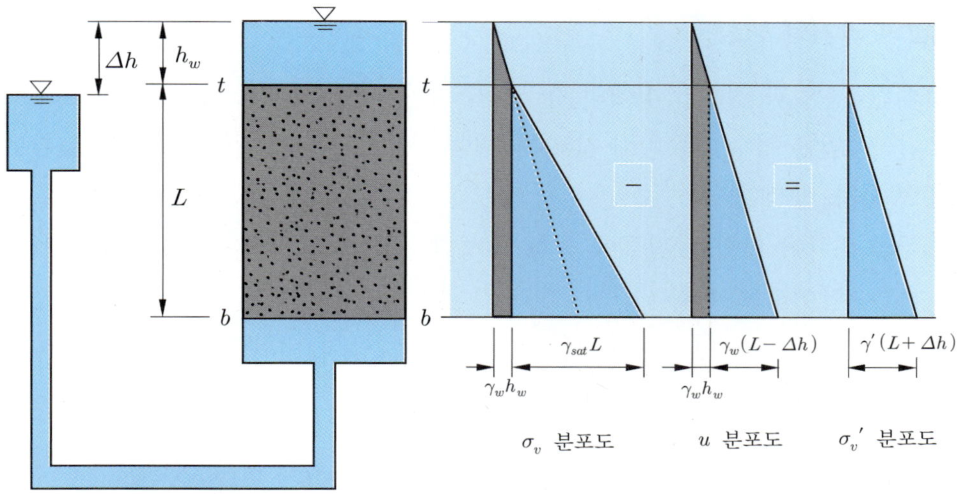

그림 5.16 하향 침투 시 응력분포

$t-t$면과 $b-b$면의 전응력, 간극수압, 유효응력을 구하는 과정은 다음과 같다.

① 전응력(σ_v)의 분포

- $t-t$면 : $\sigma_v = \gamma_w h_w$
- $b-b$면 : $\sigma_v = \gamma_w h_w + \gamma_{sat} L$

② 간극수압(u)의 분포

- $t-t$면 : $u = \gamma_w h_w$
- $b-b$면 : $u = \gamma_w h_w + \gamma_w L - \gamma_w \Delta h$

③ 유효응력($\sigma_v{}'$)의 분포

- $t-t$면 : $\sigma_v{}' = 0$
- $b-b$면 : $\sigma_v{}' = \gamma' L + \gamma_w \Delta h$ (5.33)

연직하향 침투가 일어나면 연직유효응력은 정수압이 작용할 때보다 증가하여 흙의 강도는 증가하고 지반은 조밀한 상태가 된다.

5.4.2 침투수압

1) 침투수압의 크기와 방향

침투시의 간극수압과 정수압 상태의 간극수압 차이를 침투수압(seepage pressure)이라 한다. 즉 침투시의 간극수압은 정수압에 비해 침투수압만큼 차이가 난다. 상향침투와 하향침투 시 모두 유효응력의 변화가 발생한다.

이러한 유효응력이 변화는 침투에 의해 발생한 것이므로 침투 시 힘이 작용함을 알 수 있다. 이 힘을 침투수압이라고 한다.

그림 5.14~그림 5.16의 $b-b$면에서 유효응력(유효응력 변화량)은 다음과 같다.

① 정수압 상태 : $\sigma_v{}' = \gamma' L$

② 상향침투 시 : $\sigma_v{}' = \gamma' L - \gamma_w \Delta h$ $\quad (\Delta \sigma_v{}' = -\gamma_w \Delta h)$

③ 하향침투 시 : $\sigma_v{}' = \gamma' L + \gamma_w \Delta h$ $\quad (\Delta \sigma_v{}' = +\gamma_w \Delta h)$

즉 침투가 발생하면 유효응력의 변화가 발생하는데, 상향침투 시 $\gamma_w \Delta h$만큼 감소하고, 하향침투 시 $\gamma_w \Delta h$만큼 증가한다는 것을 알 수 있다.

이러한 유효응력의 변화는 침투로 인하여 생기는 변화이고 이것을 침투수압이라 한다. 결과적으로

- 침투수압의 크기 : $\gamma_w \Delta h$
- 침투수압의 작용 방향 : 침투수의 방향과 같음

침투수압 f는 유효응력 변화로부터 구한 값이므로 단위면적당 힘이고 단위는 $\mathrm{t/m^2}$, $\mathrm{kg/m^2}$가 된다.

$$f = \gamma_w \Delta h \tag{5.34}$$

단위체적당 침투수압 F는 식 (5.35)와 같이 단위면적당 침투수압 f에 단위면적을 곱하여 전체 침투수압을 계산하고 다시 단위체적 V로 나누어 구할 수 있다.

$$F = \frac{f \cdot A}{V} = \frac{\gamma_w \Delta h \cdot A}{A \cdot L} = i\,\gamma_w \tag{5.35}$$

2) 임의점에서의 침투수압

상향침투 시 침투수압의 분포는 그림 5.15에서 본 바와 같이 침투면에서 $\gamma_w \Delta h$이고 침출면에서 0이다. 침출면에서 거리 z인 점($x-x$ 면)에서의 침투수압은 그림 5.17과 같이 비례관계를 이용하여 구할 수 있다.

침투압의 분포에서 비례관계를 이용하여 $x-x$ 면의 침투수압 f_z는

$$f_z = \frac{\gamma_w \Delta h\, z}{L} = \frac{\Delta h}{L}\gamma_w\, z = i\,\gamma_w\, z \tag{5.36}$$

f_z는 단위면적당 작용하는 힘으로 단위는 $\mathrm{t/m^2}$이다.

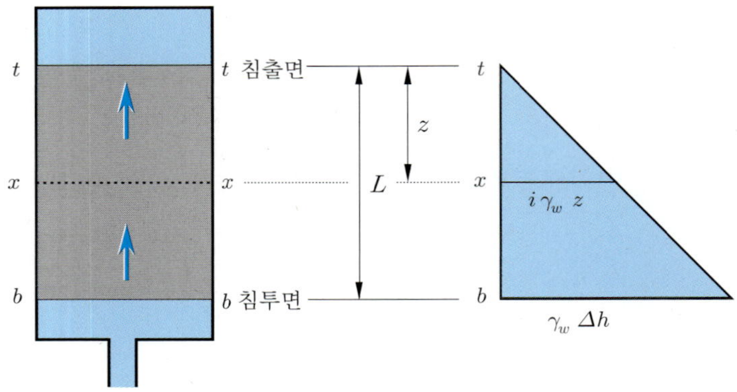

그림 5.17 임의점에서의 침투수압

식 (5.36)을 이용하여 단위체적당 침투수압을 계산하여 보면

$$F = \frac{f_z \cdot A}{V} = \frac{i\gamma_w z \cdot A}{V} = i\gamma_w \tag{5.37}$$

이 결과는 식 (5.35)과 일치한다.

➤ 예제 5.2

그림과 같이 수두차에 의하여 침투가 발생할 때 A, B, C, D, E점의 침투수압을 ① 식 (5.36) 에 의해 계산하고 ② 식 (5.34)로 계산한 침투변의 침투수압을 비례식으로 계산하여 ③ 그 결과를 비교하고 ④ 침투수압의 분포도를 작성하라.

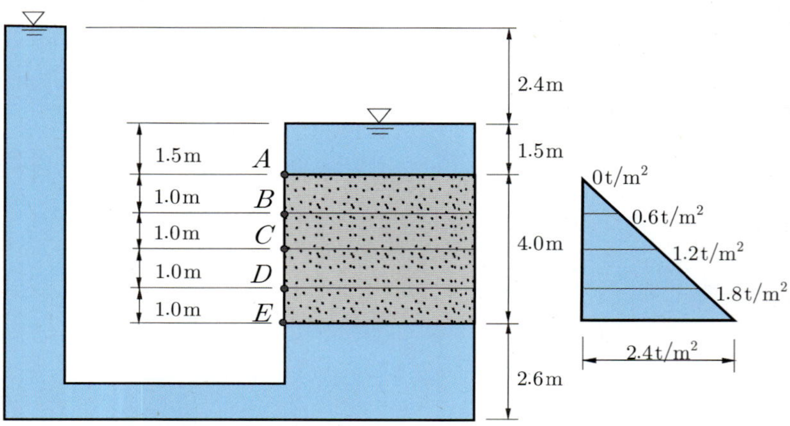

풀이 ① 동수경사 $i=\frac{\Delta h}{L}=\frac{2.4}{4.0}=0.6$

위치	A	B	C	D	E
침출면에서의 거리 z	0	1.0	2.0	3.0	4.0
침투수압 $i\gamma_w z=0.6z$	0	0.6	1.2	1.8	2.4

② 침투면의 침투수압 $f=\gamma_w \cdot \Delta h=(1.0)(2.4)=2.4\text{t/m}^2$

임의점에서의 침투수압 f: $f_z=L:z$, $f_z=\frac{z}{L}\cdot f$

위치	A	B	C	D	E
침출면에서의 거리 z	0	1.0	2.0	3.0	4.0
침투수압 $\frac{z}{L}f=0.6z$	0	0.6	1.2	1.6	2.4

③ 두 가지 경우 결과가 동일함 ④ 침투수압 분포도 : 그림에 표시함

5.4.3 분사현상(quicksand)

침투수압의 작용으로 모래의 강도가 영(zero)이 되는 현상을 분사현상(噴砂現象, quicksand)이라 한다. 침출면에서 침출수가 모래 입자와 함께 유출되면서 마치 물이 끓어오르는 것처럼 보여 보일링(boiling) 현상이라고도 한다. 이러한 지반은 유동적이고 수렁 같은 위험한 상태로 구조물에 피해를 줄 수 있어 매우 위험하다.

1) 분사현상의 조건

분사현상은 그림 5.18과 같은 상향침투가 발생할 때 침투수압이 작용하여 $b-b$ 면에서의 유효응력이 0이 되는 조건에서 일어난다.

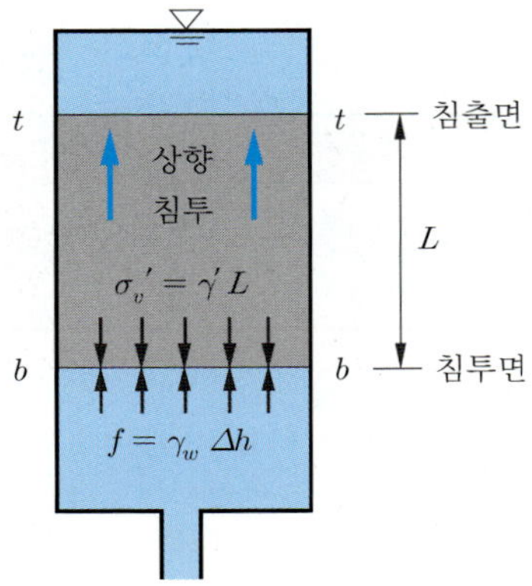

그림 5.18 분사현상의 조건

정수압 상태에서 $b-b$ 면의 유효응력은 $\sigma_v' = \gamma' L$이고, 상향침투 시 침투수압은 $\gamma_w \Delta h$ 이다. 따라서 분사현상이 발생하는 조건은 식 (5.38a)와 같이 된다.

$$\sigma_v' = \gamma' L - \gamma_w \Delta h = 0 \tag{5.38a}$$

또는

$$\frac{\Delta h}{L} = \frac{\gamma'}{\gamma_w} \tag{5.38b}$$

여기서, Δh : 수두차(m)
L : 침투거리(m)
γ' : 수중단위중량(t/m^3)
γ_w : 물의 단위중량(t/m^3)

2) 한계동수경사(critical hydraulic gradient)

식 (5.38b)에 분사현상이 발생하는 한계상태에서의 동수경사 $i_c = \dfrac{\Delta h}{L}$과 수중단위중량 $\gamma' = \dfrac{G_s - 1}{1+e}\gamma_w$을 대입하면 한계동수경사를 얻는다.

$$i_c = \frac{G_s - 1}{1+e} \tag{5.39}$$

한계동수경사는 $b-b$면에서의 한계상태를 고려하였으므로 $b-b$면의 상부 어느 곳에서도 유효응력은 0보다 작다. 따라서 분사현상의 조건은 다음과 같다.

- $i < i_c$: 분사현상에 대해 안전함
- $i > i_c$: 분사현상이 발생함
- $i = i_c$: 분사현상의 한계상태

한계동수경사의 개략적인 값은 보통 모래의 비중 $G_s = 2.65$, 간극비 $e = 0.65$ 정도로 보면

$$i_c \approx \frac{2.65-1}{1+0.65} = 1 \tag{5.40}$$

3) 분사현상에 대한 안전율

분사현상에 대한 안전율은

$$F_s = \frac{i_c}{i} \tag{5.41}$$

식 (5.40)과 같이 한계동수경사는 $i \approx 1$이므로 지반의 동수경사가 $i < 1$이면 분사현상에 대해 안전하다고 할 수 있다. 그러나 지반의 동수경사를 $i = 0.95$와 같이 설계하는 것은 상당히 위험하기 때문에 실제 설계를 할 때는 안전율을 적용하여 안전한 설계를 하여야 한다. 설계 시 적용하는 허용안전율은 보통 $F_{sa} = 4 \sim 5$로 한다. 따라서 설계 시 안전에 대한 조건은

$$F_s = \frac{i_c}{i} > F_{sa} = 4 \sim 5 \tag{5.42}$$

PISA TIP (5.3) 하향침투 시에 분사현상은 절대로 발생하지 않나?

- 하향침투 시에도 분사현상이 발생할 수도 있다.
- 집중호우가 올 때 한꺼번에 많은 양의 비가 쏟아지면 지표면 근처에서는 비의 낙하에너지로 인하여 순간적인 과잉간극수압이 작용하고 파스칼의 원리에 의해 수압은 상향으로도 작용한다. 이 때 지표면의 토립자가 튀어 오르는 일종의 분사현상이 발생할 수 있다.

➤ 예제 5.3

지하수 침투로 인한 분사현상을 방지하기 위하여 수두차가 20m인 두 지점 사이의 최소 침투거리를 구하라. 이 흙의 간극비는 0.39, 토립자 비중은 2.67이고 허용 안전율은 5로 한다.

조건 $\Delta h = 20\,\text{m},\ \ G = 2.67,\ \ e = 0.39$

요구 최소 침투거리 $L_{\min}(F_{sa} = 5)$

풀이 이 지반의 동수경사는 $i = \dfrac{\text{수두차}}{\text{침투거리}} = \dfrac{20}{L_{\min}}$

한계동수경사는 $i_c = \dfrac{G-1}{1+e} = \dfrac{2.67-1}{1+0.39} = 1.2$

허용안전율은 $F_{sa} = \dfrac{i_c}{i} = \dfrac{1.2}{20/L_{\min}} = 5$

$\therefore\ L_{\min} = 83.3\,\text{m}$

◀

5.4.4 널말뚝 주위의 히빙

Terzaghi(1922)는 그림 5.19와 같은 널말뚝 차수지반의 침출면에서 분사현상에 의한 히빙(heaving, 융기현상)은 주로 널말뚝 근입깊이의 1/2 이내의 범위에서 발생한다고 하였다. 물속에 잠긴 흙의 무게는

$$W' = \gamma' D \frac{D}{2} = \frac{1}{2}\gamma' D^2 \qquad (5.43)$$

$a-b$면에 작용하는 침투수압(양압력)은

$$U = F D \frac{D}{2} = \frac{1}{2} D^2\, i_{avg}\, \gamma_w \qquad (5.44)$$

여기서, $F =$ 단위체적당 침투수압

$i_{avg} =$ $a-b$면의 평균 동수경사

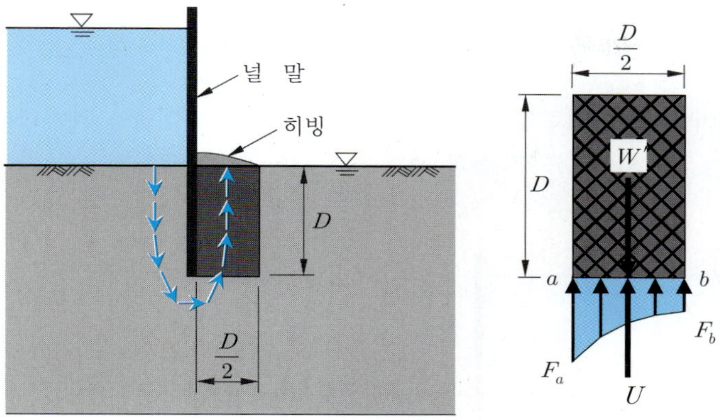

그림 5.19 널말뚝 주위의 히빙 영역

히빙에 대한 안전율은

$$F_s = \frac{W'}{U} = \frac{\gamma'}{i_{avg}\,\gamma_w} = \frac{\gamma'}{\gamma_w}\frac{1}{i_{avg}}$$

$$F_s = \frac{i_c}{i_{avg}} \tag{5.45}$$

여기서, $i_c = \dfrac{G_s - 1}{1+e}$: 한계동수경사

$i_{avg} =$ $a-b$면의 평균 동수경사

$a-b$면의 평균 동수경사 i_{avg}는 a점과 b점 사이의 침투수압의 분포가 선형이라고 가정하고, 식 (5.46)로 계산한다.

$$i_{avg} = \frac{i_a + i_b}{2} \tag{5.46}$$

여기서, $i_a = \dfrac{h_a}{D}$: a 점의 동수경사, $i_b = \dfrac{h_b}{D}$: b 점의 동수경사

a, b 점의 수두 h_a, h_b는 유선망으로부터 구할 수 있다.(6장 참조)

➤ 예제 5.4

그림과 같은 차수지반이 실트질 점토지반일 때 히빙현상에 대한 안전율을 계산하라. 이 지반의 토립자 비중은 2.64, 간극비는 0.71이고 $A-C$ 간의 수두차는 5.0m, $B-D$간의 수두차는 4.2m 이다.

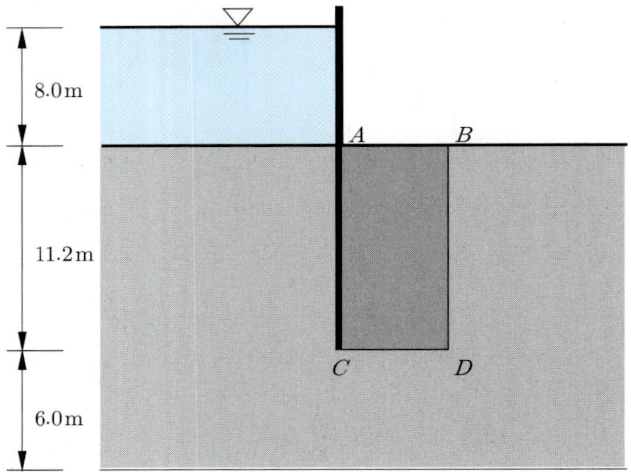

조건 $G = 2.64$, $e = 0.71$, $\Delta h_{A-C} = 5.6\,\text{m}$, $\Delta h_{B-D} = 4.2\,\text{m}$

요구 $F_{Sheaving}$

풀이 한계동수경사 $i_c = \dfrac{G-1}{1+e} = \dfrac{2.64-1}{1+0.71} = 0.96$

$A-C$간 동수경사 $i_{A-C} = \dfrac{5.6}{11.2} = 0.500$

$B-D$간 동수경사 $i_{B-D} = \dfrac{4.2}{11.2} = 0.375$

$A-B,\ C-D$의 평균동수경사 $i_{avg} = \dfrac{i_{AC}+i_{BD}}{2} = \dfrac{0.500+0.375}{2} = 0.438$

히빙에 대한 안전율 $F_{sheaving} = \dfrac{i_c}{i_{avg}} = \dfrac{0.96}{0.438} = 2.19$

5.5 모관현상

5.5.1 유리관 내의 모관상승 작용

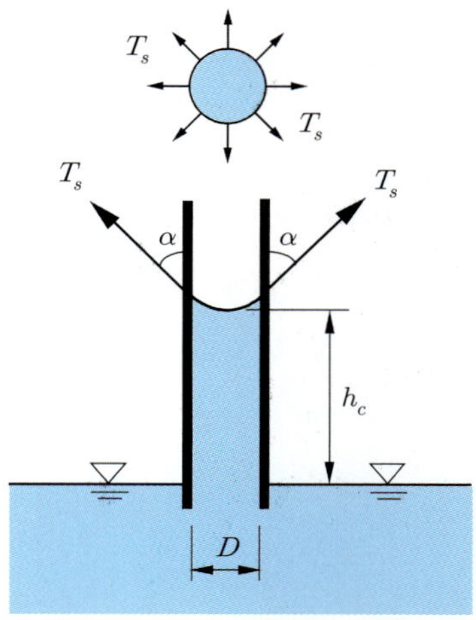

그림 5.20 유리관에서의 모관상승

모관현상에 의하여 물이 상승하는 높이를 모관상승고(毛管上昇高, capillary height)라 하고 h_c로 표기한다. 모관상승이 발생하면 물의 표면이 그림 5.20에 보인 것처럼 메니스커스(meniscus) 현상이 생긴다. 메니스커스는 물과 같이 응집력이 유리관과의 부착력보다 작으면 아래로 오목하게 된다. 이러한 현상은 물의 표면장력 때문에 발생하는 것으로 알려져 있다.

물속에 가는 유리관을 세워 모관상승이 생기면 물의 무게와 물의 표면장력은 같다. 즉

$$\frac{\pi}{4} D^2 h_c \gamma_w = \pi D T_s \cos\alpha$$

이므로 모관상승고는

$$h_c = \frac{4 T_s \cos\alpha}{\gamma_w D} \tag{5.47}$$

여기서 $T_s = 0.075\,\mathrm{g/cm^2}$: 물의 표면장력

$\alpha = 8 \sim 9^\circ$: 접촉각($\cos\alpha \approx 1$)

$$\gamma_w = 1.0\,\text{g/cm}^3 \text{ (수온 15℃ 때)}$$

따라서 모관상승고는

$$h_c = \frac{0.3}{D}\,(\text{cm}) \qquad (5.48)$$

식 (5.48)을 보면 모관상승고는 유리관 직경에 반비례함을 알 수 있다.

PISA TIP (5.4) 메니스커스의 모양은 언제나 오목(아래로 볼록)한가?

- 유리와 물처럼 액체가 관 벽에 강하게 부착되는 경우 액면이 오목해지고
- 수은처럼 관 벽을 적시지 않을 때 메니스커스 액면은 볼록해진다.
  수은의 응집력은 관 벽의 부착력보다 크기 때문이다.

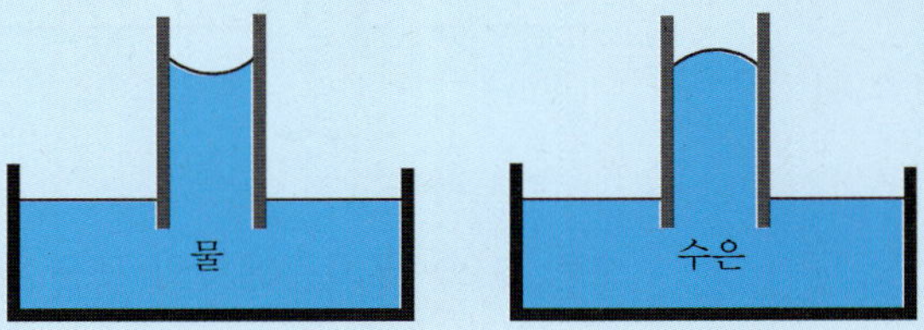

5.5.2 흙 속의 모관상승 작용

지반에서도 지하수가 토립자 사이의 간극을 따라 상승하면서 모관현상이 일어난다. 또는 중력수가 지하수면 위에서 멈추게 되면 모관현상이 발생한 것과 같은 결과가 된다. 지반에서 발생하는 모관현상은 흙의 종류와 간극의 상태에 따라 매우 복잡하여 예측하기 쉽지 않다. 흙 속의 간극은 서로 연결되어 있지만 모관의 형상과 직경이 일정하지 않다.

1) 흙 속의 모관상승고

Hazen은 모관상승고가 유리관 직경에 반비례한다는 사실에 착안하여 흙 속에서 모관상승고를 식 (5.49)과 같이 표현하였다.

$$H_c(\text{cm}) = \frac{C}{e\,D_e} \qquad (5.49)$$

여기서, $C = 0.1 \sim 0.5$(상수, 평균 0.3)

$e =$ 흙의 간극비

$D_e = D_{10}$: 유효입경(cm)

간극비가 토립자의 크기와 비례한다는 사실을 고려하면 흙 속에서의 모관상승고는 간극비와 반비례하므로 자갈 < 모래 < 실트 < 점토의 순서가 된다.

표 5.1 대표적인 흙에 대한 개략적인 모관상승고(McCarthy, 1988)

흙의 종류	모관상승고(cm)
가는 자갈(small gravel)	2~10
굵은 모래(coarse sand)	15
가는 모래(fine sand)	30~100
실트(silt)	100~1,000
점토(clay)	1,000~3,000

표 5.1을 보면 자갈에서는 모관상승 작용이 거의 없고, 모래에서는 0.1~1.0m 정도지만 점토에서는 거의 무한대까지 모관상승이 발생할 수도 있다.

2) 모관상승의 영향

보통 모래지반은 건조하거나 포화된 상태에서 마찰력은 강하나 점착력은 발휘되지 않는 것으로 본다. 다만, 모관상승작용으로 흙의 함수비가 적절한 상태로 증가하면 습한 모래지반에서 겉보기점착력(apparent cohesion)이 발생하여 흙의 전단강도가 증가한다. 그러나 모관상승작용에 의하여 지반의 유효응력이 증가하면 이로 인하여 지반침하가 발생할 수 있으므로 주의하여야 한다. 특히 점토층에서는 압밀이 발생할 수 있다.

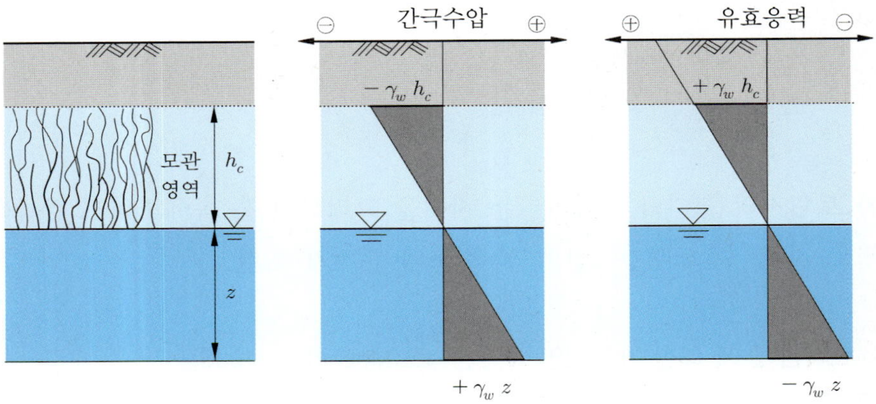

그림 5.21 모관영역 내의 응력분포

그림 5.21과 같이 지반 내에서 모관상승이 발생하면 모관영역에서 포화상태가 되었다고 가정하였을 때 부(負)의 간극수압이 $-\gamma_w h_c$ 만큼 작용하고, 따라서 유효응력은 $+\gamma_w h_c$ 만큼 증가하게 된다. 이로 인하여 지반은 더 단단해 지게 된다.

모관영역 내에서 불포화 상태인 경우는

$$\text{간극수압 : } u = -\left(\frac{s}{100}\right)\gamma_w z$$

$$\text{유효응력 : } \sigma' = \sigma - u = \sigma + \left(\frac{s}{100}\right)\gamma_w z$$

여기서 $z =$ 모관상승고에서 깊이

➤ 예제 5.5

지표면 아래 5.0m 위치에 지하수면이 있고 지표면과 지하수면 사이는 습윤상태에 있다. 지하수면 아래 5.0m까지의 전응력, 간극수압 및 유효응력 분포도를 그려라. 흙의 간극비는 0.5, 유효입경은 0.02mm, 지표면에서의 포화도는 50%이다.

조건 $e = 0.5$, $D_e = 2\times10^{-3}$cm

요구 전응력, 간극수압 및 유효응력 분포도

풀이 $H_c = \dfrac{C}{e \cdot D_e} = \dfrac{0.1 \sim 0.5}{(0.5)(2 \times 10^{-2})} = (\text{평균})300\,\text{cm} = (\text{평균})30\,\text{m}$

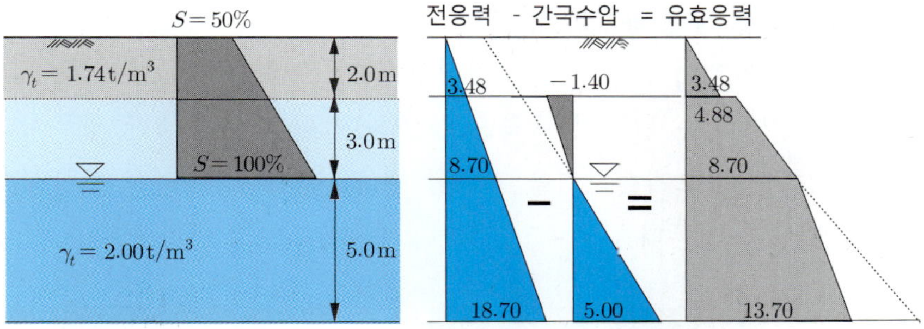

모관 상승 높이에서의 포화도 $S = 50 + (50)\left(\dfrac{5.0-3.0}{5.0}\right) = 70\,\%$

간극수압 $u = -\left(\dfrac{S}{100}\right)\gamma_w z = -\left(\dfrac{70}{100}\right)(1.0)(2.0) = -1.4\,\text{t/m}^2$

그림 5.22의 건조한 모래나 포화된 모래에서는 걷기가 힘들 정도이지만 습한 모래는 겉보기 점착력으로 인해 지반이 단단해서 자전거를 탈 수도 있다.

○ 건조한 모래 : 점착력 없음, 자전거 바퀴가 모래에 빠짐
○ 습한 모래 : 겉보기점착력으로 흙이 단단해짐
○ 포화된 모래 : 점착력이 없고, 간극수압으로 모래가 가벼워져 연약한 상태

그림 5.22 해변의 건조한 모래와 습한 모래 및 포화된 모래 지반

일시적인 공사에서는 모관상승이 유지되는 동안 겉보기점착력을 고려할 수 있으나, 햇빛과 바람 등에 의해 함수비가 감소하여 흙이 건조상태가 되면 모관현상이 사라지면서 흙의 수축현상이 발생한다. 이러한 수축현상으로 인해 점토와 같은 흙에서는 균열이 발생하게 된다.

그림 5.23(a)은 갯벌에서 물이 증발하면서 점토가 수축하여 균열이 진행되는 과정을 보여주고 있으며, 그림 5.23(b)는 황토가 수축으로 인하여 균열이 발생한 경우이다. 이와 같이 점토에서 균열이 발생하면 겉보기점착력을 기대할 수 없게 된다. 따라서 일반적으로는 겉보기 점착력을 설계에 반영하지 않는다.

(a) (b)

그림 5.23 지반의 건조수축

5.6 흙의 동해(凍害)

5.6.1 지반의 동결

지반이 동결되면 그 위에 설치되어 있는 구조물에는 피해가 일어날 수 있는데 이러한 피해를 동해(凍害)라 한다. 동해는 동상과 연화 또는 융해의 두 가지 현상으로 나타난다.

영하의 기온이 장기간 계속되면 지표면 아래 지반에서 온도가 빙점이 되는 면이 형성되는데 이 면을 동결선(凍結線, frost line)이라 한다. 결빙은 동결선 부근에서 일어나게 된다. 큰 간극에 차 있는 물이 먼저 얼음결정이 된 다음 인접한 작은 간극의 물을 흡착하여 얼음결정은 성장해 가면서 아이스렌즈(ice lens)를 형성한다. 모관상승에 의한 물의 공급으로 아이스렌즈를 형성한 물의 양은 결빙 전 흙이 함유하고 있었던 물의 양보다 훨씬 커지게 된다. 추운 날씨가 장기간 계속되면 모관상승하던 물은 중도에서 얼어버리게 되므로 좀 더 깊은 곳에서 새로운 아이스렌즈가 만들어지게 되어 동결심도가 깊어진다.

물이 얼면 약 9%의 체적팽창이 일어난다. 아이스렌즈 형성도 체적팽창을 수반하며 이 때 지반은 2.5 ~ 5.0% 팽창한다고 알려져 있다. 이 체적팽창 때문에 지표면이 부풀어 오르는 현상을 동상(凍上, frost heave)이라고 한다.

아이스렌즈는 흙 속에 있던 물 뿐만 아니라 지하수면에서 모관상승 작용으로 공급된 물과 합쳐져서 결빙되어 팽창량도 점점 커진다. 겨울철에 도로의 포장면이 부풀어 오르는 것은 동상이 일어난 경우가 대부분이다.

5.6.2 지반의 동해

봄이 되어 기온이 영상으로 되면 지표면 가까운 곳의 아이스렌즈로부터 녹기 시작한다. 아이스 렌즈가 해빙되면 흙의 함수비는 지난겨울 이 흙이 얼기 전의 함수비보다 훨씬 크다. 이것은 아이스렌즈 성장과정에서 모관상승에 의한 추가적인 지하수 공급이 있었기 때문이다. 해빙으로 인하여 지반이 큰 함수비를 가지게 되면 지반의 강도는 감소하게 된다. 이러한 현상을 융해(融解, thawing) 또는 연화(軟化, softening)라 한다.

해빙기에 차량운행 시 동상이 일어난 포장의 균열 사이로 연약한 흙이 솟아나오는 것을 볼 수 있는데 이것이 곧 연화현상의 결과이다.

동상의 발생원인은 아이스렌즈의 형성이므로 동상이 크게 일어나려면 아이스렌즈의 형성과 성장을 용이하게 하는 기상조건과 지반조건을 모두 갖추어야 한다. 즉 동상이 크게 발생하기 위해서는 다음 세 가지 요건을 동시에 만족시켜야 한다.

① 지반이 동상이 잘 일어나는 흙으로 이루어져 있을 것.
② 아이스렌즈의 성장을 위한 충분한 물의 공급이 이루어질 것.
③ 혹한이 장기간 계속될 것.

자갈과 모래는 동해를 받을 우려가 적다. 조립토의 경우 모관상승고가 대단히 낮으므로 간극수가 결빙된 다음 모관상승에 의한 물의 공급은 일어나지 않는다. 점토는 모관상승고가 대단히 커서 동해를 받게 되지만 투수성이 극히 낮아서 지하수면으로부터 상승하는 물의 유속이 너무 느려 충분한 물의 공급이 불가능하다. 실트는 모관상승고와 상승속도가 아이스렌즈 성장에 적절한 수준이므로 동해가 가장 심하게 일어나는 흙이다.

그러나 모관현상 외에 상하수도 관로의 파괴 등으로 인하여 물이 공급될 때에는 모든 흙에서 동해가 발생할 수 있다. 아이스렌즈 성장을 위한 물의 공급이 원활하기 위해서는 지하수면이 동결선 가까이 있어야 한다. 동해가 심하게 발생하기 위해서는 흙은 포화상태에 있고 지표면 가까운 깊이에 지하수면이 있어야 한다.

기온이 낮을수록 동결선은 빠르게 강하하고 혹한이 장기간 지속되면 아이스렌즈 형성에 필요한 시간이 충분하므로 동결깊이는 깊어지고 동상에 의한 지반의 팽창도 커진다. 기온이 영상이면 동해의 우려는 없으나 초저온 LNG 저장탱크가 설치된 지반 등에서는 동해의 가능성을 검토하여야 한다.

PISA TIP

(5.5) 봄철 해빙기에 유난히 옹벽 붕괴사고가 많은 까닭은?

- 겨울철에 형성된 아이스렌즈가 녹으면서 함수비가 증가함.
- 연화현상으로 옹벽 배면 흙의 강도가 작아짐.
- 주동토압이 증가함.

5.6.3 동해 방지대책

동해를 방지하려면 동상이 일어나게 되는 조건을 제거하면 된다.

동해방지대책에는 다음과 같은 것이 있다.

① 구조물 기초의 근입깊이를 동결깊이보다 더 깊은 곳에 설치
② 동해의 우려가 있는 흙을 동해가 일어나지 않는 흙으로 치환
③ 도로의 경우 보조기층 아래에 모관상승을 방지하는 동상방지층(자갈) 설치
④ 배수구를 설치하여 지하수위 강하
⑤ 약액처리공법 실시
⑥ 단열재 사용

5.6.4 동결깊이

지반의 동결깊이는 기상조건, 흙의 종류, 흙의 함수비, 양지 또는 음지, 적설여부 등 여러 가지 요인에 따라 달라진다. 동결깊이를 결정하는 다양한 관계식이 제안되어 있으나 실제로는 동결지수와 실측결과를 이용하는 방법이 널리 사용되고 있다.

동결지수(freezing index : F)는 일평균기온 누적치의 최대점과 최소점 사이의 거리(차이)이며, F가 크면 혹한이 장기간 계속된 것이므로 동결깊이도 커진다.

지반의 동결깊이 z_F는

$$z_F = C\sqrt{F} \tag{5.50}$$

여기서, z_F = 동결깊이(지표면에서 깊이, cm)
C = 3~5(일조조건, 토질, 배수조건을 고려한 상수)
F(℃ · days) = 동결지수($\sum \theta \cdot t$(영하의 온도 × 지속시간)

한국도로공사(2003)에서는 과거 30년간의 기상기록을 이용하여 그림 5.24와 같은 우리나라 동결지수선을 발표하였다.

또한 한국도로공사에서는 동결기간과 표고차를 감안하여 수정동결지수를 식 (5.51)과 같이 제안하였다.

$$F(℃ \cdot \text{days}) = \text{동결지수} + 0.5 \times \text{동결기간} \times \left[\frac{\text{표고차(m)}}{100}\right] \tag{5.51}$$

여기서, 표고차 = 설계노선 최고표고(m) - 측후소 지반고(m)

동결깊이 z_F는 식 (5.52)와 같이 제안하였다.(한국도로공사, 2003)

$$z_F(\text{cm}) = 14F^{0.33} \tag{5.52}$$

➤ 예제 5.6

우리나라 ㅈ 지역의 지반의 영하의 평균기온과 지속일수를 기록한 자료를 이용하여 ㅈ 지역의 동결깊이를 식 (5.50)과 식 (5.52)로 계산하라. ㅈ 지역의 표고는 36.4m이고 측후소의 표고는 408.8m이다.

月	11月	12月	1月	2月
영하의 평균기온(θ)	−2	−4	−6	−3
지속일수 (t, days)	2	24	26	20

조건 기상자료

요구 동결깊이 z_F (1) 식 (5.50) (2) 식 (5.52)

풀이

月	11月	12月	1月	2月
① 영하의 평균기온(θ)	−2	−4	−6	−3
② 지속일수 (t)	2	24	26	20
|①×②|	4	96	156	66
동결 시 F(℃·days)	$\Sigma 322$			

동결깊이 : (1) 식 (5.50)

상수 C=4(일조조건, 토질, 배수조건을 고려한 상수)

동결깊이 $z_F = C\sqrt{F} = (4)\sqrt{322} = 72\,\text{cm}$

(2) 식 (5.52)

동결지수 322, 동결기간 $2+24+26+20=72$ 일

표고차 = 36.4−408.8 =−372.4m

수정 동결지수 $F = 322 + 0.5(72)(-3.724) = 188$

동결깊이 $z_F = 14F^{0.33} = (14)(188)^{0.33} = 79\,\text{cm}$

◀

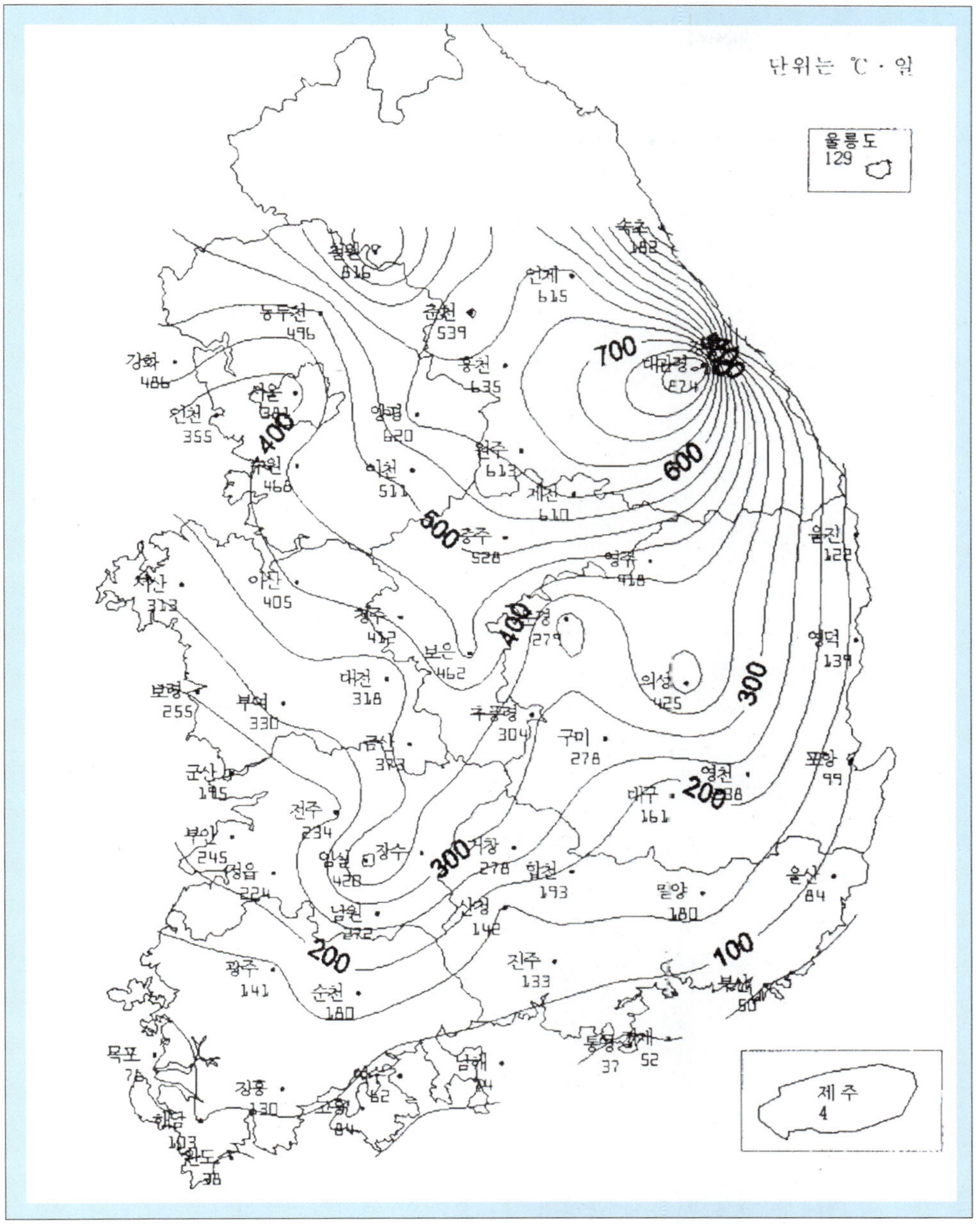

그림 5.24 우리나라 동결지수선(한국도로공사, 2003)

연습문제

5.1 아래 그림의 a, b, c, d, e 점에서의 전응력, 간극수압, 유효응력을 구하라.

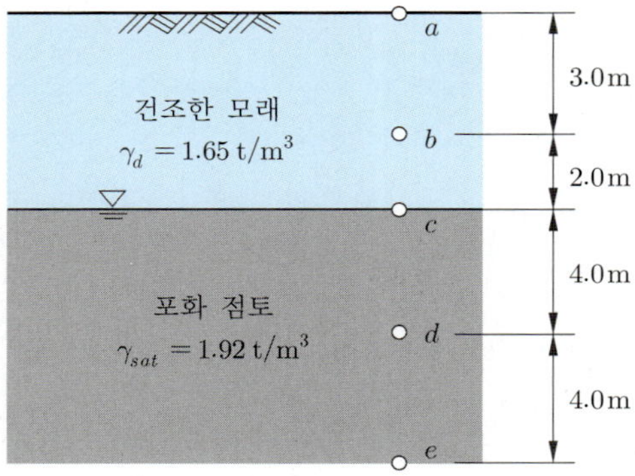

5.2 아래 그림의 a, b, c, d, e 에서의 깊이에 따른 전응력, 유효응력, 간극수압 분포도를 그려라.

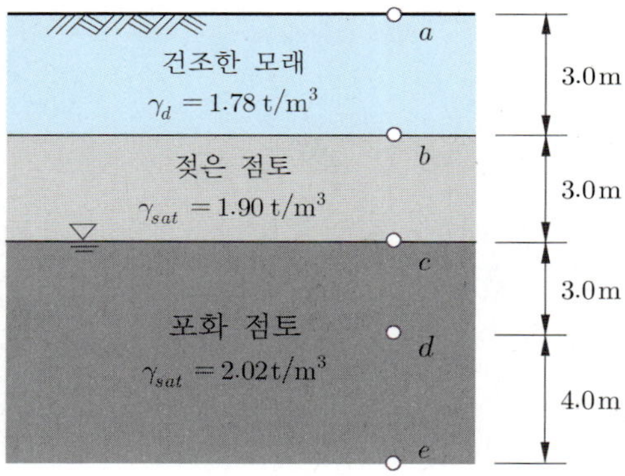

5.3 그림과 같은 조건에서 다음 물음에 답하라. 단 모래의 포화단위중량 $\gamma_{sat} = 1.95\ \text{t/m}^3$ 이다.

(1) t−t 면을 기준면으로 잡았을 때 b−b 면의 위치수두, 압력수두 및 전수두

(2) b−b 면의 침투수압과 연직유효응력

(3) x−x 면의 침투수압과 연직유효응력

(4) 분사현상에 대한 안전율

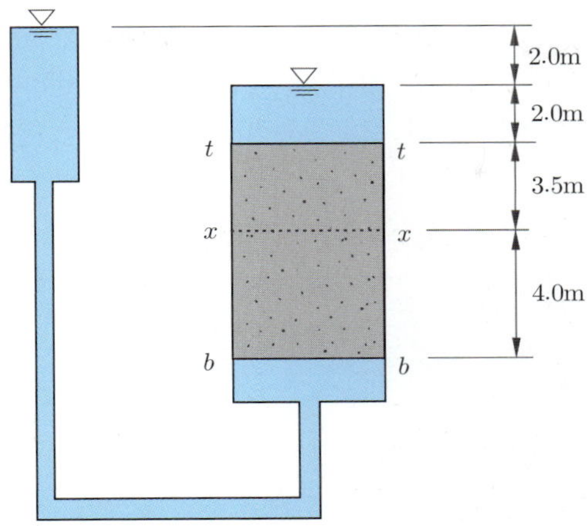

5.4 아래 그림에서 관의 단면적은 4.0m^2이고, 흙의 포화단위중량은 2.00t/m^3이다.

(1) 분사현상이 일어나기 위한 수두차 Δh를 구하라.

(2) 분사현상이 발생할 경우에 단위체적당 침투압을 구하라.

(3) 위치 a, b에서 침투압의 크기를 구하라.

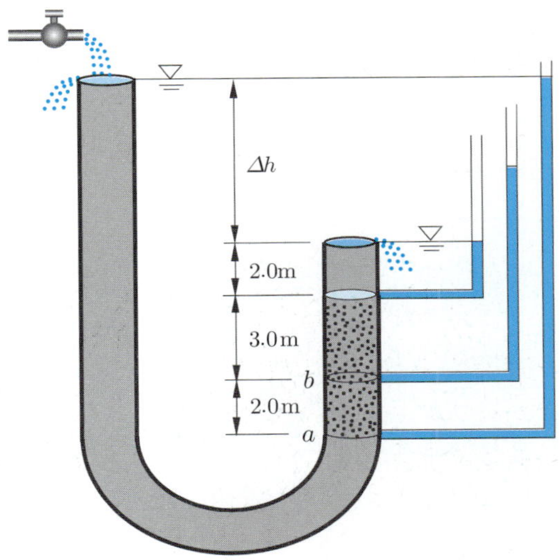

5.5 두 점간의 수두차가 3.0m일 때 분사현상이 발생하지 않기 위해 필요한 최소 침투거리를 구하라. 단, 모래의 비중은 2.7이고, 간극비는 0.7이고 분사현상에 대한 허용 안전율은 3.0이다.

5.6 모관상승작용에 의해 (-)간극수압이 작용하고 있는 지반의 전응력, 간극수압, 유효응력을 구하고 분포도를 그려라. 흙의 간극비는 0.15이고 유효입경은 0.0005mm이다. 모관상승작용으로 인하여 지하수면(D점)에서 C점 사이는 완전 포화, C점~B점 사이는 부분포화 되어있고 B점의 포화도는 60%로 측정되었다.

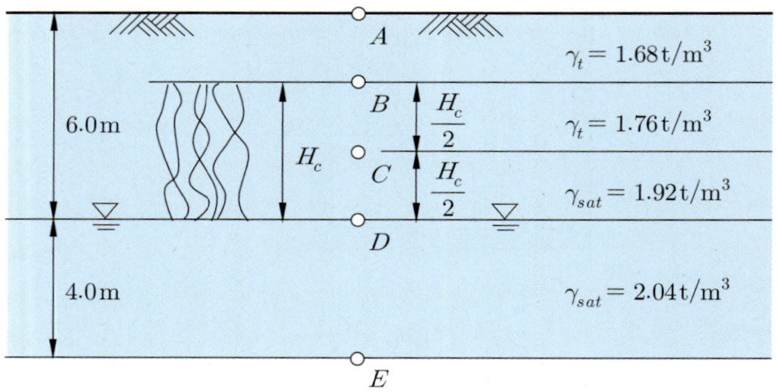

5.7 지반의 연화현상에 대하여 기술하라.

5.8 지반동해의 발생조건과 동해방지대책을 기술하라.

연습문제 힌트

5.1 [예제 5.1]
5.2 [예제 5.1]
5.3 [예제 5.2]
5.4 [예제 5.3], [예제 5.2]
5.5 [예제 5.3]
5.6 [예제 5.1], [식 5.21], [그림 5.10]
5.7
5.8

제6장

흙의 투수성과 침투

SOIL MECHANICS

S O I L · M E C H A N I C S

지반에는 어디에서나 지하수가 존재한다. 지하수는 한 곳에 정지해 있거나 이동한다. 지표수가 흙 속으로 침투해 들어가거나 지하수가 침출하여 흘러나오기도 한다. 지하수가 이동할 때는 간극을 통하여 흐르므로 미시적인 관점에서 보면 직선적인 흐름이 아닌 복잡하고 구불구불한 곡선의 형태를 하게 된다. 그러나 지하수의 흐름에 대한 해석을 할 때는 거시적인 관점에서 직선 또는 원활(smooth)한 곡선으로 간주하고 있다.

지하수의 침투에 관한 중요한 내용은 다음 3가지이다.

① 지하수 침투유량의 산정 : 제체와 기초지반을 침투하는 물의 양(量)

② 침투로 인한 구조물의 안정성 : 침출수에 의한 하류측 지반 안정

③ 필터(filter)의 기준 : 토사유실 방지를 위하여 설치하는 보호층

지하수 침투이론에서 가장 기본이 되는 것은 Darcy 법칙과 유선망의 작성과 그 이용에 관한 문제들이다.

6.1 Darcy 법칙

Darcy는 흙의 침투유량을 결정하기 위하여 그림 6.1과 같은 시험을 실시하였다.

단면적 A인 몰드에 두께가 L인 흙 시료를 넣고 흙 시료 상하면 사이의 수두차 Δh를 일정하게 유지하고 일정시간(t) 동안의 침투유량 Q를 측정한 결과 단위시간당 침투유량 q는 시료의 단면적 A와 수두차 Δh와는 비례하고 흙의 두께 L과는 반비례함을 알 수 있었다. 즉

$$q = \frac{Q}{t} \propto \frac{\Delta h}{L} A \tag{6.1}$$

식 (6.1)에서 수두차를 침투거리로 나눈 값은 물이 침투할 때의 경사, 즉 동수경사에 해당한다. 흙의 투수에 관련된 비례상수 k를 도입하면

$$q = k \frac{\Delta h}{L} A = k\, i\, A \tag{6.2}$$

여기서, q : 단위시간당 침투유량(cm^3/sec)

$i = \dfrac{\Delta h}{L}$: 동수경사(動水傾斜, hydraulic gradient)

Δh : 흙 시료 상하면의 수두차

$\Delta h =$ 침투면의 수두 − 침출면의 수두

A : 흙 전체의 단면적(간극만의 단면적이 아님)

$A = \dfrac{\pi D^2}{4}$ (D : 시료의 직경)

L : 침투거리(시료의 두께와 같음)

k : 흙의 투수계수(coefficient of permeability, cm/sec)

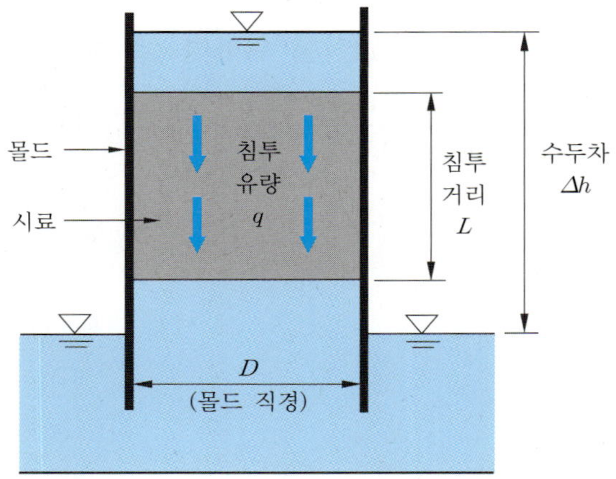

그림 6.1 Darcy 법칙 시험

또한 침투유량은 침투유속과 통수단면적을 곱하여 구할 수 있으므로

$$q = v\,A \tag{6.3}$$

여기서, v : 지하수 침투유속(cm/sec)

식 (6.2)와 식 (6.3)은 같은 침투유량을 구하는 식이므로 등치시키면

$$v = k\,i \tag{6.4}$$

식 (6.2) 또는 식 (6.4)를 Darcy 법칙(Darcy's law)이라 하고, 층류에서만 성립한다. 지하수 흐름은 대부분 층류(laminar flow)로 취급할 수 있으나 굵은 모래보다 큰 입경의 흙에서는 난류(turbulent flow)가 될 수도 있다. 이 경우에는 Darcy 법칙이 성립하지 않을 수 있지만 지하수 흐름은 모두 Darcy 법칙이 성립하는 것으로 본다.

Darcy의 평균유속

식 (6.3)의 침투유속(v)은 이론적인 Darcy 평균유속이고 단면적 A는 흙 전체의 단면적이다. 그러나 실제로 물은 토립자를 제외한 간극 부분만을 통과하게 되므로 실제 침투유속은 다르다.

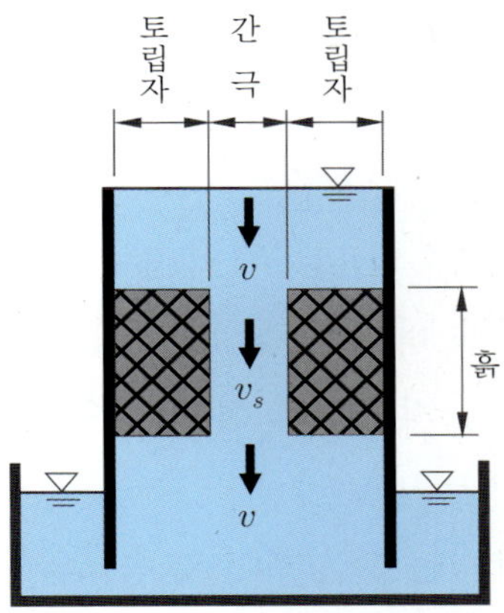

그림 6.2 통수 단면의 실제 침투유속

그럼에도 불구하고 Darcy 법칙에서 실제 침투유속(v_s)이 아닌 이론적인 Darcy 평균유속을 사용하는 것은 흙 전체의 단면적은 계산하기 편리하지만 간극의 단면적은 계산이 불편하기 때문이다.

이론적인 평균유속(v)과 흙 전체의 단면적(A)을 곱하여 침투유량을 구하는 Darcy 방법은 실제 침투유속(v_s)과 실제 통수단면적인 간극의 단면적(A_v)을 사용한 결과와 같으므로

$$q = Av = A_v v_s \tag{6.5}$$

식 (6.5)를 v에 대해 정리하면

$$v = \frac{A_v}{A} v_s = \frac{A_v L}{A L} v_s = \frac{V_V}{V} v_s$$

$$\therefore \; v = n v_s \qquad (6.6)$$

흙의 간극률은 $0 < n < 1.0$이므로 실제 침투유속(v_s)은 이론적인 Darcy의 평균유속(v)보다 크다. 즉 $v_s > v$.

6.2 투수계수

6.2.1 투수계수의 값

표 6.1에 흙의 종류에 따른 투수계수의 일반적이 값이 제시되어 있다. $k \leqq 10^{-6}$ cm/sec이면 실용상 불투수성(impermeable)이라 하고, $k > 10^{-4}$ cm/sec이면 자유배수(free draining) 상태라 한다. 즉 점토지반은 불투수성 지반으로 취급할 수 있고, 모래 또는 자갈 지반은 자유배수 상태로 취급할 수 있다.

투수계수는 흙의 투수성을 나타내는 토성치이며 속도와 같은 차원(단위)을 가진다. 따라서 투수계수와 침투속도는 같은 의미를 갖는다. 표 6.1에서 보는 바와 같이 토립자의 입경이 클수록 간극의 크기도 커지므로 투수계수도 커진다.

표 6.1 일반적인 투수계수 값

흙의 종류	k (cm/sec)	비 고
깨끗한 자갈	1.0 ~ 100	$10^0 \sim 10^2$
굵은 모래	0.01 ~ 1.0	$10^{-2} \sim 10^0$
가는 모래	0.001 ~ 0.01	$10^{-3} \sim 10^{-2}$
실 트	0.00001 ~ 0.001	$10^{-5} \sim 10^{-3}$
점 토	0.000001 이하	10^{-6} 이하

투수계수가 큰 순서로 흙을 배열하면

점토 < 실트 < 모래 < 자갈

투수계수는 흙의 종류에 따라 결정되는 토성치로 자갈과 점토의 투수계수가 10^6 배 정도로 차이가 나며, 측정 시 오차가 크게 발생할 수 있어 주의하여야 한다.

PISA TIP (6.1) 흙의 투수계수 값은 어느 정도 속력일까?

- 굵은 모래의 투수계수는 달팽이가 기어가는 속력과 비슷하다.

  $k_{sand} \approx 0.03\,\text{cm/sec} = 3 \times 10^{-2}\text{cm/sec}$

- 실트의 투수계수는 대나무가 자라나는 속력과 비슷하다.

  $k_{silt} \approx 0.0000237\,\text{cm/sec} = 2.37 \times 10^{-5}\text{cm/sec}$

- 흙 중에서 가장 작은 점토의 투수계수는 약 30 cm/년 보다 작다.

  $k_{clay} < 10^{-6}\text{cm/sec} = 31.54\,\text{cm/year}$

6.2.2 투수계수에 영향을 미치는 요소

흙의 투수계수는 토립자의 입경, 형상, 구조 등과 물의 점성, 단위중량 등에 따라 영향을 받는다. Taylor(1948)는 투수계수에 영향을 미치는 요인들이 투수계수와 식 (6.7)과 같은 관계가 있음을 밝혔다.

$$k = D_s^{\,2} \cdot \frac{e^3}{1+e} \cdot \frac{\gamma_w}{\eta} \cdot C \tag{6.7}$$

여기서, C : 합성형상계수

D_s : 토립자의 등치입경

γ_w : 액체의 단위중량

η : 물의 점성계수

e : 간극비

Taylor의 이론식은 합성 형상계수(C)와 토립자의 등치입경(D_s)를 실용상 결정하기가 거의 불가능하여 투수계수를 산정하기는 어렵고, 다만 투수계수에 영향을 미치는 요소들과의 관계를 표현한 것이라 할 수 있다.

투수계수에 영향을 미치는 요인을 개별적으로 고찰해 보도록 한다.

1) 투수계수와 입경의 관계

Taylor의 이론식에 의하면 식 (6.7)과 같이 투수계수는 입경의 제곱에 비례한다.

$$k \propto D_s^2$$

Hazen은 비례상수를 도입하여 경험공식을 제안하였다. 즉

$$k(\text{cm/sec}) = C D_e^2 \tag{6.8a}$$

여기서, C : 상수(둥글고 깨끗한 모래의 경우 $C = 100 \sim 150$)
$D_e = D_{10}$: 유효입경(mm)

식 (6.8a)는 실용적으로는

$$k = 100\, D_e^2 \tag{6.8b}$$

여기서, $D_e = D_{10}$: 유효입경(반드시 mm)

유효입경의 단위를 cm로 사용하면

$$k(\text{cm/sec}) = [D_{e\,(\text{cm})}]^2 \tag{6.8c}$$

2) 투수계수와 온도 사이의 관계

Taylor의 이론식에 의하면

$$k \propto \frac{\gamma_w}{\eta}$$

그런데 물의 단위중량 γ_w는 수온에 관계없이 1.0 정도로 거의 일정한 반면 물의 점성계수 η는 그 변화량이 크므로

$$k \propto \frac{1}{\eta}$$

온도 T_1℃일 때 $\eta = \eta_1$, $k = k_1$, 온도 T_2℃일 때 $\eta = \eta_2$, $k = k_2$라 하면

$$k_1 : k_2 = \frac{1}{\eta_1} : \frac{1}{\eta_2}$$

또는

$$k_2 = k_1 \frac{\eta_1}{\eta_2} \tag{6.9}$$

표준온도를 15℃로 하면 표준온도에서의 투수계수는

$$k_{15} = k_T \frac{\eta_T}{\eta_{15}} \tag{6.10}$$

여기서, k_{15} : 수온 15℃ 때의 투수계수 = 표준 투수계수
k_T : 수온 T℃에서 측정한 투수계수
η_{15} : 수온 15℃ 때의 물의 점성계수
η_T : 수온 T℃ 때의 물의 점성계수

$\frac{\eta_T}{\eta_{15}}$를 보정계수라 하고 표 6.2와 같다.

시험실에서 측정한 투수계수는 k_{15}로 환산하여 사용한다. 일반적으로 통용되는 투수계수 k는 표준온도 때의 투수계수 k_{15}를 말한다.

표 6.2 수온에 따른 투수계수 보정계수

T℃	$\frac{\eta_T}{\eta_{15}}$	T℃	$\frac{\eta_T}{\eta_{15}}$	T℃	$\frac{\eta_T}{\eta_{15}}$
0	1.567	10	1.144	20	0.881
1	1.513	11	1.113	21	0.859
2	1.460	12	1.082	22	0.839
3	1.414	13	1.053	23	0.819
4	1.396	14	1.026	24	0.800
5	1.327	15	1.000	25	0.782
6	1.286	16	0.975	26	0.764
7	1.248	17	0.950	27	0.747
8	1.211	18	0.926	28	0.730
9	1.177	19	0.903	29	0.714

➤ 예제 6.1

입도분석곡선에서 가적통과율 10%에 해당하는 입경이 0.4mm인 사질토의 투수계수를 추정하고 온도 24℃일 때의 투수계수를 계산하라.

조건 $D_e = 0.4\text{mm} = 0.04\text{cm}$, $T = 24℃$

요구 $k = k_{15℃}$, $k_{24℃}$

풀이 $k = D_e = (0.04)^2 = 1.6 \times 10^{-3}\text{cm/sec}$

$$k_{15℃} = k_{24℃} \cdot \frac{\eta_{24℃}}{\eta_{15}}$$

$$1.6 \times 10^{-3} = k_{24℃} \cdot (0.800)$$

$$\therefore k_{24℃} = 2.0 \times 10^{-3}\text{cm/sec}$$

◀

PISA TIP (6.2) 온도와 물의 점성과 흙의 투수계수는 어떤 관계인가?

- 병에 담긴 꿀을 생각해 보자
  ① 날씨가 더운 때는 병을 기울이면 굴이 줄줄 흘러나온다.
  ② 날씨가 추워지면 꿀은 굳어서 병을 기울여도 흘러나오지 않는다.
- 위의 두 가지 사실을 종합해 보면 다음과 같은 결론이 나온다.
  ① 온도가 올라가면 꿀의 점성이 작아지고 투수성은 커진다.
  ② 온도가 내려가면 꿀의 점성이 커지면서 투수성이 작아진다.
- 즉 비례관계는 다음과 같다.
  - 온도와 점성 : 반비례
  - 점성과 투수성 : 반비례
  - 온도와 투수성 : 비례 관계

3) 투수계수와 간극비 사이의 관계

Taylor의 이론식 (6.7)에 의하면 투수계수와 간극비는 다음과 같은 비례관계가 있다.

$$k \propto \frac{e^3}{1+e}$$

$e = e_1$일 때의 $k = k_1$, $e = e_2$일 때의 $k = k_2$라 하면

$$k_1 : k_2 = \frac{{e_1}^3}{1+e_1} : \frac{{e_2}^3}{1+e_2}$$

따라서

$$k_2 = \left(\frac{1+e_1}{1+e_2}\right)\left(\frac{e_2}{e_1}\right)^3 \cdot k_1 \tag{6.11}$$

식 (6.11)은 주로 사질토에서 성립한다.

또는 간극비가 큰 흙에 대해서는 $k \propto e^2$라는 관계가 성립한다는 시험결과도 있다.

$$k_1 : k_2 = {e_1}^2 : {e_2}^2$$

$$k_2 = \left(\frac{e_2}{e_1}\right)^2 k_1 \tag{6.12}$$

➤ 예제 6.2

다짐 전 간극비가 0.5, 투수계수가 3×10^{-3} cm/sec인 흙이 다짐에 의해 간극비가 0.35로 변했을 때 다짐 후 투수계수를 식 (6.11)과 (6.12)를 이용하여 구하시오.

조건 $e_1 = 0.5$, $k_1 = 3\times10^{-3}$ cm/sec, $e_2 = 0.35$

요구 k_2

풀이 식 (6.11)을 이용하여 계산하면

$$k_2 = \left(\frac{1+e_1}{1+e_2}\right)\left(\frac{e_2}{e_1}\right)^3 k_1$$

$$= \left(\frac{1+0.5}{1+0.35}\right)\left(\frac{0.35}{0.5}\right)^3 (3\times10^{-3}) = 1.14\times10^{-3}\text{cm/sec}$$

식 (6.12)를 이용하여 계산하면

$$k_2 = \left(\frac{e_2}{e_1}\right)^2 k_1 = \left(\frac{0.35}{0.5}\right)^2 \times (3\times10^{-3}) = 1.47\times10^{-3}\text{cm/sec}$$

이 계산결과는 식 (6.11)을 이용하여 구한 값보다 30% 정도 더 크다.

◀

6.3 실내 투수시험

투수계수는 토성치(흙의 특성을 나타내는 물성치) 중에서 그 분포의 폭이 가장 넓다. 이러한 사실은 투수계수의 정확한 측정이 어렵고 오차가 크다는 것을 의미한다. 따라서 투수계수를 결정할 때는 신중하여야 한다.

투수계수를 구하는 시험은 실내시험과 현장시험으로 나눌 수 있다. 실내시험은 시험과정에서 측정을 보다 정밀하게 할 수 있는 장점이 있으나, 시료의 불교란 상태 유지의 어려움과 채취한 시료의 대표성 등의 문제점이 있다. 현장시험은 지반의 불교란 상태를 그대로 유지하고 있고 흙의 불균질 또는 이방성과 상관없다는 것이 장점인 반면 비용이 많이 드는 단점이 있다.

- □ 투수시험
  - 실내시험
    - 정수두 투수시험
    - 변수두 투수시험
    - 압밀시험
    - 모관시험
  - 현장시험
    - 양수시험
    - 주수시험
    - 색소법, 동위원소법
    - Packer

6.3.1 정수두 투수시험

정수두 투수시험(constant head permeability test)은 그림 6.3과 같이 시험용 몰드 속에 단면적 A, 두께 L인 흙 시료를 채우고 상부에서 물을 지속적으로 공급한다. 침투수가 흙 시료를 통과해서 하부 수조에서 일정 수위를 유지하며 흘러넘치도록 하면 상·하류면의 수두차 Δh가 일정하게 유지된다. 이러한 시험 장치는 Darcy의 법칙을 그대로 적용할 수 있다.

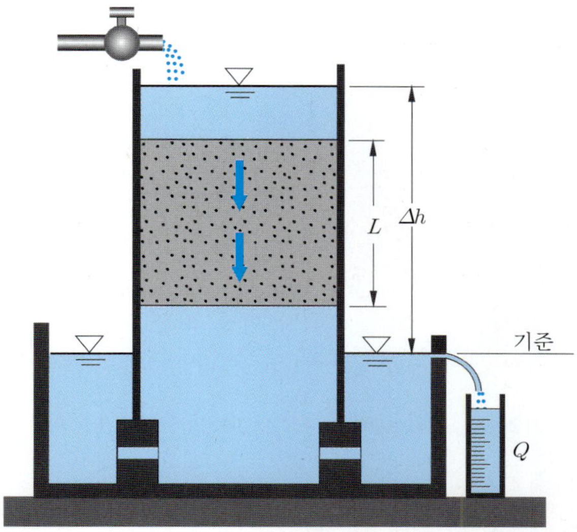

그림 6.3 정수두 투수시험

시험 진행시간(t) 동안 침투유량(플라스크에 모인 유량) Q를 측정하여 투수계수를 구한다.

$$Q = k\,\frac{\Delta h}{L}\,A\,t \tag{6.13}$$

식 (6.13)을 투수계수 k에 대해 정리하면

$$k = \frac{Q\,L}{A\,t\,\Delta h} \tag{6.14}$$

여기서, A : 시료의 단면적(cm^2)
L : 시료의 두께(cm)
Δh : 시료 상하면 사이의 수두차(cm)
t : 시험에 소요된 시간(sec)
Q : t 시간 동안의 침투유량(cm^3/sec)

시료의 단면적은 시험을 실시하기 전에 몰드의 내경을 측정하여 $A = \pi d^2/4$로 계산하고, 시료의 길이(L)와 상·하류면의 수두차(Δh)를 미리 결정할 수 있다. 이를 시험기 상수라 한다. 또한 시험시간 t를 미리 정해 놓으면 침투유량 Q를 측정하는 것으로 시험이 종료된다.

정수두 투수시험은 투수계수가 비교적 큰 흙(사질토)에 대해서 적합한 시험이다. 투수계수가 작은 흙(실트나 점토)의 경우는 침투유량(Q)을 측정하는데 장시간이 소요되므로 적합지 않다. 이 경우 변수두 투수시험 또는 7장에서 소개하는 압밀시험으로 투수계수를 구하게 된다.

➤ 예제 6.3

어떤 흙에 대한 정수두 투수시험 결과를 보고 이 흙의 투수계수, 이론침투속도, 실제침투속도를 구하라. 시료의 직경 10cm, 시료의 높이 12cm, 침투면과 침출면의 수두차 30cm, 시험 시작시간 14시 20분, 시험 종료시간 14시 38분, 침투유량 1,018cm³, 토립자 비중 2.65, 함수비 23.4%이다.

조건 $D = 10\,cm$, $L = 12\,cm$, $\Delta h = 30\,cm$, $t_1 = 14:20$, $t_2 = 14:38$, $Q = 1{,}018\,cm^3$, $G = 2.65$

요구 ① k ② v ③ v_s

풀이 ① 시료의 단면적 $A = \dfrac{\pi \cdot D^2}{4} = \dfrac{\pi \cdot (10)^2}{4} = 78.54cm^2$

침투시간 $t = t_2 - t_1 = 14:38 - 14:20 = 18\,\text{min} = 1{,}080\,\text{sec}$

$$k = \frac{Q \cdot h}{A t \Delta h} = \frac{(1018)(12)}{(78.54)(1080)(30)} = 4.8 \times 10^{-3}\,\text{cm/sec}$$

② $v = ki = k\dfrac{\Delta h}{L} = (4.8 \times 10^{-3})\dfrac{30}{12} = 1.2 \times 10^{-2}\,\text{cm/sec}$

③ $Gw = Se$

$(2.65)(0.234) = (1.0)e \quad \therefore e = 0.62$

$$n = \frac{e}{1te} = \frac{0.62}{1t0.62} = 0.383$$

$$v_s = \frac{v}{n} = \frac{1.2}{0.383} \times 10^{-2} = 3.13 \times 10^{-2}\,\text{cm/sec}$$

◀

6.3.2 변수두 투수시험

그림 6.4와 같은 단면적 A, 두께 L인 흙 시료를 몰드에 채워 넣고 그 위에 단면적 a인 가는 유리관(stand pipe)을 세우고 물이 흙 속을 침투하도록 한다.

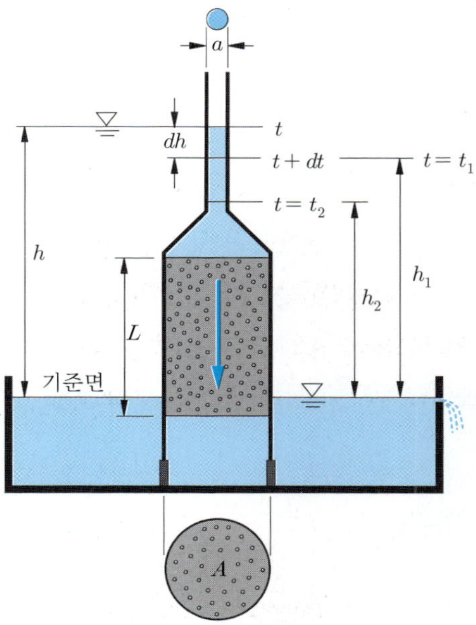

그림 6.4 변수두 투수시험

이 때 유리관의 수위는 강하하고 수조의 수위는 그대로 유지된다. 이 과정에서 물을 추가로 공급하지 않음에 따라 수두차가 변하므로 변수두(falling head, variable head) 투수시험이라 한다.

Darcy 법칙은 수두가 일정할 때만 성립하므로, 이와 같이 수두가 변할 때는 Darcy 법칙을 적용하기 위해서 미분을 이용한다. 즉 시험이 진행되는 dt 시간 동안의 유리관 내 수위 변화는 dh 이며 유리관에서의 감소유량과 흙 속의 침투유량은 같으므로

$$-a\,dh = k\,\frac{h}{L}\,A\,dt \tag{6.15}$$

여기서, 수두차 $\Delta h = h - 0 = h$

유리관 내 유량은 감소하므로 $-a\,dh$

식 (6.15)의 양변을 정리하고 적분하면 투수계수를 얻을 수 있다.

$$-\frac{dh}{h} = k\,\frac{A}{a\,L}\,dt$$

$$-\int_{h_1}^{h_2}\frac{dh}{h} = k\,\frac{A}{a\,L}\int_{t_1}^{t_2}dt$$

$$[-\ln h]_{h_1}^{h_2} = \left[k\,\frac{A}{a\,L}\,t\right]_{t_1}^{t_2}$$

$$\ln\frac{h_1}{h_2} = \frac{k\,A}{a\,L}(t_2 - t_1)$$

$$k = \frac{a\,L}{A\,(t_2 - t_1)}\ln\frac{h_1}{h_2} \tag{6.16a}$$

또는 자연대수를 상용대수로 바꾸면

$$k = \frac{2.3\,a\,L}{A\,(t_2 - t_1)}\log\frac{h_1}{h_2} \tag{6.16b}$$

여기서, a : stand pipe 단면적

L : 시료의 길이(침투길이)

A : 시료의 전체 단면적

h_1 : t_1 때의 수위
h_2 : t_2 때의 수위
ln : 자연대수
log : 상용대수

a, A, L은 시험을 시작하기 전에 알고 있는 값이고 t_1, t_2, h_1, h_2은 시험 시 측정하는 값이다. 그러나 미리 유리관에서 시작 수위와 종료 수위를 결정하여 두면 수위 강하에 걸린 시간만 측정하면 된다.

변수두 투수시험은 투수계수가 비교적 작은 흙에 적합한 시험방법이다. 투수계수가 큰 흙의 경우는 굵은 유리관을 사용하고, 투수계수가 매우 작은 흙의 경우는 가는 유리관을 사용하면 수위 강하 시 눈금을 읽을 수 있게 된다.

6.4 현장 투수시험

현장에서 우물(양수정)을 파고 우물 내의 물을 양수(揚水, pumping)하면서 관측정(觀測井)을 통해 수위 변화를 관찰하여 지반의 투수계수를 측정하는 현장 투수시험을 일명 양수시험(pumping test)라고도 한다.

실내에서 실시하는 토질시험은 시험방법이 정밀하다 할지라도 시료의 대표성 문제로 현장시험에 비해 그 결과에 대한 신뢰도가 낮은 것으로 평가되고 있다. 특히 투수시험은 그 오차가 대단히 크게 나타나는 경우가 많다. 실내 투수시험으로 투수계수를 구한 결과는 과소평가되는 현상을 보이는 것으로 알려져 있다. 현장투수시험은 이러한 결점을 보완하기 위하여 실시하는데 경비와 시간이 많이 소요되는 단점이 있다.

6.4.1 중력우물인 경우

그림 6.5와 같이 양수정을 통해 양수를 하면 우물에서 수위가 낮아지고 수두차가 발생하여 주변 지반에서 침투가 발생한다.

양수가 진행됨에 따라 수두차가 커질수록 지하수 침투유량이 증가하여 양수량과 침투유량이 같아지면 우물의 수위는 정지상태가 된다.

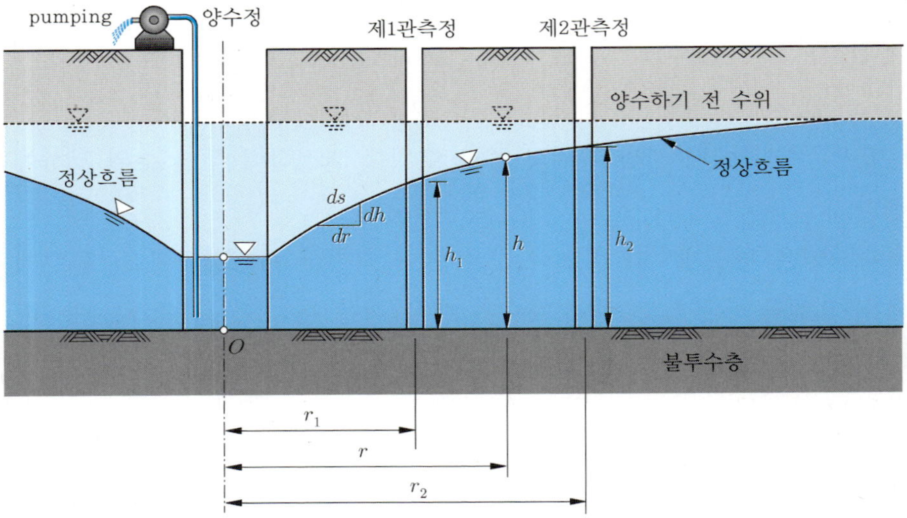

그림 6.5 양수시험

이와 같이 정상흐름(steady flow) 상태에 도달하면 침투유량은 Darcy 법칙으로 구할 수 있다. 즉

$$Q = k\,i\,A \tag{6.17}$$

여기서, Q : 양수정을 통해 양수되는 물의 양

k : 현장 투수계수

$i = \dfrac{dh}{ds} \simeq \dfrac{dh}{dr}$ (동수경사, i 는 깊이에 관계없이 일정함)

$A = 2\pi r h$ (양수정 주변에서 물이 침투하는 면적)

따라서

$$Q = 2\pi k r h \frac{dh}{dr} \tag{6.18}$$

양변을 정리하여 적분하면

$$h\,dh = \frac{Q}{2\pi k}\frac{dr}{r}$$

$$\int_{h_1}^{h_2} h\,dh = \frac{Q}{2\pi k}\int_{r_1}^{r_2}\frac{dr}{r}$$

$$\left[\frac{h^2}{2}\right]_{h_1}^{h_2} = \left[\frac{Q}{2\pi k}\ln r\right]_{r_1}^{r_2}$$

$$h_2^2 - h_1^2 = \frac{Q}{\pi k}\ln\frac{r_2}{r_1}$$

따라서 투수계수는 식 (6.19a) 또는 식 (6.19b)로 표현할 수 있다.

$$k = \frac{Q}{\pi}\frac{\ln\dfrac{r_2}{r_1}}{h_2^2 - h_1^2} \tag{6.19a}$$

또는 자연대수를 상용대수로 바꾸면

$$k = \frac{2.3\,Q}{\pi}\frac{\log\dfrac{r_2}{r_1}}{h_2^2 - h_1^2} \tag{6.19b}$$

여기서, r_1 : 우물의 중심에서 제1관측정까지의 거리
r_2 : 우물의 중심에서 제2관측정까지의 거리
h_1 : 제1관측정의 수위
h_2 : 제2관측정의 수위

식 (6.19b)에서 r_1, r_2는 미리 측정해 두고 양수시험 중 양수량(침투유량) Q와 h_1, h_2를 관측하면 지반의 투수계수를 구할 수 있게 된다.

6.4.2 피압지하수의 경우

피압지하수(被壓地下水, artesian well)란 그림 6.6처럼 불투수층 사이에 있는 대수층(confined aquifer)에서 압력을 받고 있는 지하수이다. 압력이 작용하고 있으므로 수압은 정수압보다 큰 수압이 작용한다. 우물을 피압 대수층까지 파면 수위는 압력수두만큼 상승한다.

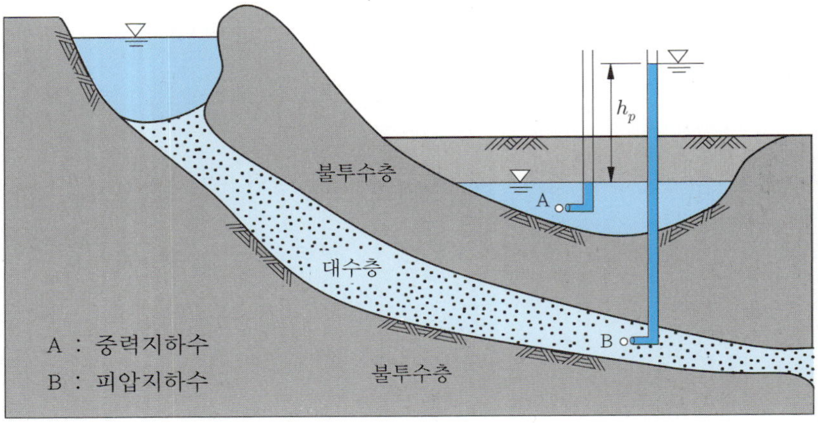

그림 6.6 피압지하수

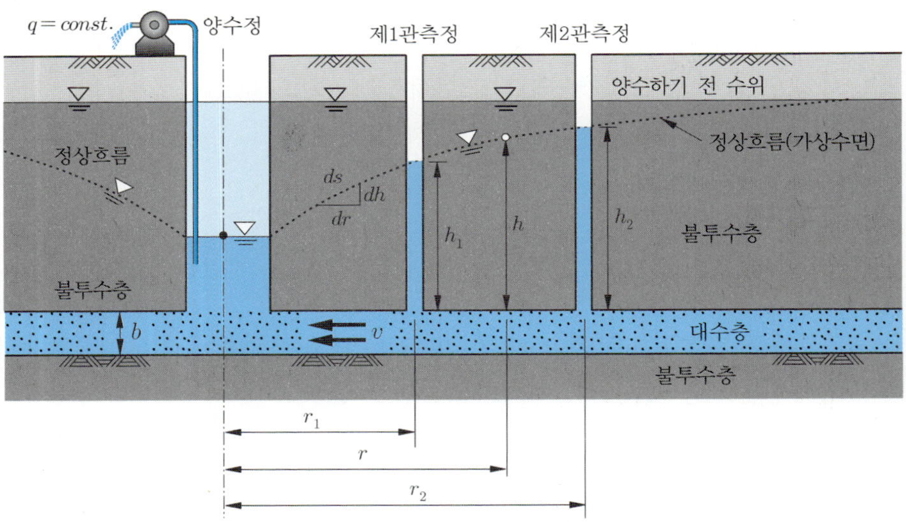

그림 6.7 피압지하수의 경우 양수시험

그림 6.7과 같이 양수정과 관측정을 굴착하고 양수정에서 물을 퍼내면 양수하기 전 수위 상태에서 수위가 강하한다. 양수량을 일정하게 유지하면서 양수를 계속하면 더 이상 수위강하가 일어나지 않는 정상침투 상태에 이르게 된다. 이러한 정상침투 상태에 도달한 우물의 수위가 나타나 있고, 불투수층에서는 침투가 발생하지 않아 실제 수위가 형성되지 않으므로 가상수면을 점선으로 나타내었다. 정상침투 상태에서 양수량과 우물로 유입하는 수량이 균형을 이루고 있다. 양수정에 유입하는 유량은 우물의 주면(柱面)을 침투하는 유량과 같다.

따라서

$$Q = kiA = k\frac{dh}{dr}(2\pi rb) \tag{6.20}$$

여기서, $A = 2\pi rb$ (양수정에 유입하는 대수층 주면의 면적)

식 (6.20)을 정리하여 적분하면

$$Q\frac{dr}{r} = 2\pi bk\, dh$$

$$Q\int_{r_1}^{r_2}\frac{dr}{r} = 2\pi bk\int_{h_1}^{h_2}dh$$

$$Q\ln\frac{r_2}{r_1} = 2\pi bk\,(h_2 - h_1)$$

따라서 투수계수는

$$k = \frac{Q\ln\frac{r_2}{r_1}}{2\pi b(h_2 - h_1)} \tag{6.21}$$

여기서, b : 대수층의 무께

시험을 시작하기 전에 b, r_1, r_2을 측정하여 두고, 양수를 진행하며 Q, h_1, h_2를 관측하여 식 (6.21)으로 투수계수를 계산할 수 있다.

6.5 다층지반의 등가 투수계수

6.5.1 균질성과 방향성

균질성은 공간성, 등방성은 방향성에 의해 결정된다. 즉 토층 내 한 점에서의 성질이 다른 모든 점들의 성질과 같은 경우를 균질(homogeneous)하다고 하고, 한 점에서의 방향성이 다른 모든 방향성과 같은 경우 등방성(isotropic)이라 한다. 그림 6.8에 균질성과 등방성에 대한 4가지 경우가 소개되어 있다. 공간적으로 A점과 B점은 다른 위치이고, 방향성은 수평 및 연직방향 투수계수로 구분하여 표기하였다.

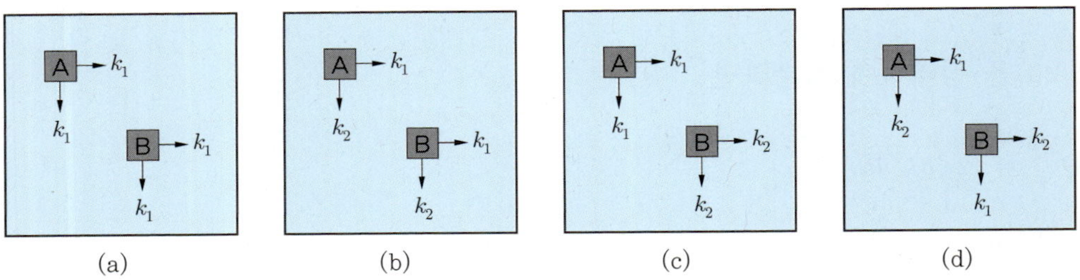

그림 6.8 지반의 균질성과 등방성

그림 6.8에 대하여 위치와 방향에 대한 성질을 종합하여 평가한 결과가 표 6.3에 있다.

표 6.3 그림 6.8의 균질성 및 방향성 평가

경 우	위치에 대한 성질		방향에 대한 성질	
	상 태	평 가	상 태	평 가
(a)	A = B	균질	$k_h = k_v$	등방성
(b)	A = B	균질	$k_h \neq k_v$	이방성
(c)	A ≒ B	불균질	$k_h = k_v$	등방성
(d)	A ≒ B	불균질	$k_h \neq k_v$	이방성

예를 들어 그림 6.9와 같이 지반을 매립층, 퇴적층, 풍화토층으로 구분하였다. 각층 내에서 흙의 성질을 평가해 보면 동일한 흙의 명칭이 부여된 것으로 보아 균질하고, 수평방향과 연직방향의 투수계수가 같으므로($k_h = k_v$) 등방성이다. 그러나 전체층으로 보면 여러 층으로 구성되어 있어 불균질(non-homogeneous)하고, 수평방향과 연직방향의 투수계수는 각 층 투수계수 값의 평균치를 구해 보면 다를 것이므로($k_h \neq k_v$) 비등방성 또는 이방성(anisotropic)이다.

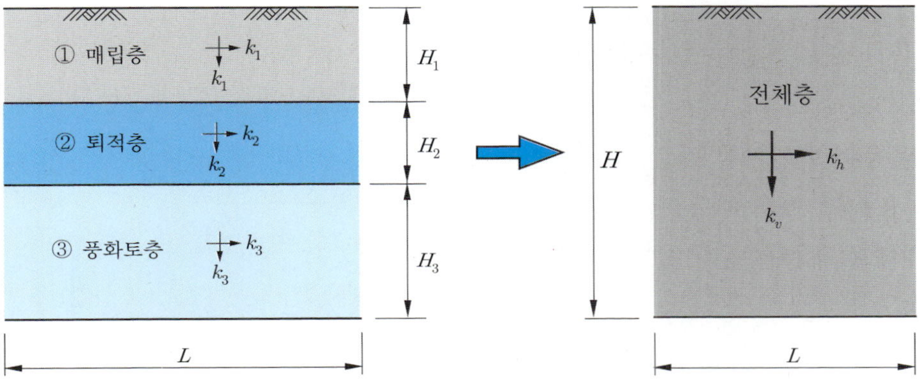

(a) 다층으로 구성된 실제지반 (b) 다층지반을 한 층으로 봄

그림 6.9 다층지반

PISA TIP (6.3) 균질과 불균질, 등방성과 이방성에 대한 실생활의 예를 들어보자.

[질문 1] 빵, 양상추, 토마토, 양파, 고기 등은 균질한가? 불균질한가?

[질문 2] 빵, 양상추, 토마토, 양파, 고기 등은 등방성인가? 이방성인가?

[질문 3] 햄버거는 균질한가? 불균질한가?

[질문 4] 햄버거는 등방성인가? 이방성인가?

[질문 5] 햄버거의 맛을 균질하게 먹을 수 있는가? 먹을 수 있다면 그 방법은 무엇인가?

[질문 6] 햄버거의 맛을 등방성으로 먹을 수 있는가? 먹을 수 있다면 그 방법은 무엇인가?

6.5.2 수평방향 등가 투수계수

그림 6.10과 같이 매립층, 퇴적토층, 풍화토층으로 구성된 다층지반에서 지하수가 토층과 평행하게 흐를 때 다층지반을 한 개의 층으로 균질하다고 보는 경우 수평방향 등가 투수계수(k_h)는 전체층 침투유량과 각층 침투유량의 합이 같다는 원리로부터 구할 수 있다. 즉

$$q = q_1 + q_2 + q_3 \tag{6.22}$$

여기서, q : 전체층 침투유량

$q_1,\ q_2,\ q_3$: ①, ②, ③번 각층의 침투유량

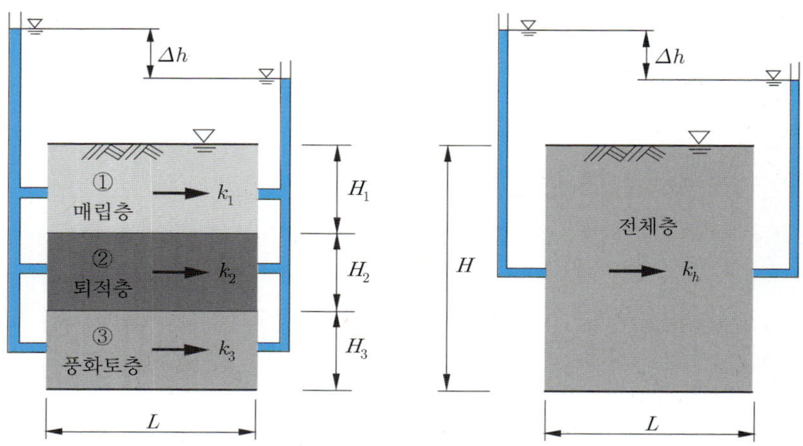

(a) 다층으로 구성된 실제지반 (b) 다층지반 전체를 한 층으로 봄

그림 6.10 다층지반의 수평방향 등가 투수계수

식 (6.2) Darcy 법칙으로부터 침투유량은

$$q = k\,\frac{\Delta h}{L}\,A = k\,i\,A \tag{6.2}$$

식 (6.2)를 적용한 전체층과 각층 침투유량을 식 (6.22)에 대입하면

$$k_h\, i\,(H \times 1) = k_1\, i_1\,(H_1 \times 1) + k_2\, i_2\,(H_2 \times 1) + k_3\, i_3\,(H_3 \times 1) \tag{6.23}$$

여기서, 식 (6.23)의 각 기호는 그림 6.10에 나타나 있다.

전체층과 각층의 침투거리는 모두 같고(L), 수두차도 같으므로(Δh) 동수경사(i)는 같다.

$$i = i_1 = i_2 = i_3 \tag{6.24}$$

식 (6.24)를 식 (6.23)에 대입하면

$$k_h\, i\, H = k_1\, i\, H_1 + k_2\, i\, H_2 + k_3\, i\, H_3 \tag{6.25}$$

식 (6.25)를 정리하면 수평방향 등가투수계수는

$$k_h = \frac{1}{H}(k_1 H_1 + k_2 H_2 + k_3 H_3) \tag{6.26}$$

식 (6.26)은 토층이 n개인 경우에도 이 원리가 동일하게 적용된다. 즉

$$k_h = \frac{1}{H}\sum_{i=1}^{n} k_i H_i \tag{6.27}$$

여기서, H는 전체층 두께이고 각층 두께의 합이다. 즉 $H = \sum_{i=1}^{n} H_i$

식 (6.27)을 보면 k_h는 토층 두께를 가중치로 한 평균 투스계수라고 할 수 있다.

PISA TIP (6.4) 수평방향 등가투수계수의 개념을 다른 방법으로 설명하면?

토목공학과 20명의 학생들이 버스를 타고 현장견학을 떠났다. 학교에서 버스를 놓친 학생들이 승합차로 8명, 승용차로 4명이 여주휴게소에서 합류했다.

출발지에서 영동고속도로 여주휴게소까지 평균 속력은 얼마인가?

버스(20명) : 3차로를 평균속력 $v_3 = 80\,\text{km/hr}$으로 주행
승합차(8명) : 2차로를 평균속력 $v_2 = 100\,\text{km/hr}$으로 주행
승용차(4명) : 1차로를 평균속력 $v_1 = 120\,\text{km/hr}$으로 주행

전체 학생의 평균 속력은 각 차량의 속력에 학생수를 가중평균하면 된다. 즉

$$v_{avg} = (80\times 20 + 100\times 8 + 120\times 4)/(20+8+4) = 90\,\text{km/hr}$$

각 층의 투수계수(k_i) 값이 큰 차이가 있으면 k_h는 가장 큰 투수계수 값($k_{\max}$)의 지배를 받는다. 즉

$$k_h \simeq \frac{1}{H} k_{\max} H' \tag{6.28}$$

여기서, $H' = k_{\max}$ 토층의 두께

6.5.3 연직방향 등가 투수계수(k_v)

그림 6.11과 같이 매립층, 퇴적토층, 풍화토층으로 구성된 다층지반에서 지하수가 연직방향(토층과 직각방향)으로 흐를 때 다층지반을 한 개의 층으로 균질하다고 보는 경우 연직방향 등가 투수계수(k_v)는 전체층 침투유량과 각층 침투유량이 모두 같고 각 토층 사이의 수두차의 합이 전체 수두손실이 된다는 원리로부터 구할 수 있다. 즉

$$q = q_1 = q_2 = q_3 \tag{6.29}$$

$$\Delta h = \Delta h_1 + \Delta h_2 + \Delta h_3 \tag{6.30}$$

전체층과 각층의 동수경사를 구해보면

$$i = \frac{\Delta h}{H}, \quad i_1 = \frac{\Delta h_1}{H_1}, \quad i_2 = \frac{\Delta h_2}{H_2}, \quad i_3 = \frac{\Delta h_3}{H_3} \tag{6.31}$$

여기서 식 (6.31)의 각 기호는 그림 6.11에 나타나 있다.

식 (6.29)에 식 (6.2) Darcy 법칙을 대입하면

$$k_v \frac{\Delta h}{H}(L \times 1) = k_1 \frac{\Delta h_1}{H_1}(L \times 1) = k_2 \frac{\Delta h_2}{H_2}(L \times 1) = k_3 \frac{\Delta h_3}{H_3}(L \times 1) \tag{6.32}$$

식 (6.32)에서 각층 간의 수두차를 구해 보면

$$\Delta h_1 = k_v \frac{\Delta h}{H} \frac{H_1}{k_1} \tag{6.33a}$$

$$\Delta h_2 = k_v \frac{\Delta h}{H} \frac{H_2}{k_2} \tag{6.33b}$$

$$\Delta h_3 = k_v \frac{\Delta h}{H} \frac{H_3}{k_3} \tag{6.33c}$$

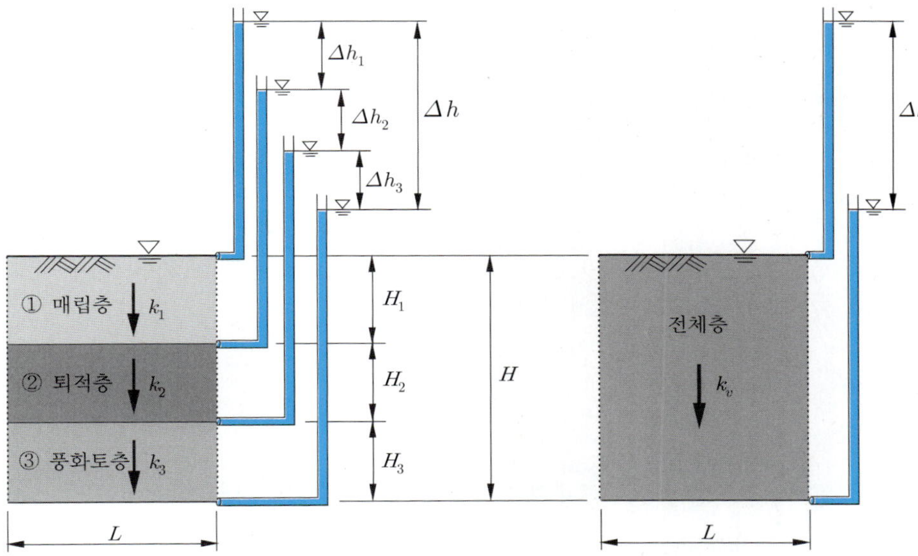

그림 6.11 다층지반의 연직방향 등가 투수계수

식 (6.33a)~식 (6.33c)를 식 (6.30)에 대입하면

$$\Delta h = k_v \frac{\Delta h}{H} \left[\frac{H_1}{k_1} + \frac{H_2}{k_2} + \frac{H_3}{k_3} \right] \tag{6.34}$$

따라서 연직방향 등가 투수계수 k_v는 식 (6.35)와 같이 된다.

$$k_v = \frac{H}{\dfrac{H_1}{k_1} + \dfrac{H_2}{k_2} + \dfrac{H_3}{k_3}} \tag{6.35}$$

식 (6.35)는 토층이 n개인 경우에도 동일한 원리로 적용된다. 즉

$$k_v = \frac{H}{\sum_{i=1}^{n} \frac{H_i}{k_i}} \tag{6.36}$$

여기서, H는 전체층 두께이고 각층 두께의 합이다

즉, $H = \sum_{i=1}^{n} H_i$

식 (6.36)을 보면 k_v는 토층 두께에 대한 투수계수의 비를 가중치로 한 평균 투수계수라고 할 수 있다. 각 층의 투수계수(k_i) 값이 큰 차이가 있으면 k_v는 가장 작은 투수계수 값($k_{\min}$)의 지배를 받는다. 즉

$$k_v \simeq k_{\min} \frac{H}{H''} \tag{6.37}$$

여기서, $H'' = k_{\min}$ 층의 두께

PISA TIP (6.5) 연직방향 등가투수계수의 개념을 다른 방법으로 설명하면?

토목공학과 32명의 학생들이 버스를 타고 현장견학을 떠났다. 여주휴게소에서 목적지 충주댐까지는 모두 버스를 타고 중부내륙고속도로를 지나 국도를 거쳐 지방도를 가야 한다. 여주휴게소에서 충주댐 현장까지 버스의 평균 속력은?

고속도로($L_1 = 9\,\mathrm{km}$) 구간의 평균 속력 $v_1 = 90\,\mathrm{km/hr}$

3번국도($L_2 = 14\,\mathrm{km}$) 구간의 평균 속력 $v_2 = 70\,\mathrm{km/hr}$

지방도로($L_1 = 8\,\mathrm{km}$) 구간의 평균 속력 $v_3 = 50\,\mathrm{km/hr}$

총 소요시간 = 총거리 ÷ 평균 속력 = 각 구간 주행시간의 합이므로 버스의 평균속력은 다음과 같이 구할 수 있다.

$$\frac{L}{v_{avg}} = \frac{L_1}{v_1} + \frac{L_2}{v_2} + \frac{L_3}{v_3} \qquad \therefore \; v_{avg} = \frac{9+14+8}{\frac{9}{90} + \frac{14}{70} + \frac{8}{50}} = 67\,\mathrm{km/hr}$$

다층지반에서 전체층에 대한 등가 투수계수를 계산한 결과를 비교해 보면 수평방향 투수계수가 연직방향 투수계수보다 크다. 즉

$$k_h \geqq k_v \tag{6.38}$$

식 (6.38)은 수학적으로 증명이 가능하다.

수평방향과 연직방향의 투수계수가 같다고 보면 다층지반의 평균투수계수는 식 (6.39)와 같다.

$$k_e = \sqrt{k_x k_z} \tag{6.39}$$

➤ 예제 6.4

그림과 같은 성층토 지반의 전체층 평균 투수계수를 구하라.

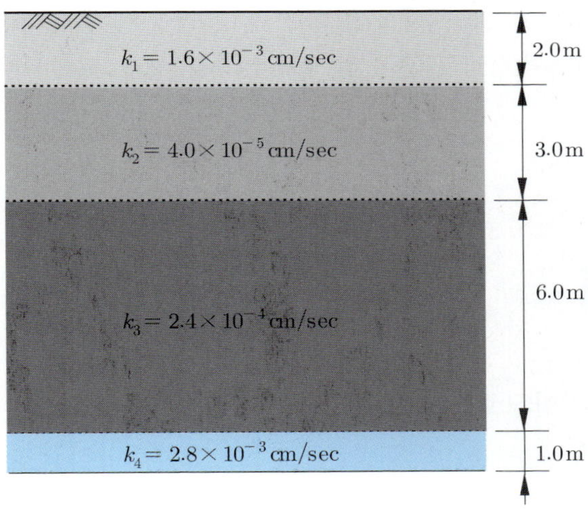

풀이 전체층 두께 $H = H_1 + H_2 + H_3 + H_4 = 2.0 + 3.0 + 6.0 + 1.0 = 12.0\,\text{m}$

① 각층 투수계수의 지수 통일

$k_1 = 1.6 \times 10^{-3}\,\text{cm/sec} = 16.0 \times 10^{-4}\,\text{cm/sec}$

$k_2 = 4.0 \times 10^{-5}\,\text{cm/sec} = 0.4 \times 10^{-4}\,\text{cm/sec}$

$k_3 = 2.4 \times 10^{-4}\,\text{cm/sec} = 2.4 \times 10^{-4}\,\text{cm/sec}$

$k_4 = 2.8 \times 10^{-3}\,\text{cm/sec} = 28.0 \times 10^{-4}\,\text{cm/sec}$

② 수평방향 등가투수계수

$$k_H = \frac{1}{H}(k_1 H_1 + k_2 H_2 + k_3 H_3 + k_4 H_4)$$

$$= \frac{1}{12\times10^2}(1.6\times2.0+0.4\times3.0+2.4\times6.0+28.0\times1.0)\times10^2\times10^{-4}\text{cm/sec}$$

$$= 4.2\times10^{-4}\text{cm/sec}$$

③ 연직방향 등가투수계수

$$k_v = \frac{H}{\frac{H_1}{k_1}+\frac{H_2}{k_2}+\frac{H_3}{k_3}+\frac{H_4}{k_4}} = \frac{12.0\times10^2}{\left(\frac{2.0}{16.0}+\frac{3.0}{0.4}+\frac{6.0}{2.4}+\frac{1.0}{28.0}\right)\times10^2}\times10^{-4}$$

$$= \left(\frac{12.0}{0.125+0.75+2.60+0.036}\right)\times10^{-4} = 3.42\times10^{-4}\text{cm/sec}$$

④ 전체층 평균 투수계수

$$k_e = \sqrt{k_h \cdot k_v} = \sqrt{4.2\times3.42}\times10^{-4} = 3.78\times10^{-4}\text{cm/sec}$$

◀

6.6 2차원 흐름

지하수가 일정하게 한 방향으로 흐르는 것을 일차원 흐름이라고 한다. 일차원 흐름에서 지하수 침투방향으로의 유속을 v_x라 하면 침투방향과 직교하는 방향으로의 유속은 0이 된다. 이와 달리 침투방향과 침투속도가 변하는 것을 2차원 흐름(2-D flow)이라고 한다. 즉 침투가 진행되는 동안 수평방향과 연직방향의 침투속도는 위치마다 달라진다.

2차원 흐름의 예는 흙댐의 하부에 차수벽을 설치했을 때나 그림 6.12와 같은 널말뚝으로 차수를 하여 물이 차수벽의 하부지반을 돌아서 침투하는 경우를 들 수 있다.

6.6.1 2차원 흐름의 기본 방정식 : Laplace 방정식

2차원 흐름의 기본 방정식을 유도하기 위하여 다음과 같은 가정을 설정한다.

① 지반은 완전 포화상태이다.
② 흙은 균질하고 등방성이다.
③ 물의 흐름은 Darcy 법칙을 따른다.
④ 물과 흙은 비압축성이다.

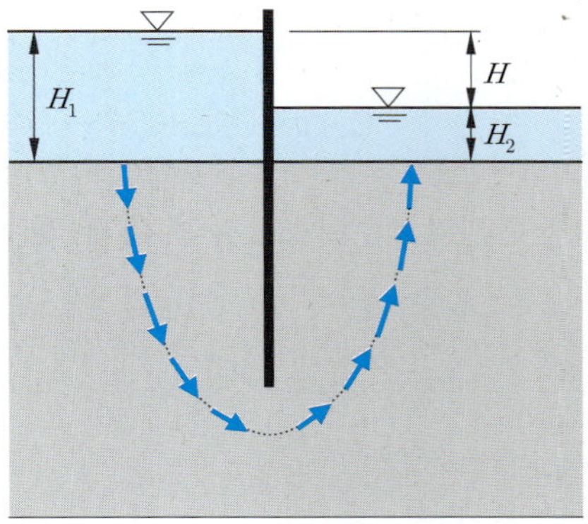

그림 6.12 2차원 흐름의 예(널말뚝 차수벽 지반)

그림 6.12의 침투경로 상의 한 점인 미소요소($dx \times dy \times dz$)의 침투유속 및 침출유속과 그 성분을 그림 6.13에 나타내었다. 침투유속(v_{enter})과 침출유속(v_{exit})의 합력의 크기는 변하지 않았으나 x방향 유속과 z방향의 유속이 변하였음을 알 수 있다. 그림 6.12에서 상·하류측 수위 H_1과 H_2가 불변이므로 정상흐름(steady flow)이고 이 요소에 대한 유입유량과 유출유량은 같다.

$$q_{enter} = q_{exit} \tag{6.40}$$

여기서, $q_{enter} = v_x\, dy\, dz + v_z\, dx\, dy$

$$q_{exit} = \left(v_x + \frac{\partial v_x}{\partial x} dx\right) dy\, dz + \left(v_z + \frac{\partial v_z}{\partial z} dz\right) dx\, dy$$

따라서,

$$v_x\, dy\, dz + v_z\, dx\, dy = \left(v_x + \frac{\partial v_x}{\partial x} dx\right) dy\, dz + \left(v_z + \frac{\partial z_z}{\partial z} dz\right) dx\, dy \tag{6.41}$$

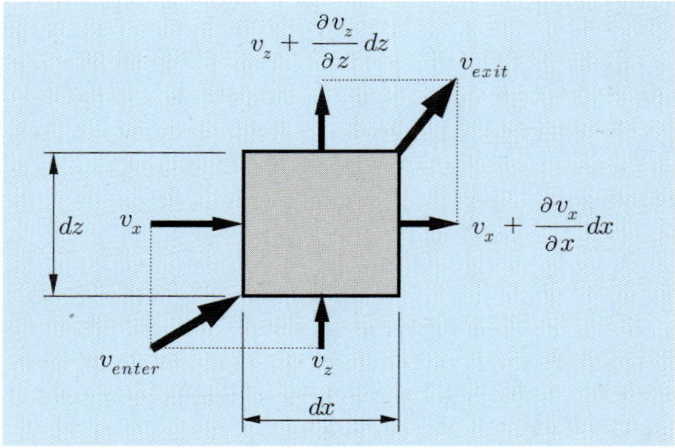

그림 6.13 침투경로 상 미소요소의 유입 및 유출 유속

식 (6.41)을 정리하면

$$\frac{\partial v_x}{\partial x} dx\, dy\, dz + \frac{\partial v_z}{\partial z} dx\, dy\, dz = 0$$

양변을 dx, dy, dz 로 나누면 ($dx \neq 0$, $dy \neq 0$, $dz \neq 0$)

$$\frac{\partial v_x}{\partial x} + \frac{\partial v_z}{\partial z} = 0 \tag{6.42}$$

식 (6.42)를 연속방정식(equation of continuity)이라 한다.

v_x와 v_z는 Darcy 법칙을 적용하여 x와 z에 대해 미분하면

$$v_x = k_x\, i_x = k_x \left(-\frac{dh}{dx}\right) \tag{6.43a}$$

$$v_z = k_z\, i_z = k_z \left(-\frac{dh}{dz}\right) \tag{6.43b}$$

식 (6.43a)와 식 (6.43b)를 식 (6.42)에 대입하면

$$\frac{\partial v_x}{\partial x} = \frac{\partial}{\partial x}\left(-k_x \frac{dh}{dx}\right) = -k_x \frac{\partial^2 h}{\partial x^2} \tag{6.44a}$$

$$\frac{\partial v_z}{\partial z} = \frac{\partial}{\partial z}\left(-k_z \frac{dh}{dz}\right) = -k_z \frac{\partial^2 h}{\partial z^2} \tag{6.44b}$$

식 (6.44a)와 식 (6.44b)를 식 (6.42)에 대입하여

$$-k_x \frac{\partial^2 h}{\partial x^2} - k_z \frac{\partial^2 h}{\partial z^2} = 0 \tag{6.45}$$

투수층이 등방성 지반인 경우는($k_x = k_z$)

$$\frac{\partial^2 h}{\partial x^2} + \frac{\partial^2 h}{\partial z^2} = 0 \tag{6.46}$$

식 (6.46)은 균질하고 등방성인 지반의 2차원 흐름에 대한 Laplace 방정식이다.

6.7 유선망

6.7.1 유선과 등수두선

식 (6.46)의 Laplace 방정식은 수학적으로 풀 수 있다. 그러나 이 과정은 대단히 복잡하므로 보통 유선망(flow net)을 그리는 도해법을 이용한다. 유선망은 Laplace 방정식의 특성을 이용하여 그릴 수 있다.

Laplace 방정식의 해를 구하면 다음과 같은 한 쌍의 방정식을 얻는다.

- 방정식 ① : 유선(流線, flow line, stream line) – 물이 흐르는 경로
- 방정식 ② : 등수두선(等水頭線, equipotential line) – 수두가 같은 점을 연결한 선

이때 수두란 전수두를 말한다.

유선과 등수두선의 특성은 다음과 같다.

① 유선과 등수두선은 직교한다.
② 인접한 유선은 평행한 방향으로 교차하지 않는다.
③ 인접한 등수두선도 평행한 방향으로 교차하지 않는다.

그림 6.14에서 침투는 물의 침투구역이 한정된 confined flow이다. 경계조건을 살펴보면 구조물 벽을 따라 흐르는 $\overline{BCDE}$와 불투수층 경계면을 따라 흐르는 $\overline{GH}$는 유선이고, 침투면 $\overline{AB}$와 침출면 $\overline{EF}$ 는 등수두선이다.

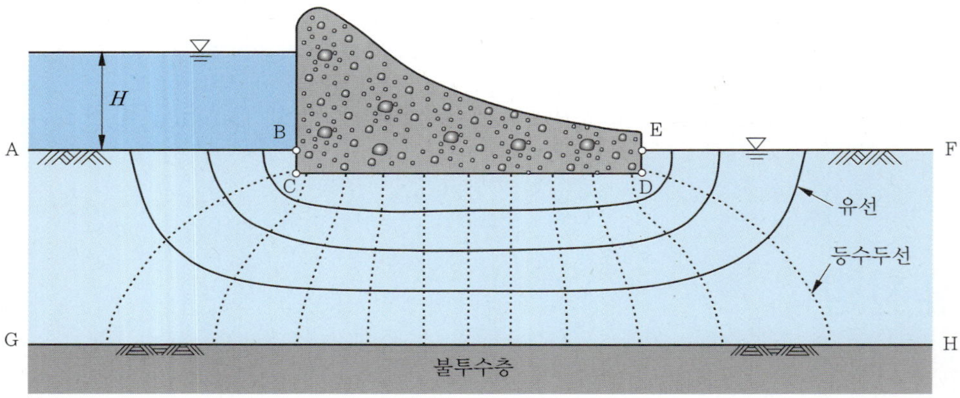

그림 6.14 유선과 등수두선

6.7.2 유선망의 작도

유선망은 유선과 등수두선으로 이루어지는 망(網, net)을 침투구역 내에 그려서 얻는다. 유선과 등수두선은 직교하도록 그려야 하며 정사각형에 가깝도록 한다. 일차원 흐름의 경우는 정사각형 망이 쉽게 그려지지만 2차원 흐름의 경우는 사실상 곡선으로 된 정사각형을 그리게 된다. 곡선으로 된 정사각형은 이론상 정사각형이므로 내접원을 그려 넣었을 때 네 변이 모두 접하도록 하면 된다.

2~3개의 유선망의 특성에 맞게 유선을 먼저 그려 넣은 뒤 등수두선을 그려나가는데 모든 망을 단숨에 잘 그릴 수는 없으므로 침투면에서부터 정사각형이 되도록 단계적으로 수정을 해 나간다.

그림 6.15는 유선망을 그리는 한 예를 보이고 있다. 작성된 유선망은 모두 정사각형 모양을

이루지 않을 수 있다. 그러나 반드시 원에 외접하는 형태가 되어야 하고 삼각형 또는 오각형의 경우에도 원에 외접하도록 그려야 한다.

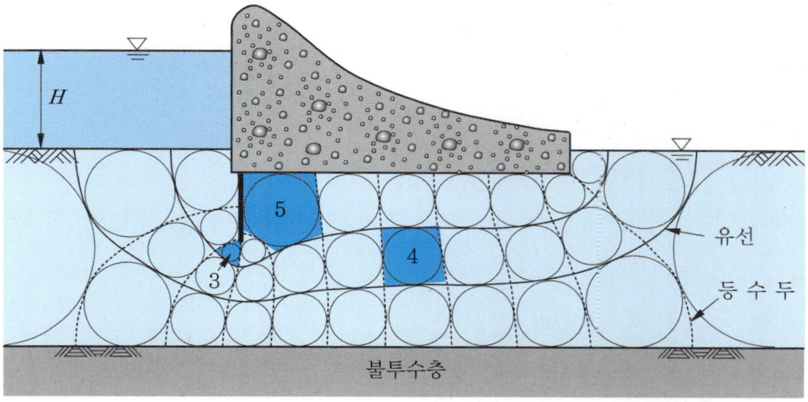

그림 6.15 유선망의 작성 예

잘못 그려진 유선이 있으면 등수두선을 작성하는 과정에서 이를 발견할 수 있고 잘못된 부분부터 다시 수정해 나가야 한다.

유선망 형태에 따른 지하수 흐름의 특성은 다음과 같다.

■ 부분 : 물이 흐르는 부분

▲ 부분 : 물이 회절(回折)하는 부분

⬟ 부분 : 물이 고여 있는 부분

PISA TIP (6.6) 유선망을 잘 그리려면?

① 잘 그려진 유선망을 많이 보고 잘 기억해 둔다.

② 유선을 작성할 때 입체적인 안목을 가지고 그려나가는 것이 중요하다.

③ 시행착오를 거듭하다 보면 숙달이 된다.

④ 단면이 대칭인 경우 유선망도 대칭이 되도록 그린다.

⑤ 그려 넣어야할 유선의 모양은 인접한 유선의 절충 형태가 된다.

⑥ 이미 확정되어 있는 유선(상하부 경계선)을 고려하여 시작한다.

6.7.3 유선망의 특성

유선망의 가장 중요한 특성은 다음 두 가지이다. 유선망의 특성을 이용하면 침투유량과 침투 시 수두 및 침투수압을 손쉽게 계산할 수 있게 된다.

① 인접한 유선사이(각 유로)의 유량은 같다.

② 인접한 등수두선 사이의 수두차(수두손실)는 같다.

그림 6.16에는 널말뚝(矢板, sheet pile)이 타입된 지반에 대한 유선망이 제시되어 있다. 기준면은 지표면과 일치하고 있는 하류측 수면으로 잡고 있다.

유선망의 특성을 종합하면 다음과 같다.

- 흙 속에 있는 널말뚝의 표면은 유선이다.
- 불투수층의 표면은 유선이다.
- 이미 존재하는 2개의 유선 외에 유선3개를 더 그려 넣었다.(총 2+3=5개)
  따라서 유로의 수는 4개이다.(N_f = 총 유선의 수 − 1 = 4)
- 침투면(상류측 지표면)은 전수두 H인 등수두선이다.
- 침출면(하류측 지표면)은 전수두 0인 등수두선이다.
- 이미 존재하는 2개의 등수두선 외에 5개의 등수두선을 더 그려 넣었다.
  (∴ 총 등수두선의 수 2+5=7개)
- 수두면의 수(등수두선 사이의 간격 수)는 6개이다.
  (N_d = 총 등수두선의 수 − 1 = 6)

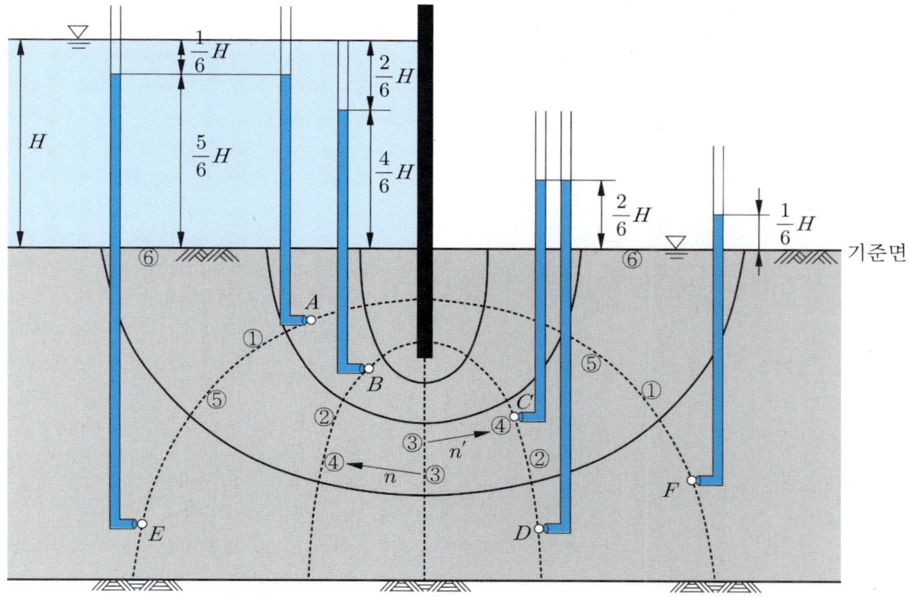

그림 6.16 유선망의 특성

그림 6.16에서 보는 바와 같이 널말뚝의 좌측 지표면에서 침투한 물이 우측 지표면에 도달하는 동안 발생한 수두손실은 수두차 $\Delta H = H - 0 = H$와 같다.

침투지반 임의점에서의 전수두는 수두손실을 이용하여 구할 수 있다. 일반적으로 인접한 등수두선 사이의 수두손실은 모두 같으므로

$$\Delta h = \frac{\Delta H}{N_d} \tag{6.47}$$

여기서, $\Delta H = H$이고 $N_d = 6$이므로 $\Delta h = \frac{H}{N_d} = \frac{H}{6}$이다.

침투지반 내 임의점의 전수두는 식 (6.28)과 같이 계산할 수 있다.

$$h_A = n\,\Delta h = (N_d - n')\,\Delta h \tag{6.48}$$

여기서, n : 침출면에서 임의점까지 수두면의 수

n' : 침투면에서 임의점까지 수두면의 수

따라서 $n + n' = N_d$ 가 된다.(n과 n' 값은 소수일 수 있음)

그림 6.16의 각 점에서 전수두를 식 (6.47)로 계산해 보면

- A점이 침출면에서 5번째(침투면에서 1번째) 등수두선 상에 있으므로 전수두는

  $h_A = n\,\Delta h = 5 \times \frac{H}{6} = \frac{5}{6}H$

  또는 $h_A = (N_d - n')\,\Delta h = (6-1) \times \frac{H}{6} = \frac{5}{6}H$

- B점이 침출면에서 4번째 등수두선 상에 있으므로 전수두는

  $h_B = n\left(\frac{H}{6}\right) = \frac{4}{6}H$

  또는 $h_B = (N_d - n')\,\Delta h = (6-2) \times \frac{H}{6} = \frac{4}{6}H$

- C점과 D점은 침출면에서 2번째 등수두선 상의 점들이므로 전수두는

  $h_C = h_D = n\left(\frac{H}{6}\right) = \frac{2}{6}H$

  또는 $h_C = h_D = (N_d - n')\,\Delta h = (6-4) \times \frac{H}{6} = \frac{2}{6}H$

전수두를 구할 때 침출면에서 임의점까지 수두면의 수(n) 또는 침투면에서 임의점까지 수두면의 수(n') 어느 것을 사용해도 결과는 같으나 n을 사용하는 것이 편리하다.

6.7.4 유선망의 이용

1) 침투유량의 산정

그림 6.17의 한 개의 유선망을 통과하는 침투유량은 유로 당 침투유량과 같다. 한 개의 유로 당 침투유량 Δq는 Darcy 법칙에 대입해서 식 (6.49)와 같이 된다.

$$\Delta q = k\,\frac{\Delta h}{L}\,A = k\,\frac{\Delta h}{a}\,(a \times 1) = k\,\Delta h \qquad (6.49)$$

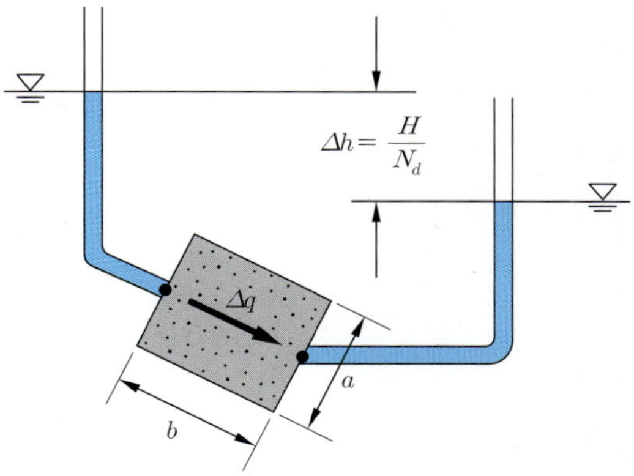

그림 6.17 한 개의 유로 당 침투유량의 산정

유선망 한 개의 수두손실을 구하는 식 (6.47)을 식 (6.49)에 대입하면 한 개의 유로에서 침투유량은

$$\Delta q = k \frac{\Delta H}{N_d} \tag{6.50}$$

전체층의 침투유량(Q)은 '각 유로의 유량은 같다'는 유선망의 성질을 이용하여 한 개의 유로에서 침투하는 유량에 유로의 수를 곱하여 구한다.

$$Q = \Delta q \; N_f \tag{6.51}$$

따라서 전체층 침투유량은

$$Q = k \, \Delta H \frac{N_f}{N_d} \tag{6.52}$$

여기서, ΔH : 전수두차
N_f : 유로의 수
N_d : 수두면의 수

식 (6.52)를 보면 침투유량은 유로의 수와 수두면의 수의 비에 비례한다. 따라서 유로의 수를 몇 개로 하느냐보다는 유로와 수두면의 비를 정확하게 구하는 것이 중요하다.

유선망을 작성하다보면 마지막 유선망이 정사각형에 딱 들어맞지 않을 수 있다. 이 때 이전에 작성한 유선망들이 모두 유선망의 성질에 맞게 작성되어 있다면 굳이 마지막 유선망을 정사각형이 되도록 다시 수정하지 않아도 된다. 즉 유로의 수가 정수가 아닌 소수라도 허용된다. 이 경우 마지막 유선망은 길이에 대한 폭의 비로 유선망의 수가 표현된다(예를 들어 0.4개). 그려 넣는 유선망은 보통 2~3개가 적당하다.

2) 간극수압(u)의 산정

그림 6.18과 같이 유로의 수가 4개이고 수두면의 수가 6개인 경우 임의점(A)에서 간극수압은 압력수두와 물의 단위중량을 곱해 구한다. 압력수두는 전수두에서 위치수두를 뺀 값이므로

$$u = h_p \gamma_w = (h - h_e)\gamma_w \tag{6.53}$$

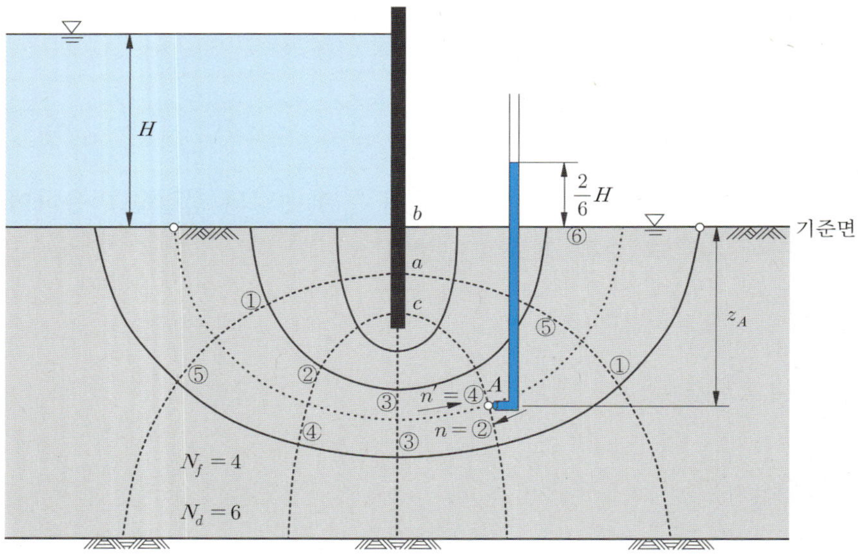

그림 6.18 간극수압의 산정

간극수압 u_A는 다음 순서에 의해 구한다.

- A점의 위치수두 $h_e = -z_A$
- A점의 전수두 $h = n\dfrac{\Delta H}{N_d} = \dfrac{n}{N_d}\Delta H$

- A점의 압력수두 $h_p = h - h_e = \dfrac{n}{N_d}\Delta H - (-z_A) \quad = \dfrac{n}{N_d}\Delta H + z_A$

따라서 A점의 간극수압은

$$u_A = \gamma_w \left[\frac{n}{N_d}\Delta H + z_A \right] \tag{6.54}$$

여기서, n : 침출면에서 A점까지의 수두면의 수

그림 6.18 A점의 간극수압 u_A는

$$u_A = \gamma_w \left[\frac{2}{6}\Delta H + z_A \right] = \gamma_w \left(\frac{1}{3} H + z_A \right)$$

3) 동수경사의 산정

그림 6.19에서 $a-b$면에 작용하는 침투수압을 결정하기 위해 $\overline{ac}$ 및 $\overline{bd}$의 길이를 D라 하고 a점과 b점의 동수경사를 구하는 방법을 알아보기로 하자.

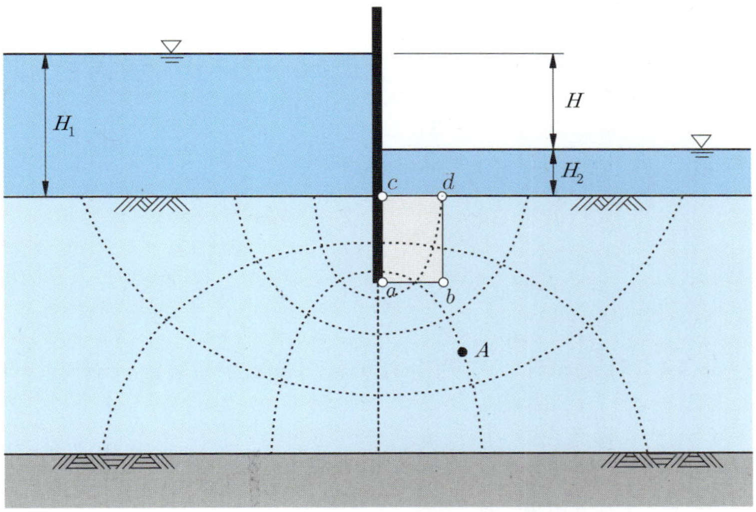

그림 6.19 동수경사 및 침투수압의 산정

① $\overline{ac}$ 구간의 동수경사(i_{ac})

a 점과 c 점의 전수두는

$$h_a = \frac{n}{N_d} H = \frac{2.75}{6} H = 0.46\,H$$

$h_c = 0$ (침출면의 전수두는 항상 0임)

따라서 $\overline{ac}$ 구간의 동수경사는

$$i_{ac} = \frac{\Delta h}{L} = \frac{h_a - h_c}{D} = \frac{h_a}{D} = \frac{0.46H}{D} \tag{6.55}$$

② $\overline{bd}$ 구간의 동수경사(i_{bd})

b 점과 d 점의 전수두는

$$h_b = \frac{n}{N_d} H = \frac{1.8}{6} H = 0.3\,H$$

$h_d = 0$ (침출면의 전수두는 항상 0임)

따라서 $\overline{bd}$구간의 동수경사는

$$i_{bd} = \frac{\Delta h}{L} = \frac{h_b - h_d}{D} = \frac{h_b}{D} = \frac{0.3H}{D} \tag{6.56}$$

➤ 예제 6.5

그림과 같은 수두차 5.4m 인 콘크리트 댐의 유선망을 이용하여 다음을 구하라. ($\overline{BC} = \overline{DE} = 1.2\text{m}$)

(1) 하부지반의 투수계수 $k = 3.5 \times 10^{-3}\text{cm/sec}$ 일 때 댐의 단위폭당 1일 동안의 침투유량

(2) B, C, D, E점의 간극수압

조건 $H = 5.4\text{m}$, 유로의 수 $N_f = 4$, 수두면의 수 $N_d = 12$, $k = 3.5 \times 10^{-3}$

요구 (1) $q(\text{m}^3/\text{day}/\text{m})$ (2) u_B, u_C, u_D, u_E

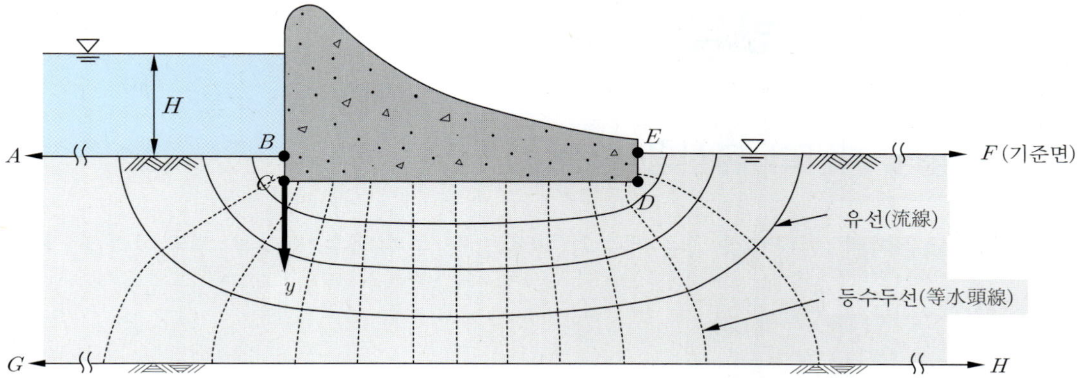

풀이 (1) $q = kH\frac{N_f}{N_d} = (3.5\times 10^{-3})(10^{-2})(5.4)\frac{4}{12}(60\times 60\times 24) = 5.44\,\text{m}^3/\text{day}/\text{m}$

(2) 압력수두 및 간극수압 계산

① $h_B = H$(침투면) $= 5.4\,\text{m}$

$h_C = \frac{n}{N_d}H = \frac{10.8}{12}(5.4) = 4.86\,\text{m}$

$h_D = \frac{n}{N_d}H = \frac{1.4}{12}(5.4) = 0.63\,\text{m}$

$h_E = 0$(침출면)

② $h_{eB} = h_{eE} = 0$ (기준면)

$h_{eC} = h_{eD} = -1.2\,\text{m}$ (기준면 아래 1.2 m 아래 위치)

③ $h_{pB} = h_B - h_{eB} = 5.4 - 0 = 5.4\,\text{m}$

$h_{pC} = h_C - h_{eC} = 4.86 - 1.2 = 6.06\,\text{m}$

$h_{pD} = h_D - h_{eD} = 0.63 - 1.2 = 1.83\,\text{m}$

$h_{pE} = h_E - h_{eE} = 0 - 0 = 0\,\text{m}$

④ $u = \gamma_w \cdot h_P = h_P (\gamma_w = 1.0\,\text{t/m}^3)$

위치	B	C	D	E
① 전수두 h(m)	5.4	4.86	0.63	0
② 위치수두 h_e(m)	0	−1.2	−1.2	0
③ 압력수두 h_p(m)	5.4	6.06	1.83	0
④ 간극수압 u(t/m^2)	5.4	6.06	1.83	0

6.8 이방성 지반의 침투

6.8.1 이방성 지반의 유선망 작성

이방성 토층이란 수평방향 투수계수와 연직방향 투수계수가 다른 경우이다($k_x \neq k_z$). 이 경우 Laplace 방정식은

$$k_x \frac{\partial^2 h}{\partial x^2} + k_z \frac{\partial^2 h}{\partial z^2} = 0 \tag{6.57a}$$

양변을 k_z로 나누어($k_z \neq 0$)

$$\frac{k_x}{k_z} \frac{\partial^2 h}{\partial x^2} + \frac{\partial^2 h}{\partial z^2} = 0 \tag{6.57b}$$

새로운 좌표 x_T를 도입하여

$$x_T = \sqrt{\frac{k_z}{k_x}} \cdot x \tag{6.58a}$$

또는

$$x = \sqrt{\frac{k_x}{k_z}} \cdot x_T \tag{6.58b}$$

식 (6.58b)를 식 (6.57b)에 대입하여

$$\frac{\partial^2 h}{\partial x_T^2} + \frac{\partial^2 h}{\partial z^2} = 0 \tag{6.59}$$

식 (6.59)는 Laplace 방정식의 형태가 되어 (x_T, z) 좌표에서는 유선망을 작성할 수 있게 되었다.

예를 들어 $k_x = 9k_z$인 지반에서는 그림 6.20과 같이 가로축 스케일을 $\frac{1}{3}$로 축소한 단면에

유선망을 작성하면 된다.

$$x_T = \sqrt{\frac{1}{9}} \qquad x_T = \frac{1}{3}x$$

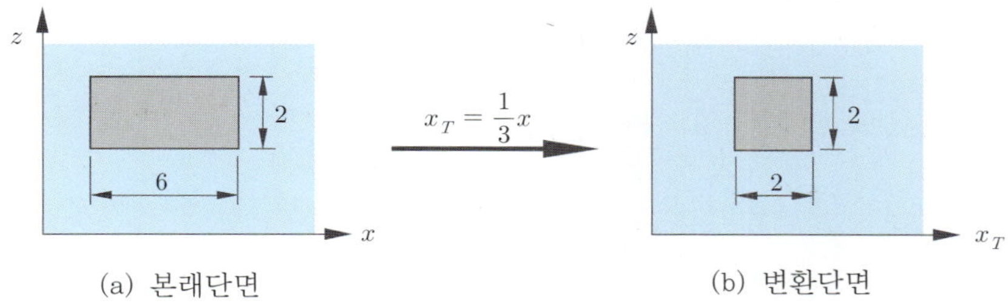

그림 6.20 이방성 지반에서 유선망 작도를 위한 변환단면

그림 6.20에서 보인 방법으로 본래단면(그림 6.21(a))를 그림 6.21(b)와 같이 변환하고 변환단면에서 작성된 유선망(그림 6.21(c))을 그림 6.21(d)와 같이 본래단면으로 환원하면 유선망은 정사각형이 아닌 직사각형 모양이 된다.

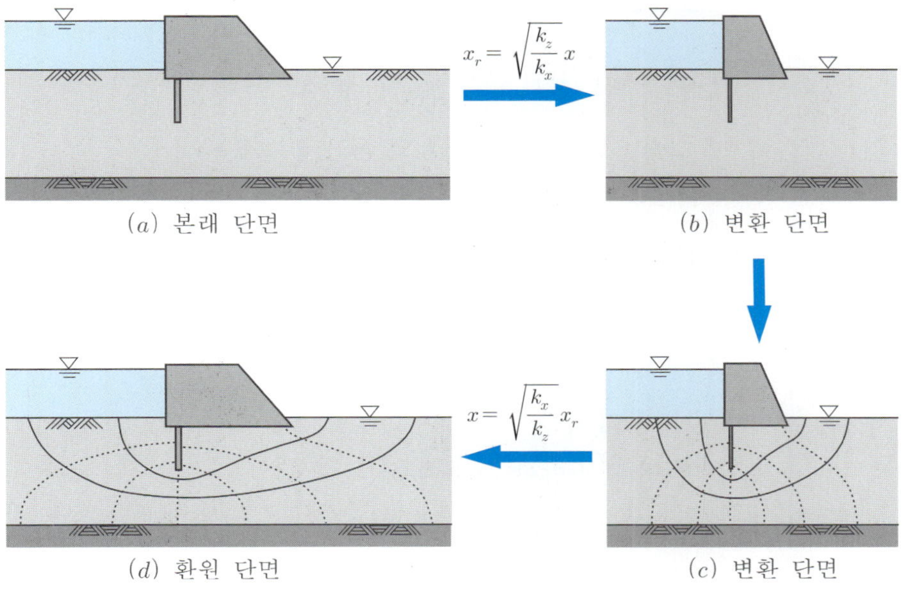

그림 6.21 유선망 작성을 위한 단면의 변환

6.8.2 이방성 지반의 침투유량

그림 6.22(a)에는 변환단면, 그림 6.22(b)에는 본래단면이 그려져 있다.

변환단면의 투수계수를 이방성 토층의 등가투수계수라 하고 k_e로 표기한다. 그림 6.22(a)와 (b)의 침투유량 Δq는 같다. 즉

$$\text{변환단면 : } \Delta q = k_e \frac{\Delta h}{a}(a \times 1) = k_e \, \Delta h \tag{a}$$

$$\text{본래단면 : } \Delta q = k_x \frac{\Delta h}{a\sqrt{\dfrac{k_x}{k_z}}}(a \times 1) = \sqrt{k_x \, k_z} \, \Delta h \tag{b}$$

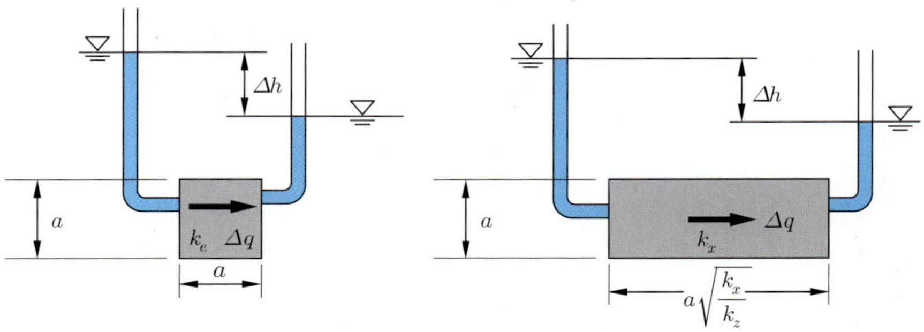

(a) 변환단면($k_x = k_z = k_e$)　　(b) 본래단면($k_x \neq k_z$)

그림 6.22 변환단면에서의 등가 투수계수

변환단면과 본래단면에서의 유량은 같아야 하므로 식 (a)=식 (b)

$$k_e = \sqrt{k_x \, k_z} \tag{6.60}$$

여기서, k_e : 이방성 지반의 평균 투수계수

k_x k_z : 수평 및 연직방향 투수계수

따라서 한 유로 당 유량 Δq는

$$\Delta q = k_e \, \Delta h = k_e \, \frac{H}{N_d'} \tag{6.61}$$

전체유량 q는 유로의 수 N_f'를 곱하여

$$q = \Delta q \, N_f' = K_e \, H \, \frac{N_f'}{N_d'} \tag{6.62}$$

여기서, N_f'와 N_d'는 각각 이방성 지반에서의 유로의 수와 수두면의 수이다.

6.9 물이 흙댐을 침투할 때의 유선망

그림 6.23과 같이 흙 댐이나 제방에 물이 침투하는 경우 가장 위쪽에 있는 유선 즉 침윤선(浸潤線, seepage line)의 위치가 결정되어 있지 않다. 이와 같이 흐름의 영역이 완전히 정해져 있지 않은 상태의 흐름을 자유흐름(unconfined flow)이라 한다. 유선망을 작성하기 위해서는 침윤선을 결정하여야 한다.

Casagrande 등의 연구에 의하면 침윤선은 그 형상이 포물선에 가깝다. 포물선은 한 점과 한 직선에 이르는 거리가 같은 점의 궤적이다. 이때 한 점을 초점(focus), 한 직선을 준선(directrix)이라 한다.

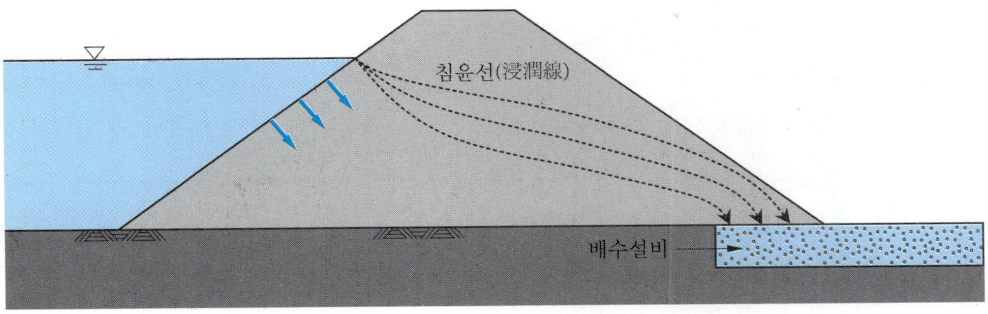

그림 6.23 흙댐이나 제방의 침윤선

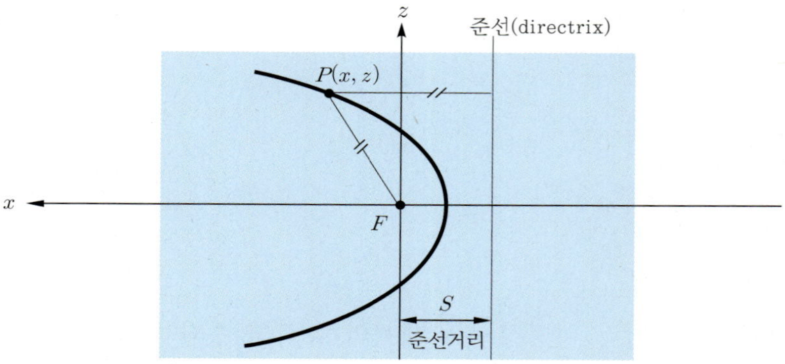

그림 6.24 포물선의 방정식

포물선의 방정식은

$$x = \frac{z^2 - S^2}{2S} \tag{6.63}$$

여기서, S : 준선거리 $S = \sqrt{X^2 + H^2} - X$

6.9.1 배수설비(Drainage)가 있는 경우

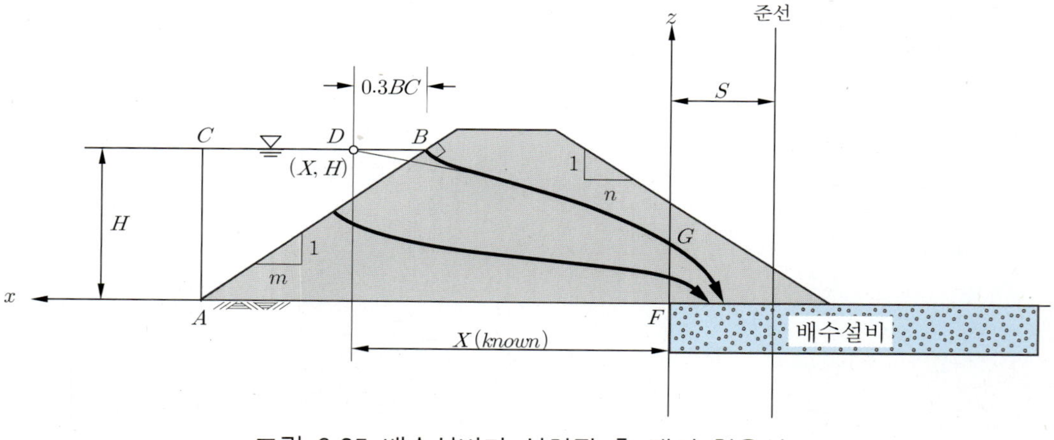

그림 6.25 배수설비가 설치된 흙 댐의 침윤선

흙 댐의 하류측 사면으로 침출수가 배출되면 사면에서 분사현상이 발생할 수 있으므로 안정성을 확보하기 위하여 그림 6.25와 같이 배수설비(drainage)를 설치하고 침출수를 배수 설비 쪽으로 유도하여 분사현상을 방지한다.

이 때 침윤선이 결정되어야 유선망을 그릴 수 있고 유선망을 이용하여 침투유량과 침투수압을 구할 수 있다.

1) 침윤선의 결정

가. 기본 포물선의 결정

- 초점 : 배수설비 선단 F를 원점으로 하여 좌표축(x, z)을 설정한다.
- 포물선의 시발점 : D(X, H), 단 D점은 $\overline{BD} = 0.3\,\overline{BC}$되는 점
- 준선거리 :

$$S = \sqrt{X^2 + H^2} - X \tag{6.64}$$

- 기본 포물선의 방정식 : $x = \dfrac{z^2 - S^2}{2S}$

식 (6.64)를 식 (6.63)에 대입하면 x-z 사이의 관계를 얻을 수 있다.

x	$-\dfrac{S}{2}$	0	…	…	…	X
z	0	S	…	…	…	H

나. 침윤선의 보정

- 상류측 보정 : 침윤선은 가장 위쪽의 유선이므로 B점을 통과하여야 하고 상류측 사면(등수두선)과 직교하여야 한다. 이렇게 시작한 침윤선을 기본 포물선과 잘 접합하도록 그리면 침윤선이 얻어진다.
- 하류측 보정은 할 필요가 없다.

2) 유선망의 작도

유선은 F를 공통초점으로 하는 포물선 형태가 되며 그림 6.26에 제시된 것과 같은 형상이 된다. 등수두선(점선)은 유선과 직교하며 망이 정사각형이 되도록 그리면 된다.

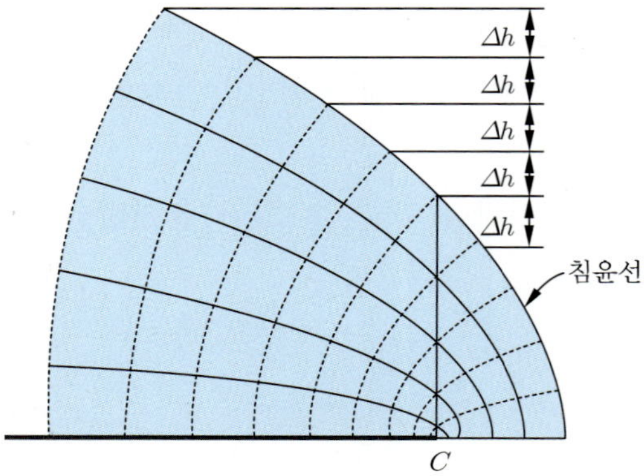

그림 6.26 침윤선의 특성을 이용한 등수두선의 작도

3) 유선망의 이용

유선망이 완성되면 유량, 간극수압, 동수경사 등을 산정할 수 있다.

가. 유량의 결정

① 유선망으로부터 침투유량을 구하는 방법

$$q = k\,H\,\frac{N_f}{N_d}$$

여기서, N_f와 N_d 중 어느 하나는 소수라도 좋다.(예 : $N_f = 3.7$) 그러나, 2개 모두 소수가 되면 유선망 특성을 확인하기 어려워 좋지 않다.

② 유선망을 그리지 않고 유량을 산정하는 근사식

$$Q = Q_{\overline{FG}} = k\,i\,A$$

여기서, $A = \overline{GF} \times 1 = S$

기본포물선의 방정식 $x = \dfrac{z^2 - S^2}{2S}$을 미분하면

$$dx = \frac{2z}{2S}\,dz, \quad 즉\ \frac{dz}{dx} = \frac{S}{z}$$

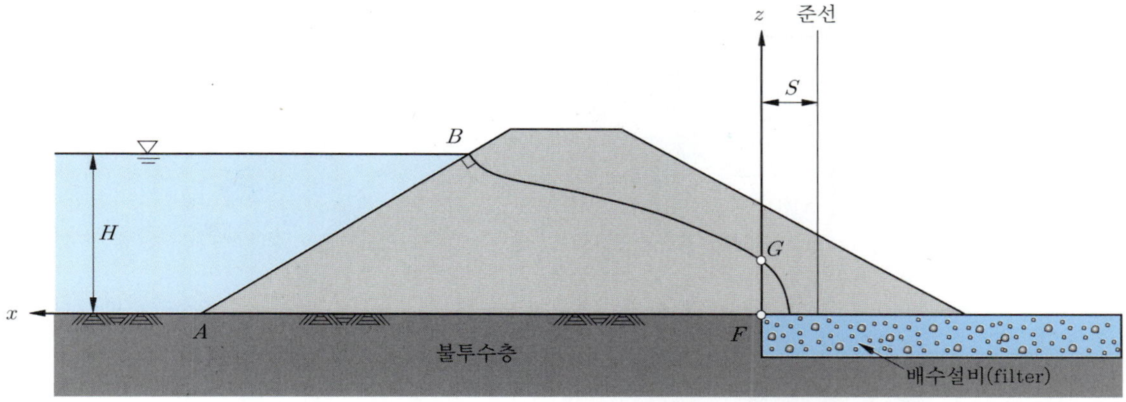

그림 6.27 유량을 산정하는 근사해법

동수경사 $i = \dfrac{dz}{dx}$, G점에서는 $z = S$ 이므로

$$\therefore \quad i = \frac{dz}{dx} = \frac{S}{S} = 1$$

$\overline{GF}$ 면의 침투유량 즉 제체의 침투유량은 $Q = k\,i\,A = k\,(1)\,S$

$$Q = k\,S \tag{6.65}$$

나. 간극수압의 결정

A점의 간극수압 u_A 를 구하는 방법을 살펴보면

AB는 등수두선이므로 A 점과 B 점의 전수두는 같다.($h_A = h_B$)

$$h_{eA} + h_{pA} = h_{eB} + h_{pB}$$

$$0 + h_{pA} = \overline{AC} + 0$$

$h_{pA} = \overline{AC}$ 즉, A점의 압력수두는 AB간의 연직높이와 같다. 따라서

$$u_A = \overline{AC}\ \gamma_w \tag{6.66}$$

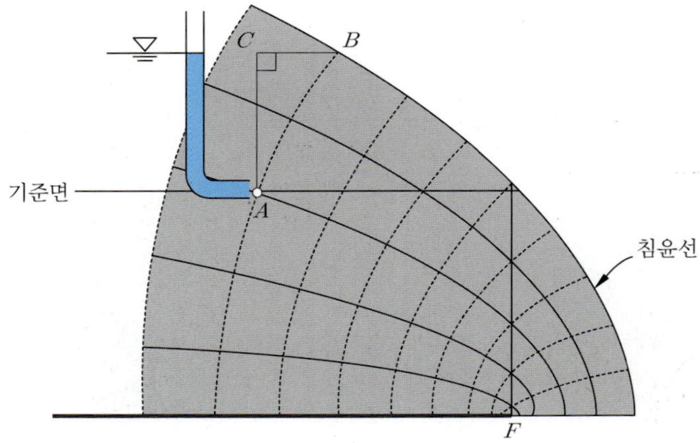

그림 6.28 유선망에서 간극수압의 결정

6.9.2 배수설비가 없는 경우

그림 6.29와 같이 하류측에 별도의 배수설비를 하지 않는 경우는 상류측 보정뿐만 아니라 하류측 보정도 필요하다. 왜냐하면 침윤선 아래쪽은 포화상태가 되어야 하는데 하류측 보정이 없으면 침출수가 그대로 사면을 타고 흘러내리는 오류가 생기기 때문이다.

1) 침윤선의 결정

가. 기본 포물선의 결정

- 초점 : F
- 시발점 : D ($\overline{BD} = 0.3\,\overline{BC}$)
- 준선거리 : $S = \sqrt{X^2 + H^2} - X$
- 기본포물선의 방정식 : $x = \dfrac{z^2 - S^2}{2S}$

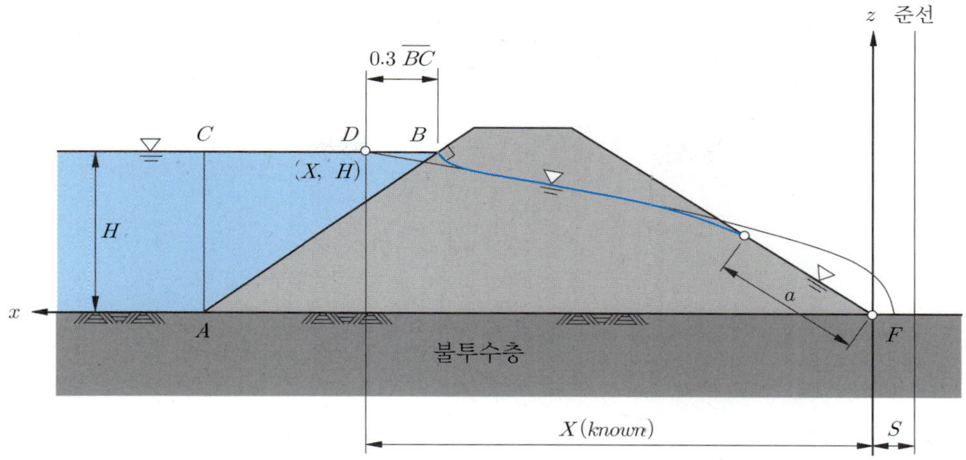

그림 6.29 배수설비가 없는 흙댐의 침윤선

나. 침윤선의 보정

- 상류측 보정 : 배수설비 있는 경우와 동일함
- 하류측 보정 : Gilboy 도표를 이용하여 침윤면의 길이 a를 결정

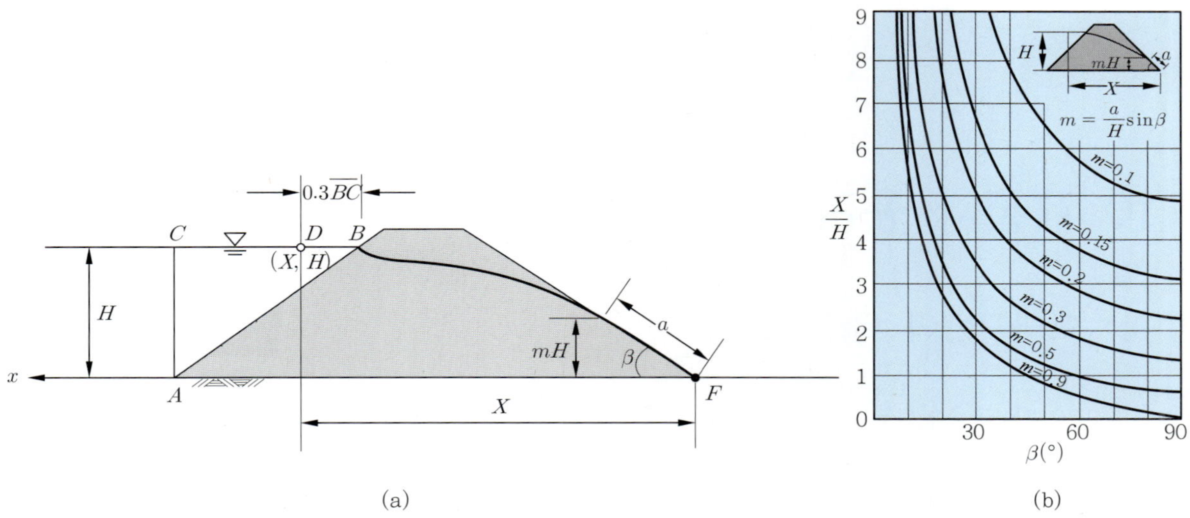

그림 6.30 흙댐의 침윤선 하류측 보정을 위한 Gilboy 도표

① $\frac{X}{H}$와 사면의 경사각 β을 이용하여 그림 6.30(b)에서 m값을 구한다.

② 침윤면의 길이($a = m\,H\,\text{cosec}\beta$)를 계산한다.

③ 기본포물선에서 침윤면에 잘 접합되도록 침윤선을 그려 보정한다.

2) 유선망의 작도

침윤선이 결정되면 그림 6.31과 같은 유선망을 그릴 수 있으며 유선망의 성질을 이용하여 침투유량, 간극수압, 동수경사, 침투수압 등을 산정할 수 있게 된다.

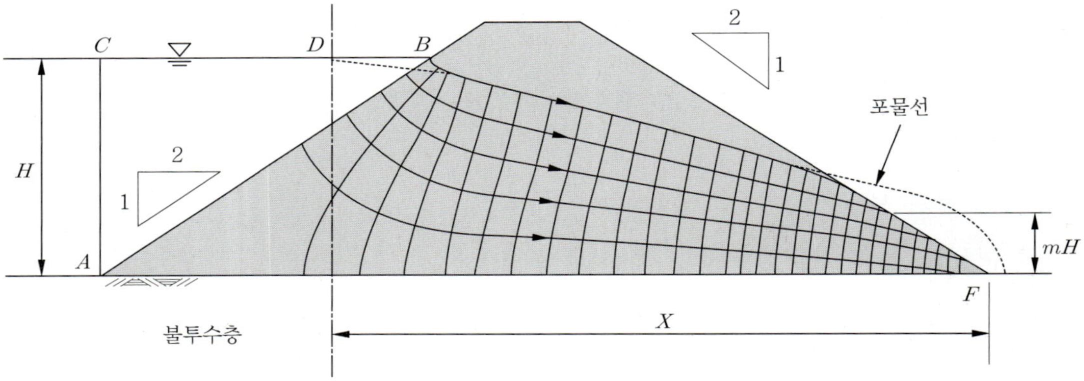

그림 6.31 배수설비가 없는 흙 댐의 유선망

6.10 세굴과 융기

6.10.1 모래지반의 세굴

침출면이 모래층인 경우 상향으로 작용하는 침투수압에 의해 분사현상(quick sand)과 보일링(boiling)이 발생하여 세굴(erosion)이 된다.

1) 후진 세굴에 의한 파이핑 현상

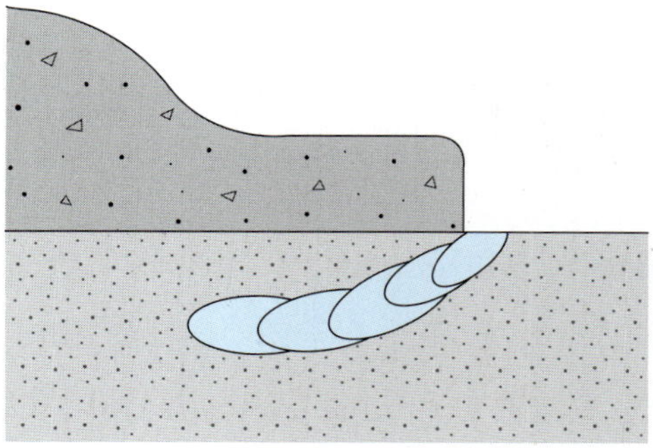

그림 6.32 후진 세굴에 의한 파이핑

그림 6.32와 같은 콘크리트 댐 하류단 인접부에서도 물이 침투해 올라갈 때 침출면의 동수경사(exit gradient ; i)가 너무 크면 세굴이 시작되고, 세굴은 상류측을 향하여 후진하면서 후진세굴(backward erosion)이 발생하게 된다. 그 결과로 댐 아래 지반에 파이프 같은 물의 통로가 형성되는 것을 파이핑(piping)현상이라 한다.

댐 하류단 부근의 유선망은 망의 크기가 상대적으로 작아서 유출 동수경사(exit gradient ; i_E)가 커지게 된다. 침출면의 동수경사가 한계동수경사보다 커지면(즉 $i_E > i_c$) 모래지반의 경우 분사현상이 발생하고 세굴이 시작된다. 세굴이 진행됨에 따라 유선의 길이는 그 만큼 짧아지고 동수경사는 증가하여 세굴의 진행은 점점 더 빨라진다.

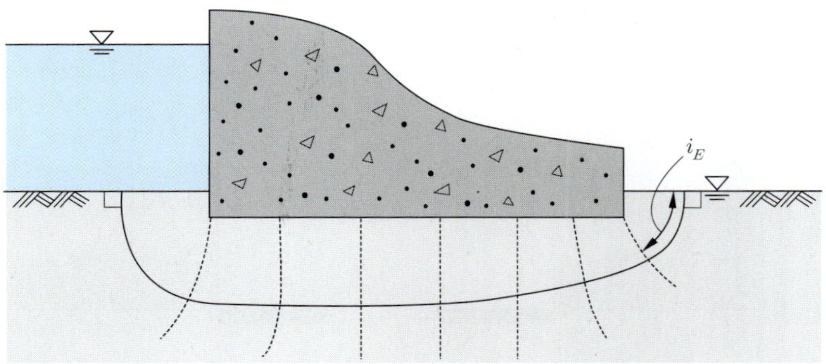

그림 6.33 유출 동수경사 i_E

2) 파이핑 현상 방지 대책

댐 아래 지반에 큰 공동이 형성되는 것은 대단히 위험하므로 파이핑 방지대책을 철저히 수립하여 실시하여야 한다. 파이핑 방지대책은 침출면의 동수경사(i_E)를 감소시키는 방법과 흙의 유실을 방지하는 방법이 있다.

① 댐 하류측에 널말뚝(sheet pile cut-off)을 설치하는 방법(그림 6.34(a))
: 침투유량을 감소시키고 특히 유출 동수경사(i_E)를 크게 감소시키는 효과가 있는 반면 댐 저면에 작용하는 양압력(楊壓力, uplift pressure)이 커져서 구조물의 안정성이 작아지는 문제점도 나타낸다.

② 하류단 부근에 배수설비를 설치하는 방법(그림 6.34(b))
: 파이핑 방지 효과가 있으나, 침투유량과 양압력을 개선하는 효과는 없다.

③ 상류측에 널말뚝 차수벽, 하류단 부근에 배수설비를 설치하는 방법(그림 6.34(c))
: 파이핑 방지 및 침투유량과 댐 저면의 양압력도 상당히 감소시키는 효과가 있다.

④ 상류측 하상(河床)에 점토 등으로 불투수 차수벽을 설치하는 방법(그림 6.34(d))
: 유선의 길이를 길게 하여 유출 동수경사(i_E)를 감소시킨다.

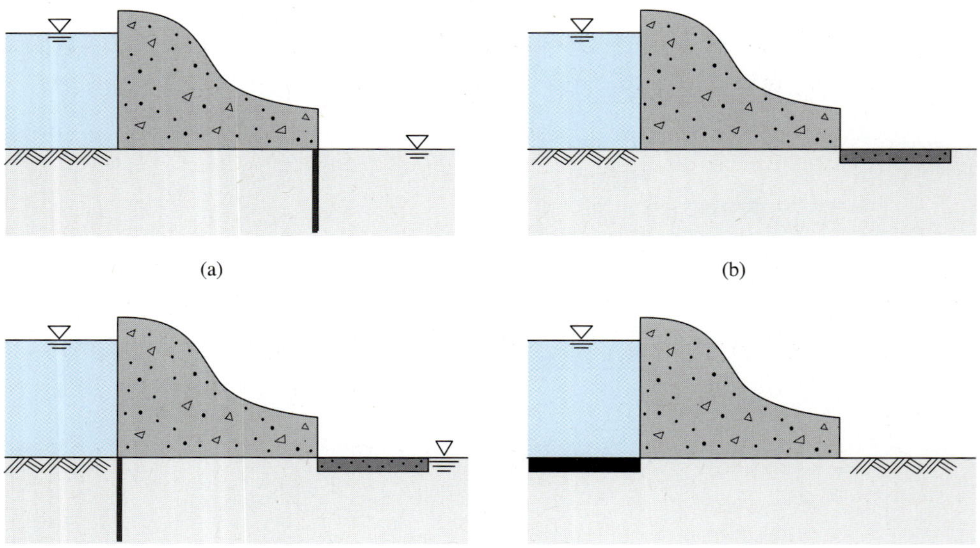

(a) (b) (c) (d)

그림 6.34 콘크리트 댐의 파이핑 방지 대책

3) 양압력 검토

파이핑 외에도 양압력에 대해서도 안전하여야 하고 침투유량도 적게 해야 한다. 양압력은 weir 또는 댐의 저면에 작용하는 상향의 간극수압이다.

Cedegren(1977)은 유출 동수경사는 0.3~0.4 이하가 적당하다고 하였다. 즉

$$i_E \leqq 0.3 \sim 0.4 \quad (6.67)$$

그림 6.35(a)는 침투 수류의 영향(유량, 파이핑, 양압력 등)에 대한 특별한 대비책 없이 단지 지표면보다 약간 아래 위치에 weir를 축조한 경우이다. 만약 지표면에 축조하면 유출 동수경사가 무한대($i_E \approx \infty$)가 되어 파이핑은 당연히 발생한다. 그림 6.35(b)와 같이 weir를 지표면에 설치하지 않고 지표면 아래 얕은 깊이에 설치한 것만으로도 파이핑에 대한 안전성은 상당히 증가한다.

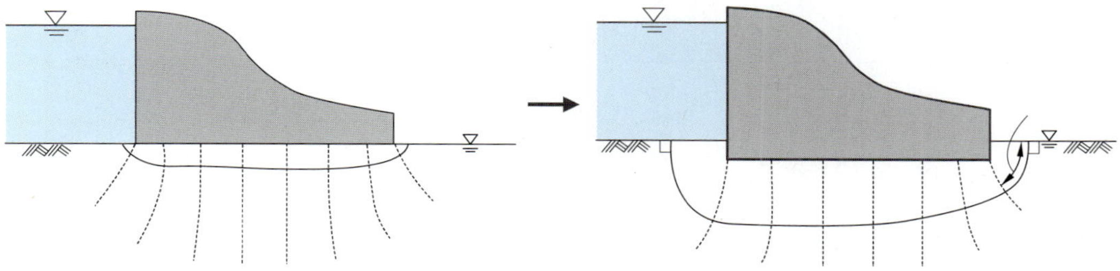

(a) 대책 없이 축조한 댐

(b) 구조물을 지표면 아래 근입시킨 경우

그림 6.35 구조물 근입에 의한 파이핑 안전성 증가

유출 동수경사를 감소시키는 방법으로 널말뚝 차수벽(sheet pile cut-off)을 설치하는데 파이핑 방지 효과는 그 설치 위치에 따라 크게 달라진다.

그림 6.36(a)와 같이 널말뚝 차수벽을 상류단에 설치한 경우와 그림 6.36(b)처럼 하류단에 설치한 경우 유선망은 좌우(상하류)가 반대일 뿐 유로의 수(3개)와 수두면의 수(8개)는 동일하다. 따라서 침투유량도 동일하다. 그러나 그림 6.36(a)에서는 유선망의 폭이 0에 가까워지면 유출 동수경사가 무한대가 되어 파이핑에 대한 안전율은 0이 된다.

한편 그림 6.36(b)의 경우에는 유출 동수경사 $i_E = 0.2$가 되어 파이핑에 대하여 안전하다고 판정할 수 있다. 그러나 이 경우에는 weir의 저면에 큰 양압력이 작용하게 되어 apron부분이

위험할 수 있다. 그러므로 파이핑과 함께 침투 유량, 양압력을 모두 고려하면 가장 안전한 설계는 그림 6.36(c)와 같이 상류단에는 널말뚝 차수벽을 설치하고 하류단에는 배수설비를 설치하는 것이다.

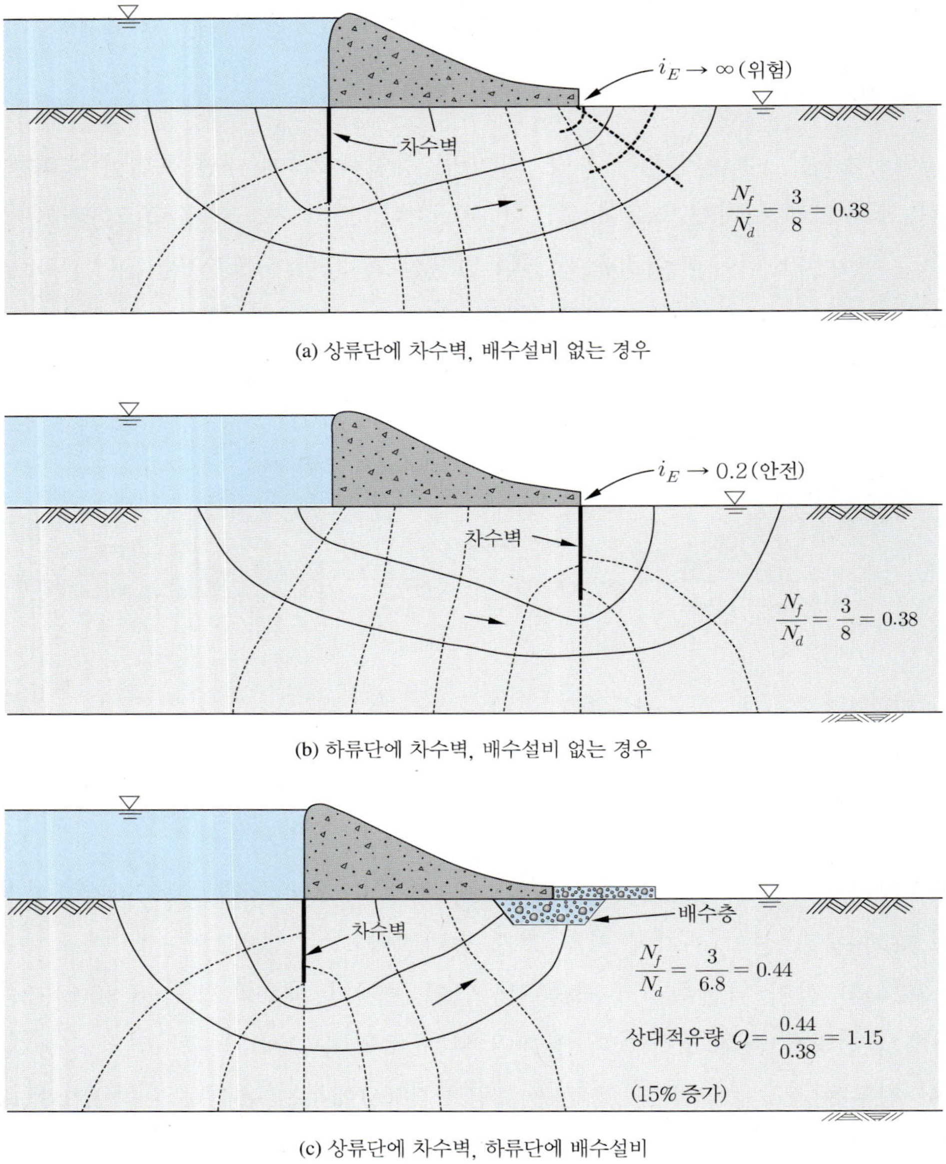

그림 6.36 파이핑 방지대책별 유선망과 파이핑에 대한 안정성 비교(Cedergren, 1977)

6.10.2 점토지반의 히빙

1) 히빙 현상

널말뚝이 타입된 지층에서 하류측에서의 상향 침투수압이 너무 크면 모래지반에서는 분사현상이 발생할 수 있음을 알았다(6.10.1 참조). 그러나 점성토 지반의 경우에는 흙의 점착력으로 인해 분사현상은 발생하지 않고 그림 6.37과 같이 지표면이 융기(지표면이 부풀어 오름)하는 히빙(heaving)현상이 발생하게 된다.

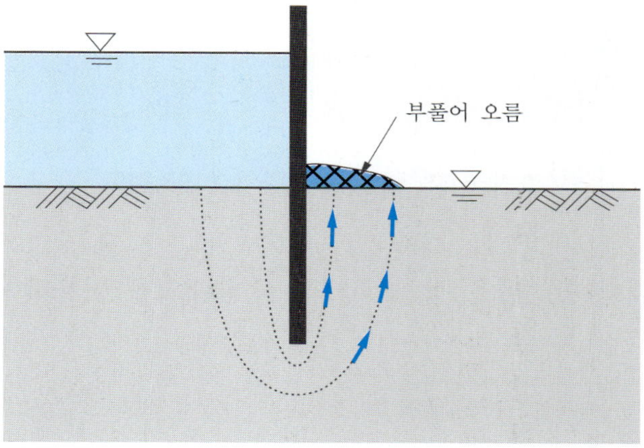

그림 6.37 히빙현상

Terzaghi는 널말뚝으로 차수된 지반의 융기(히빙) 현상에 대하여 그림 6.38과 같이 널말뚝 근입깊이의 $\frac{1}{2}$(즉 $B=\frac{D}{2}$)을 검토범위로 하는 방법을 제안하였다.

□ $abcd$의 흙의 수중 중량은

$$W' = \gamma' V \tag{6.68}$$

□ $abcd$에 작용하는 침투수압의 합력은

$$J = j V = i_{avg}\, \gamma_w\, V \tag{6.69}$$

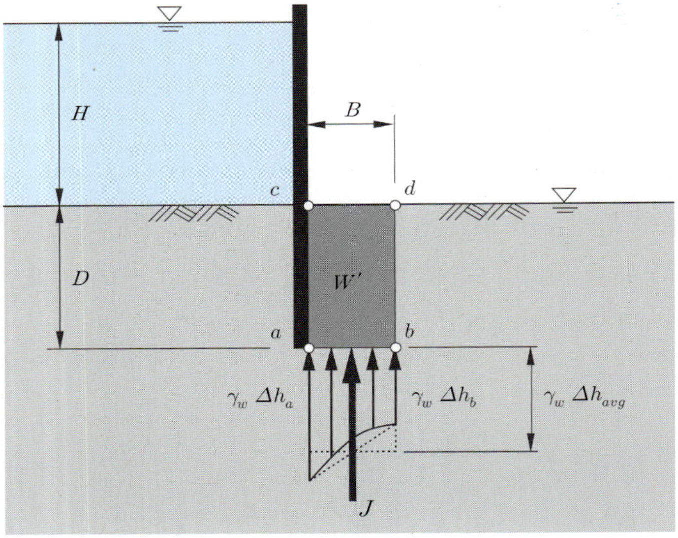

그림 6.38 널말뚝 주위의 히빙 검토

□$abcd$의 히빙에 대한 안전율은 식 (6.68)과 식 (6.69)을 이용하여

$$F_s = \frac{W'}{J} = \frac{\gamma' V}{i_{avg}\gamma_w V} = \frac{\gamma'}{i_{avg}\gamma_w} \tag{6.70}$$

또는 한계동수경사(i_c)를 이용하여 식 (6.71)과 같이 쓸 수도 있다.

$$F_s = \frac{i_c}{i_{avg}} \tag{6.71}$$

$a-b$면의 각 점에 작용하는 침투수압은 유선망으로부터 구할 수 있다. 침투수압의 분포는 그림 6.38과 같이 비선형이다. 그러나 실용적으로는 선형이라고 가정하여도 무리가 없으므로 $a-b$구간의 평균 동수경사는

$$i_{avg} = \frac{1}{2}(i_{ac} + i_{bd}) = \frac{1}{2}\left(\frac{h_a}{D} + \frac{h_b}{D}\right) \tag{6.72}$$

2) 히빙현상 방지대책

히빙 방지대책은 ① 침투수압의 크기를 감소시키거나 ② 히빙에 대한 억제력을 증가시키는

방법이 있다. 그림 6.39와 같이 침투수압을 감소시키는 방법으로는 널말뚝 타입을 깊게 하는 방법이 있다. 근입깊이가 클수록 유선의 길이가 커지고 침투수압이 작아져 안정성이 높아지지만 경제성이나 시공성이 문제가 될 수 있다.

히빙 억제력을 증가시키는 방법으로는 재하필터(weighted filter, loaded filter)를 설치는 방법이 있다. 재하필터는 물을 신속히 배출시켜 침투수압에 의한 흙의 유실을 방지해주는 보호층의 역할을 하며 동시에 자체의 무게로 히빙을 억제하는 기능을 가진다. 침출수량이 대단히 많으면 여러 층으로 구성된 복층필터(multiple filter, graded filter)를 사용한다. 복층필터는 아래쪽에는 가는 입경, 위쪽으로 갈수록 큰 입경으로 된 다층의 필터이다. 침투압이 매우 큰 경우에는 필터층 위에 압성토(押盛土, berm)를 설치하여 상향침투압을 억제한다.

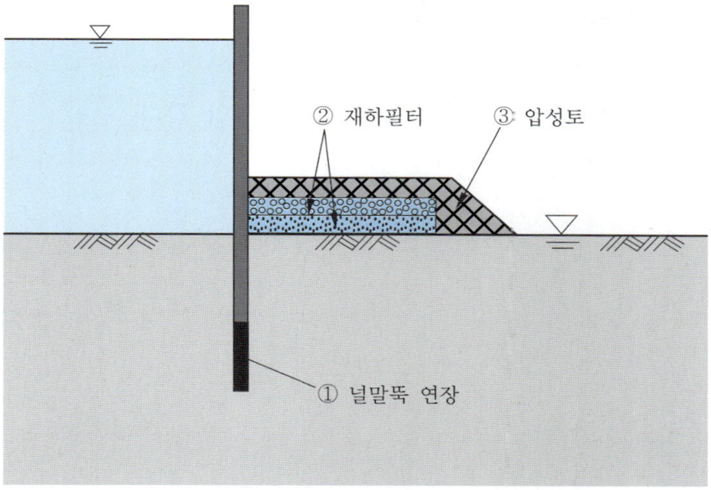

그림 6.39 히빙 방지 대책

6.11 필터

지반의 침출수나 지하수를 자연적 또는 인공적으로 배출시키는 과정을 배수라 한다. 배수 설비는 물을 자유롭게 배출시켜 과도한 수압의 발생을 방지함과 동시에 설비 자체에 막힘현상(clogging) 또는 파이핑이 일어나지 않도록 설계하는 것이 가장 중요하다. 흙이나 연약한 풍화암층의 표면에서 직접 배수가 일어나면 표면이 세굴 되기 쉽다. 따라서 토층표면에 보호층을 설치하는 것이 필요하다. 이 보호층은 세굴을 방지함과 동시에 물을 배출시키는 기능을 동시에 가져야 하는데 이러한 역할을 하는 보호층을 필터(filter)라 한다. 필터가 기능을 발휘하기 위해서는 다음과 같은 2가지 상반되는 요구 조건을 동시에 만족 시켜야 한다.

① 파이핑 방지 조건 :
흙과 접하고 있는 필터의 입경이 충분히 작아서 토립자가 간극을 통해 유실되거나 간극을 메우는 일이 일어나지 않아야 함.

② 배수 조건 :
필터의 입경이 충분히 커서 큰 투수성을 확보하고 간극을 통해 물이 자유롭게 배출됨으로써 침투수압과 정수압을 통제할 수 있어야 함.

NAVFAC의 필터 설계 규준은 식 (6.73)~식 (6.75)와 같다.

$$\frac{(D_{15})_{\text{filter}}}{(D_{85})_{\text{soil}}} < 5 \tag{6.73}$$

$$4 < \frac{(D_{15})_{\text{filter}}}{(D_{15})_{\text{soil}}} < 20 \tag{6.74}$$

$$\frac{(D_{50})_{\text{filter}}}{(D_{50})_{\text{soil]}} < 25} \tag{6.75}$$

식 (6.73)~식 (6.75)의 필터조건을 만족시키는 입도분포는 입경의 범위로 표시된다. 유공(有孔) 배수관에 설치하는 필터는 그 입경이 충분히 커서 배수공 안으로 들어가는 일이 없어야 한다. 미국 육군 공병단(US Army Corps of Engineers)에서는 배수공의 형상별로 식 (6.76), 식 (7.66)과 같은 설계 규준을 제시하고 있다.

$$\text{배수공이 Slot인 경우 : } \frac{(D_{85})_{\text{filter}}}{\text{슬로트의 폭}} < 1.2 \sim 1.4 \tag{6.76}$$

$$\text{원형 배수공인 경우 : } \frac{(D_{85})_{\text{filter}}}{\text{배수공의 폭}} < 1.0 \sim 1.2 \tag{6.77}$$

미국 개척국(US Bureau of Reclamation)의 규준은

$$\frac{(D_{85})_{\text{filter}}}{\text{배수공의 최대크기}} > 2 \tag{6.78}$$

위의 규준들에서 $(D_{85})_{\text{filter}}$ 는 관(管)과 접하고 있는 필터의 85% 입경이다.

근래에는 합성 필터 섬유제품(synthetic filter fabrics)이 필터로 많이 사용되고 있다. 합성섬유 또는 토목섬유(geotextile)는 입경의 차이가 큰 두 흙이 혼합되는 것을 방지하기 위한 분리(separation), 필터(filter), 보강(reinforcement) 등 3가지의 중요한 기능을 가지고 있다. 합성섬유 제품 필터는 가는 입경의 필터를 대체하게 되는데, 필터재료를 구하기 어렵거나 비쌀 때, 또는 현장 사정상 토목 섬유 제품 시공이 훨씬 간편할 때 채택한다.

합성필터 섬유제품은 두께가 1mm 정도이므로 구멍이나 찢어진 곳이 없어야 한다. 또한 실(filament) 사이의 공간이 너무 커서 상당량의 흙 유실이 일어나는 일이 없어야 한다. 만약 $(D_{85})_{\text{soil}} > P_{85}$ 이면 흙이 필터섬유 틈 사이로 빠져 나가는 일이 일어나지 않는다. 여기서 P_{85} 는 섬유제품 틈새의 85% 크기로서 빈틈의 최대치에 가까운 값이다.

연습문제

6.1 정수두 투수시험을 실시하였다. 25cm의 수두차로 흙 속을 통과한 물은 3분 동안에 360cc이었다. 시료의 직경은 4.0cm이고, 길이가 10.0cm라고 할 때 이 흙의 투수계수를 구하라.

6.2 변수두 투수시험을 실시하였다. 최초의 수두는 1,200mm이었고 최종 수두는 600mm이었으며, 수두가 감소하는데 100분의 시간이 걸렸다. 스탠드 파이프의 단면적은 $100\,mm^2$이고 시료의 크기는 직경 40mm, 길이 180mm이었다. 이 흙의 투수계수를 구하라.

6.3 다음 그림과 같은 성층토층에서 다음을 구하라.

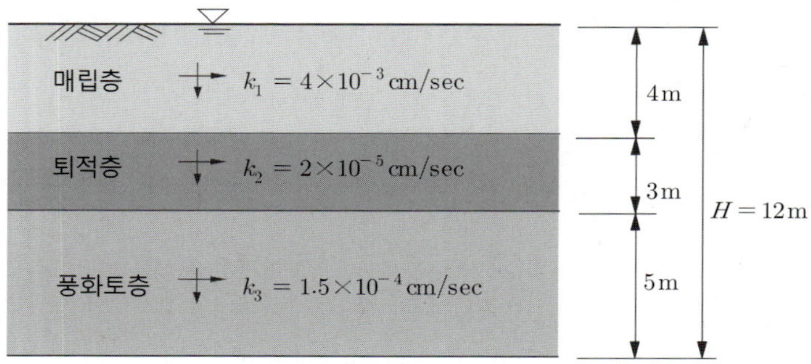

(1) 수평방향 등가투수계수
(2) 연직방향 등가투수계수
(3) 전체층을 등방성으로 보는 평균투수계수

6.4 그림과 같이 수두차 $H=5.4$m인 콘크리트 댐의 유선망을 이용하여 다음을 구하라.
하부지반의 투수계수 $k=3.6\times10^{-4}$cm/sec이고 $\overline{AB} = \overline{DE} = 1.2$m이다.
(1) 댐의 단위 폭당 1일 동안의 침투유량(t/day/m)
(2) A, B, C, D, E점의 전수두
(3) A, B, C, D, E점의 간극수압
(4) $D-E$ 간의 동수경사

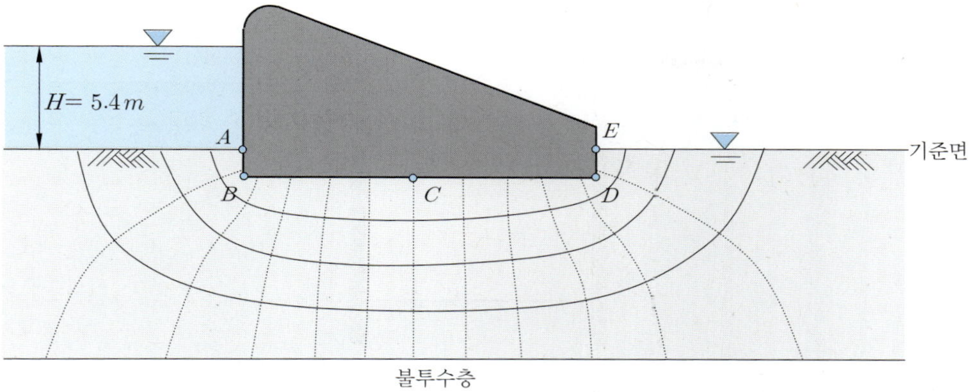

6.5 다음 그림과 같은 지반의 유선망을 작성하라.

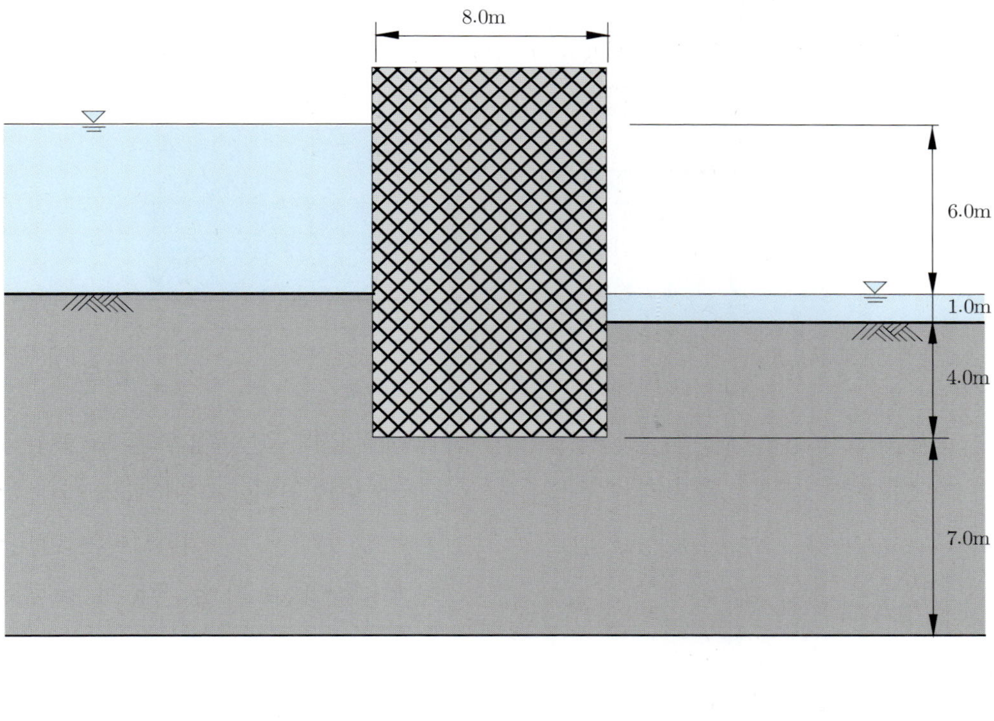

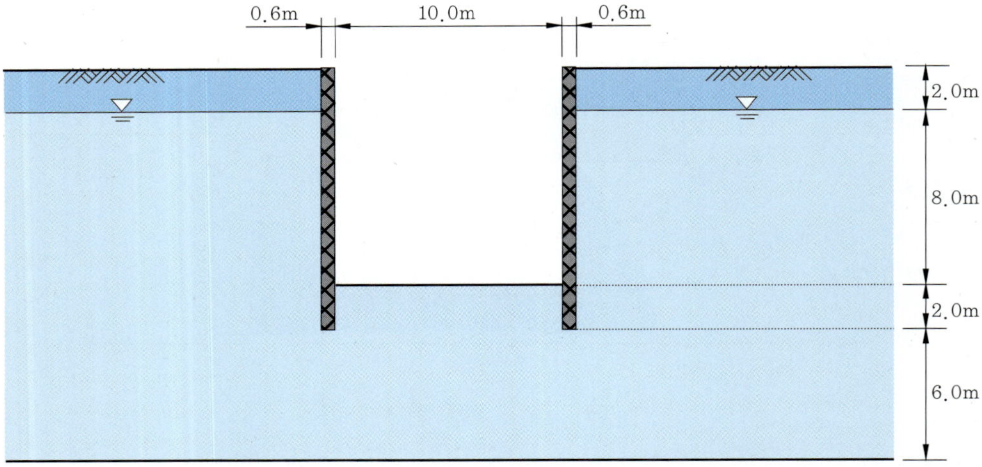

6.6 그림과 같이 널말뚝으로 차수한 지반에 수두차가 발생하였다. 하부지반의 투수계수가 $k = 4.2 \times 10^{-3}$ cm/sec 일 때 다음을 구하라.

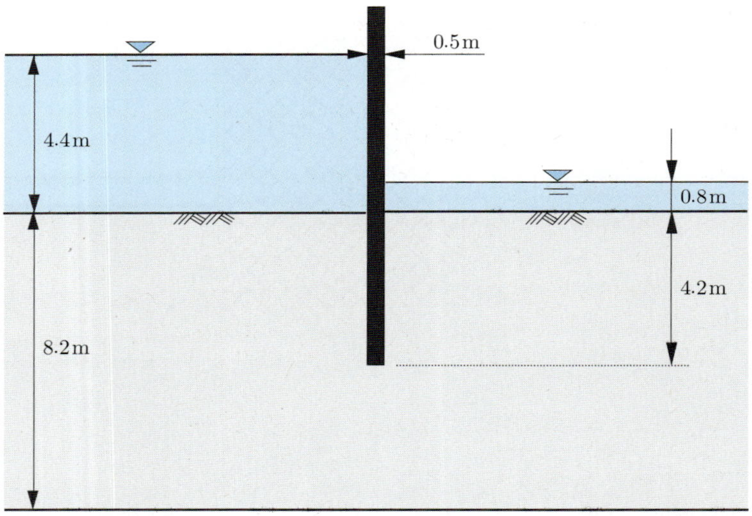

(1) 유선망을 작성하라.

(2) 널말뚝 폭 1m당 하루에 침투하는 유량을 구하라.

6.7 아래 그림은 널말뚝 차수벽이 설치된 콘크리트 댐이 축조된 지반에 대한 유선망이다. 댐 저면($\overline{BC}$)에 작용하는 양압력(간극수압)의 분포도를 그려라.

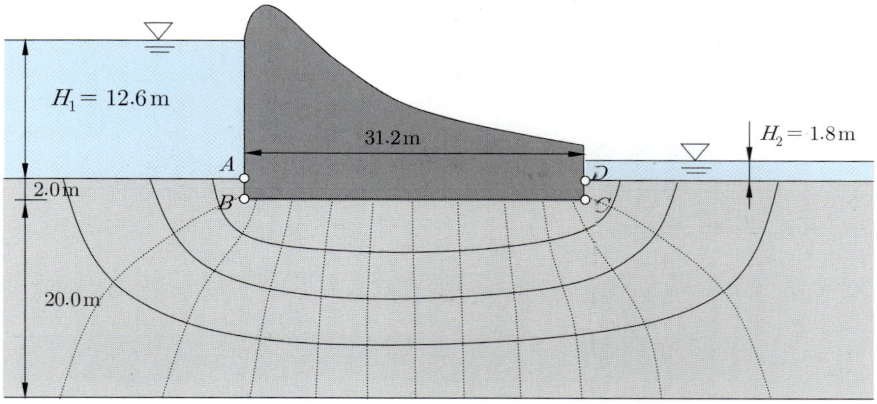

6.8 그림과 같은 흙 댐 구조물의 침윤선을 작성하라.

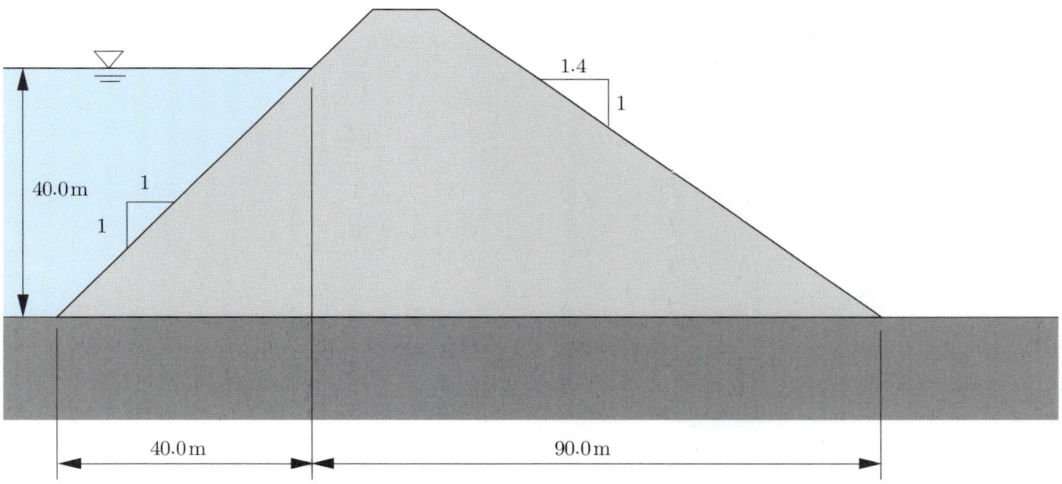

6.9 그림과 같이 널말뚝이 타입된 지반에 대한 유선망을 이용하여 다음을 구하라.

(1) 히빙 안전성 검토 구역을 설정하여 그림에 표시하라.

(2) 히빙(heaving)에 대한 안전율을 구하라. 단, $\gamma_{sat} = 1.96\,\text{t/m}^3$

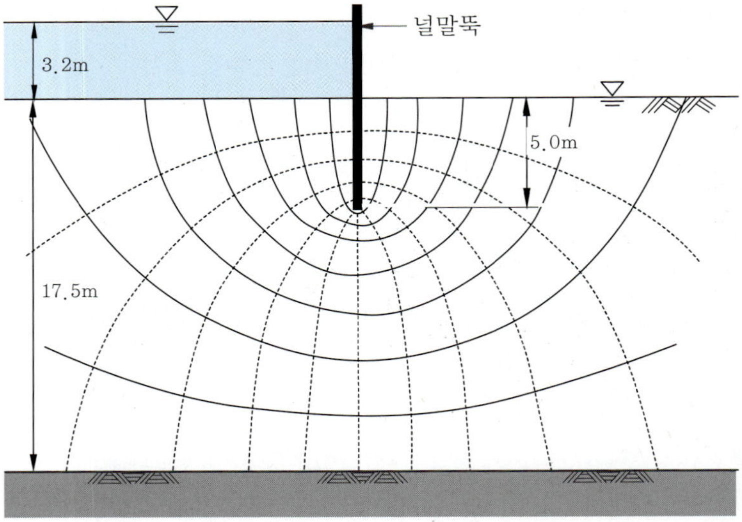

6.10 배수용 필터로 사용되고 있는 토목섬유(필터매트)에 대해 조사하여 기술하라.

6.11 지하구조물의 양압력 대책공법에 대하여 조사하고 그 내용을 기술하라.

연습문제 힌트

6.1 [예제 6.3]
6.2 [식 6.16a] 또는 [식 6.16b]
6.3 [예제 6.4]
6.4 [예제 6.5]
6.5 참고 서적
6.6 [예제 6.5]
6.7 [예제 6.5]
6.8 [그림 6.30]
6.9 [식 6.71], [그림 6.38]
6.10
6.11

제7장
지반의 압축성과 압밀

SOIL
MECHANICS

SOIL·MECHANICS

지표면에 상재하중이 작용하면 지반은 연직방향으로 변위가 발생한다. 지반의 침하는 즉시침하와 압밀침하로 나눌 수 있다.

흙은 토립자와 물과 공기로 구성되어 있으며 이 중 토립자와 물은 비압축성이다. 즉 하중이 가해져도 토립자와 물의 체적은 변화가 없으며 공기는 압축성 물질이므로 하중이 가해진 순간 압축된다. 그러나 물과 공기는 유체이므로 시간이 지나면서 밖으로 배출되게 된다. 결국 상재하중이 가해졌을 때 흙의 체적변화는 간극을 구성하고 있는 물과 공기가 흙속에서 배출되면서 체적이 감소하는 현상이다. 따라서 간극의 크기가 클수록 지반의 침하량도 크다. 모래지반에 비해 상대적으로 간극비가 큰 점토지반은 최종침하량 역시 크다.

지반침하의 속도는 물과 공기가 배출되는 속도에 따라 결정된다. 공기는 하중이 재하되는 즉시 배출되지만 물은 상대적으로 오랜 시간이 소요된다. 물이 배출되는 속도는 투수계수의 크기에 따라 결정된다.

그림 7.1과 같이 모래지반의 경우 투수계수가 커서 공기뿐만 아니라 물도 재하 후 빠른 시간내에 배출되는 즉시침하(immediate settlement)가 발생하고 침하의 원리가 비교적 단순하다. 즉시침하는 지반을 탄성체로 보는 탄성이론으로 침하량을 계산하므로 탄성침하(elastic settlement)라고도 한다.

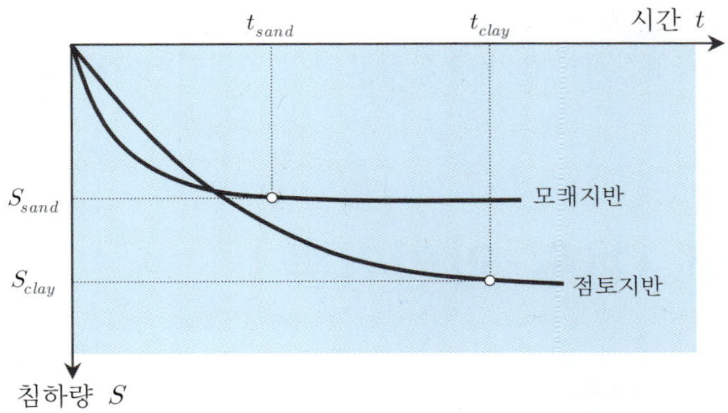

그림 7.1 모래지반과 점토지반의 침하 특성

포화된 점토지반은 투수성이 매우 작아서 간극수가 배출되는데 장시간이 소요되는 압밀침하(consolidation settlement)가 발생하며 침하의 원리가 복잡하다. 불포화 점토지반에서는 하중

재하 직후 공기가 배출되는 즉시침하가 발생하고 뒤따라 간극수가 배출되는 압밀침하로 이어지게 된다. 점토지반의 압밀침하는 모래지반에 비해 침하량이 크고($S_{clay} > S_{sand}$) 오랜 시간이 소요된다($t_{clay} > t_{sand}$). 포화된 점토지반을 매립하는 경우 지반침하가 완료되는 준공시점까지 공사기간이 길고 공사비가 많이 소요되는 문제점을 해결하기 위해 지반침하 시간을 단축시키는 압밀촉진공법(연약지반 개량공법)이 쓰이게 된다.

정수압 상태의 포화 점토지반에 상재하중이 작용하면 정수압보다 큰 과잉간극수압(excess pore water pressure)이 발생한다. 상재하중에 의하여 발생한 과잉간극수압으로 수두차가 발생하여 물이 흐르고 간극수 배출로 과잉간극수압이 완전히 소산되어 정수압 상태가 되면 물의 배출이 끝나며 지반침하도 완료된다. 간극수의 배출로 감소한 흙의 체적만큼 지반침하가 발생한다.

이러한 성토공사 시 지반의 압밀침하 현상을 파악하는 가장 중요한 설계요소는 두 가지이다.

① 최종 침하량 : 계획고에 맞추어 성토층의 두께를 산정하는데 필요함
② 침하속도 : 소요공기의 산정 및 공기단축을 계획하는데 필요함

압밀(壓密, consolidation)이란 연속적으로 작용하는 정적하중(static loading) 등에 의하여 생성된 과잉간극수압이 서서히 소산되면서 간극수가 배출되고 결과적으로 배출된 물의 체적만큼 지반이 침하(압축)되는 현상이다.

압밀이 진행되면 물의 배출에 따라 흙의 밀도는 증가하여 더 단단한 상태가 되고 흙의 강도는 증가한다. 압밀은 과잉간극수압이 소산되고 유효응력이 증가하는 과정이다.

7.1 Terzaghi 1차원 압밀이론

7.1.1 Terzaghi 압밀 모델

Terzaghi는 그림 7.2와 같은 물이 가득 찬 피스톤을 압밀 모델로 이용하여 압밀현상을 설명하였다. 이 모델에서 추는 상재하중, 스프링은 토립자, 물은 간극수, 배수 파이프의 크기는 투수계수에 해당한다.

피스톤 위에 무게 20kg의 추를 올려놓았을 때 피스톤에 작용하는 하중은 스프링과 물이 분담하게 된다. 스프링은 탄성체로서 압축성이므로 하중을 받으면 바로 압축된다. 물은 비압축성이므로 힘을 받아도 체적의 감소가 생기지 않고 압력(과잉간극수압)이 발생한다.

그림 7.2(a)와 같이 밸브가 닫혀있는 상태에서는 물이 받는 힘은 과잉간극수압이 되고, 스프링은 압축될 수 없으므로 힘을 받지 않는다. 그림 7.2(b)와 같이 밸브를 여는 순간에는 추에 의해 작용하는 하중은 스프링은 압축되지 않은 상태로 힘을 받지 않으므로 물이 모두 부담한다. 시간이 지나면서 과잉간극수압에 의해 물이 분출하고 분출하는 물의 양만큼 피스톤이 압축된다. 즉 스프링이 압축된다.

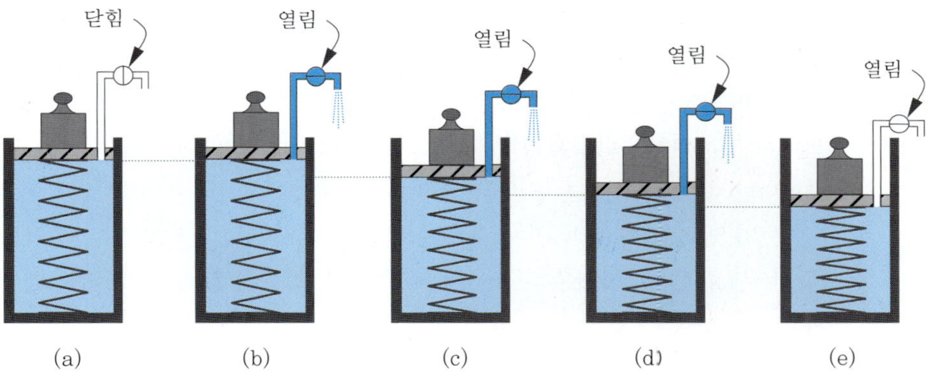

그림 7.2 Terzaghi 압밀모델

그림 7.2(c)와 (d)처럼 물의 분출이 진행됨에 따라 피스톤의 압축량은 증가하고 스프링이 분담하는 힘이 증가함에 따라 물이 분담하는 힘은 감소해 나간다. 그림 7.2(e)와 같이 스프링이 분담하는 힘이 하중의 크기와 같아지면 더 이상 압축이 생기지 않고 정지한다. 따라서 물의 분출도 끝나게 된다.

여기에서 피스톤과 점토지반 사이에는 다음과 같은 대응관계가 있다.

피스톤	⟷	포화 점토지반
스프링	⟷	토립자
물	⟷	간극수
밸브의 크기	⟷	투수계수(k)
피스톤 압축량	⟷	압밀침하량

또한 피스톤이 받는 힘과 점토지반에서의 응력 사이에는 다음과 같은 대응관계가 있다.

피스톤이 받는 힘	⟷	전응력 σ
스프링이 받는 힘	⟷	유효응력 σ'
물이 받는 힘	⟷	과잉간극수압

여기에서 흙의 압축성은 스프링 상수(탄성계수)와 대응관계가 있다.

또한 피스톤의 압축과정과 실제 점토지반에서의 압밀과정은 다음과 같은 대응관계가 있다.

밸브를 연 직후 (그림 7.2(b))	⟷	압밀 시작
밸브를 열어 압축이 진행되는 과정 (그림 7.2(c), (d))	⟷	압밀 진행 과정
피스톤의 압축이 끝난 상태 (그림 7.2(e))	⟷	압밀 완료

PISA TIP

(7.1) 여러분의 집 현관문 안쪽 위에 설치되어 있는 스프링-대시포트의 작용 원리와 Terzaghi 압밀모델을 상호 비교하여 다음을 설명하시오.

[질문 1] 만약 대시포트 없이 스프링만 장치가 되어있다면 어떤 현상이 생길까?
[질문 2] 만약 스프링이 없이 대시포트만 설치되어 있다면 어떤 현상이 생길까?
[질문 3] 스프링-대시포트가 제대로 작동하려면 어떻게 조절해야 하나?

그림 7.3을 보면 지표면의 등분포 하중 q (t/m^2)으로 인하여 점토층에서 과잉간극수압이 작용하고 있다. 앞에서 설명한 추와 피스톤의 관계로부터 점토지반에서 발생하는 유효응력과 과잉간극수압을 유추해 낼 수 있다.

상재하중이 작용하는 순간($t=0$, 압밀 초기) A점에서 발생하는 과잉간극수압은 등분포하중에 의한 지중응력 증가량과 같고 지중응력 증가량은 상재하중의 크기와 같다. 즉 $u_i = \Delta q = q$이다. 시간이 경과함에 따라 과잉간극수압에 의해 점토층에서 물이 배출되면서($t=t$, 압밀 진행) 과잉간극수압은 감소하고 유효응력은 증가한다. 점토층의 유효응력이 상재하중에 의한 증가응력과 같아지면 간극수의 배출이 끝나고 압밀이 완료된다.

압밀의 시작 단계에서 완료 단계까지의 전응력, 간극수압, 유효응력의 변화를 표 7.1에 정리하였다. 압밀이 시작될 때 초기 간극수압은 상재하중에 의한 지중응력 증가량과 같으며 유효응력은 0이고, 압밀이 완료된 시점에서는 과잉간극수압이 0이 되고 유효응력은 증가응력의 크기와 같음을 알 수 있다.

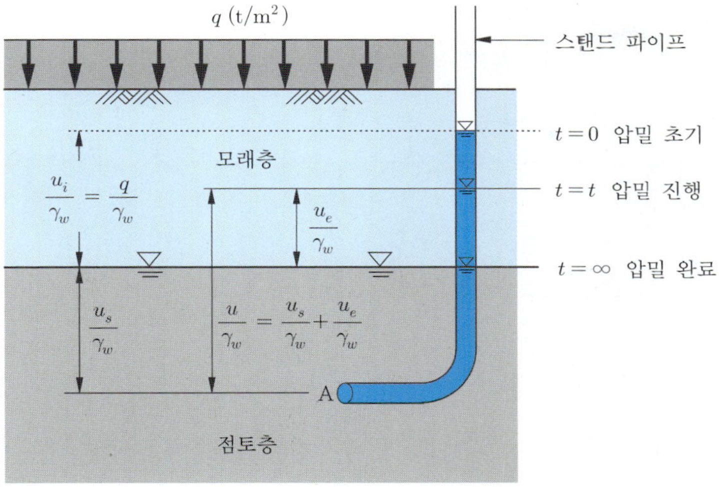

그림 7.3 압밀 진행에 따른 과잉간극수압의 변화

즉 압밀은 상재하중에 의해 발생한 과잉간극수압이 0이 될 때까지 또는 유효응력이 상재하중에 의한 증가응력과 같아질 때까지의 과정이라고 정의할 수 있다.

표 7.1 압밀진행에 따른 응력의 변화

압밀 단계	전응력 σ	간극수압 u	유효응력 σ'
압밀초기 $t=0$	$\sigma = \Delta q = u$	$u_i = \Delta q$	$\sigma' = 0$
압밀진행 $0 < t < \infty$	$\sigma = \sigma' + u$	$0 < u_e < \Delta q$	$0 < \sigma' < \Delta q$
압밀완료 $t = \infty$	$\sigma = \sigma'$	$u_e = 0$	$\sigma' = \Delta q$

7.1.2 Terzaghi 압밀 방정식

그림 7.4에서 보는 바와 같이 지표면에 대단히 넓은 등분포 하중 q가 작용하면 두께 H인 점토층에 과잉간극수압이 발생하게 된다.

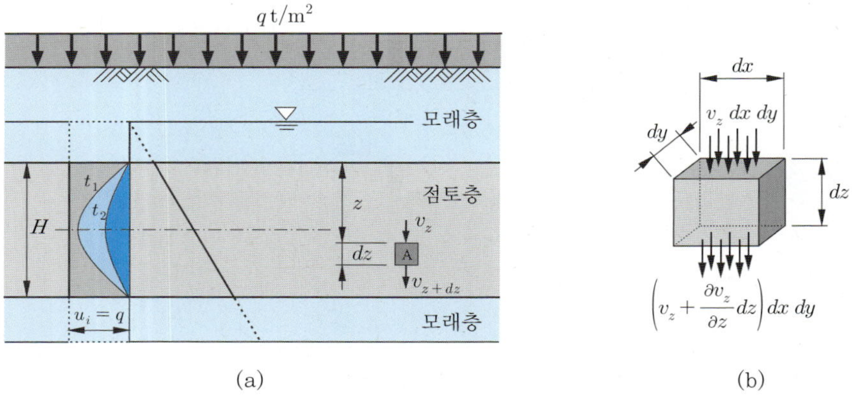

그림 7.4 일차원 압밀

점토층에 작용하는 간극수압의 분포는 정수압과 과잉간극수압이다. 하중작용 직후에는 하중을 모두 물이 분담하게 되므로 깊이에 관계없이 $u_e = u_i = \Delta q$가 작용하게 된다. 점토층 상하에 인접한 모래층은 투수계수가 대단히 크므로 u_i는 즉시 소산되는 반면 점토층은 투수성이 대단히 작아서 초기 과잉간극수압 u_i가 점토층의 전체 두께에 걸쳐 일정하게 분포하게 된다.

모래와 점토의 접촉면(상면과 하면)에서 전수두가 u_i/γ_w만큼 차이 나므로 물은 점토층에서 모래층을 향해 연직방향으로 흐르고 점토층 표면부터 과잉간극수압은 소산되기 시작하여 점차 점토층 중앙단면 쪽으로 과잉간극수압 감소현상이 진행된다. 따라서 t시간 경과 후 과잉간극수압의 분포는 곡선 형상으로 나타난다.(그림 7.4(a)) 점토층 중앙단면에서의 과잉간극수압은 최대이고 상하 접촉면에서는 $u_e = 0$이 된다.

지표면에 무한히 넓은 등분포 하중이 작용하여 점토층에서는 횡방향 응력은 작용하나 변위는 발생하지 않는 plain strain 상태가 된다. 따라서 침하는 연직방향으로만 생기게 되므로 일차원 압밀침하라 한다. 또한 점토층에서 물의 흐름 역시 하중이 작용하는 연직방향으로 일어난다. 점토층 중앙단면의 물은 상반부에서는 연직상향, 하반부에서는 연직하향의 일차원 흐름이 발생한다. 그림 7.4(a)와 같이 점토층 윗면을 좌표의 원점으로 잡고 연직하향으로 z축을 잡고 점토층 하반부에 $dx \times dy \times dz$인 미소요소를 고려하면 물은 유속 v_z로 요소의 윗면에서 유입하여 $v_z + \frac{\partial v_z}{\partial z} dz$의 유속으로 유출한다. 그림 7.4(b)에서 미소요소 상하면(유입부와 유출부)의 전수두차는 dh이다.

압밀방정식은 하중 작용 후 t 시간 경과 후 깊이 z 되는 곳의 과잉간극수압 u_e가 시간 t와 깊이 z에 따라 어떻게 분포되는가를 나타내는 방정식이다. Terzaghi는 일차원 압밀방정식을 유도하기 위하여 다음과 같은 가정을 하였다.

① 점토층은 균질하다.
② 점토는 포화상태이다.
③ 토립자와 물은 비압축성이다.
④ 물의 흐름은 Darcy의 법칙을 따른다.
⑤ 투수와 압축은 연직방향으로만 발생한다.(일차원 흐름, 일차원 압축)
⑥ 투수계수 k는 압밀 전 과정에 걸쳐 일정하다.
⑦ 유효응력(p)과 간극비(e) 사이에는 선형관계(직선적 반비례)가 성립한다.

가정 ②와 ③을 함께 고려하면 흙의 체적 감소량은 간극수 배출량과 같다. 흙의 체적 감소량을 알면 지반의 침하량은 쉽게 알 수 있다. 즉 지반의 침하량은 체적 감소량을 단위면적 ($A = 1$)으로 나누어

$$\Delta H = \frac{\Delta V}{A} = \Delta V \ (A = 1) \tag{7.1}$$

가정 ⑦의 관계로부터 유효응력 변화에 대한 간극비 변화의 비를 압축계수(coefficient of compressibility, a_v)라 하면

$$a_v = -\frac{\Delta e}{\Delta p} = -\frac{de}{dp} = \text{const.} \tag{7.2}$$

압축계수는 실제로는 일정한 값이 아니므로 가장 타당하지 못한 가정이라 할 수 있다.

그림 7.4(b)와 같은 연직방향 흐름(1차원 흐름)에 대하여 미소요소($dx\,dy\,dz$)의 유입유속과 유출유속 및 동수경사는 다음과 같다.

유입유속 : v_z

유출유속 : $v_{z+dz} = v_z + \dfrac{\partial v_z}{\partial z}dz$

동수경사 : $i_z = -\dfrac{dh}{dz}$

단위 시간당 점토지반의 체적변화량은

$$\Delta q = \frac{\partial V}{\partial t} \tag{7.3}$$

단위 시간당 요소의 유입유량(q_{enter})과 유출유량(q_{exit})의 차 Δq는

$$\Delta q = q_{\text{enter}} - q_{\text{exit}} \tag{7.4}$$

여기서, $q_{\text{enter}} = v_z(dx\, dy) = v_z\, dx\, dy$

$$q_{\text{exit}} = v_{z+dz}\, dx\, dy = \left[v_z + \frac{\partial v_z}{\partial z} dz \right] dx\, dy$$

따라서

$$\Delta q = v_z\, dx\, dy - \left(v_z + \frac{\partial v_z}{\partial z} dz \right) dx\, dy = -\frac{\partial v_z}{\partial z} dx\, dy\, dz \tag{7.5}$$

식 (7.3)과 식 (7.5)를 등치시키면

$$\frac{\partial V}{\partial t} = -\frac{\partial v_z}{\partial z} dx\, dy\, dz \tag{7.6}$$

Terzaghi 일차원 압밀에 대한 가정 ④의 Darcy 법칙을 적용하면

$$v_z = k\, i = -k \frac{\partial h}{\partial z} = -\frac{k}{\gamma_w} \frac{\partial u}{\partial z} \tag{7.7}$$

식 (7.7)을 식 (7.6)에 대입하면

$$\frac{\partial V}{\partial t} = -\frac{k}{\gamma_w} \frac{\partial}{\partial z}\left(\frac{\partial u}{\partial z} \right) dx\, dy\, dz$$

$$\frac{\partial V}{\partial t} = -\frac{k}{\gamma_w} \frac{\partial^2 u}{\partial z^2} dx\, dy\, dz \tag{7.8}$$

압밀과정에서 흙의 체적변화는 간극의 체적변화를 뜻하며, 흙의 상태정수의 기본정의와 상호관계로부터 식 (7.9)를 을 수 있다.

$$\frac{\partial V}{\partial t} = \frac{\partial V_v}{\partial t} = \frac{\partial e\, V_s}{\partial t} = \frac{\partial e}{\partial t}\frac{V}{1+e} = \frac{\partial e}{\partial t}\frac{dx\,dy\,dz}{1+e} \tag{7.9}$$

식 (7.8)과 식 (7.9)를 등치시키면

$$-\frac{k}{\gamma_w}\frac{\partial^2 u}{\partial z^2} = \frac{\partial e}{\partial t}\frac{1}{1+e} \tag{7.10}$$

하중에 대한 간극률의 변화를 체적변화계수(coefficient of volume change)라고 한다. 즉

$$m_v = \frac{\partial n}{\partial p} = \frac{\partial e}{\partial u}\frac{1}{1+e}\ (\mathrm{cm^2/kg}) \tag{7.11}$$

하중의 증가는 곧 간극수압의 감소를 뜻하므로

$$m_v = -\frac{\partial e}{\partial u}\frac{1}{1+e} \tag{7.12}$$

$$\partial e = -m_v(1+e)\,\partial u \tag{7.13}$$

식 (7.13)을 식 (7.10)에 대입하여

$$-\frac{k}{\gamma_w}\frac{\partial^2 u}{\partial z^2} = -m_v\frac{\partial u}{\partial t} \tag{7.14}$$

양변을 정리하면

$$\frac{\partial u}{\partial t} = \frac{k}{m_v\,\gamma_w}\frac{\partial^2 u}{\partial z^2} \tag{7.15}$$

여기서 물의 단위중량(γ_w)는 상수이고, 투수계수(k)와 체적변화계수(m_v)는 압밀에 관련된 토질정수이므로 이들을 묶어서 압밀계수(coefficient of consolidation, c_v)라 한다. c_v가 크면 압밀속도는 빠르고, c_v가 작으면 압밀속도는 느리다. 즉

$$c_v = \frac{k}{m_v\,\gamma_w}\ (\mathrm{cm^2/sec}) \tag{7.16}$$

식 (7.16)을 식 (7.15)에 대입하여 식 (7.17)을 얻는다.

$$\frac{\partial u}{\partial t} = c_v \frac{\partial^2 u}{\partial z^2} \tag{7.17}$$

식 (7.17)을 일차원 압밀방정식이라 한다.

압밀방정식을 풀면 압밀계수가 c_v인 점토층에 상재하중이 작용할 때 시간 t가 지난 뒤 점토층 깊이 z되는 곳의 과잉간극수압의 분포 $u_e(z, t)$를 알 수 있게 된다.

7.1.3 압밀방정식의 해

1) 점토층의 초기 과잉간극수압

하중이 작용하기 전에는 그림 7.5(a)와 같이 정수압만 작용한다. 지표면에 무한 등분포 하중이 작용한 직후에는 그림 7.5(b)와 같이 정수압은 그대로 작용하고 있으면서 추가로 하중에 의한 초기과잉간극수압 u_i가 압밀층의 모든 깊이에서 동일한 값으로 작용하게 된다.

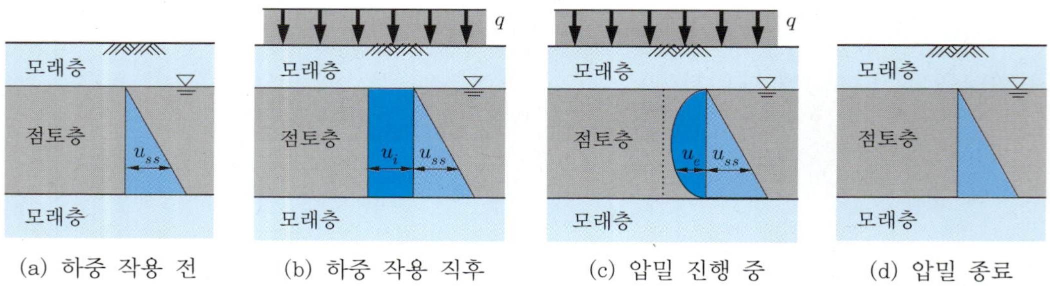

그림 7.5 무한 등분포 하중 작용 전후의 간극수압 분포

압밀이 진행되면 과잉간극수압이 소산되면서 간극수압의 분포는 그림 7.5(c)와 같이 되고 압밀이 종료되면 그림 7.5(d)와 같이 하중이 작용하기 전과 같은 상태로 돌아오게 된다.

그림 7.5(b)와 같은 과잉간극수압의 분포는 지하수면이 급강하하는 경우에 발생할 수 있다. 그림 7.6(a)와 같이 지표면과 일치하던 지하수위가 점토층 표면까지 급강하하는 경우 점토층에 생기는 간극수압의 분포는 그림 7.6(b)와 같이 되고, 이 분포는 그림 7.5(b)에 나타나 있는 경

우와 같다. 이후의 압밀이 진행되는 과정 역시 등분포 하중이 작용하는 경우와 같다.

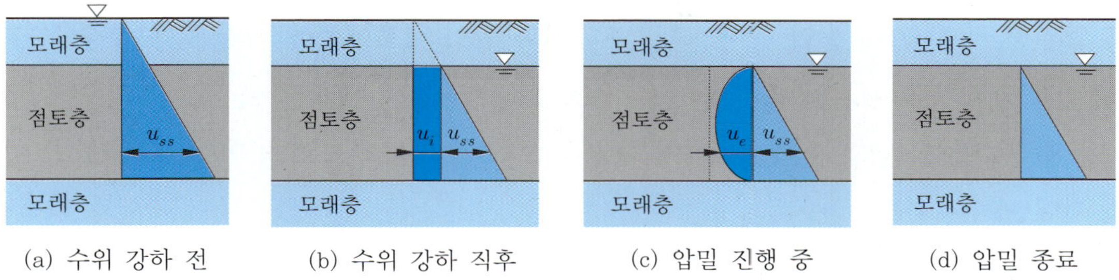

그림 7.6 지하수위 급강하 전후의 간극수압 분포

결국 점토층에서 압밀이 발생하는 원인은 상재하중 뿐만 아니라 지하수면 강하에 의한 지반의 유효응력 증가의 경우도 있음을 알 수 있다. 지반개량공법의 하나인 탈수(배수)공법은 이러한 원리를 이용하고 있다.

2) 배수조건에 따른 최대 배수거리

압밀층에서 물이 배수층까지 침투하는데 가장 먼 거리를 최대 배수거리라고 한다. 최대 배수거리 H_d는 그림 7.7과 같은 점토층의 배수조건에 따라서 결정된다.

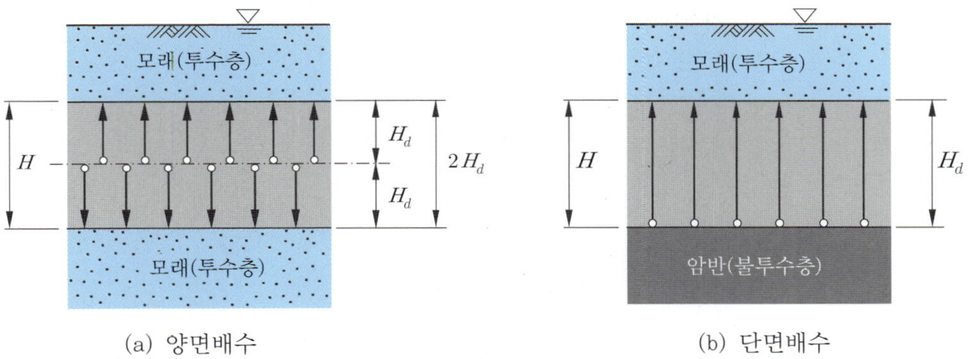

그림 7.7 배수조건에 따른 최대 배수거리

그림 7.7(a)와 같이 점토층 상부와 하부에 모래와 같은 투수층과 접하고 있는 경우의 배수조건을 양면배수라 하고, 최대 배수거리(H_d)는 점토층 중앙단면에서 상하 투수층(모래)까지가 되므로 압밀층 두께(H)의 $\frac{1}{2}$이 된다. 그림 7.7(b)와 같이 상부에는 모래와 같은 투수층, 하부에는 암반과 같은 불투수층과 접하고 있는 경우의 배수조건을 단면배수라 하고, 최대 배수거리(H_d)는 불투수층(암반)과의 경계면에서 투수층(모래)까지가 되므로 압밀층 두께(H)와 같다.

즉 최대 배수거리는

$$\text{양면배수 시 : } H_d = \frac{H}{2} \tag{7.18}$$

$$\text{단면배수 시 : } H_d = H \tag{7.19}$$

3) 압밀방정식의 해

식 (7.17)의 압밀방정식 해는 초기 조건과 경계 조건을 만족시키도록 풀어서 구한다. 그림 7.8은 양면배수 상태에서 압밀층 윗면을 좌표의 원점으로 잡고 압밀층 아래쪽으로 깊이를 나타내는 z축을 설정하였다.

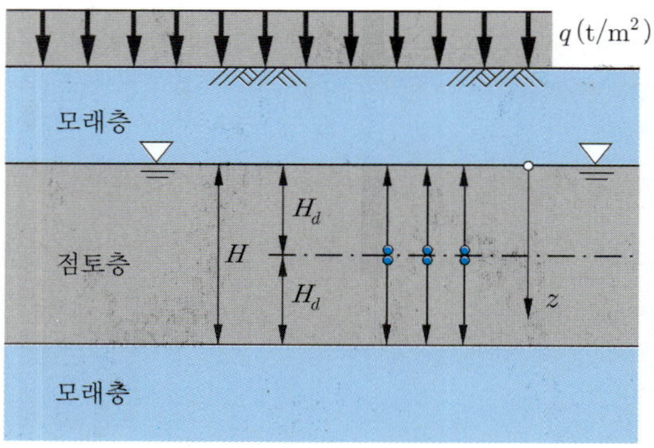

그림 7.8 양면배수 시 초기조건과 경계조건

지표면에 등분포 하중 q가 재하된 직후, 즉 초기($t=0$)에는 압밀층 모든 깊이에서 초기 과잉간극수압이 균일하게 작용하고 있다. 따라서 초기조건은

$t=0$일 때, $u = u_i = q = \text{const.}$

또한 압밀층 상하면에는 완전한 배수층이 존재하므로 과잉간극수압이 0인 상태이다. 따라서 경계조건은

점토층의 윗면에서 즉 $z=0$일 때, $u_e=0$

점토층 아랫면에서 즉 $z=2H_d$일 때, $u_e=0$

초기조건과 경계조건을 대입하여 압밀방정식의 해를 구하면

$$u_e = \sum_{m=0}^{\infty} \frac{2u_i}{M}\left(\sin\frac{Mz}{H}\right)e^{-M^2T_v} \tag{7.20}$$

여기서, $M=\frac{\pi}{2}(2m+1)$

m : 정수(integer, 0, 1, 2, 3, ⋯ ∞)

u_i : 초기 과잉간극수압

H : 점토층의 두께

T_v : 시간계수(time factor, 무차원)

시간계수 T_v는

$$T_v = \frac{c_v t}{{H_d}^2} \tag{7.21}$$

여기서, c_v : 압밀계수(cm^2/sec)

H_d : 최대 배수거리(m)

t : 압밀침하 소요시간(sec)

식 (7.20)을 수학적으로 푸는 것은 매우 복잡하므로 계산된 값들을 곡선으로 표현한 그림 7.9를 이용하는 것이 편리하다. 그림 7.9는 압밀층 상단에서 깊이 z에서 시간계수(T_v)와 압밀도(U_z), 과잉간극수압비($\overline{u_e}$) 사이의 관계를 보여주고 있다.

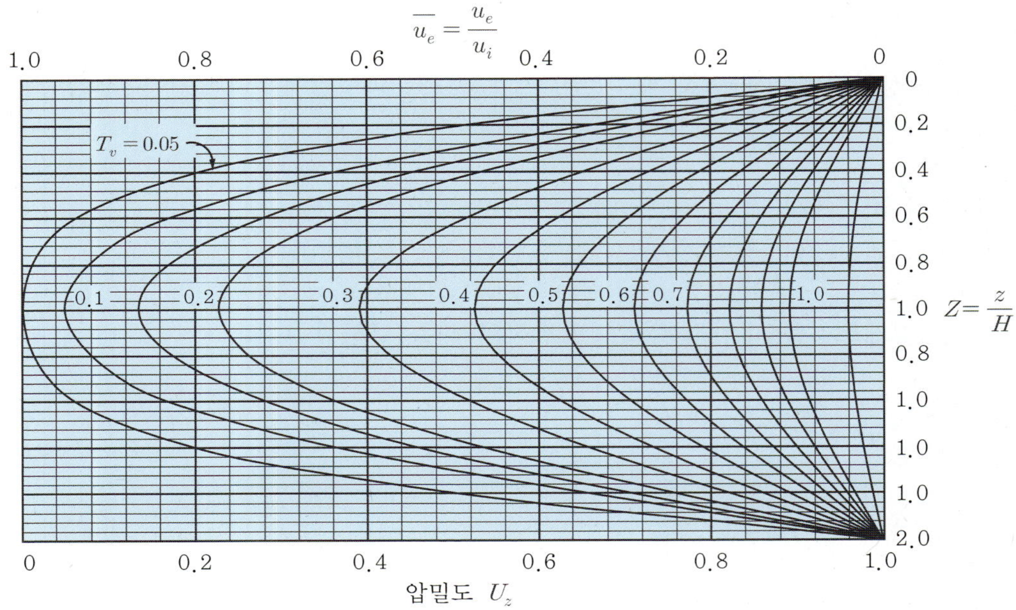

그림 7.9 양면배수의 경우 압밀방정식의 해

4) 압밀도

압밀도(壓密度, degree of consolidation, U_z)란 상재하중 작용 t시간 후 압밀층 상단으로부터 깊이 z되는 곳에서 압밀이 진행된 정도를 말한다. 압밀이 진행된 정도는 과잉간극수압이 소산된 정도로 표현한다. 압밀 종료 시까지 소산되어야 할 과잉간극수압에 대해 t시간 후 소산된 과잉 간극수압의 비율이다. 그런데 압밀 종료 시까지 소산되어야할 과잉간극수압은 초기 과잉간극수압(u_i)에서 압밀 종료 시 과잉간극수압($u_{f=0}$)을 뺀 값이고, t시간 후 소산되어야할 과잉간극수압은 초기 과잉간극수압(u_i)에서 t시간 후의 과잉간극수압(u_e)을 뺀 값이다. 즉

압밀 종료 시까지 소산되어야할 과잉 간극수압 = $u_i - u_f = u_i - 0 = u_i$

t시간 후 소산되어야할 과잉간극수압 = $u_i - u_e$

따라서 압밀도는 식 (7.22)와 같이 정의할 수 있다.

$$U_z = \frac{u_i - u_e}{u_i} = 1 - \frac{u_e}{u_i} = 1 - \overline{u_e} \tag{7.22}$$

여기서, U_z: 압밀도

그림 7.9에 나타나 있는 압밀도와 과잉간극수압비의 의미를 그림 7.10에 표시하였다. 시간계수 $T_v = 0.3$인 곡선에서 압밀층 상단에서 깊이 $z = 1.56H_d$인 곳(A점)의 현재 압밀도는 $U_z = 60\%$이다.

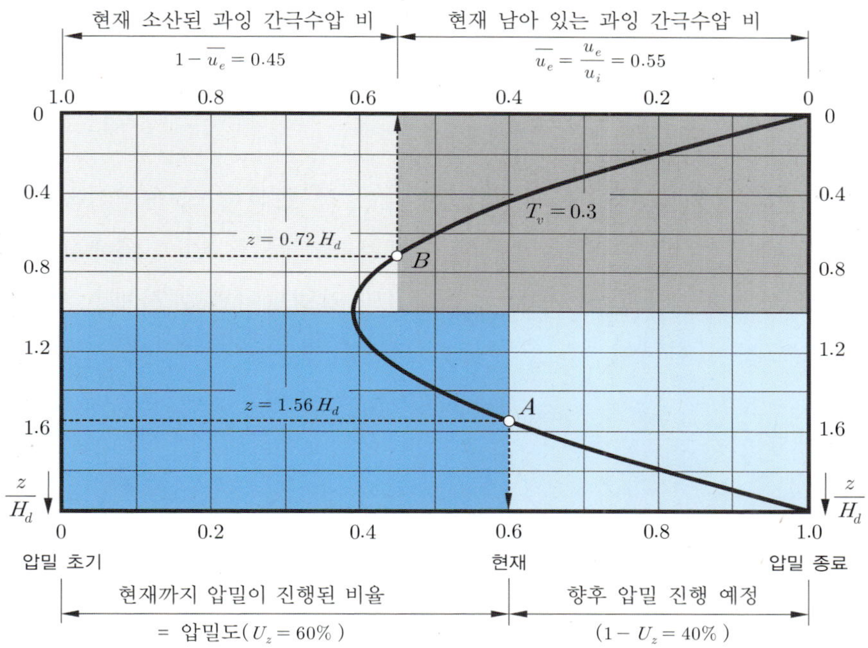

그림 7.10 압밀도와 과잉간극수압 비

즉 이 지점의 압밀은 현재까지 60% 진행되었으며 향후 나머지 40%가 더 진행되어야 압밀이 종료된다. 압밀층 상단에서 $z = 0.72H_d$인 곳(B점)의 현재 과잉간극수압비는 $\overline{u_e} = \frac{u_e}{u_i} = 0.55$이다. 즉 향후 이 간극수압이 소산되어야 압밀이 종료된다. 따라서 현재까지 소산된 간극수압 비는 $1 - \overline{u_e} = 0.45$이고 압밀도 역시 $U_z = 45\%$가 된다.

5) 평균 압밀도

압밀도 U_z는 압밀층 상단에서 깊이 z되는 곳에서의 과잉간극수압 소산정도를 의미한다. 그런데 그림 7.9를 보면 압밀도는 압밀층의 깊이에 따라 다르게 나타나고 있다. 설계과정에서 기술자들에게는 특정한 깊이에서의 압밀도 U_z보다는 압밀층 전체에 걸쳐 진행된 압밀의 정도가 보다 더 중요하다. 압밀층 전체에 대한 평균 압밀 진행 정도를 평균 압밀도(average degree of consolidation ; U)라고 한다. 따라서 평균압밀도는

$$U = \frac{\int (u_i - u_e)\, dz}{\int u_i\, dz} \times 100\,(\%) \tag{7.23}$$

평균압밀도를 구하기 위해 현재의 과잉간극수압 u_e를 표현한 식 (7.20)을 적분하는 것은 매우 번거로우므로, 대신 그림 7.9를 이용하여 구하기로 한다. 그림 7.10에서 논한 것처럼 시간계수 곡선의 좌측 수평거리가 깊이 z되는 그 지점의 압밀도이므로 전체층 평균 압밀도는 면적을 나타내는 도형으로 표현하여

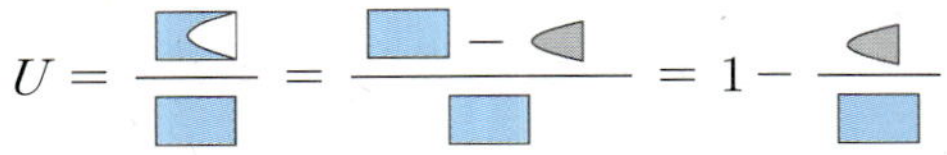

(7.24)

식 (7.23)을 이용하여 구한 시간계수와 평균 압밀도 사이의 관계가 그림 7.11에 나타나 있다.

그림 7.11의 오른쪽에 표시된 평균 압밀도에 따른 시간계수 값 중에서 중요한 것은 다음과 같다. 즉

$U = 0\%$일 때 $\Rightarrow$ $T_0 = 0$: 압밀 초기

$U = 50\%$일 때 $\Rightarrow$ $T_{50} = 0.197$: 압밀이 1/2 정도 진행

$U = 90\%$일 때 $\Rightarrow$ $T_{90} = 0.848$: 압밀이 거의 끝남(준공)

$U = 100\%$일 때 $\Rightarrow$ $T_{100} = \infty$: 압밀이 종료됨

그런데 현장의 시공기술자들에게는 과잉간극수압 소산의 정도가 아니라 압밀 침하의 진행정도가 관심사이다. 이러한 관점에서 평균압밀도는 식 (7.25)와 같이 정의할 수 있다.

$$U = \frac{\Delta H_t}{\Delta H} \times 100(\%) \qquad (7.25)$$

여기서, ΔH : 최종 압밀침하량

ΔH_t : 압밀 개시 t시간 후의 압밀침하량

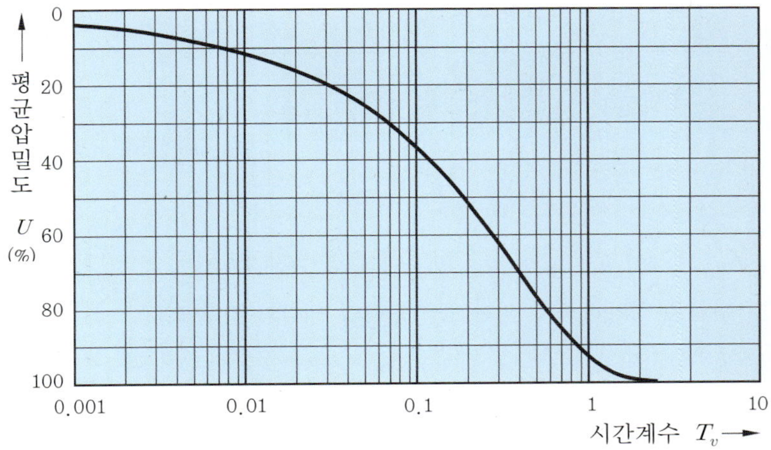

U(%)	T_v
10	0.008
20	0.031
30	0.071
40	0.126
50	0.197
60	0.287
70	0.403
80	0.567
90	0.848
95	1.127
100	∞

그림 7.11 평균 압밀도(U)와 시간계수($\log T_v$)의 관계

ΔH를 알고 있을 때 U를 구하면 t시간 경과 후의 압밀침하량은

$$\Delta H_t = U \Delta H \qquad (7.26)$$

➤ 예제 7.1

그림과 같은 지반에 $9.0\,t/m^2$의 무한 등분포하중을 재하 하였을 때 다음 물음에 답하시오.

(1) 스탠드 파이프의 수면이 지하수면 위쪽으로 상승하는 높이는?

(2) t시간 경과 후 스탠드 파이프 수면이 지하수면 위 5.4m 위치에 있었다면 A점의 압밀도는?

(3) A점의 압밀도 50%, 90%에 도달하였을 때 스탠드 파이프 수면 위치는 지하수면 위 몇 m인가?

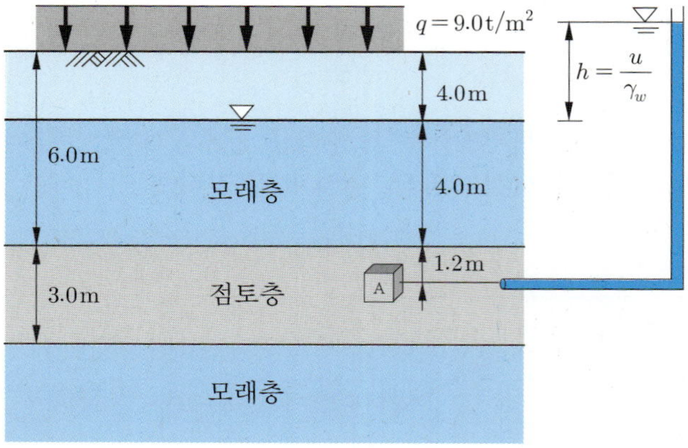

조건 $q=9\text{t/m}^2$

요구 (1) h_i (2) $U_{A(t)}$ (3) $h_{(U=50\%)}$, $h_{(U=90\%)}$

풀이 초기 과잉간극수압은 상재하중에 의한 증가응력의 크기와 같으므로

$$u_i=\Delta q=q=9.0\text{t/m}^2$$

(1) $h_i=\dfrac{u_i}{\gamma_w}=\dfrac{9.0}{1.0}=9.0\text{m}$

(2) t시간 후 과잉 간극수압은

$$u_e=h_t\,\gamma_w=(5.4)(1.0)=5.4\text{ t/m}^2$$

$$U_{A(t)}=1-\frac{u_e}{u_i}=1-\frac{5.4}{9.0}=0.40=40\%$$

(3) $U_{A(t)}=1-\dfrac{u_e}{u_i}=1-\dfrac{\gamma_w\,h_t}{u_i}$ 로부터

$h_{(t)}=[1-U_{A(t)}]\,\dfrac{u_i}{\gamma_w}$ 이므로

$U_A=50\%$ 일 때, $h_{(U=50\%)}=(1-0.5)\,\dfrac{9.0}{1.0}=4.5\text{m}$

$U_A=90\%$ 일 때, $h_{(U=90\%)}=(1-0.9)\,\dfrac{9.0}{1.0}=0.9\text{m}$

7.1.4 압밀 침하시간

식 (7.21)을 압밀침하 소요시간에 대해 정리하면 식 (7.27)과 같다.

$$t = \frac{T_v\ H_d^2}{c_v} \tag{7.27}$$

여기서, t : 압밀침하 시간

T_v : 시간계수

H_d : 최대 배수거리

c_v : 압밀계수

즉 시간계수와 압밀층의 최대 배수거리, 점토의 압밀계수를 알면 식 (7.27)을 이용하여 압밀침하 시간을 계산할 수 있다. 시간계수는 압밀도의 함수이고, 최대 배수거리는 배수조건에 따라 결정되는 값이므로 결국 압밀도와 압밀계수, 배수조건이 결정되면 압밀침하 시간을 구할 수 있게 된다.

압밀도에 따른 침하시간을 구해 보면

$U = 50\%$ 일 때 시간계수 $T_{50} = 0.197$이므로

$$t_{50} = \frac{0.197\ H_d^2}{c_v} \tag{7.28}$$

$U = 90\%$ 일 때 시간계수 $T_{90} = 0.848$이므로

$$t_{90} = \frac{0.848\ H_d^2}{c_v} \tag{7.29}$$

배수조건에 따라 압밀 침하시간을 구해보면

단면배수일 때 $H_d = H \Rightarrow t_2 = \dfrac{T_v\ H^2}{c_v}$

양면배수일 때 $H_d = \frac{H}{2} \Rightarrow t_1 = \frac{T_v \left(\frac{H}{2}\right)^2}{c_v} = \frac{1}{4}\frac{T_v H^2}{c_v}$

즉 양면배수 조건에서 압밀침하 시간은 단면배수 조건일 때의 1/4만큼 소요된다. 바꾸어 말하면 단면배수일 때는 양면배수일 때보다 압밀침하 시간이 4배 더 걸린다.

그림 7.11과 같이 평균 압밀도(U)와 시간계수($\log T_v$)의 관계를 반대수 좌표에 표현한 것을 산술좌표에 표현하면 그림 7.12와 같이 된다. 그림 7.12를 보면 곡선의 초반부에서 경사가 급하고 중반부를 지나 후반부로 갈수록 곡선의 경사가 완만해 지고 있다. 이는 압밀 초기에는 빠른 속도로 압밀이 진행되다가 점점 느려져서 압밀이 종료될 후반부에 가까워질수록 압밀속도가 느려짐을 뜻한다.

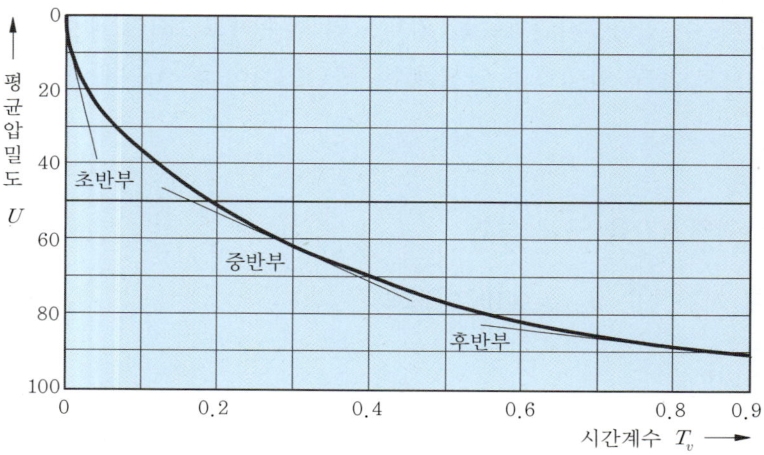

그림 7.12 평균 압밀도(U)와 시간계수(T_v)의 관계

특히 압밀도 90%를 넘어서부터는 압밀의 진행속도가 매우 느려져서 0에 수렴해 간다. 즉 압밀이 종료되기 위한 침하시간이 무한대에 접근해 가는 것을 알 수 있다.

현장에서는 압밀이 종료될 때까지 한없이 기다릴 수 없으며 공사를 마치기 위해서는 부득이 적당한 시점에서 공사를 마치게 된다. 따라서 준공 이후에도 압밀은 더 진행될 것이고 이러한 압밀침하를 잔류침하라고 한다. 도로공사의 연약지반 설계에서는 잔류침하의 경우 약 10cm를 허용치로 보고 있다.

➤ 예제 7.2

그림과 같은 지반에서 최종 압밀침하량을 계산한 결과 30cm였다. 현재 압밀침하량이 7.5cm이다. 다음 질문에 답하시오.

(1) 현재 점토층의 평균 압밀도
(2) 평균 압밀도 50%에 도달하는 시간
(3) 평균 압밀도 90%에 도달하는 시간
(4) 점토층 하부를 투수층으로 볼 때 평균 압밀도 50%에 도달하는 시간
(5) (2)와 (4) 계산 결과의 비교

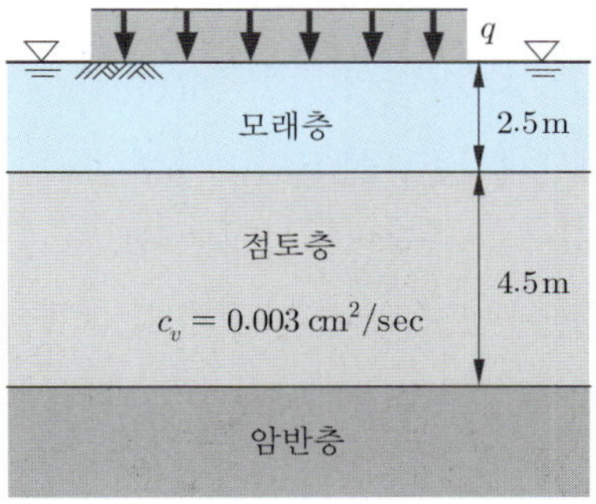

그림 예제 7.2

조건 $\Delta H = 30\text{cm}$, $\Delta H_t = 7.5\text{cm}$, $C_v = 0.003\text{cm}^2/\text{sec}$, $H = 4.5\text{m}$

요구 (1) U_t (2) $t_{(1)50}$ (3) $t_{(1)90}$ (4) $t_{(2)50}$ (5) $t_{(1)50} / t_{(2)50}$

풀이 (1) $U = \dfrac{\Delta H_t}{\Delta H} = \dfrac{7.5}{30} = 0.25 = 25\%$

(2) $t_{(1)50} = \dfrac{T_{50}\, H_d^2}{c_v} = \dfrac{(0.197)\,(450)^2}{(0.003) \times 86{,}400} = 153.9\,\text{days}$

(3) $t_{(1)90} = \dfrac{T_{90}\, H_d^2}{C_v} = \dfrac{0.848 \times 450^2}{(0.003) \times 86{,}400} = 662.5\,\text{days}$

(4) $t_{(2)50} = \dfrac{T_{50}\, H_d^2}{C_v} = \dfrac{0.197 \times (\dfrac{450}{2})^2}{(0.003) \times 86{,}400} = 38.5\,\text{days}$

(5) $\dfrac{t_{(1)50}}{t_{(2)50}} = \dfrac{153.9}{38.5} = 4$ 배

7.2 일차원 압밀시험

Terzaghi는 일차원 압밀시험 방법을 고안하였다. Terzaghi 일차원 압밀이론은 연직방향으로만 투수와 침하가 발생한다고 가정한다. 즉 수평방향으로 응력은 작용하나 변위는 없다. 이러한 상태를 plain-strain이라고 하며 상재하중의 분포면적이 넓으면 타당하다.

점토지반의 압밀 침하량과 압밀 침하시간을 산정하는데 필요한 토질정수를 구하기 위해 실내 압밀시험은 다음과 같이 실시한다.

① 그림 7.13과 같이 압밀시험기(consolidometer 또는 oedometer)의 압밀상자(압밀링, $D=6$cm $H=2$cm)안에 현장에서 채취한 불교란 시료(UD, undisturbed sample)를 넣고 상하면에 다공질판(porous stone)을 조립하여 압밀시험 중 배출되는 물이 빠져나갈 수 있게 한다.

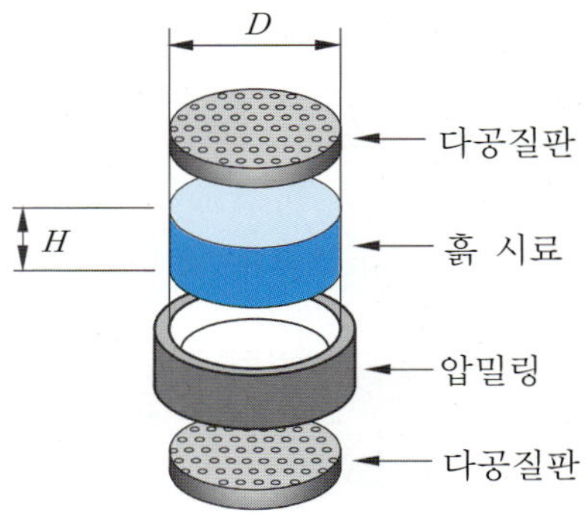

그림 7.13 시료와 압밀상자 조립도

② 제1일 : $p_1 = 0.05\,\text{kg/cm}^2$ 하중을 가한(載荷, loading) 후 8초 후, 15초 후, 30초 후, 1분 후, 2분 후, → (계속해서 2배씩 증가해 나감) → 4시간 후, 8시간 후, 24시간(1일) 동안 시간에 따른 침하량을 다이얼게이지 눈금을 읽어 측정한다.

③ 제2일 : $p_2 = 0.1\,\text{kg/cm}^2$ 하중을 가한 후(전 단계 하중만큼 증가 즉, 전 단계 하중의 2배) ②와 같이 시간에 따른 침하량을 측정한다.

④ 제3일 : $p_3 = 0.2\text{kg/cm}^2$로 하중을 증가시킨 후 ②와 같이 시간에 따른 침하량을 측정한다.

⑤ 제4일($p_4 = 0.4\,\text{kg/cm}^2$), 제5일, ……, 제9일($p_9 = 12.8\,\text{kg/cm}^2$)까지 하중을 증가시켜가며 ②와 같이 시간에 따른 침하량을 측정한다. → 재하단계 실험은 여기서 끝난다.

⑥ 제10일 : $p_{10} = 3.2\,\text{kg/cm}^2$로 하중을 감소시킨 후(除荷, unloading) ②와 같이 시간에 따른 침하량을 측정한다.

⑦ 제11일 : $p_{11} = 0.8\,\text{kg/cm}^2$로 하중을 감소시킨 후 ②와 같이 시간에 따른 침하량을 측정한다.

⑧ 제12일 : $p_{12} = 0.2\,\text{kg/cm}^2$ 로 하중을 감소시킨 후 ②와 같이 시간에 따른 침하량을 측정한다. → 제하단계까지 압밀시험이 모두 끝난다.

따라서 재하시험을 $p_1 = 0.1\,\text{kg/cm}^2$ 단계에서 $p_7 = 6.4\,\text{kg/cm}^2$ 단계까지 시험하고, 3단계의 제하시험을 할 경우 압밀시험은 10일이 소요된다.

압밀시험이 끝나면 각 하중 단계별로 시간-침하량(다이얼 게이지 읽음) 관계를 얻을 수 있게 된다. 이 결과를 이용하면 간극비-하중($e - \log p$) 및 압밀계수-하중($c_v - \log p$) 관계를 얻을 수 있다. $6.4\,\text{kg/cm}^2$ 까지 재하단계 시험이 끝난 후 제하시험으로 하중을 $1.6\,\text{kg/cm}^2$, $0.4\,\text{kg/cm}^2$, $0.1\,\text{kg/cm}^2$ 로 단계적으로 감소시키면 시료는 팽창하게 된다. 이 과정을 팽창(swelling, rebound)시험이라 한다. 팽창시험은 각 하중단계마다 4시간 동안 실시한다. 팽창이 완료된 후 다시 하중을 $0.4\,\text{kg/cm}^2$, $1.6\,\text{kg/cm}^2$, … 등 단계별로 다시 증가시키면 공시체는 다시 압축된다.

이 과정을 재압축(recompression)시험이라 한다. 재압축량은 상대적으로 대단히 작다. 압밀시험에 대한 자세한 사항은 KS F 2316에 기술되어 있다.

7.3 간극비-하중 곡선

7.3.1 간극비-하중곡선의 작성

압밀하중이 작용할 때 압밀시험에서 측정한 결과(시료의 두께, 압축량)를 간극비로 표시하여 간극비-하중곡선($e - \log p$ 곡선)을 작성한다. 각 하중단계별 간극비는 다음과 같이 구한다.

① 토립자 두께 : 토립자의 무게 W_s 와 토립자의 비중 G_s 를 이용하여 구한다.

$G_s = \dfrac{W_s}{V_s\,\gamma_w}$ 로부터 토립자의 체적은 $V_s = \dfrac{W_s}{G_s\,\gamma_w}$ 이다.

양변을 단면적 A 로 나누면

$$H_s = \frac{W_s}{A\ G_s\ \gamma_w} \tag{7.30}$$

여기서, 시료의 단면적 A는 압밀링의 단면적과 같다.

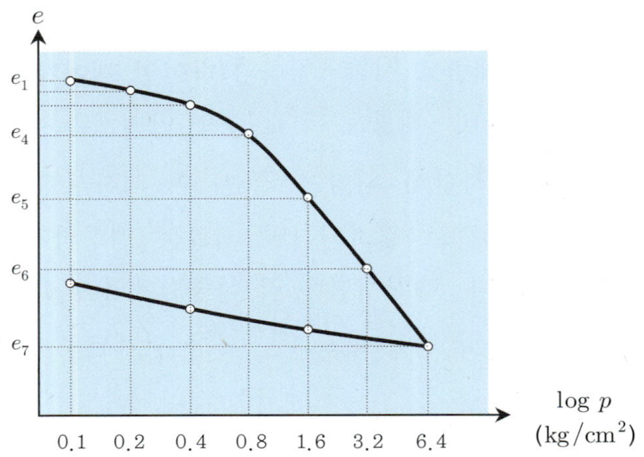

그림 7.14 간극비-하중 곡선

② 초기 간극의 높이 : 흙 전체의 두께에서 토립자의 두께를 빼서 구한다.

$$H_v = H - H_s \tag{7.31}$$

③ 초기 간극비 : ①과 ②에서 구한 H_s와 H_v를 이용하여 구한다.

$$e_o = \frac{V_v}{V_s} = \frac{V_v/A}{V_s/A} = \frac{H_v}{H_s} \tag{7.32}$$

④ 간극비 변화량 : 압밀시험에서 측정한 시료 두께의 변화량 ΔH를 이용하여

$$\Delta e = \frac{\Delta H}{H_s} \tag{7.33}$$

⑤ 변화후의 간극비 : 초기 간극비에서 간극비 변화량을 빼서 구한다.

하중 p_1일 때 간극비 $e_1 = e_o - \Delta e_1$

하중 p_2일 때 간극비 $e_2 = e_1 - \Delta e_2$

하중 p_3일 때 간극비 $e_3 = e_2 - \Delta e_3$

위와 같은 절차에 따라 각 하중단계별로 구해진 압밀하중(p)과 그에 대응하는 간극비(e)를 반대수 용지의 수평축에 하중($\log p$), 연직축에 간극비(e)를 나타내면 그림 7.14와 같은 간극비-하중($e - \log p$) 곡선을 얻는다.

재하(載荷)로 인한 압축과 제하(除荷)로 인한 팽창, 재재하(再載荷)로 인한 재압축 등에 관하여 압밀시험 결과 얻어지는 그림 7.15와 같은 간극비-하중곡선으로 알아보자.

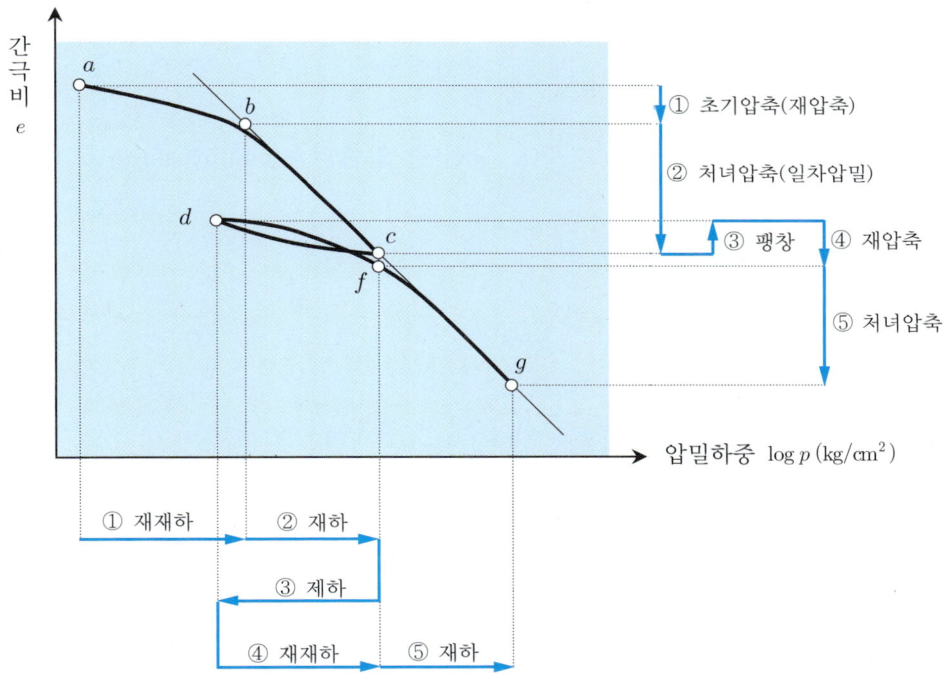

그림 7.15 하중 재하에 따른 압축 관계

① 구간 $a-b$: 현장 원위치에서의 시료는 응력을 받고 있다가 시료를 채취함으로 인해 응력이 개방되면서 팽창이 되었다가 압밀시험기에서 재재하로 인한 재압축이 발생한 것이다. 이러한 현상은 압밀시험에서 피할 수 없는 과정으로 받아들여져야 하고 이를 초기압축이

라 부른다.

② 구간 $b-c$: b점의 하중은 현장에서 점토가 이미 받고 있던 응력이다. 이러한 응력보다 더 큰 응력이 재하되면 점토는 비로소 새로운 압축현상이 발생한다. 이를 처녀압축 또는 일차압밀이라 한다.

③ 구간 $c-d$: 재하(loading)로 인하여 압축된 점토를 제하(unloading)하면 팽창한다. 이 때 점토의 팽창량은 재하로 인한 압축량보다 작다.

④ 구간 $d-f$: 제하로 팽창되었던 점토에 다시 하중을 가하면 즉 재재하로 인하여 재압축이 일어난다. 이 때 재압축은 구간 $a-b$와 같은 현상이 발생한다. 즉 곡선의 경사는 구간 $a-b$의 경사와 유사하다.

⑤ 구간 $f-g$: 구간 $d-f$에서 재재하로 인하여 발생하는 재압축 현상은 c점을 지나면서 새로운 하중의 재하가 되고 처녀압축이 발생한다. $b-c$와 $f-g$는 처녀압축이 발생하는 구간으로 곡선의 경사가 같다.

그림 7.16과 같은 처녀압축곡선의 경사($a-a$선)를 압축지수(compression index)라 한다. 즉

$$C_c = \frac{\Delta e}{\log p_2 - \log p_1} = \frac{\Delta e}{\log \dfrac{p_2}{p_1}} \tag{7.34}$$

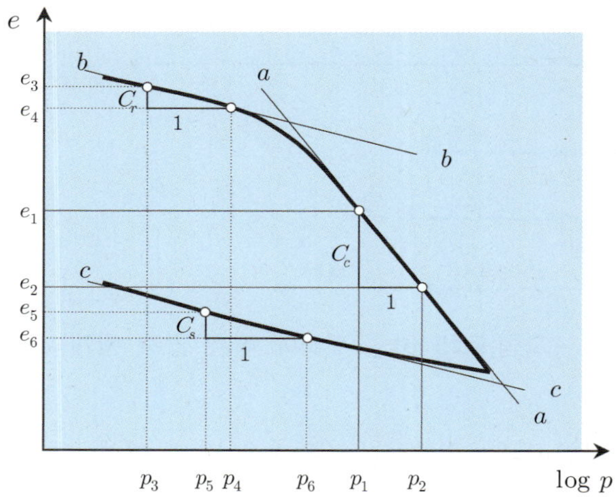

그림 7.16 재압축지수와 팽창지수

Terzaghi & Peck은 실험을 통하여 압축지수와 액성한계 사이의 관계를 밝혀냈다. 식 (7.35)를 이용하면 압밀시험을 하지 않고도 간편하게 압축지수를 추정하여 사용할 수도 있으나 신뢰도는 그리 높지 않으므로 주로 예비설계 단계에서 사용한다.

불교란 시료(UD)에 대하여

$$C_c = 0.009\,(w_l - 10) \tag{7.35}$$

여기서, w_l : 액성한계(%)

교란시료를 재성형(remolding)한 경우

$$C_c' = 0.007\,(w_l - 10) \tag{7.36}$$

압축지수의 값은 흙에 따라 차이가 많으나 대표적인 값은 식 (7.37)과 같다.(Holtz and Kovacs, 1981)

$$C_c \approx 0.2 \sim 0.9 \tag{7.37}$$

압축지수가 대단히 큰 특수한 경우도 있다.

- 예민비가 큰 점토와 유기질 점토 $C_c \gg 1$
- 예를 들어 이탄(peat)의 경우 ; $C_c = 10 \sim 15$

그림 7.16의 $b-b$와 같은 재압축곡선의 경사를 재압축지수(coefficient of recompression, C_r)라 한다. 즉

$$C_r = \frac{e_3 - e_4}{\log p_4 - \log p_3} = \frac{\Delta e}{\log \dfrac{p_4}{p_3}} \tag{7.38}$$

그림 7.16의 $c-c$ 와 같은 팽창곡선의 경사를 팽창지수(coefficient of swelling)라 한다. 즉

$$C_s = \frac{e_5 - e_6}{\log p_6 - \log p_5} = \frac{\Delta e}{\log \dfrac{p_6}{p_5}} \tag{7.39}$$

근본적으로 그림 7.16의 $b-b$와 $c-c$의 경사는 과거에 제하(除荷)로 팽창되었던 점토가 재재하(再載荷)로 다시 재압축 된다는 점에서 동일하게 취급할 수 있다.

$$C_r \simeq C_s \tag{7.40}$$

재압축에 의한 압밀침하량은 처녀압축에 의한 압밀침하량과 일정 비례하는 것으로 알려져 있다. 재압축지수는 압축지수의 약 5%~10% 정도로 볼 수 있다.

$$C_r = (0.05 \sim 0.1)\, C_c \tag{7.41}$$

재압축지수의 대표적 범위는

$$C_r = 0.015 \sim 0.035 \tag{7.42}$$

7.3.2 선행압밀응력

그림 7.15와 같은 하중의 재하와 제하, 재재하 등으로 인한 점토의 압축과 팽창현상으로부터 점토의 상태를 두 가지로 구분할 수 있다.

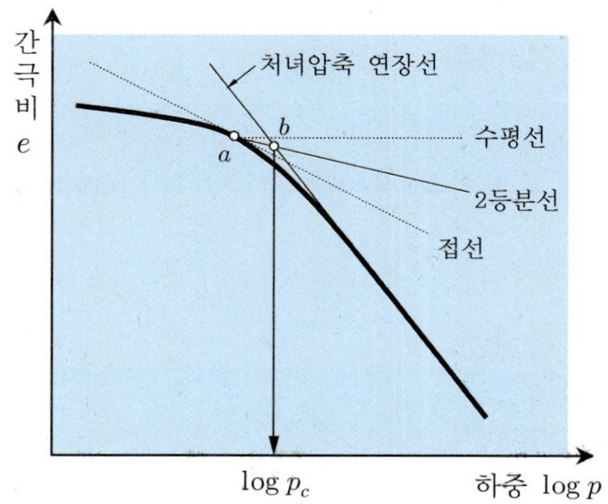

그림 7.17 선행 압밀응력 p_c

현재 점토가 과거에 현재 받고 있는 유효응력(상재하중)보다 큰 응력을 받았다면 이미 압축이 되었다가 일부 팽창을 한 상태가 된다. 따라서 과거에 받았던 압밀응력에 도달할 때까지는 재압축이 발생하게 된다. 그러나 과거에 받았던 유효응력이 현재 받고 있는 응력(p_o)과 같다면 압밀응력에 의해 처녀압축이 발생하게 된다. 즉 점토가 과거에 받았던 응력은 처녀압축이 발생할 것인지 재압축이 발생할 것인지를 결정하는 중요한 기준이 된다. 이러한 과거에 받았던 최대 압밀응력을 선행 압밀응력(p_c, preconsolidation pressure)이라 한다.

선행 압밀응력은 압밀곡선에서 다음 절차에 따라 결정한다.(그림 7.17 참조)

① 압밀곡선에서 가장 곡률이 큰 점 a의 접선과 수평선을 긋는다.

② 접선과 수평선의 교각을 2등분선한 선을 긋는다.

③ 처녀압축곡선의 연장선과의 교점 b의 수평축 좌표값이 선행압밀응력이 된다.

현장에서 선행 압밀응력을 결정하는 방법을 표 7.2와 같은 4가지 경우에 대하여 알아보자.

표 7.2 선행 압밀응력

경우	2년 전	1년 전	현재	선행 압밀응력 p_c
①	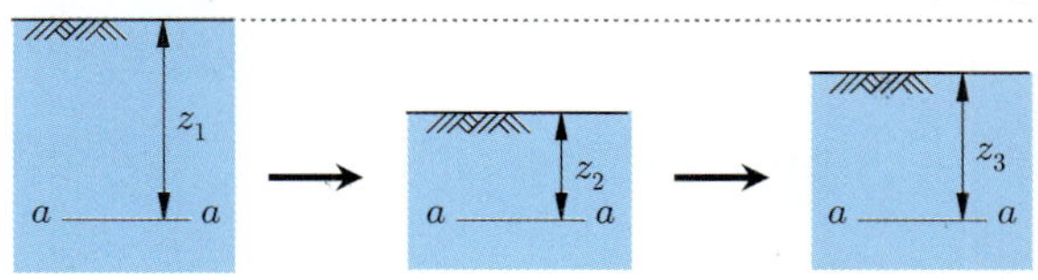			$p_c = \gamma z_1$
②	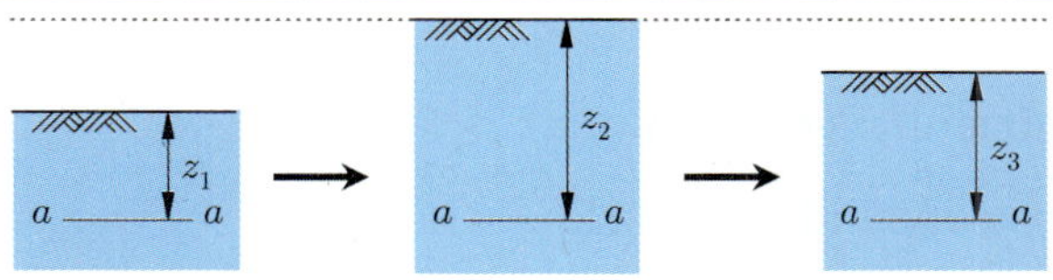			$p_c = \gamma z_2$
③	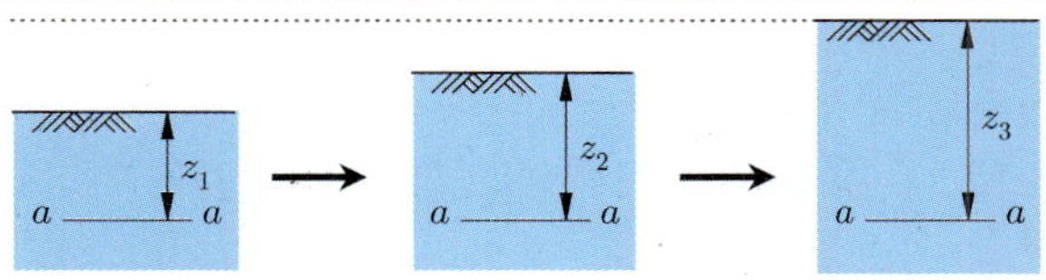			$p_c = \gamma z_3$
④	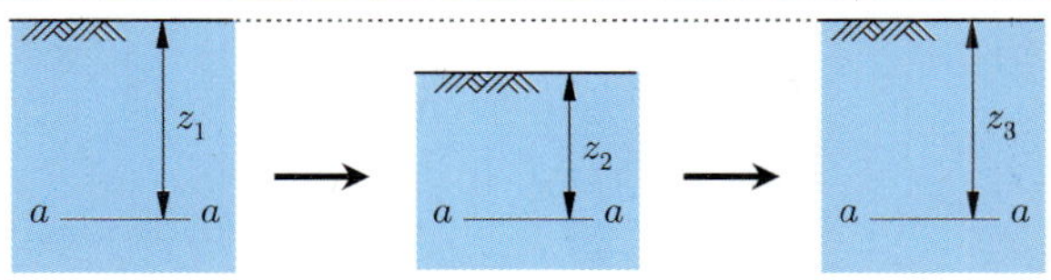			$p_c = \gamma z_3$

경우 ①은 과거에 A점의 유효응력이 γz_1이었다가 γz_2로 감소한 뒤 현재는 γz_3로 증가한 상태이다. 응력의 크기는 $\gamma z_1 > \gamma z_3 > \gamma z_2$이므로 선행압밀응력은 $p_c = \gamma z_1$이 된다.

경우 ②는 과거에 A점의 유효응력이 γz_1이었다가 γz_2로 증가한 뒤 현재는 γz_3로 감소한 상태이다. 응력의 크기는 $\gamma z_2 > \gamma z_3 > \gamma z_1$이므로 선행압밀응력은 $p_c = \gamma z_2$이 된다.

경우 ③은 과거에 A점의 유효응력이 γz_1이었다가 γz_2로 증가한 뒤 현재는 γz_3로 더 증가한 상태이다. 응력의 크기는 $\gamma z_3 > \gamma z_2 > \gamma z_1$이므로 선행압밀응력은 $p_c = \gamma z_3$이 된다. 이 경우 선행압밀응력은 $p_c = \gamma z_2$ 가 아님을 주의하여야 한다.

경우 ④는 과거에 A점의 유효응력이 γz_1이었다가 γz_2로 감소한 뒤 현재는 γz_3로 다시 증가하였다. 응력의 크기는 $\gamma z_3 = \gamma z_1 > \gamma z_2$이므로 선행압밀응력은 $p_c = \gamma z_3$이 된다.

결국 선행압밀응력은 현재를 포함하여 가장 큰 응력을 받았던 시점을 찾는 것이 관건이다. 지반의 응력은 지하수위의 변화에 의해서 증감될 수도 있다.

7.3.3 정규압밀점토와 과압밀점토

정규압밀이란 현재의 유효응력(p_o)이 과거에 받았던 최대 유효응력 즉 선행압밀응력(p_c)과 같은 상태이고, 과압밀이란 현재의 유효응력(p_o)이 과거에 받았던 최대 유효응력(p_c)보다 작은 상태를 말한다. 즉

$p_c = p_o$이면 정규압밀(normally consolidated) 상태
$p_c > p_o$이면 과압밀(over consolidated) 상태
$p_c < p_o$이면 현재 압밀이 진행 중인 상태

선행압밀응력과 현재 받고 있는 응력의 비(比)를 과압밀비(OCR, over consolidation ratio)라 한다.

$$OCR = \frac{p_c}{p_o} \tag{7.43}$$

여기서, p_c : 선행압밀응력

p_o : 현재 점토층이 받고 있는 응력

(p_c와 p_o는 유효응력임)

과압밀비를 이용하여 점토를 다음 두 가지로 구분할 수 있다.

$OCR = 1$: 정규압밀점토(NC, normally consolidated clay)

$OCR > 1$: 과압밀점토(OC, overconsolidated clay)

점토지반의 압밀침하량을 산정할 때는 정규압밀점토(NC)와 과압밀점토(OC)로 구분하여야 한다. 왜냐하면 정규압밀점토는 압밀하중에 의해 처녀압축만 발생하는 반면에, 과압밀점토는 선행압밀응력보다 작은 압밀하중에서는 재압축이 생기고 선행압밀응력보다 큰 압밀하중이 작용할 때는 처녀압축이 생기기 때문이다. 지반이 과압밀 되는 원인은 다음과 같은 것들이 주된 원인이다.

- 자연적인 침식 또는 세굴
- 인공적 굴착공사 등에 의한 전응력의 감소
- 지하수위의 상승 또는 피압지하수의 양수 등에 의한 간극수압의 변화

NC와 OC의 공학적 특성을 비교하여 표 7.3에 제시하였다.

표 7.3 NC와 OC의 공학적 특성 비교

	압축성	압밀특성	강도	간극비	투수성	전단강도 특성
NC	크다	정규압축	작다	크다	크다	느슨한 모래와 비슷함
OC	작다	재압축*	크다	작다	작다	조밀한 모래와 비슷함

* 과압밀 점토에 선행압밀응력보다 큰 하중이 작용하면 정규압밀점토와 동일함

7.4 압밀계수-하중 곡선

압밀시험 결과로부터 얻어진 시간-침하량 관계를 이용하여 압밀계수(coefficient of consolidation, c_v)를 구한다. 압밀계수는 압밀침하시간을 구하는 데 이용되는 토질정수로서 시간 - 침하량 관계를 표현하는 방법에 따라 $\log t$ 법과 $\sqrt{t}$ 법이 있다.

7.4.1 $\log t$ 법

1) 압밀계수-하중 곡선

$\log t$ 법은 Casagrande(1940)가 고안한 방법으로 시간을 x 축에 대수값으로 잡고 침하량을 y 축에 표시하여 그림 7.18과 같이 d_0와 d_{100}을 그림에서 결정하고 그 중간점에 해당하는 d_{50}을 찾아 그에 대응하는 x 좌표값 t_{50}을 얻어낸다.

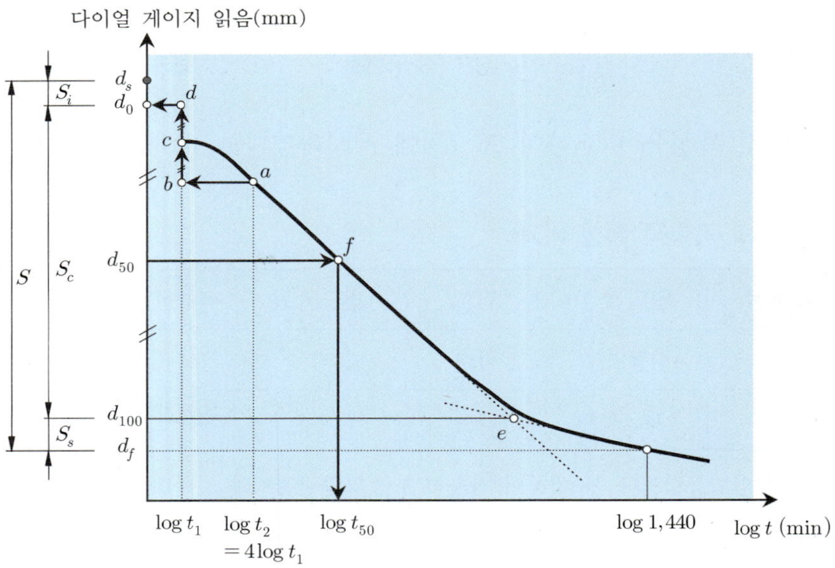

그림 7.18 $\log t$ 법

그림 7.18에 표시된 기호들의 의미는 다음과 같다.

d_0 : 평균압밀도 $U = 0\%$에 해당하는 다이얼 게이지 읽음
d_{100} : 평균압밀도 $U = 100\%$에 해당하는 다이얼 게이지 읽음
d_{50} : 평균압밀도 $U = 50\%$에 해당하는 다이얼 게이지 읽음
t_{50} : 평균압밀도 $U = 50\%$에 도달하는데 걸리는 시간
d_s : 현 단계 하중으로 압밀이 시작되기 전의 다이얼 읽음
d_f : 현 단계 하중에 의한 압밀 종료 시(24시간 후)의 다이얼 읽음
S_i : 초기 압축량
S_c : 일차 압밀침하량
S_s : 이차 압밀침하량
S : 전 압밀침하량, 즉 $S = S_i + S_c + S_s$

2) 압밀계수의 산정

$\log t$ 법으로 압밀계수(c_v)를 구하는 순서는 다음과 같다.

① 평균 압밀도 0%에 대응하는 다이얼 게이지 읽음 d_0의 결정

압밀 시작시간($t = 0$)은 반대수 용지에 나타낼 수 없고 재하 즉시 일어나는 초기 침하량은 측정이 불가능하므로 곡선의 초기부분을 포물선이라 가정하고 다음과 같이 d_0을 결정한다.

- $\log t_1$과 $\log t_2 = 4\log t_1$되는 $\log t_2$ 결정
- $\log t_2$에 대응하는 곡선상의 a점에서 그린 수평선과 $\log t_1$선과의 교점 b를 결정
- $\log t_1$에 대응하는 곡선상의 c점을 결정
- $\overline{bc} = \overline{cd}$되는 d점을 결정
- d점에 대응하는 다이얼 게이지 읽음 d_0.(이 때 d_0은 d_s보다 아래에 있음)

② 평균 압밀도 100%에 대응하는 다이얼 읽음 d_{100}의 결정

- a점을 통과하는 직선 부분 연장선과 꼬리부분 연장선을 그어 교점 e를 찾음
- e점에 대응하는 다이얼 게이지 읽음이 d_{100}이 된다.

③ 평균 압밀도 50%에 대응하는 다이얼 읽음 d_{50}과 압밀침하 시간 t_{50}의 결정

- d_0와 d_{100}의 중앙점(이등분점)이 d_{50}이 된다.
- d_{50}에 대응하는 곡선상의 점 f의 x좌표가 $\log t_{50}$이 된다.

④ 압밀계수 c_v의 산정

- 시간계수

$$T_v = \frac{c_v\, t}{H_d^2} \tag{7.44}$$

시간계수는 압밀방정식의 해로부터 구해진다.

- 따라서 압밀계수는

$$c_v = \frac{T_v\, H_d^2}{t} \tag{7.45}$$

$U = 50\%$ 일 때 시간계수는 $T_{50} = 0.197$ 이므로

$$c_v = \frac{0.197\, H_d^2}{t_{50}} \tag{7.46}$$

여기서, H_d : 최대 배수거리

7.4.2 $\sqrt{t}$ 법

1) 압밀계수-하중 곡선

$\sqrt{t}$ 법은 Taylor(1942)가 고안한 방법으로 시간을 x축에 평방근 값으로 잡고 침하량을 y축에 표시하여 그림 7.19와 같이 d_{90}을 찾아 그에 대응하는 x좌표값 t_{90}을 얻어내는 방법이다.

여기에서 각 기호의 의미는 다음과 같다.

d_0 : 평균압밀도 $U = 0\%$에 해당하는 다이얼 게이지 읽음
d_{90} : 평균압밀도 $U = 90\%$에 해당하는 다이얼 게이지 읽음
t_{90} : 평균압밀도 $U = 90\%$에 도달하는데 걸리는 시간

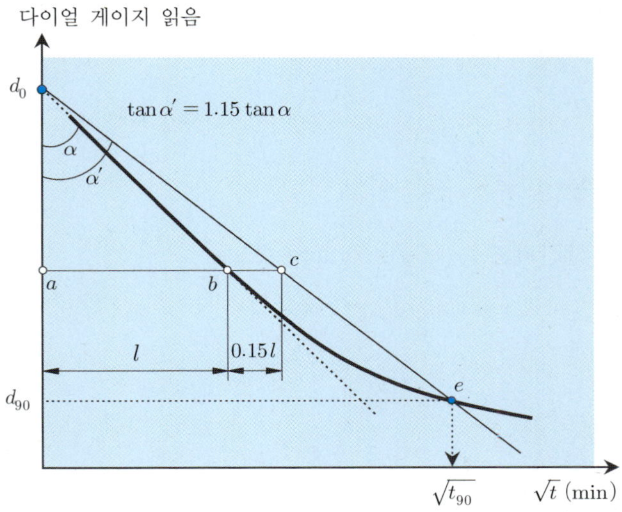

그림 7.19 $\sqrt{t}$ 법

2) 압밀계수의 산정

$\sqrt{t}$ 법으로 압밀계수(c_v)를 구하는 순서는 다음과 같다.

① 평균압밀도 $U = 0\%$에 해당되는 다이얼 읽음 d_0 결정

- 초기직선 부분을 연장하여
- y축과의 교점을 d_0로 한다.

② 평균압밀도 $U = 90\%$에 해당하는 d_{90}과 t_{90}결정

- 직선구간의 y축에 임의점 a를 잡는다.
- a점을 지나는 수평선과 압밀곡선과의 교점 b를 얻는다.
- a점과 b점을 지나는 수평 연장선상에 $1.15\,\overline{ab}$ 되는 c점을 잡는다.
- $\overline{d_0\,c}$의 연장선과 압밀곡선과의 교점 e의 좌표는 $(\sqrt{t_{90}}\,,\ d_{90})$이 된다.

여기서, d_{90} : 평균압밀도 $U = 90\%$ 에 대응하는 다이얼 게이지 읽음

t_{90} : 평균압밀도 $U = 90\%$ 에 도달하는데 소요되는 시간(min)

③ 압밀계수 c_v 의 산정

- 시간계수 $T_v = \dfrac{c_v\, t}{H_d^2}$

- 따라서 압밀계수는 $c_v = \dfrac{T_v\, H_d^2}{t}$ 이고

  $U = 90\%$ 일 때 시간계수는 $T_{90} = 0.848$ 이므로

$$c_v = \frac{0.848\, H_d^2}{t_{90}} \tag{7.47}$$

7.4.3 $\log t$ 법과 $\sqrt{t}$ 법의 적용

$\log t$ 법으로 결정한 압밀계수는 정규압밀 상태의 응력 범위에서는 $\sqrt{t}$ 법으로 구한 값보다 더 작게 나타난다. 또한 $\log t$ 법으로 구한 압밀계수를 이용한 침하속도 산정 결과가 실제와 더 잘 맞는 것으로 평가받고 있다. 그러나 $\sqrt{t}$ 법은 사용이 훨씬 간편하다.

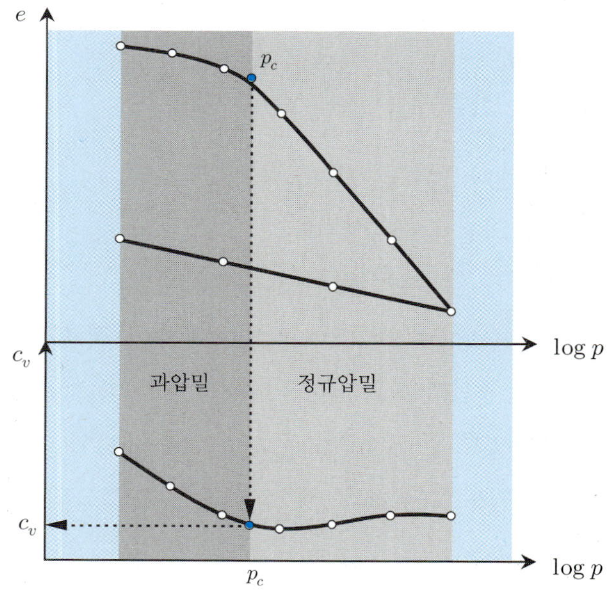

그림 7.20 압밀계수–하중 관계 곡선

압밀계수는 각 단계의 압밀하중마다 측정하며 그 값들은 압밀하중에 따라 다르다. 일반적으로 그림 7.20과 같이 과압밀 상태의 응력에서는 압밀계수가 크고 선행압밀하중 부근에서 최소가 되며, 정규압밀의 하중 범위에서는 큰 차이가 없다. 실제 설계에서 압밀계수를 선택할 때에는 현장 점토지반 응력의 크기에 대응하는 압밀계수 값을 선택하거나 선행압밀하중 부근의 최소치를 택하도록 하고 있다.

액성한계와 압밀계수 사이에는 그림 7.21과 같은 관계가 있다.

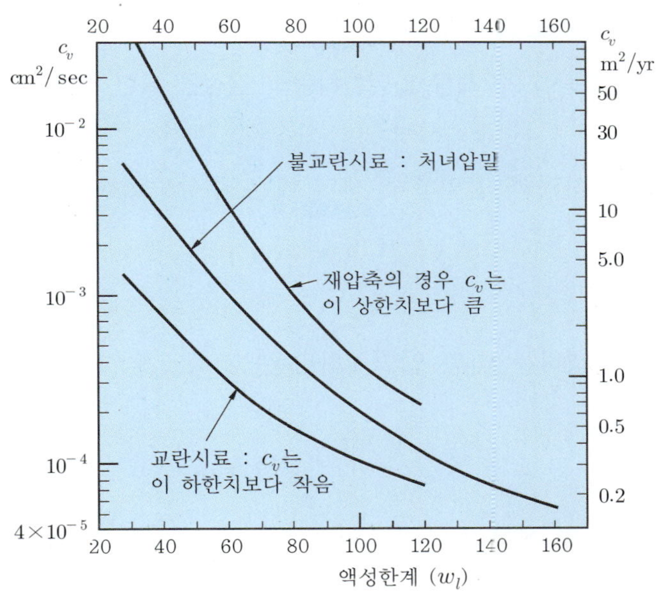

그림 7.21 액성한계와 압밀계수 사이의 관계(NAVFAC, 1971)

7.5 일차원 압밀침하량 산정

그림 7.22와 같이 지표면에 무한 등분포 상재하중이 작용할 때 압밀층에서는 수평방향 변위는 발생하지 않고 연직방향의 변위(침하)만 발생한다. 이러한 연직방향의 압밀침하를 일차원 압밀침하(primary consolidation settlement)라 한다.

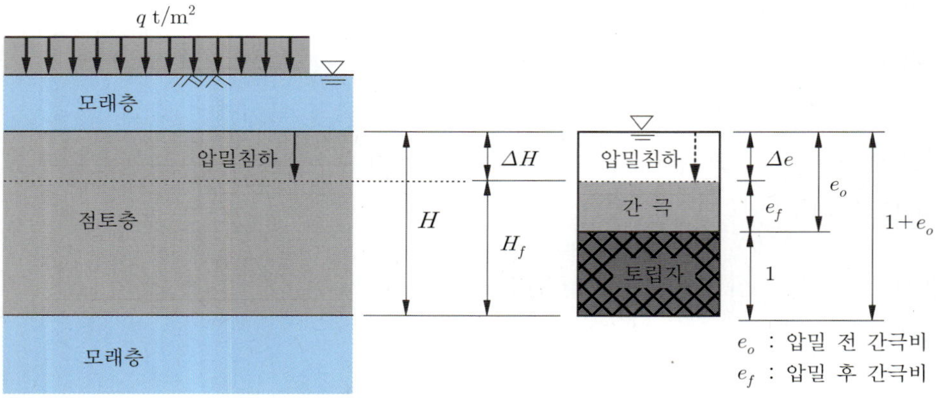

그림 7.22 최종 압밀침하량의 결정을 위한 주상도

그림 7.22에서 압밀침하량과 압밀층 두께의 비는 주상도로부터

$$\frac{\Delta H}{H} = \frac{\Delta e}{1+e_o} \tag{7.48}$$

따라서 점토층에서 발생하는 최종 압밀침하량은

$$\Delta H = \frac{\Delta e}{1+e_o} H \tag{7.49}$$

압밀층에서 상재하중으로 인하여 발생하는 간극비의 변화량을 알면 최종 침하량을 계산할 수 있다.

압밀층의 두께가 두꺼울 때는 압밀층을 한 개의 층으로 보고 최종 압밀침하량을 구하는 것보다 여러 층으로 나누어 각 층의 최종 압밀침하량을 구하고 합산하여 전체 침하량을 구하는 것이 더 정확하다. 즉

$$\Delta H = \Delta H_1 + \Delta H_2 + \Delta H_3 + \cdots\cdots + \Delta H_n \tag{7.50}$$

7.5.1 압축계수를 이용한 최종 압밀침하량 산정

그림 7.23에서 압축계수 a_v는 압밀하중의 증가에 대한 간극비 변화량으로 정의한다. 즉

$$a_v = \frac{e_1 - e_2}{p_2 - p_1} = \frac{\Delta e}{\Delta p} \tag{7.51}$$

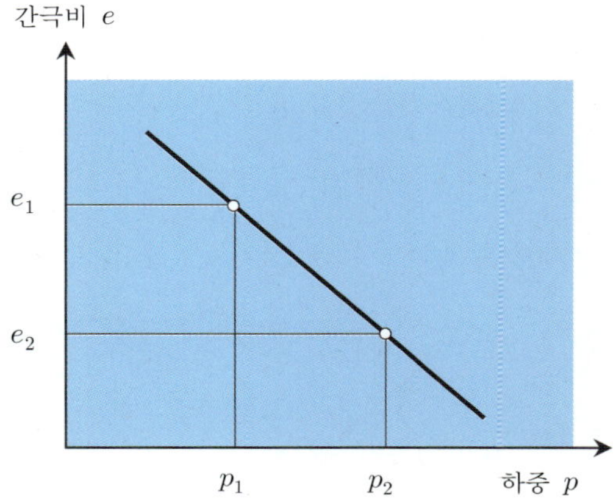

그림 7.23 간극비–하중 곡선

따라서

$$\Delta e = a_v \, \Delta p \tag{7.52}$$

식 (7.52)를 식 (7.49)에 대입하면

$$\Delta H = \frac{a_v}{1 + e_o} \Delta p \, H \tag{7.53}$$

여기에서 Δp는 압밀층에 작용하는 평균 연직 유효응력의 증가량이다. 점토층 상단에서 하단까지 증가응력이 일정하게 변화한다는 가정 하에서 중앙단면의 유효응력을 전체층 유효응력의 평균치로 본다. 그러나 심프슨공식을 사용하면 더 정확한 평균 연직응력을 산정할 수 있다.

또한 식 (7.53)은 압밀하중에 따라 간극비가 선형관계라는 가정을 하였으므로 현실과 차이가 있으며 특히 연직응력 증가량(Δp)이 큰 경우 정확도가 낮아진다.

7.5.2 체적변화계수를 이용한 최종 압밀침하량 산정

체적변화계수(m_v)는 간극률-하중 곡선의 기울기이다. 즉

$$m_v = \frac{\Delta n}{\Delta p} \tag{7.54}$$

$$\Delta n = m_v \, \Delta p \tag{7.55}$$

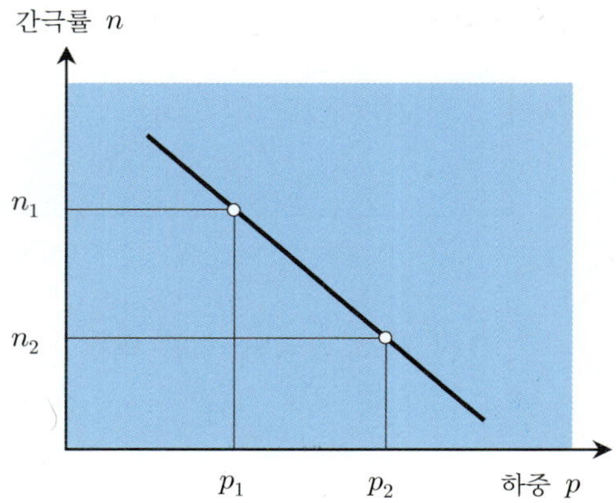

그림 7.24 간극률-하중 곡선

간극률의 변화량은 일차원 압밀이므로

$$\Delta n = \frac{\Delta V}{V} = \frac{\Delta H}{H} \tag{7.56}$$

$$\Delta H = \Delta n \, H \tag{7.57}$$

식 (7.55)를 식 (7.57)에 대입하여

$$\Delta H = m_v \, \Delta p \, H \tag{7.58}$$

식 (7.58) 역시 식 (7.53)과 마찬가지로 압밀하중에 따라 간극률이 선형관계라는 가정을 하였으므로 현실과 차이가 있으며 특히 연직응력 증가량(Δp)이 큰 경우 정확도가 낮아진다.

7.5.3 압축지수를 이용한 최종 압밀침하량 산정

1) 정규압밀점토의 압밀침하량

정규압밀점토(NC)는 그림 7.25와 같이 초기의 선행 압밀응력이 작용하는 상태에서 상재하중에 의한 증가응력이 추가되어 압밀침하가 발생한다.

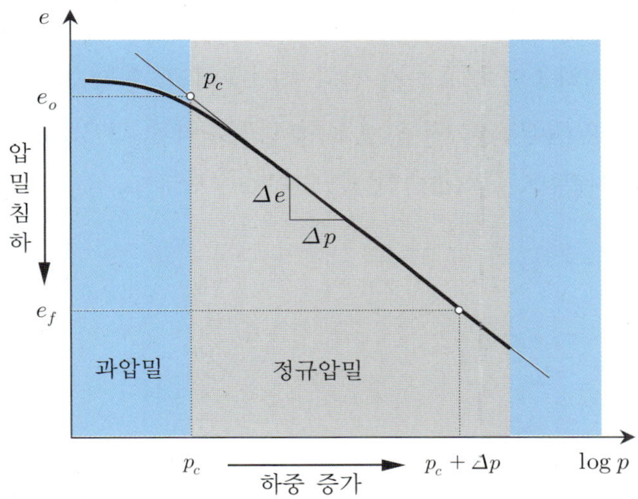

그림 7.25 정규압밀점토의 압밀침하

따라서 정규압밀점토의 압밀침하는 처녀압축이다. 처녀압축곡선의 기울기인 압축지수(C_c)는 전술한 식 (7.34)와 같이

$$C_c = \frac{\Delta e}{\log p_2 - \log p_1} = \frac{\Delta e}{\log \dfrac{p_2}{p_1}}$$

따라서 간극비 변화량 Δe 는

$$\Delta e = C_c \log \frac{p_2}{p_1} \tag{7.59}$$

전술한 식 (7.49)는

$$\Delta H = \frac{\Delta e}{1+e_o} H \tag{7.49}$$

식 (7.59)를 식 (7.49)에 대입하면

$$\Delta H = \frac{C_c}{1+e_o} \log \frac{p_2}{p_1} H \tag{7.60}$$

식 (7.60)의 p_1은 상재하중이 작용하기 전의 초기응력 즉 현재 받고 있는 점토층의 평균 연직 유효응력 p_o이다. 정규압밀점토의 경우는 선행 압밀응력과 같으므로 $p_1 = p_o = p_c$이다. p_2는 상재하중에 의해 압밀하중이 증가(Δp)한 후의 응력이므로 $p_2 = p_o + \Delta p = p_c + \Delta p$이다.

따라서 최종 압밀침하량은 식 (7.61)과 같이 된다.

$$\Delta H = \frac{C_c}{1+e_o} \log \frac{p_o + \Delta p}{p_o} H \tag{7.61}$$

여기서, C_c : 압축지수(식 (7.34) 참조)
e_o : 초기(압밀이 발생하기 전) 압밀층의 평균 간극비
p_o : 초기 압밀층 중앙단면의 흙 자중에 의한 연직 유효응력
Δp : 상재하중에 의한 압밀층의 평균 연직 유효응력 증가량
($\cong$ 압밀층 중앙단면의 유효응력 증가량)

2) 과압밀점토(OC)의 압밀침하량

과압밀점토의 압밀침하는 과압밀 구간의 재압축과 정규압밀 구간의 처녀압축으로 이루어지며 그림 7.26에 제시된 바와 같이 양 구간에서의 간극비 - 하중곡선의 경사가 다르게 나타나 있다. 즉 과압밀 구간에서 곡선의 경사는 재압축지수(C_r)이고, 정규압밀 구간에서 곡선의 경사는 압축지수(C_c)이다.

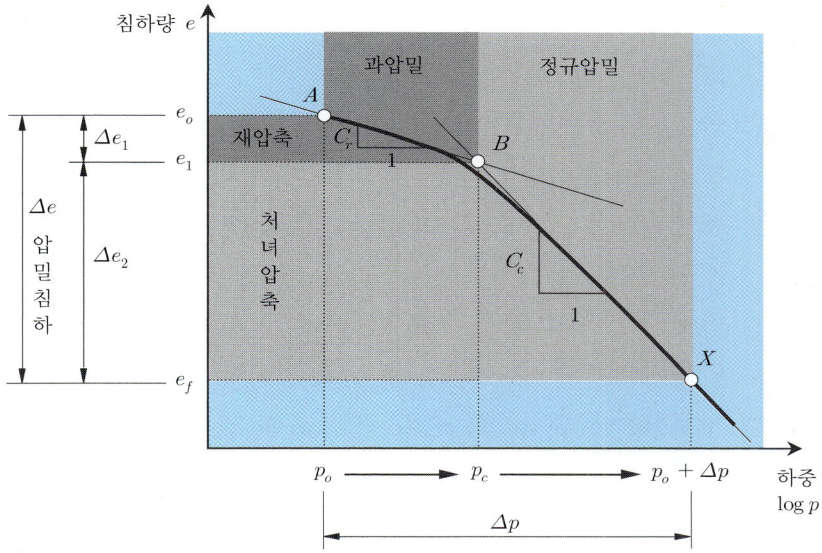

그림 7.26 과압밀점토의 압밀침하

이러한 사실들을 정리하면 표 7.4와 같다.

표 7.4 과압밀점토의 압밀양상

구 간	전체 구간	과압밀 구간	정규압밀 구간
작 용 하 중	$p_o \rightarrow p_c + \Delta p$	$p_o \rightarrow p_c$	$p_c \rightarrow p_c + \Delta p$
압 축 형 태	압밀	재압축	처녀압축
곡선의 경사	C_r 및 C_c	재압축지수 C_r	압축지수 C_c
간극비 변화	Δe	Δe_1	Δe_2
압밀 침하량	ΔH	ΔH_1	ΔH_2

① $p_o + \Delta p' > p_c$ 인 경우(그림 7.26 참조)

압밀응력($p_o + \Delta p'$)이 선행압밀하중(p_c)보다 크므로 A점 → X점 사이의 압밀침하량은 A점 → B점 사이의 침하량(재압축)과 B점 → X점 사이의 침하량(처녀압축)의 합이다. 선행압밀응력은 압밀층의 깊이에 따라 다르지만, 일반적으로 압밀층 전체의 평균치 또는 압밀층 중앙단면에서의 값으로 가정한다.

$$\Delta H = \frac{C_r}{1+e_o} \log \frac{p_c}{p_o} H + \frac{C_c}{1+e_o} \log \frac{p_o + \Delta p}{p_c} H \qquad (7.62)$$

여기서, ΔH : 압밀침하량
e_o : 초기 간극비
C_r : 재압축지수
p_c : 선행 압밀응력
p_o : 현재 점토층의 평균 유효 연직응력
C_c : 압축지수
Δp : 상재하중에 의한 점토층의 평균 유효 연직응력 증가량
H : 압밀층 두께

➤ 예제 7.3

그림과 같은 점토층의 지표면에 무한 등분포하중 $q = 5.0\,\mathrm{t/m^2}$가 작용하고 있을 때 이 점토층의 최종 압밀침하량을 구하시오. 단, 이 흙은 정규압밀 점토이다.

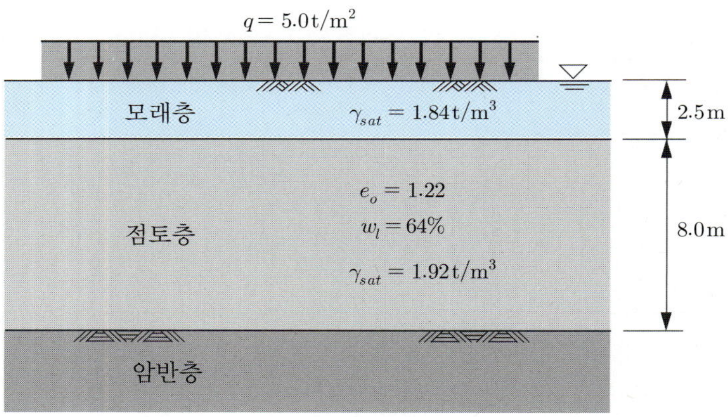

조건 그림 참조

요구 점토층의 최종 압밀침하량 ΔH

풀이 점토층의 중앙단면에서의 자중에 의한 유효응력은

$$p_o = \sum \gamma' z = (0.84)(2.5) + \left(\frac{8.0}{2}\right)(0.92) = 5.78\,\mathrm{t/m^2}$$

상재하중에 의한 증가응력은 무한 등분포하중이므로

$\Delta p = q = 5.0\ \mathrm{t/m^2}$

점토의 압축지수는 식 (7.35)를 이용하여

$C_c = 0.009(w_l - 10) = 0.009(64-10) = 0.486$

정규압밀점토이므로 $p_c = p_o = 5.78\,\mathrm{t/m^2}$

식 (7.61)을 이용하여

$$\Delta H = \frac{C_c}{1+e_o}\log\frac{p_o+\Delta p}{p_o}H = \frac{0.486}{1+1.22}\log\frac{5.78+5.0}{5.78}(8.0) = 0.474\,\mathrm{m} = 47.4\,\mathrm{cm}$$

◀

② $p_o + \Delta p' \leqq p_c$인 경우(그림 7.26 참조)

압밀응력($p_o + \Delta p'$)이 선행압밀하중(p_c)보다 작으므로 A 점 → p_c 사이의 압밀침하량은 재압축 침하량이다.

$$\Delta H = \frac{C_r}{1+e_o}\log\frac{p_o+\Delta p}{p_o}H \tag{7.62}$$

여기서, ΔH : 압밀침하량

e_o : 초기 간극비

C_r : 재압축지수

p_o : 현재 점토층의 평균 유효 연직응력

Δp : 상재하중에 의한 점토층의 평균 유효 연직응력 증가량

H : 압밀층 두께

➤ 예제 7.4

그림과 같이 2.0×2.0m 크기의 정방형 기초에 80t의 하중이 작용할 때 점토층의 최종 압밀침하량을 구하시오. 단 압밀시험 결과 이 흙의 초기 간극비는 1.2이고 액성한계는 62%, 선행압밀응력은 13.5t/m²이다.

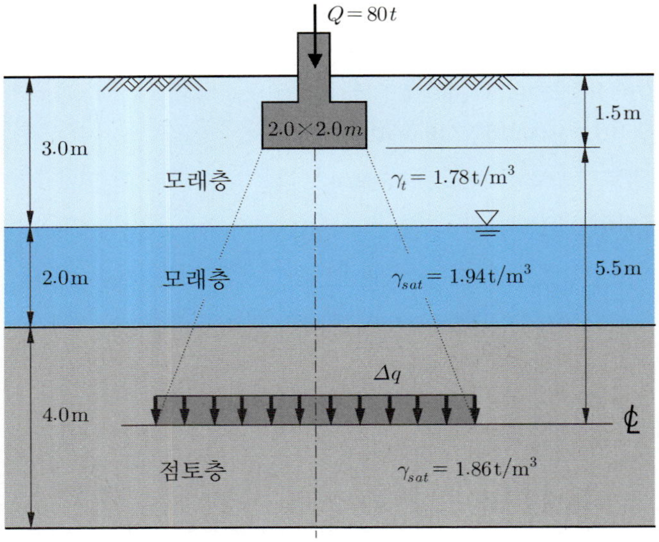

그림 예제 7.4

조건 그림 참조, $e_o = 1.2$, $w_l = 62\%$, $p_c = 13.5\mathrm{t/m^2}$

요구 점토층의 최종 압밀침하량 ΔH

풀이 기초에 작용하는 정방형 하중의 접지압을 등분포로 보고

$$q = \frac{Q}{A} = \frac{80}{2.0 \times 2.0} = 20.0\mathrm{t/m^2}$$

- 점토층의 중앙단면에서의 자중에 의한 유효응력은

$$p_o = \sum \gamma' z = (1.78)(3.0) + (1.94 - 1.0)(2.0) + \left(\frac{4.0}{2}\right)(1.86 - 1.0) = 8.94\mathrm{t/m^2}$$

- 이 점토층의 과압밀비는

$OCR = \frac{13.5}{8.94} = 1.5 > 1$ 이므로 과압밀점토이다.

- 따라서 최종 압밀침하량은 식 (7.62)로 구한다. 즉

$$\Delta H = \frac{C_r}{1+e_o}\log\frac{p_c}{p_o}H + \frac{C_c}{1+e_o}\log\frac{p_o + \Delta p}{p_c}H$$

- 압축지수는 $C_c = 0.009(w_l - 10) = 0.009\,(62 - 10) = 0.468$

  또한 재압축지수는 $C_r = 0.1\,C_c$ 로 보고, $C_r = 0.1\,C_c = (0.1)(0.468) = 0.047$

- 점토층 중앙단면에서 발생하는 증가응력을 2:1 응력분포법을 사용하여 구해보면

  $B = 2.0\mathrm{m}$, $z = 5.5\mathrm{m}$ (기초하중면에서 점토층 중앙단면까지)

$$\Delta p = \left(\frac{B}{B+z}\right)^2 q = \left(\frac{2.0}{2.0+5.5}\right)^2 \times 20.0 = 1.42\,\mathrm{t/m^2}$$

- 그런데 $p_o + \Delta p = 8.94 + 1.42 = 10.36 < p_c = 13.5\,\mathrm{t/m^2}$이므로 이 점토층에서는 과거 팽창에 의한 재압축만 발생하고 처녀압축은 일어나지 않는다.
- 따라서 점토층의 최종 압밀침하량은

$$\Delta H = \frac{C_r}{1+e_o} \log \frac{p_o + \Delta p}{p_o} H$$
$$= \left(\frac{0.047}{1+1.2}\right) \log \frac{8.94+1.42}{8.94} (4.0) = 0.0142\,\mathrm{m} = 1.42\,\mathrm{cm}$$

- $20\,\mathrm{t/m^2}$의 큰 상재하중이 작용하고 있음에도 불구하고 점토층이 기초의 크기($2.0 \times 2.0\,\mathrm{m}$)에 비해 매우 깊은 곳에 위치하고 있어 기초에 의한 최종 압밀침하량은 그리 크지 않다.

◀

7.6 이차압밀

상재하중에 의해 점토층에서 발생한 과잉간극수압이 소산되면서 일어나는 침하를 일차압밀(primary consolidation)이라 하고 과잉간극수압이 소산(압밀 완료)된 후에의 침하를 이차압밀(二次壓密, secondary consolidation)이라 한다. 압밀시험으로 얻은 시간-침하 곡선을 보면 일차압밀(직선구간)이 끝난(t_p, e_p) 뒤에도 침하(꼬리 부분 직선구간)가 계속 진행됨을 알 수 있다.

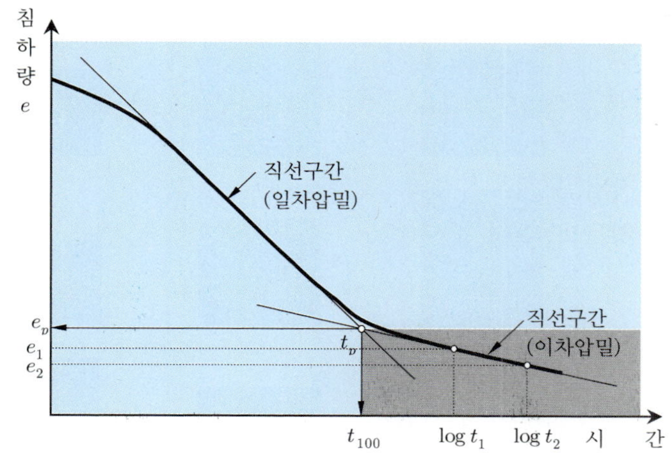

그림 7.27 시간-침하 곡선에서의 이차압밀

이차압밀은 유기물의 압축이나 토립자의 재배열 등으로 추정하고 있으나, 아직까지 정확한 원인은 밝혀지지 않고 있다. 이차압밀은 시간과의 함수관계가 있어 보통 크리프(creep) 침하라고도 한다. 따라서 Terzaghi 압밀이론은 일차압밀에는 적용되지만 이차압밀에는 적용되지 않는다. 그림 7.27에서 보는 바와 같이 일차압밀과 이차압밀의 직선구간 연장선의 교점(t_p)이 일차압밀 종료를 나타내는 점이고 동시에 이차압밀의 시작점이 된다. 이차압밀 직선구간 ($e-\log t$)의 경사를 이차압축지수(二次壓縮指數, secondary compression index)라고 한다.

$$C_\alpha = \frac{-\Delta e}{\Delta \log t} = \frac{e_1 - e_2}{\log \dfrac{t_2}{t_1}} \tag{7.63}$$

이차압밀침하량 S_s는

$$S_s = \frac{C_\alpha}{1+e_p} H_p \log \frac{t_2}{t_1} \tag{7.64}$$

현장에서는 점토층이 두꺼우면 점토층 표면에서는 일차압밀침하가 이미 끝나고 이차압밀이 진행되는데 반해 점토층 중간부에서는 아직도 일차압밀이 진행되고 있는 상태가 된다. 즉 일차압밀과 이차압밀은 구분되지 않으며 동시에 일어난다. 이러한 사실을 감안하여 이차압밀침하량을 구하는 식 (7.64)에서 H_p대신 H_o를 사용할 수 있다. 마찬가지로 e_p대신 e_o를 채택하기도 한다(Terzaghi 등, 1996). 또한 전체 이차압밀침하는 일차압밀 종료 시부터 구조물의 수명까지 발생하므로 식 (7.65)와 같이 구하기도 한다.

$$S_s = \frac{C_\alpha}{1+e_o} H_o \log \frac{t}{t_p} \tag{7.65}$$

여기서, t_P: 이차압밀 시작시간
t : 구조물의 수명

연습문제

7.1 압밀시험에 사용한 시료는 지표면과 지하수면이 일치한 상태에서 깊이 5.0m 되는 곳에서 채취한 시료의 함수비는 $w = 66.5\%$ 이었다. 압밀시험이 모두 끝난 뒤 시료를 건조시킨 결과 그 무게가 84g이었다. 다음을 구하라

(1) 압축지수와 팽창지수를 구하라. (2) 선행압밀응력을 구하라.

(3) 과압밀 상태를 판단하라.

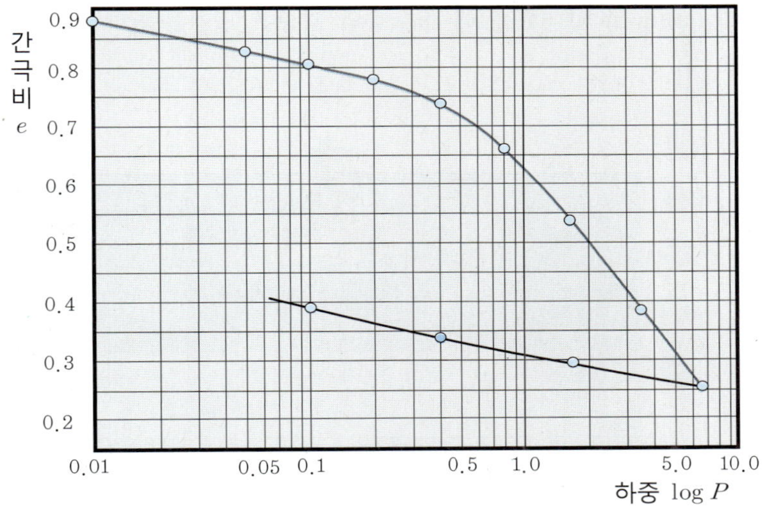

7.2 지표면에 10.0t/m^2 의 무한 등분포하중이 작용할 때 점토층의 최종 압밀침하량(cm)을 구하라.

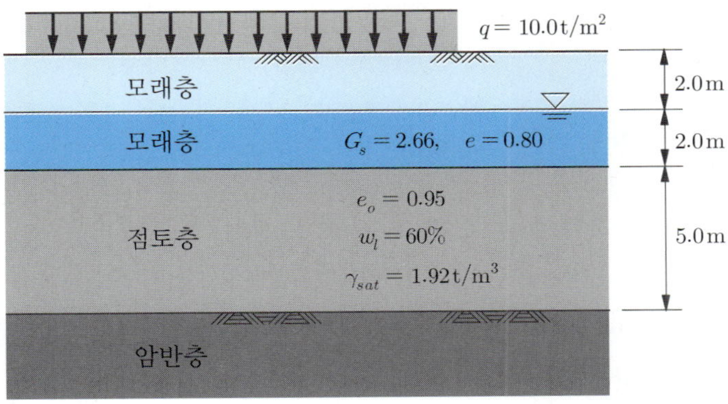

7.3 두께가 3.0m인 점토층의 위에는 모래층이, 아래에는 암반층이 놓여있다. 구조물의 하중재하로 인하여 점토층에 $\Delta p = 2.0 \text{t/m}^2$의 하중이 작용하여 압밀침하량이 10cm 발생되었다. 압밀시험결과 압밀계수가 $4 \times 10^{-4} \text{cm}^2/\text{sec}$이었을 때 평균압밀도가 20%, 50%, 70%, 90%가 될 때까지의 압밀소요시간과 침하량을 구하라.

7.4 그림과 같은 지반에서 간극비는 1.2이고 액성한계는 64.0%이고 압밀시험 결과 선행압밀응력은 10.0t/m^2 이었을 때 다음을 구하라.

(1) 정방형 기초의 하중으로 인한 점토층의 최종 압밀침하량(cm)

(2) 기초를 3.0×3.0m 로 확대했을 때 점토층의 최종 압밀침하량(cm)

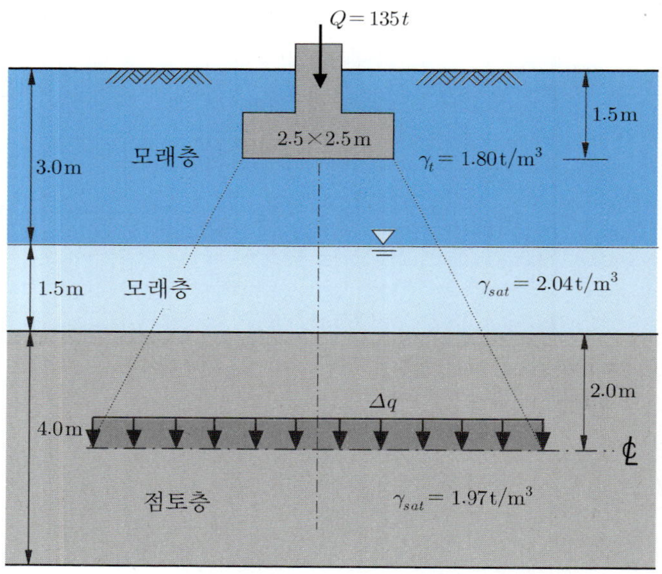

7.5 현재 지하수위는 지표면에 위치하고 있고, 과거 지하수위는 지표 아래 2m에 위치하였다면 깊이 5m 위치에서 과압밀비는 얼마인가.(흙의 습윤단위중량 1.85t/m^3, 포화단위중량 2.15t/m^3

7.6 그림과 같이 지표면에 무한대로 넓은 범위로 $q = 6.0 \text{t/m}^2$의 하중이 작용하고 있다. 압밀시험 결과 이 점토의 압밀계수 $4.0 \times 10^{-4} \text{cm}^2/\text{sec}$, 압축지수 0.32, 초기간극비 0.85의 정규압밀점토임이 밝혀졌다.

(1) 1차 압밀침하량(cm)을 구하라. (2) 3년 후의 압밀침하량(cm)을 구하라.

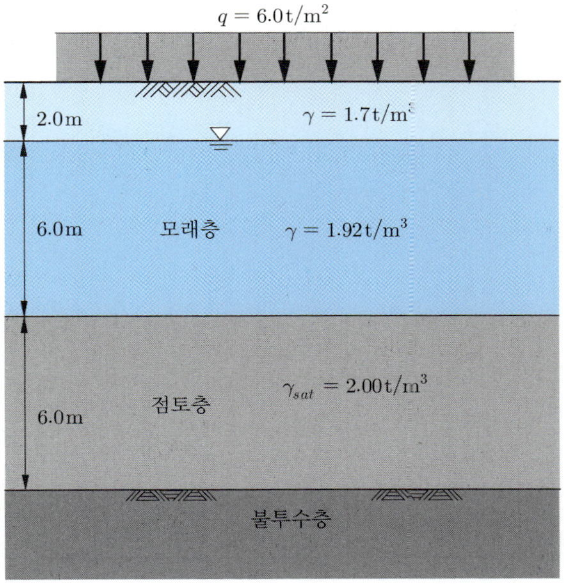

7.7 두께가 1.0m이고 간극비가 1.0인 점토층에 압밀하중이 작용하여 20cm 침하가 발생하였다. 침하 후의 간극비는 얼마가 되었는가?

7.8 최종압밀침하량 $\Delta H = 40\,\mathrm{cm}$로 예상되는 점토지반이 20.0cm 침하하는 데 1년이 걸렸다. 36.0cm 침하하는 데는 몇 년이 소요될까?

7.9 최종압밀침하량이 60cm로 예상되는 두께 4.0m 점토층의 위쪽에 배수층이 있고 아래쪽은 불투수층이 있다. 압밀시험결과 압밀계수는 $4.8 \times 10^{-3}\mathrm{cm^2/sec}$이었다.

(1) 18cm, 36cm의 압밀침하가 발생하는데 소요되는 시간(일)을 구하라.

(2) 잔류 허용침하량이 10cm라면 준공 시까지 걸리는 시간(일)은 얼마인가?

(3) 점토층 아래가 배수층이라면 준공 시까지 걸리는 시간(일)은 얼마인가?

7.10 연약지반 개량공법 중 탈수공법을 분류하여 정리하고 공법의 원리와 특징을 기술하라.

연습문제 힌트

7.1 (1) [본문 7.3.1] (2) [식 7.34], [식 7.39] (3) [본문 7.3.2]

7.2 [예제 7.3]

7.3 [예제 7.2]

7.4 [예제 7.4]

7.5 [식 7.43]

7.6 [문제 7.3]

7.7 [문제 7.2]

7.8 [식 7.49]

7.9 [그림 7.11]

7.10 [식 7.27]

7.11

제8장
흙의 전단강도

SOIL
MECHANICS

S O I L · M E C H A N I C S

8.1 개설

지반에 작용하는 응력이 흙의 강도를 초과하면 파괴가 발생하고, 이에 도달하지 못하면 안정한 상태가 된다. 일반적으로 재료는 인장, 압축 또는 전단의 형태로 파괴될 수 있다. 그러나 흙은 연속체가 아닌 입자의 집합체이므로 인장과 압축에 저항할 수 없고, 압축 하중을 받더라도 전단파괴를 일으키게 된다.

그림 8.1과 같은 여러 가지 경우를 알아보면 다음과 같다.

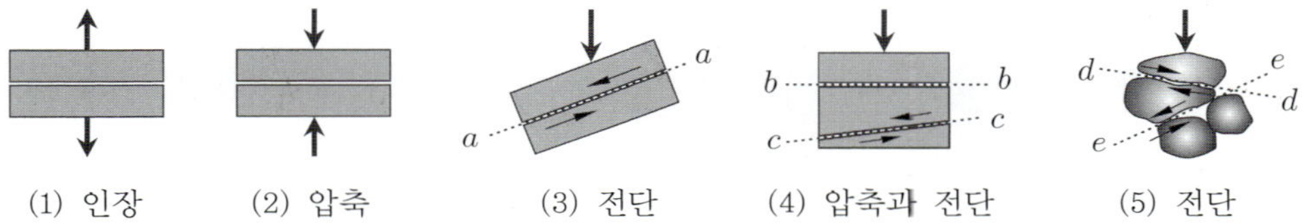

그림 8.1 재료의 파괴 형태

(1) 작용력이 주응력면과 직각을 이룸, 재료가 인장력에 의해 좌우로 분리됨
(2) 작용력이 주응력면과 직각을 이룸, 압축이 발생하는 경우
(3) 작용력에 의해 주응력면과 평행한 힘이 작용, $a-a$에서 전단이 발생함
(4) $b-b$면은 압축이 발생하고 $c-c$면에서는 전단이 발생함
(5) $d-d$면과 $e-e$면에서 모두 전단이 발생함

흙의 경우는 토립자의 형상이 매우 불규칙하여 그림 8.1(5)와 같은 전단이 발생한다. 흙에서도 그림 8.1(4)와 같은 경우를 상상할 수 있으나 $b-b$면의 압축보다는 $c-c$면의 전단에 의해 파괴가 일어나므로 $b-b$면의 압축은 무시할 수 있다. 또한 $b-b$면의 위아래 재료가 연속체로 생각하면 그림 8.1(3)과 같은 전단이 발생함을 알 수 있다.

파괴 시 파괴면에 발생하는 전단응력에 대한 흙의 저항을 흙의 전단강도(剪斷强度, shear strength)라 한다. 흙의 파괴는 전단파괴이므로 흙의 전단강도를 흙의 강도라고도 한다.

흙의 전단강도 이론을 적용하는 예로는 그림 8.2와 같은 토압, 사면안정, 기초의 지지력 문제 등이 있다. 그림 8.2(a) 토압문제와 그림 8.2(b) 사면안정 문제는 토질역학 9장과 10장에서 다루고 그림 8.2(c) 지지력 문제는 기초공학에서 다루게 된다.

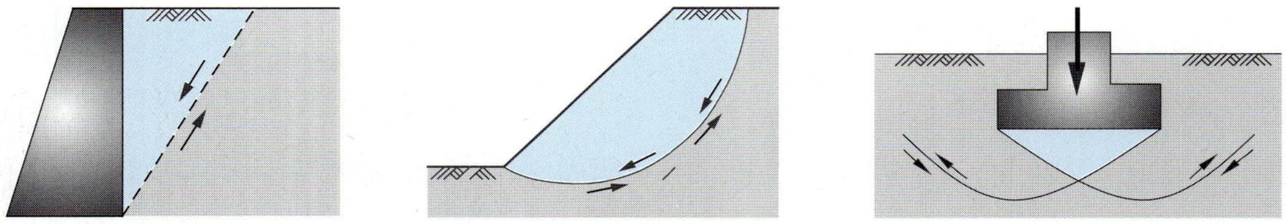

(a) 토압문제　　(b) 사면안정 문제　　(c) 지지력 문제

그림 8.2 전단강도 이론 적용 예

지표면이 수평이고 지반이 균질한 경우 깊이 z되는 곳의 미소 요소에 작용하는 x, y, z 세 방향의 주응력을 그림 8.3(a)에 나타내었다. 그림 8.3(b)와 같이 지표면에 무한 등분포하중이 작용할 때 깊이 z되는 곳의 미소 요소에 작용하는 주응력은 그림 8.3(a)의 경우에 상재하중에 의한 증가응력의 크기만큼 더해진다.

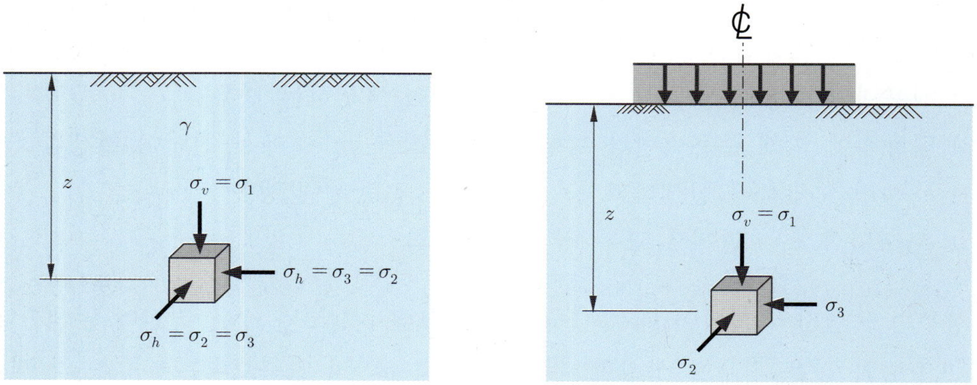

(a)　　(b)

그림 8.3 지반에 작용하는 응력

여기서 주응력(principle stress)이란 전단응력이 0인 면에 작용하는 수직응력을 말한다. 또한 주응력이 작용하는 면을 주응력면이라 한다. 한 요소에 작용하는 주응력 중 가장 큰 응력을 최대주응력, 가장 작은 응력을 최소주응력이라 한다.

정지토압계수(靜止土壓係數, K_o)는 보통 1보다 작으므로($K_o < 1$) 연직응력을 최대주응력이라 하고, x방향 수평응력을 최소주응력, y방향 수평응력을 중간주응력이라 한다. 즉

최대 주응력 : $\sigma_1 = \sigma_v = \gamma z$

중간 주응력 : $\sigma_2 = \sigma_h = \sigma_v K_o$

최소 주응력 : $\sigma_3 = \sigma_h = \sigma_v K_o$

이 경우 중간주응력과 최소주응력의 크기는 같다. 따라서 그림 8.3의 응력 상태를 그림 8.4와 같이 단순하게 표시하기로 한다. 지반공학에서는 보통 중간주응력 σ_2의 영향을 무시하는데 이렇게 하면 문제가 간단해지는 이점이 있다.

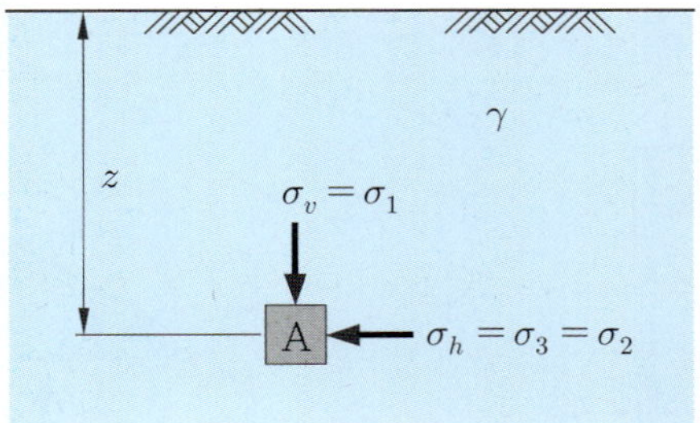

그림 8.4 지반 내 한 점의 응력 표시

흙의 파괴상태는 Mohr-Coulomb의 파괴규준을 이용하여 설명할 수 있다. Mohr는 응력원을 이용하여 흙의 파괴면에 작용하는 전단응력을 구하는 이론을 제시하였고, Coulomb은 전단응력에 저항하는 흙의 전단강도를 나타내는 전단방정식을 제시하였다. 이 두 이론을 결합하여 흙의 파괴에 대한 안정성을 판단할 수 있다. 흙의 강도는 여러 가지 배수조건에 따라 실내시험 및 현장시험을 통해 구할 수 있다.

PISA TIP

(8.1) 최소주응력과 중간주응력이 다른 경우는?

① 지반이 불균질한 경우

② 지반이 이방성인 경우

③ 지표면이 수평이 아닌 상태에 있는 경우

8.2 Mohr의 응력원

8.2.1 지반에 작용하는 응력

그림 8.4의 요소 A의 임의평면에 작용하는 주응력과 수직응력, 전단응력의 상태가 그림 8.5에 나타나 있다. 그림 8.5(a)는 최대주응력 σ_1과 최소주응력 σ_3가 작용할 때 최대 주응력면과 임의의 평면이 이루는 각 θ와 이 면에 작용하는 수직응력 σ와 전단응력 τ의 힘의 평형상태를 보여준다. 그림 8.5(b)는 $\triangle ABC$의 자유물체도이고, 그림 8.5(c)는 최대 및 최소 주응력을 ⓝ축과 ⓣ축에 대해 힘의 분해를 표시한 것이다.

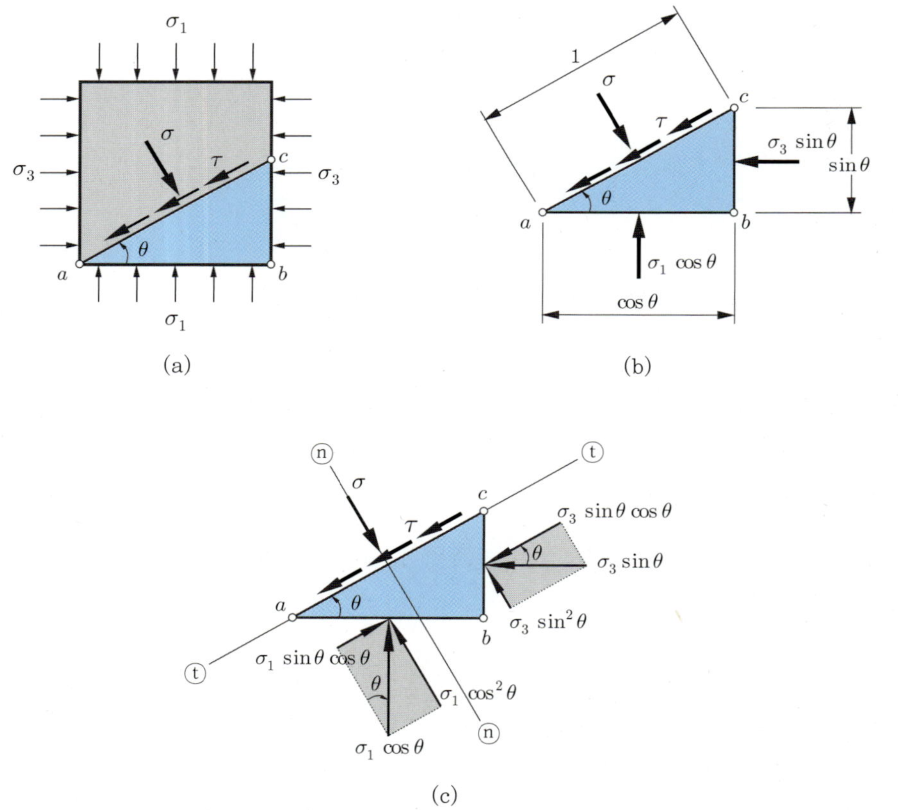

그림 8.5 흙의 한 요소에 작용하는 응력 상태

힘의 평형을 고려하여 풀면

ⓝ축에 대하여 : $\sigma = \sigma_1 \cos^2\theta + \sigma_3 \sin^2\theta$이므로

$$\sigma = \frac{\sigma_1 + \sigma_3}{2} + \frac{\sigma_1 - \sigma_3}{2} \cos 2\theta \tag{8.1}$$

ⓣ축에 대하여 : $\tau = (\sigma_1 - \sigma_3) \sin\theta \cos\theta$이므로

$$\tau = \frac{\sigma_1 - \sigma_3}{2} \sin 2\theta \tag{8.2}$$

8.2.2 Mohr 응력원

1) 응력원의 작성

식 (8.1)과 식 (8.2)를 정리하여 양변을 제곱하면 식 (8.3) 및 식 (8.4)와 같이 된다.

$$\left[\sigma - \frac{\sigma_1 + \sigma_3}{2}\right]^2 = \left[\frac{\sigma_1 - \sigma_3}{2}\right]^2 \cos^2 2\theta \tag{8.3}$$

$$\tau^2 = \left[\frac{\sigma_1 - \sigma_3}{2}\right]^2 \sin^2 2\theta \tag{8.4}$$

식 (8.3)과 (8.4)를 좌변은 좌변끼리 우변은 우변끼리 더하면 식 (8.5)와 같이 된다.

$$\left[\sigma - \frac{\sigma_1 + \sigma_3}{2}\right]^2 + \tau^2 = \left[\frac{\sigma_1 - \sigma_3}{2}\right]^2 \tag{8.5}$$

식 (8.5)는 $x-y$ 평면에서 $(x-a)^2 + (y-b)^2 = c^2$의 형태인 원의 방정식이다. 이 때 원의 중심 좌표는 $(a,\ b)$이고, 원의 반경은 c임을 상기하여 $\sigma - \tau$ 평면에서는

원의 중심 좌표 : $\left(\dfrac{\sigma_1 + \sigma_3}{2},\ 0\right)$

원의 반경 : $\dfrac{\sigma_1 - \sigma_3}{2}$

이 원을 Mohr의 응력원(Mohr's stress circle)이라 한다.

주응력 σ_1과 σ_3이 주어졌을 때 Mohr 응력원을 작도하는 방법은 다음과 같다.

① 그림 8.6과 같이 x축에 σ, y축에 τ를 설정한다.
② σ축 상에 A점(σ_1, 0)과 B점(σ_3, 0)을 잡는다.
③ $\overline{AB}$를 직경으로 하는 원을 작도한다.

그림 8.6에 나타나 있는 바와 같이 원의 중심좌표와 원의 반경은 식 (8.5)로 나타낸 원과 같음을 알 수 있다.

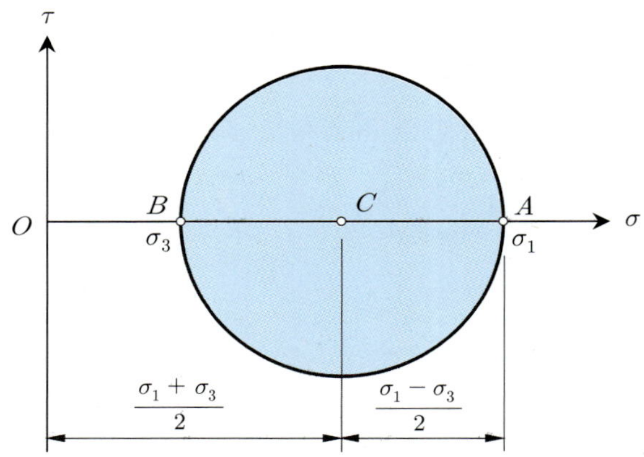

그림 8.6 Mohr 응력원의 작도

한 요소에 작용하는 최대주응력 σ_1과 최소주응력 σ_3이 주어지면 이 요소 내의 모든 평면에 작용하는 응력 σ와 τ는 Mohr 응력원의 원주 상에만 존재하고 응력원의 안과 밖에는 절대로 존재할 수 없다.

2) 2θ 법

2θ 법은 최대 주응력면과 임의의 평면이 이루는 각 θ를 이용하여 Mohr 응력원 상에서 수직응력과 전단응력을 구하는 간단한 방법이다. 그림 8.7과 같은 2θ 법을 이용하여 수직응력과 전

단응력을 구하는 과정은 다음과 같다.

① σ_1과 σ_3을 이용하여 전술한 바와 같이 Mohr 응력원을 작도한다.

② 원의 중심에서 중심각 $+2\theta$(반시계 방향)되는 선을 그어 응력원과의 교점(D)을 잡고

③ D점에서 σ축에 내린 수선의 발을 E라 하면

$$\overline{OE} = \overline{OC} + \overline{CE} = \overline{OC} + \overline{CD}\cos 2\theta$$

$$= \frac{\sigma_1 + \sigma_3}{2} + \frac{\sigma_1 - \sigma_3}{2}\cos 2\theta \qquad \therefore \overline{OE} = \sigma$$

$$\overline{DE} = \overline{CD}\sin 2\theta = \frac{\sigma_1 - \sigma_3}{2}\sin 2\theta \qquad \therefore \overline{DE} = \tau$$

즉, D점의 좌표가 곧 (σ, τ)가 됨을 알 수 있다.

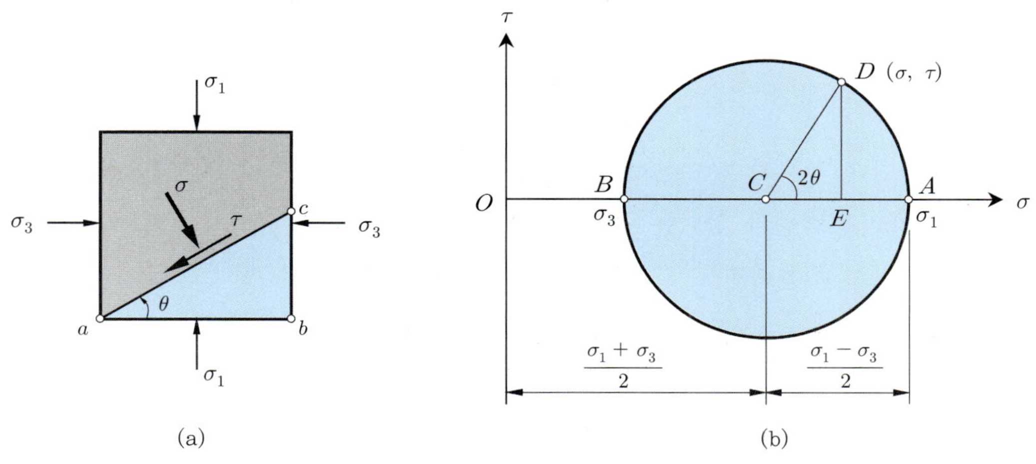

그림 8.7 2θ법

8.2.3 극점법

Mohr 응력원에서 극점법(또는 평면기점법이라고도 함)을 이용하면 임의의 평면에 작용하는 수직응력과 전단응력을 구할 수 있다. 그림 8.8(a)와 같은 주응력이 작용하는 상태의 Mohr 응

력원이 그림 8.8(b)에 나타나 있다. 임의의 평면 $c-e$에 작용하는 수직응력과 전단응력을 극점을 이용하여 구하는 순서는 다음과 같다.

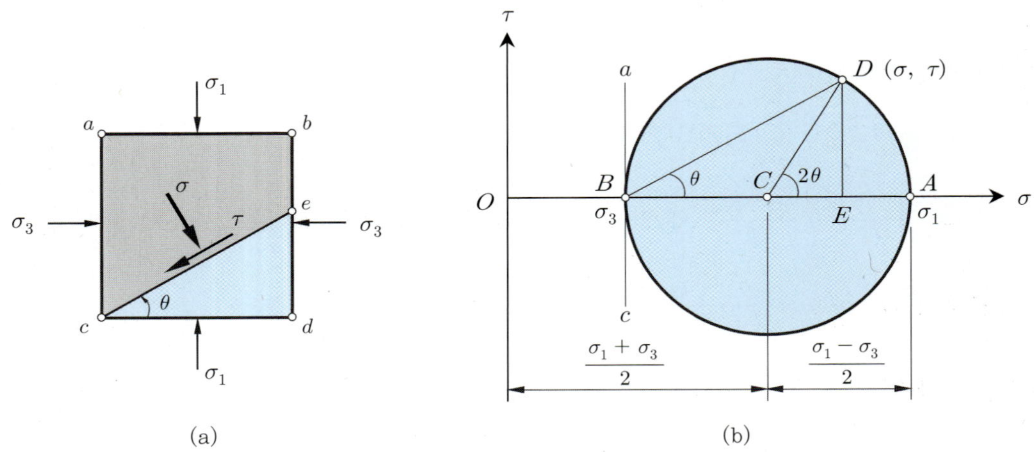

그림 8.8 극점법

① σ_1과 σ_3을 이용하여 전술한 바와 같이 Mohr 응력원을 작도한다.

② A점에서 최대 주응력면($a-b$ 또는 $c-d$)과 평행한 선($\overline{AB}$)을 작도한다.
이 때 Mohr 응력원과 만나는 점(B)이 극점(O_p)이다.
B점에서 최소 주응력면($a-c$ 또는 $b-d$)과 평행한 선($a-c$)을 그어도 결과는 같다.

④ 극점에서 임의 평면($c-e$)과 평행선($\overline{BD}$)을 그어 응력원과의 교점(D)을 결정한다.

⑤ D점에서 수선을 내려 σ축과의 교점을 E점이라 하고 $\triangle CDE$를 이용하면

$$\overline{CE} = \overline{CD}\cos 2\theta = \frac{\sigma_1 - \sigma_3}{2}\cos 2\theta$$

$$\overline{DE} = \overline{CD}\sin 2\theta = \frac{\sigma_1 - \sigma_3}{2}\sin 2\theta$$

$$\overline{OE} = \overline{OC} + \overline{CE} = \frac{\sigma_1 + \sigma_3}{2} + \frac{\sigma_1 - \sigma_3}{2}\cos 2\theta$$

$$\overline{DE} = \frac{\sigma_1 - \sigma_3}{2} \sin 2\theta$$

즉 D점의 좌표는 $(\sigma, \ \tau)$임을 알 수 있다.

➤ 예제 8.1

최대주응력 $\sigma_1 = 4\text{t/m}^2$, 최소주응력 $\sigma_3 = 2\text{t/m}^2$가 다음 그림 예제 8.1과 같이 경사지게 작용하고 있다. 이때 수평면($D-D$)에 작용하는 응력을 극점법과 2θ법을 이용하여 구하라.

조건 그림 예제 8.1(a) 문제도

요구 $\sigma, \ \tau$

풀이 ① Mohr 응력원을 작도한다.(그림 예제 8.1 해답도)

② A(4, 0)에서 $a-b$면(수평면과 30°)과 평행선을 그어 Mohr 응력원과의 교점 O_p를 얻는다. B(2, 0)에서 $a-c$면(수평면과 60°)과 평행선을 그려도 같은 결과를 얻음.

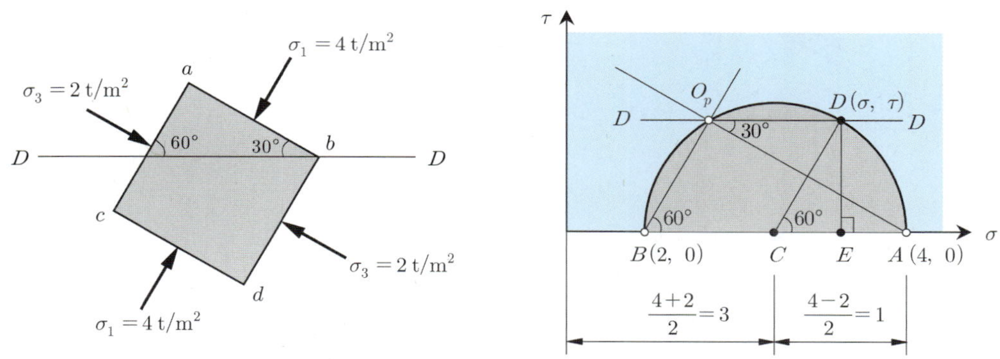

(a) 문제도 (b) 해답도

그림 예제 8.1

③ 극점(O_p)에서 $D-D$면과 평행선을 그어 Mohr 응력원과의 교점(D)을 잡는다. D점의 좌표가 얻고자하는 응력$(\sigma, \ \tau)$이다. - 극점법

최대 주응력면과 $D-D$면이 이루는 각 $\theta = 30°$이므로 $2\theta = 60°$가 되고, C점에서 중심각 $2\theta = 60°$인 점 D는 극점법의 D와 같은 점임을 알 수 있다. - 2θ법

④ D에서 σ축에 내린 수선의 발을 E라 하면

$$\sigma = \overline{OE} = \overline{OC} + \overline{CE} = 3 + (1)\cos 60^\circ = 3 + 0.5 = 3.5\,\mathrm{t/m^2}$$

$$\tau = \overline{DE} = (1)\sin 60^\circ = \frac{\sqrt{3}}{2} = 0.87\,\mathrm{t/m^2}$$

◀

8.3 Mohr-Coulomb 파괴이론

흙의 한 요소에 작용하는 주응력과 파괴면에 작용하는 수직응력과 전단응력을 그림 8.9에 표시하였고 각 기호에 대하여 정의를 다음과 같이 내리기로 한다. 즉

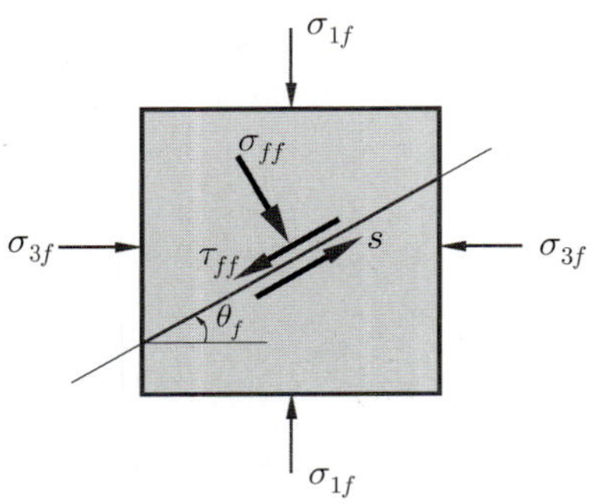

σ_{1f} : 파괴상태의 최대주응력
σ_{3f} : 파괴상태의 최소주응력
σ_{ff} : 파괴상태에서 파괴면의 수직응력
τ_{ff} : 파괴상태에서 파괴면의 전단응력
s : 전단강도 $s = \tau_{ff}$
θ_f : 파괴면과 최대주응력면이 이루는 각

그림 8.9 파괴 시 흙 요소의 응력

흙 요소에 σ_{1f}와 σ_{3f}가 작용할 때 파괴면에는 수직응력 σ_{ff}와 전단응력 τ_{ff}가 작용하게 된다. 파괴가 일어나려는 순간 파괴면의 윗부분은 전단응력 τ_{ff}의 작용으로 파괴면을 따라 왼쪽 아래로 미끄러져 내려오려 하고 아랫부분은 파괴면을 따라 오른쪽 위로 저항력이 작용하게 되는데, 이 저항력은 τ_{ff}에 대한 반작용력이므로 τ_{ff}와 크기는 같고 작용방향은 반대이다. 이 저항력을 전단강도(剪斷强度)라 하고 S로 표기한다. 즉

$$s = \tau_{ff} \tag{8.6}$$

전단면에서 전단응력이 전단강도보다 더 커지면($\tau > s = \tau_{ff}$) 파괴가 발생하게 되고, 전단응

력이 전단강도보다 작으면($\tau < s = \tau_{ff}$) 흙은 비파괴 상태가 된다. 즉 전단면에 작용하는 전단응력 τ의 크기에 따라

$\tau < s = \tau_{ff}$: 안전(비파괴 상태)

$\tau = s = \tau_{ff}$: 소성평형 상태(파괴되려는 순간)

$\tau > s = \tau_{ff}$: 파괴된 상태(실제로는 존재하지 않음)

PISA TIP

(8.2) $\tau > s = \tau_{ff}$(파괴)인 상태가 실제로는 존재하지 않는다는 것은?

- 지반의 안정성을 검토할 때 전단강도를 결정하고, 이론적인 방법으로 가상의 전단응력을 계산하여 전단강도와 전단응력을 비교하기 때문이다.
- 전단응력이 전단강도를 초과하는 순간 지반은 파괴상태가 되어 더 이상 전단응력이 증가할 수 없게 된다.

8.3.1 Coulomb의 전단방정식

흙의 전단강도를 표현하는 가장 기본적인 이론은 Coulomb의 전단방정식이다. 전단강도는 마찰(friction)저항과 점착(cohesion) 저항으로 이루어진다. 점착력(粘着力)은 같은 물체 내의 힘이고 부착력(附着力)은 다른 물체 간의 결합력이지만 흙의 경우는 모두 점착력으로 표현한다.

전단강도 중 마찰저항은 수직력에 비례하는 힘이고 점착력은 수직력과 상관없는 힘이다. 흙의 종류와 상태에 따라서 점착력만 있는 흙($c-$soil), 마찰저항만 있는 흙($\phi-$soil)과 마찰저항과 점착력이 모두 있는 흙($c-\phi$ soil)이 있다.

1) 점착저항만 있는 경우

점착저항만 있는 경우($c-$soil, $\phi=0$)에 대하여 그림 8.10과 같이 경사면 위에 있는 물체의 무게에 의해 $a-b$면에 수직력 N과 전단력 T가 작용하는 상태를 고려해 보자. 물체와 $a-b$면 사이에 마찰저항은 없고 점착저항만 존재한다. 이 경우 전단강도는 점착력(粘着力, cohesion)과 같으며, 수직응력에는 무관하다.

따라서 물체가 $a-b$면 위를 활동(파괴)하기 시작하는 순간에는 전단응력을 T_{ff}로 표기할 수

있으므로

$$S = C = T_{ff} \tag{8.7}$$

여기서, S : 전단강도(kg 또는 t)
C : 점착저항(kg 또는 t)

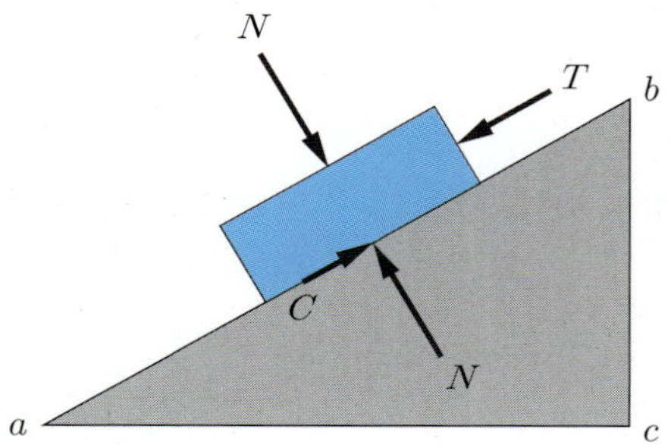

그림 8.10 점착력만 있는 경우의 전단강도

식 (8.7)의 양변을 물체와 파괴면의 접촉면적 A로 나누면

$$\frac{S}{A} = \frac{T_{ff}}{A} = \frac{C}{A}$$

$$s = \tau_{ff} = c \tag{8.8}$$

여기서, s : 전단강도(단위면적당, kg/cm^2 또는 t/m^2)
c : 점착력(단위 면적당, kg/cm^2 또는 t/m^2)

식 (8.8)을 점토와 같이 마찰력이 없는 흙($\phi = 0$, $c-$soil)에 대해 생각해 보면 전단강도는 점착저항임을 알 수 있다. 점착저항은 파괴면에 작용하는 수직응력과 무관하므로 흙의 전단강도는 점착력에 따라서만 달라진다.

식 (8.8)을 $\sigma - \tau$ 평면에 그림으로 나타내면 그림 8.11과 같다.

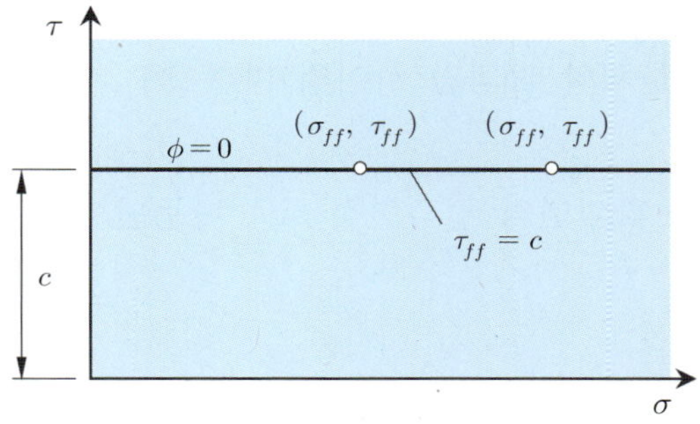

그림 8.11 점토($\phi=0$)에 대한 $\sigma-\tau$ 관계

2) 마찰저항만 있는 경우

마찰저항만 있는 경우($\phi-\mathrm{soil}$, $c=0$)는 $a-b$면에서는 수직력 N의 반작용에 의해 크기는 같고 방향이 반대인 N이 발생하게 된다. 이 때 전단력 T의 크기가 물체와 $a-b$면 사이의 마찰저항보다 작다면 물체는 활동하지 않고 안정한 상태에 있게 된다. 전단력 T가 증가하다보면 물체가 평면을 따라 활동(또는 파괴)되고 물체와 평면의 접촉면이 파괴면이 된다. 따라서 파괴 시 파괴면의 수직력과 전단력은 각각 N_{ff}와 T_{ff}로 표기할 수 있다.

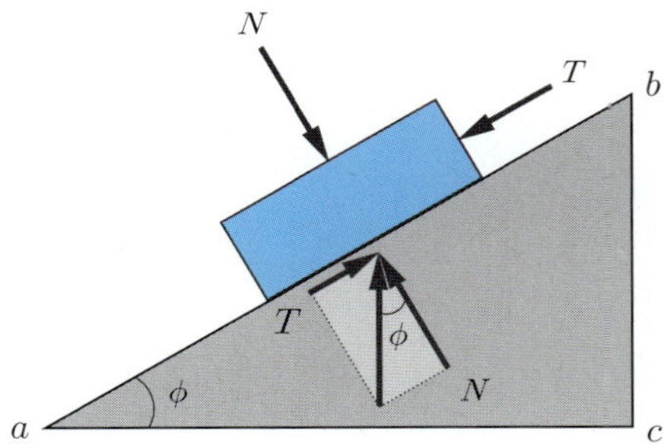

그림 8.12 마찰저항과 마찰각

이 때 T_{ff}와 N_{ff}의 합력의 작용방향이 파괴면에 대한 수직선(N_{ff}의 작용방향)과 이루는 각도는 $\angle bac$와 같고 이를 ϕ라고 하면

$$S = T_{ff} = N_{ff}\tan\phi = N_{ff}\,\mu \tag{8.9}$$

여기서, ϕ : 물체와 파괴면 사이의 마찰각(friction angle)

$\mu = \tan\phi$: 물체와 파괴면 사이의 마찰계수

식 (8.9)의 양변을 물체와 파괴면의 접촉면적 A로 나누면

$$\frac{S}{A} = \frac{T_{ff}}{A} = \frac{N_{ff}}{A}\tan\phi$$

$$s = \tau_{ff} = \sigma_{ff}\tan\phi \tag{8.10}$$

여기서, s : 단위면적당 전단강도(shear strength)

τ_{ff} : 파괴 시 파괴면의 전단응력

σ_{ff} : 파괴 시 파괴면의 수직응력

식 (8.10)을 모래와 같이 점착력이 없는 흙($c=0$, ϕ−soil)에 대해 생각해 보면 전단강도는 마찰저항임을 알 수 있다. 마찰저항은 파괴면에 작용하는 수직응력과 비례하므로 흙의 전단강도는 마찰각에 따라 달라진다. 즉 마찰각이 크면 마찰저항, 즉 전단강도가 커진다.

식 (8.10)을 $\sigma-\tau$ 평면에 그림으로 나타내면 그림 8.13과 같다.

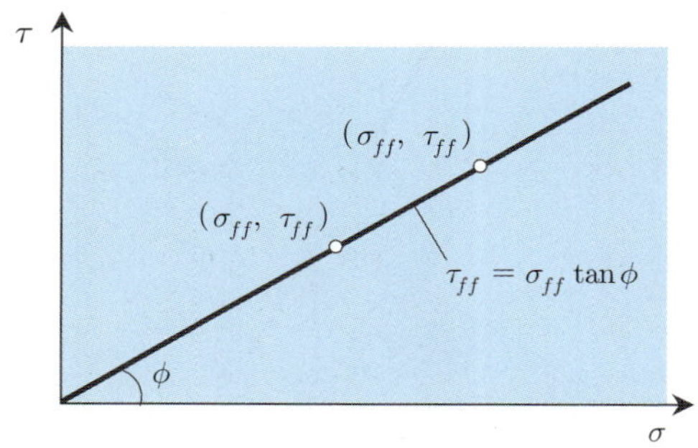

그림 8.13 모래(ϕ−soil)에 대한 $\sigma-\tau$ 관계

3) 마찰저항과 점착력이 모두 있는 경우

마찰저항과 점착력이 모두 있는 경우($c-\phi$ soil, $c\neq 0$, $\phi\neq 0$)의 전단강도는 마찰저항만 있을 때(ϕ−soil)의 전단강도와 점착력 저항만 있을 때(c−soil)의 전단강도를 합하여 얻을 수 있다.

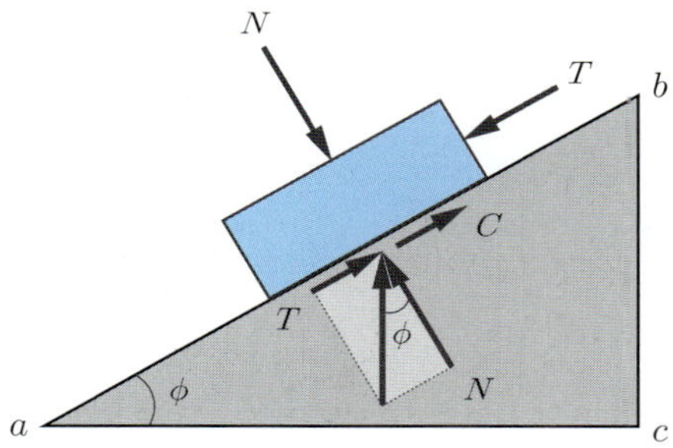

그림 8.14 마찰저항과 점착력이 모두 있을 때의 전단강도

즉

$$S = T_{ff} = C + N_{ff}\tan\phi \qquad (8.11)$$

식 (8.11)의 양변을 물체와 파괴면의 접촉면적 A로 나누면 식 (8.12)와 같이 된다.

$$s = \tau_{ff} = c + \sigma_{ff}\tan\phi \qquad (8.12)$$

여기서, s : 전단강도(shear strength, 단위면적당)
τ_{ff} : 파괴 시 파괴면의 전단응력
σ_{ff} : 파괴 시 파괴면의 수직응력
c : 점착력(단위면적당 힘, kg/cm^2 또는 t/m^2)
ϕ : 물체와 파괴면 사이의 마찰각(°)

식 (8.12)를 Coulomb의 전단방정식이라 한다. Coulomb 전단방정식을 살펴보면 전단강도는 수직응력에 비례하는 마찰저항($\sigma_{ff}\tan\phi$)과 수직응력과는 무관한 점착저항(c)의 합으로 이루어져 있다. 즉 전단강도를 지배하는 흙의 물성치는 내부마찰각과 점착력이므로 이들을 강도정수(强度定數, strength parameter)라 한다.

강도정수 c, ϕ는 흙의 종류와 상태에 따라 달라지는데 이들을 측정하는 시험을 전단강도시험이라 한다. 식 (8.12)을 $\sigma-\tau$ 평면에 그림으로 나타내면 그림 8.15와 같다. 강도정수 c, ϕ는 그림에서 절편과 직선의 경사각으로 나타나 있음을 알 수 있다.

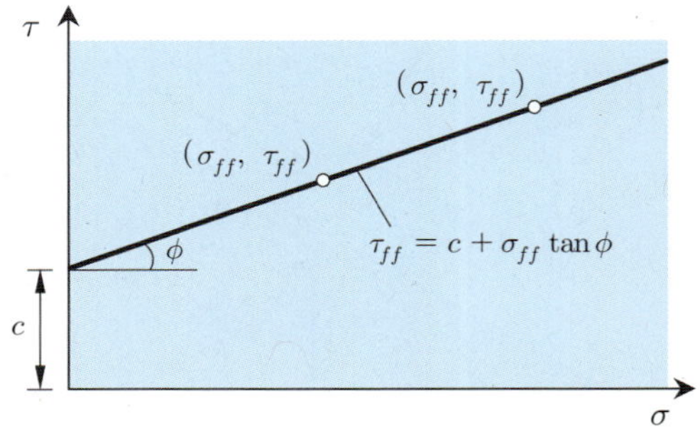

그림 8.15 coulomb의 전단방정식

PISA TIP (8.3) 마찰력과 점착력에 관하여

[질문 1] 흙의 내부에서 전단이 발생하는 경우 적합한 용어는?

① 마찰각 ② 내부마찰각 ③ 부착력 ④ 점착력

[질문 2] 흙과 콘크리트 사이에서 전단이 발생하는 경우 적합한 용어는?

① 내부마찰각 ② 벽면마찰각 ③ 부착력 ④ 점착력

8.3.2 Mohr-Coulomb 파괴규준

Mohr-Coulomb의 파괴규준(破壞規準, failure criteria)은 Mohr-Coulomb의 연구 결과를 결합시킨 것이다.

Mohr는 파괴상태를 나타내는 Mohr 응력원에는 포락선(包絡線, envelope)이 존재한다고 하였고, 여기에 Coulomb의 전단방정식을 Mohr의 응력원에 표시하면 파괴포락선을 작성할 수 있는데, 이를 Mohr-Coulomb 파괴규준이라 한다. 즉 파괴상태를 나타내는 Mohr 응력원에는 직선인 파괴포락선이 존재하고 그 방정식은

$$\tau_{ff} = c + \sigma_{ff} \tan\phi \tag{8.13}$$

여기서, τ_{ff} : 파괴 시 파괴면의 전단응력(전단강도)

σ_{ff} : 파괴 시 파괴면의 수직응력

c : 점착력(단위면적당 힘, kg/cm^2 또는 t/m^2)

ϕ : 흙의 내부마찰각(°)

Mohr−Coulomb 파괴규준이 그림 8.16에 제시되어 있다.

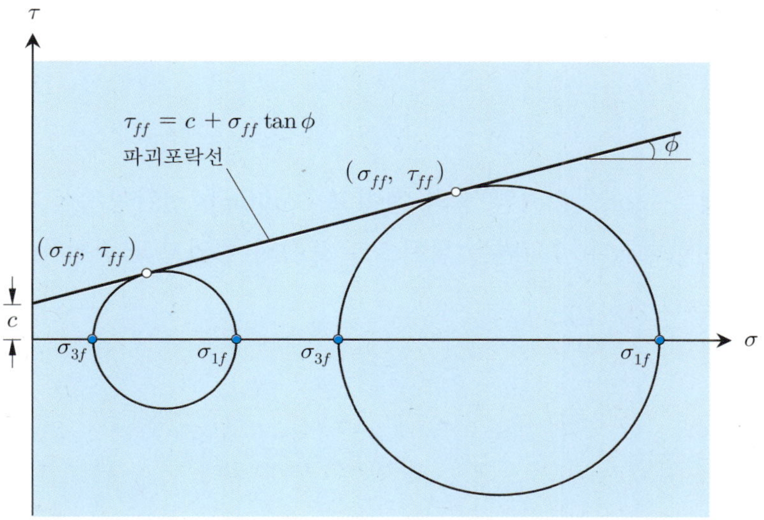

그림 8.16 Mohr−Coulomb의 파괴 포락선

파괴포락선 상의 응력은 파괴상태에서 파괴면에 발생하는 응력을 뜻하므로 흙의 응력상태를 나타내는 Mohr 응력원의 위치에 따라 흙의 상태를 알 수 있다. 즉

- Mohr 응력원이 파괴포락선 아래에 존재하면 → 비파괴상태 : $\tau < \tau_{ff}$
- Mohr 응력원이 파괴포락선에 접하면 → 소성평형 상태(파괴) : $\tau = \tau_{ff}$
- Mohr 응력원이 파괴포락선 보다 위에 존재하면 → 이미 파괴된 상태(불가능) : $\tau > \tau_{ff}$

흙에 간극수압이 작용하는 경우는 유효응력 상태에 대한 전단방정식을 사용하여야 한다. 즉

$$\tau_{ff} = c' + \sigma_{ff}' \tan\phi' \qquad (8.14)$$

c'과 ϕ'의 상첨자(superscript)는 이 값들이 유효응력에 대한 값이라는 것을 의미한다. 강도정수 c, ϕ는 같은 흙에 대해서도 배수조건(간극수압) 등에 따라 다른 값이 된다.

Mohr-Coulomb 파괴규준을 이용하면 여러 가지 사실들을 알아낼 수 있다.

그림 8.17에서 최대주응력 σ_1과 최소주응력 σ_3가 작용할 때 파괴면과 최대주응력면(수평면)이 이루는 각 θ_f를 구해보자.

$\triangle BCF$로부터 $\angle FBC = \theta_f$(또한 $\angle BFC = \theta_f$ 임)이므로 $\angle FCA = 2\theta_f$가 된다.

또한 $\triangle O'CF$로부터 $\angle FO'B = \phi$이고 $\angle O'FC = 90^\circ$ 이므로 $2\theta_f = 90^\circ + \phi$가 되어

$$\theta_f = 45^\circ + \frac{\phi}{2} \tag{8.15}$$

그림 8.17에서 F점은 Mohr 응력원 상의 점이고 Coulomb 전단방정식(파괴포락선) 상의 점이므로 파괴점을 의미한다. 이 파괴면은 실선으로 표시되어 있고 극점법에서 설명한 바와 일치한다.

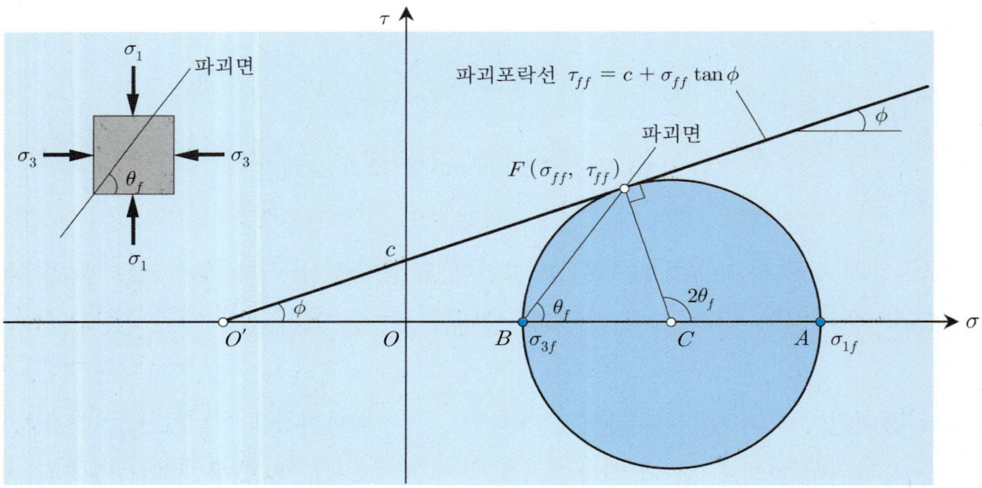

그림 8.17 파괴 시 파괴면의 결정

식 (8.15)를 보면 파괴면과 최대 주응력면이 이루는 각 θ_f는 흙의 내부마찰각 ϕ의 크기와 상관없이 언제나 45°보다 크다. 일반적인 토사(모래)의 내부마찰각이 약 30°인 점을 고려하면 $\theta_f = 45 + \frac{30}{2} = 60^\circ$ 정도가 된다.

식 (8.15)은 식 (8.16)과 같이 쓸 수도 있다.

$$\phi = 2\theta_f - 90^\circ \tag{8.16}$$

즉 흙의 내부마찰각(ϕ)을 알면 파괴면과 최대 주응력면이 이루는 각(θ_f)을 알 수 있고, 반대로 θ_f를 알면 ϕ를 알아낼 수 있다.

PISA TIP

(8.4) 파괴면이 최대주응력면과 이루는 각 $\theta_f = 45^\circ + \dfrac{\phi}{2}$의 활용

- 옹벽의 배면 상단에서 지표면의 균열위치를 예상할 수 있다.
- 높이 4m 옹벽에서 배면을 내부마찰각 30°인 흙으로 뒤채움한 경우, 옹벽 배변 상단에서 2.3m 위치에서 균열일 발생할 것이다.

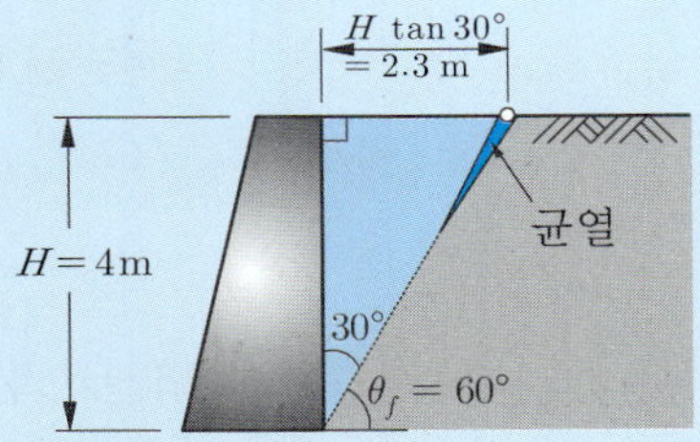

- 따라서 이 근처에서 지반균열이 발견된다면 이 옹벽은 주동상태로 파괴가 진행되고 있다는 증거가 된다.

8.4 전단강도의 측정

흙의 전단강도를 측정하는 방법으로는 실내시험과 현장시험이 있다. 현장에서 불교란 시료(UD, undisturbed sample)를 채취하여 시험실에서 흙의 강도정수 c, ϕ를 구하는 시험을 실내전단시험이라고 한다. Mohr–Coulomb의 파괴포락선을 그려서 그 경사각을 ϕ, 절편을 c로 결정하는 것이 이들 시험의 원리이다.

시험은 현장조건 특히 현장 배수조건이 일치하도록 시험방법을 선택하여야 하며 경제성도 고려사항이 된다. 그리고 여러 가지 시험방법으로 측정한 흙의 강도정수는 일반적으로 일치하지 않는다. 이것은 시험실에서 측정한 흙의 강도는 실제 강도와 같지 않는다는 것을 시사하고 있다.

사실상 시험실에서 측정한 강도가 실제의 값과 다르게 되는 원인은 다양하지만 중요한 것으로는 시료의 교란, 전단속도의 차이, 전단방법의 차이 및 중간 주응력의 영향 등이 있다. 현장시험은 이러한 문제점을 해결할 수 있으나 하중 재하조건의 변화를 적용하기 어렵고 비용이 많이 드는 단점이 있다.

- 전단강도시험
  - 실내시험
    - 직접전단시험
    - 삼축압축시험
      - 압밀배수시험(CD)
      - 압밀비배수시험(CU)
      - 비압밀비배수시험(UU)
    - 일축압축시험
  - 현장시험
    - 표준관입시험
    - 원추관입시험
    - 베인시험

실내 전단시험 중 파괴 시 파괴면의 수직응력과 전단응력, 즉 (σ_{ff}, τ_{ff})를 몇 쌍 직접 측정하여 파괴포락선을 그리는 방법이 직접전단시험(直接剪斷試驗, direct shear test)이고, 이와는 달리 파괴상태의 최대 및 최소주응력, 즉 (σ_{1f}, σ_{3f})를 몇 쌍 측정하여 파괴상태의 Mohr 응력원을 그리고 공통접선을 그려 파괴포락선을 얻는 시험이 삼축압축시험(三軸壓縮試驗, triaxial compression test)이다.

이 밖에도 포화점토에 대하여 내부마찰각을 0으로 가정하고($\phi = 0$) 점착력을 구하는 일축압축시험(一軸壓縮試驗, unconfined compression test)과 실내 베인시험(vane test) 등이 있다.

이들 중 어떤 것은 강도를 과소평가(underestimate)하고 다른 요인은 강도를 과대평가(over-estimate)하게 되지만 총체적으로 보아 과소평가와 과대평가의 효과가 상쇄되어 합리적인 강도를 측정할 수 있게 된다고 생각하고 있다. 즉 시료교란은 강도를 과소평가하는 반면, 시험실에서의 전단속도가 현장의 실제 파괴 속도보다 보통은 대단히 빠르기 때문에 강도를 과대평가한다. 또한 현장이 평면변형 상태인 경우라면 보통의 전단시험은 강도를 너무 작게 측정한다.

이와 같은 과소평가와 과대평가가 어느 정도 상쇄되어 결과적으로 합당한 수준의 근사치를 얻을 수 있다는 것이 장기간에 걸친 경험에서 터득한 결과이다. 따라서 현재 관용되고 있는 시험방법으로 측정한 강도정수를 설계에 반영하여도 치명적 잘못을 범하는 일은 없다고 할 수 있을 것이다.

8.4.1 직접전단시험

1) 시험방법

직접전단시험(直接剪斷試驗, direct shear test) 장치의 주요 구성내용은 전단상자와 가압장치 및 다이얼 게이지(dial gauge) 등이 있다.

전단상자(剪斷箱子, shear box)는 직접전단시험 장치 중 가장 중요한 부분으로 흙 시료를 담는 용기가 상하 2개로 나뉘어져 있으며 아래 쪽 상자는 고정되어 있는 반면 위쪽 상자는 전단시 두 상자의 접촉면을 따라 수평으로 움직일 수 있게 되어있다. 가압장치는 시료에 연직력(수직력 N)과 수평력(전단력 T)을 가하는 장치이다. 다이얼 게이지는 전단과정에서 수평 및 연직 변위를 측정할 수 있도록 설치되어 있다.

그림 8.18은 직접전단시험의 전단상자를 보인 것이다.

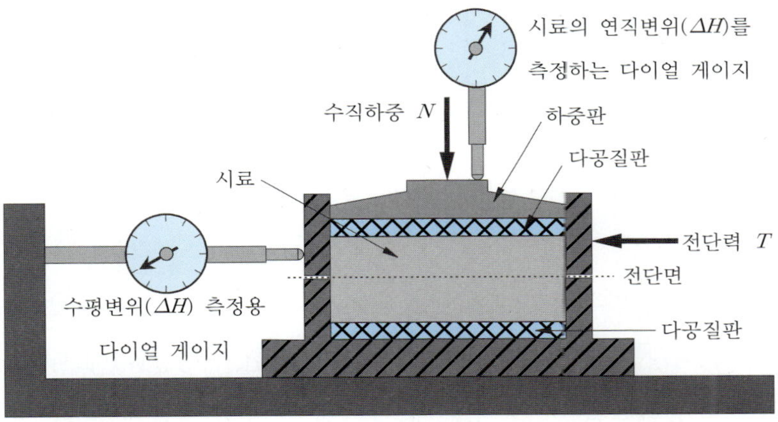

그림 8.18 직접전단시험 장치(전단상자)

수직력 N을 고정시킨 상태에서 수평력, 즉 전단력 T를 점차 증가시켜 가면서 상하 전단상자의 접촉면을 따라 흙을 전단시킨다.

흙의 전단면에 작용하는 수직응력 σ와 전단응력 τ는 각각

$$\sigma = \frac{N}{A}, \quad \tau = \frac{T}{A} \tag{8.17}$$

전단력 T의 크기에 따른 수평변위와 연직변위를 측정하면 변형률(ϵ)을 알 수 있게 된다. 그림 8.19에 전단력(T)을 증가시킴에 따라 나타나는 전단응력-수평변형률($\tau - \epsilon$) 사이의 관계가 제시되어 있다. 흙의 파괴상태를 전단응력이 최대인 상태로 보면 이 곡선의 정점, 즉 $\tau_{\max}$가 파괴 시의 전단응력이 된다. 그런데 수평면을 파괴면으로 가정하고 있으므로 파괴상태에서는

$$\sigma_{ff} = \frac{N}{A}, \quad \tau_{ff} = \tau_{\max} = \frac{T_{\max}}{A} \tag{8.18}$$

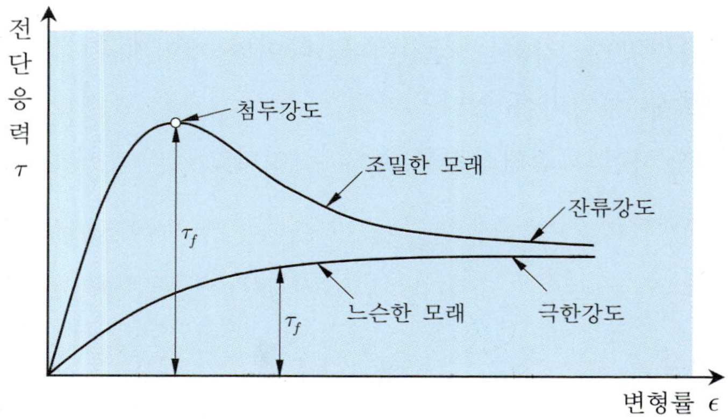

그림 8.19 모래의 전단변형 특성

조밀한 모래의 경우에는 첨두강도(尖頭强度, peak strength, $\tau_{\max}$)를 보이지만 느슨한 모래에서는 첨두강도가 나타나지 않는데, 이때는 τ_{ff}를 특정한 변형률(ϵ)에 대응하는 값으로 한다. 이렇게 측정한 (σ_{ff}, τ_{ff})값들을 $\sigma - \tau$ 평면에 나타내고 이 점들을 지나는 직선을 그리면 그림 8.20과 같은 파괴포락선을 얻을 수 있다.

직접전단시험으로 강도정수를 결정하기 위한 시험방법을 정리하면,

① 수직력 $N = N_1$을 작용시키고 $T_{\max}$을 측정하여 $(\sigma_{ff}, \tau_{ff})_1$을 얻는다.

② $N = N_2$, N_3, …으로 변화시켜 각각에 대응하는 $(\sigma_{ff}, \tau_{ff})_2$, $(\sigma_{ff}, \tau_{ff})_3$, …을 측정한다.

③ $\sigma - \tau$ 평면에서 (σ_{ff}, τ_{ff})점들을 지나는 직선을 그려 파괴포락선을 얻는다.

④ 파괴포락선의 경사각이 내부마찰각 ϕ이고, τ축 절편이 점착력 c이다.

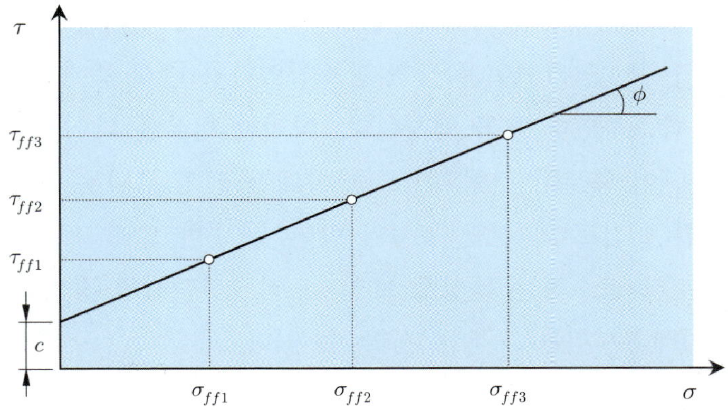

그림 8.20 직접전단시험으로 얻은 파괴포락선

2) 시험결과

그림 8.19를 보면 $\tau-\epsilon$ 관계에서 최대전단응력 $\tau_{\max}$ 또는 첨두강도(peak strength)가 나타난 후에도 전단을 계속하면 전단응력은 오히려 감소하는데도 변형률은 계속 증가함을 알 수 있다. 변형이 충분히 진행되면 전단응력이 일정한 값을 유지하는데 이 상태를 극한(極限, ultimate) 상태라 한다.

그림 8.21은 수평변위와 연직변위 사이의 관계를 나타내고 있다.

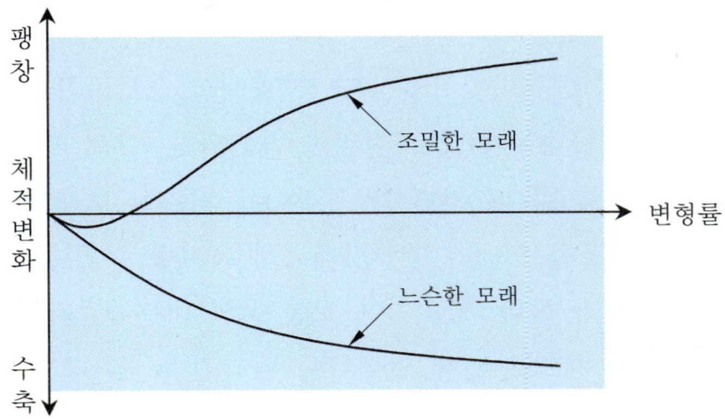

그림 8.21 직접전단시험 중 모래의 체적변화

흙의 연직변위는 공시체의 부피변화 또는 간극비의 변화를 의미한다. 초기의 작은 수평변위, 즉 전단이 시작된 초기에는 연직변위가 잠깐 감소하였다가 다시 증가함을 알 수 있다. 이와 같이 흙의 부피는 약간 감소하였다가 곧 팽창한다. 이러한 현상을 다이러턴시(dilatancy) 현상이라고 한다. 그러나 전단이 충분히 진행되어 극한상태가 되면 부피는 일정한 값이 된다. 이것은 조밀한 모래(또는 과압밀 점토)의 전단 특성인 반면, 느슨한 모래(또는 정규압밀 점토)는 전단 시 흙의 부피가 처음부터 감소하는 특성을 보인다. 직접전단시험 장치를 사용하여 배수조건을 고려한 배수시험과 비배수시험을 모두 실시할 수 있다.

배수(排水) 직접전단시험을 실시할 때에는 그림 8.18과 같이 시료의 상하 양면에 다공질판(porous stone)을 설치하여 배수를 허용하는 반면, 비배수(非排水) 직접전단시험에서는 이들 다공질판을 배수가 허용되지 않는 다른 판으로 교체하여 설치해야 한다.

직접전단시험에서는 전단 파괴면이 시험 도중 자연적으로 생성되는 것이 아니라 수평면이 파괴면이라고 가정하고 있는데 실제보다 강도를 크게 측정하게 되는 문제점이 있다. 뿐만 아니라 직접전단시험에서는 시험과정을 통하여 주응력의 방향이 일정하게 유지되는 것이 아니라 회전하는 문제점도 있다.

이러한 결점에도 불구하고 직접전단시험은 간편할 뿐만 아니라 시험결과를 단시간에 획득할 수 있는 장점이 있으므로 사질토의 강도 측정에 널리 사용되고 있다.

3) 모래의 강도특성

모래는 투수계수가 매우 크므로 과잉간극수압이 빠르게 소산되어 쉽게 배수상태로 된다. 이러한 이유로 포화된 모래의 내부마찰각과 건조한 모래의 내부마찰각은 거의 같게 나타난다.

건조한 상태의 모래는 점착력이 없고 마찰력만 발휘된다. 그림 8.22에서 보는 바와 같이 덤프트럭에서 하차(자유낙하)를 할 때 지면에서 쌓이는 건조한 모래는 경사면이 자연스럽게 형성된다. 즉 이 경사면은 건조한 모래가 자연상태에서 유지될 수 있는 최대 경사각이다. 이것을 안식각(angle of repose)이라 한다. 안식각은 보통 흙의 내부마찰각과 거의 같다. 그러나 습한 모래의 경우는 겉보기 점착력으로 인해 안식각이 달라진다.

그림 8.22 안식각

4) 점토의 강도특성

점토는 투수계수가 매우 작아서 시험 중 과잉간극수압이 소산되도록 하려면 매우 느린 속도로 전단력을 가하여야 한다. 즉 점토에 대한 배수시험은 상당한 시간이 걸린다.

정규압밀점토(NC)와 과압밀점토(OC)에 대한 직접전단시험 결과가 그림 8.23에 있다.

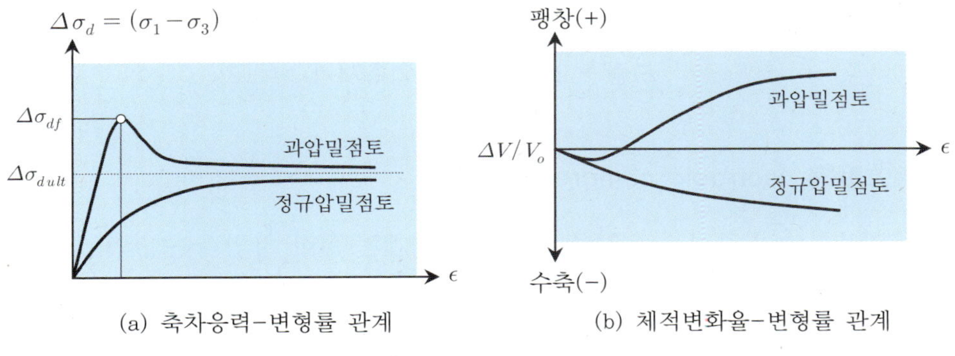

그림 8.23 NC와 OC의 강도특성

과압밀점토는 정규압밀점토에 비해 상대적으로 큰 강도를 나타내며 첨두강도(peak strength) $\Delta\sigma_{df}$가 뚜렷하게 나타나는데 반해 정규압밀점토의 강도는 상대적으로 작고 첨두강도도 나타나지 않는다. 그러나 전단이 충분히 진행되어 ϵ이 대단히 커지면 두 흙의 강도는 극한강도 $\Delta\sigma_{dult}$에 접근(수렴)한다.

압밀배수시험에서 얻은 축차응력 - 변형률 관계와 직접전단시험의 전단응력 - 변형률 관계를 비교해 보면 과압밀점토와 조밀한 모래가 유사한 특성을 가지는 한편, 정규압밀점토와 느슨한 모래의 특성이 비슷함을 알 수 있다.

8.4.2 삼축압축시험

삼축압축시험 장치는 압축실, 가압장치, 간극수압 및 체적변화 측정장치 등으로 구성되어 있다. 시료를 다듬어(trimming) 원통 모양의 공시체를 만들고 얇은 고무막(membrane)으로 싸서 압축실에 설치한다. 먼저 등방압축한 시료에 축방향의 일축압축을 가하여 시료를 파괴시키는 과정을 거친다.

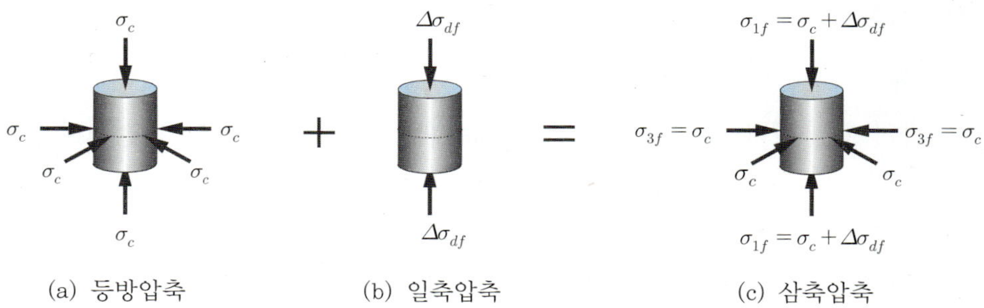

그림 8.24 표준 삼축압축시험

1) 등방압축(等方壓縮, isotropic compression)

가압장치를 이용하여 압축실에 수압을 가하면 공시체는 상하 양면과 주면이 동일한 압력을 받게 된다. 이 과정을 등방압축이라 하며, 이 등방압력을 구속응력(拘束應力, confining stress)이라 하고 σ_c로 표시한다. 등방압축과정에서는 모든 방향의 응력이 같다($\sigma_3 = \sigma_2 = \sigma_1 = \sigma_c$).

2) 일축압축(一軸壓縮, uniaxial compression)

다음 단계에서는 피스톤을 통하여 시료의 축방향, 즉 연직방향으로 축응력(axial stress)을 가하되 시료가 파괴될 때까지 축응력을 서서히 증가시킨다. 이 과정을 일축압축이라 하고 이 축응력을 축차응력(軸差應力, deviator stress) 또는 주응력차(主應力差, principal stress difference)라 하며 $\Delta\sigma_d$로 표시한다. 시료는 등방압축에 의해서는 파괴되지 않으며 일축압축에 의하여 전단파괴에 이르게 되므로 일축압축 과정을 전단(剪斷, shear)이라 한다.

등방압축한 시료에 일축압축 하여 파괴시키는 과정을 반복하면 시험 횟수만큼의 파괴 시 최대주응력(σ_{1f})과 최소주응력(σ_{3f})을 얻을 수 있다. (σ_{1f}, σ_{3f})를 이용하여 그림 8.25와 같은 Mohr 응력원을 그리고 공통 접선, 즉 파괴포락선을 그려서 c, ϕ를 구한다.

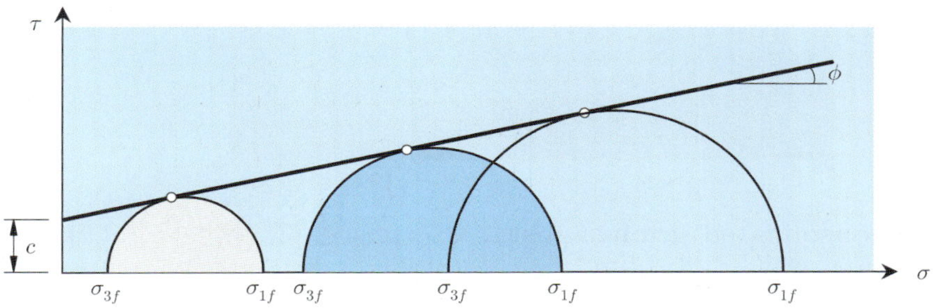

그림 8.25 삼축압축시험 결과에 의한 c, ϕ 결정

표준 삼축압축시험은 등방압축 과정의 압밀조건과 일축압축 과정의 배수조건에 따라 다음과 같은 3가지 시험방법이 있다.

표 8.1 배수조건에 따른 삼축압축시험의 종류

등방압축(압밀)	일축압축(전단)	기호	시험명칭	별칭
압밀(Consolidated)	배수(Drained)	CD	압밀배수시험	S-test
압밀(Consolidated)	비배수(Undrained)	CU	압밀비배수시험	Q_c-test
비압밀(Unconsolidated)	비배수(Undrained)	UU	비압밀비배수시험	Q-test

배수조건에 따른 3가지 시험(CD, CU, UU)에서 얻어지는 강도정수는 서로 다르다. 모래는 투수성이 대단히 크므로 재하 즉시 압밀(배수)이 완료되어 항상 배수 상태에 있게 된다. 점토는 투수성이 대단히 작아서 재하 직후는 압밀(배수)되지 않으므로 비배수상태가 되고 장기간 경과 후에는 압밀이 완료되어 배수상태가 된다. 따라서 모래의 경우에는 배수상태에서의 강도정수가 중요한데 반해 점토에서는 배수 및 비배수조건의 강도정수가 모두 중요하다.

PISA TIP

(8.5) 왜 삼축압축시험을 여러 가지 방법으로 하는가?

- 설계를 할 때 여러 가지 현장조건에 따른 안정검토가 필요하다.
  예) 시공 중, 준공 직후, 준공 후 구조물 공용 중의 안정검토
- 따라서 설계과정에서 필요로 하는 흙의 전단강도를 실내시험으로 구하는 경우 시험조건을 현장조건과 같게 해 주어야 한다.

1) 압밀배수시험

압밀배수시험(consolidated drained test ; CD-test)은 장시간이 소요되므로 S-test(slow test)라고도 한다. 구속응력 σ_c로 등방압축하여 압밀 완료시킨 상태에서, 배수상태로 축차응력을 가하여 전단시키는 시험이다. 전단과정에서 배수로 인하여 간극수압이 없으므로 전응력과 유효응력은 같다.

CD-test로 구한 강도정수는 배수상태에서 구한 값이라는 뜻으로 내부마찰각은 ϕ_d, 점착력은 c_d로 표시한다. 그림 8.26에 과압밀점토의 압밀배수시험에서 얻어진 파괴상태의 Mohr 응력원과 파괴포락선이 제시되어 있다.

압밀배수시험에서 구한 강도정수 c_d, ϕ_d는 유효응력원에 대한 파괴포락선에서 얻은 값이므로 전단방정식은 유효응력으로 나타낸다. 즉

$$s = c_d + \sigma_{ff}' \tan\phi_d = c_d + (\sigma_{ff} - u)\tan\phi_d \tag{8.19}$$

식 (8.19)와 같이 흙의 전단강도를 유효응력으로 결정하는 방법을 유효응력해석법(effective stress analysis ; ESA)이라 한다. 이 해석법을 사용하기 위해서는 간극수압을 결정하여야 한다. 장기안정해석(long term stability analysis)을 할 때는 이 유효응력해석법을 사용한다. 구

조물 준공 후 장시간 경과된 상태에서는 정수압 상태, 정상침투 상태, 압밀완료 상태가 되어 간극수압의 결정이 상대적으로 용이하기 때문이다. 모래는 투수성이 크므로 항상 압밀완료(배수) 상태로 볼 수 있고 유효응력해석법의 적용대상이 된다.

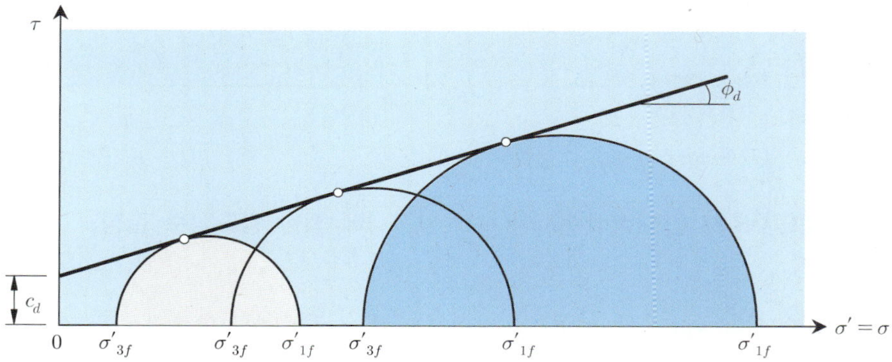

그림 8.26 압밀배수시험(CD)에 의한 강도정수 결정

압밀배수시험은 점토의 배수전단특성을 정확하게 나타내는 시험이지만 장시간이 소요되는 까다로운 시험이므로 압밀비배수시험($\overline{CU}$ - test)으로 대체하고 있다.

2) 압밀비배수시험

압밀비배수시험(consolidated undrained test ; CU, $\overline{CU}$ - test)은 압밀 후 비배수 상태로 빠르게 진행하는 시험으로 Q_c - test라고도 한다. 구속응력 σ_c로 등방압축(압밀)시킨 다음 축차응력을 비배수 상태로 가하여 공시체를 일축압축으로 전단시키는 시험이다. 파괴상태의 전응력 상태의 응력원에서 강도정수를 결정하면 CU - test라 하고, 유효응력 상태의 응력원으로 강도정수를 결정하면 $\overline{CU}$ - test라고 한다.

CU - test와 $\overline{CU}$ - test에서 강도정수를 구하는 방법은 그림 8.27에 나타나 있다.

CU - test에서 얻어지는 강도정수는 압밀비배수라는 뜻으로 점착력은 c_{cu}, 내부마찰각은 ϕ_{cu}로 표기하며 $\overline{CU}$ - test의 강도정수는 유효응력 상태임을 나타내는 c', ϕ'로 표기한다.

CU - test는 포화점토층이 기존 하중에 의하여 이미 압밀이 완료된 상태에서 추가로 하중을 급속히 작용하여 비배수 상태가 될 때 재하 직후 점토층의 비배수강도를 결정하는데 사용한다. 이 때 추가 하중의 재하속도가 빠르기 때문에 점토층에서 새로운 압밀은 일어나지 못하고, 따

라서 점토의 강도는 재하 전 흙의 강도를 그대로 유지하게 된다.

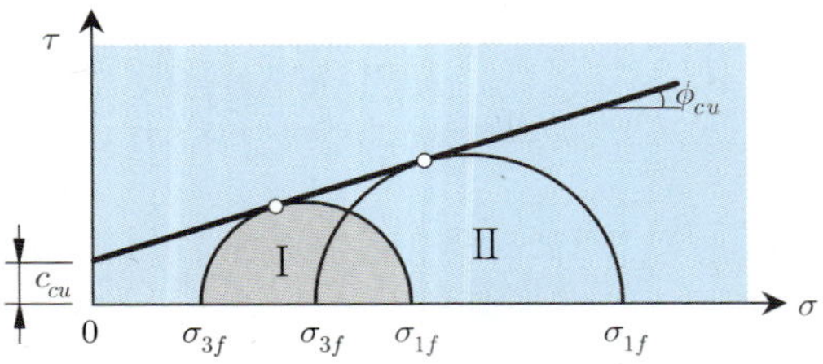

(a) $CU-$ test

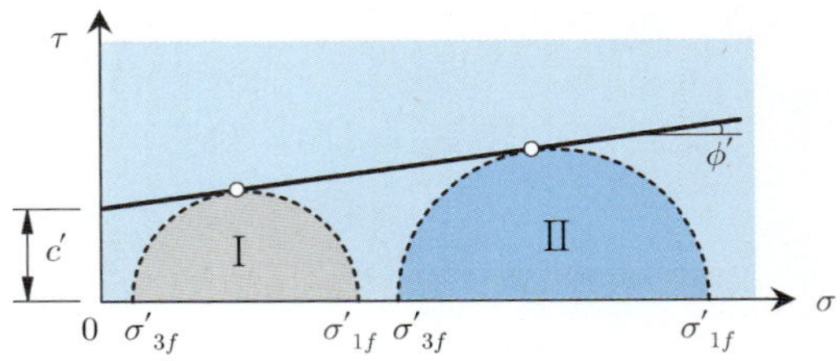

(b) $\overline{CU}-$ test

그림 8.27 압밀비배수시험(CU, $\overline{CU}$)에 의한 강도정수 결정

압밀비배수시험($CU-$test)에서 얻은 비배수강도를 사용하여 안정해석을 실시하는 것이 편리한 예로는 다단계 재하(多段階 載荷, multi-staged loading)와 흙 댐에서의 수위급강하(水位急降下, sudden draw down) 직후 등이 있다.

유효응력으로 구한 강도정수 c', ϕ'는 $CD-$test로 얻은 강도정수 c_d, ϕ_d와 사실상 같은 값이 된다. 즉 $c' = c_d$, $\phi' = \phi_d$가 된다. 따라서 $\overline{CU}-$test는 장시간이 소요되는 $CD-$test 대신 배수상태의 강도정수를 결정하는 실용적 방법이 되며 c', ϕ'은 c_d, ϕ_d와 같이 간극수압을 알고 있을 때 유효응력해석법(effective stress analysis)에 사용된다.

이 때 전단강도는

$$s = c' + \sigma_{ff}\tan\phi' = c' + (\sigma_{ff} - u)\tan\phi' \tag{8.20}$$

3) 비압밀비배수시험

비압밀비배수시험(unconsolidated undrained test; $UU-$test)은 구속응력 σ_c로 등방압축하되 압밀시키지 않은 상태에서 비배수조건으로 일축압축(전단)하여 파괴시키는 시험이다. 시험 전 과정이 비배수 상태이므로 시험에 소요되는 시간이 가장 짧아서 $Q-$test(quick test)라고도 한다.

흙의 강도정수는 그림 8.28과 같은 전응력원에 대한 파괴포락선에서 결정할 수 있다.

비압밀비배수시험($UU-$test)에서 얻어지는 강도정수는 비압밀, 비배수라는 뜻으로 점착력

은 c_u, 내부마찰각은 ϕ_u라고 표기한다. 전단강도는

$$s = c_u + \sigma_{ff}\tan\phi_u \tag{8.21}$$

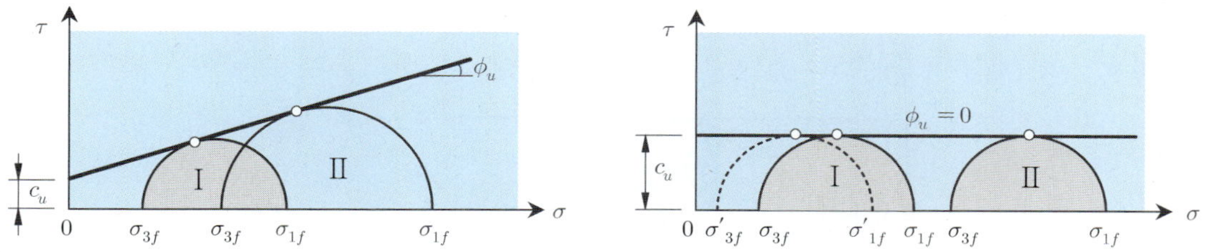

(a) 불포화 상태($S < 100\%$) (b) 포화 상태($S = 100\%$)

그림 8.28 비압밀비배수시험($UU-$test)에 의한 강도정수 결정

식 (8.21)과 같이 흙의 강도를 전응력으로 정리한 강도정수로 결정하는 방법을 전응력해석법(total stress analysis; TSA)이라 한다. 전응력 상태에서는 내부마찰각 $\phi = 0$으로 나타나므로 c_u를 특히 비배수강도(undrained strength)라 하고 s_u로 표기한다.

$$s = s_u = c_u \ (\phi_u = 0) \tag{8.22}$$

식 (8.22)를 이용한 안정해석을 $\phi_u = 0$ 해석법($\phi_u = 0$ analysis)이라 한다. $\phi_u = 0$ 해석법은 물론 전응력해석법에 포함된다. $\phi_u = 0$ 해석법은 과잉간극수압의 소산속도, 즉 압밀속도보다 재하속도가 훨씬 빠른 경우에 적용하는 것이 편리하다. 포화점토 지반 위에 빠른 속도로 성토를 하여 제방을 축조할 때 공사기간 중 또는 완공 직후(end of construction)의 안정해석에 이용되며 이에 대한 안정해석을 단기안정해석(short term stability analysis)이라 한다.

8.4.3 일축압축시험

일축압축시험은 표준 삼축압축시험 중 비압밀비배수시험($UU-$test)에서 등방압축과정을 생략한($\sigma_c = 0$), 즉 구속응력을 가하지 않은 상태에서 축방향력만 가하므로 일축압축시험(一軸壓縮試驗, unconfined compression test, uniaxial compression test)이라 한다.

일축압축과정에서 파괴 시의 압축응력, 즉 파괴 시의 축차응력을 일축압축강도(unconfined

compressive strength)라 하고 q_u로 표기한다. 구속응력 $\sigma_c = 0$으로 1개뿐이므로 q_u도 1개뿐이고 따라서 파괴 시 Mohr 응력원도 1개만 그릴 수 있다. 이 때 간극수압은 측정하지 않으므로 유효응력은 알 수 없다.

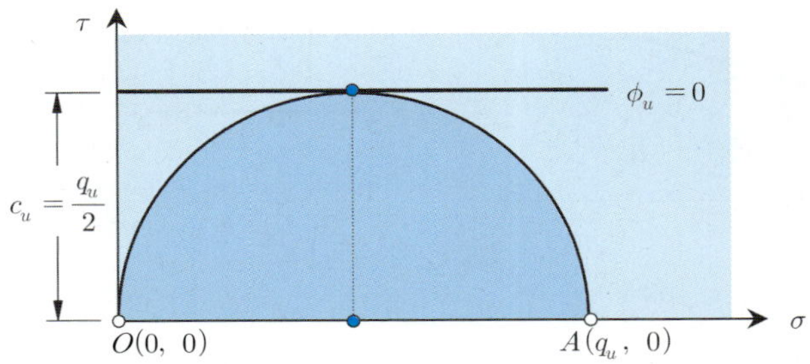

그림 8.29 일축압축시험에 의한 포화점토의 비배수강도의 결정

일축압축시험은 배수조건의 조절이 불가능하여 포화점토에 대해 실시하는 비압밀비배수(UU)시험이다.

포화점토의 경우 일축압축시험에서 얻어지는 비배수 강도는

$$s_u = c_u = \frac{q_u}{2} \tag{8.23}$$

일축압축시험에서는 Mohr 응력원이 1개만 그려지므로 점착력과 내부마찰각을 모두 가진 흙($c-\phi$ soil)의 경우는 파괴포락선을 그릴 수 없다. 그러나 파괴면의 경사각 θ_f를 측정하면 강도정수를 결정할 수 있다. 그림 8.30에는 일축압축시험에 의한 파괴상태의 Mohr 응력원과 가상 파괴포락선이 그려져 있다.

PISA TIP

(8.6) 일축압축시험은 왜 포화점토에 대해서만 적용하는 시험인가?

- 일축압축시험은 구속응력(σ_3)을 가하지 않는 시험이므로 시험 중에 공시체가 무너지지 않고 자립할 수 있어야 한다.
- 따라서 모래에 대해서는 적용할 수 없고 점토에 대해서만 실시하게 된다.

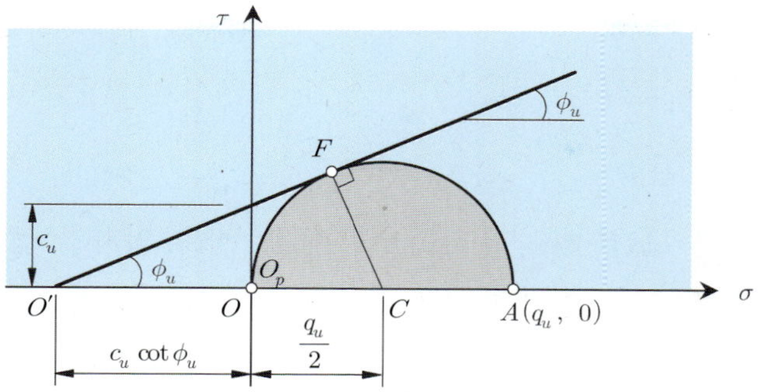

그림 8.30 일축압축시험의 Mohr 응력원과 파괴포락선($c-\phi$ soil의 경우)

그림 8.30의 $\triangle O'CF$에서

$$\sin\phi_u = \frac{\overline{CF}}{\overline{O'C}} = \frac{\overline{CF}}{\overline{O'O} + \overline{OC}}$$

$$\sin\phi_u = \frac{\frac{q_u}{2}}{c_u \cot\phi_u + \frac{q_u}{2}}$$

$$q_u = 2c_u \tan\left(45^\circ + \frac{\phi_u}{2}\right) \tag{8.24}$$

또는

$$c_u = \frac{q_u}{2} \tan\left(45^\circ - \frac{\phi_u}{2}\right) \tag{8.25}$$

파괴면과 최대주응력면이 이루는 각도 $\theta_f = 45^o + \dfrac{\phi_u}{2}$를 알면 강도정수를 결정할 수 있다.

$$\phi_u = 2\theta_f - 90^o \tag{8.26}$$

$$c_u = \frac{q_u}{2\tan\theta_f} \tag{8.27}$$

일축압축강도는 식 (8.27)를 정리하여 식 (8.28)과 같이 쓸 수도 있다.

$$q_u = 2c_u \tan\theta_f \tag{8.28}$$

예민비

자연상태에 있는 점토를 교란(攪亂, disturb) 시키면 점토 입자간 접촉면의 결합력(bond)이 파괴되어 강도가 감소한다. 교란에 의한 점토의 일축압축강도 감소 정도를 예민비(sensitivity ratio) S_t라고 한다. 예민비는

$$S_t = \frac{q_u}{q_{ur}} \tag{8.29}$$

여기서, S_t : 예민비

q_u : 불교란 시료(UD)의 일축압축강도

q_{ur} : 재성형(remolded) 시료의 일축압축강도

표 8.2에는 예민비에 따른 점토의 예민성을 구분하는 기준이 제시되어 있다.

표 8.2 예민비에 따른 점토의 분류

예민비(S_t)	예민의 정도(description)
< 2	예민하지 않음(insensitive)
2~4	보통 예민함(medium sensitive)
4~8	예민함(sensitive)
8~16	매우 예민함(very sensitive)
> 16	quick

예민비가 큰 점토에 대해서는 설계 시 허용안전율을 크게 하여야 한다. 예민비가 대단히 크면서 동시에 함수비가 액성한계보다 큰 점토는 quick clay가 될 가능성이 높다. 표 8.2의 구분을 따르면 예민비가 16 이상이고 액성지수가 1보다 큰 점토는 지진이나 발파 등 동적하중을 받으면 강도를 잃어버리고 액체처럼 점성유동을 하게 된다. 이러한 점토를 quick clay라 하며 Scandinavia 반도와 Canada 북부에 분포되어 있다.

점토는 교란되면 강도가 감소되지만 시간이 경과함에 따라 서서히 강도가 회복되는 특성이 있다. 그러나 본래의 강도까지는 회복되지 못한다. 이와 같이 교란되면 강도가 감소하고 그 후 함수

비 변화 없이 시간이 경과하면 다시 강도가 회복하는 것을 의액성(凝液性, thixotropy)이라 한다.

8.5 현장 전단강도시험

측정 장치를 땅속으로 관입(貫入, penetrate)시키거나, 지반 속에서 회전시키거나, 또는 시추공(試錐孔, bore hole) 내에서 팽창시켜 깊이에 따라 흙의 강도를 비롯한 제반 특성을 직접 또는 간접적으로 측정하는 현장 전단강도시험을 사운딩(sounding)이라고 한다. 사운딩은 불교란 시료의 채취(sampling) 및 실내 토질시험이 어려운 모래와 연약점토 지반에서 편리하게 사용되고 있으며 깊이에 따른 지반의 특성을 비교적 연속적으로 측정하려고 할 때 이 방법을 선택한다.

사운딩에는 다양한 종류가 있으나 가장 대표적인 표준관입시험, 원추(콘)관입시험, 베인전단시험 및 프레셔미터시험에 한정하여 간단하게 기술하였다.

8.5.1 표준관입시험

표준관입시험(標準貫入試驗, standard penetration test; SPT)은 미국에서 개발되고 우리나라에서는 가장 널리 사용되고 있고 특히 사질토에 대하여 적합한 현장시험이다. 그림 8.31과 같은 샘플러(sampler)를 소정의 에너지로 타입할 때 지반의 관입저항을 측정하여 흙의 강도를 추정하는 시험이다.

이 시험에 사용하는 샘플러(split spoon sampler)는 두꺼운 철판으로 만들어져 있고 가운데가 갈라져 있어 시료의 채취가 가능하다. 그런데 샘플러는 벽이 두꺼우므로 불교란 시료(undisturbed sample, UD)는 채취할 수 없다. 따라서 채취한 시료는 토층의 구성을 확인하는 것과 흙의 물리적 시험, 즉 입도분석, 비중, 함수비, Atterberg 한계 등의 측정에 사용이 가능하나 역학적 시험, 즉 압밀, 전단 등에는 사용하기 어렵다.

샘플러의 하단은 슈(shoe)가 연결되어 있으며 상단은 드릴 로드(drill rod)와 연결되어 있다. 샘플러를 시추공(試錐孔, bore hole)에 넣고 교란되지 않은 원지반에 도달시키기 위하여 샘플러를 타격하여 15cm를 관입시키는데 이것을 예비타라 한다. 본 시험에서는 무게 63.5kg의 해머를 76cm의 높이에서 자유낙하 시켜 샘플러를 30cm 관입시키는데 소요되는 타격횟수를 측정하는데 이 타격횟수를 N값(N-value) 또는 표준관입 저항치라 한다.

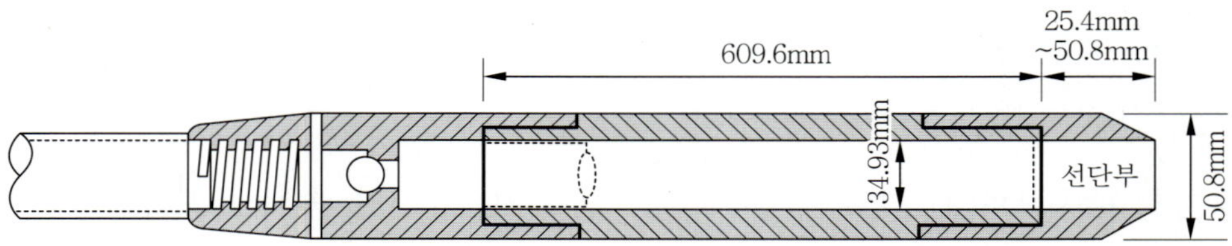

그림 8.31 샘플러

표준관입시험의 N값을 알면 모래지반에 대해서는 상대밀도를 판단할 수 있고 점토지반에 대해서는 연경도(軟硬度)를 개략적으로 알 수 있다. 표 8.3은 Meyerhof가 제안한 것으로서 모래지반의 N값에 따른 상대밀도, 조밀의 정도, 내부마찰각의 범위를 제시하고 있다.

표 8.3 모래지반의 N값에 따른 상대밀도와 내부마찰각

N	상대밀도 D_r(%)	조밀한 정도	삼축압축 시의 $\phi(^\circ)$	평면변형 상태 $\phi(^\circ)$
< 4	0~15	very loose	< 30	≈30
4~10	15~35	loose	30~35	31~37
10~30	35~65	medium	35~40	37~44
30~50	65~85	dense	40~45	44~49
> 50	85~100	very dense	> 45	> 49

모래지반의 N값과 내부마찰각 사이의 관계를 나타내는 경험적 연구결과가 많이 발표되어 있다. Peck(1974)은 모래의 경우

$$\phi(^\circ) = 0.3N + 27^\circ \tag{8.30}$$

Dunham(1954)은 모래의 입자형상과 입도분포에 따라 내부마찰각과 N값 사이의 관계를 다음과 같이 정하였다.

- 입자가 둥글고 빈입도인 경우

$$\phi = \sqrt{12N} + 15^\circ \qquad (8.31)$$

- 입자가 둥글고 양입도인 경우 또는 입자가 모나고 빈입도인 경우

$$\phi = \sqrt{12N} + 20^\circ \qquad (8.32)$$

- 입자가 모나고 양입도인 경우

$$\phi = \sqrt{12N} + 25^\circ \qquad (8.33)$$

식 (8.31)~식 (8.33)는 설계자의 판단에 의하여 사용하게 되는데 기술자의 보수적인 경향으로 식 (8.31)을 채택하는 경우가 많다.

이러한 점을 고려하여 한국도로공사에서는 식 (8.34)를 사용하도록 추천하고 있다.

$$\phi = \sqrt{15N} + 15^\circ \qquad (8.34)$$

PISA TIP (8.7) 기술자의 보수적인 경향이란?

- 설계를 할 때 기술자가 선택할 수 있는 범위 내에서 안전측을 택하는 것.
- 안전측 설계를 하기 위해 토성치의 선택뿐만 아니라 일반적으로 설계의 마지막 단계에서 안전율을 적용하게 된다.
- 설계의 전 과정을 통해 지나치게 보수적인 판단을 반복하게 되면 결과적으로 안전율이 지나치게 커지게 되어 비경제적 설계가 될 수 있다.
- 훌륭한 기술자는 안전하고 경제적인 설계를 하여야 한다.

표준관입시험은 보통 깊이 1.5m 간격으로 반복 실시하고, 여기서 얻은 N값을 지반조사 보고서의 시추주상도(drill log)에 표기한다.

PISA TIP

(8.8) 표준관입 저항치(N값)를 표기하는 시추주상도란?

• 그림 1은 시추조사의 시험 장치이고, 그림 2는 시험의 모식도이다.

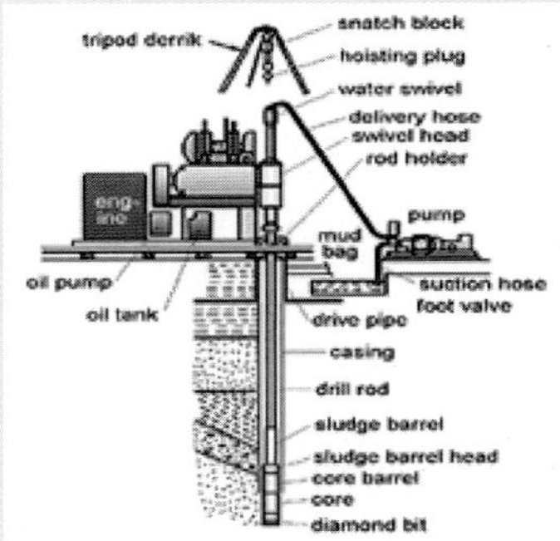

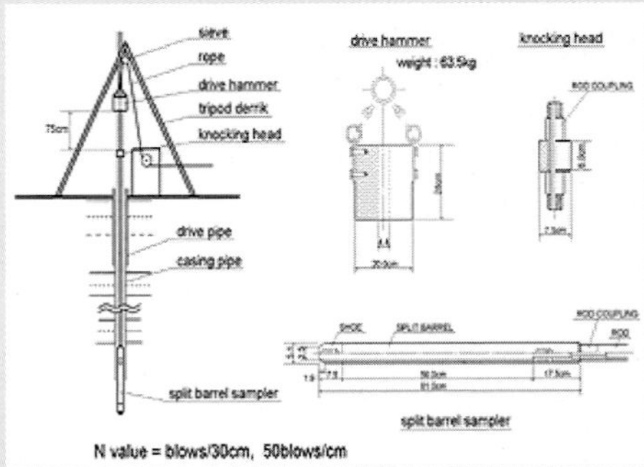

그림 1 표준관입시험 장치 그림 2 표준관입시험의 모식도

• 그림 3은 시추조사에서 표준관입시험으로 얻은 N값을 주상도에 표기한 예이다.

시 추 주 상 도

공 사 명	00 공구 기반시설 기본설계			기호 설명
위 치		공 번		생 략
시추방법	생	지반표고	생	
시 추 기		지하수위		
날 짜	략	굴진심도	략	
시 추 자		감 독 자		
좌 표				

표척 (m)	심도 (m)	주상도	토질	색조	N값 (0 10 20 30 40)	지하수위
1			표토			
2	−1.5		사질 점토	암회색		홍수기 ▽
3, 4	−4.0		가는 자갈 (굵은 모래)	암청회색		
5, 6, 7	−7.0		실트질 점토	암청갈색		
8, 9	−9.4		점토질 모래	갈색		갈수기 ▽
10, 11	−11		굵은 자갈	암록회색		
12, 13						

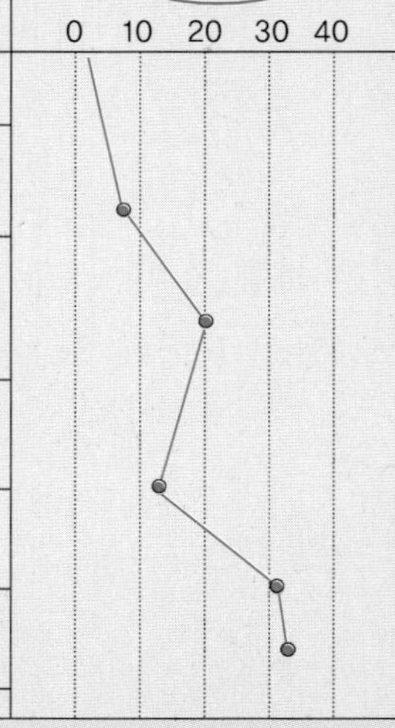

그림 3 시추 주상도의 한 예

점성토 지반에 대한 N값에 따른 컨시스턴시 및 일축압축강도가 표 8.4에 제시되어 있다. 그러나 N값을 이용한 일축압축강도의 추정치는 비교적 신뢰도가 낮은 것으로 알려져 있다.

표 8.4 점성토 지반의 N값과 컨시스턴시 및 일축압축강도

N	연경도 (consistency)	현장 판별법 (field inspection)	일축압축강도 $q_u : \frac{N}{8}$ (kg/cm^2)
< 2	대단히 연약(very soft)	주먹이 쉽게 관입	< 0.25
2~4	연약(soft)	엄지손가락이 쉽게 관입	0.25~0.50
4~8	보통(medium)	힘을 가해야 엄지손가락 관입	0.5~1.0
8~15	굳음(stiff)	엄지손가락으로 누르면 우묵하게 들어감(dented)	1.0~2.0
15~30	대단히 굳음(very stiff)	손톱으로 긁을 수 있음	2.0~4.0
> 30	견고(hard)	손톱으로 긁을 수 없음	> 4.0

N값은 표준관입시험을 실시하는 깊이에서의 가로방향 구속응력에 따라 다르게 측정된다는 것이 연구결과를 통해 잘 알려져 있다. 즉 동일한 상대밀도를 가지고 있는 모래지반에서도 지표면 부근에서는 구속응력이 작기 때문에 N값이 작게 측정되고, 깊이가 깊어짐에 따라 구속응력도 증가하므로 N 값은 크게 측정된다.

가로방향 구속응력은 연직 유효응력, 즉 유효 토피하중(effective overburden pressure) σ_v'에 비례한다고 보아 $\sigma_v' = 1.0\,\text{t/ft}^2\,(=10.76\,\text{t/m}^2)$되는 깊이에서 측정한 N값을 표준으로 하여 다른 깊이에서 측정한 N값을 식 (8.35)와 같이 수정하여 사용하고 있다.

- 모래지반의 경우

$$N' = C_N\,N_f \tag{8.35}$$

여기서, N' : 수정된 N값
C_N : 수정계수
N_f : 현장에서 측정한 N값

C_N 중 가장 잘 알려진 것은 Peck 등(1974)이 제시한 결과이다.

$$C_N = 0.077 \log \frac{20}{\sigma_v'} \tag{8.36}$$

여기서, σ_v' : 표준관입시험 실시 깊이에서의 연직유효응력(유효토피하중)

단, σ_v'의 단위는 $\mathrm{t/ft^2}$ ($\sigma_v' \geq 0.25\,\mathrm{t/ft^2} = 2.69\,\mathrm{t/m^2}$인 경우에 대해 적용)

가장 간단한 보정계수 결정식은 Liao와 Whitman(1986)이 제안한

$$C_N = \frac{1}{\sqrt{\sigma_v'}} \tag{8.37}$$

여기서, σ_v'의 단위는 $\mathrm{t/ft^2}$ ($1.0\,\mathrm{t/ft^2} = 10.76\,\mathrm{t/m^2}$)

지하수면 아래에서 시험한 경우는 타입 시 발생하는 과잉간극수압에 대한 보정을 해 준다.

$$N' = 15 + \frac{1}{2}(N_f - 15) \tag{8.38}$$

여기서, N_f : 현장에서 측정한 N값

단, N_f 값이 15 이하일 때는 보정하지 않는다.

8.5.2 원추관입시험

원추관입시험(圓錐貫入試驗, cone penetration test ; CPT)은 강봉에 연결된 원추체(cone)를 땅 속으로 관입시키면서 지반의 관입저항을 측정하는 시험이다. 이 시험은 콘 관입 시험 또는 콘 시험이라고도 한다. 원추체를 관입시킬 때 정하중을 사용하면 정적 원추관입시험이라 하고, 동적에너지(drop hammer 등)를 가하면 동적 원추관입시험이라 한다. 정적시험은 연약한 지반에 사용되고 동적시험은 단단한 지반에 적용한다.

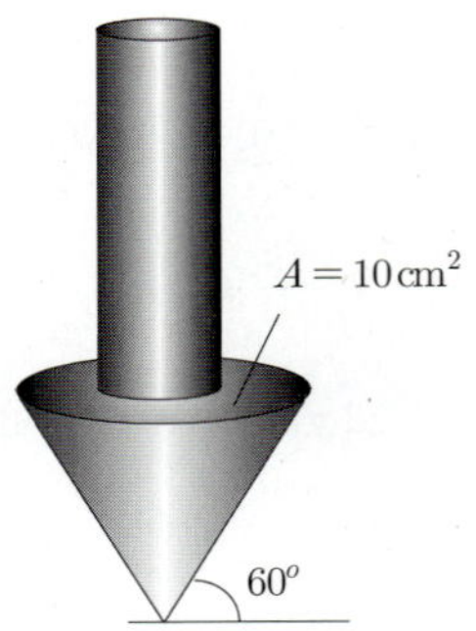

그림 8.32 Dutch cone

원추관입시험은 사질토와 점성토에 모두 적용할 수 있으며 지

층의 관입저항을 연속적으로 측정할 수 있는 이점이 있다. 표준관입시험(SPT)에서는 연속적 측정이 불가능하다. 반면 원추관입시험은 샘플러(sampler)가 없으므로 시료 채취는 불가능하다. 그러나 표준관입시험에서는 시료 채취가 가능하다.

원추관입시험은 유럽에서 개발된 것으로 네덜란드식 원추관입시험장치(Dutch cone), 스웨덴식 원추관입시험장치(Swedish cone) 등 다양한 시험장치가 개발되어 있으나 가장 널리 알려져 있으면서 실제 많이 사용되고 있는 것은 네덜란드식이다. 여기에서는 네덜란드식 원추관입시험장치, 즉 더치 콘에 대하여 간단히 설명한다.

더치 콘 시험은 직경 3.6cm, 단면적 10cm^2, 꼭지각 $60°$인 원추체를 지반 속으로 $1 \sim 2\text{cm/sec}$의 속도로 5cm 관입시킬 때의 관입저항을 측정하여 이 값을 원추관입저항 또는 콘관입저항 q_c라 한다. q_c를 측정하면 지반의 강성에 관한 사항을 다음과 같이 추정할 수 있다.

• 표준관입시험의 N값과 $q_c(\text{kg/cm}^2)$ 사이의 관계

연약점토의 경우 : $N = \dfrac{q_c}{2}$ (8.39)

사질토의 경우 : $N = \dfrac{q_c}{4}$ (8.40)

• 점토의 일축압축강도 q_u와 q_c 사이의 관계

연약점토의 경우 : $q_u = \dfrac{q_c}{5}$ (8.41)

• 점토의 비배수강도 $c_u = s_u$ 와 q_c 사이의 관계($\phi = 0$인 경우)

연약점토의 경우 : $c_u = \dfrac{q_u}{2} = \dfrac{q_c}{10}$ (8.42)

• 탄성계수 E와 q_c 사이의 관계(모래지반의 경우)

$E \simeq (2 \sim 8)\, q_c$ (8.43)

더치 콘은 원추관입저항 뿐만 아니라 마찰저항도 측정할 수 있도록 개량되었다. 원추관입저항을 측정한 다음 슬리브(sleeve)를 관입시켜 마찰저항을 측정할 수 있도록 장치가 개량된 것이다. 최근에는 피조 콘(piezo-cone)이 개발되어 원추체를 지반에 관입시켜 간극수압을 동시에 측정할 수 있게 되었다. 피조 콘으로 과잉간극수압이 소산되는 변화를 시간에 따라 측정하면 압밀계수도 산정할 수 있다.

8.5.3 베인 전단시험

베인 전단시험(vane shear test)은 교란을 최소로 하면서 점토의 점착력(비배수 강도)을 측정하는 비배수 전단시험이다. 이 시험에는 실내 베인시험과 현장 베인시험이 있으나 그 원리는 동일하다.

베인은 그림 8.33에 보인 것처럼 4장의 십자모양(+)의 판에 로드(rod)를 달아 회전력(torque)을 가할 수 있게 한 시험장치로서 베인의 폭 D와 높이 H는 다양한 크기가 있으나 보통 $H=2D$이다. 베인을 시추공 바닥에서 점토층 속으로 압입시킨 다음 우력 모멘트를 가하여 1분당 6°의 각속도로 회전시키면 전단시킬 때 지반의 비배수 강도 c_u에 의한 저항 모멘트와 작용시킨 모멘트가 평형을 이룬다는 조건에서 점토의 비배수 강도 c_u를 결정할 수 있게 된다.

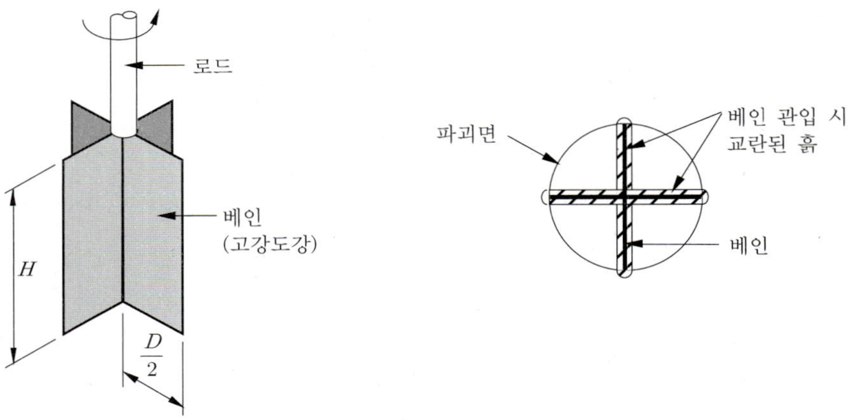

그림 8.33 베인 전단 시험기

시험 시 베인을 회전시키면 원통형(cylinder) 회전체가 형성되는데 이 회전체의 상하면과 주면(周面)에 균일한 비배수강도가 작용한다고 가정하고 저항모멘트를 계산한다. 원형인 상하면에 작용하는 저항모멘트 M_e는 그림 8.34에 보인 반지모양의 미소요소에 작용하는 저항 모멘트를 전체면적에 걸쳐 적분하여 구할 수 있고, 주면의 저항모멘트 M_s는 주면 면적에 균등하게 분포하는 비배수강도의 회전축에 대한 저항모멘트를 계산하여 구할 수 있다. 이 때 회전축에 대한 주면 저항력의 팔 길이는 $D/2$로 일정하다.

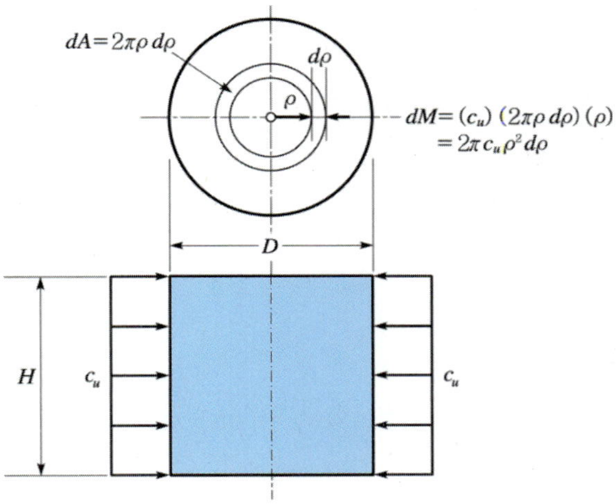

그림 8.34 베인 회전 시의 저항모멘트

$$T = M_s + M_e \tag{8.44}$$

$$M_s = (\pi D H)\, c_u \left(\frac{D}{2}\right) = \frac{\pi D^2 H}{2} c_u$$

$$M_e = 2\int_0^{\frac{D}{2}} (2\pi\rho\, d\rho)\, c_u\, \rho = 2\int_0^{\frac{D}{2}} 2\pi c_u \rho^2 d\rho = \frac{\pi D^3}{6} c_u$$

위에서 구한 M_s와 M_e를 식 (8.44)에 대입하면

$$T = \frac{\pi D^2 H}{2} c_u + \frac{\pi D^3}{6} c_u$$

$$c_u = \frac{T}{\frac{\pi D^2 H}{2} + \frac{\pi D^3}{6}} \tag{8.45}$$

여기서, D : Vane 직경

H : Vane 높이

T : 작용한 우력 모멘트

베인으로 측정한 비배수 강도는 일축압축시험으로 구한 값보다 일반적으로 더 크다고 알려져 있다. 반드시 그런 것은 아니지만 동일한 점토의 비배수강도는 시험 방법에 따라 베인시험 > 비배수 삼축압축시험 > 일축압축시험 순서대로 그 값이 큰 경향을 보이고 있다. 베인 전단시험은 특히 소성지수(I_p)가 큰 점토에서 비배수강도를 크게 측정하는 점을 고려하여 실측 비배수강도를 식 (8.46)과 같이 수정하여 설계에 사용하고 있다(Bjerrum, 1972).

$$c_u{}' = \mu\, c_u \tag{8.46}$$

여기서, $c_u{}'$: 수정 비배수강도

c_u : 베인 전단시험에서 측정한 비배수강도

μ : 수정계수($\mu = 1.7 - 0.541 \log(I_p)$)

점토층에 얇은 모래 또는 실트층(seam)이 존재하면 베인 전단시험은 강도를 과대평가하게 된다. 이와 같이 퇴적물이 균질하지 않을 때에는 비배수 삼축압축시험으로 강도를 결정하는 것이 좋다. 베인시험으로 불교란 지반의 비배수강도 c_u를 측정한 다음 베인을 몇 번 회전시켜 지반을 교란시킨 상태에서 비배수강도 c_{ur}을 측정하면 예민비(sensitivity ratio) S_t는

$$S_t = \frac{c_u}{c_{ur}} \tag{8.47}$$

이렇게 구한 예민비는 일축압축시험에서 구한 것과 반드시 일치하지는 않는다. 베인에서 파생 개발된 점토의 비배수강도 측정장치로 토베인(torvane)이 있다. 토베인을 흙 속으로 밀어 넣고 손으로 작동시켜 회전시키면 비배수 강도를 측정 할 수 있는데 시험실과 현장에서 함께 사용할 수 있다.

8.5.4 프레셔미터시험

프레셔미터시험(pressuremeter test ; PMT)은 시추공 안에서 시추공의 공벽을 방사방향(放射方向, radial)으로 가압하면서 공벽의 변형량과 가해진 압력 사이의 관계를 측정하여 지반의 특성을 조사하는 공내 방사형 재하시험이다. 지반의 변형특성과 강도특성을 동시에 측정 할 수 있어서 현장상태의 횡방향 변형계수, 횡방향 지반반력계수, 정지토압계수, 비배수 강도 등을 얻을 수 있다.

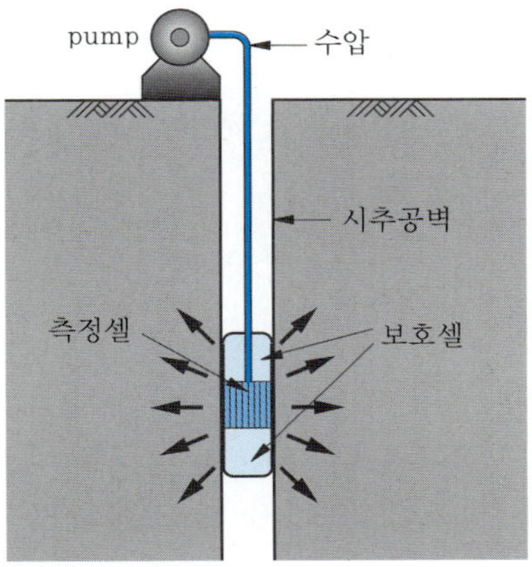

그림 8.35 프레셔미터 측정장치

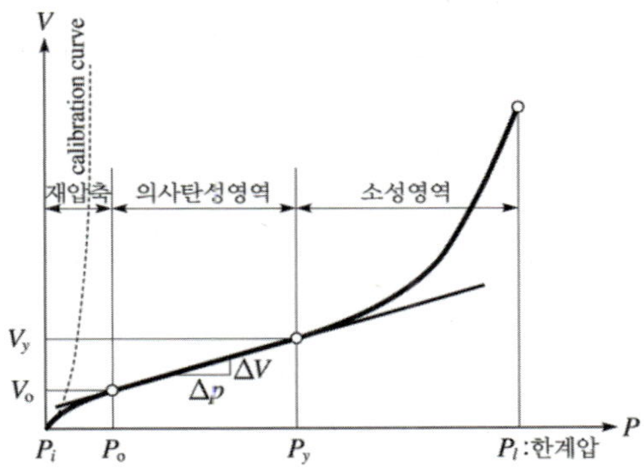

그림 8.36 측정 압력과 부피 관계

프레셔미터는 1965년 Menard가 최초로 개발하였고 현재에는 Menard형, 자체 천공식(self-boring) 프레셔미터 등이 있다. Menard형은 모든 종류의 흙에 대하여 적용 할 수 있는 반면 자체 천공식은 비교적 연약한 지반에서 적용하며 지반의 교란을 최소화 할 수 있다. 장비 설치 방법에 따라서는 선 천공식(pre-bored), 자체 천공식(self-boring) 및 압입식(push in)으로 구분할 수 있다.

Menard 형으로 선 천공 프레셔미터 시험을 실시하는 방법은 시추공 내에 고무막(membrane)으로 둘러싸인 프로브(probe)를 설치하고 압력 조절장치를 이용하여 고무막을 팽창시켜 공벽을 방사선 방향으로 팽창시키면서 압력과 공벽 주변 지반의 체적변화 사이의 관계를 측정한다. 프로브는 그림 8.35에서 보는 것처럼 중간에 있는 측정 셀(measuring cell)과 그 양단에 있는 보호 셀(guard cell)로 이루어져 있다.

보호 셀은 측정 셀 팽창 시 단부(端部)의 영향을 최소화하기 위한 것으로 공기로 채워지는데 반해 측정 셀은 물로 채워진다. 공벽의 팽창량은 체적계를 이용하여 측정한다. 공벽이 파괴될 때까지 압력을 가하면서 압력과 체적 변화량 사이의 관계를 측정하여 그림 8.36과 같은 변형곡선을 얻을 수 있다.

그림 8.36에서 지반의 응력, 변형률, 강도에 대한 지반특성을 결정할 수 있게 된다. 이 그림에서 압력 p_i에서 p_o까지 이르는 동안 압력-체적 사이의 변형곡선은 시추공 천공 시 발생한 변형상태를 천공전의 본래 상태로 회복시키는 과정이라고 해석한다. 즉 재압축과정(recompression)이다. 따라서 p_o는 정지토압(lateral earth pressure at rest) 상태가 된다. 압력 p_o에서 p_y까지는 의사탄성(疑似彈性, pseudo-elastic)영역이며 압력과 부피변화가 직선적으로 비례하고 있다. 압력 p_y에서 p_l까지는 소성(plastic)영역이며 한계압력 p_l에서 파괴가 일어난다.

Menard 형 프레셔미터 시험결과는 두께가 반무한인 원통의 방사선 방향 팽창에 관한 탄성론의 해석 결과를 이용하고 있다. 지반의 횡방향 변형계수(탄성론의 탄성계수) E는

$$E = 2(1+\mu)\,V\,\frac{\Delta p}{\Delta V} \tag{8.48}$$

여기서, μ : 포와송 비(Poisson's ratio)

V : 셀 부피($V = V_o + V_m$)

ΔV : 셀의 체적(부피) 변화량, Δp : 압력 변화량

V_o : 압력 (또는 정지토압 상태)에서의 셀의 부피

$V_m = \frac{1}{2}(V_y - V_o)$: 추가로 유입된 부피의 평균치

$\frac{\Delta p}{\Delta V} = \frac{p_y - p_o}{V_y - V_o}$: 의사탄성 영역 기울기의 역수

p_o/p_y : 의사탄성 영역 시작/종료 시의 압력

V_y : 압력 p_y 때의 부피

흙의 포와송 비 측정은 어려우나 Menard는 $\mu = 0.33$을 제안하고 있다. 탄성론에서 전단 탄성계수 G는

$$G = \frac{E}{2(1+\mu)} \tag{8.49a}$$

또는

$$E = 2(1+\mu)\,G \tag{8.49b}$$

식 (8.48)과 식 (8.49b)에서

$$G = V\frac{\Delta p}{\Delta V} \tag{8.50}$$

특기할 것은 프레셔미터시험은 지반의 정지토압계수를 결정할 수 있다는 사실이다. 즉 압력 p_o가 정지토압에 해당되므로 정지토압계수 K_o는

$$K_o = \frac{p_o}{\sigma_v{}'} \tag{8.51}$$

여기서, $\sigma_v{}'$: p_o 측정위치에서의 연직 유효응력

8.6 도로포장설계를 위한 토질시험

8.6.1 CBR 시험

CBR(california bearing ratio), 즉 캘리포니아 지지력 비는 아스팔트 포장설계를 위하여 창안된 노상토의 지지력 평가 지수이다. CBR은 본래 미국 캘리포니아 주 도로국에서 도로 포장설계를 위하여 고안하였으나 현재에는 도로 및 비행장 활주로 설계에 세계적으로 널리 채택되고 있다. CBR 시험에는 실내시험과 현장시험이 있다. 각각의 시험방법은 KSF 2320과 KSF 2321에 수록되어 있다.

실내시험에서는 흙을 최적 함수비(optimum moisture content, OMC)에서 다진 다음 흙을 수침(水浸)시켜 최악의 현장조건과 일치시킨다. 흙을 최적 함수비를 유지하고 다지면 이론상 가장 잘 다져지며 수침 시 팽창량도 가장 적은 것으로 알려져 있다. 이렇게 만들어진 공시체에

직경 5cm인 피스톤을 관입시키면서 관입량에 대한 작용 하중의 값을 측정한다. CBR은 식 (8.52)와 같이 결정한다.

$$CBR = \frac{\text{시험 단위하중}}{\text{표준 단위하중}} \times 100(\%) \tag{8.52}$$

여기서, 표준단위하중 : 표준 쇄석층에 대한 CBR 시험결과
(이 결과는 이미 확정되어 있으며 표 8.5에 제시되어 있음)
시험 단위하중 : 공시체에 대한 CBR 시험결과. 즉 측정치.

표준단위하중과 시험단위하중은 동일한 관입량에 대응하는 하중을 취하여야 하며 관입량으로는 2.5mm(0.1inch) 또는 5.0mm(0.2inch)를 택하는 것이 보통이다.

이와 같이 CBR은 표준 쇄석층의 지지력에 대한 노상토 지지력의 비를 백분율로 표시한 것이라 할 수 있다. 따라서 CBR이 크면 노상(路床, subgrade)으로서 가치가 우수하다고 볼 수 있다. 현장 CBR시험은 현장의 흙에 피스톤을 관입시킬 수 있도록 현장 시험장치를 사용하여 시험실에서와 같은 원리로 시험을 실시한다.

표 8.5 표준단위하중

관입깊이, mm(in)	표준단위하중, kg/cm^2 (psi)
2.5 (0.10)	70 (1,000)
5.0 (0.20)	105 (1,500)
7.5 (0.30)	134 (1,900)
10.0 (0.40)	162 (2,300)
12.5 (0.50)	183 (2,600)

8.6.2 지반반력계수 측정시험-평판재하시험

콘크리트 포장 설계를 위해서는 노상토의 지반반력계수를 측정하는데 이를 위하여 평판재하시험을 실시한다. 평판재하시험은 보통 한 변이 30cm인 정사각형 강판을 지표면에 놓고 하중을 작용시켜 응력 - 침하량 관계를 측정하는 시험인데 시험성과를 정리하는 방법은 그림 8.37에 제시되어 있다.

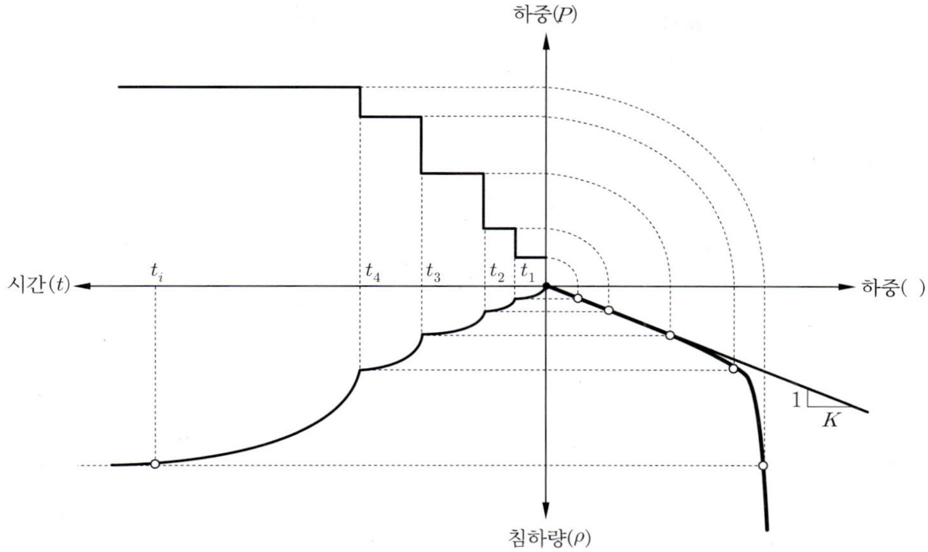

그림 8.37 평판재하시험 결과의 정리

이 그림의 제2사분면에 보인 것처럼 제1단계 하중을 가한 다음 침하량을 측정하되 침하속도가 정해진 기준 값보다 느리게 기록되면 다음 단계의 하중을 가한다. 각 하중 단계별 침하기록은 제3사분면에 그려져 있다. 여러 단계의 하중에 걸쳐 침하량을 측정한 다음 결과를 제4사분면에 하중(응력)-침하량 관계로 나타낼 수 있게 된다. 하중(응력)-침하량 관계는 초기에는 직선적 비례 관계를 보이다가 큰 하중에서는 급격히 큰 침하가 발생하게 된다. 이때의 응력을 극한지지력이라 한다.

지반반력계수(地盤反力係數, coefficient of subgrade reaction)는 하중(응력)-침하량 관계가 직선인 부분에서 식 (8.53)과 같이 결정된다.

$$K = \frac{\sigma}{\rho} \tag{8.53}$$

여기서, K : 지반반력계수(kg/cm^3)

σ : 작용 하중강도($\sigma = \frac{P}{A} = \frac{\text{작용 하중}}{\text{평판 면적}}$, kg/cm^2)

ρ : 침하량(cm)

지반반력계수 K가 큰 흙은 이 값이 적은 흙에 비해 동일한 하중이 작용할 때 상대적으로 더 작은 침하가 발생하므로 노상으로서의 가치가 더 좋다고 할 수 있다. 식 (8.53)으로 정의한 K는 연직방향 지반반력계수이며 수평방향 지반반력계수는 프레셔미터시험(PMT)으로 측정할 수 있다.

8.7 점성이 없는 흙(모래)의 전단강도

8.7.1 모래의 전단강도 특성

모래의 전단강도는 본질적으로 마찰저항(frictional resistance)과 억물림 효과(interlocking effect)에 의한 구조적 저항의 합으로 이루어진다. 마찰은 다시 활동마찰(sliding friction)과 회전마찰(rolling friction)로 나눌 수 있다.

활동마찰은 평면위에서 물체를 활동시킬 때 생기는 마찰이며 두 물체의 특성에 따라 결정되는 특성치이다. 모래의 경우 모래를 구성하는 광물질 사이(mineral to mineral)의 마찰을 의미하고 ϕ_u로 표기한다. ϕ_u는 모래의 광물질에 따라 결정되는 특성치이므로 간극비의 크기에 무관하다. 이것은 통상 마찰저항의 크기는 접촉면의 면적과는 관계없다는 사실에서 명백하다.

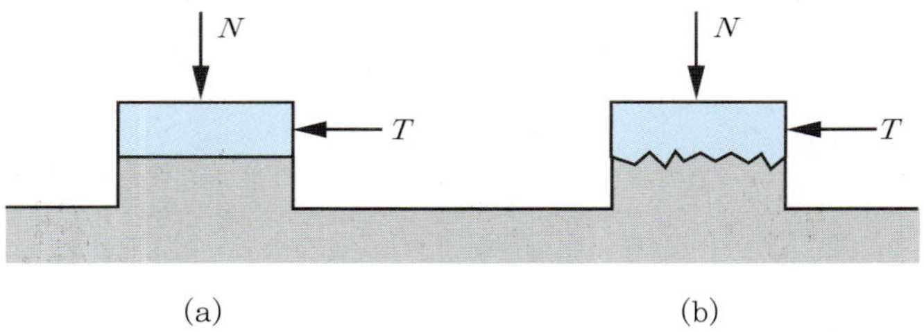

그림 8.38 억물림 효과의 비교

회전마찰은 모래입자가 다른 입자의 위를 오르내리거나 회전하면서 이동할 때 생기는 마찰이다. 자전거가 움직일 때 바퀴와 지면 사이의 마찰이 한 예이다. 그런데 회전마찰의 크기는 측정이 어려우므로 억물림의 효과에 포함시키는 것이 보통이다. 억물림의 효과는 모래 입자가 억물려 있기 때문에 생기는 구조적 저항이다. 그림 8.38은 억물림의 효과를 모식적으로 나타낸 것이다.

그림 8.38(a)는 억물림은 없고 활동에 대한 마찰저항만 있는 경우이다. 그림 8.38(b)는 억물림 효과가 있는 경우를 보인 것인데 활동을 일으키려면 그림 8.38(a)의 T가 그림 8.38(b)의 T보다 훨씬 커야 함이 명백하다. 억물림이 있는 경우 활동을 일으키기 위해서는 마찰뿐만 아니라 연직응력 N을 극복하고 상향 이동을 해야 하므로 큰 전단력이 소요되게 된다.

느슨한 모래를 전단하면 파괴면은 그림 8.38(a)와 같은 평면과 비슷하다. 이에 반해 조밀한 모래의 경우는 전단면은 흙 입자의 상하 운동에 의하여 그림 8.38(b)와 같은 곡면을 그리게 된다. 즉 억물림 효과는 모래의 조밀한 정도, 즉 상대밀도 D_r 또는 초기 간극비 e_o의 크기에 따라 달라진다. 물론 모래가 조밀하면, 다시 말해 초기간극비가 작으면, 억물림에 의한 구조적 저항은 커지고 느슨한 모래에서는 이 저항이 작다.

모래의 내부마찰각은 조밀한 모래에서는 크고, 느슨한 모래의 경우는 작은데 그 차이는 대부분 억물림 효과의 차이에 기인한다. 이것은 모래의 전단강도 또는 내부마찰각의 크기를 결정하는 가장 중요한 요소가 조밀의 정도(즉 상대밀도 또는 초기 간극비)라는 것을 의미한다.

그림 8.39는 전단력을 가하기 전 모래의 간극비, 즉 초기 간극비(e_o)와 마찰각 사이의 관계를 나타낸 것이다. 간극률과의 관계로도 표시되어 있다.

여기서 ϕ_μ는 모래 입자간의 활동에 의한 마찰각을 의미한다. ϕ_μ는 간극비에 관계없이 일정하다. 그림에서 곡선상의 마찰각 ϕ는 파괴상태를 기준으로 구한 마찰각으로서 삼축압축시험의 경우 $\Delta\sigma_{df} = (\sigma_1 - \sigma_3)_f$, 직접전단시험의 경우 $\tau_{\max}$를 기준으로 구한 ϕ값이다.

ϕ와 ϕ_μ의 차이는 억물림(interlocking) 효과에 의한 마찰각이 된다. 즉, 모래의 마찰각 ϕ는 활동 마찰각과 억물림 효과에 의한 마찰각의 합이다.

$$\phi = \phi_\mu + \phi_i \tag{8.54}$$

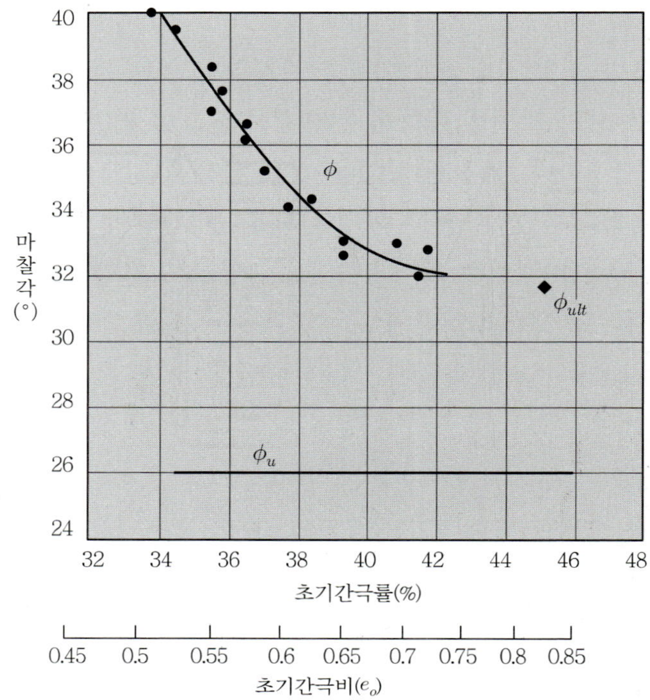

그림 8.39 초기 간극비에 따른 모래의 내부마찰각 구성 성분의 변화
(Lambe & Whitman, 1969)

그림 8.39에서 다음과 같은 사실을 알 수 있다.

- 모래 입자 사이의 활동 마찰에 의한 마찰각 ϕ_μ는 초기간극비 e_0, 즉 조밀의 정도와 무관하게 일정하다.
- 내부마찰각 ϕ는 초기간극비가 작을수록, 즉 조밀할수록 커진다.
- 모래의 내부마찰각 ϕ와 ϕ_μ의 차이는 억물림효과(interlocking effect)에 의한 마찰각의 증가량이다. 억물림의 효과는 조밀할수록(e_o이 적을수록) 커진다.

8.7.2 모래의 전단강도에 영향을 미치는 요소

모래의 경우 배수시험에서 파괴포락선은 원점을 지나므로 모래는 마찰특성을 가지는 물질(frictional material)로 생각할 수 있다. 즉 모래의 전단강도는 주어진 유효 수직응력에서는 내부마찰각 ϕ'(또는 마찰 계수 $\tan\phi'$)에 지배된다. 따라서 모래의 전단강도에 영향을 미치는 요소에 관한 논의는 모래의 내부마찰각 ϕ'에 영향을 미치는 요소를 논의하면 된다. 물론 모래의 내부마찰각이 크면 전단강도가 크다.

모래의 전단강도를 결정하는 가장 중요한 요소는 조밀의 정도이다. 즉 상대밀도 D_r 또는 초기간극비 e_o가 일차적 요인이 된다. 상대 밀도(또는 초기 간극비) 외에 모래의 전단강도에 영향을 미치는 요소는 여러 가지가 있는데 이들을 요약하여 설명하면 다음과 같다.

① 상대밀도(relative density) D_r : 상대밀도는 모래의 강도를 지배하는 가장 중요한 요소이다. D_r이 크면 모래의 내부마찰각 ϕ'가 커지고 D_r이 낮으면 모래의 강도도 작다. 상대밀도는 모래의 조밀의 정도를 나타내는데 조밀한 모래는 특히 억물림의 효과가 크다.

② 입자의 형상(shape) : 모난 입자(angular particle)로 이루어진 모래는 강도가 크고 둥근 입자(rounded particle)의 모래는 강도가 작다.

③ 입자표면의 거친 정도(roughness) : 거칠면 ϕ가 크고 매끄러우면 ϕ가 작다.

④ 입도분포(gradation) : 모래의 입도분포가 좋은가 나쁜가 하는 것은 균등계수(uniformity coefficient, C_u)로 나타낸다. 균등계수가 큰 모래 즉 양입도의 모래는 조밀한 모래가 될 수 있으므로 강도가 큰 반면에 빈입도의 모래는 강도가 작다.

⑤ 초기간극비(initial void ratio, e_o) : 초기간극비가 큰 모래는 강도가 작고 초기간극비가 작은 모래는 강도가 크다.

⑥ 입자의 크기(grain-size) : 모래의 경우 동일한 간극비 조건에서는 강도가 입경의 크기에 무관하다. 즉 간극비가 같으면 가는 모래와 굵은 모래의 내부마찰각은 거의 차이가 없다.

⑦ 물의 영향 : 물이 입자 사이에 있으면 입자간의 마찰계수는 감소하지만 유효응력으로 정리한 내부마찰각 ϕ'은 물의 영향을 거의 받지 않는다. 모래의 간극비를 동일하게 유지하고 포화된 모래와 건조된 모래의 내부마찰각을 배수전단시험으로 측정하면 전자에 대한 내부마찰각이 후자의 것에 비해 $1° \sim 2°$밖에 더 작아지지 않는다. 즉 물은 모래의 내부마

찰각에는 거의 영향을 미치지 않는다는 것을 의미한다. 보통 같은 모래인 경우 지하수면 위와 아래에서의 내부마찰각은 같다고 본다.

⑧ 중간주응력(intermediate principal stress, σ_2)의 영향 : 표준삼축압축 시험에서는 $\sigma_2 = \sigma_3$인 상태에서 내부마찰각을 측정하고 있다. 중간주응력이 내부마찰각에 미치는 영향을 연구한 결과를 보면 평면변형 전단시험(plane strain shear test)으로 측정한 내부마찰각은 표준삼축압축시험으로 구한 값보다 조밀한 모래의 경우에는 $4° \sim 9°$ 더 크고 느슨한 모래의 경우에는 $2° \sim 3°$ 정도 더 크다.

토질 구조물에는 평면변형의 문제가 많은데(예 : 옹벽, 사면 등), 이 경우 현장의 실제 내부마찰각은 삼축압축시험에서 측정한 값보다 더 크다(그러나 실제보다 내부마찰각을 더 크게 측정하는 요소도 있으므로 전체적으로 이를 감안해야 한다. 예를 들면, 전단 시 전단속도는 전단강도에 영향을 미칠 수 있다).

긴 변의 길이를 L, 짧은 변의 길이를 B라 하면 평면변형 상태에서의 내부 마찰각 ϕ_{ps}는 삼축압축시험의 내부마찰각 ϕ_{tx}의 1.1배라고 가정하여 식 (8.55)와 같은 근사관계식이 제안되어 있다.

$$\phi_{ps} \approx \phi_{tx}\left[1.1 - 0.1\frac{B}{L}\right] \tag{8.55}$$

⑨ 구속응력(confining stress) σ_c의 영향 : 모래에 대한 Mohr의 파괴포락선은 초기(작은 응력구간)에서는 급경사의 직선이지만 큰 응력 수준이 됨에 따라 경사가 완만해지는 곡선이 된다. 파괴포락선의 기울기가 내부마찰각이므로 구속응력이 크면 ϕ값은 일정하지 않고 그 크기는 점차 작아진다.

위의 논의를 요약하여 정리하면 표 8.6과 같다. 기호 ↑는 증가, ↓는 감소를 의미한다.

표 8.6 모래의 전단강도에 영향을 미치는 요소

요소	변화	영향
• 상대밀도	D_r ↑	ϕ ↑
• 입자 형상(모난 정도, angularity, A)	A ↑	ϕ ↑
• 입자의 거친 정도(roughness, R)	R ↑	ϕ ↑
• 입도분포(균등계수)	C_u ↑	ϕ ↑
• 초기 간극비	e_o ↑	ϕ ↓
• 입자의 크기	영향 없음 (단, e가 동일한 경우)	
• 물(함수비)	w ↑	ϕ ↓ (slightly)
• 중간주응력	σ_2	$\phi_{ps} \geq \phi_{tx}$
• 구속응력	σ_c ↑	ϕ ↓

모래의 내부마찰각 대표치는 표 8.7과 같다.

표 8.7 사질토의 대표적인 내부마찰각

사질토(모래)의 종류		ϕ(°)
입자가 둥근 것	느슨	27 ~ 30
	중간	30 ~ 35
	조밀	35 ~ 38
입자가 모난 것	느슨	30 ~ 35
	중간	35 ~ 40
	조밀	40 ~ 45
	자갈 섞인 모래	34 ~ 48
	실트	26 ~ 35

그림 8.40은 통일분류법에 의하여 사질토로 분류된(자갈 포함) 흙의 내부마찰각을 간편하게 결정할 수 있는 그림이다. 흙의 비중 G_s를 2.68로 가정하고 건조단위중량(또는 간극비, 간극률)을 알면 통일분류법 기호에 해당하는 흙의 내부마찰각을 결정할 수 있다.

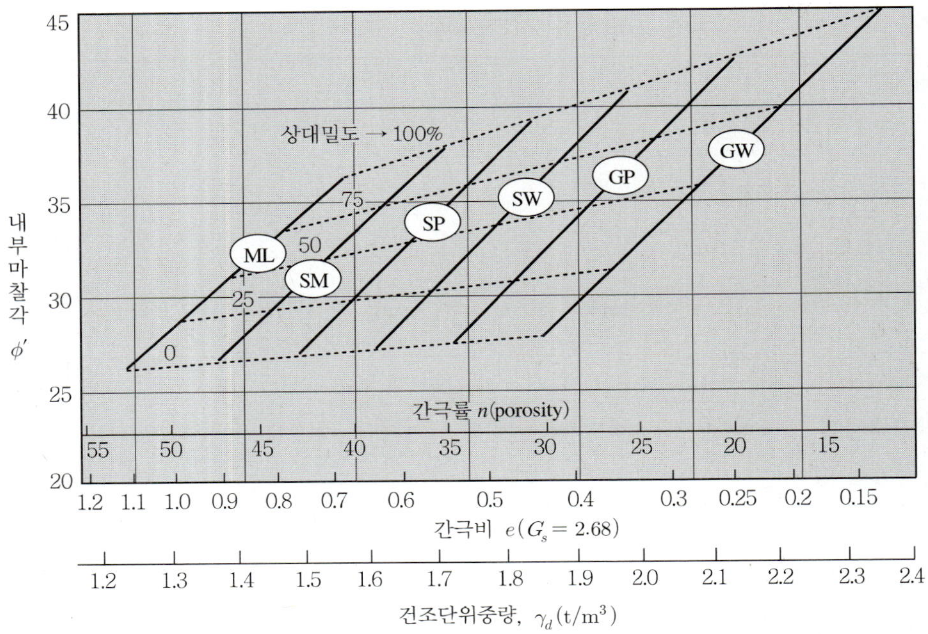

그림 8.40 통일 분류기호에 따른 사질토의 내부마찰각(NAVFAC, 1971)

8.7.3 액화현상

모래 지반에 연직상향의 침투수류가 발생하고 있을 때 대단히 큰 간극수압, 즉 연직상향 침투압이 작용하게 되어 유효응력이 0이 되고($\sigma_v{}' = 0$) 결과적으로 모래가 전단강도를 완전히 상실하게 되는 경우로서 분사현상(quick sand)이 있음을 이미 논의하였다. 발생 원인은 다르지만 동일한 결과가 나타나게 되는 다른 경우로는 액화현상(liquefaction)이 있다.

그림 8.41(a)의 탱크(tank)에는 가늘고 느슨한 모래가 채워져 있으며 수면은 모래층 표면과 일치하고 있다. 모래층 표면에는 추(錘)가 놓여 있다. 모래에서의 간극수압을 측정하기 위하여 수위계가 설치되어 있다. 현재의 간극수압은 정수압과 같다.

그림 8.41(b)와 같이 탱크 벽을 가격하여 모래에 급격한 충격을 가하면 느슨한 모래는 조밀한 상태로 되고자 간극에 있는 물을 배출시키려 하게 된다. 모래는 투수성이 대단히 크므로 정하중 작용 시에는 작용 하중에 대응하여 물이 즉시 배출되고 과잉간극수압은 즉시 소산되어 배수상태가 된다. 반면 이 시험에서는 하중이 순간적으로 작용하므로 하중 작용에 비해 물이 배

출될 수 있는 시간이 부족하므로 비배수상태가 되어 과잉간극수압이 생성된다. 충격을 가한 직후의 과잉간극수압 크기는 그림 8.41(b) 수위계의 수위를 보면 알 수 있다.

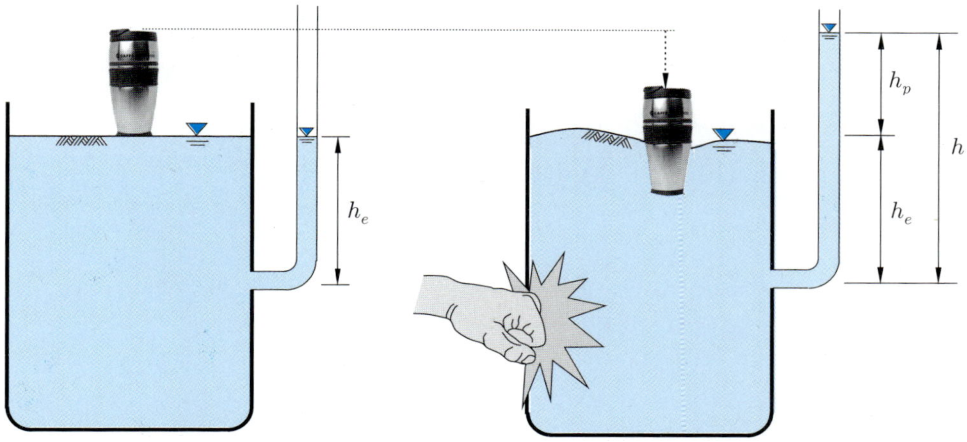

(a) 충격을 가하기 전　　　(b) 충격을 가한 직후-액화현상 발생

그림 8.41 액화현상

시험과정에서 전응력의 변화는 없었으므로 과잉간극수압의 생성은 유효응력을 감소시키고, 결국 모래의 전단강도를 감소시키게 된다. 충격으로 가해진 동적에너지가 대단히 크면 유효응력은 0이 되고 따라서 모래의 전단강도도 0이 된다. 이와 같이 가늘고 느슨한 모래가 지극히 짧은 시간에 작용하는 하중에 의하여 과잉간극수압을 생성하게 되어 유효응력이 영이 되고 결과적으로 전단강도가 영이 되는 현상을 액화현상(液化現象, liquefaction)이라 한다.

그림 8.41(b)에서 보는 것처럼 충격으로 인해 생성된 과잉간극수압이 수위계의 수위로 표시되어 있으며 액화현상 때문에 모래는 강도(이 경우 지지력이라 함)가 감소하여 추가 모래 속으로 가라앉게 된다. 실제로 느슨한 모래층 위에 세운 구조물은 지진(地震, earthquake), 발파(發破, blasting) 또는 항타(杭打, pile driving) 등 동적에너지가 가해지면 액화현상으로 인해 파괴될 수 있다.

토질역학에서 액화현상에 관한 연구는 Casagrande(1936)가 시작한 이래 특히 일본 Niigata 지진과 Alaska 지진(1964) 이후 이에 관한 관심이 고조되어 왔다. 그러나 현재로서는 액화현상 발생기준과 방지대책에 대한 정설은 확립되어 있지 못한 듯하다. 액화현상이 일어나지 않으려면 모래의 자연 간극비가 임계간극비보다 더 적어야 한다는 사실이 중요하다.

실험결과에 의하면 액화현상이 일어나는 조건은 모래의 입자가 둥글고, 실트 크기의 입자를 약간 함유하고, 유효경이 0.1mm보다 작고, 균등계수가 5보다 적으며 간극률이 44%(간극비 0.80) 이상이어야 한다는 것이다(김상규, 2004). 그러나 실내 시험결과에 의하면 보통 정도의 조밀한 모래도 반복하중이나 주기적(cyclic) 하중을 받으면 액화현상을 일으킨다. 이것은 지진이 장시간에 걸쳐 일어나면 보통 정도로 조밀한 모래에도 액화현상이 일어날 수 있다는 것을 의미한다. 이는 매우 중요한 사실이지만 여기에 관하여서는 아직도 논란이 계속되고 있다. 참고문헌으로는 Casagrande(1975)와 Seed(1979)의 연구결과가 있다.

연습문제

8.1 다음의 용어의 의미를 기술하라.

(1) 흙의 전단강도(shear strength)
(2) 첨두강도(peak strength)
(3) 잔류강도(residual strength)
(4) 주응력(principal stress)
(5) 평면기점(origin of plane) 또는 극점(pole)
(6) 안식각(angle of repose)
(7) 파괴포락선(failure envelope)
(8) 예민비(sensitivity ratio)
(9) 틱소트로피(thixotropy)
(10) 액화현상(liquefaction)

8.2 다음 그림과 같은 응력 상태에 대하여 B−B 면에 작용하는 수직응력과 전단응력을 다음의 방법으로 구하라.

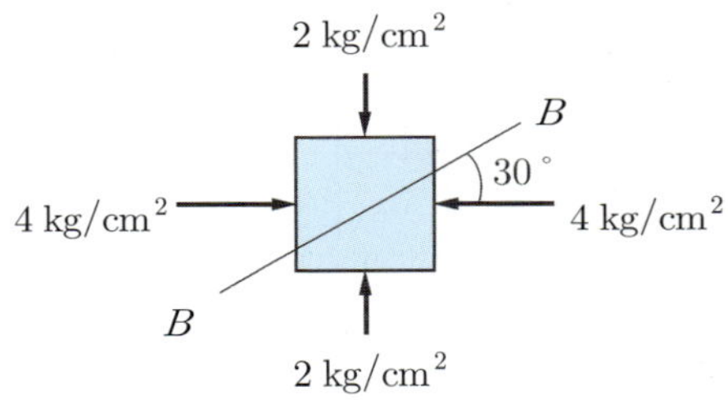

(1) 식 (8.1)과 식 (8.2)를 이용한 방법
(2) 극점을 이용하는 방법
(3) 자유물체도를 그리고 힘의 평형을 고려한 방법

8.3 점착력 $c = 0$인 모래로 직접전단시험을 실시하였다. 수직응력을 4.0 kg/cm^{2}로 유지하고 전단하여 전단응력 3.0 kg/cm^{2}에서 파괴상태에 이르렀다. 다음 물음에 답하라.

(1) 모래의 내부마찰각 ϕ
(2) 파괴상태에서의 주응력과 최소주응력

8.4 직경이 6.0cm인 점토시료에 대해 직접전단시험을 실시하여 다음과 같은 결과를 얻었다. 수직응력에 대한 전단응력의 관계곡선을 그리고 강도정수를 결정하라.

시험번호	수직력(kg)	전단력(kg)
1	39.6	28.3
2	53.1	35.0
3	66.4	41.8
4	81.7	49.7

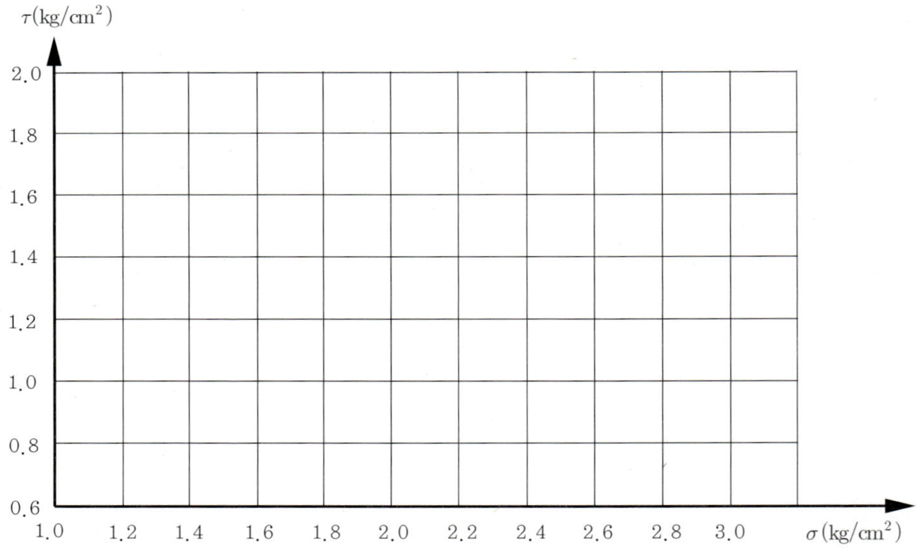

8.5 느슨한 모래시료에 대해 압밀비배수(CU) 삼축압축시험을 실시하여 파괴 시 구속응력의 변화에 따른 파괴시 축차응력을 다음 표와 같이 구하였다. 이 시험결과를 이용하여 다음을 구하라.

시료번호	σ_{3f} (kg/cm²)	σ_{df} (kg/cm²)	u_f (kg/cm²)
1	2.0	4.0	1.6
2	4.0	6.2	0.8
3	4.8	7.2	0.3

(1) 전응력 상태와 유효응력 상태에 대한 Mohr 응력원 작성

(2) 전응력 상태의 강도정수 c_{cu}, ϕ_{cu}

(3) 유효응력 상태의 강도정수 $\bar{c}$, $\bar{\phi}$

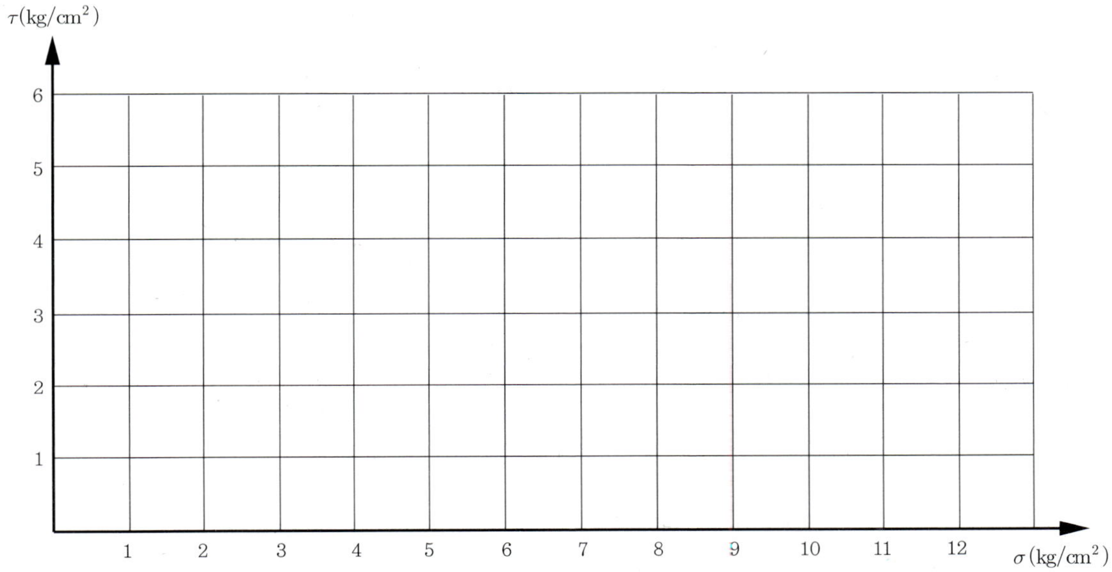

8.6 포화된 점토에 대해 일축압축시험을 실시하여 다음과 같은 결과를 얻었다.

측정 회차	1	2	3	4	5	6	7	8
응력(kg/cm^2)	0	1.05	1.72	2.50	3.17	3.14	2.61	2.18
변형률($\times 10^{-3}$)	0	1.00	1.764	2.68	3.58	4.83	5.66	6.27

(1) 응력-변형률 곡선을 그리고 일축압축강도를 구하라.

(2) 흙의 내부마찰각이 0이라고 하면 비배수 점착력 c_u는 얼마인가?

(3) 파괴면과 수평면이 이루는 각이 50°로 측정되었다면 점착력과 내부마찰각은 얼마인가?

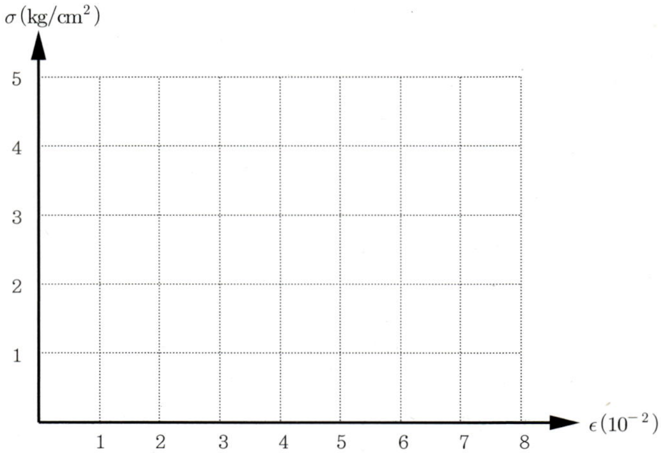

8.7 다음과 같은 경우에 대하여 설계를 위한 강도정수를 구하는 방법으로 적절한 삼축압축시험 방법과 현장시험 방법을 제시하라.

(1) 점토를 다져 축조한 제방의 장기적인 안정검토

(2) 점토를 다져 축조한 흙댐의 시공직후

(3) 연약한 정규압밀점토 지반 위 축조하는 제방의 설계

(4) 느슨하고 건조한 모래 지반 위에 놓이는 건물 기초의 설계

(5) 연약한 점토 지반의 절토사면 시공 중 안정검토

8.8 지반조사 기법으로서의 보링에 대하여 조사하고 그 내용을 기술하라.

8.9 지층구조를 파악하기 위한 물리탐사에 대한 내용을 조사하여 기술하라.

연습문제 힌트

8.1

8.2

8.3 (1) [식 8.10] (2) [식 8.1], [식 82]

8.4 [그림 8.15]

8.5 [그림 8.27]

8.6 (1) [그림 8.19] (2) [식 8.25] (3) [식 8.26], [식 8.27]

8.7

8.8

8.9

제9장
수평토압

SOIL
MECHANICS

SOIL · MECHANICS

9.1 개설

지표면이 경사진 토지의 경우는 공간이용에 제한을 받는다. 평지를 확보하여 토지 공간의 이용도를 높이기 위해서는 비탈면을 절취하여야 하고, 이로 인해 부득이 발생하는 급경사의 사면에는 붕괴를 억제하기 위해 옹벽과 같은 구조물을 설치하게 된다. 옹벽에 작용하는 수평방향의 토압에 대한 안전성을 검토하는 것이 옹벽설계의 주된 과정이다. 옹벽의 시공순서는 그림 9.1에 보인 것처럼 비탈을 급경사로 절취하여 평지를 확보한 다음 새로 절개한 급경사의 사면이 붕괴하는 것을 억제하기 위하여 옹벽을 설치하고 흙으로 뒤채움 하여 이 옹벽이 뒤채움에 의하여 작용하는 토압에 저항하도록 한다.

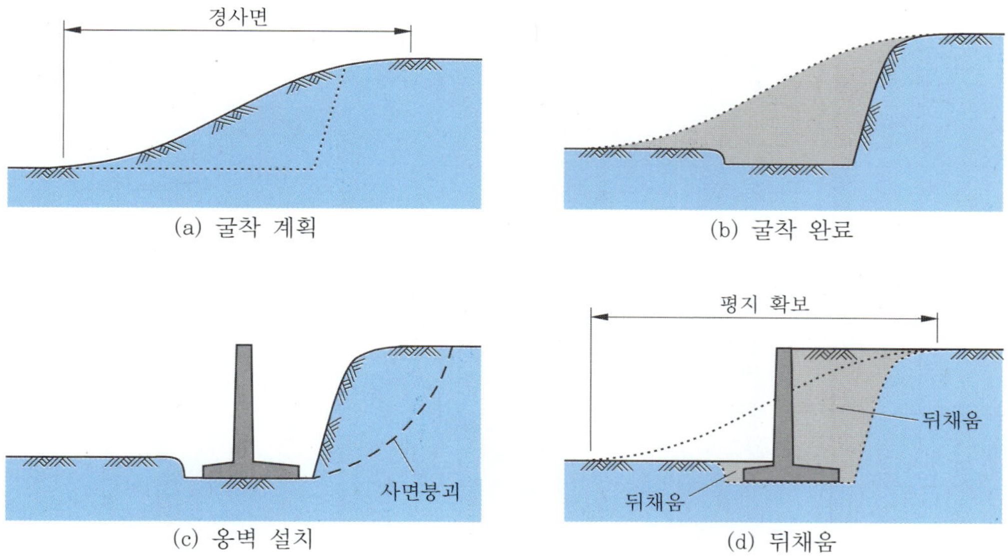

그림 9.1 역T형 옹벽의 시공단계

옹벽과 같이 횡방향 토압에 저항하도록 설치된 구조물을 흙막이 구조물(earth retaining structure) 또는 토류구조물(土留構造物)이라 하며 옹벽 외에도 가설 흙막이벽, 널말뚝, 격자형 조립식 옹벽(crib wall), 석축, 및 보강토 옹벽과 개비온(gabion) 옹벽 등 여러 가지가 있다.

흙막이 구조물을 설계함에 있어서 고려하여야 하는 하중은 횡방향 토압이며, 이것을 보통 토압(earth pressure)이라 한다. 지반 내 연직응력도 결국 연직토압이므로 이들을 명확하게 구분할 필요가 있을 때에는 수평토압, 연직토압이라 한다. 수평토압을 가로방향 토압(lateral earth pressure) 또는 횡토압(橫土壓)이라고도 한다.

수평토압에는 정지토압, 주동토압, 그리고 수동토압이 있다. 정지토압은 벽체가 가로방향 변위를 전혀 일으킨 적이 없을 때의 토압이다. 여기에 반해 주동토압(active earth pressure)은 흙이 벽체를 밀어 횡방향으로 인장변형이 일어나 파괴상태가 되었을 때의 토압이고, 수동토압(passive earth pressure)은 흙이 벽체에게 밀려 횡방향으로 압축변형이 일어났을 때의 토압이다. 이와 같은 토압을 받는 구조물의 예가 그림 9.2에 있다.

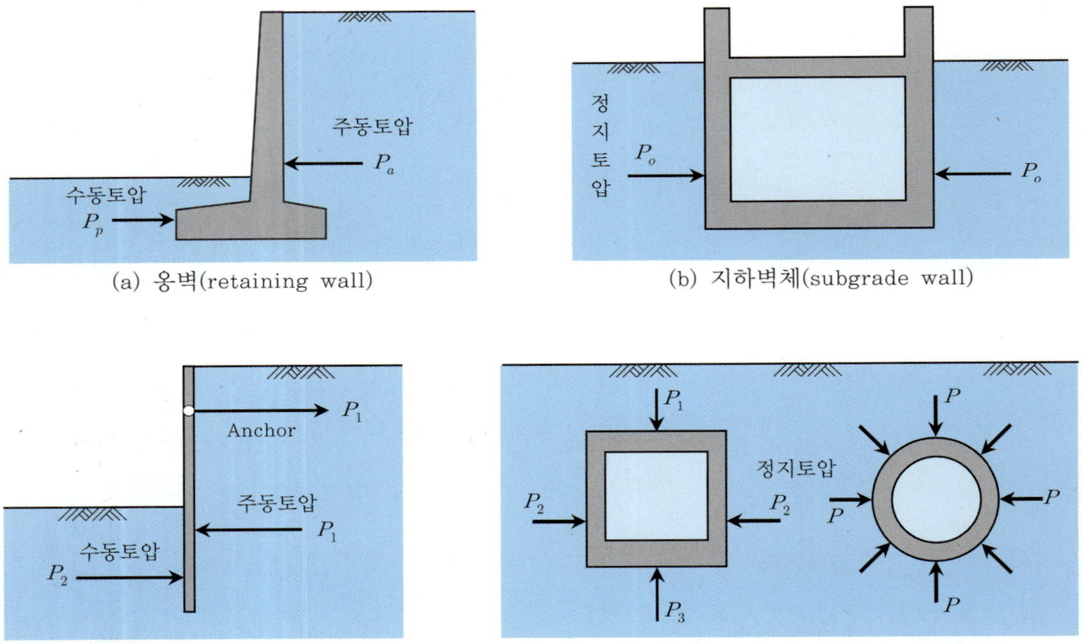

(a) 옹벽(retaining wall) (b) 지하벽체(subgrade wall)

(c) 널말뚝(sheet pile wall) (d) 암거(culvert), 관거(pipeline)

그림 9.2 토압을 받는 구조물

지하수면이 형성되어 있으면 수압을 토압과 함께 고려하여야 하며 수압은 흙막이 구조물의 안전성에 심각한 영향을 미치는 경우가 많다. 물론 횡방향 응력에서도 유효응력 방정식이 성립된다. 토압의 분포는 흙막이 구조물의 변위형태에 따라 다른 것으로 알려져 있다.

옹벽과 같이 앞굽(toe)을 중심으로 밖으로 회전(rotating) 또는 전도(overturning)하려 할 때의 토압은 정수압 또는 정지토압처럼 삼각형 분포를 하게 된다. 반면 버팀대를 설치한 흙막이 가시설(假施設)은 토압분포가 포물선과 비슷한 곡선분포를 하며, 앵커를 설치한 널말뚝은 복잡한 토압분포를 하게 된다.

9.2 정지토압

수평방향 변위가 없는 상태(plain-strain)에서 작용하는 수평방향의 토압을 정지토압(lateral earth pressure at rest)이라고 한다. 그림 9.3과 같이 지표면이 수평이고 균질한 상태에 있을 때 A점에 작용하는 토피하중(자중에 의한 연직응력 σ_v)에 대한 정지토압(수평응력 σ_{ho})의 비를 정지토압계수(coefficient of lateral earth pressure at rest)라 한다.

즉 정지토압계수는

$$K_o = \frac{\sigma_{ho}}{\sigma_v} \tag{9.1}$$

또는

$$\sigma_{ho} = \sigma_v K_o \tag{9.2}$$

A점에 작용하는 연직응력은

$$\sigma_v = \gamma z \tag{9.3}$$

식 (9.3)을 식 (9.2)에 대입하면

$$\sigma_{ho} = \gamma z K_o \tag{9.4}$$

균질한 지반에서는 흙의 단위중량과 정지토압계수는 일정하다고 볼 수 있다. 따라서 정지토압은 깊이에 따라 직선적으로 일정하게 증가하여 토압의 분포는 그림 9.4와 같이 삼각형이 된다.

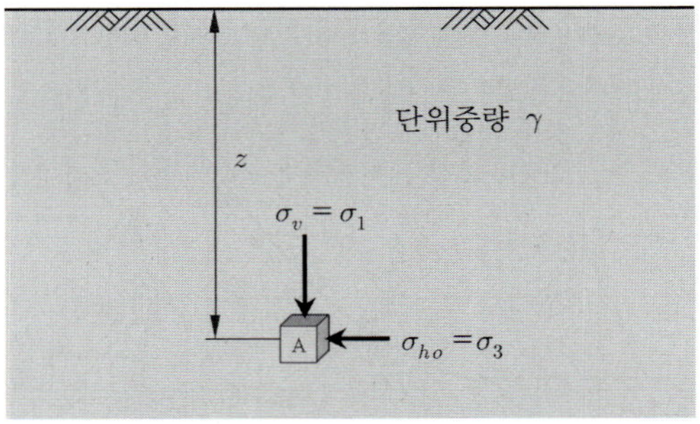

그림 9.3 요소 A에 작용하는 정지토압

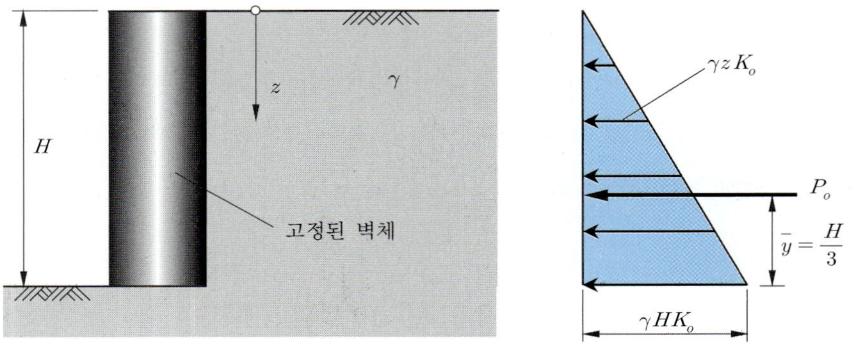

그림 9.4 정지토압의 분포

- 정지토압 : 임의 깊이에서 $\sigma_{ho} = \gamma z K_o$

  지표면($z = 0$)에서 $\sigma_{ho} = 0$

  벽체 저면($z = H$)에서 $\sigma_{ho} = \gamma H K_o$

- 정지토압의 합력 :

$$P_o = \int_0^H \gamma z K_o \, dz = \frac{1}{2}(\gamma H K_o)(H)$$

$$P_o = \frac{1}{2}\gamma H^2 K_o \tag{9.5}$$

힘의 작용방향 : 수평방향(지표면과 평행)

힘의 작용점 위치(벽체 저면에서의 높이) : $\bar{y} = \frac{H}{3}$ (9.6)

지하수면 아래에서 간극수압이 작용하고 있는 경우 정지토압계수 K_0은 연직유효응력에 대한 수평유효응력(정지토압)의 비로 정의된다. 즉

$$K_o = \frac{\sigma_{ho}'}{\sigma_v'} \tag{9.7a}$$

또는

$$\sigma_{ho}' = \sigma_v' K_o \tag{9.7b}$$

여기서, σ_v' : 연직방향 유효응력

σ_{ho}' : 수평방향 유효응력(정지토압)

토압계수는 전응력이 아닌 유효응력의 비로 정의된다는 사실은 중요하다. 연직유효응력은 흙의 자중(토피하중)으로 쉽게 구할 수 있으므로 정지토압계수를 곱하여 수평방향 유효응력을 산정할 수 있다.

유효응력 방정식은 수평방향에도 성립되므로 정지토압에 대해서도

$$\sigma_{ho} = \sigma_{ho}' + u \tag{9.8}$$

여기서, σ_{ho}' : 수평방향 유효응력(유효 정지토압)

σ_{ho} : 수평방향 전응력(전체 정지토압)

식 (9.8)과 같이 전체 정지토압 σ_{ho}는 유효 정지토압 σ_{ho}'에 간극수압을 더해서 구할 수 있다. 간극수압은 연직방향과 수평방향에 상관없이 크기가 같다. 이 경우 정지토압을 구하는 순서는 다음과 같이 한다.

① 연직방향 전응력 $\sigma_v = \gamma z$

② 간극수압 $u = \gamma_w z$

③ 연직방향 유효응력 $\sigma_v' = \sigma_v - u$ 또는, $\sigma_v' = \gamma' z$

④ 수평방향 유효응력 $\sigma_h' = \sigma_v' K_o$

⑤ 수평방향 전응력 $\sigma_{ho} = \sigma_h' + u$

PISA TIP (9.1) 식 (9.2) $\sigma_{ho} = \sigma_v K_o$ 이 성립하지 않는 경우는?

① 간극수압이 작용할 때

② 지표면이 경사져 있을 때

③ 지표면에 상재하중이 작용할 때

➤ 예제 9.1

그림과 같은 지하수면 아래 A점에서 전 정지토압을 구하라. 정지토압계수는 0.5이다.

조건 그림 예제 9.1

요구 σ_{ho}, $K_o = 0.5$

풀이

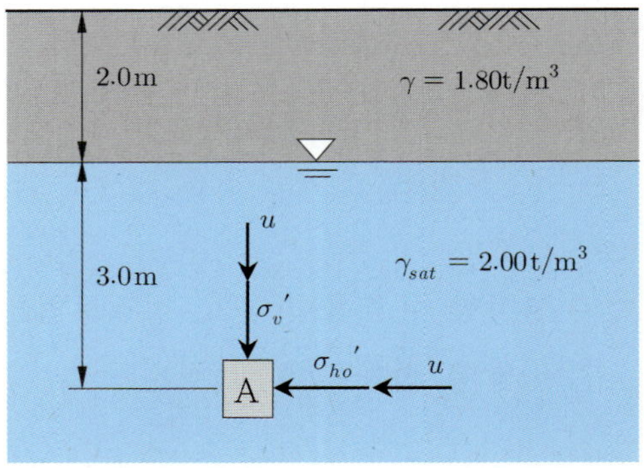

그림 예제 9.1 지하수면 아래에서
정지토압의 계산

① $\sigma_v = (1.8)(2.0) + (2.0)(3.0) = 9.6\,\text{t/m}^2$

② $u = (1.0)(3.0) = 3.0\,\text{t/m}^2$

③ $\overline{\sigma_v} = \sigma_v - u = 9.6 - 3.0 = 6.6\,\text{t/m}^2$

④ $\overline{\sigma_h} = \overline{\sigma_v} \cdot \; K_0 = (6.6)(0.5) = 3.3\,\text{t/m}^2$

⑤ $\sigma_h = \overline{\sigma_h} + u = 3.3 + 3.0 = 6.3\,\text{t/m}^2$

◀

정지토압계수를 이론적으로 산정하는 식은

$$K_o = \frac{\nu}{1-\nu} \tag{9.9}$$

식 (9.9)는 탄성론에 의한 정지토압계수 산정식이다. 그러나 흙의 포와송비 ν의 측정이 어려워 실제로는 널리 사용되고 있지는 못하다. 표 9.1에는 흙의 포와송비의 개략치가 제시되어 있다.

표 9.1 포와송비의 개략치(Hunt, 1986)

흙의 종류	포와송비
점토	0.4~0.5(비배수 상태)
실트	0.3~0.35
가는 모래(중간정도 조밀)	0.25
느슨한 모래	0.2~0.35
조밀한 모래	0.3~0.4
암석	0.25~0.33

정지토압계수와 흙의 내부마찰각 사이에는 다수의 상관관계식이 제안되었다. 가장 잘 알려진 것은 Jaky(1944)가 모래에 대하여 제안한 식이다.

$$K_o = 1 - \sin\phi' \tag{9.10}$$

정규압밀점토(NC)의 경우는

$$K_{o(NC)} = 0.95 - \sin\phi' \tag{9.11}$$

과압밀점토(OC)는 연직응력이 제거된 후에도 과거의 수평응력이 얼마간 잔존하고 있으므로 정지토압계수는 과압밀비(OCR)가 클수록 함께 커진다. 즉

$$K_{o\,(OC)} = K_{o\,(NC)}\sqrt{OCR} \tag{9.12}$$

정지토압계수는 흙의 종류와 응력이력 및 지반의 형성과정에 따라 달라지지만 균질한 지반에서는 깊이에 무관하게 같은 값이 된다.

표 9.2에 정지토압계수의 개략치가 흙의 종류와 상태에 따라 제시되어 있다.

표 9.2 흙의 정지토압계수 개략치 (Hunt, 1986)

흙의 종류	K_o
정규압밀점토	0.4~0.5
수동으로 다져진 점토	1.0~2.0
기계로 다져진 점토	2.0~6.0
과압밀점토	1.0~4.0
느슨한 모래	0.5
조밀한 모래	0.6
다져진 모래	1.0~1.5

➤ 예제 9.2

그림과 같은 높이 5m인 옹벽에 작용하는 정지토압의 분포도를 그리고 합력 및 작용점의 위치를 구하라. 이 흙의 정지토압계수 $K_o = 0.45$이다.

조건 그림 예제 9.2 참조, $K_o = 0.45$

요구 σ_{ho}, P_o, $\bar{y}$

풀이 정지토압계수는 지하수면 위아래가 같다.

- 정지토압의 분포 : $\sigma_{ho} = \sigma_h{}' + u = \sigma_v{}'\,K_o + u = \gamma'\,z\,K_o + u$

  지표면에서 $\sigma_{ho} = 0\,\mathrm{t/m^2}$

지하수면에서 $\sigma_{ho} = \gamma_t z_1 K_o = (1.70)(2.0)(0.45) = 1.53\,\text{t/m}^2$

옹벽저면에서 $\sigma_{ho} = \gamma_t z_1 K_o + (\gamma_{sat} - \gamma_w) z_2 K_o + \gamma_w z_2$

$$= 1.53 + (1.94 - 1.0)(3.0)(0.45) + (1.0)(3.0)$$

$$= 1.53 + 1.27 + 3.00 = 5.80\,\text{t/m}^2$$

정지토압의 분포가 그림 예제 9.2 해답도에 그려져 있다.

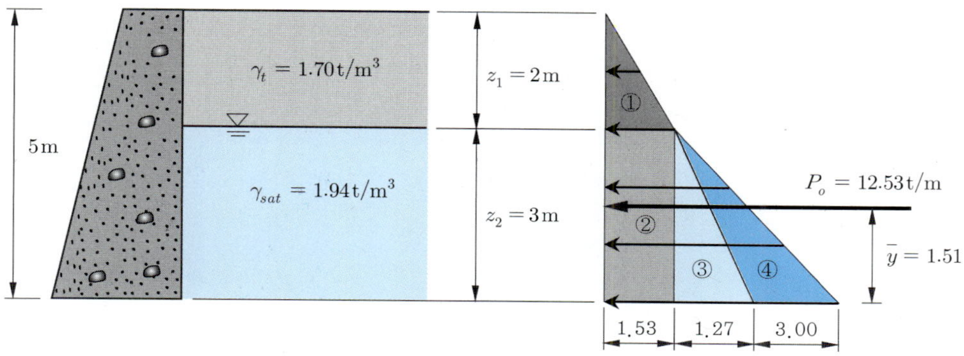

그림 예제 9.2 문제도 및 해답도

- 정지토압의 합력 :

$$P_o = ① + ② + ③ + ④$$
$$= \frac{1}{2}(1.53)(2.0) + (1.53)(3.0) + \frac{1}{2}(1.27)(3.0) + \frac{1}{2}(3.0)(3.0)$$
$$= 1.53 + 4.59 + 1.91 + 4.50 = 12.53\,t/m$$

- 합력의 작용점 : 합력의 모멘트는 분력의 모멘트의 합과 같으므로

$$P_o \cdot \bar{y} = \sum p_o y = ① \times y_1 + ② \times y_2 + ③ \times y_3 + ④ \times y_4$$

$$= (1.53)\left[\frac{1}{3}(2.0) + 3.0\right] + (4.59)\left[\frac{1}{2}(3.0)\right] + (1.91)\left[\frac{1}{3}(3.0)\right] + (4.50)\left[\frac{1}{3}(3.0)\right]$$

$$= 5.61 + 6.89 + 1.91 + 4.50 = 18.91$$

$$\therefore \quad \bar{y} = \frac{\sum p_o y}{P_o} = \frac{18.91}{12.53} = 1.51\,\text{m}$$ ◀

정지토압은 벽체의 가로방향 변위가 허용되지 않거나 일어나지 않을 때의 수평방향 토압이다. 예를 들어 지하실 벽체나 제방 하부의 상자형 암거(box culvert) 등에 작용하는 토압이다. 암거에 작용하는 정지토압의 분포에 대하여 예제 9.3을 통해 설명한다.

➤ 예제 9.3

그림과 같은 암거에 작용하는 정지토압 분포도를 완성하시오. 암거의 상판의 두께는 0.35m이고 측벽의 두께는 0.40m, 저판의 두께는 0.45m이다. 지하수면 위쪽의 흙의 단위중량은 1.80t/m^3, 지하수면 아래쪽 흙의 단위중량은 2.00t/m^{3}이고 콘크리트의 단위중량은 2.50t/m^{3}이다. 흙의 내부마찰각은 30°이다.

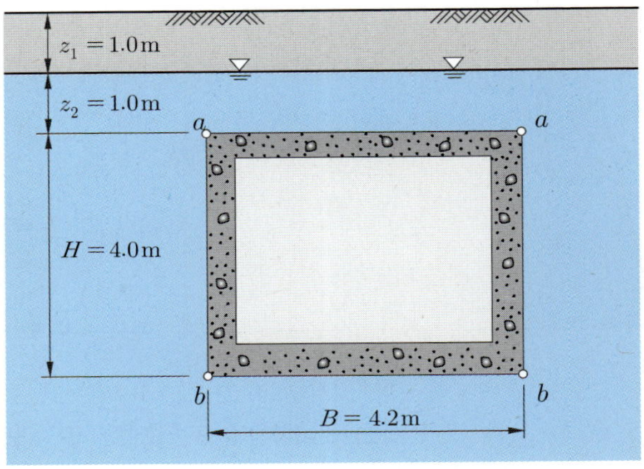

그림 예제 9.3 문제도

조건 그림 예제 9.3 문제도 참조, $\phi = 30°$, $\gamma = 1.80\text{t/m}^3$, $\gamma_{sat} = 2.00\text{t/m}^3$, $\gamma_{conc} = 2.50\text{t/m}^3$

요구 암거에 작용하는 정지토압 분포도

풀이 정지토압계수 : $K_o = 1 - \sin\phi' = 1 - \sin 30° = 0.5$

① $a-a$ 상면에 작용하는 연직응력 : 토피하중을 등분포로 보고

연직 전응력 $\sigma_{v(a)} = \gamma z_1 + \gamma_{sat} z_2 = (1.80)(1.0) + (2.00)(1.0) = 3.80\text{t/m}^2$

간극수압 $u_{(a)} = \gamma_w z_2 = (1.00)(1.0) = 1.00\text{t/m}^2$

연직 유효응력 $\sigma'_{v(a)} = \sigma_{v(a)} - u = 3.80 - 1.00 = 2.80\text{t/m}^2$

② $b-b$ 저면에 작용하는 반력 = $a-a$면의 연직응력 + 암거의 자중에 의한 응력

암거의 자중 $W = \gamma_{conc} V = (2.50)[(4.2)(4.0) - (4.2 - 0.40 \times 2)(4.0 - 0.35 - 0.45)] = 14.80\text{t/m}$

암거의 자중에 의한 연직 전응력 $q_b = \dfrac{W}{B} = \dfrac{14.80}{4.2} = 3.52\text{t/m}^2$

연직 전응력 $\sigma_{v(b)} = \sigma_{v(a)} + q_b = 3.80 + 3.52 = 7.32\text{t/m}^2$

간극수압 $u_{(b)} = \gamma_w (z_2 + H) = (1.0)(1.0 + 4.0)) = 5.00\,\mathrm{t/m^2}$

연직 유효응력 $\sigma'_{v(b)} = \sigma_{v(b)} - u = 7.32 - 5.00 = 2.32\,\mathrm{t/m^2}$

③ $a-b$ 좌측면에 작용하는 정지토압 : $\sigma_{ho} = \sigma'_h + u = \sigma'_v K_o + u$

- a점 : 유효 정지토압 $\sigma'_{ho(a)} = \sigma'_{v(a)} K_o = (2.80)(0.50) = 1.40\,\mathrm{t/m^2}$

  간극수압 $u_{(a)} = \gamma_w z_2 = (1.0)(1.0) = 1.00\,\mathrm{t/m^2}$

  전 정지토압 $\sigma_{ho(a)} = \sigma'_{h(a)} + u_{(a)} = 1.40 + 1.00 = 2.40\,\mathrm{t/m^2}$

- b점 : 유효 연직응력 $\sigma'_{v(b)} = \sigma'_{v(a)} + \gamma' H = (2.80) + (2.00 - 1.00)(4.0) = 6.80\,\mathrm{t/m^2}$

  유효 정지토압 $\sigma'_{h(b)} = \sigma'_{v(b)} K_o = (6.80)(0.50) = 3.40\,\mathrm{t/m^2}$

  간극수압 $u_{(b)} = \gamma_w (z_2 + H) = (1.0)(1.0 + 4.0) = 5.00\,\mathrm{t/m^2}$

  전 정지토압 $\sigma_{ho(b)} = \sigma'_{h(b)} + u_{(b)} = 3.40 + 5.00 = 8.40\,\mathrm{t/m^2}$

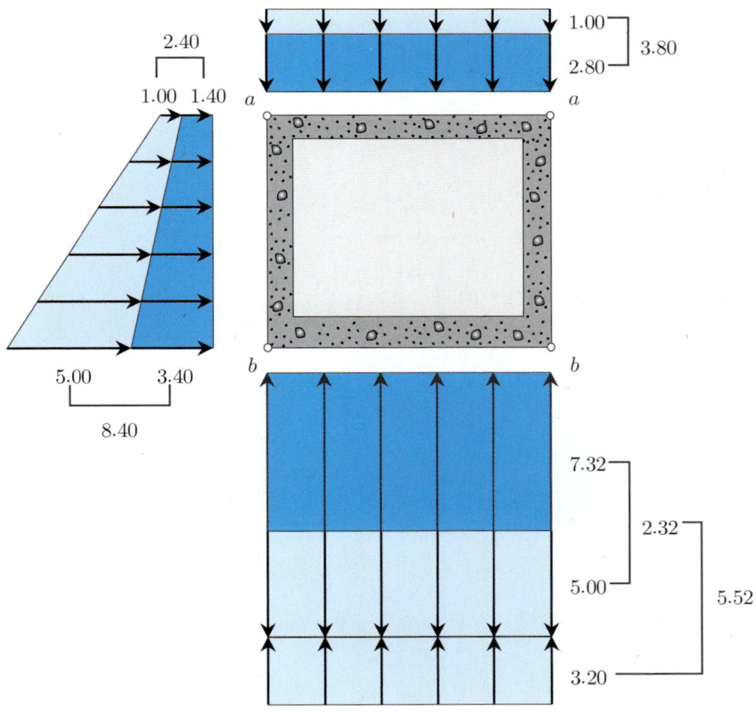

그림 예제 9.3 해답도

그림에서 ▇ 표시는 유효응력, ▭ 표시는 간극수압을 나타낸다.

계산결과를 이용하여 정지토압의 분포도를 그림 예제 9.3 해답도에 제시하였다.

우측면에 작용하는 정지토압은 좌우 대칭이므로 좌측면에 작용하는 정지토압과 같다.

만약 암거 안에 물이 차 있으면 저판에 간극수압이 추가로 작용하게 된다.

$u = \gamma_w (H - 0.35 - 0.45) = (1.0)(3.20) = 3.20\,\mathrm{t/m^2}$ ◀

9.3 벽체변위에 따른 토압의 변화

9.3.1 벽체변위와 토압의 관계

정지토압이 가로방향 수평변위가 없는 경우의 토압인 반면 가로방향 변위가 발생하는 경우에는 주동토압(active earth pressure) 또는 수동토압(passive earth pressure) 상태가 된다.

주동토압과 수동토압의 기본 개념을 설명하기 위하여 그림 9.5와 같이 강성이 큰 벽체가 지표면이 수평이고 균질한 비점착성($c = 0$) 지반에 설치된 경우를 나타내었다.

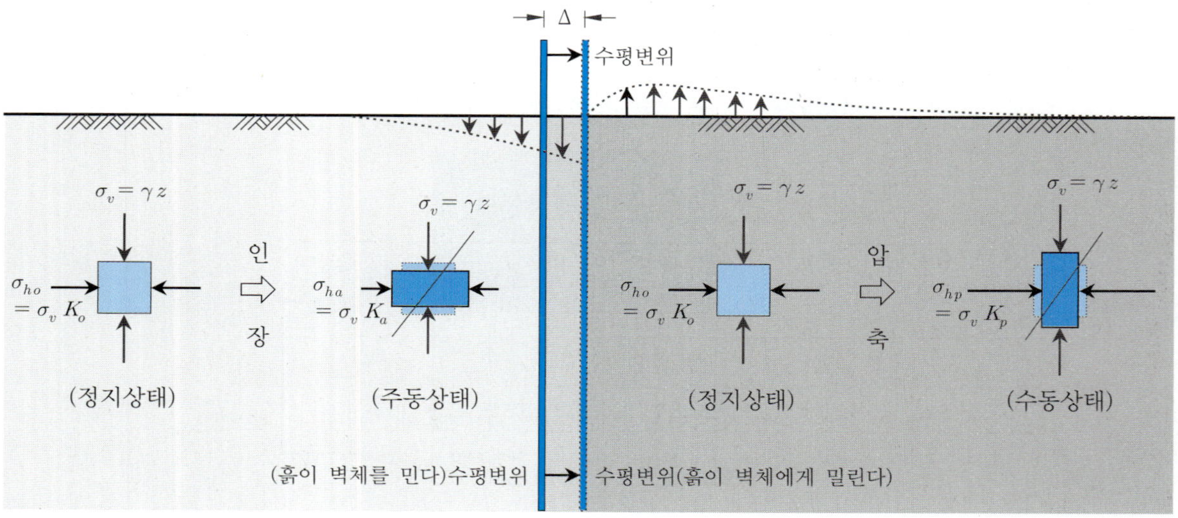

그림 9.5 벽체 변위에 따른 토압상태의 변화

수평변형이 없는 상태에서 지반은 정지토압 상태에 있으며 벽체의 좌우에 정사각형 요소를 각각 설정하고 작용하는 응력을 표시하였다. 벽체가 오른쪽으로 이동하면 왼쪽 요소에서는 수평방향으로 인장이 발생하고, 오른쪽 요소에서는 수평방향으로 압축이 발생할 때 이 요소에 작용하는 응력과 형상의 변화를 살펴보자.

정지토압 상태에 있던 벽체가 수평방향 변위가 발생하면 주동토압 또는 수동토압 상태로 바뀌게 된다. 변위의 방향이 흙이 벽체를 밀어내는 방향(그림 9.5에서 오른쪽 방향, 왼쪽에 표시된 상태)이면 주동상태가 되고, 흙이 벽체로부터 밀리는 방향(그림 9.5에서 왼쪽 방향, 오른쪽에 표시된 상태)이면 수동상태가 된다.

그림 9.6에 변위-토압 관계가 있다. 변위가 없는 정지토압 상태에서의 정지토압은 σ_{ho} 이다. 그림 9.6(b)에 있는 것처럼 벽체 변위가 전면 쪽으로 발생할 때는 인장에 의해 토압이 감소해 나가다가 더 이상 감소하지 않고 일정한 상태$\left(\frac{\Delta L_a}{H}\right)$가 되면 소성상태 즉 파괴에 이르게 되는데 이때의 토압이 주동토압 σ_{ha} 가 된다. 이때 토압의 크기는 $\sigma_{ha} < \sigma_{ho}$, 즉 $\sigma_v K_a < \sigma_v K_o$이므로 토압계수의 크기 역시 $K_a < K_o$ 가 된다. 또한 벽체 변위가 배면 쪽으로 발생할 때는 압축에 의해 토압이 증가해 나가다가 더 이상 증가하지 않고 일정한 상태$\left(\frac{\Delta L_p}{H}\right)$가 되면 소성상태 즉 파괴에 이르게 되는데 이때의 토압이 수동토압 σ_{hp} 가 된다. 이때 토압의 크기는 $\sigma_{hp} > \sigma_{ho}$ 즉 $\sigma_v K_p > \sigma_v K_o$이므로 토압계수의 크기 역시 $K_p > K_o$가 된다.

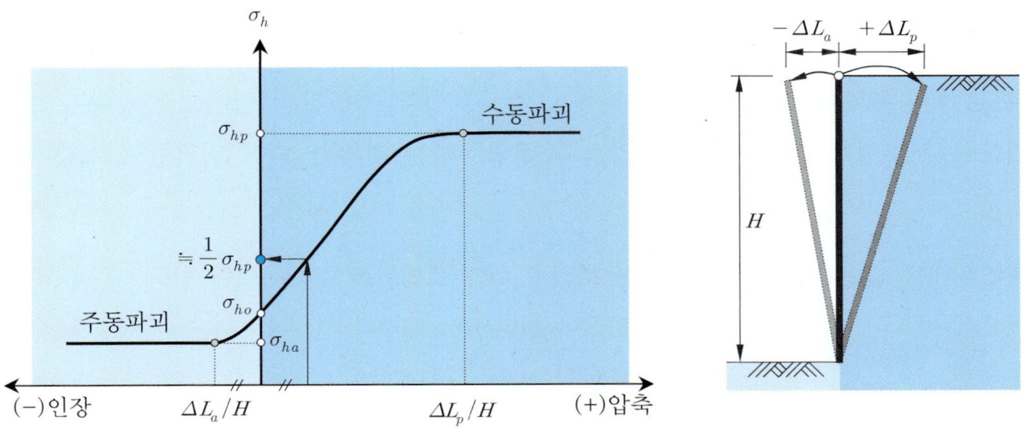

(a) 토압의 변화 (b) 벽체의 변위

그림 9.6 수평변위에 따른 토압의 변화

수평토압이 정지토압에서 주동토압 또는 수동토압으로 변하기 위해서는 반드시 수평방향 변위가 일어나야 한다. 실제로 옹벽이 전면쪽으로 회전(전도)한다고 할 때 발생하는 벽체의 변위는 옹벽이 강성벽체라는 점에서 그림 9.7과 같이 주동상태와 수동상태의 변형률이 동일하다. 그런데 그림 9.6(a)를 보면 옹벽이 toe를 중심으로 회전할 때 수동토압에 도달하는데 소요되는 수평변형률 $\frac{\Delta L_p}{H}$가 주동토압 소요변형률 $\frac{\Delta L_a}{H}$보다 훨씬 크다는 것을 알 수 있다.

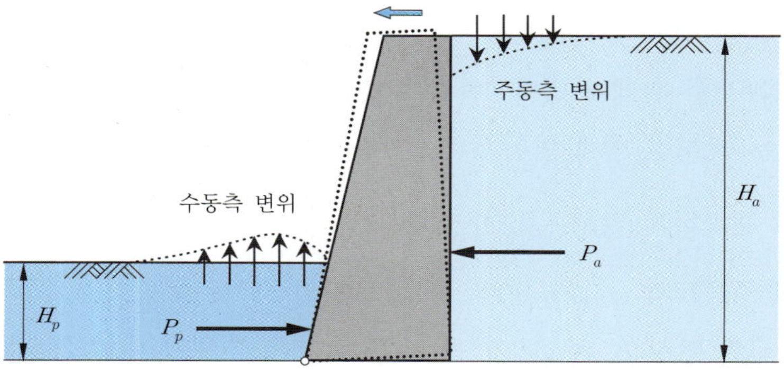

그림 9.7 옹벽의 주동측 및 수동측 변위

강성벽체인 옹벽에서 변위가 발생할 때 주동과 수동의 변형률이 동일하다고 보면 $\frac{\Delta L_p}{H} = \frac{\Delta L_a}{H}$가 되어야 하며 그림에서처럼 이때의 수동토압은 약 $\frac{1}{2}\sigma_{hp}$밖에 되지 않는다. 그림 9.7에서 주동토압은 옹벽을 파괴시키려는 힘이고 수동토압은 저항하는 힘이므로 수동토압에 저감률 2.0 정도를 사용하지 않으면 수동토압을 과대평가하는 결과가 되어 위험한 설계를 하게 된다.

PISA TIP (9.2) 교대에 작용하는 토압은 어떤 토압으로 설계하여야 하나?

- 정지토압으로 설계하여야 한다.
- 그 이유는 교대는 배면의 토압을 부담하는 옹벽과 같은 형태의 구조물이면서 동시에 교량의 상부구조를 지지하는 구조물이기 때문에 수평변위를 허용할 수 없다. 만약 주동토압으로 설계하면 교대 상단에서 수평변위를 허용하게 되고 교량은 구조적으로 불안정해지기 때문이다.

표 9.3에 정지토압상태에서 주동토압 및 수동토압상태에 도달하는데 소요되는 회전변위각이 제시되어 있다.(그림 9.6(b) 참조)

흙의 종류와 상태에 무관하게 수동토압에 이르기 위해서는 주동토압의 경우보다 훨씬 더 큰 회전 각변위가 소요된다. 주동상태에 도달하기 위해서는 조밀한 모래는 작은 변위(회전각)로 충분한데 비해 느슨한 모래는 상대적으로 대단히 큰 변위(회전각)가 필요하다. 일반적으로 모래는 점토보다 더 작은 수평변위에서도 주동상태가 된다. 과압밀 점토는 정규압밀점토보다 주동상태에 이르는데 소요되는 변위가 상대적으로 더 작다.

표 9.3 정지토압에서 주동토압 및 수동토압이 되는데 소요되는 회전 각변위

흙의 종류	주동(active) 회전변위 $-\frac{\Delta L_a}{H}$	수동(passive) 회전변위 $+\frac{\Delta L_p}{H}$
조밀한 사질토(dense sand)	0.001	0.02
느슨한 사질토(loose sand)	0.004	0.06
굳은 점토(stiff clay)	0.010	0.02
연약한 점토(soft clay)	0.020	0.04

9.3.2 Mohr 응력원 상의 토압변화

정지상태와 주동 및 수동상태에 대한 Mohr 응력원과 파괴포락선의 관계가 그림 9.8에 있다.

그림 9.8(a)는 정지토압 상태이다. 응력원이 파괴포락선의 아래쪽에 있어 전단응력이 언제나 전단강도보다 작으므로 안전한 상태에 있음을 알 수 있다. 그림 9.8(b)와 같이 정지상태에 있던 토압이 주동상태가 되려면 수평응력이 감소하여 응력원이 파괴포락선과 접하여야 한다. 즉 $\sigma_h = \sigma_{h0}$에서 $\sigma_h = \sigma_{ha}$로 감소하여야 하고 이때 토압의 크기는 $\sigma_{ha} < \sigma_{ho}$가 된다. 물론 점선과 같이 연직응력이 증가하여도 주동파괴에 이를 수 있다.

그림 9.8(c)와 같이 정지상태에 있던 토압이 수동상태가 되려면 수평응력이 증가하여 응력원이 파괴포락선과 접하여야 한다. $\sigma_h = \sigma_{ho}$에서 σ_v를 지나 $\sigma_h = \sigma_{hp}$로 증가하여야 하고 이때 토압의 크기는 $\sigma_{hp} > \sigma_{ho}$가 된다. 이때 점선과 같이 수평응력이 감소하여도 파괴에 이를 수 있다. 이러한 사실은 전술한 벽체의 변형률-토압의 관계에서 얻어진 결과와도 일치한다.

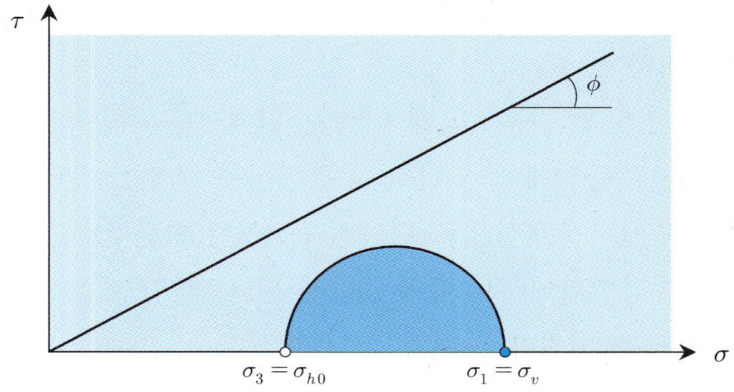

(a) 정지토압 상태의 Mohr 응력원

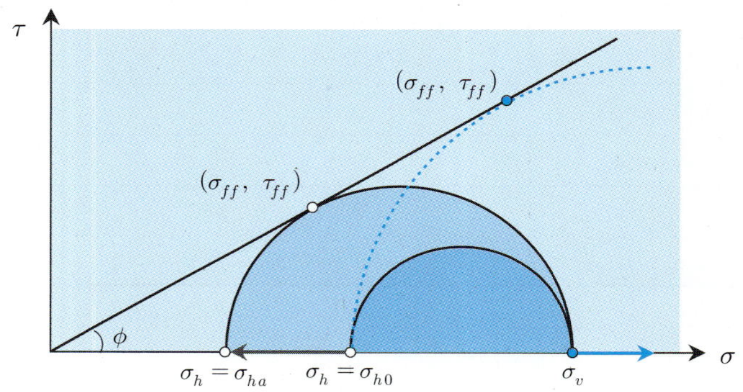

(b) 정지상태에서 주동상태로의 변화

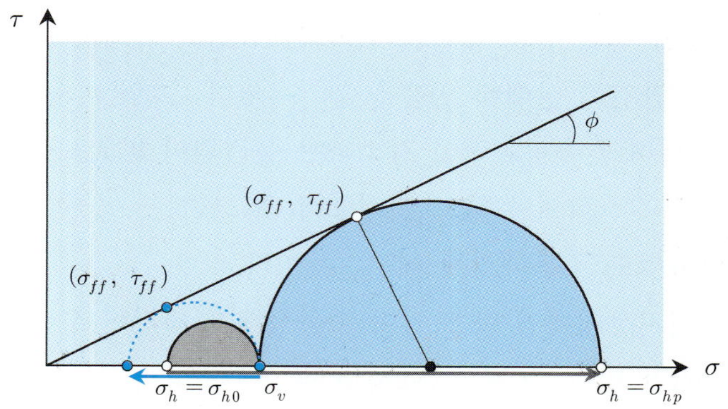

(c) 정지상태에서 수동상태로의 변화

그림 9.8 수평변위로 인한 토압 상태의 변화

즉 토압에 의한 파괴는 다음과 같이 정리할 수 있다.

- 주동파괴 $\sigma_{1f} = \sigma_v$, $\sigma_{3f} = \sigma_{ha}$
  ① 수평응력이 감소하여 파괴상태에 도달 : $\sigma_{ho} \rightarrow \sigma_{ha}$
  ② 연직응력이 증가하여 파괴상태에 도달 : $\sigma_v \rightarrow \sigma_{ha}$
  ③ 수평응력이 감소하고, 동시에 연직응력이 증가하여 파괴상태에 도달
- 수동파괴 $\sigma_{1f} = \sigma_{hp}$, $\sigma_{3f} = \sigma_v$
  ① 수평응력이 증가하여 파괴상태에 도달 : $\sigma_{ho} \rightarrow \sigma_{hp}$
  ② 연직응력이 감소하여 파괴상태에 도달 : $\sigma_v \rightarrow \sigma_{hp}$
  ③ 수평응력이 증가하고, 동시에 연직응력이 감소하여 파괴상태에 도달

정지상태와 주동 및 수동상태에 대한 연직응력, 수평응력(토압) 및 변위에 따른 토압의 크기와 Mohr 응력원의 변화에 대하여 전술한 내용을 토대로 정리한 비교표가 표 9.4에 제시되어 있다. 표 9.4를 잘 살펴보면 정지상태를 중심으로 주동상태와 수동상태로 변화하는 것에 대한 토압의 본질을 이해할 수 있고 각 토압의 특성을 비교해 볼 수 있다.

표 9.4 벽체 변위에 따른 토압의 상태변화 비교

	주동 상태 ←	정지 상태	→ 수동 상태
연직응력	$\sigma_v = \sigma_1 = \gamma z$	$\sigma_v = \sigma_1 = \gamma z$	$\sigma_v = \sigma_1 = \gamma z$
수평응력(토압)	$\sigma_{ha} = \sigma_{3f} = \sigma_v K_a$	$\sigma_{ho} = \sigma_3 = \sigma_v K_o$	$\sigma_{hp} = \sigma_{3f} = \sigma_v K_p$
요소의 형상	인장 ←	■	→ 압축
변위-토압 관계	$-\frac{\Delta L_a}{H} \rightarrow \sigma_{ha}$	$\frac{\Delta L_o}{H} = 0 \rightarrow \sigma_{ho}$	$+\frac{\Delta L_p}{H} \rightarrow \sigma_{hp}$
Mohr 응력원	그림 9.8(b)	그림 9.8(a)	그림 9.8(c)

9.4 Rankine 토압이론

Rankine 토압이론은 현재 Coulomb 토압이론과 함께 실용적이라는 이유로 옹벽의 설계과정에서 가장 널리 사용되고 있는 토압이론이다.

Rankine 토압이론은 지표면이 반무한 수평이고 균질한 지반에서 흙과 옹벽의 벽면 사이에 마찰이 없는 연직벽면에 작용하는 토압이론으로 개발되었다가 경사진 지표면과 경사진 옹벽 배면에도 적용할 수 있도록 확장되었다. Rankine 토압이론의 중요한 특징은 흙과 옹벽 배면 사이의 마찰각 즉 벽면마찰각을 0이라고 가정하고 있다는 점이다. 이러한 가정은 토압의 크기와 작용방향 및 파괴면의 형상을 단순하게 한다는 이점이 있다.

그림 9.9와 같은 지표면이 수평이고 옹벽의 배면이 연직인 경우 지표면 아래 깊이 z되는 곳에 있는 미소요소에서 연직응력 σ_v는 최대주응력, 수평응력 σ_h는 최소주응력이 된다. 즉

- 주동 파괴상태 : $\sigma_{1f} = \sigma_v = \gamma z$, $\sigma_{3f} = \sigma_{ha}$
- 수동 파괴상태 : $\sigma_{1f} = \sigma_{hp}$, $\sigma_{3f} = \sigma_v = \gamma z$
- 파괴면과 최대 주응력면이 이루는 각 $\theta_f = 45° + \dfrac{\phi}{2}$

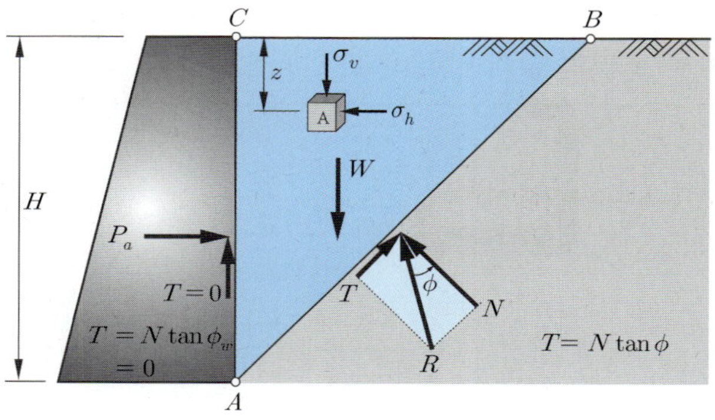

그림 9.9 옹벽에 작용하는 토압

Rankine 토압이론은 이 요소들을 분체(粉體)라고 생각한다. 파괴상태의 Mohr 응력원은 파괴포락선에 접하고 강도정수 c, ϕ는 알고 있는 값이므로 σ_{ha}, σ_{hp}를 구할 수 있다.

토압계수의 정의에 따라

$$K = \frac{\sigma_{3f}}{\sigma_{1f}} = \frac{\sigma_h}{\sigma_v} = \frac{\sigma_h}{\gamma z}$$

즉 주동토압은

$$\sigma_{ha} = \gamma z K_a \tag{9.13}$$

또한 수동토압은

$$\sigma_{hp} = \gamma z K_p \tag{9.14}$$

지하수면 아래와 같이 간극수압이 있는 경우는 주동토압과 수동토압에도 유효응력방정식은 성립하므로 주동토압과 수동토압은

$$\sigma_{ha} = \sigma_v{}' K_a + u = \gamma' z K_a + \gamma_w z \tag{9.15}$$

$$\sigma_{hp} = \sigma_v{}' K_p + u = \gamma' z K_p + \gamma_w z \tag{9.16}$$

9.4.1 사질토의 Rankine 토압

점착력이 없는 흙($\phi-$soil), 즉 사질토는 그림 9.10과 같이 파괴포락선이 $\sigma-\tau$ 평면에서 절편이 없어($c=0$) 원점을 지나고 경사각이 ϕ가 된다. 주동토압 상태는 소성평형 상태이므로 Mohr 응력원과 파괴포락선($\tau_{ff} = \sigma_{ff} \tan\phi$)의 접점(파괴점, F)이 존재한다.

1) 주동토압

주동상태에서는 연직응력이 최대주응력이 되고($\sigma_{1f} = \sigma_v$) 수평응력이 최소주응력이 된다($\sigma_{3f} = \sigma_{ha}$). 그림 9.10에서 보는 바와 같이 원의 중심과 접점(F)을 연결한 선($\overline{CF}$)은 접선(파괴포락선)의 수선이 되고 $\triangle OCF$는 직각삼각형이다. $\overline{OC} = 1$로 놓으면 $\overline{CF} = \sin\phi$가 되고, $\overline{CF}$는 응력원의 반경이므로 $\overline{CF} = \overline{AC} = \overline{CB} = \sin\phi$가 된다.

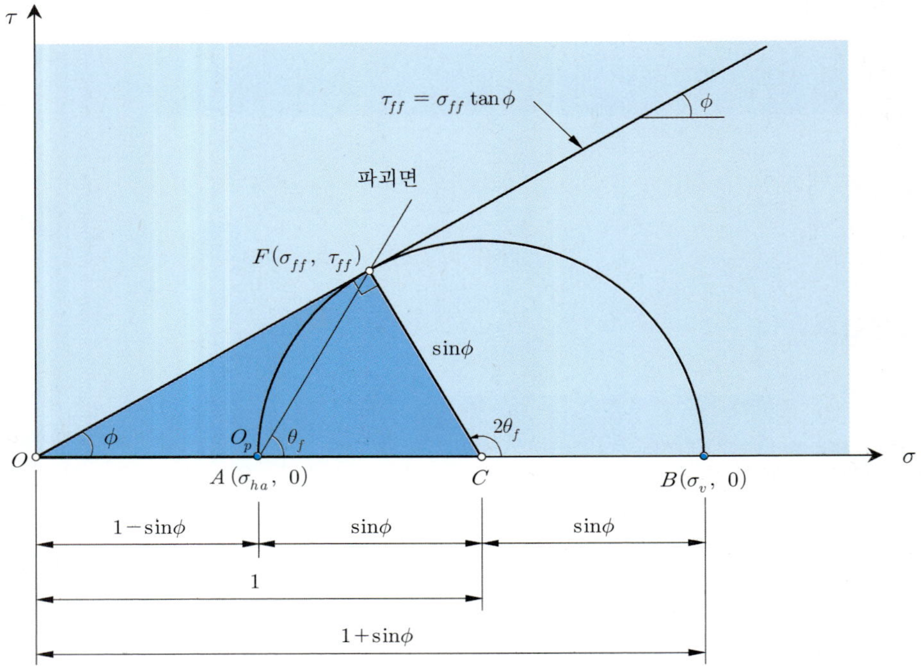

그림 9.10 주동상태에서 사질토의 Mohr 응력원과 파괴포락선

주동토압계수 K_a

주동 상태에서 토압계수는 연직응력에 대한 수평응력의 비(比)이므로

$$K_a = \frac{\sigma_{ha}}{\sigma_v} = \frac{\overline{OA}}{\overline{OB}} = \frac{\overline{OC} - \overline{AC}}{\overline{OC} + \overline{CB}} \tag{9.17}$$

따라서 주동토압계수(coefficient of active earth pressure)는

$$K_a = \frac{1-\sin\phi}{1+\sin\phi} = \tan^2\left(45^\circ - \frac{\phi}{2}\right) \tag{9.18}$$

여기서, K_a : Rankine의 주동토압계수
ϕ : 흙의 내부마찰각(°)

식 (9.18)을 보면 Rankine의 주동토압계수는 흙의 내부마찰각에 의해서만 결정된다.

대표적인 흙의 내부마찰각에 대하여 주동토압계수를 계산해 보면

$\phi = 0°$일 때, $K_a = 1$(마찰저항이 없는 경우, 예 : 물)

$\phi = 20°$일 때, $K_a = 0.490$

$\phi = 30°$일 때, $K_a = 0.333$

$\phi = 35°$일 때, $K_a = 0.271$

즉 내부마찰각이 커질수록 주동토압계수는 작아짐을 알 수 있다.

주동토압 σ_{ha}

식 (9.18)로부터 주동토압은

$$\sigma_{ha} = \sigma_v K_a = \gamma z K_a = \gamma z \tan^2\left(45° - \frac{\phi}{2}\right) \tag{9.19}$$

식 (9.19)를 보면 균질한 지반에서 주동토압은 깊이 z에 비례하여 직선적으로 증가하고 삼각형 분포를 한다.

지하수면 아래 간극수압이 작용할 때 토압계수는 유효응력의 비(比)이므로 주동토압계수는

$$K_a = \frac{\sigma_{ha}'}{\sigma_v'} \tag{9.20}$$

유효응력 방정식에 의해 주동토압은

$$\sigma_{ha} = \sigma_{ha}' + u = \sigma_v' K_a + u \tag{9.21}$$

위 식에서 보는 것처럼 간극수압이 작용할 때의 주동토압은 유효주동토압에 간극수압을 더한 값이다.

이 때 간극수압에는 토압계수를 곱하지 않는 점을 특별히 주의하여야 한다. 물의 경우는 파스칼의 원리에 의해 연직방향과 수평방향의 응력의 크기가 같아서 토압계수의 개념을 적용할 필요가 없다. 또한 물을 마찰이 없는 흙($\phi = 0$)으로 본다 하더라도 결국 토압계수는 $K_a = \tan^2\left(45° - \frac{\phi}{2}\right) = \tan^2\left(45° - \frac{0}{2}\right) = 1$이 되기 때문이다.

PISA TIP (9.3) 파스칼의 원리란 무엇인가?

- 유체와 접촉하고 있는 어떤 방향으로도 수직방향 압력의 크기는 같다.
- 정적 평형을 이루고 있는 유체의 한 지점에 힘이 작용되면 이 힘은 유체의 모든 부분으로 전달된다. 이 때 유체내의 압력은 모든 점에서 방향을 어떻게 잡더라도 항상 동일하다. 이 사실은 17세기에 파스칼이 처음 발견한 것으로 파스칼의 원리로 알려져 있다.

주동파괴면 θ_f

그림 9.10과 같이 주동상태에서 최대주응력은 연직응력이고 최소주응력은 수평응력이다. 극점(O_p)을 결정해 보면 B점에서 최대주응력면 즉 수평면과 평행선을 그어 응력원과 만나는 점을 찾으면 되는데 최소주응력을 나타내는 A점이 극점이 된다. 극점 O_p에서 파괴점 F와 연결하는 방향이 파괴면의 방향이 되고 $\angle FAC$가 주동파괴면과 최대주응력면(수평면)이 이루는 각(θ_f)이다.

그림 9.10에 있는 것처럼 $\angle FAC = \theta_f$ 이고 $\triangle ACF$로부터 $\angle FCB = 2\theta_f$ 이다. 또한 $\triangle OCF$로부터 $\angle FCB = 90^\circ + \phi$이므로 $\triangle FCB = 2\theta_f = 90^\circ + \phi$가 된다. 따라서

$$\theta_f = 45^\circ + \frac{\phi}{2} \tag{9.22}$$

옹벽에 작용하는 주동토압 P_a

지금까지 구한 주동토압계수, 주동토압, 주동 파괴면의 경사각을 이용하여 옹벽 배면에 작용하는 토압의 분포가 그림 9.11에 제시되어 있다.

- 주동토압의 분포

  깊이 z에서 $\sigma_{ha} = \gamma z K_a$

  지표면에서 $z = 0$, $\sigma_{ha} = 0$

  옹벽 저면에서 $z = H$, $\sigma_{ha} = \gamma H K_a$

  따라서 주동토압의 분포는 그림 9.11과 같이 삼각형 분포를 한다.

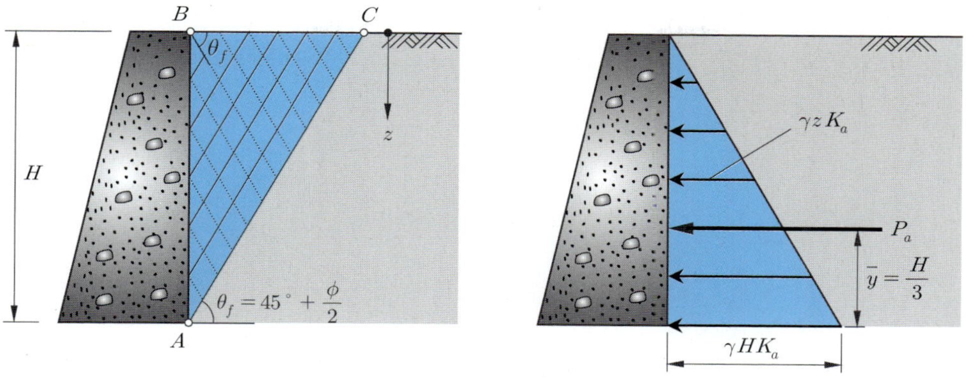

그림 9.11 옹벽에 작용하는 주동파괴면과 주동토압 분포도

- 주동토압의 합력

$$P_a = \int_0^H \gamma\, z\, K_a \quad (\text{또는}) = \frac{1}{2}(\gamma\, H\, K_a)(H)$$

$$P_a = \frac{1}{2}\,\gamma\, H^2\, K_a = \frac{1}{2}\,\gamma\, H^2 \tan^2\!\left(45° - \frac{\phi}{2}\right) \tag{9.23}$$

방향 : 지표면과 평행한 방향(수평방향)

작용점 : $\bar{y} = \dfrac{H}{3}$

- 주동파괴면이 최대주응력면(수평면)과 이루는 각

$$\theta_f = \pm\left(45° + \frac{\phi}{2}\right) \tag{9.24}$$

여기서, $\theta_f = +\left(45° + \dfrac{\phi}{2}\right)$는 시계 반대방향(그림에서 실선)

$\theta_f = -\left(45° + \dfrac{\phi}{2}\right)$는 시계방향(점선)

2) 수동토압

수동상태에서는 수평응력이 최대주응력이 되고($\sigma_{1f} = \sigma_{hp}$) 연직응력이 최소주응력이 된다($\sigma_{3f} = \sigma_v$). 그림 9.12에서 보는 바와 같이 원의 중심과 접점(F)을 연결한 선($\overline{CF}$)은 접선(파

괴포락선)의 수선이 되고 $\triangle OCF$는 직각삼각형이다. $\overline{OC}=1$로 놓으면 $\overline{CF}=\sin\phi$가 되고, $\overline{CF}$는 응력원의 반경이므로 $\overline{CF}=\overline{AC}=\overline{CB}=\sin\phi$가 된다.

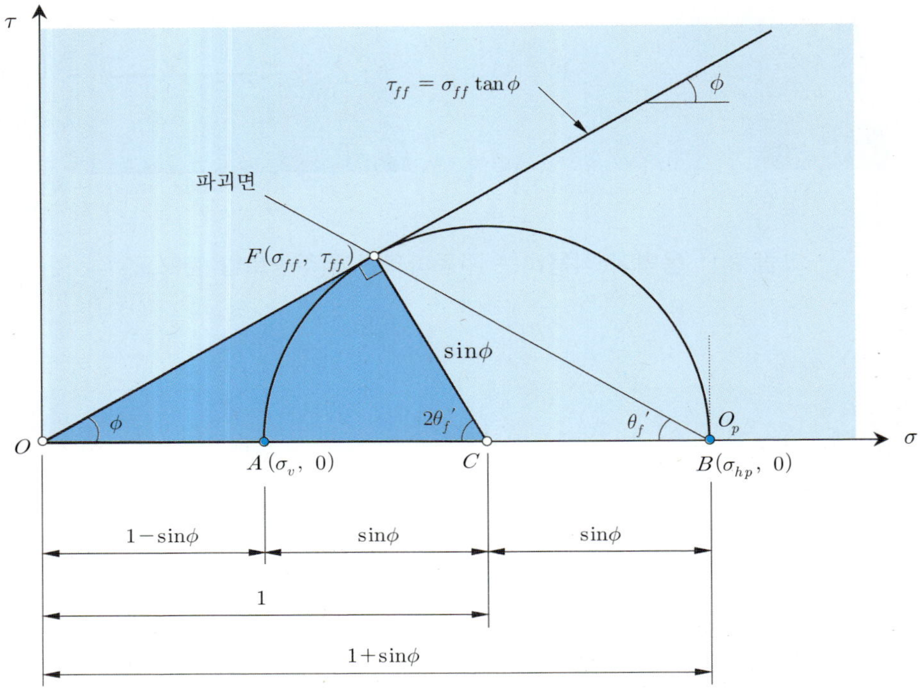

그림 9.12 수동상태에서 사질토의 Mohr 응력원과 파괴포락선

수동토압계수 K_p

수동 상태에서 토압계수는 연직응력에 대한 수평응력의 비(比)이므로

$$K_p=\frac{\sigma_{hp}}{\sigma_v}=\frac{\overline{OB}}{\overline{OA}}=\frac{\overline{OC}+\overline{CB}}{\overline{OC}-\overline{AC}} \tag{9.25}$$

따라서 수동토압계수(coefficient of passive earth pressure)는

$$K_p=\frac{1+\sin\phi}{1-\sin\phi}=\tan^2\left(45^\circ+\frac{\phi}{2}\right) \tag{9.26}$$

여기서, K_p : Rankine의 수동토압계수

ϕ : 흙의 내부마찰각(^{o})

식 (9.26)을 보면 Rankine의 수동토압계수는 흙의 내부다찰각에 의해서만 결정된다. 대표적인 흙의 내부마찰각에 대하여 수동토압계수를 계산해 보면

$\phi = 0^o$일 때, $K_p = 1$(이 때는 $K_a = K_p = 1$이 된다.)

$\phi = 20^o$일 때, $K_p = 2.040$

$\phi = 30^o$일 때, $K_p = 3.000$

$\phi = 35^o$일 때, $K_p = 3.690$

즉 내부마찰각이 커질수록 수동토압계수도 커짐을 알 수 있다.

Rankine의 주동토압계수 K_a와 수동토압계수 K_p는

$$K_a = \frac{1-\sin\phi}{1+\sin\phi} = \tan^2\left(45^\circ - \frac{\phi}{2}\right)$$

$$K_p = \frac{1+\sin\phi}{1-\sin\phi} = \tan^2\left(45^\circ + \frac{\phi}{2}\right)$$

$$K_a \times K_p = \frac{1-\sin\phi}{1+\sin\phi} \times \frac{1+\sin\phi}{1-\sin\phi} = 1 \tag{9.27}$$

즉, 주동토압계수와 수동토압계수는 서로 역수 관계에 있음을 알 수 있다.

수동토압 σ_{hp}

식 (9.25)로부터 수동토압은

$$\sigma_{hp} = \sigma_v K_p = \gamma z K_p = \gamma z \tan^2\left(45^\circ + \frac{\phi}{2}\right) \tag{9.28}$$

식 (9.28)을 보면 균질한 지반에서 수동토압은 깊이 z에 비례하여 직선적으로 증가하고 삼각형 분포를 한다.

수동 파괴면 θ_f'

그림 9.12와 같은 수동상태에서 최대주응력은 수평응력이고 최소주응력은 연직응력이다. 극점(O_p)을 결정해 보면 B점에서 최대주응력면 즉 연직선과 평행선을 그어 응력원과 만나는 점을 찾으면 되는데 최대주응력을 나타내는 B점 자신이 극점이 된다. 극점(O_p, B점)에서 파괴점 F와 연결하는 방향이 파괴면의 방향이 되고 곧 $\angle FBC$가 수동파괴면의 경사각(파괴면과 수평면이 이루는 각, θ_f')이다. $\angle FBC = \theta_f'$이고 $\triangle FBC$로부터 $\angle FCA = 2\theta_f'$이다. 또한 $\triangle OCF$로부터 $\angle FCA = 90^\circ - \phi$이므로 $\angle FCA = 2\theta_f' = 90^\circ - \phi$가 된다. 따라서

$$\theta_f' = 45^\circ - \frac{\phi}{2} \tag{9.29}$$

위식은 수동파괴면과 수평면이 이루는 각이고, 수동파괴면과 최대주응력면(연직면)이 이루는 각 $\angle FAC$는 주동파괴면과 마찬가지로 $\theta_f = 45^\circ + \dfrac{\phi}{2}$ 이다.

옹벽에 작용하는 수동토압 P_p

지금까지 구한 수동토압계수, 수동토압, 수동파괴면의 경사각을 이용하여 결정한 옹벽 배면에 작용하는 토압의 분포가 그림 9.13에 제시되어 있다.

- 수동토압의 분포

  깊이 z에서 $\sigma_{hp} = \gamma z K_p$ 　　지표면에서 $z = 0$, $\sigma_{hp} = 0$

  옹벽 저면에서 $z = H$, $\sigma_{hp} = \gamma H K_p$

  따라서 수동토압의 분포는 그림 9.13과 같이 삼각형 분포를 한다.

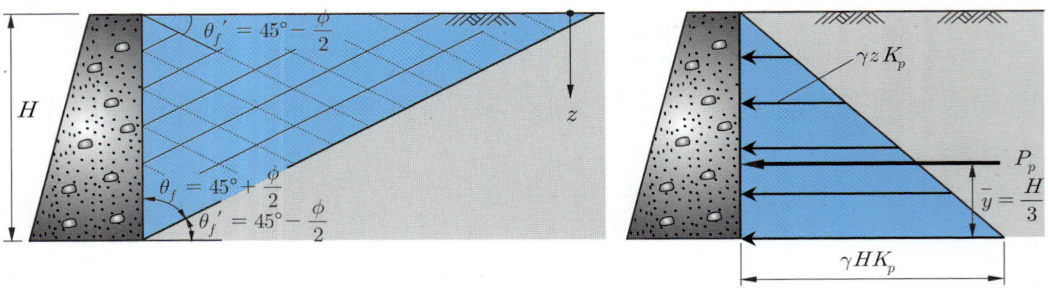

그림 9.13 옹벽에 작용하는 수동파괴면과 수동토압 분포도

• 수동토압의 합력

$$P_p = \int_0^H \gamma\, z\, K_p \quad (\text{또는}) = \frac{1}{2}(\gamma\, H\, K_p)(H)$$

$$P_p = \frac{1}{2}\,\gamma\, H^2\, K_p = \frac{1}{2}\,\gamma\, H^2 \tan^2\left(45° + \frac{\phi}{2}\right) \tag{9.30}$$

방향 : 지표면과 평행한 방향(수평방향)

작용점 : $\bar{y} = \dfrac{H}{3}$

• 수동파괴면과 수평면이 이루는 각

$$\theta_f{}' = \mp\left(45° - \frac{\phi}{2}\right) \tag{9.31}$$

여기서, $\theta_f = +\left(45° - \dfrac{\phi}{2}\right)$는 시계 반대방향(그림에서 실선)

$\theta_f{}' = -\left(45° - \dfrac{\phi}{2}\right)$는 시계방향(점선)

• 수동파괴면이 최대주응력면(연직면)과 이루는 각

$$\theta_f = \pm\left(45° + \frac{\phi}{2}\right) \tag{9.32}$$

이 값은 주동파괴면이 최대주응력면과 이루는 각과 같다.

그림 9.13에 보이는 수동파괴 영역은 주동파괴 영역에 비해 매우 크다는 것을 알 수 있다. 수동파괴면이 최대 주응력과 이루는 각이 주동파괴의 경우보다 상대적으로 작기 때문이다.

흙이 옹벽을 밀어내는 주동파괴에 작용하는 흙쐐기는 작고, 흙이 옹벽에게 밀리는 수동파괴에 작용하는 흙쐐기는 크다는 것이다. 따라서 옹벽에 배면에 작용하는 힘(주동토압)보다 옹벽이 전면에서 저항하는 힘(수동토압)이 커서 옹벽이 안전하게 유지될 수 있다는 원리가 성립하게 된다.

주동토압과 수동토압에 대해서 살펴본 바를 요약 정리한 결과가 표 9.5에 있다.

표 9.5 주동토압과 수동토압의 비교

		주동토압(active earth pressure)	수동토압(passive earth pressure)
토압(t/m^2)		$\sigma_{ha} = \gamma z K_a$	$\sigma_{hp} = \gamma z K_p$
토압의 합력(t/m)		$P_a = \frac{1}{2}\gamma H_a^2 K_a$	$P_p = \frac{1}{2}\gamma H_p^2 K_p$
토압의 작용 방향		수평방향(지표면과 평행)	수평방향(지표면과 평행)
파괴면이 수평면과 이루는 각		$\theta_f = 45^\circ + \frac{\phi}{2}$	$\theta_f' = 45^\circ - \frac{\phi}{2}$
토압계수	계산식	$K_a = \tan^2\left(45 - \frac{\phi}{2}\right)$	$K_p = \tan^2\left(45 + \frac{\phi}{2}\right)$
	$\phi = 30^\circ$ 인 경우	$K_a = \frac{1}{3}$ ⟵ 9배 ⟶	$K_p = 3$

9.4.2 상재하중이 작용하는 경우

지표면에 대단히 넓은 면적에 걸쳐 등분포 하중 q가 작용할 때 이 하중에 의하여 발생하는 연직방향의 증가응력 $\Delta\sigma_v$는 깊이와 상관없이 q이다. 따라서 중첩의 원리에 따라 지표면 아래 깊이 z 되는 곳의 연직응력 σ_v는

$$\sigma_v = q + \gamma z \qquad (9.33)$$

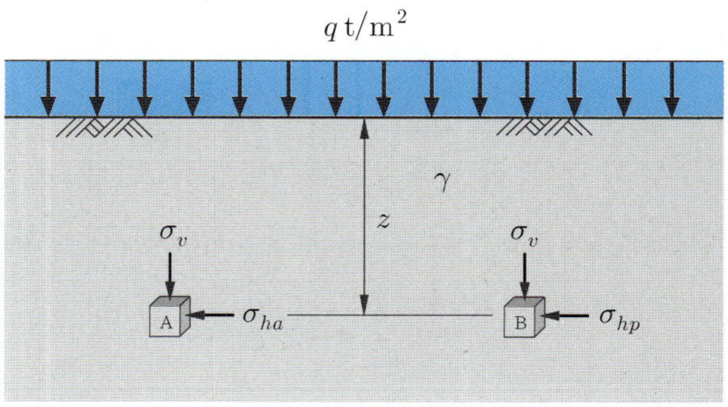

그림 9.14 무한 등분포하중이 작용할 때 주동 및 수동토압

1) 주동토압

등분포 상재하중이 작용할 때 깊이 z에서 주동토압은 그림 9.15에서 보는 바와 같이

$$\sigma_{ha} = \sigma_v K_a = (q + \gamma z) K_a \tag{9.34a}$$

$$\sigma_{ha} = q K_a + \gamma z K_a \tag{9.34b}$$

여기서, $q K_a$: 상재하중에 의한 주동토압

$\gamma z K_a$: 흙 자중에 의한 주동토압

$K_a = \tan^2\left(45° - \dfrac{\phi}{2}\right)$

주동토압의 분포는

지표면($z=0$)에서, $\sigma_{ha} = q K_a$

옹벽 저면($z=H$)에서, $\sigma_{ha} = q K_a + \gamma H K_a$

상재하중에 의한 주동토압은 깊이에 따라 일정하므로 그림 9.15와 같이 사각형 분포를 하고 흙 자중에 의한 주동토압은 깊이에 따라 직선적으로 증가하여 삼각형 분포를 한다. 따라서 이들의 합인 주동토압은 사다리꼴 분포를 하게 된다.

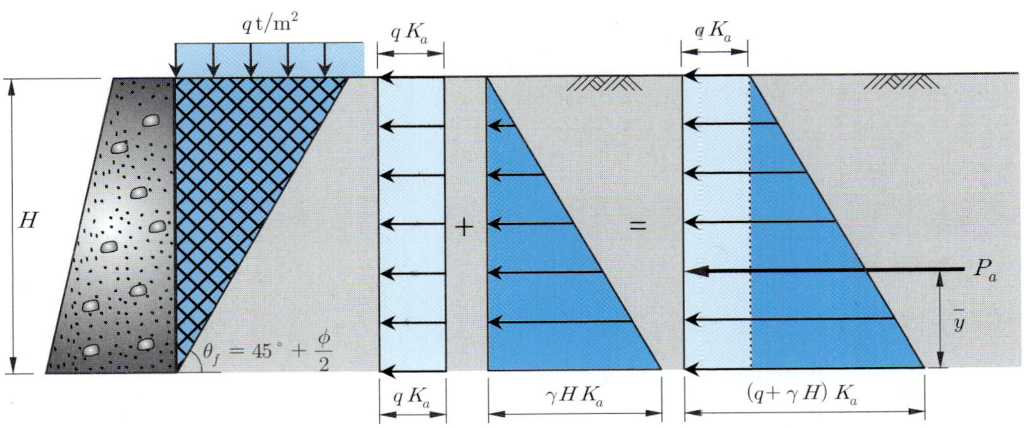

그림 9.15 상재하중이 작용할 때 주동토압 분포(사질토)

주동 파괴면이 최대주응력면(수평면)과 이루는 각도 θ_f는

$$\theta_f = \left(45^\circ + \frac{\phi}{2}\right) \tag{9.35}$$

주동토압의 합력은

$$P_a = \int_0^H \sigma_{ha}\, dz = \int_0^H (q\,K_a + \gamma\, z\, K_a)\, dz$$

$$P_a = q\,H\,K_a + \frac{1}{2}\gamma\,H^2\,K_a \tag{9.36}$$

합력의 작용점 $\bar{y}$는 합력의 모멘트와 분력의 모멘트의 합이 같으므로

$$P_a\,\bar{y} = (q\,H\,K_a)\left(\frac{H}{2}\right) + \left(\frac{1}{2}\gamma\,H^2\,K_a\right)\left(\frac{H}{3}\right)$$

$$\bar{y} = \frac{H}{3}\cdot\frac{3q+\gamma H}{2q+\gamma H} \tag{9.37}$$

2) 수동토압

등분포 상재하중이 작용할 때 깊이 z에서 수동토압은 그림 9.16과 같이

$$\sigma_{hp} = \sigma_v\,K_p = (q + \gamma\, z)\,K_p \tag{9.38a}$$

$$\sigma_{hp} = q\,K_p + \gamma\, z\, K_p \tag{9.38b}$$

여기서, $q\,K_p$: 상재하중에 의한 수동토압

$\gamma\, z\, K_p$: 흙 자중에 의한 수동토압

$K_p = \tan^2\left(45^\circ + \frac{\phi}{2}\right)$

수동토압의 분포는

지표면($z=0$)에서, $\sigma_{hp} = q\,K_p$

옹벽 저면($z=H$)에서, $\sigma_{hp} = q\,K_p + \gamma\,H\,K_p$

상재하중에 의한 수동토압은 깊이에 따라 일정하므로 그림 9.16과 같이 사각형 분포를 하고 흙 자중에 의한 수동토압은 깊이에 따라 직선적으로 증가하여 삼각형 분포를 한다. 따라서 이

들의 합인 수동토압은 사다리꼴 분포를 하게 된다. 즉 토압분포는 주동토압의 경우와 동일한 형태가 된다.

수동 파괴면이 최대주응력면(수평면)과 이루는 각도 $\theta_f{}'$는

$$\theta_f{}' = \left(45^\circ - \frac{\phi}{2}\right) \tag{9.39}$$

그림 9.16에는 지면의 폭이 부족하여 수동파괴 흙쐐기와 토압분포가 중복되어 그려져 있다.

수동토압의 합력은

$$P_p = \int_0^H \sigma_{hp}\, dz = \int_0^H (q\, K_p + \gamma\, z\, K_p)\, dz$$

$$P_p = q\, H\, K_p + \frac{1}{2}\gamma\, H^2\, K_p \tag{9.40}$$

즉 수동토압에 관한 식 (9.38)과 식 (9.40)은 주동토압에 관한 식 (9.34)와 식 (9.36)에서 주동토압계수 K_a 대신 수동토압계수 K_p로 대치한 것과 같다.

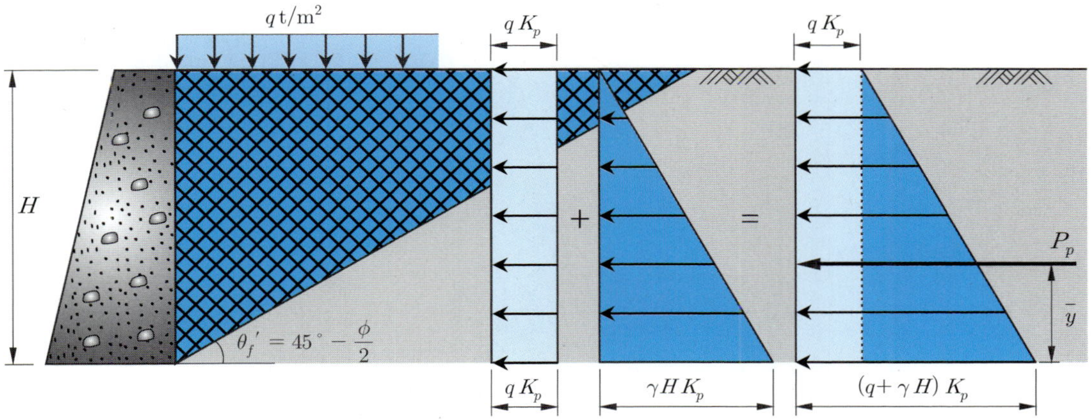

그림 9.16 상재하중이 작용할 때 수동토압 분포(사질토)

합력의 작용점 $\bar{y}$는 합력의 모멘트와 분력의 모멘트의 합이 같으므로

$$P_p\, \bar{y} = (q\, H\, K_p)\left(\frac{H}{2}\right) + \left(\frac{1}{2}\gamma\, H^2\, K_p\right)\left(\frac{H}{3}\right)$$

$$\bar{y} = \frac{H}{3} \cdot \frac{3q + \gamma H}{2q + \gamma H} \tag{9.41}$$

사다리꼴 토압분포일 때 합력의 작용점 위치 $\bar{y}$는 사각형 분포일 때 작용점 위치 y_1보다 작고 삼각형 분포일 때 작용점 위치 y_2보다 커야 한다. 즉

$$y_1 = \frac{H}{2} > \bar{y} > y_2 = \frac{H}{3} \tag{9.42}$$

식 (9.42)는 계산결과의 검산에 이용할 수 있다.

➤ 예제 9.4

그림 예제 9.4 문제도와 같은 높이 6m의 중력식 옹벽의 배면에 무한 등분포 하중 $1.5\,t/m^2$가 작용하고 있다. 옹벽전면의 근입깊이는 1.8m이다. 옹벽의 변위가 앞굽(toe)을 중심으로 왼쪽으로 회전할 때 옹벽 배면과 전면에 작용하는 토압을 구하라. 단 흙의 단위중량은 $1.80\,t/m^3$이고, 내부마찰각은 30°이다.

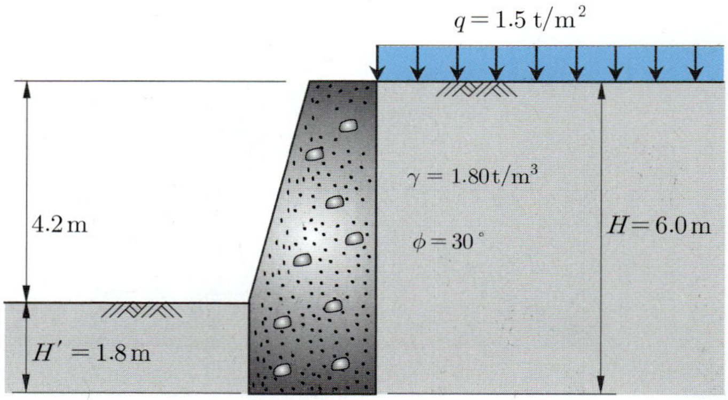

그림 예제 9.4 문제도

조건 그림 예제 9.4 참조, $H = 6.0\,m$, $H' = 1.8\,m$, $q = 1.5\,t/m^2$, $\gamma = 1.80\,t/m^3$, $\phi = 30°$

요구 옹벽에 작용하는 주동토압, 수동토압

풀이 토압계수 : $K_a = \tan^2\left(45° - \frac{\phi}{2}\right) = \tan^2\left(45° - \frac{30}{2}\right) = \frac{1}{3}$, $K_p = \frac{1}{K_a} = 3$

① 옹벽 배면에 작용하는 토압

• 주동토압 : $\sigma_{ha} = q K_a + \gamma z K_a$

지표면에서 $\sigma_{ha} = (1.5)\left(\frac{1}{3}\right) + (1.80)(0)\left(\frac{1}{3}\right) = 0.5 + 0 = 0.5\,\text{t/m}^2$

옹벽 저면에서 $\sigma_{ha} = (1.5)\left(\frac{1}{3}\right) + (1.80)(6.0)\left(\frac{1}{3}\right) = 0.5 + 3.6 = 4.1\,\text{t/m}^2$

• 주동토압의 합력 : $P_a = q H K_a + \frac{1}{2}\gamma H^2 K_a$

$P_a = (1.5)(6.0)\left(\frac{1}{3}\right) + \frac{1}{2}(1.80)(6.0)^2\left(\frac{1}{3}\right) = 3.0 + 10.8 = 13.8\,\text{t/m}$

• 작용점 위치 : $\bar{y} = \frac{H}{3} \cdot \frac{3q + \gamma H}{2q + \gamma H}$

$\bar{y} = \frac{6.0}{3} \cdot \frac{3(1.5) + (1.80)(6.0)}{2(1.5) + (1.80)(6.0)} = 2.22\,\text{m}$

• 검산 $y_1 = \frac{H}{2} = \frac{6.0}{2} = 3.0 > \bar{y} = 2.22 > y_2 = \frac{H}{3} = \frac{6.0}{3} = 2.0 \quad \therefore O.K.$

② 옹벽 전면에 작용하는 토압

• 수동토압 : $\sigma_{hp} = q K_p + \gamma z K_p$

지표면에서 $\sigma_{ha} = (1.5)(3) + (1.80)(0)(3) = 4.5 + 0 = 4.5\,\text{t/m}^2$

옹벽 저면에서 $\sigma_{hp} = (1.5)(3) + (1.80)(1.8)(3) = 4.5 + 9.72 = 14.22\,\text{t/m}^2$

• 수동토압의 합력 : $P_p = q H' K_p + \frac{1}{2}\gamma H'^2 K_p$

$P_p = (1.5)(1.8)(3) + \frac{1}{2}(1.80)(1.8)^2(3) = 8.1 + 8.7 = 16.8\,\text{t/m}$

• 작용점 위치 : $\bar{y} = \frac{H'}{3} \cdot \frac{3q + \gamma H'}{2q + \gamma H'}$

$\bar{y} = \frac{1.8}{3} \cdot \frac{3(1.5) + (1.80)(1.8)}{2(1.5) + (1.80)(1.8)} = 0.74\,\text{m}$

검산 $y_1 = \frac{H'}{2} = \frac{1.8}{2} = 0.9 > \bar{y} = 0.74 > y_2 = \frac{H'}{3} = \frac{1.8}{3} = 0.6 \quad \therefore O.K.$

주동토압과 수동토압의 분포가 그림 예제 9.4 해답도에 제시되어 있다.

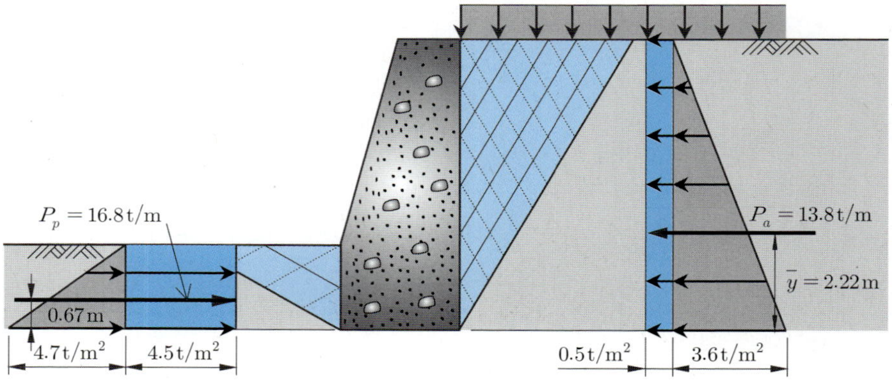

그림 예제 9.4 해답도

상재하중이 부분적으로 작용할 때

전술한 바와 같이 무한 등분포 하중의 경우는 토압이 깊이에 따라 일정하여 사각형 분포를 하지만 띠하중과 같이 제한적인 폭에 등분포 하중이 작용하는 경우는 토압의 분포가 깊이에 따라 다르게 나타난다. 이 경우 지중응력 분포이론으로 연직방향 증가응력 $\Delta\sigma_v$를 구하고 주동토압계수 K_a를 곱하여 수평방향 증가응력 $\Delta\sigma_{ha} = \Delta\sigma_v K_a$를 얻을 수 있다. 이와 같이 구한 토압분포는 곡선형태가 되는데 그림 9.17에 제시한 단순화하는 방법으로 토압을 결정할 수 있다.

그림 9.17의 (a)는 띠하중에 의한 증가응력을 지중응력 분포이론으로 구한 결과를 이용하여 구한 상재하중에 의한 토압분포를 나타낸 것이다. (b)는 곡선의 형태로 나타난 토압분포가 토압의 합력을 구하는데 어려움이 있으므로 직선으로 간주하여 단순화한 토압분포도이다. (c)는 흙의 자중에 의한 토압분포도이고 (d)는 중첩의 원리에 따라 상재하중에 의한 토압(b)과 자중에 의한 토압(c)을 합하여 구한 주동토압 분포도이다.

주동토압의 합력 P_a는 사다리꼴 형태로 분할하여 구한 각 구간의 면적의 합이다.

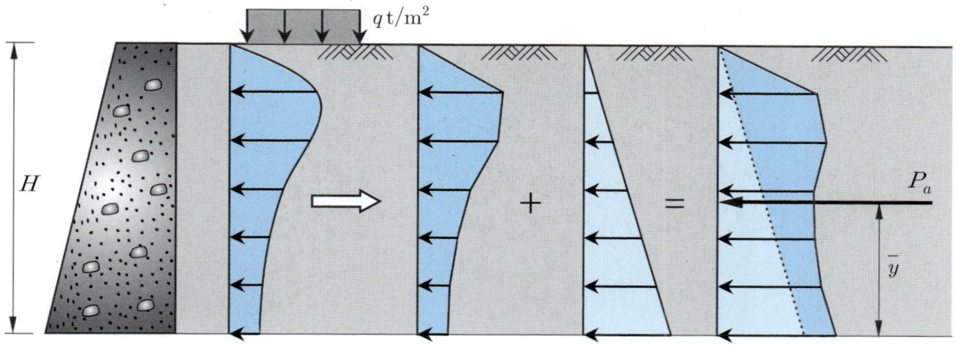

그림 9.17 띠하중이 작용할 때 주동토압 분포

9.4.3 점성토의 Rankine 토압

Rankine의 토압이론은 점착력이 있는 흙($c-\phi$ soil)에까지 확장할 수 있다. 점착력이 있는 흙의 토압은 점착력 없는 흙의 토압에 점착력에 의한 토압이 중첩되어 전체토압이 된다.

1) 주동토압

점성토의 주동상태에 대한 Mohr 응력원이 그림 9.18에 있다.

그림 9.18의 $\triangle O'CF$에서

$$\sin\phi = \frac{\overline{FC}}{\overline{O'C}} = \frac{\dfrac{\sigma_v - \sigma_{ha}}{2}}{c\cot\phi + \dfrac{\sigma_v + \sigma_{ha}}{2}}$$

$$\sigma_{ha} = \sigma_v \frac{1-\sin\phi}{1+\sin\phi} - 2c\,\frac{\cos\phi}{1+\sin\phi}$$

$$= \sigma_v \tan^2\left(45^\circ - \frac{\phi}{2}\right) - 2c\tan\left(45^\circ - \frac{\phi}{2}\right)$$

$$\sigma_{ha} = \gamma\, z\, K_a - 2c\,\sqrt{K_a} \tag{9.43}$$

식 (9.43)의 우변 첫째 항은 흙의 자중, 둘째 항은 점착력에 의한 주동토압이다. 점착력은 인장력으로 주동토압과 반대방향으로 작용하므로 음(-)으로 나타난다. 즉 점착력이 있는 흙의 주동토압은 깊이에 관계없이 $2c\sqrt{K_a}$ 만큼 일정하게 감소한다. 자중에 의한 주동토압은 깊이에 따라 직선적으로 증가한다.

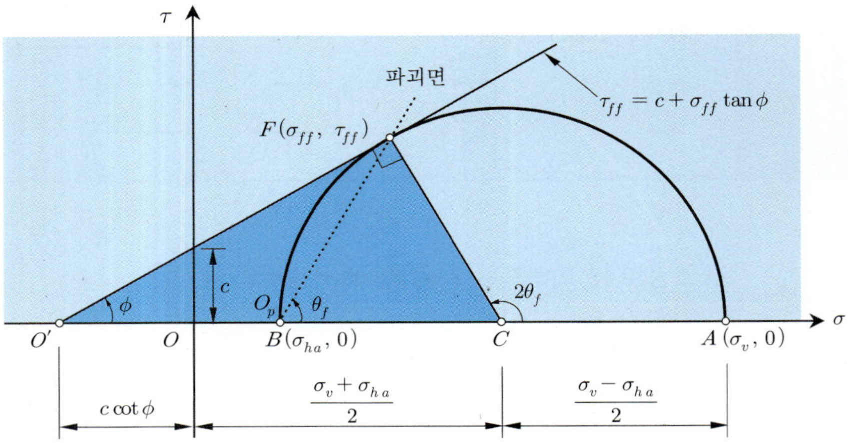

그림 9.18 주동상태의 Mohr 응력원과 파괴포락선(점착력이 있는 경우)

주동토압의 분포

주동토압은 $\sigma_{ha} = \gamma z K_a - 2c\sqrt{K_a}$

- 지표면에서 $(z = 0)$: $\sigma_{ha} = -2c\sqrt{K_a}$ (인장)
- 옹벽 저면에서 $(z = H)$: $\sigma_{ha} = \gamma H K_a - 2c\sqrt{K_a}$ (압축)

그림 9.19에는 (b) 점착력에 의한 토압, (c) 흙의 자중에 의한 토압이 그려져 있고 이들 두 토압을 합성한 토압분포가 (d)에 있다.

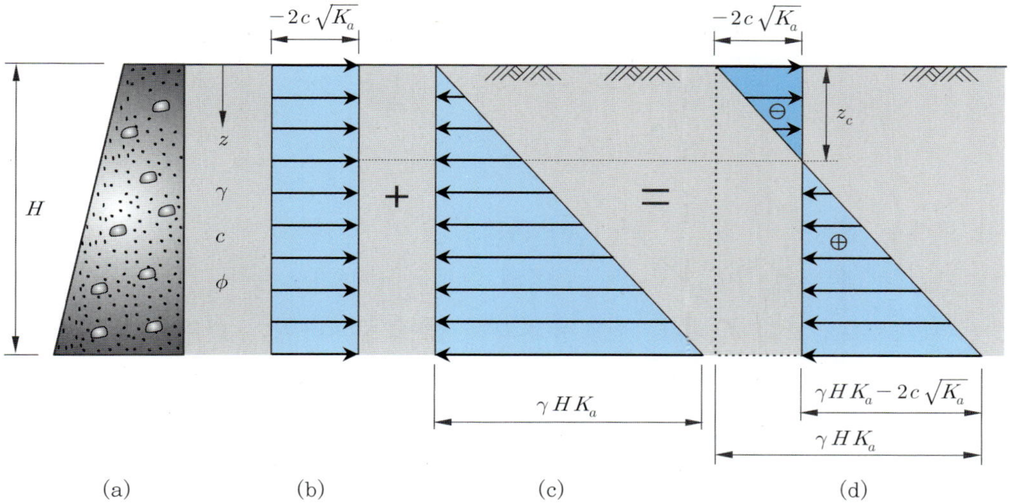

그림 9.19 옹벽에 작용하는 주동토압 (점착력이 있는 경우)

점착고(粘着高) : z_c

주동토압이 음(-)이면 인장력이 작용하므로 인장균열이 발생할 수 있다. 그림 9.19에서 인장균열(引張龜裂, tension crack) 도달깊이 즉 점착고 z_c는 주동토압이 0($\sigma_{ha}=0$)이 되는 깊이가 된다. 즉

$$\sigma_{ha} = \gamma z_c K_a - 2c\sqrt{K_a} = 0$$

점착고 z_c에 대해 정리하면 다음과 같이 된다.

$$z_c = \frac{2c\sqrt{K_a}}{\gamma K_a} = \frac{2c}{\gamma}\frac{1}{\sqrt{K_a}}$$

$$z_c = \frac{2c}{\gamma}\sqrt{K_p} = \frac{2c}{\gamma}\tan(45^\circ + \frac{\phi}{2}) \tag{9.44}$$

한계고(限界高) H_c

그림 9.19에서 보는 바와 같이 점착고 z_c의 2배 되는 깊이까지의 토압의 합력은 0이다. 즉 인

장력과 압축력이 평형상태가 되어 흙막이 없이 연직으로 굴착이 가능하게 되고 이 깊이를 한계고라 한다.

$$H_c = 2z_c = \frac{4c}{\gamma}\sqrt{K_p} = \frac{4c}{\gamma}\tan\left(45^\circ + \frac{\phi}{2}\right) \tag{9.45}$$

건조한 모래는 점착력이 없으므로($c = 0$) 흙막이 없이는 연직굴착이 불가능하다. 그러나 습윤상태의 가는 모래는 겉보기 점착력으로 인해 연직굴착이 가능하다. 겉보기 점착력은 습윤상태에서 발휘되므로 건조한 상태가 되면 붕괴되는 점에 주의하여야 한다.

PISA TIP (9.4) 겉보기 점착력에 대하여

[질문 1] 습한 모래의 겉보기 점착력이 사라지는 경우는 언제인가?

[질문 2] 겉보기 점착력을 유지시키기 위해서는 어떤 방법이 있는가?

나. 주동토압의 합력(Cain의 설계법)

주동토압의 합력을 결정하는 방법은 그림 9.19와 같은 토압분포를 사용하는 Fellenius 방법과 인장균열 구간의 인장토압을 무시하는 Cain의 방법이 있으나 옹벽설계에서는 Fellenius 방법은 거의 사용되지 않고 그림 9.20과 같은 Cain의 방법이 많이 이용되고 있다.

Cain의 설계법은 뒤채움 지표면에서 인장균열 깊이($z = z_c$)까지는 인장균열 때문에 옹벽배면과 뒤채움이 박리되어 인장토압이 옹벽에 작용하지 못하므로 주동토압의 분포는 인장균열 깊이에 걸쳐 분포하는 역삼각형의 인장력(-)을 무시한다. 점착고 구간의 흙의 점착력은 무시하지만 자중으로 인한 토압은 작용하므로 이를 인장균열 깊이 아래쪽 토층에 등분포 상재하중으로 반영한다.

따라서 주동토압의 분포는 인장균열 아래쪽에만 작용하는데 인장균열 깊이(점착고)에서는 상재하중에 의한 토압과 점착력이 작용하는 토압의 크기가 같다.

수평응력은

- 인장균열 구간($z = 0 \sim z_c$) : $\sigma_{ha} = 0$(인장균열 발생구간의 인장토압을 무시함)

- 인장균열 깊이$(z = z_c)$: $\sigma_{ha} = \gamma\, z_c\, K_a - 2\,c\,\sqrt{K_a} = 0$
- 옹벽의 저면$(z = H)$: $\sigma_{ha} = \gamma\, z_c\, K_a - 2\,c\,\sqrt{K_a} + \gamma(H - z_c)\,K_a = \gamma(H - z_c)\,K_a$

주동토압의 합력은

- 크기 : $P_a = \dfrac{1}{2}\gamma(H - z_c)^2 K_a$ (9.46)

- 작용점 : $\bar{y} = \dfrac{H - z_c}{3}$ (9.47)

점성토에 대한 주동토압의 분포도가 그림 9.20에 제시되어 있다.

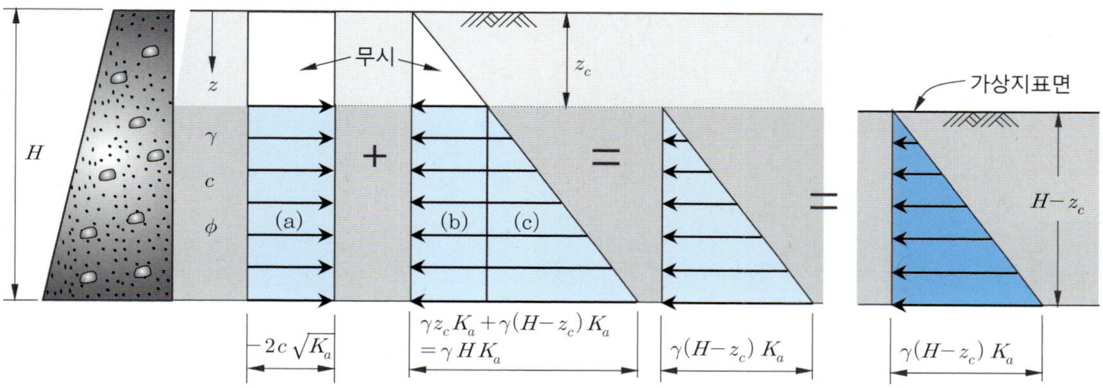

(a) 상부 토압 무시, 하부 점착력과 상재하중 고려 (b) 가상지표면 아래 토압

그림 9.20 주동토압의 분포(Cain의 설계법)

강우 등에 의하여 인장균열에 물이 가득차면 이 물에 의한 정수압의 합력 U를 주동토압에 더해 주어야 한다. 정수압은 삼각형 분포를 하며 그 크기는

$$U = \frac{1}{2}\gamma_w\, z_c^2 \tag{9.48}$$

PISA TIP (9.5) $2c\sqrt{K_a} = \gamma z_c K_a$는 어떻게 유도된 것일까?

- $z_c = \dfrac{2c}{\gamma}\sqrt{K_p}$를 우변에 대입하여 좌변과 같은 값을 얻음.

$$\gamma z_c K_a = \gamma \left[\frac{2c}{\gamma}\sqrt{K_p} \right] K_a = 2c\sqrt{K_p}\,K_a = 2c\sqrt{K_p}\,\sqrt{K_a}\,\sqrt{K_a}$$

$$= 2c\sqrt{K_p \times K_a}\,\sqrt{K_a} = 2c\sqrt{K_a} \qquad \leftarrow (K_a \times K_p = 1)$$

PISA TIP (9.6) 옹벽의 뒤채움 재료로서 사질토와 점성토를 비교 검토하면?

- 점성토의 주동토압 $P_a = \dfrac{1}{2}\gamma (H - z_c)^2 K_a$ ································ 식 (9.46)
- 사질토의 주동토압 $P_a = \dfrac{1}{2}\gamma H^2 K_a$ ······································ 식 (9.23)

[질문 1] 옹벽의 뒤채움으로 점성토를 사용하면 사질토보다 더 유리한가?

[질문 2] 그 이유는 무엇인가? (2가지)

➤ 예제 9.5

높이 6.0m 의 옹벽에 작용하는 주동토압을 다음과 같은 가정에 의해 계산하여 비교하라. 뒷채움 흙의 단위중량은 1.80t/m^3 이고 점착력은 2.0t/m^2, 내부마찰력은 10° 이다.

1) 점착력에 의한 토압을 무시한 자중에 의한 토압
2) 점착력에 의한 인장토압을 고려한 Fellenius 설계토압
3) 점착고 구간의 인장토압을 무시한 Cain의 설계토압
4) 인장균열의 간극수압도 고려한 Cain의 설계토압

조건 $H = 6.0\text{m}$, $\gamma_t = 1.80\text{t/m}^3$, $c = 2.0\text{t/m}^2$, $\phi = 10°$

요구 1) 전구간 자중에 의한 토압 P_{a1}

2) 전구간 점착력을 고려한 Fellenius 설계토압 P_{a2}

3) 인장토압 무시하고 점착고 구간 자중을 상재하중으로 본 Cain의 설계토압 P_{a3}

4) 인장균열의 간극수압도 고려한 Cain의 설계토압 P_{a4}

풀이 주동토압계수 $K_a = \tan^2\left(45° - \frac{\phi}{2}\right) = \tan^2\left(45° - \frac{10°}{2}\right) = 0.704$

수동토압계수 $K_p = \tan^2\left(45° + \frac{\phi}{2}\right) = \frac{1}{K_a} = \frac{1}{0.704} = 1.420$

점착고 $z_c = \frac{2c}{\gamma}\sqrt{K_p} = \frac{2(2.0)}{1.80}\sqrt{1.420} = 2.65\,\text{m}$

1) 전구간 자중에 의한 주동토압 : 점착력을 고려하지 않음

$P_{a1} = \frac{1}{2}\gamma H^2 K_a = \frac{1}{2}(1.80)(6.0)^2(0.704) = 22.81\,\text{t/m}$

2) 전구간 점착력을 고려한 주동토압 : Fellenius 설계토압 P_{a2}

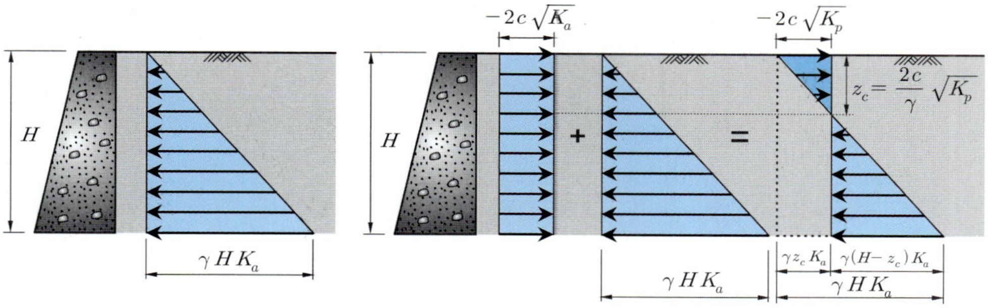

1) 2)

$P_{a2} = \frac{1}{2}\gamma H^2 K_a - 2cH\sqrt{K_a} = 22.81 - 2(2.0)(6.0)\sqrt{0.704} = 22.81 - 20.13 = 2.68\,\text{t/m}$

3) 점착력을 고려하되 점착고 구간 인장토압을 무시한 경우 주동토압(Cain 설계토압)

$P_{a3} = \frac{1}{2}\gamma(H - z_c)^2 K_a = \frac{1}{2}(1.80)(6.0 - 2.65)^2(0.704) = 7.11\,\text{t/m}$

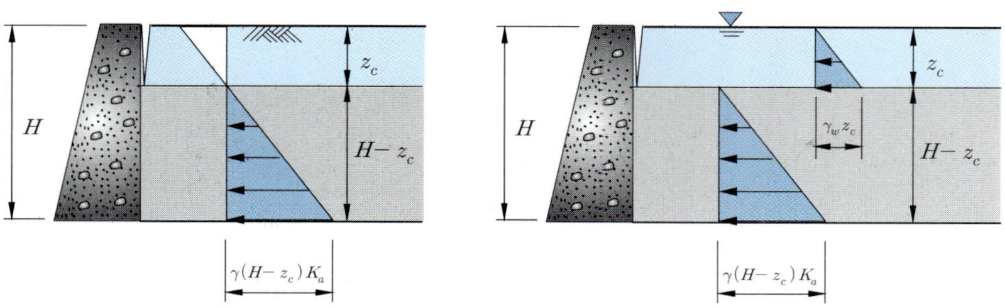

3) 4)

4) 3)의 경우에 인장균열의 간극수압을 고려한 경우 주동토압

$$P_{a4} = P_{a3} + \frac{1}{2}\gamma_w z_c^{\,2} = 7.11 + \frac{1}{2}(1.0)(2.65)^2 = 7.11 + 3.51 = 10.62\,\mathrm{t/m}$$

– 결과의 정리

가정에 따른 경우	자중	점착력	간극수압	주동토압
1) 전구간 점착력 무시	22.81			22.81
2) 전구간 인장토압 고려	22.81	−20.13		2.68
3) 상부 인장토압 무시	7.11			7.11
4) 인장균열 간극수압 추가	7.11		3.51	10.62

◀

다. 수동토압

점성토의 수동토압 σ_{hp}는 주동토압과 마찬가지 방법으로 결정할 수 있다.

그림 9.21의 $\triangle O'CF$에서

$$\sin\phi = \frac{\overline{FC}}{\overline{O'C}} = \frac{\dfrac{\sigma_{hp} - \sigma_v}{2}}{c\cot\phi + \dfrac{\sigma_{hp} + \sigma_v}{2}}$$

$$\sigma_{hp} = \sigma_v \frac{1 + \sin\phi}{1 - \sin\phi} + 2c\,\frac{\cos\phi}{1 - \sin\phi}$$

$$= \sigma_v \tan^2\left(45^\circ + \frac{\phi}{2}\right) + 2c\tan\left(45^\circ + \frac{\phi}{2}\right)$$

$$\sigma_{hp} = \gamma\, z\, K_p + 2c\sqrt{K_p} \qquad (9.49)$$

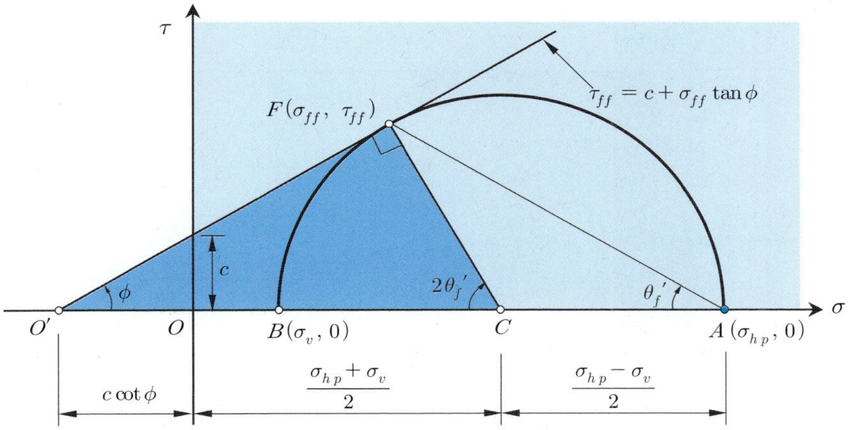

그림 9.21 수동상태에 대한 Mohr 응력원과 파괴포락선(점착력이 있는 경우)

수동토압의 분포

수동토압은 $\sigma_{hp} = \gamma z K_p + 2c\sqrt{K_p}$

- 지표면에서 $(z=0)$: $\sigma_{hp} = 2c\sqrt{K_p}$ (인장)
- 옹벽 저면에서 $(z=H)$: $\sigma_{hp} = \gamma H K_p + 2c\sqrt{K_p}$ (압축)

수동상태에서는 인장응력이 발생하지 않으므로 인장균열도 일어나지 않는다. 점성토에 대한 수동토압의 분포도가 그림 9.22에 제시되어 있다.

수동토압의 합력

- 크기 : $P_p = \dfrac{1}{2}\gamma H^2 K_p + 2cH\sqrt{K_p}$ (9.50)

- 작용점 : $\bar{y} = \dfrac{H}{3}\dfrac{6c\sqrt{K_p} + \gamma H K_p}{4c\sqrt{K_p} + \gamma H K_p}$ (9.51)

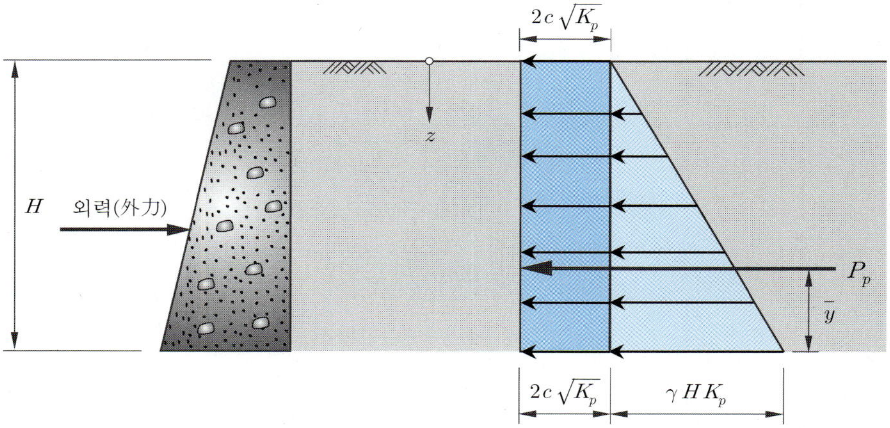

그림 9.22 옹벽에 작용하는 수동토압(점성토의 경우)

9.4.4 다층지반의 Rankine 토압

뒤채움이 그림 9.23과 같이 다층으로 된 경우에도 Rankine 토압이론으로 쉽게 토압을 산정할 수 있다.

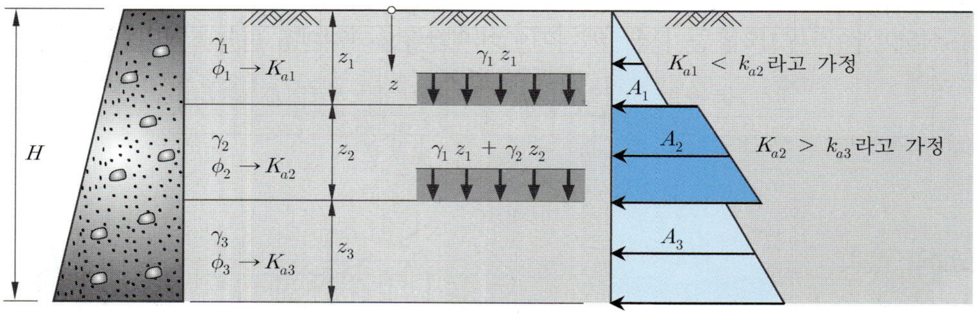

그림 9.23 뒤채움이 다층인 경우의 Rankine 주동토압

주동토압의 경우를 예로 들어 설명하기로 한다. 뒤채움 각 층의 상태는 다음과 같다.

표 9.6 다층지반의 토성치

	최상층	중간층	최하층
층의 두께	z_1	z_2	z_3
단위중량	γ_1	γ_2	γ_3
내부마찰각	ϕ_1	ϕ_2	ϕ_3
주동토압계수	$K_{a1} = \tan^2\left(45° - \dfrac{\phi_1}{2}\right)$	$K_{a2} = \tan^2\left(45° - \dfrac{\phi_2}{2}\right)$	$K_{a3} = \tan^2\left(45° - \dfrac{\phi_3}{2}\right)$

사질토의 주동토압은 연직응력에 주동토압계수를 곱하여 구할 수 있다. 즉 $\sigma_{ha} = \sigma_v K_a$.
등분포 하중 q에 의한 주동토압은 $\sigma_{ha} = q K_a$로 결정할 수 있다.
따라서 주동토압은 다음과 같은 원리로 결정하면 된다.

① 토압을 구하려는 깊이보다 위쪽의 흙의 토피하중을 등분포 상재하중(q)으로 간주한다.
즉 $\sigma_v = q = \sum \gamma z$

② 토층 경계면에서는 K_a 값이 상하토층에서 서로 달라 토압은 2개의 값을 가지게 된다.
상층에 대한 토압은 상층의 내부마찰각으로 구한 K_a값
하층에 대한 토압은 하층의 내부마찰각으로 구한 K_a값

③ 따라서 토압은 다음과 같이 각층에 대해 구해 나가면 된다.

제1층 :	지표면($z = 0$)	$\sigma_{ha} = 0$
	제2층과의 경계면($z = z_1$)	$\sigma_{ha} = \gamma_1 z_1 K_{a1}$
제2층 :	제1층과의 경계면($z = z_1$)	$\sigma_{ha} = \gamma_1 z_1 K_{a2}$
	제3층과의 경계면($z = z_1 + z_2$)	$\sigma_{ha} = (\gamma_1 z_1 + \gamma_2 z_2) K_{a2}$
제3층 :	제2층과의 경계면($z = z_1 + z_2$)	$\sigma_{ha} = (\gamma_1 z_1 + \gamma_2 z_2) K_{a3}$
	바닥면($z = z_1 + z_2 + z_3$)	$\sigma_{ha} = (\gamma_1 z_1 + \gamma_2 z_2 + \gamma_3 z_3) K_{a3}$

결과적으로 토압분포는 각층 경계면에서 강도가 다른 2가지 토압이 존재하므로 전체적으로는 불연속 분포가 된다.

PISA TIP (9.7) 다층지반 주동파괴면의 형상은 어떻게 나타나는가?

- 다층지반에서는 각층의 내부마찰각이 달라 절곡된 형태의 파괴면이 된다.
- 옹벽 뒷굽점에서부터 $\theta_{f3} = 45° + \frac{\phi_3}{2}$의 각도로 최하층의 파괴면을 작성하고 다시 $\theta_{f2} = 45° + \frac{\phi_2}{2}$의 각도로 중간층의 파괴면을 작성하고 마지막으로 $\theta_{f2} = 45° + \frac{\phi_1}{2}$의 각도로 최상층의 파괴면을 작성하면 된다.

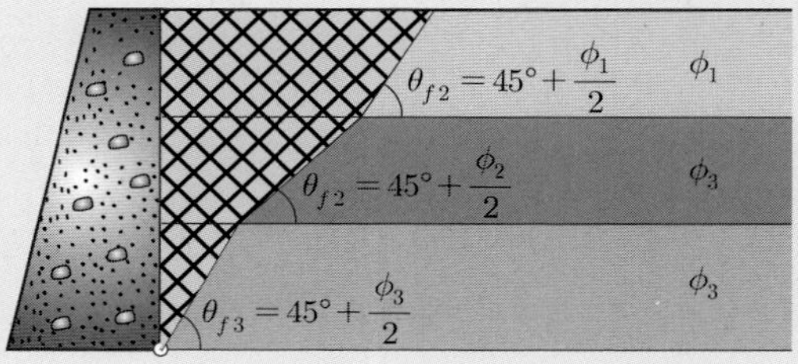

PISA TIP (9.8) 다층지반의 주동상태 가상파괴면을 하나의 직선으로 나타내면?

- 전체층 평균 내부마찰각을 구하여 파괴면을 그릴 수 있다.
- 평균 내부마찰각은 각층 두께를 가중평균 산출 값이다. 즉

$$\tan\phi_{avg} = \frac{1}{H}(H_1 \tan\phi_1 + H_2 \tan\phi_2 + H_3 \tan\phi_3)$$

옹벽 뒷굽점에서 $\theta_f = 45° + \frac{\phi_{avg}}{2}$의 각도로 하나의 가상파괴면을 작성할 수 있다.

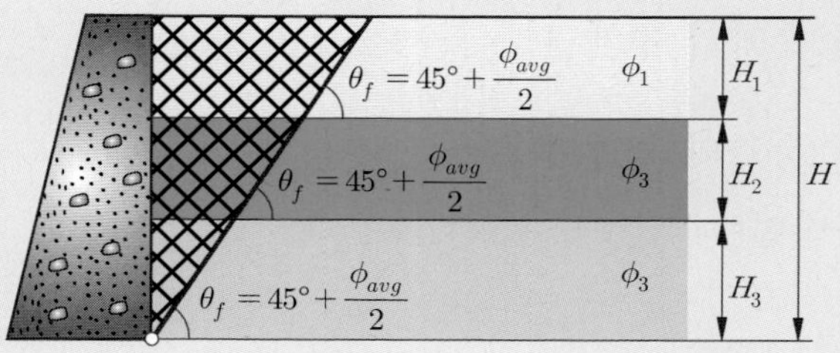

9.4.5 지하수면이 있을 때 주동 토압

그림 9.24와 같이 지표면 아래 깊이 z_1에 지하수면이 있을 때 옹벽에 작용하는 주동토압은 어떻게 되는지 살펴보기로 한다.

1) 주동토압의 분포

간극수압이 작용할 때 주동토압은 $\sigma_{ha} = \sigma'_{ha} + u = \sigma_v' K_a + u$

- 지표면($z=0$) : $u=0$, $\sigma_v' = \sigma_v = 0$

  $\sigma_{ha} = 0$

- 지하수면($z=z_1$) : $u=0$, $\sigma_v' = \sigma_v = \gamma_1 z_1$

  $\sigma_{ha} = \sigma_{ha}' = \gamma_1 z_1 K_a$

- 옹벽저면($z = z_1 + z_2$) : $u = \gamma_w z_2$, $\sigma_v' = \gamma_1 z_1 + \gamma_2' z_2$

  $$\sigma_{ha} = \sigma_{ha}' + u = \sigma_v' K_a + u = (\gamma_1 z_1 + \gamma_2' z_2) K_a + \gamma_w z_2$$
  $$= \gamma_1 z_1 K_a + \gamma_2' z_2 K_a + \gamma_w z_2$$

주동토압의 분포가 그림 9.24(b)에 제시되어 있다.

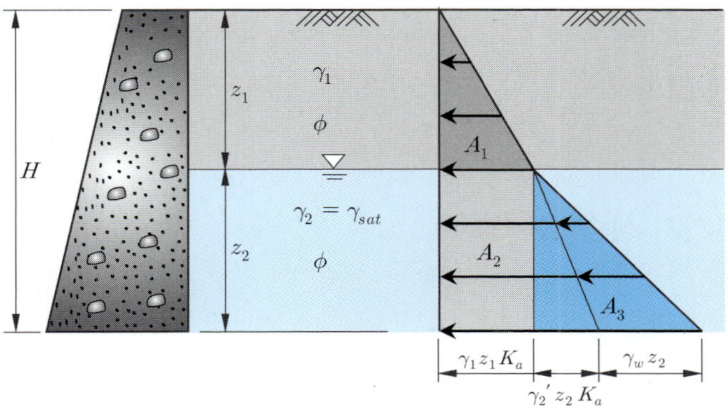

(a) 옹벽 뒤채움 단면도　　(b) 토압 분포도

그림 9.24 뒤채움에 지하수면이 있을 때의 주동토압

지하수면의 위와 아래에서 유효 단위중량이 다르므로($\gamma_1 \neq \gamma_2'$) 지하수면에서 토압분포의 기울기가 변하여 토압분포도는 절곡된다.

2) 주동토압의 합력

- 크기 : $P_a = A_1 + A_2 + A_3$

$$P_a = \frac{1}{2}\gamma_1 z_1^2 K_a + \gamma_1 z_1 z_2 K_a + \frac{1}{2}\gamma_2' z_2^2 K_a + \frac{1}{2}\gamma_w z_2^2$$

- 작용점 :

$$\bar{y} = \frac{1}{P_a}(A_1 y_1 + A_2 y_2 + A_3 y_3)$$

여기서, $y_1 = \frac{z_1}{3} + z_2$, $y_2 = \frac{z_2}{2}$, $y_3 = \frac{z_2}{3}$

- 작용방향 : 수평(지표면과 평행)

3) 파괴면이 수평면(최대 주응력면)과 이루는 각

$$\theta_f = 45^\circ + \frac{\phi}{2}$$

수동토압에 대해서도 주동토압과 같은 방법을 적용할 수 있다. 즉 토압계수가 K_P로 대치되고 간극수압은 주동상태에서와 같다. 간극수압은 정지, 주동, 수동상태에서 모두 등방성으로 정수압과 같다.

4) 지하수면이 지표면까지 상승하는 경우

$$P_a = P_a' + U$$

여기서, $P_a' = \frac{1}{2}\gamma' H^2 K_a$; 유효 주동토압의 합력

$U = \frac{1}{2}\gamma_w H^2$; 간극수압의 합력

- 일반적인 경우 $\gamma_{sat} = 2.0\ \text{t/m}^3$, $\phi' = 30^\circ$ 로 하면 $\gamma' = 1.0\ \text{t/m}^3$, $K_a = \frac{1}{3}$이 되어

$$P_a' = \frac{1}{2}(1.0)(H^2)\left(\frac{1}{3}\right) = \frac{1}{6}H^2$$

$$U = \frac{1}{2}(1.0)(H^2) = \frac{1}{2}H^2$$

$$P_a = P_a' + U = \frac{1}{6}H^2 + \frac{1}{2}H^2 = \frac{2}{3}H^2$$

$$\frac{U}{P_a'} = \frac{\frac{1}{2}H^2}{\frac{1}{6}H^2} = 3$$

간극수압이 유효 주동토압의 3배가 되어 주동토압에서 간극수압이 차지하는 비중이 매우 크다는 것을 알 수 있다.

- 지하수면이 옹벽 저면보다 아래쪽에 있는 경우 – 지하수(간극수압)의 영향 없음

$$P_a = \frac{1}{2}(2.0)(H^2)\left(\frac{1}{3}\right) = \frac{1}{3}H^2 (\gamma = 2.0\ \mathrm{t/m^3}\text{로 가정})$$

$$U = 0$$

$$P_a = \frac{1}{3}H^2$$

- 지하수면이 옹벽 저면 아래에서 지표면까지 상승하면 주동토압은 2배로 증가하게 된다.

$$\frac{P_a(\text{지하수가 지표면까지 상승})}{P_a(\text{간극수압의 영향 없음})} = \frac{\frac{2}{3}H^2}{\frac{H^2}{3}} = 2$$

PISA TIP (9.9) 지하수면이 지표면까지 상승하는 경우의 예를 들어보라.

- 집중호우 시 강우강도가 투수계수보다 크면 토층에서 배수의 속도보다 지표수가 침투하는 속도가 크므로 지하수면은 상승하게 된다. 즉

$$I > k$$

- 이러한 상태에서 강우가 지속되면 지하수면은 지표면까지 상승할 수 있다.
- 즉, 강우강도와 그 지속시간이 중요한 인자가 된다.

지하수면 상승에 대한 대책

① 뒷채움 흙은 배수성이 좋은 모래를 사용한다.(점토는 불가)

② 옹벽에 배수공을 설치한다.(수평 간격 1.80m)

③ 옹벽 배면에 자갈층(Filter)을 설치한다.

④ 지표면에 배수로를 설치하여 지표수의 침투를 방지한다.

9.5 Coulomb 토압이론

9.5.1 Coulomb의 토압

Coulomb의 토압이론은 주동 또는 수동파괴상태의 흙쐐기에 대한 힘의 평형조건에서 토압을 결정하는 방법이다. 뒤채움 표면의 경사, 옹벽 배면의 경사 및 벽면마찰각의 영향을 모두 고려할 수 있는 토압이론이다. 뒤채움은 강체(剛體)로 보고 점성이 없는 흙($c=0$)으로 가정한다.

그림 9.25에는 Coulomb 토압이론에서 사용하는 옹벽의 형상에 관한 기호가 제시되어 있다.

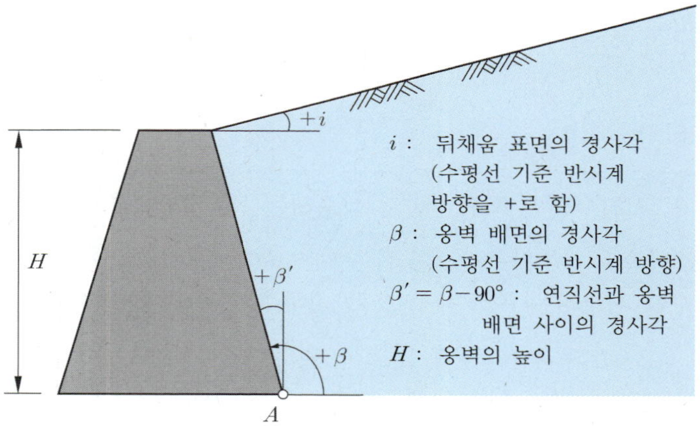

그림 9.25 옹벽의 형상에 관한 기호

그림 9.26에 보인 옹벽에 작용하게 되는 주동토압에 대하여 생각해 보자. 흙쐐기 ABC의 무게로 인하여 옹벽에 토압이 작용하게 된다. 이 때 AB면과 AC면을 따라 전단이 일어나므로 이 두 평면은 파괴면이 된다. AC 파괴면은 결정이 되어 있으나 AB 파괴면은 아직 알 수가 없다. 옹벽설계 시 토압은 옹벽에 작용하는 최대값이 되어야 하므로 수많은 가상 파괴면 중에서 임계파괴면(critical failure surface)을 찾아내야 한다.

Coulomb의 주동토압은 다음과 같은 과정을 거쳐 결정된다.

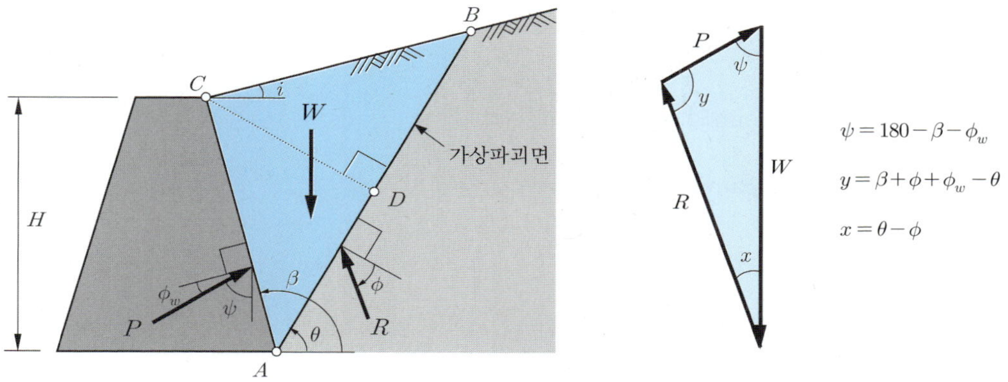

(a) 흙쐐기에 작용하는 힘 (b) 힘의 다각형

그림 9.26 Coulomb의 토압이론

① 임계파괴면의 결정

- A를 지나 수평면과 임의의 경사각 θ를 이루는 가상파괴면 AB를 설정한다.
- 흙쐐기 ABC에 작용하는 힘(W, R, P)의 평형조건으로부터 토압 P를 구한다.
- 임계파괴면의 경사각 θ_f를 구한다.
- 토압 P가 최대가 되는 조건은 $\dfrac{dp}{d\theta} = 0$가 된다.

② 주동토압의 결정

- θ_f를 $P(\theta)$에 대입하여 최대토압 $P_{\max}$를 구한다. 즉 주동토압은

$$P_a = P_{\max} = P(\theta_f)$$

위에서 설명한 과정을 따라 Coulomb의 주동토압을 구해 보면

$$P_a = \frac{1}{2}\gamma H^2 \left[\frac{\sin(\beta-\phi)\csc\beta}{\sqrt{\sin(\beta+\phi_w)} + \sqrt{\dfrac{\sin(\phi+\phi_w)\sin(\phi-i)}{\sin(\beta-i)}}} \right]^2 \tag{9.52}$$

여기서, ϕ_w : 벽면마찰각

식 9.52의 $\left[\dfrac{\sin\ldots}{\sqrt{\sin\ldots}} \right]^2$ 을 C_a라 하면

$$P_a = \frac{1}{2}\gamma H^2 C_a \tag{9.53}$$

여기서, C_a를 Coulomb의 주동토압계수라 한다.

합력 P_a의 작용점 $\bar{y}$는 Rankine 토압과 마찬가지로

$$\bar{y} = \frac{H}{3}$$

P_a의 작용방향은 옹벽 배면에 대한 수직선과 ϕ_w(반시계 방향)만큼 경사진 방향이다.

벽면마찰각(ϕ_w)은 벽체와 흙의 종류에 따라 달라진다. ϕ_w는 일반적으로 흙의 내부마찰각보다 작다. 즉 $\phi_w < \phi$

그러나 느슨한 흙의 경우는 $\phi_w \approx \phi$로 볼 수 있다.

표 9.6에는 흙의 종류에 따른 ϕ_w의 대표치가 제시되어 있으며, Coulomb 주동토압계수가 표 9.7에 있다.

표 9.6 벽면 마찰각의 대표값(McCarthy, 1988)

벽체 재료	흙의 종류	벽면 마찰각(ϕ_w)
거친 콘크리트	깨끗한 잔모래부터 굵은 모래, 자갈	30 ±
	잔모래, 실트질 모래, 점토질 모래	25 ±
	실트, 모래질 실트, 실트-점토, 점토	20 ±
매끈한 콘크리트	깨끗한 잔모래부터 굵은 모래, 자갈	25 ±
	잔모래, 중간모래, 모래-실트-자갈 혼합	20 ±
	모래-실트, 모래-점토 혼합	15 - 18
강 널말뚝	깨끗한 굵은 모래, 모래-자갈 혼합	22
	잔모래, 중간 모래, 모래-실트-자갈 혼합	17
	실트, 모래-실트, 모래-점토 혼합	2 - 14
목재	점성이 없는 흙	15 ±

표 9.7 Coulomb 주동토압계수 $C_a\ (\beta' = 90)$

	$\phi_w(°)$	$\phi = 26°$	28°	30°	32°	34°	36°	38°	40°
$i = 0°$	0	0.390	0.361	0.333	0.307	0.283	0.260	0.238	0.217
	16	0.349	0.324	0.300	0.278	0.283	0.260	0.238	0.217
	17	0.348	0.323	0.299	0.277	0.256	0.237	0.218	0.200
	20	0.345	0.320	0.297	0.276	0.255	0.235	0.217	0.199
	22	0.343	0.319	0.296	0.275	0.254	0.235	0.217	0.189
$i = 5°$	$\phi_w(°)$	$\phi = 26°$	28°	30°	32°	34°	36°	38°	40°
	0	0.414	0.382	0.352	0.323	0.297	0.272	0.249	0.227
	16	0.373	0.345	0.319	0.295	0.272	0.250	0.229	0.210
	17	0.372	0.344	0.318	0.294	0.271	0.249	0.229	0.210
	20	0.370	0.342	0.316	0.292	0.270	0.248	0.228	0.209
	22	0.369	0.341	0.316	0.292	0.269	0.248	0.228	0.209
$i = 10°$	$\phi_w(°)$	$\phi = 26°$	28°	30°	32°	34°	36°	38°	40°
	0	0.443	0.407	0.374	0.343	0.0314	0.286	0.261	0.238
	16	0.404	0.372	0.342	0.315	0.289	0.265	0.242	0.221
	17	0.404	0.371	0.342	0.314	0.288	0.264	0.242	0.220
	20	0.402	0.370	0.340	0.313	0.287	0.263	0.241	0.220
	22	0.401	0.369	0.340	0.312	0.287	0.263	0.241	0.220

Coulomb의 수동토압은 주동토압과 같은 원리에 의해 식 (9.54)와 같이 구해진다.

$$P_p = \frac{1}{2}\gamma H^2 \left[\frac{\sin(\beta+\phi)\csc\beta}{\sqrt{\sin(\beta-\phi_w)} + \sqrt{\dfrac{\sin(\phi+\phi_w)\sin(\phi+i)}{\sin(\beta-i)}}} \right]^2 \quad (9.54)$$

여기서, ϕ_w : 벽면마찰각

$\left[\dfrac{\sin...}{\sqrt{\sin...}} \right]^2$ 을 Coulomb의 수동토압계수 C_p라 한다.

$$P_p = \frac{1}{2}\gamma H^2 C_p \quad (9.55)$$

합력 P_p의 작용점 $\bar{y}$는

$$\bar{y} = \frac{H}{3}$$

Coulomb의 수동토압계수가 표 9.8에 있다.

표 9.8 Coulomb 수동토압계수 $C_p\,(\beta' = 90)$

	$\phi_w(°)$	$\phi=26°$	28°	30°	32°	34°	36°	38°	40°
$i=0°$	0	2.651	2.770	3.000	3.255	3.537	3.852	4.204	4.599
	16	4.195	4.652	5.174	5.775	6.469	7.279	8.230	9.356
	17	4.436	4.830	5.385	6.025	6.767	7.636	8.662	9.882
	20	4.857	5.436	6.105	6.885	7.804	8.892	10.494	11.771
	22	5.253	5.910	6.675	7.574	8.641	9.919	11.466	13.364
$i=5°$	$\phi_w(°)$	$\phi=26°$	28°	30°	32°	34°	36°	38°	40°
	0	2.943	3.203	3.492	3.815	4.177	4.585	5.046	5.472
	16	5.250	5.878	6.609	7.464	8.474	9.687	11.128	12.894
	17	5.475	6.146	6.929	7.850	8.942	12.251	11.836	13.781
	20	6.249	7.074	8.049	9.212	13.613	12.321	14.433	17.083
	22	6.864	7.820	8.960	10.334	12.011	14.083	16.685	20.011
$i=10°$	$\phi_w(°)$	$\phi=26°$	28°	30°	32°	34°	36°	38°	40°
	0	3.385	3.713	4.080	4.496	4.986	5.507	6.125	6.841
	16	6.652	7.545	8.605	9.876	11.417	13.309	15.665	18.647
	17	6.992	7.956	9.105	10.492	12.183	14.274	16.899	20.254
	20	8.186	9.414	10.903	12.733	15.014	17.903	21.636	26.569
	22	9.164	10.625	12.421	14.659	17.497	21.164	26.013	32.602

9.5.2 Rankine 토압과 Coulomb 토압의 비교

Rankine과 Coulomb 토압이론의 가장 중요한 차이점은 벽면마찰각의 고려 여부이다. Coulomb 토압이 벽면마찰을 고려하는데 반해 Rankine 토압에서는 이를 무시($\phi_w = 0$)하고 있다.

벽면마찰의 고려여부는 주동토압 크기에는 큰 영향을 미치지 않으나 주동토압 작용방향이 달라지므로 P_{ah}와 P_{av}에는 큰 영향을 미치게 된다. 이러한 사실은 Rankine과 Coulomb의 토압이론에도 그대로 적용된다.

배면이 연직이고 지표면이 수평인 옹벽에 대하여 $\phi_w = 0$인 경우와 $\phi_w > 0$인 경우의 주동토압을 비교해 보자(그림 9.27 참조).

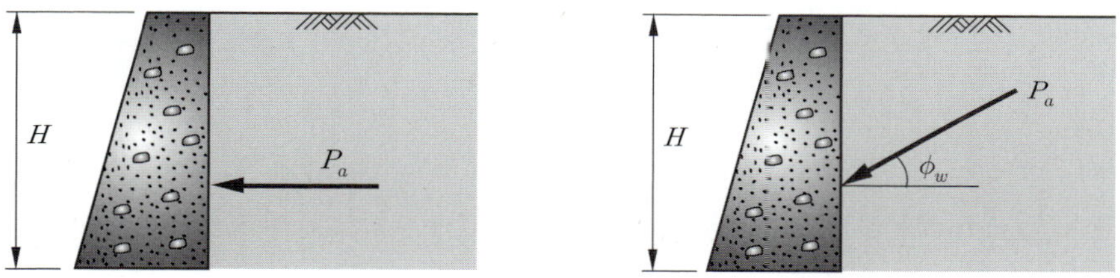

(a) Rankine 토압($\phi_w = 0$)　　(b) Coulomb 토압($\phi_w > 0$)

그림 9.27 Rankine 토압과 Coulomb 토압의 비교

- 주동토압의 크기 : 벽면마찰을 무시하면 주동토압은 더 큰 값이 된다.
  큰 차이는 없음(차이 ≈ 10%). 즉 $P_{a\,(\phi_w = 0)} > P_{a\,(\phi > 0)}$
- 주동토압의 작용방향 : 서로 다르며 이 차이는 중요한 의미를 가진다.

이 경우 주동토압의 작용방향은 수평선과 ϕ_w만큼 경사진다. 주동토압의 수평분력 P_{ah}는 옹벽을 활동 또는 전도시키는 힘인데 반해 연직성분 P_{av}는 옹벽의 파괴에 저항하는 힘이 된다. Rankine 토압($\phi_w = 0$)과 Coulomb 토압($\phi_w > 0$)으로 토압의 성분을 비교해 보면

$$\text{Rankine : } P_a = \frac{1}{2}\gamma H^2 K_a, \quad P_{ah} = P_a, \quad P_{av} = 0$$

$$\text{Coulomb}\ :\ P_a = \frac{1}{2}\gamma H^2 C_a\ ,\ \ P_{ah} = P_a \cos\phi_w,\ \ P_{av} = P_a \sin\phi_w$$

Coulomb 토압이 P_{ah}는 더 적고 P_{av}는 물론 더 크다. 즉 Coulomb 토압은 옹벽을 파괴(활동 또는 전도) 시키려는 힘은 더 적게, 저항력은 더 크게 산정하는 셈이다. 예제 9.6에서 이 사실을 구체적으로 확인해 보자.

➤ 예제 9.6

그림 예제 9.6 해답도와 같이 연직배면에 지표면이 수평인 높이 H인 옹벽이 있다. 뒤채움 흙의 내부마찰각이 30° 이고 벽면마찰각이 내부마찰각과 같을 때 옹벽에 작용하는 주동토압을 (1) Rankine, (2) Coulomb의 방법으로 구하고 각 방법으로 수평분력과 연직분력도 함께 구하여 비교해 보라.

조건 $H,\ \phi = \phi_w = 30^\circ$

요구 (1) Rankine의 주동토압 (2) Coulomb의 주동토압 (3) 토압의 비교

풀이 (1) Rankine 토압이론 : $\phi = 30^\circ$ 이므로 $K_a = 0.333$

$$P_a = \frac{1}{2}\gamma H^2 K_a = \frac{1}{2}\gamma H^2 (0.333)$$

$$P_{ah} = P_a = \frac{1}{2}\gamma H^2 (0.333)\ ,\quad P_{av} = 0$$

(2) Coulomb 토압이론 : $\phi = \phi_w = 30^\circ$ 이므로 $C_a = 0.297$

$$P_a = \frac{1}{2}\gamma H^2 C_a = \frac{1}{2}\gamma H^2 (0.297)$$

$$P_{ah} = P_a \cos\phi_w = \frac{1}{2}\gamma H^2 (0.297)\cos 30^\circ = \frac{1}{2}\gamma H^2 (0.257)$$

$$P_{av} = P_a \sin\phi_w = \frac{1}{2}\gamma H^2 (0.297)\sin 30^\circ = \frac{1}{2}\gamma H^2 (0.150)$$

Rankine과 Coulomb의 주동토압은 그림 예제 9.6 해답도와 표 예제 9.6에 제시되어 있다.

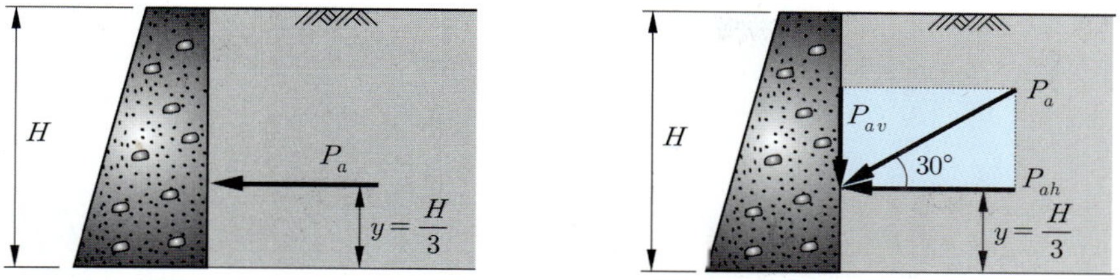

(a) Rankine의 주동토압 (b) Coulomb의 주동토압

그림 예제 9.6 해답도

표 예제 9.6 토압 계산결과의 비교

	Rankine	Coulcmb	비교
P_a	$\frac{1}{2}\gamma H^2(0.333)$	$\frac{1}{2}\gamma H^2(0.297)$	≈ 10% 차이
P_{ah}	$\frac{1}{2}\gamma H^2(0.333)$	$\frac{1}{2}\gamma H^2(0.257)$	≈ 30% 차이
P_{av}	0	$\frac{1}{2}\gamma H^2(0.150)$	차이 많이 남

9.6 옹벽의 안정

9.6.1 옹벽의 종류

옹벽의 종류로는 중력식, 반중력식, 캔틸레버식(cantilever), 부벽식 옹벽이 주로 사용되고 있으며 보강토 옹벽(reinforced earth wall), 블럭형 옹벽, 개비온 옹벽 등도 사용된다.

각 옹벽의 형식별 개념도를 그림 9.28에 제시하였다.

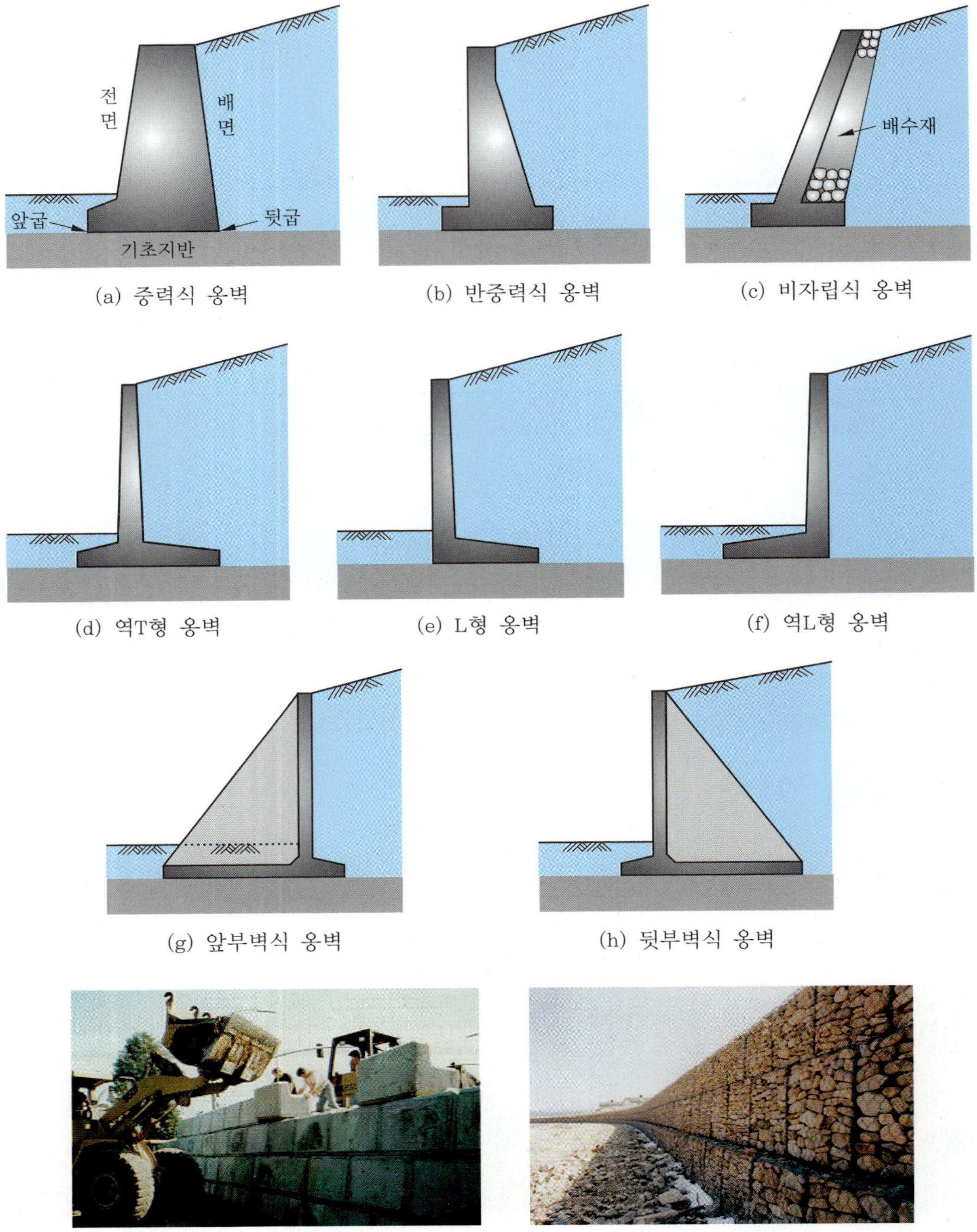

(a) 중력식 옹벽 (b) 반중력식 옹벽 (c) 비자립식 옹벽

(d) 역T형 옹벽 (e) L형 옹벽 (f) 역L형 옹벽

(g) 앞부벽식 옹벽 (h) 뒷부벽식 옹벽

(i) 블럭형 옹벽 (j) 개비온 옹벽

그림 9.28 옹벽의 종류

그림 9.29에서 옹벽의 높이에 따라 적절한 형식을 선정할 수 있다.

그림에서 보는 바와 같이 콘크리트 옹벽의 경우 형식에 따라 결정되는 옹벽 높이의 순서는

중력식 < 캔틸레버식 < 부벽식

이 된다. 최근에는 옹벽의 높이가 10m 이상이 될 때는 보강토 옹벽이 많이 적용되고 있다.

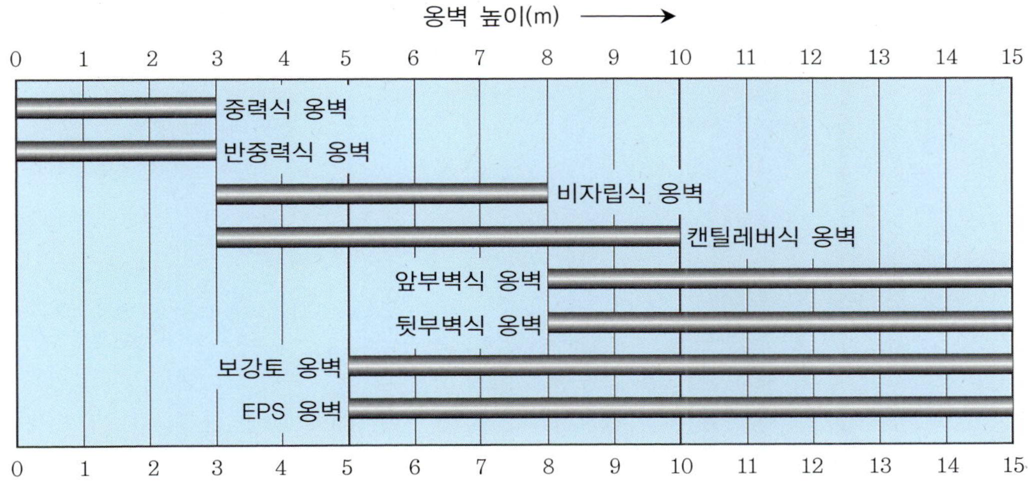

그림 9.29 옹벽의 높이에 따른 형식 선정

건설교통부에서 발행한 옹벽표준도를 이용하면 설계과정을 생략할 수도 있다. 옹벽표준도는 다양한 조건에 대한 안정성 검토결과를 바탕으로 작성된 옹벽의 단면도, 배근도 및 재료표가 제시되어 있다. 즉 현장조건보다 불리한 조건(안전측)의 표준도를 선택하여 설계에 반영하면 옹벽의 외적 안정성과 내적 안정성 검토를 하지 않아도 안전측 설계가 된다.

옹벽표준도를 이용하여 높이를 알면 그림 9.30과 같이 단면을 선택할 수 있고, 가정한 단면에 대하여 안정한 경우 옹벽단면의 크기로 결정한다.

하부지반의 지지력이 충분치 않다고 판단될 때는 옹벽의 자중에 의해 과도한 침하가 발생할 수 있으므로 옹벽 형식의 선정에 주의가 필요하다. 옹벽의 높이가 동일한 조건에서 옹벽기초의 저면에 작용하는 최대 접지압의 크기의 순서는 중력식 > 반중력식 > L형 > 역T형이다.

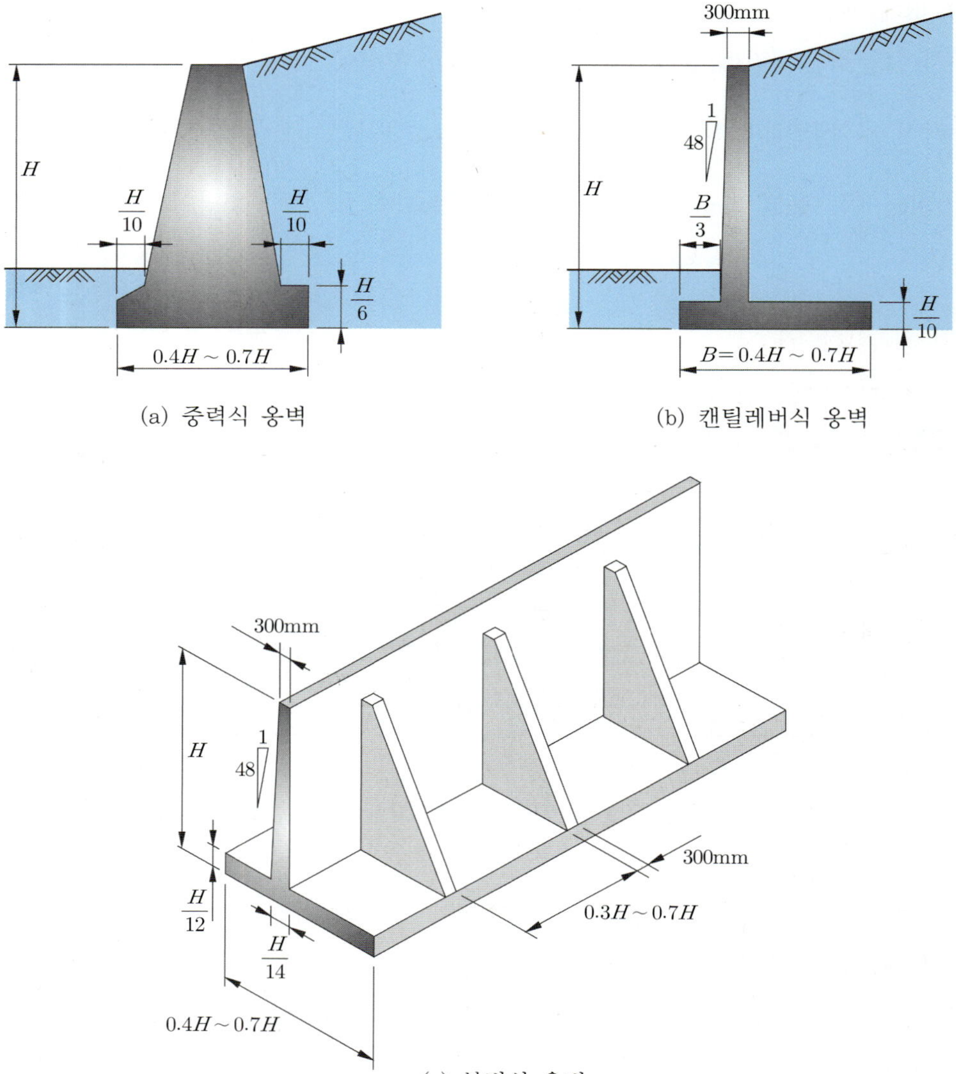

(a) 중력식 옹벽 (b) 캔틸레버식 옹벽 (c) 부벽식 옹벽

그림 9.30 옹벽단면의 가정

9.6.2 뒤채움과 배수설비

1) 뒤채움 재료

옹벽의 시공과정을 간단히 살펴보면 굴착 계획 ⇨ 굴착 완료 ⇨ 옹벽 설치 ⇨ 뒤채움이다. 배

수를 원활하게 하여 간극수압이 발생하지 않도록 하기 위해서는 뒤채움 재료의 선택이 중요하다.

옹벽에서 일반적인 뒤채움 재료의 기준은 다음과 같다.

① 재료의 최대치수 : 100mm 이하
② 4번체 통과량 : 25 ~ 100%
③ 200번체 통과량 : 0 ~ 15%
④ 소성지수(I_p) : 10% 이하
⑤ CBR 10% 이상
⑥ 투수성이 좋은 사질토

2) 배수설비

전술한 바와 같이 옹벽에 작용하는 토압에서 수압이 차지하는 비중은 매우 크다. 따라서 배수처리는 옹벽의 설계와 시공에서 옹벽의 안정에 영향을 미치는 중요한 요인이 된다.

토질조건별 배수설비는 다음과 같은 물구멍(weep hole)과 유공관(有孔管), 필터(filter) 등이 있다.

① 배수가 잘 되는 사질토

- 물구멍 설치 : 직경 5cm, 설치간격 1.5 ~ 4.5m(일반적으로 2.0×2.0 m)
- 유공관 설치 : 옹벽 길이방향으로 설치하여 유도배수

② 배수가 다소 불량한 사질토

- 물구멍 설치 : ①과 같음
- 유공관 설치 : ①과 같음
- 연직필터 설치 : 30×30cm 크기의 필터를 물구멍 사이에 설치

③ 세립토

- 30cm 두께의 필터층을 연직 또는 경사진 방향으로 설치

④ 팽창성 점토

- 이중 blanket 배수층 설치

배수설비에 관한 단면도가 그림 9.31에 제시되어 있다.

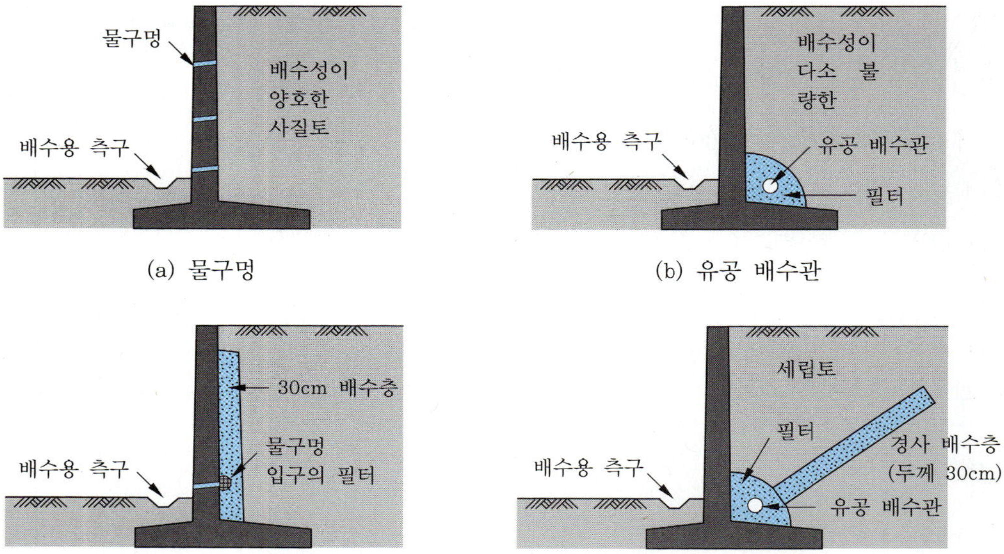

(a) 물구멍 (b) 유공 배수관

(c) 연직 배수층 (d) 경사 배수층

그림 9.31 옹벽 뒤채움 배수설비

9.6.3 옹벽의 안정

옹벽을 설계할 때 옹벽에 작용하는 토압은 대부분의 경우 주동토압으로 하고 있다. 하중으로서 옹벽에 작용하는 토압의 크기는 최대 정지토압에서 최소 주동토압의 범위에 있을 것이다. 그런데 옹벽을 최소 토압인 주동토압에 대하여 설계하는 것은 정지토압에서 주동토압으로 감소하는데 소요되는 회전각 변위(또는 수평변위)가 매우 작아서 이를 묵시적으로 용인하고 있기 때문이다. 이렇게 함으로써 옹벽의 단면을 작게 하여 경제적 설계를 하고 있는 셈이다. 그러나 교대와 같이 미소한 변위도 허용할 수 없는 경우에는 정지토압으로 설계하여야 한다.

1) 안정조건

옹벽은 토압에 의하여 활동(滑動, sliding) 및 전도(轉倒, overturning)가 발생하지 않도록 설계하여야 한다. 또한 옹벽은 그 자중과 토압에 의하여 옹벽이 설치된 기초 지반의 지지력(支持力, bearing)에 대하여 안전하도록 설계 하여야 한다. 활동과 전도를 일으키는 외력(하중)은 토압이고 저항력은 옹벽의 자중에서 나오게 된다. 한편 지지력 파괴의 경우에는 하중은 옹벽 자중과 토압이 되고 저항력은 지반의 강도, 즉 지지력이 된다. 이와 같은 안정조건을 옹벽의 외적 안정조건이라고 한다. 즉 다음 네 가지 안정조건을 만족하여야 한다.

- 활동(sliding)에 대한 안정
- 전도(overturing)에 대한 안정
- 지지력(bearing capacity)에 대한 안정
- 사면의 안정(slope stability)

연약지반과 같은 특수한 지층 조건에서 옹벽을 시공할 때는 지반침하에 주의하여야 한다. 지반침하가 우려될 때는 다음과 같은 방법을 고려할 수 있다.

- 하부지반을 개량하여 지지력을 증가시킨다.
- 그라우팅 등으로 지반을 보강한다.
- 말뚝기초로 처리하여 옹벽을 안전하게 지지한다.

옹벽은 외적안정 외에도 벽체, 저판 및 돌출부(key)의 단면이 휨 모멘트 및 전단력에 대해 안정하여야 한다. 이러한 내적 안정 조건을 만족하는 최소 벽체 두께 및 소요 철근량의 산정이 주된 설계과정이 된다.

2) 안전율(factor of safety)

현재 관용되고 있는 옹벽의 안정성에 대한 판단 기준인 안전율은 다음과 같이 정의된다.

① F_s(활동, sliding)$= \dfrac{\text{저항력}}{\text{활동력}} = \dfrac{F_r}{F_d}$

여기서, F_r = [옹벽과 상재토의 무게 + 주동토압의 연직분력] $\times \tan\phi_w$ + 수동토압

$\tan\phi_w$ = 옹벽저면과 흙의 마찰계수

F_d = 주동토압의 수평 분력

(수동토압은 수평방향으로 작용하는 것으로 간주함)

② F_s(전도, overturing)$= \dfrac{\text{저항모멘트}}{\text{전도모멘트}} = \dfrac{M_r}{M_d}$

여기서, M_r = Σ(옹벽과 상재토의 무게) $\times$ 옹벽 선단에서 작용점까지 거리

M_d = Σ(수평분력−연직분력) $\times$ 옹벽 선단에서 작용점까지 거리

③ F_s(지지력, bearing) $= \dfrac{\text{지반의 극한지지력}}{\text{옹벽과 뒷굽판 위 흙의 무게} + \text{상재하중}}$

(지반의 극한지지력은 Terzaghi 또는 Meyerhof 지지력 이론으로 구할 수 있다.)

안전율은 활동, 전도 및 지지력 별로 산정하여 각 파괴형태(mode) 별로 안정성을 판단하게 된다. 이론상으로는 계산된 안전율이 1보다 크면 안정한 것으로 판정된다. 그러나 파괴력과 저항력 산정에 관여하는 여러 가지 불확실성을 감안하여 실제로는 계산에서 얻은 안전율이 이른바 허용안전율(allowable factor of safety : F_{sa})보다 커야 안전한 것으로 판정하고 있다. 허용안전율은 경험에 의하여 확정된 값이며 이론으로 산정하는 것은 아니다.

따라서 안전에 대한 판정은 계산으로 구한 안전율 F_s가 1보다 크더라도 F_{sa}보다 작으면 경험적으로 불안정한 것으로 판정한다. 즉

- $F_s \geq F_{sa}$ 이면 안전($O.\ K.$)
- $F_s < F_{sa}$ 이면 불안전($N.\ G.$)

각 파괴형태(mode)에 대한 허용안전율(F_{sa}) 값은 다음 값을 사용하고 있다.

- 활동(sliding) : $F_{sa} = 1.5 \sim 2.0$
- 전도(overturning) : $F_{sa} = 1.5 \sim 2.0$
- 지지력 : $F_{sa} = 2.0 \sim 3.0$ (보통은 3.0)

PISA TIP (9.10) 다음 중 옹벽의 안정성을 감소시키는 요인은?

ⓐ 필터층의 설치 ⓑ 옹벽 전면 굴착
ⓒ 뒤채움 흙의 다짐 ⓓ 모관상승 작용
ⓔ 지하수면 상승 ⓕ 집중호우

9.6.4 옹벽의 안정검토

1) 활동(sliding)에 대한 안정

안전율을 옹벽의 저면에 작용하는 전단력 T에 대한 흙의 전단강도(마찰저항) S의 비(比)로 정의하고 허용안전율 $F_{sa} = 1.5 \sim 2.0$으로 한다. 즉

$$F_s = \frac{S}{T} = \frac{R_v \tan\phi_w}{R_h} \geq 1.5 \sim 2.0 \text{이면 } O.K. \tag{9.56}$$

여기서, R_v= 연직력의 합력 $(= W + P_v)$

R_h= 수평력의 합력 $(= P_h)$

ϕ_w= 옹벽저면과 흙 사이의 마찰각

$R_v \tan\phi_w$= 옹벽저면과 흙 사이의 마찰저항

수동토압을 고려하는 방법에 따라 위의 식은 다음과 같은 경우가 있다.

보통은 수동토압을 무시하여

$$F_s = \frac{(W + P_v)\tan\phi_w}{P_h} \geq 1.5 \text{이면 } O.K. \tag{9.57}$$

또는 수동토압을 고려하되 수동토압을 저항력으로 보고 저감률 2를 사용하여

$$F_s = \frac{(W + P_v)\tan\phi_w + P_p/2}{P_h} \geq 2.0 \text{이면 } O.K. \tag{9.58}$$

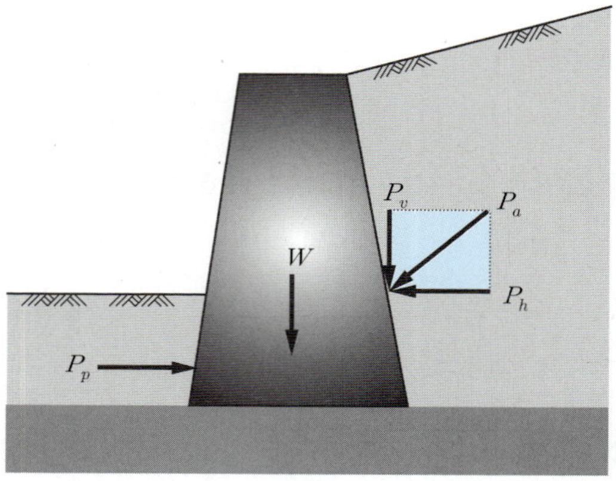

그림 9.32 옹벽에 작용하는 주동 및 수동토압

수동토압을 음(−)의 활동력으로 보는 경우도 있다. 저감률 2를 고려하여

$$F_s = \frac{(W+P_v)\tan\phi_w}{P_h - \dfrac{P_p}{2}} \geq 2.0 \text{ 이면 } O.K. \tag{9.59}$$

2) 전도(overturning)에 대한 안정

전도에 대한 안정검토에는 보통 수동토압 P_p는 고려하지 않는다.

전도에 대한 안정검토 방법에는 다음 두 가지가 있다.

① A 점에 대하여 전도에 대한 안전율이 허용안전율보다 크면 안전한 것으로 판정한다.

$$F_s = \frac{M_r}{M_d} \geq 1.5 \sim 2.0 \text{이면 } O.K. \tag{9.60}$$

즉 그림 9.33에서

$$F_s = \frac{W a}{P_h\, y - P_v\, f} \geq 1.5 \sim 2.0 \text{이면 } O.K. \tag{9.61}$$

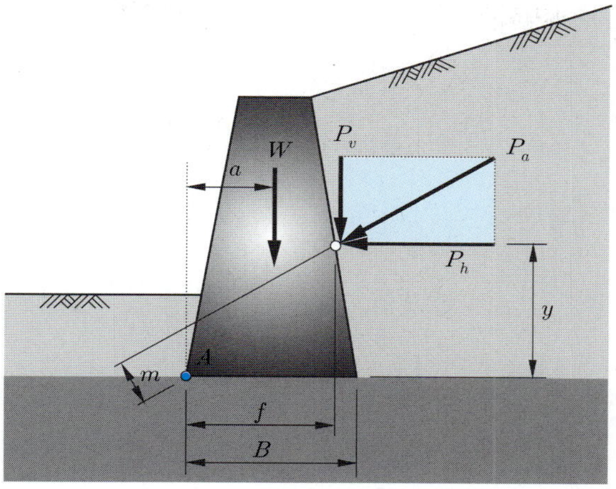

그림 9.33 전도에 대한 안정검토

만약 P_a의 작용선이 A점 아래를 지나 A에 대한 모멘트가 시계방향이면 이 모멘트는 옹벽을 전도시키는 모멘트가 아니므로 옹벽은 전도에 대하여 안전하다.

PISA TIP (9.11) 다음 식은 옹벽의 전도에 관한 안전율 계산식으로 적합한가?

[질문 1] $F_s = \dfrac{Wa}{P_h y - P_v f}$ (주동토압의 연직분력을 작용력으로 보는 경우)

[질문 2] $F_s = \dfrac{Wa + P_v f}{P_h y}$ (주동토압의 연직분력을 저항력으로 보는 경우)

② 합력이 중앙 $\frac{1}{3}$(middle one third)안에 작용하면 전도에 대해 안전한 것으로 판정한다. 이때는 옹벽저면에는 압축응력만 작용하게 되므로 옹벽은 앞굽점 A를 중심으로 전도될 수 없다. 앞굽점 A점에 대하여 합력의 모멘트는 분력 모멘트의 합과 같으므로

$$R_v x = Wa + P_v f - P_h y$$

$$x = \frac{A\text{점에 대한 모멘트의 합}}{\text{연직력의 합}} = \sum \frac{M_A}{R_v} \qquad (9.62a)$$

$$x = \frac{W a + P_v f - P_h y}{R_v} \tag{9.62b}$$

x는 앞굽에서 합력의 작용점까지의 거리이다.

합력의 작용점 x가 결정되면 편심거리 $e = \frac{B}{2} - x$를 구할 수 있다.

- $x < \frac{B}{3}$이면 $e > \frac{B}{6}$, 즉 합력의 작용점은 중앙 $\frac{1}{3}$ 밖에 있게 된다.
- $x \geq \frac{B}{3}$이면 $e \leq \frac{B}{6}$, 즉 합력의 작용점은 중앙 $\frac{1}{3}$ 안에 있게 된다.

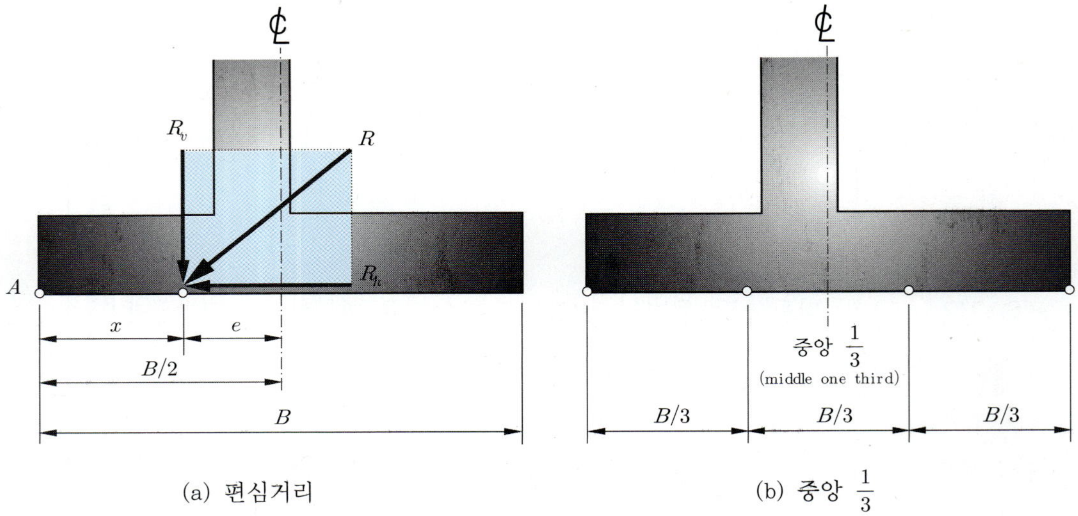

그림 9.34 편심거리와 중앙 $\frac{1}{3}$

3) 지지력(bearing)에 대한 안정

안전율은 옹벽자중과 토압에 의하여 옹벽저면에 발생하는 최대 접지압 $\sigma_{\max}$에 대한 극한지지력 q_{ult}의 비(比)로 정의된다. 이 때 허용안전율은 보통 $F_{sa} = 3$으로 한다.

$$F_s = \frac{q_{ult}}{\sigma_{\max}} \geq 3.0 \text{ 이면 } O.K. \tag{9.63a}$$

또는 $\sigma_{\max} \le q_a = \dfrac{q_{ult}}{F_{sa}}$ 이면 $O.\ K.$ (9.63b)

여기서, q_{ult} : 극한지지력

$q_a = \dfrac{q_{ult}}{F_{sa}}$: 허용지지력

$\sigma_{\max}$: 최대 접지압

- 최대 접지압 $\sigma_{\max}$
- 극한지지력 q_{ult} :

얕은 기초의 지지력 공식에 의거하여 산정하거나 평판재하시험 등으로 구하여야 한다. 여기에 관하여서는 기초공학 서적을 참고하기 바란다. 핸드북(handbook)이나 설계편람에는 흙의 종류에 따른 허용지지력(또는 극한지지력)의 개략치가 제시되어 있지만 이들은 예비설계 단계나 극히 작은 규모의 공사에만 사용한다.

- 최대 접지압 $\sigma_{\max}$과 최소 접지압 $\sigma_{\min}$의 산정 :

그림 9.35에 상세하게 보인 것처럼 편심하중은 도심하중과 편심모멘트의 합과 같다. 즉 같은 그림에서 편심하중 R_v에 의하여 생기는 응력은 도심하중 R_v와 편심모멘트 $M = R_v\,e$에 의한 응력을 합하여 얻을 수 있다. 따라서 옹벽 저면에 생기는 최대 및 최소응력은

$$\sigma_{\substack{\max \\ \min}} = \frac{R_v}{A} \pm \frac{M}{Z} \tag{9.64}$$

여기서, 단면적 $A = B \times 1 = B$

단면계수 $Z = \dfrac{(1)(B^2)}{6} = \dfrac{B^2}{6}$

편심모멘트 $M = R_v\,e$

따라서

$$\sigma_{\substack{\max \\ \min}} = \frac{R_v}{B}\left[1 \pm \frac{6e}{B}\right] \tag{9.65}$$

즉 옹벽저면에 발생하는 응력은

$e < \frac{B}{6}$ 이면 $\sigma_{\min} > 0$; 압축응력 발생함

$e = \frac{B}{6}$ 이면 $\sigma_{\min} = 0$; 압축응력 발생함

$e > \frac{B}{6}$ 이면 $\sigma_{\min} < 0$; 인장응력 발생함

편심하중이 작용할 때는 연직응력 R_v 뿐만 아니라 모멘트 $M = R_v e$가 작용하게 된다. 편심하중의 효과에 대한 원리를 그림 9.35에서 설명하고 있다.

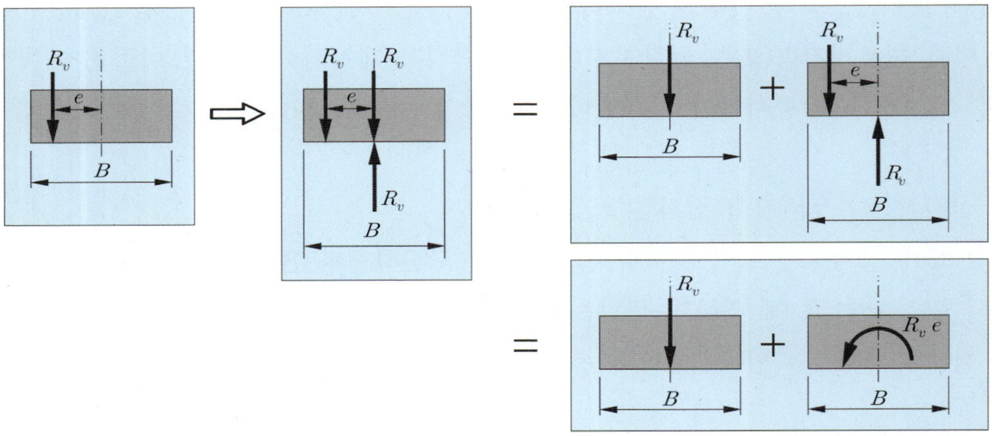

그림 9.35 편심하중의 효과

PISA TIP (9.12) 옹벽 저판 폭을 증가시키면 어떻게 되나? (옹벽 무게는 일정함)

[질문 1] 활동에 대해 더 안전해 지는가?

[질문 2] 전도에 대해 더 안전해 지는가?

[질문 3] 지지력에 대해 더 안전해 지는가?

연습문제

9.1 그림과 같은 암거에 작용하는 정지토압 분포도를 작성하라. 지하수면 위쪽 흙의 단위중량 $1.80\,t/m^3$, 지하수면 아래쪽 $2.10\,t/m^3$ 이고, 콘크리트의 단위중량 $2.50\,t/m^3$, 흙의 내부마찰각은 32° 이다.

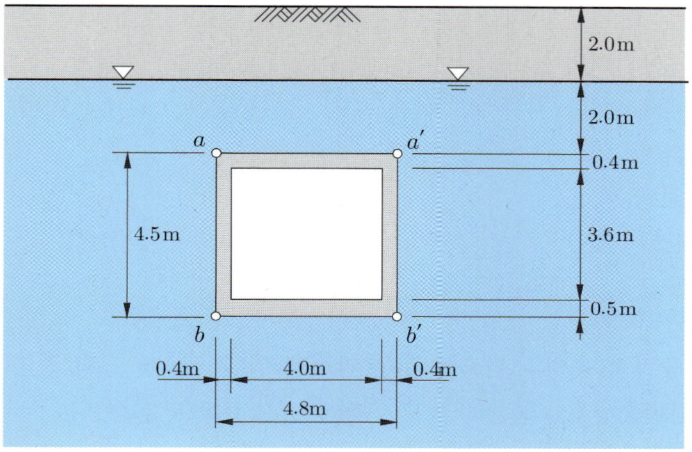

9.2 다음과 같은 네 종류의 옹벽에 모래로 뒤채움을 하였다. 이 옹벽의 배면에 작용하는 전 주동토압을 Rankine 토압이론으로 구하라.

옹벽 종류	옹벽의 높이 (m)	뒤채움 흙의 단위중량 $\gamma(t/m^3)$	뒤채움 흙의 내부마찰각 $\phi(^o)$
A	4.8	1.62	22
B		1.76	24
C	6.0	1.62	26
D		1.76	28

9.3 높이가 6.0m인 옹벽의 배면에 사질토로 뒤채움을 하였다. 지표면 경사가 10°일 때 옹벽에 작용하는 전 주동토압의 수평분력과 연직분력을 구하라. 흙의 단위중량 $1.76\,t/m^3$, 내부마찰각 32°이다.

(1) Rankine 토압이론

(2) Coulomb 토압이론(벽면마찰각은 20° 로 가정)

9.4 높이 6.0m의 옹벽배면이 점토로 뒤채움이 되어 있는 경우 Rankine의 토압이론을 이용하여 다음을 구하라. 뒤채움 흙의 단위중량은 1.78 t/m^3 이고 흙의 내부마찰각 20°, 점착력은 1.0 t/m^2 이다.

(1) 점착력을 고려한 주동토압의 합력과 작용점의 위치

(2) Cain의 설계토압과 작용점의 위치

(3) Cain의 설계토압에 인장균열 구간의 간극수압을 고려한 경우 주동토압과 작용점 위치

9.5 높이 5.0m의 옹벽 배면 2.0m 깊이에 지하수위가 있는 경우 다음을 구하라. 지하수면 상부 흙의 단위중량은 1.76 t/m^3 이고 지하수면 아래 포화 단위중량은 1.90 t/m^3 이며 흙의 내부마찰각 30°이다.

(1) 주동토압의 분포도

(2) 주동토압의 합력

(3) 합력의 작용위치

9.6 그림과 같은 중력식 옹벽의 전도에 대한 안정을 위해 필요한 옹벽 전면부 최소 근입깊이를 구하라. 콘크리트의 단위중량은 2.30 t/m^3 이고 흙의 내부마찰각은 30°이다.

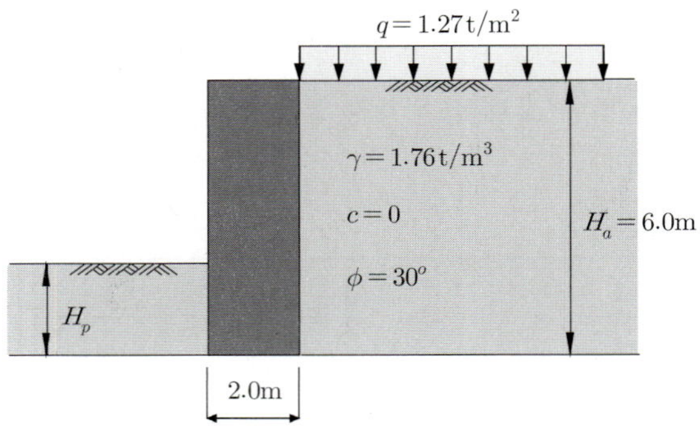

9.7 그림과 같은 캔틸레버식 옹벽에 대하여 다음을 검토하라. 콘크리트의 단위중량은 2.50 t/m^3 이고 옹벽저면과 흙 사이의 마찰계수 $\tan\phi_w = 0.6$이다. 다만 캔틸레버식 옹벽 안정검토에서는 뒤굽(heel)을 지나는 연직선을 가상 옹벽배면으로 하고 이 가상배면 왼쪽 옹벽 뒷굽판 위에 있는 흙은 옹벽의 자중으로 취급한다.

(1) 옹벽의 활동에 대한 안정성(허용안전률 1.5)

(2) 옹벽의 전도헤 대한 안정성(허용안전률 2.0)

(3) (1)과 (2)의 검토 결과 안정성이 부족한 경우의 대책

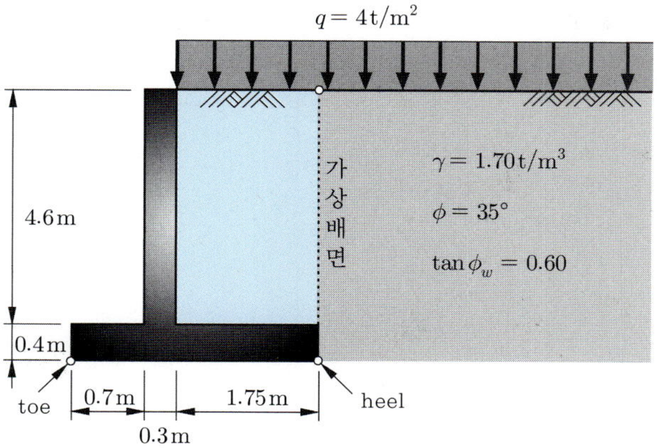

9.8 보강토 옹벽의 시공순서와 설계원리에 대한 내용을 조사하고 기술하라.

연습문제 힌트

9.1 [예제 9.3]

9.2 [식 9.18], [식 9.23]

9.3 [예제 9.6]

9.4 [예제 9.5]

9.5 [그림 9.24]

9.6 [예제 9.4]

9.7 [본문 9.6.4]

9.8

제10장

사면안정

SOIL

MECHANICS

SOIL · MECHANICS

10.1 개설

사면(slope)은 수평면과 90° 이내의 각을 이루는 경사진 지형을 말한다. 사면은 그 형성과정에 따라 인공사면과 자연사면으로 나눌 수 있다. 인공사면은 인공적으로 흙을 성토하여 축조한 사면이며, 이는 미리 정해진 성토재료로 요구되는 단면을 축조해야 하므로 재료의 구분이 명확하고 공학적 성질이 잘 밝혀질 수 있다. 제방과 흙댐 등이 여기에 속한다. 반면 자연사면은 산기슭과 같이 자연적으로 형성된 사면이다. 자연사면의 경우는 흙과 암석이 불규칙하게 뒤섞인 불균질한 지층을 이루기도 하며, 때로는 암석이 풍화되어 있거나 단층, 절리, 층리 등의 불연속면이 발달되어 있다.

사면은 그 형상에 따라 무한사면(infinite slope)과 유한사면(finite slope)으로 나눌 수 있고, 유한사면은 단순사면(simple slope)과 복합사면(compound slope)으로 세분할 수 있다. 무한사면은 비탈면의 경사각이 일정하고 길이가 긴 사면으로 파괴면은 얕은 곳에 위치하며 비탈면과 평행하다. 단순사면은 비탈면의 경사각이 일정한 유한사면이고 복합사면은 경사각이 다른 복수의 사면이 결합된 사면이다. 또한 사면은 그 구성 물질에 따라 흙 사면(earth slope)과 암반 사면(rock slope)으로 나눌 수도 있다.

사면의 흙은 중력의 작용에 의하여 높은 부분의 흙이 낮은 곳으로 이동하려는 경향이 있고, 이로 인하여 흙 속의 어느 면에서는 전단응력이 작용한다. 흙 속에서 발생된 전단응력이 흙의 전단강도를 초과하게 되면 이 면에서 활동(sliding)이 일어나서 사면이 붕괴하게 된다. 이러한 현상을 사면파괴 또는 붕괴(slope failure)라 한다.

사면의 붕괴형태는 사면의 종류에 따라 다르다. 무한사면은 활동면의 형태가 사면의 표면과 평행한 직선 형태인 평면활동을 일으키며, 이때 활동하는 길이는 활동하는 깊이에 비해 큰 것이 특징이다. 반면 유한사면은 활동하는 토사의 깊이가 사면의 높이에 비해 비교적 크며, 활동면 또는 파괴면의 형상은 원호(circular arc)활동, 비원호(non circular arc)활동, 또는 복합(compound)활동의 모양이다(그림 10.1 참조).

일반적으로 원호활동은 균질한 흙에서, 비원호 활동은 불균질한 흙에서 발생한다. 복합활동은 단단한 지층이 깊은 곳에 있을 때 발생하며, 파괴면은 곡면과 평면으로 구성된다.

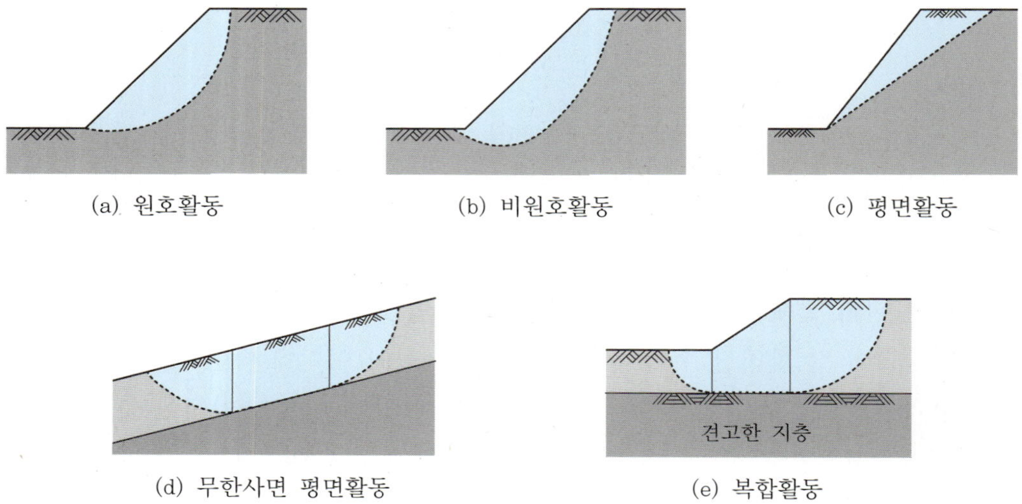

그림 10.1 사면의 파괴 형태

직선파괴는 연약한 지반을 굴착할 때 발생할 수 있다. 무한사면에서 발생하는 평면활동은 단단한 지층이 비교적 얕은 곳에 존재할 때 발생하며, 파괴면은 사면에 평행하게 발생된다.

10.2 안전율 및 사면경사 설계기준

10.2.1 안전율

사면의 안정은 이른바 안전율(factor of safety; F_s)을 근거로 하여 판단하고 있다.

일반적으로 안전율이라 함은 사면의 활동력에 대한 사면의 전단저항력의 비 또는 사면의 활동모멘트에 대한 저항모멘트의 비로 정의된다. 즉 주어진 사면에 대해 여러 가지 활동면을 가정하여 구한 안전율 중에서 가장 작은 값을 가지는 안전율을 최소안전율이라 한다. 이론상으로는 계산된 최소안전율이 1.0보다 크면 사면은 안전한 셈이 되지만, 실제에 있어서는 사면의 제반 불확실성 등을 고려하여 계산된 최소안전율이 허용안전율(allowable factor of safety; F_{sa}) 이상이 되어야 사면이 안전한 것으로 판정한다. 즉,

$[F_s]_{계산} \geq F_{sa}$ 이면 안정

여기서 허용안전율 값은 이론적으로 구하는 것이 아니라 경험에 의하여 이미 결정되어 있는 값을 사용하는 경우가 많다. 사면의 허용안전율은 사면의 조건, 사면 파괴 시의 피해 및 복구 비용 등에 따라 결정되며 일률적으로 정하기 어렵다. 각 전문기관에서는 자체의 허용안전율을 정해놓고 있다.

다음은 국내에서 적용되고 있는 최소안전율(허용안전율)의 몇 가지 예를 보인 것이다.

표 10.1 국내외 기관별로 제안하고 있는 절토사면의 최소안전율 기준

구분		최소안전율(minimum safety factor)	
한국도로공사	도로설계요령 (1976)	원위치 시험에 의해서 전단강도를 구한 경우	$F_s \geq 1.7$
		일축, 삼축압축시험에 의해 강도를 구한 경우	$F_s \geq 1.5$
	도로설계요령 (1992)	절토사면은 시공 후 시간의 경과와 함께 불안전하게 되므로 최소안전율 삭제	–
미국 Federal Register(1977)		시공 직후	$F_s \geq 1.3$
		침윤을 고려할 때	$F_s \geq 1.5$
		지진을 고려할 때	$F_s \geq 1.0$
미국 D'appolonia Consulting Inc.(1975)		실내시험에 의해 강도를 구할 경우	$1.8 > F_s > 1.3$
		최대 지진가속도를 고려할 때	$1.5 > F_s > 1.2$
영국 National Coal Board(1970)		1) peak shear stress (UU test)	$1.5 > F_s > 1.25$
		2) residual shear stress (CD test)	$1.35 > F_s > 1.15$
		3) 포화된 사질토의 경우 (c=0)	$1.35 > F_s > 1.15$
		4) 2), 3)항 공히 적용할 경우(c=0, CD test)	$1.2 > F_s > 1.1$
NAVFAC – DM 7.1		하중이 지속적으로 작용할 경우	$F_s \geq 1.5$
		구조물 기초의 경우	$F_s \geq 2.0$
		일시적인 하중작용 및 시공 시	$F_s \geq 1.35$ or 1.25
		지진하중이 작용하는 경우	$F_s \geq 1.2$ or 1.15
항만협회		항만시설 기술상의 기준, 동 해설(일본)	$V \geq 1.3$
일본 도로공단		도로설계 요령	$F_s \geq 1.5$
일본건설성		표준적인 계획 안전율 (일본)	$F_s \geq 1.1 \sim 1.3$
건설교통부		구조물 기초 설계 기준	$F_s \geq 1.3$

표 10.2 국내외 기관별로 제안하고 있는 성토사면의 최소안전율 기준

구　분	최소 안전율(minimum safety factor)	
한국도로공사	도로설계요령	$F_s \geq 1.3$
항만협회	항만시설 기술상의 기준, 동 해설(일본)	$F_s \geq 1.5$
일본 건설성	표준적인 계획 안전율(일본)	$F_s \geq 1.1 \sim 1.3$
건설교통부	구조물 기초 설계기준	$F_s \geq 1.3$
일본 도로실무강좌	도로토공, 연약지반 대책공 지침	$F_s \geq 1.2 \sim 1.3$
일본 토질공학회	가설구조물, 건설 중의 사면안정 등 일시적인 안정에 적용	$F_s \geq 1.0 \sim 1.3$
	일반적인 구조물인 경우	$F_s \geq 1.3$
	중요 구조물인 경우	$F_s \geq 1.5$
	공용하중 개시 후 적용	$F_s \geq 1.25$
	축조기간 중 일반적인 안정에 적용	$F_s \geq 1.1$

표 10.181 절토사면의 건기와 우기에 따른 최소안전율 기준

구분	최소 안전율	내 용
건기	$F_s > 1.5$	• 암반 : 인장균열면이나 활동면을 따라 수압이 작용되지 않음 • 토층 및 풍화암 : 지하수 미 고려
우기	$F_s > 1.1 \sim 1.2$	• 암반 : 인장균열면이나 활동면을 따라 적용되는 수압을 $H_w = 0.5H$로 가정하여 적용 • 토층 및 풍화암 : 지하수위는 지표면에 위치

보통 사면의 안정계산에 사용되는 안전율은 전단력, 모멘트 또는 사면의 높이에 대해 다음과 같이 계산한다.

1) 활동면이 평면인 사면

사면의 활동면이 평면(직선)일 때 안정검토를 하기 위해서는 활동면을 따라 발생되는 전단력을 구하고 이 전단력과 흙의 전단강도를 비교한다.

활동력(전단력)에 대한 안전율의 정의는 식 (10.1)과 같다.

$$F_s = \frac{S}{T} = \frac{S}{S_m} \qquad (10.1)$$

여기서, S : 흙이 발휘할 수 있는 최대의 전단강도

S_m : 흙이 현재 발휘하고 있는(mobilized) 전단강도

T : 전단력(활동시키려는 힘)

흙의 전단강도는 8장에서 제시한 것처럼 점착력과 마찰저항의 2개의 성분으로 이루어진다.

$$s = c + \sigma \tan\phi \qquad (10.2)$$

여기서, c : 이 흙이 발휘할 수 있는 최대의(고유의) 점착력

ϕ : 이 흙이 발휘할 수 있는 최대의(고유의) 내부마찰각

따라서 $\sigma \tan\phi$는 이 흙이 발휘할 수 있는 최대마찰저항이고, s는 이 흙이 발휘할 수 있는 최대전단저항(전단강도)이다. 만일 이 흙에 전단응력 τ가 작용하면 작용 반작용의 원리에 따라 흙에는 τ와 크기가 같은 전단저항 s_m이 발생하게 된다.

$$s_m = \tau \qquad (10.3)$$

여기서, s_m : 평형 유지를 위해 현재 발휘되고 있는(mobilized) 전단저항(전단강도)

2) 활동면이 원호인 사면

사면의 파괴면이 원호일 때 안정을 검토하기 위해서는 식 (10.4)와 같이 원호의 중심에 대한 활동 모멘트 M_d와 저항 모멘트를 M_r을 비교한다.

활동모멘트에 대한 안전율의 정의는 식 (10.4)와 같다.

$$F_s = \frac{M_r}{M_d} = \frac{M_r}{M_{rm}} \qquad (10.4)$$

여기서, M_r : 발휘할 수 있는 최대 저항모멘트

M_d : 활동(파괴)시키려는 모멘트

M_{rm} : 현재 발휘되고 있는(mobilized) 저항모멘트

3) 굴착 사면의 높이에 대한 안전율

지반을 굴착하는 경우 또는 굴착된 지반의 경우 사면의 높이에 대한 안전율의 정의는 식 (10.5)와 같다.

$$F_s = \frac{H_{cr}}{H} \tag{10.5}$$

여기서, H_{cr} : (사면이) 안전할 수 있는 최대 높이

H : (사면의) 현재 높이

10.2.2 사면경사 설계기준

사면을 형성하기 위해 절토 및 성토를 하게 되는데 국내 여러 기관에서 적용하고 있는 사면경사의 설계기준을 표 10.4와 표 10.5에 제시하였다. 여기서 제시한 자료는 일반적인 기준이므로 설계자는 이를 현장상태 및 지반조건에 따라 최적의 설계조건을 선택하여야 한다.

표 10.4 국내 여러 기관의 성토사면 설계 경사기준

성토 재료	성토 높이	경사 기준			
		건설교통부	도로공사	토지공사	주택공사
토사	6m 이상	1:1.8	1:1.8		
	0~6m	1:1.5	1:1.5		
	5m 이상			1:2.0	
	0~5m			1:1.5	
입도분포가 좋은 모래 및 자갈 섞인 모래, 사질토 및 굵은 모래	6m 이상				1:2.0
	3~6m				1:1.8
	0~3m				1:1.5
입도분포가 나쁜 모래, 연약한 점성토	6m 이상				별도적용
	3~6m				1:2.0
	0~3m				1:1.8

표 10.5 국내 여러 기관의 절토사면 설계 경사기준

<table>
<tr><th colspan="2" rowspan="2">토질조건</th><th rowspan="2">사면 높이</th><th colspan="4">경사 기준</th></tr>
<tr><th>건설교통부</th><th>도로공사</th><th>토지공사</th><th>주택공사</th></tr>
<tr><td colspan="2" rowspan="2">토사
(사질토, 점성토)</td><td>5m 이상</td><td>1:1.5</td><td>1:1.5</td><td>1:1.5</td><td>1:1.5</td></tr>
<tr><td>0~5m</td><td>1:1.2</td><td>1:1.2</td><td>1:1.2</td><td>1:1.2</td></tr>
<tr><td colspan="2" rowspan="2">리핑암</td><td>5m 이상</td><td rowspan="2">1:0.7</td><td rowspan="2">1:1.0</td><td rowspan="2">1:1.0</td><td>1:1.2</td></tr>
<tr><td>0~5m</td><td>1:1.0</td></tr>
<tr><td rowspan="4">발파암</td><td rowspan="2">연암</td><td>5m 이상</td><td rowspan="4">1:0.5</td><td rowspan="4">1:0.5</td><td rowspan="4">1:0.5</td><td>1:1.0</td></tr>
<tr><td>0~5m</td><td>1:0.8</td></tr>
<tr><td rowspan="2">경암</td><td>5m 이상</td><td>1:0.8</td></tr>
<tr><td>0~5m</td><td>1:0.5</td></tr>
</table>

10.3 무한사면의 안정해석

무한사면(無限斜面, infinite slope)은 경사각이 일정하고 길이가 반무한인 사면으로 구성토질은 균질하나 지표면 아래 비교적 얕은 깊이에 지표면과 평행한 견고한 토층의 표면이 존재할 수도 있다. 무한사면의 파괴면은 지표면과 평행한 평면이며 파괴형태는 평면활동으로 파괴면의 깊이는 깊지 않는 것이 특징이다.

10.3.1 침투가 없는 무한사면의 안정해석

그림 10.2는 간극수압이 없는 습윤토의 무한사면과 임의 요소의 절편에 작용하는 힘을 나타내고 있다. 이와 같은 무한사면의 안전율은 다음과 같이 구할 수 있다.

- 절편의 자중 : $W = \gamma\, b\, z \cos\beta$ (10.6)
- 파괴면에 대한 수직력 : $N = W\cos\beta = \gamma\, b\, z \cos^2\beta$ (10.7)
- 파괴면에 작용하는 전단력 : $T = W\sin\beta = \gamma\, b\, z \cos\beta \sin\beta$ (10.8)

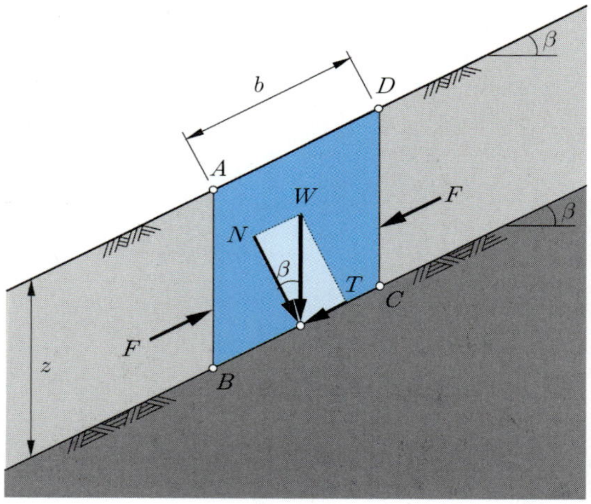

그림 10.2 절편에 작용하는 힘 ($u=0$인 경우)

따라서 가상파괴면에 작용하는 응력은

$$\sigma = \frac{N}{b} = \gamma\, z \cos^2\beta \tag{10.9}$$

$$\tau = \frac{T}{b} = \gamma\, z \cos\beta \sin\beta \tag{10.10}$$

1) 사질토 무한사면의 경우

사질토($c=0$)의 전단강도는

$$s = \sigma \tan\phi = \gamma\, z \cos^2\beta \tan\phi \tag{10.11}$$

따라서 안전율은

$$F_s = \frac{s}{\tau} = \frac{\gamma\, z \cos^2\beta \tan\phi}{\gamma\, z \cos\beta \sin\beta} \tag{10.12}$$

$$\therefore\ F_s = \frac{\tan\phi}{\tan\beta} \tag{10.13}$$

사면의 경사각 β가 내부마찰각 ϕ보다 작으면 사면은 안전하다. 사질토 무한사면의 경우 안전율은 경사각 β에만 관계되며 토층두께 z와는 무관하다. 이것은 지표면과 평행한 모든 평면이 파괴면이 될 수 있다는 것을 의미한다.

2) 일반토사 무한사면의 안정해석

일반토사($c-\phi$ soil)의 경우 지표면 아래 깊이 z되는 곳에 지표면과 평행한 견고한 토층(또는 암반)의 표면이 존재한다고 가정한다. 이 표면을 따라 평면활동이 일어나게 된다.

전단강도는

$$s = c + \sigma \tan\phi = c + \gamma z \cos^2\beta \tan\phi \tag{10.14}$$

따라서 안전율은

$$F_s = \frac{s}{\tau} = \frac{c}{\gamma z \cos\beta \sin\beta} + \frac{\tan\phi}{\tan\beta} \tag{10.15}$$

우변 첫 항은 점착력에 의한 안전율이고 마지막 항은 내부마찰에 의한 안전율이다. 견고한 토층 또는 암반이 존재하지 않으면 임계깊이 H_{cr}보다 깊은 면을 따라 평면활동이 일어날 수 있다. 점착력과 마찰각을 갖는 일반토사 무한사면의 안전율은 사면의 경사각 β는 물론 파괴면까지의 깊이 z에도 관계가 있음을 알 수 있다.

일반토사로 이루어진 무한사면의 활동 파괴가 처음 일어나는 사면의 한계고 H_{cr}은 $F_s = 1$과 $z = H_{cr}$을 식 (10.15)에 대입하여 구할 수 있다.

$$H_{cr} = \frac{c}{\gamma} \frac{\sec^2\beta}{\tan\beta - \tan\phi} \tag{10.16}$$

➤ 예제 10.1

경사각이 25°인 무한사면에서 흙의 습윤 단위중량 1.86 t/m^3, 점착력 1.60 t/m^2, 내부마찰각 20°이다.

(a) 견고한 토층 표면까지의 깊이가 7m일 때 안전율을 구하라.

(b) 안전율이 1이 되는 한계깊이를 구하라.

조건 $\beta = 25°$, $\gamma_t = 1.86\,t/m^3$, $c = 1.60\,t/m^2$, $\phi = 20°$

요구 (a) $F_{s(z=7m)}$ (b) H_{cr}

풀이 (a) $z=7\text{m}$, 건조사면인 경우의 안전율은

$$F_s = \frac{c}{\gamma z \cos\beta \sin\beta} + \frac{\tan\phi}{\tan\beta}$$

$$= \frac{1.60}{(1.86)(7.0)\cos 25° \sin 25°} + \frac{\tan 20°}{\tan 25°} = 0.32 + 0.78 = 1.10$$

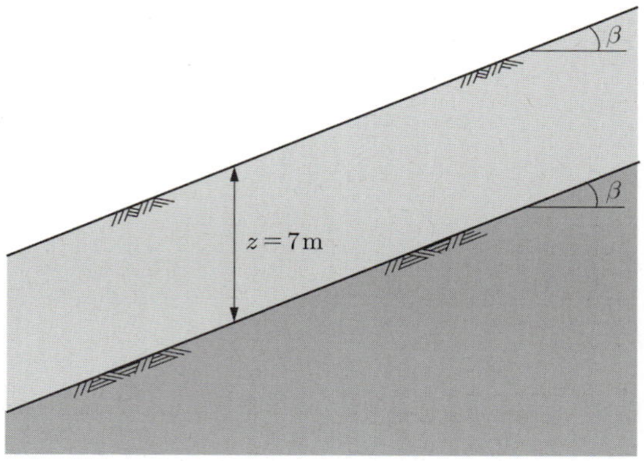

그림 예제 10.1 문제도

(b) 한계깊이는

$$H_{cr} = \frac{c}{\gamma} \frac{\sec^2\beta}{\tan\beta - \tan\phi}$$

$$= \frac{1.60}{1.86} \frac{\sec^2 25°}{\tan 25° - \tan 20°} = 0.86 \times 11.90 = 10.23\text{ m}$$

◀

10.3.2 침투가 있는 무한사면의 안정해석

그림 10.3은 침투수 흐름이 사면 내에서 사면과 평행한 방향으로 일어나고 있는 경우이다. 파괴면은 지표면 아래 깊이 z되는 곳에 있을 때 무한사면의 안전율은 다음과 같이 계산한다.

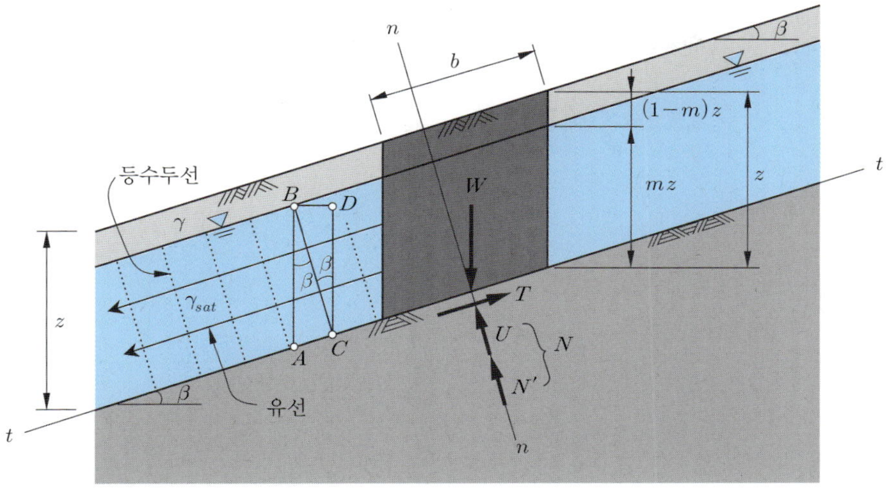

그림 10.3 침투수가 지표면 아래에서 흐르는 경우

전체중량 : $W = \gamma\, b\,(1-m)\, z \cos\beta + \gamma_{sat}\, b\, m\, z \cos\beta$ (10.17a)

$\sum F_{n-n} = 0$: $N = N' + U = W\cos\beta = \gamma\, b\,(1-m)\, z\cos^2\beta + \gamma_{sat}\, b\, m\, z\cos^2\beta$ (10.17b)

$\sum F_{t-t} = 0$: $T = W\sin\beta = \gamma\, b\,(1-m)\, z\cos\beta\sin\beta + \gamma_{sat}\, b\, m\, z\cos\beta\sin\beta$ (10.17c)

파괴면에 작용하는 전응력 σ와 τ는 식 (10.18a, b)와 같다.

$$\sigma = \gamma\,(1-m)\, z\cos^2\beta + \gamma_{sat}\, m\, z\cos^2\beta \qquad (10.18a)$$
$$= \left[\gamma\,(1-m) + \gamma_{sat}\, m\right] z\cos^2\beta$$

$$\tau = \gamma\,(1-m)\, z\cos\beta\sin\beta + \gamma_{sat}\, m\, z\cos\beta\sin\beta \qquad (10.18b)$$
$$= \left[\gamma\,(1-m) + \gamma_{sat}\, m\right] z\cos\beta\sin\beta$$

파괴면의 간극수압 u는 유선망으로부터 구할 수 있다. 즉

$u = \gamma_w \overline{CD}$이고

$\overline{CD} = \overline{BC} \cos\beta = \overline{AB} \cos^2\beta$이므로

$$u = \gamma_w \, m \, z \cos^2\beta \tag{10.19a}$$

따라서 파괴면에 작용하는 유효응력 σ'은

$$\begin{aligned}\sigma' &= \gamma(1-m)\,z\cos^2\beta + (\gamma_{sat} - \gamma_w)\,m\,z\cos^2\beta \\ &= [\,\gamma(1-m) + \gamma'\,m\,]\,z\cos^2\beta\end{aligned} \tag{10.19b}$$

1) 사질토 무한사면의 경우

사질토($c' = 0$)의 전단강도는

$$s = (\sigma - u)\tan\phi' = \sigma' \tan\phi' \tag{10.20a}$$

$$s = [\,\gamma(1-m) + \gamma'\,m\,]\,z\cos^2\beta \tan\phi' \tag{10.20b}$$

안전율 $F_s = \dfrac{s}{\tau}$이므로

$$F_s = \frac{[\,\gamma(1-m) + \gamma'\,m\,]}{[\,\gamma(1-m) + \gamma_{sat}\,m\,]} \cdot \frac{\tan\phi'}{\tan\beta} \tag{10.21}$$

식 (10.21)로부터 안전율 F_s는 깊이 z와는 무관함을 알 수 있다.

2) 일반토사 무한사면의 경우

일반토사($c-\phi$ soil)의 전단강도 s는

$$s = c' + (\sigma - u)\tan\phi' = c' + \sigma'\tan\phi' \tag{10.22a}$$

$$s = c' + [\,\gamma(1-m) + \gamma'\,m\,]\,z\cos^2\beta\tan\phi' \tag{10.22b}$$

안전율 $F_s = \dfrac{s}{\tau}$이므로

$$F_s = \frac{c'}{[\gamma(1-m)+\gamma_{sat}\, m]\, z\cos\beta\sin\beta} + \frac{[\gamma(1-m)+\gamma'\, m]}{[\gamma(1-m)+\gamma_{sat}\, m]} \cdot \frac{\tan\phi'}{\tan\beta} \tag{10.23}$$

안전율은 경사각 β와 함께 깊이 z와 수위 m과도 관계된다. 경사가 급할수록, 그리고 견고한 토층까지 깊이가 깊을수록 그리고 수면이 지표면 가까이 있을수록 안전율은 작아진다.

3) 침투수가 지표면과 일치하여 흐를 때

식 (10.23)은 임의 깊이의 지하수위에 대한 관계식이므로 건조사면이면 $m=0$, 침투수류가 지표면과 일치하여 흐르면 $m=1$로 두면 각각의 경우에 대한 안전율을 구할 수 있다.

즉 침투수류가 지표면과 일치하여 발생하고 있을 때의 일반토사 무한사면의 안전율은

$$F_s = \frac{c'}{\gamma_{sat}\, z\cos\beta\sin\beta} + \frac{\gamma'}{\gamma_{sat}} \cdot \frac{\tan\phi'}{\tan\beta} \tag{10.24}$$

점착력이 없는 사질토 무한사면의 경우는 식 (10.24)로부터 $c=0$을 대입하여 구할 수 있다.

$$F_s = \frac{\gamma'}{\gamma_{sat}} \cdot \frac{\tan\phi'}{\tan\beta} \tag{10.25}$$

사질토의 경우 $\dfrac{\gamma'}{\gamma_{sat}} \approx \dfrac{1}{2}$이므로, 침투수가 지표면과 일치하여 흐를 때의 무한사면의 안전율은 건조한 사질토층의 안전율 식 (10.13)과 비교해 보면 약 반(半)으로 감소함을 알 수 있다.

10.3.3 수중에 잠긴 무한사면의 안정해석

그림 10.4는 수중(水中, submerged) 무한사면을 보여 주고 있다. 물의 흐름은 일어나지 않고 있으므로 정수압 상태이다. 따라서 침투수압은 발생하지 않는다.

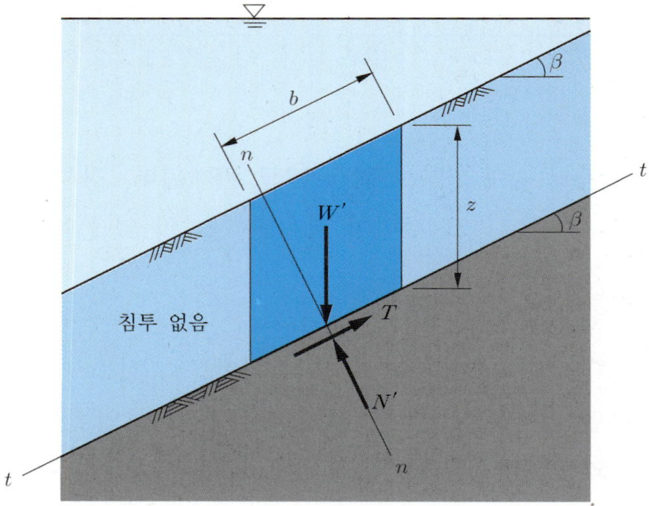

그림 10.4 수중에 잠긴 무한사면의 안정해석

흙의 수중 중량 $W' = \gamma' \, b \, z \cos\beta$ (10.26a)

$$\sum F_{n-n} = 0 \quad ; \quad N' = W' \cos\beta = \gamma' \, b \, z \cos^2\beta \tag{10.26b}$$

$$\sum F_{t-t} = 0 \quad ; \quad T = W' \sin\beta = \gamma' \, b \, z \cos\beta \sin\beta \tag{10.26c}$$

파괴면에 작용하는 응력

$$\sigma' = \frac{N'}{b} = \gamma' \, z \cos^2\beta \tag{10.27a}$$

$$\tau = \frac{T}{b} = \gamma' \, z \cos\beta \sin\beta \tag{10.27b}$$

사면이 수중에 잠겨 있으므로 간극수압은 별도로 고려하지 않는다.

1) 사질토 무한사면의 경우

사질토($c=0$)의 전단강도 s는

$$s = \sigma' \tan\phi' = \gamma' z \cos^2\beta \tan\phi' \tag{10.28}$$

따라서 안전율 F_s는

$$F_s = \frac{s}{\tau} = \frac{\gamma' z \cos^2\beta \tan\phi'}{\gamma' z \cos\beta \sin\beta} \tag{10.29a}$$

$$\therefore \quad F_s = \frac{\tan\phi'}{\tan\beta} \tag{10.29b}$$

사질토 지반의 수중 무한사면은 건조한 무한사면과 그 안전율이 거의 같다. 이것은 사면이 물 속에 있게 되어 전단강도가 감소하지만 침투수압이 없어서 전단응력도 같은 비율로 감소하기 때문이다.

2) 일반토사 무한사면의 안정해석

일반토사($c-\phi$ soil)의 전단강도 s는

$$s = c' + \sigma' \tan\phi' = c' + \gamma' z \cos^2\beta \tan\phi' \tag{10.30}$$

따라서 안전율 F_s는

$$F_s = \frac{s}{\tau} = \frac{c'}{\gamma' z \cos\beta \sin\beta} + \frac{\tan\phi'}{\tan\beta} \tag{10.31}$$

사면이 물속에 잠겨 있으면 침투수류 발생 시 보다 안전하고 안전율은 물이 없는 사면의 안전율보다 약간 크다. 이것은 식 (10.31)의 우변 첫째항 분모가 감소($\gamma \rightarrow \gamma'$ 으로)하여 점착력에 의한 안전율이 약간 증가하기 때문이다.

PISA TIP

(10.1) 워터봅슬레이 경주 결과는?

두 쌍의 커플이 더블데이트를 즐기기 위해 수영장에 갔다. 워터봅슬레이를 내려가는 경기를 하기로 하였는데 각자 선택한 놀이기구는 다음과 같다.

(a) 무모한 군 : 물이 없는 맨바닥 워터봅슬레이

(b) 신바람 양 : 약간의 물이 공급되는 워터봅슬레이

(c) 나죽어 양 : 물이 꽉 차서 흐르는 워터봅슬레이

(d) 오잠수 군 : 수영장 전체가 물에 잠긴 워터봅슬레이

[질문] 경주 결과 1, 2, 3, 4 등은 누구인가?

(a) 무모한 군

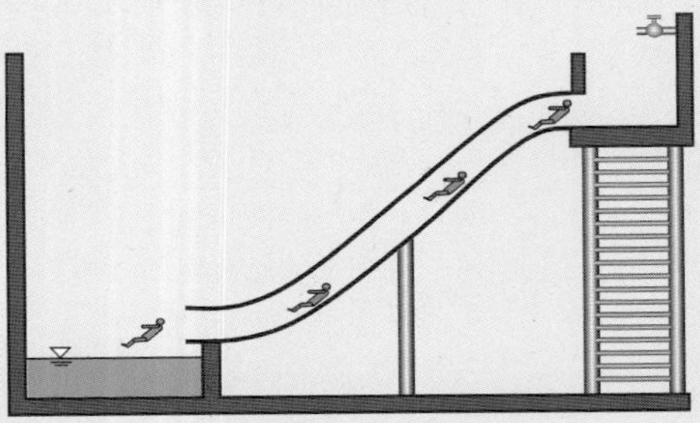

(b) 신바람 양

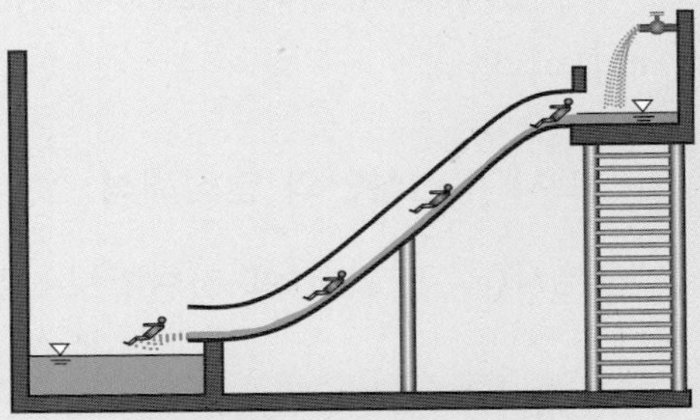

(c) 나죽어 양

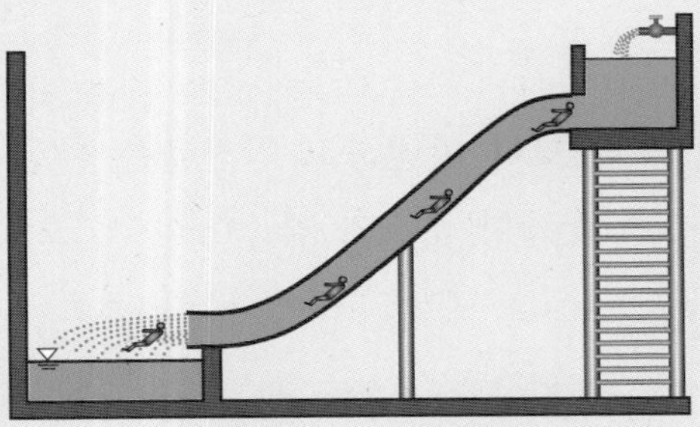

(d) 오잠수 군

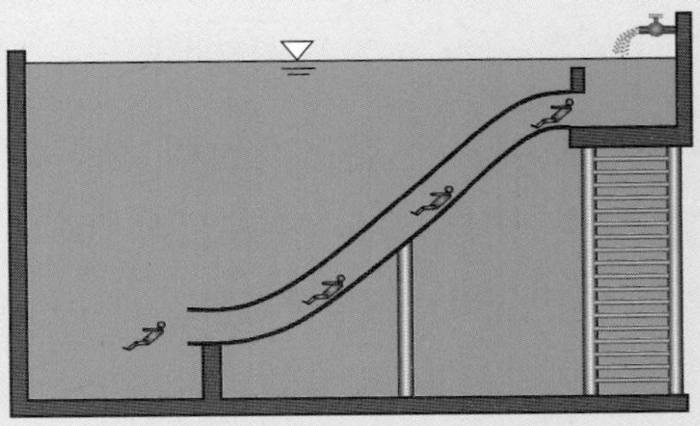

➤ 예제 10.2

그림과 같은 경사 30°의 무한사면에서 다음의 조건에 대해 안전율을 구하라. 흙의 포화단위중량은 2.0 t/m³, 점착력 1.6 t/m², 내부마찰각 25°이다.

(a) 지표면까지 포화되어 침투수류가 지표면과 평행하게 발생할 때

(b) 무한사면이 물속에 잠겨 있을 때

조건 $\beta = 30°$, $\gamma_{sat} = 2.00\,\mathrm{t/m^3}$, $c = 1.6\,\mathrm{t/m^2}$, $\phi = 25°$

요구 (a) $F_{s(\text{지표면과 평행한 침투})}$, (b) $F_{s(\text{물속에 잠겨있음})}$

풀이 (a) 지표면까지 포화되어 침투수류가 지표면과 평행한 경우

$$F_s = \frac{c'}{\gamma_{sat}\, z \cos\beta \sin\beta} + \frac{\gamma'}{\gamma_{sat}} \cdot \frac{\tan\phi'}{\tan\beta}$$

$$= \frac{1.60}{(2.00)\,(7)\cos 30° \sin 30°} + \left(\frac{1.00}{2.00}\right)\left(\frac{\tan 25°}{\tan 30°}\right)$$

$$= 0.26 + 0.040 = 0.66$$

(b) 무한사면이 물속에 잠겨있는 경우

$$F_s = \frac{c'}{\gamma'\, z \cos\beta \sin\beta} + \frac{\tan\phi'}{\tan\beta}$$

$$= \frac{1.60}{(2.00-1.00)\,(7)\cos 30° \sin 30°} + \frac{\tan 25°}{\tan 30°}$$

$$= 0.53 + 0.81 = 1.34$$

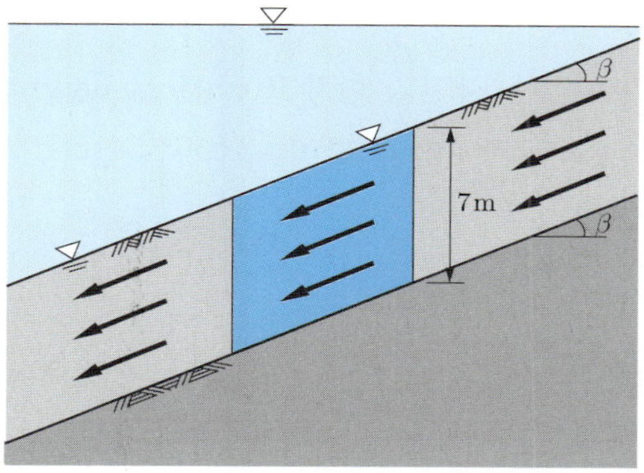

그림 예제 10.2 문제도

10.4 평면파괴를 일으키는 유한사면의 안정해석

Culmann은 사면의 파괴면이 사면 선단(toe)을 지나는 평면이라 가정하고 해석적으로 사면의 안전율을 구하는 방법을 제안하였다. 이 방법은 사면이 균질한 흙으로 구성된 유한사면의 경우에 적용할 수 있다고 하는데, 실제 현장에서 발생되는 대부분의 흙 사면 붕괴는 원호에 가까운 형태로 발생하고 있다. 파쇄대 또는 사면 내에 연약층이 존재하는 경우에는 평면파괴 형태로 발생할 수 있기 때문에 적용이 가능하다.

Culmann의 해석은 활동을 일으키려는 전단응력이 흙의 전단강도 보다 더 큰 평면을 따라 사면파괴가 발생한다고 가정한다.

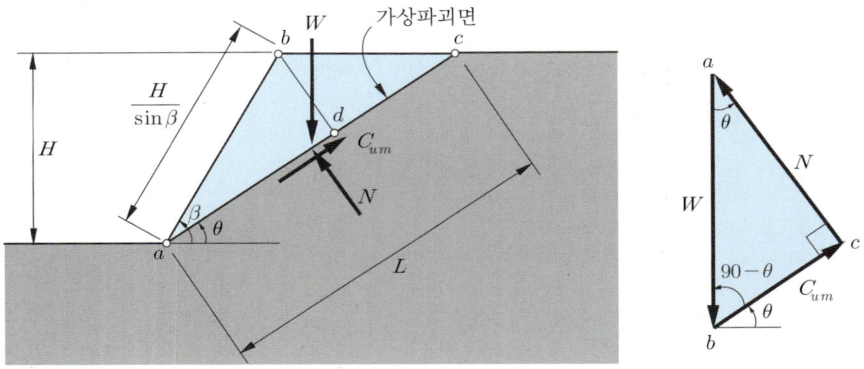

그림 10.5 Culmann 방법에 의한 안전율 산정

임계평형상태를 이룰 수 있는 사면의 한계고(critical height)는 전술한 무한사면의 해석방법과 같은 원리를 적용하여 식 (10.32)와 같이 구할 수 있다.

$$H_{cr} = \frac{4c}{\gamma} \frac{\sin\beta \cos\phi}{1-\cos(\beta-\phi)} \tag{10.32}$$

절토 직립사면의 한계고는 식 (10.32)에 $\beta = 90°$를 대입하여 구하면 식 (10.33)과 같다.

$$H_{cr} = \frac{4c}{\gamma} \tan(45° + \frac{\phi}{2}) = \frac{4c}{\gamma} \sqrt{K_p} \tag{10.33}$$

절토 직립사면이 점토($\phi = 0$)인 경우의 한계고는 식 (10.34)와 같이 된다.

$$H_{cr} = \frac{4c}{\gamma} \tag{10.34}$$

10.5 원호활동을 일으키는 유한사면의 안정해석

사면을 구성하고 있는 성분이 균질한 토사로 이루어진 유한사면은 대부분 원호활동면(圓弧滑動面, circular failure surface)을 따라 파괴가 일어난다. 따라서 성토 제방과 같이 흙 사면으로 이루어진 사면의 안정성을 검토하기 위해서는 원호 활동면을 가정하여 안전율을 계산하는 것이 보통이다. 원호활동면을 가정하여 사면의 최소안전율을 결정할 때에는 임계파괴면은 간단하게 결정할 수 없고 여러 번의 시행착오를 거듭하면서 반복계산을 실시하여 구한다.

흙 사면에서 발생하는 원호활동면은 그 형태에 따라 사면내파괴(slope failure), 사면선단파괴(toe failure) 및 저부파괴(deep failure)로 분류할 수 있다(그림 10.6 참조).

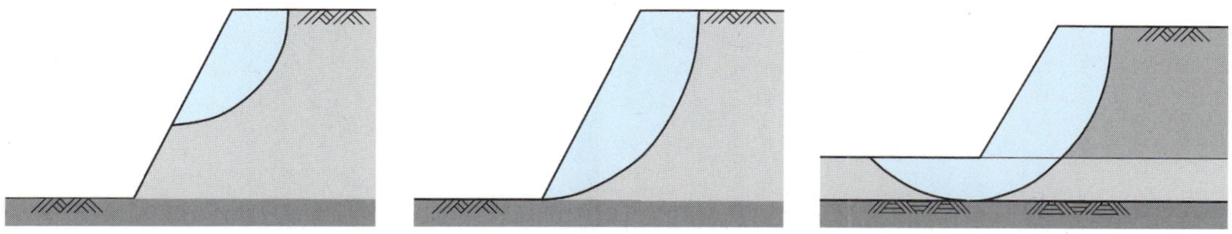

(a) 사면내 파괴 (b) 사면선단 파괴 (c) 저부 파괴

그림 10.6 유한사면 원호활동면의 종류

일반적으로 원호활동면을 갖는 유한사면의 안정해석은 크게 두 가지로 해석한다.

① 일체법(mass procedure) : 이 방법은 원호로 가정한 활동면 위의 흙을 하나의 흙덩어리로 생각하여 전체에 대한 모멘트 평형 등을 고려하여 계산하는 방법이다.

② 절편법(slice method) : 이 방법은 가정한 원호활동면 위의 흙을 몇 개의 연직 절편으로 나누어 각 절편에 대한 힘의 평행조건을 고려하여 계산하는 방법으로 대부분의 사면안정 해석

프로그램은 이 방법을 채택하고 있다.

10.5.1 일체법에 의한 유한사면의 안정해석

균질한 포화점토($\phi_u = 0$)의 비배수 강도는 $s_u = c_u$이고, 이 때 $\phi_u = 0$이다. 이러한 강도정수를 이용하여 포화점토 사면의 안정성을 비배수상태에서 해석하는 방법을 $\phi_u = 0$ 해석법이라 한다. 이 방법에 대한 원호활동면의 안전율 계산 절차가 그림 10.7에 제시되어 있다. 이 방법에서 사면의 안전율은 원호의 중심 O에 대한 활동모멘트와 저항모멘트 사이의 비(ratio)로 정의한다.

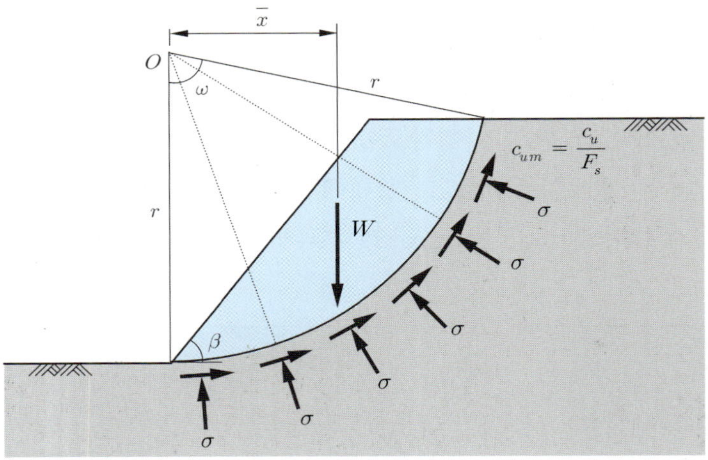

그림 10.7 균질 포화점토 사면에 대한 $\phi_u = 0$해석법

일체법으로 파괴형상을 원호로 가정한 균질 점토 사면의 안정해석을 위해 반경 r이며 원호의 중심이 O점인 활동면을 생각한다. 이 때 활동하려는 흙의 무게 W, 원호활동면을 따라 작용하는 점착력 c_{um}이 존재한다.

원호 활동면 중심 O에 대한 모멘트 평형조건에서 안전율을 구해보면

$$\sum M_o = 0 \quad ; \quad M_{rm} - M_d = 0 \tag{10.35}$$

여기서, M_d : 활동모멘트(driving moment)

M_{rm} : 평형 유지를 위해 현재 발휘되고 있는 저항모멘트(resistant moment)

그림 10.7로부터

$$M_r = W\bar{x} \tag{a}$$

$$M_{rm} = c_{um}\,L_a\,r = c_{um}\,\omega\,r^2 = \frac{c_u}{F_s}\,\omega\,r^2 \tag{b}$$

식 (a), (b)를 식 (10.35)에 대입하고 정리하면

$$F_s = \frac{c_u\,L_a\,r}{W\bar{x}} = \frac{c_u\,\omega\,r^2}{W\bar{x}} \tag{10.36}$$

여기서, r : 원호의 반경

ω : 원호의 중심각(radian으로 표시)

L_a : 원호의 길이 $= r\,\omega$

$\bar{x}$: W의 팔 길이(arm length)

그림 10.8에 제시된 활동면에 대한 안전율은 임의로 가정한 활동면에 대한 값이다. 따라서 이 사면의 최소안전율이 되는 활동면(임계활동면)을 구하기 위해서는 이 사면에서 일어날 수 있는 모든 활동면 가운데 안전율이 최소가 되게 하는 활동면을 찾아야 한다. 이론상 실제파괴는 임계활동면을 따라 일어나거나 일어날 가능성이 가장 크다.

안정수(stability number)를 활용하는 방법이 Fellenius와 Taylor에 의해 제안되었다. 임계원에서 발휘되는 점착력 c_d는 흙의 단위중량과 사면의 높이의 함수로 나타낼 수 있다. 즉

$$c_d = \gamma\,H\,m \tag{10.37}$$

$$m = \frac{c_d}{\gamma\,H} \tag{10.38}$$

여기서, m : 안정수(무차원)

현재 발휘되고 있는 점착력 $c_d = c_u / F_s$과 사면의 안전율 $F_s = 1$를 식 (10.38)에 대입하면 사면의 한계고 H_{cr}을 얻을 수 있다. 즉

$$H_{cr} = \frac{c_u}{\gamma m} \tag{10.39}$$

사면의 경사각과 심도계수를 이용하여 안정수를 구하는 도표가 그림 10.8에 제시되어 있다. 그림 10.8은 균질한 포화점토 사면의 비배수 상태에서만 적용이 가능하다.

여기서, 심도계수 D는 사면의 높이 H에 대한 사면 상단에서 견고한 지층까지의 깊이 H'의 비(比)를 말한다. 즉 $D = \dfrac{H'}{H}$ (그림 10.9)

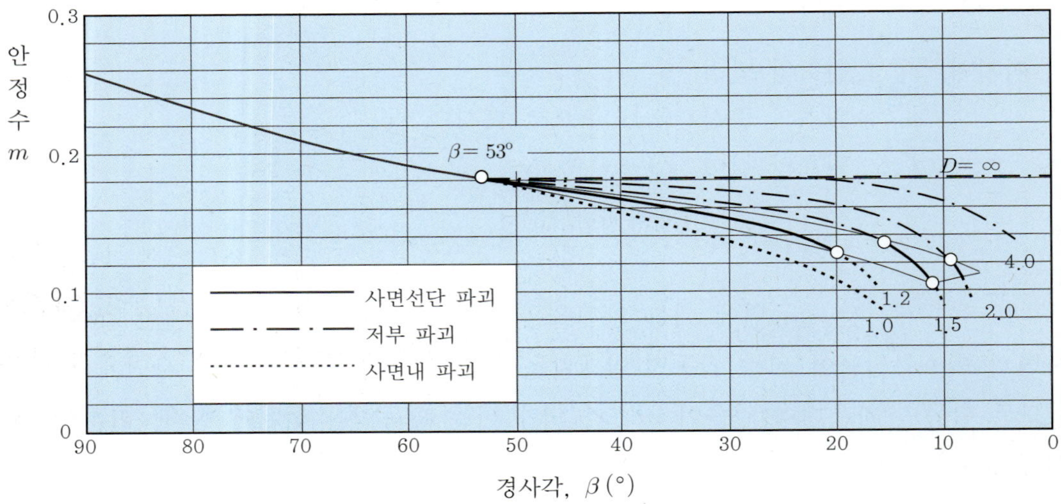

그림 10.8 사면의 경사각에 따른 안정수 m

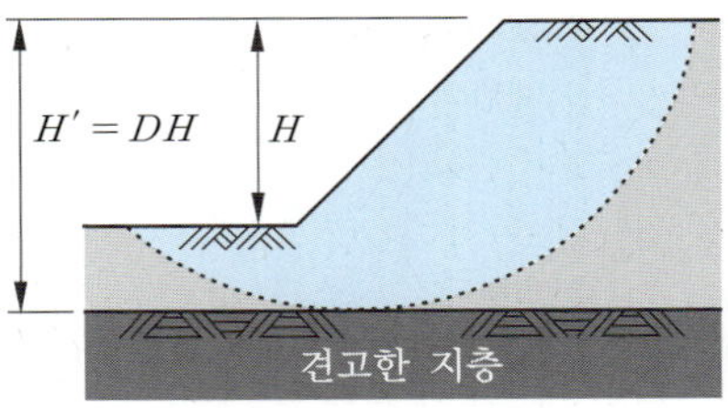

그림 10.9 심도계수 D

그림 10.8로부터 사면의 파괴형상을 알 수 있고, 안정수를 구할 수 있다.

① $\beta > 53°$ 이면 항시 사면선단 파괴가 발생한다.

② $\beta < 53°$ 이면 사면의 파괴형상은 심도계수에 따라 결정. 이때 사면의 파괴형상은 사면 내파괴 또는 저부파괴가 발생한다. 심도계수가 클수록 저부파괴, 심도계수가 작을수록 사면 선단파괴가 발생한다. 심도계수가 1이면 사면내파괴가 발생한다.

③ 안정수의 최대값은 $m_{\max} = 0.181$ 이다.

이 방법으로 구한 임계원이 반드시 가장 위험한 활동원이라고 할 수는 없다. 그림 10.10에서 얻은 안정수를 식 (10.39)에 대입하면 한계고를 구하고 안전율 F_s 를 구할 수 있다.

$$F_s = \frac{H_{cr}}{H} \tag{10.40}$$

10.5.2 마찰원법에 의한 유한사면의 안정해석

마찰원법은 $\phi > 0$ 인 균질한 흙의 사면 안정을 해석하는 방법으로서 Taylor가 개발한 방법이다. 그림 10.10(a)와 같은 사면에서 간극수압은 0으로 가정하며, $\widehat{AC}$ 는 선단을 통과하는 가상 활동면이다. 단면에 직각방향으로 단위 두께를 고려하면, 다음과 같이 된다.

흙쐐기 $\triangle ABC$의 무게 $W = \gamma \times \triangle ABC$의 면적

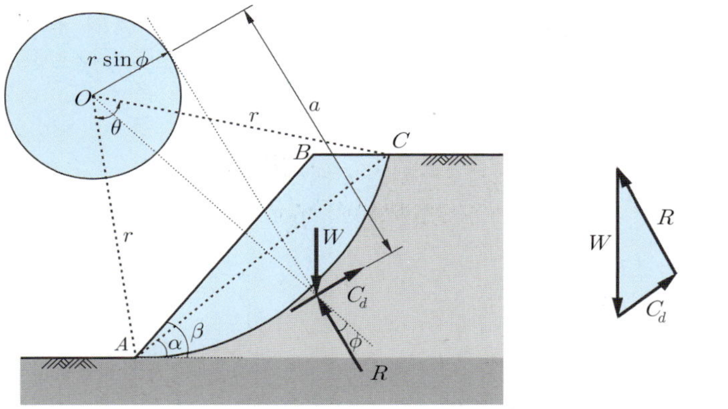

(a) 마찰원 (b) 힘의 다각형

그림 10.10 $\phi > 0$인 균질한 흙의 사면안정 해석(마찰원법)

평형상태에서 흙쐐기 $\triangle ABC$에 작용하는 다른 힘들은 다음과 같다.

① C_d : 점착력의 합력으로 단위 길이당 점착력에 현(弦)의 길이 $\overline{AC}$를 곱한 값이다. 즉

$$C_d = c_d \cdot \overline{AC}$$

원의 중심에 대한 점착력 합력의 모멘트 $C_d \cdot a$와 $c_d \cdot \widehat{AC} \cdot r$은 같다.

$$C_d \cdot a = c_d \cdot \widehat{AC} \cdot r$$

따라서

$$a = \frac{c_d \cdot \widehat{AC} \cdot r}{C_d} = \frac{\widehat{AC}}{\overline{AC}} r \tag{10.41}$$

② R : 활동면에 작용하는 수직력과 마찰력의 합력.
평형상태에서는 R의 작용선이 W와 C_d의 작용선의 교점을 통과한다.
마찰력이 완전히 발휘된다고 가정하면 R의 작용선과 원호의 법선 사이의 각은 흙의 내부 마찰각 ϕ와 같게 된다. 또 이것은 중심이 점 O이고 반경이 $r\sin\phi$인 원과 접하게 된다. 이 원을 마찰원(friction circle)이라고 한다.

W, C_d, R의 방향을 알고 W의 크기를 알고 있기 때문에 그림 10.10(b)와 같은 힘의 다각형을 그릴 수 있다. 힘의 다각형에서 구한 점착력의 합력 C_d를 현의 길이 $\overline{AC}$로 나누면 점착력을 구할 수 있게 된다.

$$c_d = \frac{C_d}{\overline{AC}} \tag{10.42}$$

앞에서 기술한 C_d의 크기는 가상활동면에서 구한 값이다. 임계활동면을 얻기 위해서는 위와 같은 방법을 여러 번 반복하여 점착력이 최대로 발휘되는 경우를 찾아내야 한다.
임계 활동면을 따라 발휘되는 최대 점착력은 식 (10.43)과 같이 나타낼 수 있다.

$$c_d = \gamma H f(\alpha,\ \beta,\ \theta,\ \phi) \tag{10.43}$$

한계평형상태에서($F_s = 1$) $H = H_{cr}$과 $c_d = c$를 식 (10.43)에 대입하면 식 (10.44) 및 식 (10.45)와 같이 된다.

$$c = \gamma H_{cr}\, f(\alpha,\ \beta,\ \theta,\ \phi) \tag{10.44}$$

$$\frac{c}{\gamma H_{cr}} = f(\alpha,\ \beta,\ \theta,\ \phi) \tag{10.45}$$

여기서, 사면의 안정에 영향을 미치는 $f(\alpha,\ \beta,\ \theta,\ \phi)$를 안정수(stability number) m이라 하면사면의 한계고(critical height)는 식 (10.46)과 같이 된다.

$$H_{cr} = \frac{c}{\gamma m} \tag{10.46}$$

여러 가지의 ϕ와 β에 대한 안정수 m의 값을 그림 10.11의 Taylor 도표에 나타내었다.

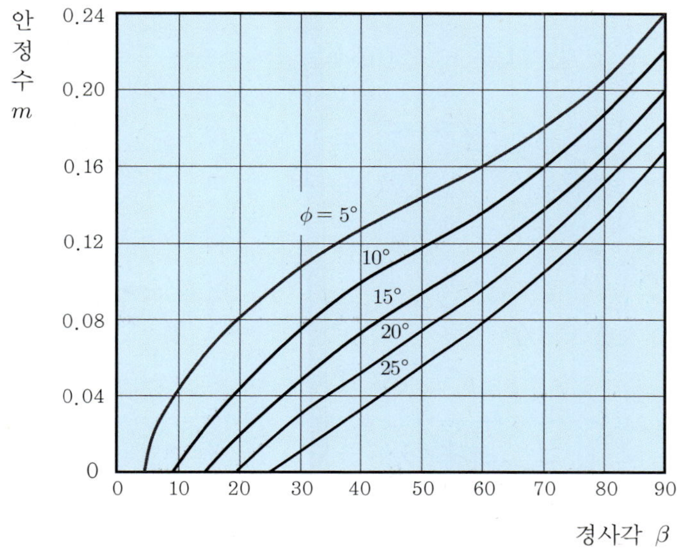

그림 10.11 Taylor의 안정수를 구하는 도표 : $\phi > 0$ 인 경우

10.6 절편법에 의한 유한사면의 안정해석

10.5절의 일체법에 의한 사면안정해석은 활동 토체 전체에 대하여 안전해석을 실시하는 방법인데, 사면을 구성하고 있는 흙이 불균질하거나 파괴면의 형상이 비평면 또는 비원호이면 이 방법의 적용이 불가능하다. 절편법(切片法, slice method)은 활동 토체를 그림 10.12(a)에 보인 것처럼 적절한 개수의 절편으로 나누어 안정해석을 하는 방법으로 사면의 불균질성, 간극수압의 영향, 상재하중 및 지진하중, 강도의 이방성 등을 고려할 수 있는 사면안정해석 방법이다. 이 방법에 의한 안정해석은 원호활동면은 물론 일반적인 형상의 파괴면에도 실시할 수 있다.

이 방법은 각 절편별로 안정해석을 하고 그 결과를 모든 절편에 걸쳐 합하여 안전율을 구하는 방법이다. 근래에는 컴퓨터 활용이 보편화됨에 따라 이 방법의 다양한 특성을 실제로 이용할 수 있게 되었고 현재에는 사면안정해석법 중의 대표적 위치를 차지하고 있다. 또한 복잡한 계산과정은 상업용 사면안정해석 프로그램을 이용하여 수행할 수 있게 되어 있다.

그림 10.12(a)에는 일반 활동면에 의하여 형성된 활동 토체를 연직면으로 잘라 n개의 절편으로 나눈 것을 보여 주고 있다. 그림 10.12(b)에는 각 절편에 작용하는 힘들을 보여주고 있다.

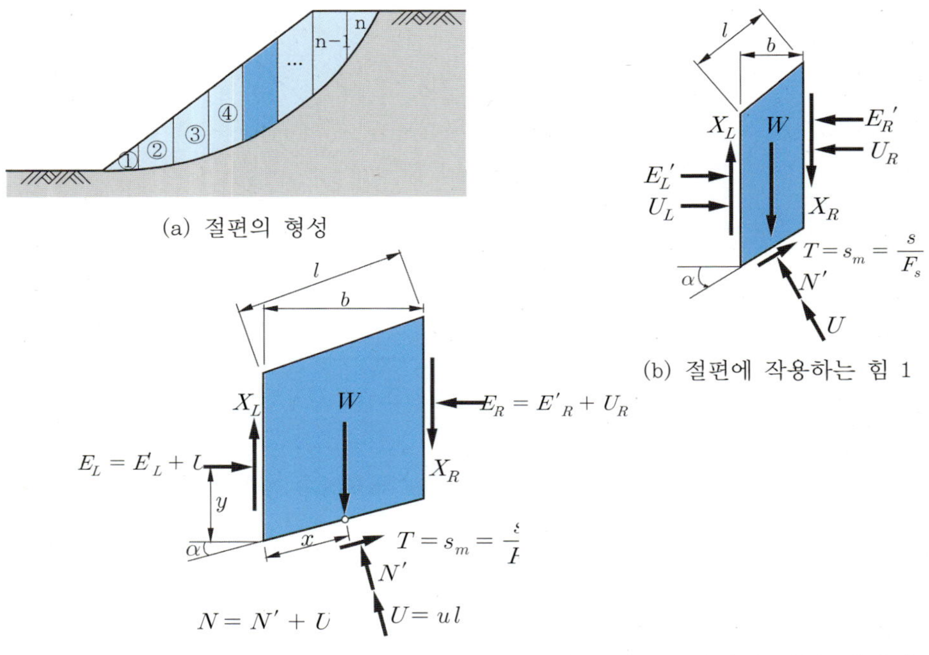

(a) 절편의 형성

(b) 절편에 작용하는 힘 1

(c) 절편에 작용하는 힘 2

그림 10.12 절편법에 관한 일반적 사항

사면안정 해석에는 정밀해법과 간편법이 있으며, 간편법에는 Fellenius 방법, Bishop 간편법, Janbu 간편법 등이 있다. 절편법의 종류와 설정한 가설 및 각 방법의 특성을 요약하면 다음과 같다.

① Fellenius 방법 :
이 방법은 E_L과 X_L의 합력이 E_R과 X_R의 합력과 크기가 같고 그 작용선이 일치한다고 가정하여 절편의 양쪽에 작용하는 힘들을 무시하여 계산한다. 즉 $E=0$, $X=0$으로 가정한다.

② Bishop 간편법 :
이 방법은 절편의 측면에는 전단력이 작용하지 않는다. (또는 $X_R-X_L=0$)고 가정하며, 절편의 측면에는 수평방향으로 작용하는 전응력의 합력 E만 작용한다고 가정한다.

③ Janbu 간편법 :
Bishop 간편법에서 세운 가정과 동일하게 $X=0$(또는 $X_R-X_L=0$), $\dfrac{X}{E}=0$로 가정한다. 반면 Janbu는 $X=0$으로 가정하기 때문에 생긴 오차는 수정계수(correction factor) f_o를 써서 보정할 것을 제안하였다.

10.6.1 Fellenius 방법

Fellenius 방법은 가장 보편적인 방법이라는 ordinary slice method 또는 Swedish method 라고도 한다. Fellenius 방법은 각 절편에 작용하는 힘의 평행방정식의 부정정 문제를 정정화 시키기 위하여 다음과 같이 가정한다. 즉 각 절편의 측면력 $E=0$, $X=0$으로 가정한다.

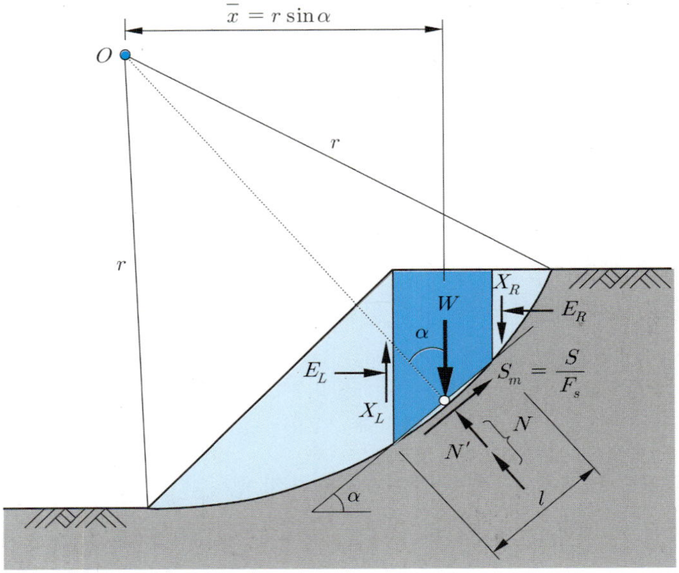

그림 10.13 Fellenius 방법에 의한 안정해석

그림 10.13과 같이 중심 O, 반경 r인 원호활동면에 의하여 생성된 활동 토체의 안전율을 산정하기 위하여 활동 토체를 몇 개의 절편(切片, slice)으로 분할한다. 각 절편 저면의 원호활동면을 직선으로 근사화하고 절편에 작용하는 힘을 제시하였다. 중심 O에 대한 각 절편의 활동모멘트 합에 대한 저항모멘트의 합의 비로 안전율을 구한다.

$$F_s = \frac{\sum M_r}{\sum M_d} \tag{10.47}$$

여기서, $\sum M_d = \sum W\,\bar{x} = \sum W r \sin\alpha = r\sum W\sin\alpha$ (a)

$\sum M_r = r\sum S = r\sum(c'\,l + N'\tan\phi')$ (b)

(a), (b)를 식 (10.47)에 대입하여 안전율 F_s를 구하면

$$F_s = \frac{\sum(c'\,l + N'\tan\phi')}{\sum W\sin\alpha} \tag{10.48}$$

1) 유효응력해석법(有效應力解析法, effective stress analysis)

그림 10.13에서 $n-n$ 방향의 힘의 합력을 구하면 식 (10.49)와 같이 $F_{n-n}=0$이 된다. 즉 절편 저면에 수직한 방향의 힘의 평형조건으로서 미지수 F_s가 평형조건식에 들어가지 않아도 된다.

$$\Sigma F_{n-n}=0 \ : \ W\cos\alpha = N' + U$$

$$N' = W\cos\alpha - U = W\cos\alpha - u\,l \tag{10.49}$$

식 (10.49)를 식 (10.48)에 대입하면

$$F_s = \frac{\sum c'\,l + \sum(W\cos\alpha - u\,l)\tan\phi'}{\sum W\sin\alpha} \tag{10.50}$$

만일 균질한 사면이면, $c'=\text{const.}$이고 $\phi'=\text{const.}$이므로

$$F_s = \frac{c'\sum l + \tan\phi'\,(\sum W\cos\alpha - \sum u\,l)}{\sum W\sin\alpha} \tag{10.51}$$

절편 저면의 경사각 α는 음(-)의 값이 될 수도 있다. 이러한 현상은 활동원호의 끝부분에서 일어날 수 있다. $\alpha<0$이면 $\sin\alpha<0$, $\cos\alpha>0$이 된다. 식 (10.51)에서 $\sin\alpha<0$인 절편이 존재하면 분모가 감소하므로 F_s는 증가하게 된다. 시각적으로도 알 수 있는 것처럼 $\alpha<0$인 절편은 활동모멘트를 억제하여(감소시켜) F_s를 증가시킨다.

2) 전응력해석법(全應力解析法, total stress analysis)

전응력해석법은 유효응력해석법으로 계산한 관계식에서 강도정수 c', ϕ' 대신 c_u, ϕ_u를 사용하고 간극수압을 $u=0$으로 대입하면 된다.

$$F_s = \frac{\sum c_u\,l + \sum W\cos\alpha\,\tan\phi_u}{\sum W\sin\alpha} \tag{10.52}$$

지금까지의 경험에 의하면 Fellenius 방법으로 해석한 결과는 다음과 같은 특징이 있다고 알려져 있다.

① 안정계산이 비교적 간편하고 안전율(F_s)를 반복계산 하지 않고 바로 계산할 수 있는 유일한 절편법이다.
② F_s를 과소평가하는 경향이 있어 오차가 큰 경우가 많다.
③ 계산된 결과가 너무 안전측이기 때문에 예비설계 단계에서 사용할 수 있지만 지금은 거의 사용되지 않는다.

10.6.2 Bishop의 간편법

Bishop의 간편법(simplified bishop method)은 원호활동면에만 적용이 가능하고 모멘트 평형조건에서만 안전율을 결정하고 있다($F_s = F_m$).

한 절편에 작용하는 힘은 그림 10.14에 제시되어 있다.

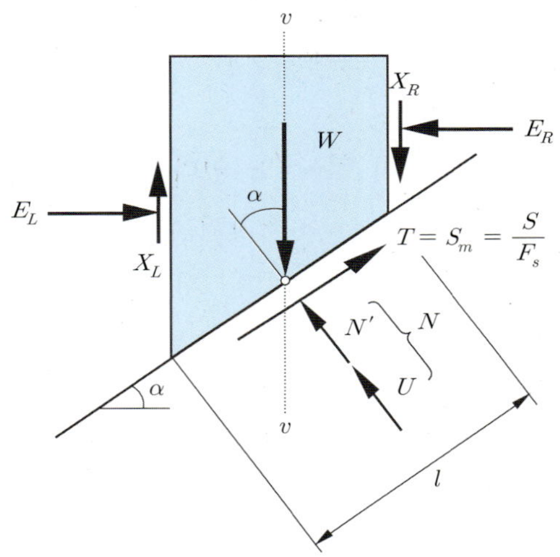

그림 10.14 Bishop의 간편법에서 설정하는 가정과 평형조건

Bishop의 간편법에서는 각 절편에 작용하는 힘의 평행방정식의 부정정 문제를 정정화시키기 위하여 식 (10.53)과 같이 가정한다. 즉 절편의 측면에는 전단력이 작용하지 않는 것으로 가정하여$X = 0$이며, 절편의 측면에는 수평방향으로 작용하는 전응력의 합력 E만 작용한다.

그림에서 N'을 구하기 위해 연직방향($v-v$ 방향) 힘의 평형조건을 사용하면 $\Sigma F_{v-v} = 0$이 된다. 따라서 미지수인 수평력 E_L, E_R이 평형조건식에 포함되지 않는다.

$$\sum F_{v-v} = 0 \ : \ W - N' \cos\alpha - u\,l\cos\alpha - T\sin\alpha = 0 \tag{10.53}$$

그런데 전단력 T는

$$T = S_m = \frac{S}{F_s} = \frac{c'\,l + N'\tan\phi'}{F_s} \tag{10.54}$$

식 (10.54)를 식 (10.53)에 대입하면

$$N'\left[\cos\alpha + \frac{\tan\phi'}{F_s}\sin\alpha\right] = W - u\,l\cos\alpha - \frac{c'\,l}{F_s}\sin\alpha \tag{10.55}$$

$l = \dfrac{b}{\cos\alpha}$를 식 (10.55)에 대입하고 N'에 대하여 정리하면

$$N' = \frac{W - u\,b - \dfrac{c'\,b\tan\alpha}{F_s}}{\cos\alpha\left[1 + \dfrac{\tan\phi'\tan\alpha}{F_s}\right]} \tag{10.56a}$$

$$N' = \frac{W - u\,b - \dfrac{c'\,b}{F_s}\tan\alpha}{M(\alpha)} \tag{10.56b}$$

여기서,

$$M(\alpha) = \cos\alpha\left[1 + \frac{\tan\phi'\tan\alpha}{F_s}\right] \tag{10.57}$$

식 (10.57)을 식 (10.48)에 대입하고 정리하면

$$F_s = \frac{1}{\sum W\sin\alpha}\sum\left\{[\,c'\,b + (\,W - u\,b)\tan\phi'\,]\left[\frac{1}{\cos\alpha\left[1 + \dfrac{\tan\phi'\tan\alpha}{F_s}\right]}\right]\right\} \tag{10.58a}$$

$$= \frac{1}{\sum W\sin\alpha}\sum\left\{[\,c'\,b + (\,W - u\,b)\tan\phi'\,]\left[\frac{1}{M(\alpha)}\right]\right\} \tag{10.58b}$$

$M(\alpha)$는 그림 10.15에서도 구할 수 있다.

식 (10.58a) 또는 식 (10.58b)의 양변에 우리가 구하고자 하는 안전율 F_s가 포함되어 있으므로 시산법에 의해 F_s를 결정하게 된다. 즉 우변의 F_s를 가정하고 우변을 계산하여 얻은 값, 즉 좌변의 F_s가 가정한 F_s와 같은 값이 될 때까지 반복계산을 실시해야 한다.

그림 10.16은 우변에서 가정한 F_s로 계산한 결과로 얻은 좌변의 F_s값의 좌표를 연결한 선이 원점에서 45°되는 선과의 교점을 찾아 $F_{s(가정)} = F_{s(계산)}$은 찾아내는 방법을 보여주고 있다.

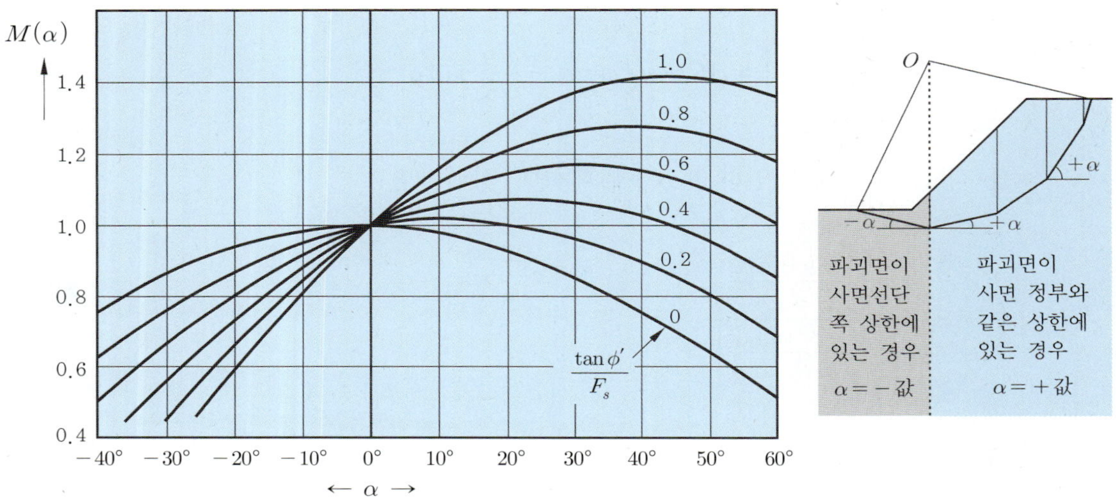

그림 10.15 α값에 대한 $\tan\phi' / F_s$, $M(\alpha)$ 관계곡선

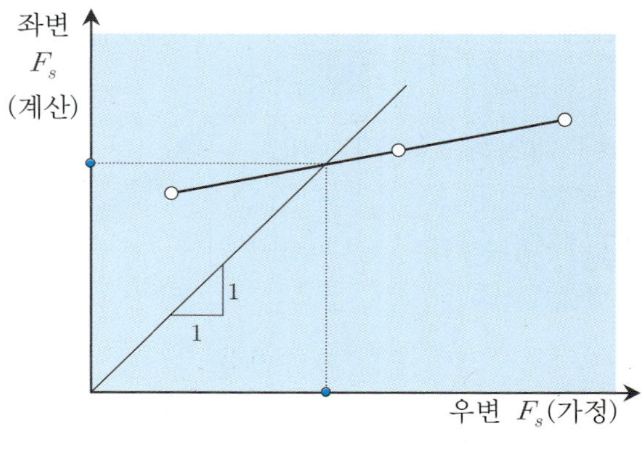

그림 10.16 $F_{s(가정)} = F_{s(계산)}$ 값의 추정방법

Bishop의 간편법은 절편의 측면에 작용하는 전단력을 무시하고 모멘트 평형조건만으로 안전율을 산정한 비교적 간단한 방법임에도 불구하고($F_s = F_m$) 이 방법으로 얻은 해는 정밀해와 별 차이가 없는 것(오차 0~6%)으로 알려져 있다. 모멘트 평형조건에서 얻어지는 안전율의 값이 힘의 평형만을 고려하는 방법에 비해 절편 측면력의 가정방법에 상대적으로 둔감하게 반응한다는 Bishop의 연구결과의 한 예라 할 수 있다. 이 방법은 원호활동면 해석에서는 기술자들이 가장 널리 사용하고 있는 방법이지만 수치해의 문제점이 있을 수 있음을 주의하여야 한다.

PISA TIP (10.2) 시산법(試算法, trial & error method)이란?

어떤 수식을 풀기 위해 미지수의 값을 가정하여 계산한 결과가 만족스럽지 못하면, 가정한 값을 수정해 가며 만족스러운 값을 얻을 때까지 반복하는 방법으로 시행착오법(試行錯誤法) 또는 반복법(反復法)이라고도 한다. 보통 정확한 값을 얻기 어려운 수식에서 허용하는 오차 범위 내의 값을 얻을 때 또는 수식을 풀기에 너무 복잡하여 답을 얻는 절차를 간단히 하기 위해 쓰이기도 한다.

예를 들어, $2x^3 + \dfrac{1}{x+1} - 1 = 4.2$를 풀어보자. $2x^3 + \dfrac{1}{x+1} - 1 = y$라 하고

① x를 가정한 결과의 오차를 구한다(이때 보통 0을 대입해 보는 것이 계산에 편리하다.)

② 오차를 보고 판단하여 다음 x 값을 가정한다.

③ 계산결과 오차가 원하는 범위 내에 들어올 때까지 가정과 계산을 반복한다(8회 시행).

가정한 x 값	0	1	2	1.5	1.2	1.3	1.31	1.304
x를 대입한 결과 y	0	1.5	15.5	6.37	3.29	4.16	4.26	4.20
오차 $(y-4.2)$	-4.2	-2.7	11.3	2.17	-0.91	-0.04	0.06	0
다음 가정의 증감 판단	증가	증가	감소	감소	증가	증가	감소	*O. K.*

$x=1.304$라는 답을 얻었지만, $x=1.3$의 결과에 만족하면 시행횟수를 6회로 줄일 수 있다.

10.6.3 Janbu의 간편법

Janbu의 간편법(simplified Janbu method)은 비원호 파괴면(non-circular failure surface)에 적용할 수 있는 절편법 가운데 수계산(手計算, hand calculation)이 가능한 방법이다. 물론 원호 파괴면에 대해서도 적용이 가능하지만 주로 활동이 일어나는 깊이가 비교적 얕은 비원호 활동면에 적용하고 있다.

Fellenius 방법, Bishop 간편법 등 원호 활동면에 대한 절편법에서는 모멘트 평형조건에서 안전율을 구하는데 반해 Janbu의 간편법은 힘의 평형조건에서 안전율을 구한다.($F_s = F_f$)

자세한 사항은 '강의식으로 풀어 쓴 토질역학(백영식, 2007)'을 참조하기 바란다.

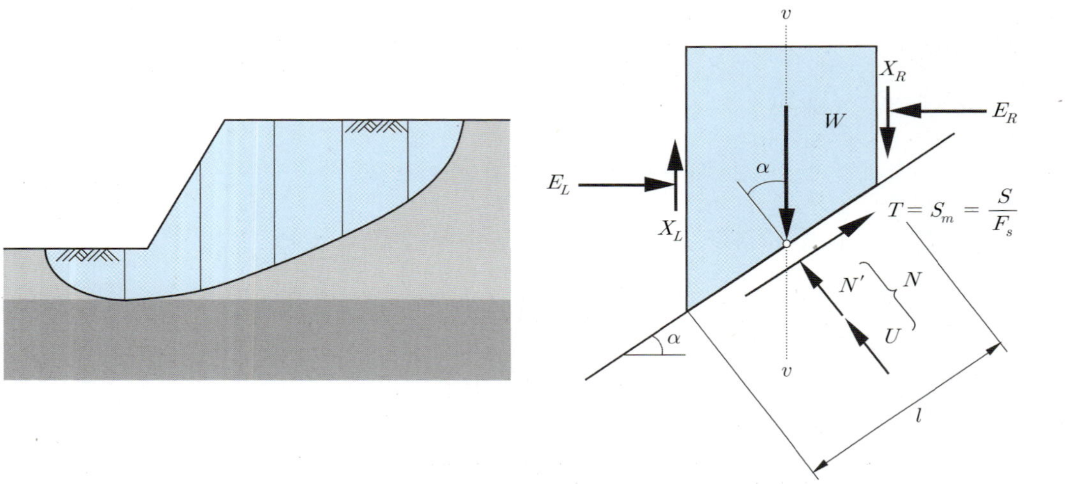

그림 10.17 Janbu의 간편법

10.7 복합활동을 일으키는 유한사면의 안정해석

지반조건이나 하중조건 등에 의하여 사면의 활동파괴면이 한 개의 원호가 아니고, 두 개 이상의 원호 또는 원호와 직선의 복합활동면으로 이루어지는 경우가 있다. 그림 10.18(a)과 같이 사면 아래에 수평면과 경사각 θ를 이루는 연약층이 존재하는 경우 활동은 주로 연약층을 따라 일어날 것이 분명하지만 활동토체를 형성하기 위하여 활동면은 abd로 되어 ab구간의 곡선활동면, bd구간의 평면활동면이 결합된 복합활동면을 이루게 된다. 그러나 편의상 곡면 ab를 평면으로 단순화하여 ab와 bd의 2개의 평면으로 이루어진 복합활동면(bi-planar failure surface)에 대해 사면의 안정성을 검토한다.

흙쐐기 $\square abc$는 주동활동 토체이며 여기에 작용하는 힘은 그림 10.18(b)에 제시되어 있다. 세 힘 W_A, R_A, P_A가 평형을 이루고 있으므로 P_A의 반력을 블록 $\square bdec$의 $\overline{bc}$ 면에 작용시키면 흙쐐기 $\square abc$의 효과는 안정검토에 반영되는 셈이다. 단 P_A는 Rankine의 주동토압으로 가정하여 그 크기와 작용방향은 기지량으로 한다.

$$P_A = \frac{1}{2}\gamma(\overline{bc})^2 \tan^2\left(45° - \frac{\phi}{2}\right) \tag{10.59}$$

즉, 주동활동 토체 $\square abc$의 영향을 $\overline{cb}$ 면에 작용하는 주동토압 P_a로 대치하면 이 사면의 안전율은 활동 블록(block) $\square$cbde의 저면 $\overline{bd}$ 면에서의 전단강도와 전단력을 비교하여 결정할 수 있다.

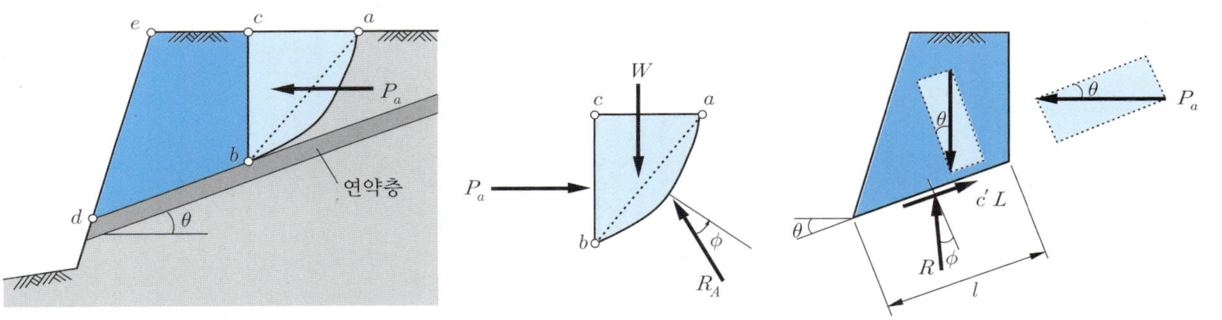

(a) 활동토체에 작용하는 힘 (b) 주동 활동토체에 작용하는 힘 (c) 활동 블럭에 작용하는 힘

그림 10.18 2개의 평면 복합 파괴면에 대한 사면인정

이와 같은 방법으로 연직면($\overline{cb}$)의 위치를 변화시켜 가면서 계산하여 최소안전율인 F_s를 구하면 이 값이 이 사면의 안전율이며, 활동파괴면이다.

$$F_s = \frac{S}{T} = \frac{S}{S_m}$$

여기서, $S_m = T = W\sin\theta + P_a\cos\theta$

$$S = c' L + [W\cos\theta - P_a \sin\theta]\tan\phi'$$

$$F_s = \frac{c' L + [W\cos\theta - P_a \sin\theta]\tan\phi'}{W\sin\theta + P_a \cos\theta} \tag{10.60}$$

10.8 전응력해석법과 유효응력해석법

사면안정해석은 현장상태와 입력자료에 따라 전응력해석법과 유효응력해석법으로 구분한다.

1) 전응력해석법

전응력해석법(全應力解析法, total stress analysis ; TSA)은 전응력만을 고려하는 안정해석 방법이다. 전단강도를 결정함에 있어서 수직응력은 전응력으로 하고, 강도정수도 전응력으로 정리하여 얻은 값, 즉 비배수시험에서 얻은 값을 사용한다. 전단강도는 파괴상태의 전응력원에 대한 파괴포락선으로 나타낸다. 즉

$$s = c_u + \sigma\tan\phi_u \tag{10.61}$$

전응력해석법을 실시하기 위한 입력자료는 다음과 같다.

- 강도정수 : c_u, ϕ_u ($UU-$test)
- 간극수압 : 고려하지 않음($u=0$으로 입력)
- 흙의 단위중량 : 전체단위중량, 즉
  지하수면 윗부분은 습윤단위중량(γ)
  지하수면 아랫부분은 포화단위중량(γ_{sat})

2) 유효응력해석법

유효응력해석법(有效應力解析法, effective stress analysis ; ESA)은 흙의 전단강도를 결정함에 있어서 수직응력은 유효응력으로 한다. 따라서 강도정수도 유효응력으로 정리하여 얻은 값 c', ϕ'을 사용하는 방법이다.

전단강도는 파괴상태의 유효응력원에 대한 파괴포락선으로 나타난다.

$$s = c' + \sigma'\tan\phi' = c' + (\sigma - u)\tan\phi' \tag{10.62}$$

여기서, 강도정수 c', ϕ'은 $\overline{CU}-\text{test}$에서 얻은 값이다.

유효응력해석법은 흙의 강도는 유효응력에 관계된다는 유효응력 원리에 따르고 있으므로 이론적 근거가 확실하다. 이 방법의 정확성은 간극수압의 정확한 결정에 달려있다. 따라서 포화점토의 경우 장기안정해석에 편리한데, 이때에는 간극수압 결정이 상대적으로 용이하기 때문이다. 사면을 포함하는 흙 구조물의 안정은 전응력해석법과 유효응력해석법 중 어느 것으로나 해석이 가능하다. 두 해석법에서 얻은 결과에 대한 신뢰도에도 차이는 없다. 전응력해석법(특히 $\phi=0$ 해석법)에서는 비배수 전단강도를 정확하게 결정하는 것이 어렵고, 유효응력해석법에서는 간극수압의 결정이 쉽지 않다.

따라서 어떤 방법을 선택하느냐 하는 것은 기술자의 선택에 달려 있다. 비배수강도와 간극수압을 정확하게 결정하기 위해서는 많은 다양한 경험과 판단력이 요구된다. $\phi_u=0$ 해석법은 간편한 반면 유효응력해석법은 토질역학 이론에 충실하다. 현장에서 간극수압을 실측한다면 유효응력해석법은 실제 간극수압의 변화에 대응하면서 공사를 관리할 수 있는 장점이 있다.

현장조건 및 안정해석 요구조건에 적합한 해석방법은 표 10.6과 같다.

표 10.6 전응력해석법과 유효응력해석법의 비교

현장조건 및 요구조건	해석방법의 선택	비 고
포화토에서 시공 직후 : 시공속도가 압밀속도보다 빠른 경우	전응력해석	간극수압을 측정하여 시공 중의 안정을 유효응력해석으로 검토한다.
장기적 안정	유효응력해석	
불포화토에서 시공 직후 : 시공속도가 압밀속도보다 빠른 경우	전응력해석 유효응력해석	간극수압을 측정하여 시공 중의 안정을 유효응력해석으로 검토한다.

이상에서 사면이 비배수상태(undrained)이면 $\phi_u=0$ 해석법, 배수상태(drained)이면 유효응력해석법이 편리하다고 볼 수 있다. 흙이 배수상태인지 비배수상태인지를 판단하는 개략적 기준으로 Duncan(1992)은 다음을 제안하였다.

① 시간계수(time factor) $T_v=\dfrac{c_v\,t}{H^2}$에 의하는 방법

$T_v>3$이면 배수상태

$T_v < 0.01$이면 비배수상태

$0.01 < T_v < 3$이면 배수, 비배수상태 모두 검토 필요

② 투수계수 k에 의한 방법

$k > 1.0 \times 10^{-4}$ cm/sec이면 배수상태

$k < 1.0 \times 10^{-7}$ cm/sec이면 비배수상태

1.0×10^{-7} cm/sec $\leq k \leq 1.0 \times 10^{-4}$ cm/sec이면 배수, 비배수상태 모두 검토 필요.

10.9 시간에 따른 흙 사면의 안전율 변화

사면을 포함한 흙 구조물(earth structure)은 착공에서 완공 후 장시간 경과 후까지 그 안전율이 변하게 된다. 이것은 흙 구조물에 발생하는 내적, 외적 요인에 따라 흙의 강도와 응력이 달라지기 때문이다.

흙 구조물이 가장 위험하게 되는 때, 즉 안전율이 최소로 되는 때가 언제인가를 알아내고 그 때에도 이 구조물이 안전한 것으로 판정되면 이 구조물은 안전한 것으로 볼 수 있다. 즉 흙 구조물의 안정성을 확인하거나 안전하게 설계하기 위해서는 가장 위험해지는 경우를 찾아내고 그 때의 안전율이 허용안전율보다 큰지 작은지를 검토해 보아야 한다. 다음은 흙 사면에 대한 안전율의 시간에 따른 변화를 설명하고 있다.

10.9.1 포화 점토지반 굴토사면의 시간에 따른 안전율 변화

점토지반을 굴토하여 사면을 형성하는 경우 지하수면 아래에 있는 가상파괴면 상의 한 점 P에 대한 시간에 따른 전단응력, 간극수압, 전단강도 및 안전율의 변화가 그림 10.19에 제시되어 있다.

1) 전단응력

굴착이 진행됨에 따라 P점 위의 흙 두께는 얇아지고 따라서 전단응력은 증가하여 완공 시 최대값에 이르게 되고, 완공 후에는 정상침투 상태까지 완공시의 전단응력 값을 그대로 유지하게 된다.

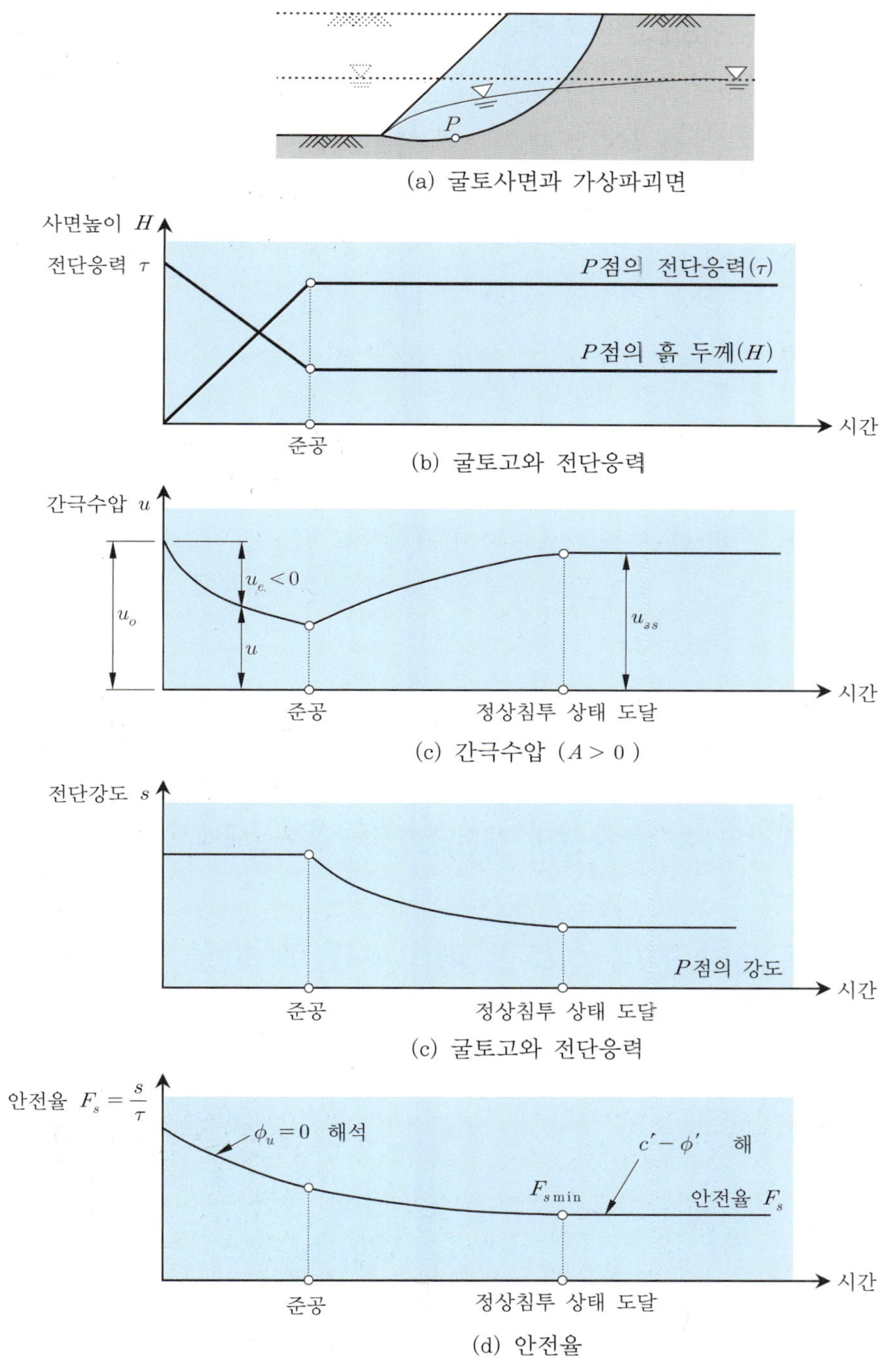

그림 10.19 굴토사면의 시간에 따른 τ, u, s 및 안전율(F_s)의 변화(Bishop & Bjerrum, 1960)

2) 간극수압

공사기간 중의 굴토에 의한 응력감소는 음(-)의 과잉간극수압을 유발한다. 이 후 완공에서 정상침투 상태까지 흙은 느린 속도로 물을 흡수하므로 음(-)의 과잉간극수압이 서서히 소산된다. 따라서 전체간극수압은 천천히 증가하여 정상침투 상태에서 과잉간극수압이 완전히 소산되고 전체간극수압은 최대값에 이르게 된다. 이후는 간극수압이 평형상태를 이루어 일정하게 유지된다(정상침투 상태 또는 정수압 상태).

3) 전단강도

착공에서 완공까지는 비배수상태이므로 체적변화, 즉 밀도변화가 일어나지 않으므로 강도는 지반이 원래 가지고 있던 값 그대로 일정하게 유지된다. 반면 완공에서 정상침투 상태까지는 음의 간극수압이 소산되면서 흙은 물을 흡수하여 팽창하고 밀도는 감소해간다. 즉 완공 후에는 전단응력 τ와 함께 전응력 σ는 일정한데 반해 간극수압은 증가하므로 유효응력은 점차 감소한다.

4) 안전율

이상의 결과로부터 안전율은 착공에서 완공까지(공사기간 중) s는 일정, τ는 증가하므로 F_s는 감소한다. 반면 완공에서 정상침투상태까지 구간에서 τ는 일정, s는 감소하므로 F_s 감소한다. 따라서 F_s는 시간이 경과함에 따라 감소하며 정상침투상태에서 최소치에 도달한다.

10.9.2 포화 점토지반 위에 성토할 때의 시간에 따른 안전율 변화

포화된 점토지반 위에 성토를 하여 제방을 축조하는 경우 지하수면 아래에 있는 가상파괴면상의 한 점 P에 대한 시간에 따른 전단응력, 간극수압, 전단강도 및 안전율의 변화는 그림 10.20과 같다.

1) 전단응력

착공에서 완공까지 성토가 됨에 따라 전단응력 τ는 증가하며 완공 시 최대값에 도달한 후 전단응력 최대값이 일정하게 그대로 유지된다.

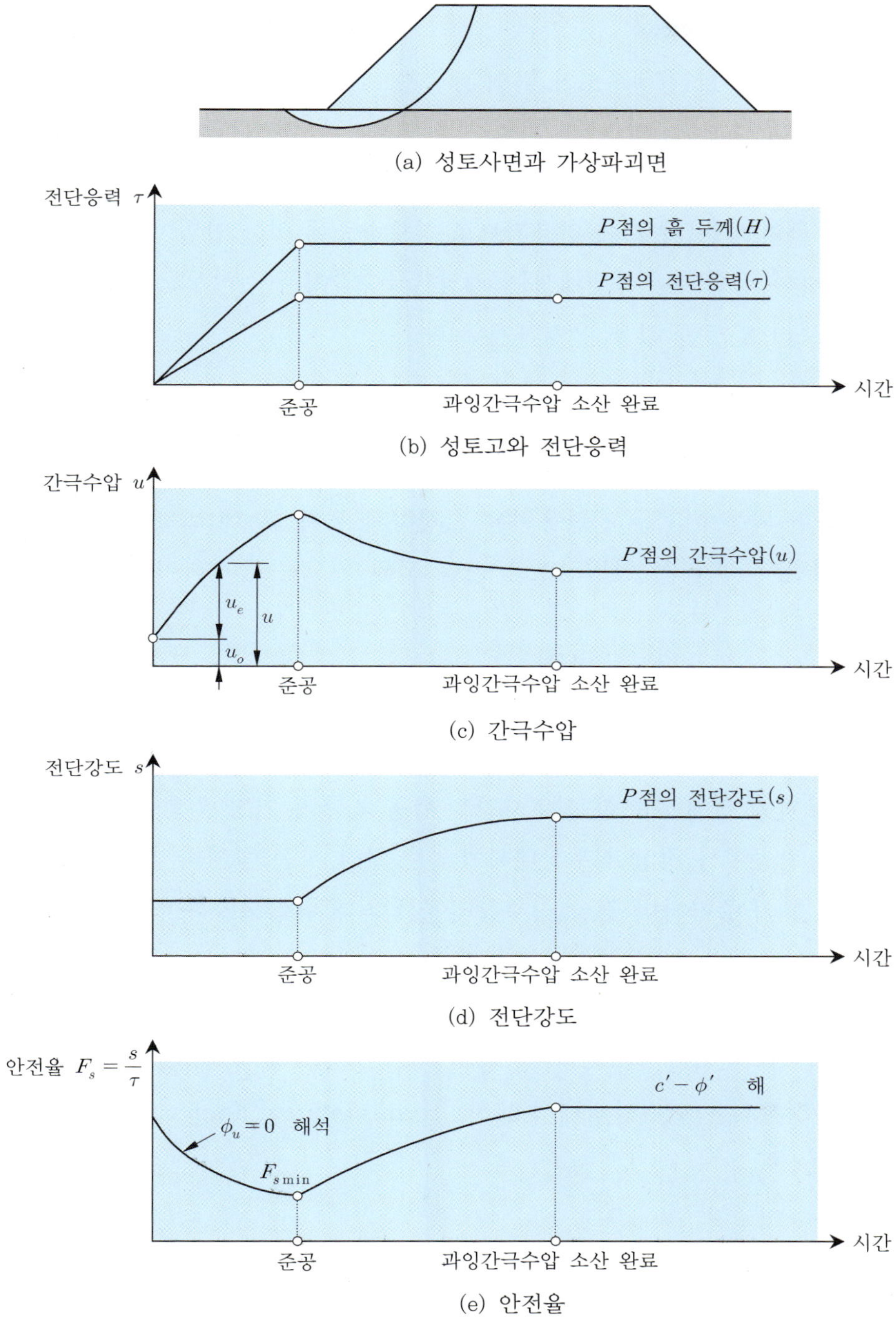

그림 10.20 포화 점토지반 위에 제방에 대한 τ, u, s 및 안전율 변화(Bishop & Bjerrum, 1960)

2) 간극수압

착공에서 완공까지 성토 진행속도가 물의 배출속도(압밀속도) 보다 훨씬 빠르기 때문에 비배수상태로 볼 수 있다. 따라서 양(+)의 과잉간극수압이 발생하게 되어 완공 시 최대값에 도달하게 된다. 그림에서 u_o을 지나는 수평선과 u 사이의 연직거리는 u_e이다. 이후 완공에서 정상 침투상태까지는 물의 배출(압밀)이 허용되므로 성토하중에 의한 압밀이 진행되면서 과잉간극수압은 점차 감소하여 정상 침투상태에서는 과잉간극수압이 완전히 소산되고($u_e = 0$), 간극수압은 최소치에 이르러 일정한 값을 유지하게 된다.

3) 전단강도

착공에서 완공까지(공사기간 중) 비압밀 비배수(UU) 상태이므로 체적변화가 없고 강도의 변화도 없다. 반면 완공 이후는 전단응력은 일정하게 유지되는데 반해 간극수압은 감소하므로 유효응력은 증가한다. 따라서 압밀진행에 따라 흙의 밀도는 증가하여 강도는 증가하게 된다.

4) 안전율

공사기간 중에 τ는 증가, s는 일정함으로, F_s는 시간과 함께 감소하며, 특히 완공 직후(end of construction)에는 τ는 최대, s는 일정(최소)하기 때문에 안전율이 최소가 되는 상태가 된다. 즉 포화 점토지반 위에 축조한 성토사면은 완공 직후가 가장 위험한 상태가 된다는 것이다(F_s 최소). 이 후 완공에서 정상 침투상태까지 τ는 일정, s는 증가하기 때문에 F_s는 증가한다. 즉 F_s는 시간과 함께 증가하여 정상 침투상태에서 최대치에 도달하며, 그 이후는 같은 안전율을 유지한다.

포화 점토지반 위에 빠른 속도로 성토를 하여 제방(성토사면)을 축조하는 경우 가장 위험한 시점은 완공직후 이다. 완공 이후의 안전율은 시간의 경과와 함께 증가하게 된다.

완공직후의 안정해석은 단기안정해석(short term stability analysis)이며 보통은 $\phi_u = 0$ 해석법을 적용한다.

10.9.3 흙댐 사면에 대한 시간에 따른 안전율 변화

그림 10.21에는 흙댐에서 일어날 수 있는 가상파괴면 상의 한 점 P에 대하여 전단응력, 간극수압 및 안전율의 시간에 따른 변화를 보여주고 있다. 이들은 상·하류측 사면에서 시간에 따라 서로 다른 변화과정을 나타내고 있음을 알 수 있다.

1) 착공에서 완공까지

즉 공사기간 중에는 성토하중이 계속 증가하므로 전단응력도 증가한다. 살수하면서 불포화상태에서 흙을 다지면서 성토하므로 간극수압(과잉간극수압)도 Skempton의 간극수압 방정식이 설명하듯이 함께 증가한다.

$$\Delta u = B\,[\,\Delta\sigma_3 + A\,(\Delta\sigma_1 - \Delta\sigma_3)\,] \tag{10.63}$$

따라서 안전율은 완공 시까지 계속 감소한다. 이러한 현상은 댐의 상·하류측 사면에서 동일하게 발생한다.

2) 완공 후

공사기간 중에 형성된 과잉간극수압이 소산되어 가므로 전단강도는 증가하게 된다. 이 때 전단응력은 완공시의 값을 유지하고 있는 것으로 볼 수 있으므로 안전율은 증가한다. 이 과정도 상·하류측 사면에서 공통적으로 일어나는 현상이다. 이 후에는 댐의 운영에 따라 전단응력, 간극수압 및 안전율이 변하게 되며 이러한 변하는 댐의 상·하류측 사면별로 다르게 나타난다.

3) 담수(湛水) 시

댐에 담수가 시작되면 시간이 경과함에 따라 제체의 간극수압은 증가하게 된다. 이 때 상류측 사면에는 사면표면에 작용하는 외수압(外水壓)에 의하여(또는 활동 토체에 부력이 작용하여) 전단응력은 감소하고 안전율은 증가한다. 반면 하류측 사면의 전단응력에는 의미 있는 변화는 일어나지 않는다.

4) 만수(滿水, reservoir full) 시

댐이 만수가 된 다음에는 정상 침투상태(定常浸透狀態, steady seepage)가 된다. 이 때 상류측 사면은 더욱 더 안전해지지만 하류측 사면에는 정상 침투상태가 되어 간극수압이 증가하므로 전단강도는 감소하고 결과적으로 사면의 안전율은 감소한다.

5) 수위급강하(水位急降下, sudden drawdown) 시

만일 담수된 물을 갑자기 방류하여 수위급강하(水位急降下, sudden drawdown)가 일어나면 상류측 사면에는 사면표면에 작용하던 외수압이 제거되어 전단응력이 증가하므로 안전율은 크게 감소한다. 하류측 사면에 의미 있는 변화는 일어나지 않는다.

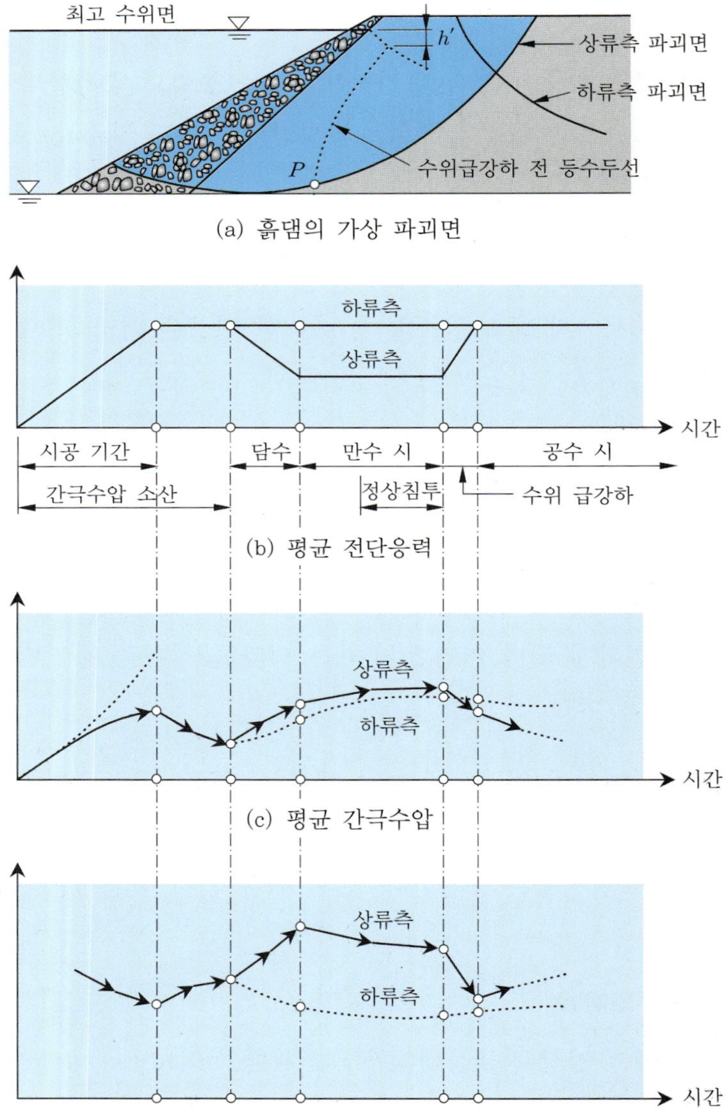

그림 10.21 흙댐 사면에 대한 시간에 따른 τ, u 및 안전율의 변화(Bishop & Bjerrum, 1960)

이상의 논의에서 알 수 있는 것처럼 댐은 간극수압과 전단응력의 변화에 따라 안전율이 계속적으로 변하게 된다. 그림 10.21의 시간에 따른 안전율의 변화에서 댐 사면이 가장 위험한 경우는 다음과 같음을 알 수 있다.

• 상류측 사면 : 완공직후, 수위급강하 시
• 하류측 사면 : 완공직후, 정상침투 상태

PISA TIP (10.3) 수위급강하는 어떻게 발생하나?

• 댐이 만수상태에서 집중호우가 예상될 때, 강수로 인하여 댐의 수위가 높아져 월류가 발생하면 하류측 사면이 유실될 수 있다
• 이를 방지하기 위해서는 수문을 열어 방류하고 댐의 저수위를 낮춰 두어야 한다.
• 이 때 일시에 많은 물을 방류하게 되면 댐의 수위는 갑자기 낮아지게 된다.
• 제체 내의 지하수위가 낮아지기까지는 시간이 걸리므로 상류측 사면에 간극수압이 작용하게 되어 위험해 진다.
• 또한 많은 물을 방류함으로써 하류측 제방이 유실될 우려도 있다.
• 따라서 방류량을 적절히 조절하여야 하고, 수문 설계 시 이를 반영한다.

10.10 사면보강 및 보호 공법

현장 조사나 사면 안정 해석 등의 방법을 통하여 검토사면이 불안정하다는 것이 판명되면 사면에 대한 안전율을 증대시킬 수 있는 대책이 마련되어야 하는데, 이러한 대책 공법으로는 크게 사면 보강공법과 사면 보호공법으로 나눌 수 있다. 사면 보강공법은 사면 파괴의 잠재적 요인(토질, 지질학적 구조, 지형)을 개선시키는 적극적인 대책 공법이라 할 수 있으며, 사면 보호공법은 사면파괴를 발생시키는 직접적인 요인(강우, 지하수, 침식, 지진, 성토, 절토)으로부터 사면을 보호하는 대책공법이라 할 수 있다.

10.10.1절에서는 사면 보강공법과 사면 보호공법으로 나누어 국내에서 많이 적용하고 있는

대표적인 공법들을 알아본다. 이러한 공법들을 세밀히 검토하여 사면붕괴를 방지하고자 하는 대상지역의 지질학적, 지형학적 및 지반 공학적 특성에 따라 가장 효과적인 공법을 선택해야 한다.

일반적으로 사면에 대한 적정 공법 선정 시에는 다음과 같은 사항에 유의하여야 한다.

① 국부 및 전체적인 사면붕괴를 방지할 수 있는 공법을 채택한다.
② 미관을 고려한 공법을 채택한다.
③ 시공성 및 경제성을 고려한다.
④ 사면안정성은 지하수의 영향을 크게 받으므로 이를 고려한다.
⑤ 자연경관을 고려한다.

절토사면은 대부분 도로공사 시 발생하게 된다. 국내 도로절취사면에 적용되고 있는 사면안정 대책공법을 세부적으로 분류하면 표 10.7과 같다.

표 10.7 사면안정 목적별 대책공법 종류

사면안정 목적	대책공법 종류
활동하중 경감	• 절취 • 상부 절취 • 면 정리 • 이완암 제거 • 라운딩
활동 억제	• 록앵커 • 어스앵커 • 록볼트 • 소일 네일링 • 말뚝공 • 버트리스 • 의지식 옹벽 • 계단식 옹벽
낙석 제어	• 낙석방지망 • 개비온 • 낙석방지 울타리 • 옹벽 • 암부착 낙석방지망
표면 보호	• 식생공 • 격자블록 • 사방공
수리 제어	• 산마루 측구 • 소단배수로 • 수직 도수로 • 수평 배수공
기타	• 피암터널 • 도로 확폭 • L형 측구 • 숏크리트 • 모르타르

10.10.1 절토사면 보강공법

사면 보강공법을 선정하기 위해서는 현장의 지형, 지질이나 기후조건, 보호공법 적용으로 기대되는 효과 등을 충분히 파악함과 동시에 경제성, 시공성 등을 고려한 최적의 공법을 선정하도록 해야 한다. 국내에서 많이 적용하고 있는 절취사면의 보강공법은 아래와 같이 정리할 수 있으며, 각 공법에 대한 공법개요와 장단점 등은 표 10.8와 같다.

표 10.8(1) 사면 보강공법 종류별 개요와 특징(한국지반공학회, 2002)

구 분	사면경사 조정	록볼트공	anchor공	soil nailing공
개 요	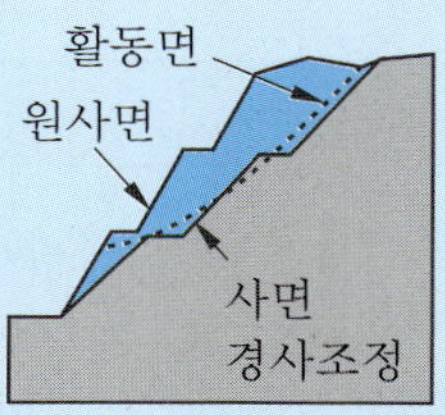	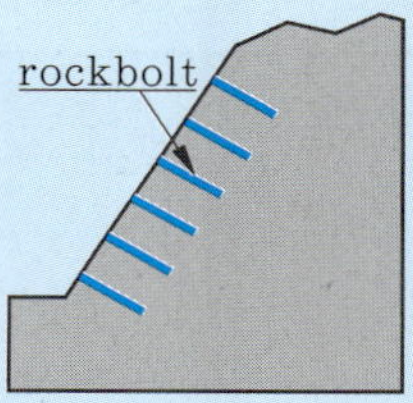	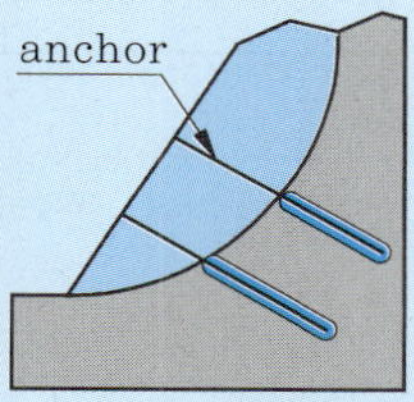	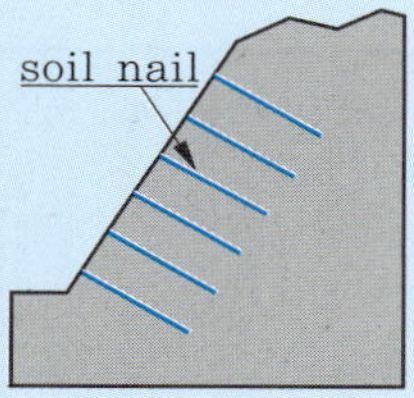
보강개념	• 붕괴 예상부위 사전 제거 • 활동력 감소	• 절리면을 봉합 • 원지반과 일체화	• 프리스트레싱에 의한 지반이완 방지	• 그라우팅에 의한 지반 보강 • nail에 의한 지반의 전단저항력 증가
시공순서	① 사면해석 ② 사면경사 결정 ③ 절토	① 천공(ϕ42mm) ② 철근삽입 (ϕ25mm 이상) ③ 그라우팅	① 천공(ϕ105mm) ② 앵커재 삽입 ③ 그라우팅 ④ 앵커재 긴장	① 단계별 굴착 (1~1.5m) ② 천공 (ϕ105mm 이상) ③ 철근 삽입 (ϕ29mm 이상) ④ 시멘트 그라우팅
대상지반	토사 / 암	연암 / 경암	토사 / 풍화암 / 연암	토사 / 풍화암
장 점	• 시공이 간편 • 공사비 저가	• 공사비 저가 • 시공 장비 경량	• 추가적인 사면 절취가 어려울 경우	• 시공 장비 경량 • 영구구조물에 사용
단 점	• 자연훼손 심함 • 용지보상비 과다	• 원호파괴 시 부적절	• 공기가 길다	• 공사비 고가 • 표면에 숏크리트를 타설하므로 자연 친화적이지 못함

1) 사면경사조정

2) 억지공(抑止工)

가. rock bolt공

나. anchor공 : earth anchor, rock anchor

다. soil nailing공법

라. 말뚝 : 콘크리트 말뚝, P.C. 말뚝, 강관말뚝, micro-pile

마. 옹벽공 : 콘크리트 옹벽공, 석축공(찰쌓기, 메쌓기)

표 10.8(2) 사면 보강공법 종류별 개요와 특징(한국지반공학회, 2002)

구 분	억지말뚝공	콘크리트 버팀벽	깬 잡석에 의한 배수	그라우팅 공법
개 요	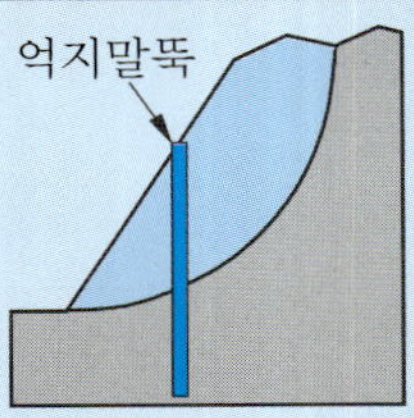	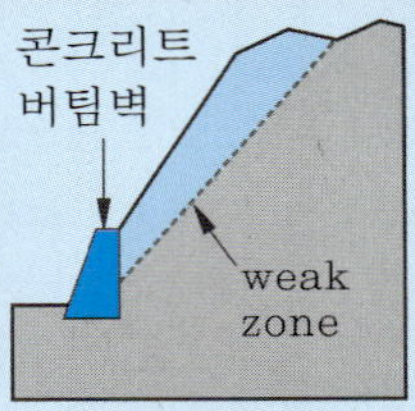	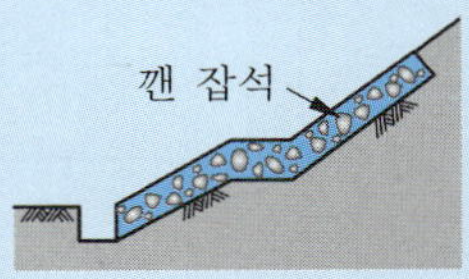	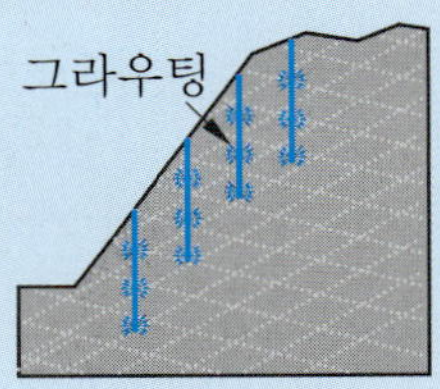
보강개념	• 말뚝과 말뚝 사이에 arching 효과 유도 • 말뚝에 의한 지반의 전단 저항력 증가	• 절리면 상에서 약대(weak zone) 및 위험 암 블록을 지탱하여 암의 탈락 방지	• 배수에 의한 강도 증가	• 절리면에 주입재를 넣어 지반의 전단 저항력 증가
시공순서	① 천공 (ϕ150mm 이상) ② H-pile 또는 강관 삽입 ③ 그라우팅	① 1:1.0정도의 완경사 → 무근 콘크리트 벽체 시공 ② 1:0.5 정도의 급경사 → 철근 콘크리트 벽체 시공	① 터파기 ② 유공관 설치 ③ 깬 잡석 채움	① 천공 ② 그라우팅
대상지반	토사 / 풍화암	토사 / 풍화암	토사	토사 / 풍화암
장 점	• 사면경사가 완만한 경우 • 대사면 보강 시 효과적	• 시공경험이 풍부	• 시공이 용이	• 시공이 용이
단 점	• 공사비 고가 • 시공 장비 대형	• 시공이 용이치 않다 • 시공 시 굴착에 의한 추가 붕괴 가능	• 대절토 사면에는 부적합	• 그라우팅 효과에 대한 정량적 확인이 용이치 않다

3) 억제공(抑制工)

가. 지표수 배제공 : 수로공(도수로, 산마루 측구), 침투수 방지공
나. 지하수 배제공 : 얕은 층 지하수 배제공(암거), 깊은 층 지하수 배제공(집수정)
다. 지하수 차단공 : 약액주입, 지하차수
라. 압성토공(押盛土工)

10.10.2 사면 보호공

절토사면은 공기 중에 노출되면 침식, 풍화, 세굴이 심화되기 때문에 장기적인 안정성 확보와 미관제고 및 유지관리를 위해 여러 가지 방법으로 사면을 피복 시켜줄 필요가 있으며, 이를 위한 사면 보호공은 크게 피복공, 배수공 그리고 구조물공으로 분류한다. 국내에서 많이 적용하고 있는 절취사면의 보호공법은 아래와 같이 정리할 수 있으며, 각 공법에 대한 공법개요와 장단점 등은 표 10.9와 같다.

(1) 식생공

가. 평떼, 줄떼 붙임공
나. 식수공
다. 종자살포공 : seed spray
라. 자연표토복원공, 녹생토공, 텍솔 녹화토공

(2) 구조물에 의한 사면보호공

가. 콘크리트 붙임공, block 붙임공
나. 석장공(石張工) : 찰붙임공, 메붙임공
다. 숏크리트공, gabion공
라. 낙석방지공

표 10.9(1) 사면 보호공법 종류별 개요와 특징(한국지반공학회, 2002)

구 분	자연표토 복원공	녹생토공	텍솔 녹화토공	석장공, 콘크리트 블록공
개 요	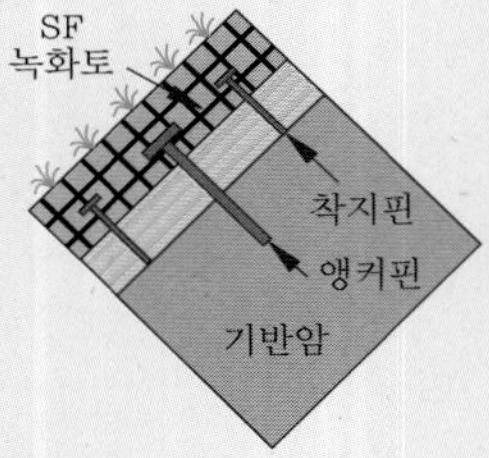	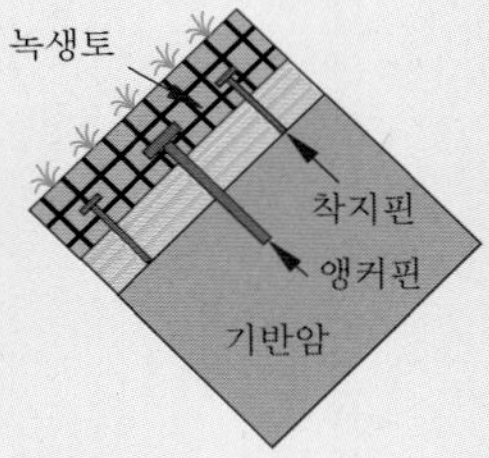	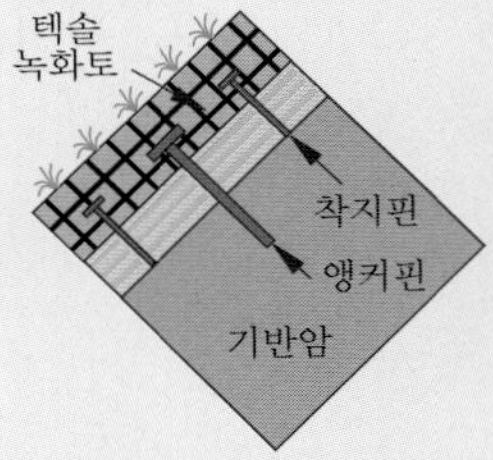	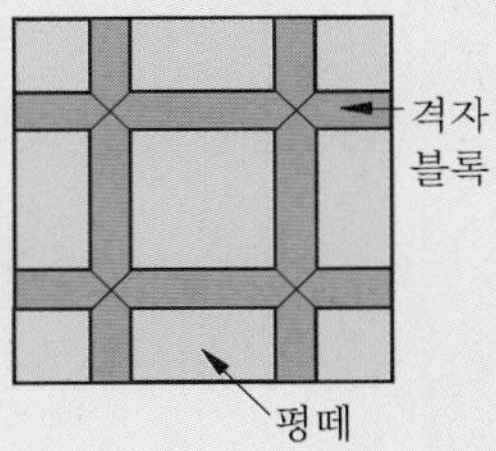
공법원리	• 자연표토를 재생 • 다양한 자연식물 군락을 복원	• 녹생토로 피복 • 우수에 의한 침식방지	• 섬유를 인공토양에 혼입 • 표면의 유실 방지	• 격자블록으로 사면 보호 • 블록의 자중에 의해 토사이동 방지 • 풍화침식 방지
시공순서	① 면정리 ② 부착망 설치 ③ 앵커핀 및 착지핀 설치 ④ 녹화토 취부	① 면정리 ② 부착망 설치 ③ 앵커핀 및 착지핀 설치 ④ 녹생토 취부	① 면정리 ② 부착망 설치 ③ 앵커핀 및 착지핀 설치 ④ 텍솔 녹화토 취부	① 면 정리 ② 블록 터파기 ③ 블록 시공 ④ 평떼 깔기
대상지반	전지반	전지반	토사 / 풍화암	토사 / 풍화암
장 점	• 시공이 간단 • 환경친화적임	• 시공이 간단 • 환경친화적임 • 공사비 저가	• 시공이 간단 • 환경친화적임	• 환경친화적임
단 점	• 사면경사가 1:0.3 이하인 급경사 지역은 식생 불량	• 사면경사가 1:0.3 이하인 급경사 지역은 식생 불량 • 악취발생	• 급경사의 절개지 사면에도 시공은 가능하나 식생불량	• 사면경사가 1:0.7 이하인 지역은 시공 불가능 • 시공이 복잡

표 10.9(2) 사면 보호공법 종류별 개요와 특징(한국지반공학회, 2002)

구 분	숏크리트공	gabion공	낙석방지공
개 요	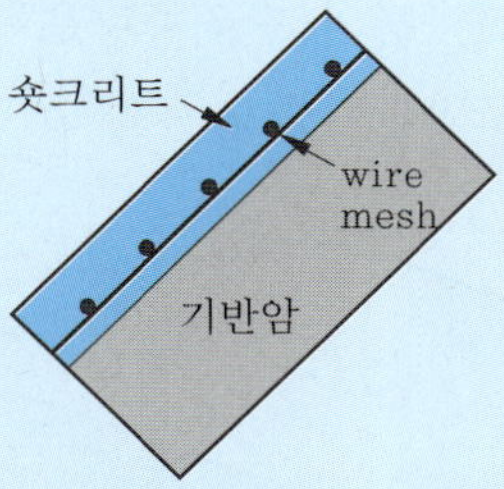		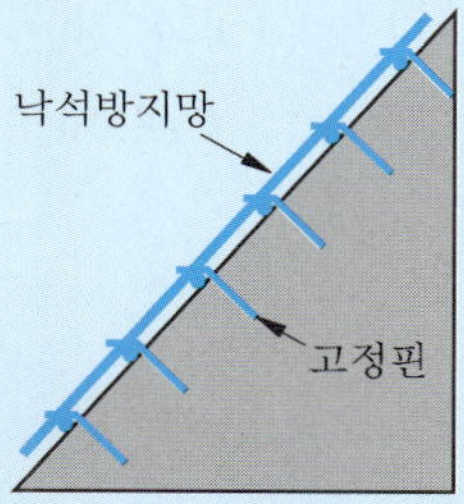
공법원리	• 시멘트 모르타르로 피복 • 표층부의 침식을 방지	• gabion공에 의해 사면유실 억제	• 낙석방지망에 의해 사면보호
시공순서	① 면정리 ② Wire Mesh 설치 ③ 숏크리트 타설	① 면정리 ② gabion 설치	① 면정리 ② 낙석방지망 설치
대상지반	풍화암	토사 / 풍화암	연암 / 경암
장 점	• 급경사의 절개지 사면에도 시공 용이	• 시공 간단	• 시공 간단
단 점	• 미관 불량	• 사면붕괴 시 추가적인 위험 발생 • 절토부에 부적합	• 우수에 대한 대책으로는 부적합

연습문제

10.1 다음 그림과 같은 무한사면에 대하여 안전성을 판정하라. 흙의 단위중량은 $1.80\,t/m^3$, 점착력은 $2.0\,t/m^2$, 흙의 내부마찰각 $\phi=25°$, 지하수위 아래 흙의 포화단위중량은 $2.00\,t/m^3$로 본다.

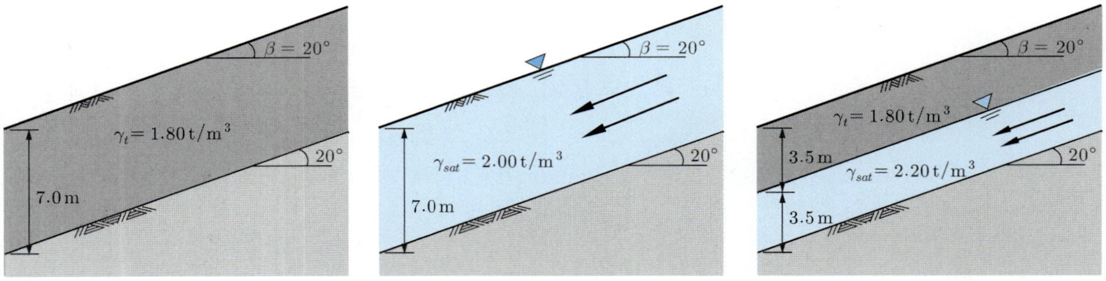

(1) (2) (3)

10.2 어떤 점토지반에서 연직으로 지반을 6.0 m 굴착하였다. 이 점토의 일축압축강도가 $4.80\,t/m^2$이고 흙의 단위중량이 $1.60\,t/m^3$이었다.

(1) 한계고를 이용하여 굴착지반의 안정성을 검토하라.

(2) 설계 허용안전율(건기시 $F_{sa}=1.5$)를 확보하기 위해 필요한 사면의 최대경사각을 구하라.

10.3 다음 그림과 같은 사면의 안전율을 구하라.

(1) 점토로 이루어진 단순사면의 안전율

(2) 인장균열이 발생하는 경우

(3) 인장균열에 물이 차서 간극수압이 작용하는 경우

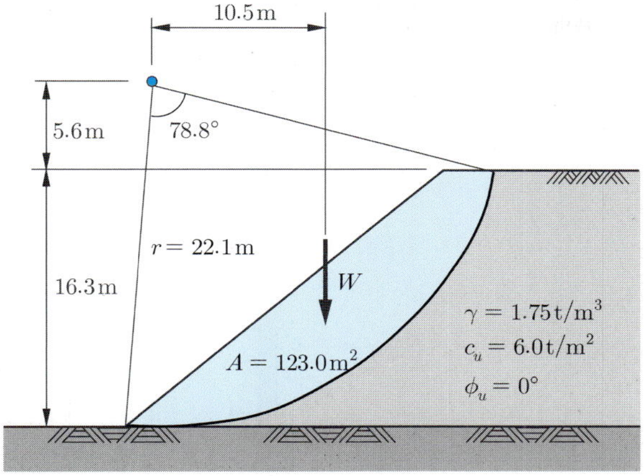
10.5m
5.6m
78.8°
16.3m
r = 22.1m
W
A = 123.0m2
γ = 1.75t/m3
cu = 6.0t/m2
φu = 0°

(1)

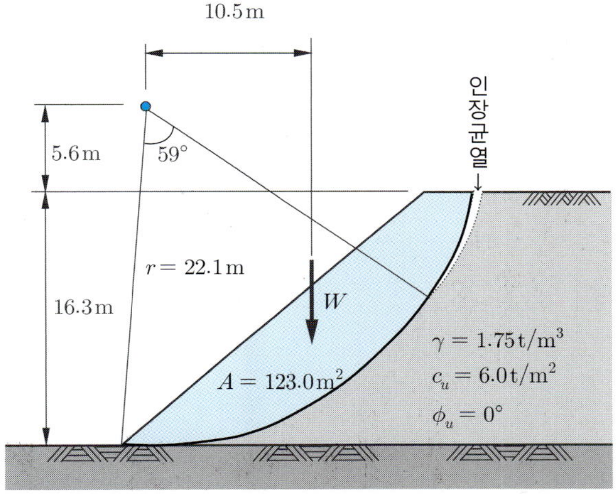
10.5m
5.6m
59°
인장균열
16.3m
r = 22.1m
W
A = 123.0m2
γ = 1.75t/m3
cu = 6.0t/m2
φu = 0°

(2)

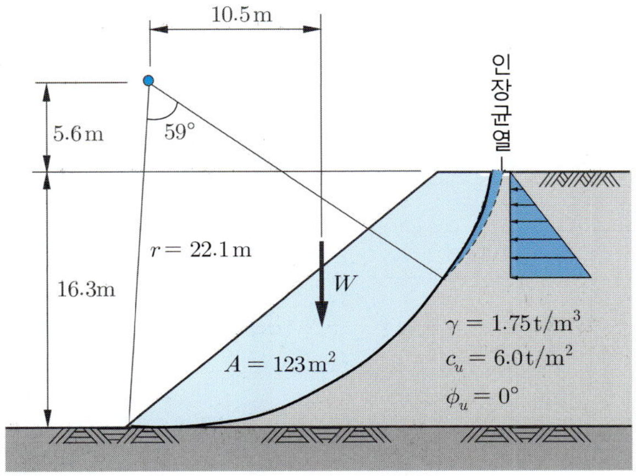
10.5m
5.6m
59°
인장균열
16.3m
r = 22.1m
W
A = 123m2
γ = 1.75t/m3
cu = 6.0t/m2
φu = 0°

(3)

10.4 그림과 같이 절편법에 의해 분할한 사면을 Fellenius 방법으로 사면의 안전율을 구하라. 흙의 단위중량은 1.72 t/m^3, 내부마찰각 15°, 점착력 3.0 t/m^2 이다.

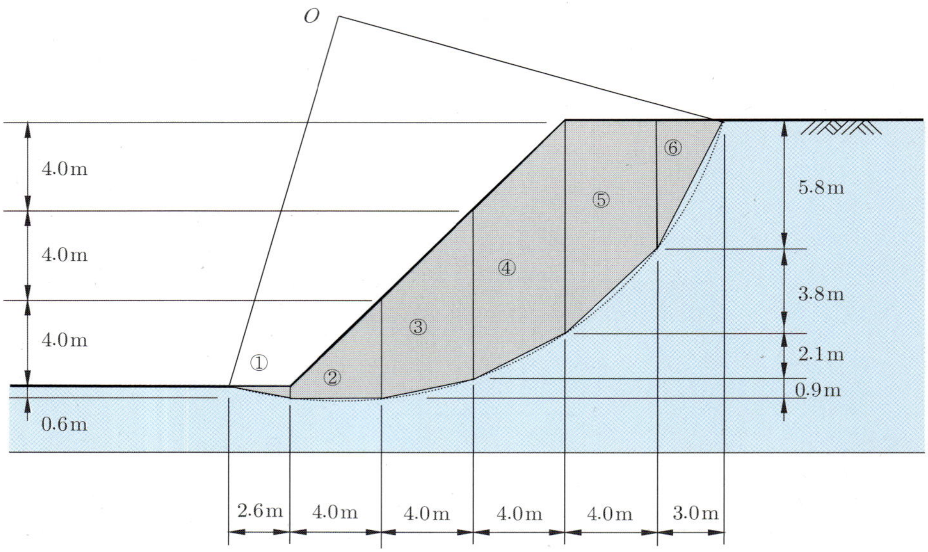

절편	h_1(m)	h_2(m)	$\overline{h}=(h_1+h_2)/2$(m)	b(m)	h(m)	$l=\sqrt{b^2+h^2}$ (t/m)	$\alpha=\tan^{-1}\left(\frac{h}{b}\right)$(deg.)
①							
②							
③							
④							
⑤							
⑥							

절편	$c \cdot l$(t/m)	$W=\gamma \cdot b \cdot \overline{h}$(t/m)	$\cos\alpha$	$W\cos\alpha$(t/m)	$W\cos\alpha\tan\phi$(t/m)	$\sin\alpha$	$W\sin\alpha$(t/m)
①							
②							
③							
④							
⑤							
⑥							
	Σ				Σ		Σ

10.5 그림과 같은 복합활동 파괴면에 대한 안전율을 구하라. (왼쪽의 수동토압은 1/2만 반영)

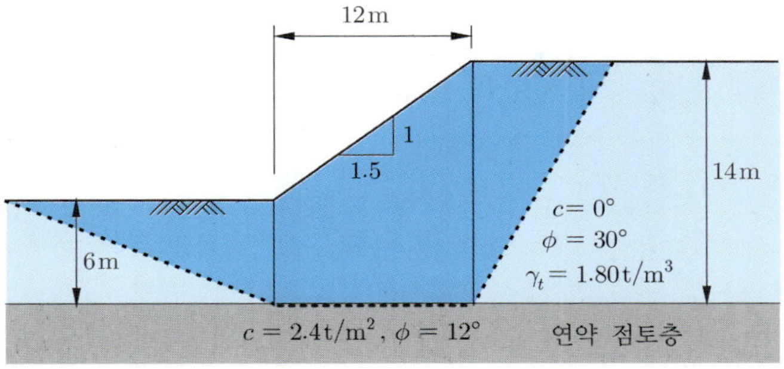

10.6 소일 네일링공법의 원리와 시공순서에 대하여 기술하라.

연습문제 힌트

10.1 [예제 10.1], [예제 10.2]
10.2 [식 10.32], [식 10.33]
10.3 [식 10.36]
10.4 [식 10.52]
10.5 [예제 9.4]
10.6

부 록

SOIL
MECHANICS

SOIL · MECHANICS

연습문제 모범답안

1.1 (1) $e=0.680$ (2) $n=40.5\%$ (3) $S=48.5\%$ (4) $\gamma_t=1.833\,\mathrm{t/m^3}$ (5) $\gamma_d=1.637\,\mathrm{t/m^3}$
(6) $V_w=590\,\mathrm{cm^3}$

1.2 (1) $e=0.709$ (2) $n=41.5\%$ (3) $w=14.0\%$ (4) $S=52.1\%$ (5) $\gamma_t=1.761\,\mathrm{t/m^3}$
(6) $\gamma_d=1.545\,\mathrm{t/m^3}$ (7) $\gamma_{sat}=1.960\,\mathrm{t/m^3}$ (8) $\gamma'=0.960\,\mathrm{t/m^3}$

1.3 $e=0.721$, $w=26.2\%$

1.4 (1) $\gamma_d=1.765\,\mathrm{t/m^3}$ (2) $e=0.513$ (3) $n=33.9\%$ (4) $S=54.6\%$

1.5 ① 1.605 $\mathrm{t/m^3}$ ② 40.1% ③ 61.2% ④ 15.3% ⑤ 1.642 $\mathrm{t/m^3}$ ⑥ 1.485 $\mathrm{t/m^3}$ ⑦ 0.818
⑧ 10.6% ⑨ 2.031 $\mathrm{t/m^3}$ ⑩ 1.659 $\mathrm{t/m^3}$ ⑪ 0.591 ⑫ 37.1% ⑬ 0.724 ⑭ 71.6% ⑮ 20.3% ⑯ 2.55

1.6 $G_s=2.56$, $e=0.512$

1.7 $D_r=44.5\%$, 이 흙의 상대밀도는 보통(medium)에 해당함(표 1.8 참조)

1.8 $\gamma_d=1.662\,\mathrm{t/m^3}$

1.9 생략

1.10 (흙 A) (1) $w_l=13.6\%$ (2) $I_p=7.4\%$ (3) $I_L=0.84$, 비교적 불안정한 상태
(흙 B) (1) $w_l=15.0\%$ (2) $I_p=3.4\%$ (3) $I_L=0.24$, 비교적 안정한 상태

1.11 생략 **1.12** 생략 **1.13** 생략 **1.14** 생략

2.1 생략 **2.2** 생략

2.3 (흙 A) 자갈 섞인 점토롬 (흙 B) 자갈 섞인 실트질 점토롬
(흙 C) 자갈 섞인 실트질 롬 (흙 D) 자갈 섞인 점토 (흙 E) 점토롬 섞인 자갈

2.4

체 번호	체눈 크기	흙 A	흙 B	흙 C
4	4.75	96.2	96.2	95.2
10	2.00	46.8	88.8	74.7
20	0.85	15.7	85.0	56.8
40	0.425	7.2	81.8	39.0
60	0.25	4.0	77.2	27.8
100	0.15	1.8	70.0	19.7
200	0.075	0.7	57.3	13.2
Pan	–	0	0	0

2.5 생략

2.6 (흙 A) SP (흙 B) OH 또는 CH (흙 C) SW

2.7 (흙 A) A-1-a (흙 B) A-7 (흙 C) A-2-4

2.8 [표 2.5] 및 [표 2.6] 참조

2.9 [표 2.7] 및 [표 2.8] 참조

2.10 [표 2.9] 및 [표 2.10] 참조

2.11 생략

3.1 (1) $E_A \fallingdotseq E_B$ (2) $E_C \fallingdotseq E_D$ (3) $E_E / E_B \fallingdotseq 4.5$배

3.2 생략

3.3

다짐함수비(%)	11.0	13.0	15.0	17.0	20.0
추가수량(g)	55	110	165	220	303

3.4 (1) 생략 (2)

흙	γ_{dmax} (g/cm^3)	OMC(%)
A	1.86	15.2
B	1.74	18.6
C	1.62	22.4
D	1.49	26.2

(3) 생략

3.5 (1) $\Delta W_w = 528\,t$ (2) $V_1 = 3,158\,\text{m}^3$ (3) $W_1 = 5,659\,t$ (4) $n \fallingdotseq 354$대

3.6 $\gamma_d = 1.68\,\text{g/cm}^3$, 다짐도 합격

3.7 생략 **3.8** 생략

4.1 $\sigma'_{(2\text{m})} = 3.40\,\text{t/m}^2$, $\sigma'_{(4\text{m})} = 5.90\,\text{t/m}^2$, 괄호 없음, $\sigma'_{(6\text{m})}{}' = 7.50\,\text{t/m}^2$, $\sigma'_{(8\text{m})} = 11.20\,\text{t/m}^2$

4.2 $\sigma'_{(a)} = 6.80\,\text{t/m}^2$, $\sigma'_{(b)} = 4.49\,\text{t/m}^2$, $\sigma'_{(c)} = 6.03\,\text{t/m}^2$, $\sigma'_{(d)} = 5.26\,\text{t/m}^2$

4.3 $\Delta q_{(0)} = 1.67$, $\Delta q_{(0.5)} = 1.43$, $\Delta q_{(1.0)} = 0.96$, $\Delta q_{(2.0)} = 0.30$ $\Delta q_{(3.0)} = 0.09$, $\Delta q_{(4.0)} = 0.03$, $\Delta q_{(5.0)} = 0.01$

4.4 $\Delta q_{c(1)} = 25.0\,\text{t/m}^2$, $\Delta q_{c(2)} = 15.0\,\text{t/m}^2$, $\Delta q_{c(3)} = 2.5\,\text{t/m}^2$, $\Delta q_{c(4)} = 10.0\,\text{t/m}^2$

4.5 $\Delta q_{e(A)} = 3.70\,\text{t/m}^2$, $\Delta q_{e(B)} = 4.55\,\text{t/m}^2$, $\Delta q_{e(C)} = .22\,\text{t/m}^2$, $\Delta q_{e(D)} = 4.33\,\text{t/m}^2$,

$\Delta q_{e(D)} = 0.86\,t/m^2$

4.6 $\Delta q_{r(A)} = 1.25\,t/m^2$, $\Delta q_{r(B)} = 0.46\,t/m^2$, $\Delta q_{r(C)} = 0.61\,t/m^2$, $\Delta q_{r(D)} = 0.18\,t/m^2$

4.7 $\Delta q_{(1.0)} = 10.0\,t/m^2$, $\Delta q_{(2.0)} = 6.00\,t/m^2$, $\Delta q_{(3.0)} = 4.00\,t/m^2$, $\Delta q_{(5.0)} = 2.20\,t/m^2$, $\Delta q_{(10.0)} = 0.80\,t/m^2$

4.8 $\Delta q_{(1)} = 0.48\,(t/m^2) > \Delta q_{(2)} = 0.33\,(t/m^2) > \Delta q_{(3)} = 0.25\,(t/m^2)$

4.9 $\Delta q_A = 5.77\,(t/m^2)$

4.10

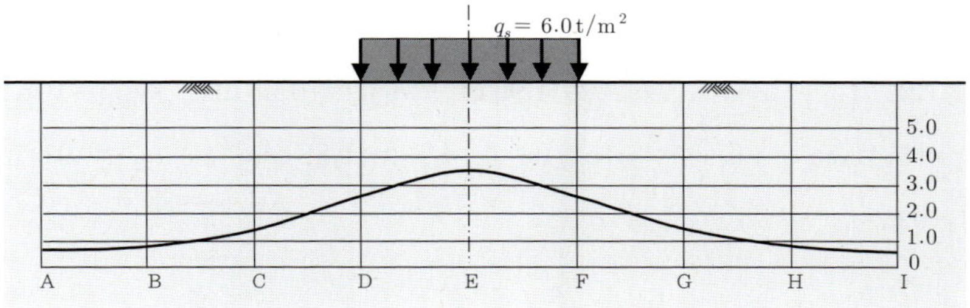

4.11 생략

5.1 $\sigma'_{(a)} = 0\,t/m^2$, $\sigma'_{(b)} = 4.95\,t/m^2$, $\sigma'_{(c)} = 8.25\,t/m^2$, $\sigma'_{(d)} = 11.93\,t/m^2$, $\sigma'_{(e)} = 15.61\,t/m^2$

5.2

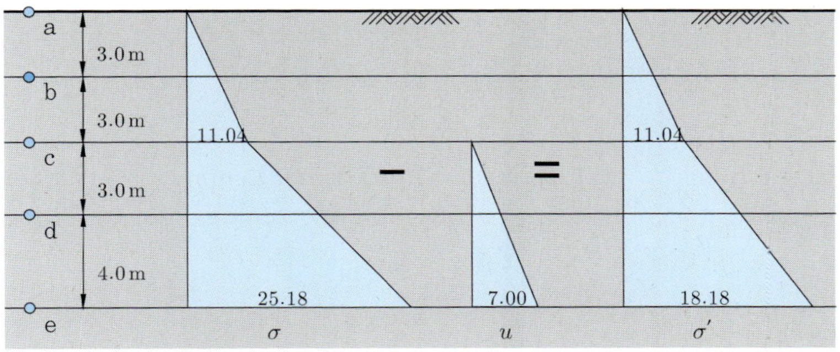

5.3 (1) $h_{e(b-b)} = -7.5\,m$, $h_{p(b-b)} = 11.5\,m$, $h_{(b-b)} = 4.0\,m$

(2) $f_{(b-b)} = 2.0\,m$, $\sigma'_{(b-b)} = 5.13\,t/m^2$

(3) $f_{(x-x)} = 0.935\,m$, $\sigma'_{(x-x)} = 4.49\,t/m^2$ (4) $F_{s(\text{quicksand})} = 3.56$

5.4 (1) $\Delta h = 5.0\,m$ (2) $F = 1.0\,t/m^2$ (3) $f_{(a)} = 5.0$, $f_{(b)} = 3.0\,t/m^2$

5.5 $L_{min} = 9.0\,m$

5.6 $\sigma'_A = 0$, $\sigma'_B = 5.76\,t/m^2$, $\sigma'_C = 8.88\,t/m^2$, $\sigma'_D = 10.72\,t/m^2$, $\sigma'_E = 14.88\,t/m^2$

5.7 $u_B = 9.72\,t/m^2$, $u_C = 1.08\,t/m^2$ **5.8** 생략

5.9 (1) $Q = 7.4\,m^3/day/m$ (2) $F_{s\,(Heaving)} = 4.4$

6.1 $k = 6.4 \times 10^{-2}\,cm/sec$

6.2 $k = 1.7 \times 10^{-4}\,cm/sec$

6.3 $k' = 3.0 \times 10^{-4}\,cm/sec$

6.4 (1) $Q = 0.56\,t/day/m$ (2) $h_{(B)} = 5.4\,m$, $h_{(C)} = 4.95\,m$, $h_{(D)} = 0.68\,m$, $h_{(E)} = 0\,m$, $h_{(F)} = 2.7\,m$ (3) $u_{(B)} = 5.4\,t/m^2$, $u_{(C)} = 6.15\,t/m^2$, $u_{(D)} = 1.88\,t/m^2$, $u_{(E)} = 0\,t/m^2$, $u_{(F)} = 3.9\,t/m^2$ (4) $i = 0.57$

6.5 생략

6.6 (1) 생략 (2) $Q = 0.56\,m^3/day/m$

6.7 (1) $Q = 1.38\,m^3/day/m$ (2) 생략

6.8 생략

6.9 (1) $Q = 7.03\,m^3/day/m$ (2) $F_s = 4.6$

6.10 생략 **6.11** 생략

7.1 (1) $C_c = 0.463$, $C_s = 0.069$ (2) $P_c = 0.63\,kg/cm^2$ (3) OC

7.2 $\Delta H = 44.0\,cm$

7.3 (1) $t_{(90\%)} = 220.8\,days$, $\Delta H_t = 9.0\,cm$ (2) 생략 (3) $\Delta H_t = 9.5\,cm$ (4) $T_{95} = 1.127$

7.4 (1) $\Delta H = 5.14\,cm$ (2) $\Delta H = 4.14\,cm$

7.5 $OCR_{(5.0\,m)} = 1.24$

7.6 $\Delta H = 18.4\,cm$, $\Delta H_t = 13.4\,cm$

7.7 $e = 0.6$

7.8 $t = 4.3\,yrs$

7.9 (1) $t_{(18\,cm)} = 27.4\,days$, $t_{(36\,cm)} = 110.7\,days$

(2) $t_{(준공)} = 239.0\,days \fallingdotseq 8\,months$

(3) $t_{(양면배수)} = 59.8\,days \fallingdotseq 2\,months$

7.10 생략

8.1 생략

8.2 $\sigma = 2.50\,\text{kg/cm}^2$, $\tau = 0.87\,\text{kg/cm}^2$

8.3 (1) $\phi = 36.9^{\circ}$ (2) $\sigma_{1f} = 5.5\,\text{kg/cm}^2$, $\sigma_{3f} = -2.0\,\text{kg/cm}^2$

8.4 $c = 0.8\,\text{kg/cm}^2$, $\phi = 26.6^{\circ}$

8.5 (1) 생략 (2) $c_{cu} = 0.2\,\text{kg/cm}^2$, $\phi_{cu} = 16.7^{\circ}$ (3) $\overline{c} = 0$, $\overline{\phi} = 26.6^{\circ}$

8.6 (1) $q_u = 3.0\,\text{kg/cm}^2$ (2) $c_u = 1.5\,\text{kg/cm}^2$ (3) $c_u = 1.26\,\text{kg/cm}^2$, $\phi_u = 10^{\circ}$

8.7 생략 **8.8** 생략 **8.9** 생략

9.1 생략

9.2 (1) $P_a = 8.49\text{t/m}$ (2) $P_a = 8.56\,\text{t/m}$ (3) $P_a = 11.37\,\text{t/m}$ (4) $P_a = 11.44\text{t/m}$

9.3 (1) $P_{ah} = 9.58\,\text{t/m}$, $P_{av} = 1.69\,\text{t/m}$ (2) $P_{ah} = 8.59\,\text{t/m}$, $P_{av} = 4.96\,\text{t/m}$

9.4 (1) $P_a = 7.30\,\text{t/m}$, $y = 0.85\,\text{m}$ (2) $P_a = 8.44\,\text{t/m}$, $y = 1.47\,\text{m}$
(3) $P_a = 15.86\,\text{t/m}$, $y = 2.03\,\text{m}$

9.5 (1) 생략 (2) $P_a = 10.71\,\text{t/m}$ (3) $y = 1.46\,\text{m}$

9.6 $H_{p(\text{mim})} = 0.68\,\text{m}$

9.7 활동에 대한 안정성 NG, 뒷굽판 길이를 확대하면 OK

9.8 생략

10.1 (1) $F_s = 1.77 > 1.5\ OK$ (2) $F_s = 1.09 > 1.2\ NG$ (3) $F_s = 1.41 > 1.2\ OK$

10.2 (1) $F_s = 1.0 < 1.5\ \ NG$ (2) $\beta_{\max} = 65^{\circ} \rightarrow F_s = 1.57 < 1.5\ OK$

10.3 (1) $F_s = 1.78$ (2) $F_s = 1.33$ (3) $F_s = 1.20$

10.4 $F_s = 1.44$

10.5 $F_s = 2.09$

10.6 생략

부 록

CONVERSION FACTORS FORM SI UNITS TO ENGLISH

Length:	1m	=3.281ft
	1cm	$=3.281\times10^{-2}$ft
	1mm	$=3.281\times10^{-3}$ft
	1m	=39.37in.
	1cm	=0.3937in.
	1mm	=0.03937in.
Area:	$1m^2$	$=10.764ft^2$
	$1cm^2$	$=10.764\times10^{-4}ft^2$
	$1mm^2$	$=10.764\times10^{-6}ft^2$
	$1m^2$	$=1,550in.^2$
	$1cm^2$	$=0.155in.^2$
	$1mm^2$	$=0.155\times10^{-2}in.^2$
Volume:	$1m^3$	$=35.32ft^3$
	$1cm^3$	$=35.32\times10^{-4}ft^3$
	$1m^3$	$=61,023.4in^3$
	$1cm^3$	$=0.061023in^3$
Force:	1N	=0.2248lb
	1kgf	=224.8lb
	1kgf	=2.2046lb
	1kgf	=0.2248kip
	1kgf	=0.1124U.S. ton
	1metric ton	=2204.6lb
	1N/m	=0.0685lb/ft
Stress:	$1N/m^2$	$=20.885\times10^{-3}lb/ft^2$

	$1kgf/m^2$	$=20.885lb/ft^2$
	$1kgf/m^2$	=0.01044U.S.
	$1kgf/m^2$	$=20.885\times10^{-3}kip/ft^2$
	$1kgf/m^2$	$=0.145lb/in.^2$
Unit weight	$1kgf/m^3$	$=6.361lb/ft^3$
	$1kgf/m^3$	$=0.003682lb/in.^3$
Moment	1N/m	=0.7375lb-ft
	1N/m	=8.851lb-in.
Energy:	1J	=0.7375ft-lb
Moment of	$1mm^4$	$=2.402\times10^{-6}in.^4$
inertia:	$1m^4$	$=2.402\times10^{6}in.^4$
Section	$1mm^3$	$=6.102\times10^{-5}in.^3$
modulus:	$1m^3$	$=6.102\times10^{4}in.^3$
Hydraulic	1m/min	=3.281ft/min
conductivity:	1cm/min	=0.03281ft/min
	1mm/min	=0.003281ft/min
	1m/sec	=3.281ft/sec
	1mm/sec	=0.03281ft/sec
	1m/min	=39.37in./min
	1cm/sec	=0.3937in./sec
	1mm/sec	=0.03937in./sec
Coefficient of	$1cm^2/sec$	$=0.155in.^2/sec$
consolidation:	$1m^2/yr$	$=4.915\times10^{-5}in.^2/sec$
	$1cm^2/sec$	$=1.0764\times10^{-3}ft^2/sec$

CONVERSION FACTORS FORM ENGLISH TO SI UNITS

Length:	1ft	=0.3048m
	1ft	=30.48m
	1ft	=304.8m
	1in.	=0.0254m
	1in.	=2.54cm
	1in.	=25.4m
Area:	$1ft^2$	$=929.03\times10^{-4}m^2$
	$1ft^2$	$=929.03cm^2$
	$1ft^2$	$=929.03\times10^2mm^2$
	$1in.^2$	$=6.452\times10^{-4}m^2$
	$1in.^2$	$=6.452cm^2$
	$1in.^2$	$=645.16mm^2$
Volume:	$1ft^3$	$=28.317\times10^{-3}m^3$
	$1ft^3$	$=28.317\times10^3cm^3$
	$1in.^3$	$=16.387\times10^{-6}m^3$
	$1in.^3$	$=16.387cm^3$
Section modulus:	$1in.^3$	$=0.16387\times10^5mm^3$
	$1in.^3$	$=0.16387\times10^5mm^3$
Hydraulic conductivity:	1ft/min	=0.3048m/min
	1ft/min	=30.48cm/min
	1ft/min	=304.8mm/min
	1ft/sec	=0.3048m/sec
	1ft/sec	=304.8mm/sec
	1in./min	=0.0254m/min
	1in./sec	=2.54cm/sec
	1in./sec	=25.4mm/sec
Coefficient of consolidation:	$1in.^2/sec$	$=6.452cm^2/sec$
	$1in.^2/sec$	$=20.346\times10^3m^2/yr$
	$1ft^2/sec$	$=929.03cm^2/sec$
Force:	1lb	=4.448N
	1lb	$=4.448\times10^{-3}kgf$
	1lb	=0.4536kgf
	1kip	=4.448kgf
	1U.S. ton	=8.896kgf
	1lb	$=0.4536\times10^{-3}$metric ton
	1lb/ft	=14.593N/m
Stress:	$1lb/ft^2$	$=47.88N/m^2$
	$1lb/ft^2$	$=0.04788kgf/m^2$
	1U.S.	$=95.76kgf/m^2$
	$1kip/ft^2$	$=47.88kgf/m^2$
	$1lb/in.^2$	$=6.895kgf/m^2$
Unit weight:	$1lb/ft^3$	$=0.1572kgf/m^3$
	$1lb/in.^3$	$=271.43kgf/m^3$
Moment	1lb-ft	=1.3558N/m
	1lb-in.	=0.11298N/m
Energy:	1ft-lb	=1.3558J
Moment of inertia:	$1in.^4$	$=0.4162\times10^6mm^4$
	$1in.^4$	$=0.4162\times10^{-6}m^4$

참고문헌

1. 김상규. (2004) 토질역학-이론과 응용, 청문각.
2. 김영수 외 4인. (2007) 토질역학, 동화기술.
3. 백영식. (2007) 강의식으로 풀어쓴 토질역학, 구미서관.
4. 서흥석. (2003) 기본 토질역학, 오토테크.
5. 신방웅, 박흥규. (1998) 토질시험법, 구미서관.
6. 최인걸, 박영목. (2007) 지반공학, 구미서관.
7. 한국도로공사 도로교통기술원. (2003) 동결지수 적용기준에 관한 연구, 한국도로공사 2003년 연구보고서.
8. 한국지반공학회 (2002) 사면안정기술의 최근 연구동향, 地盤, 한국지반공학회, pp. 14-60.
9. American Association of State Highway and Transportation Officials (1978) Standard Specifications for Transportation Materials and Method of Sampling and Testing, 12th ed., Washington, D.C., Part Ⅰ, Specification ; Part Ⅱ, Tests.
10. American Society for Testing and Materials Standards (1980) "Natural Building Stones ; Soil and Rock," Annual Book of ASTM Standards, Part 19, Philadelphia.
11. American Society for Testing and Materials (1991) ASTM Book of Standards, Sec. 4, Vol. 4.8, Philadelphia. Pa.
12. Bishop, A. W. and Alpan, I., Blight, E. E. and Donald, I. B. (1960) "Factors Controlling the Strength of Partly Saturated Cohesive Soils," Pro. ASCE Research Conference of Cohesive Soils, Boulder, Col., pp. 503-532.
13. Bishop, A. W. and Bjerrum, L. (1960) "The Relevance of the Triaxial Test to the Solution of Stability Problems," Proceedings, Research Conference on Shear Strength of Cohesive Soils, ASCE, pp. 437-501.
14. Bishop, A. W. and Morgenstern, N. (1960) "Stability Coefficients for Earth Slopes," Geotechnique, Vol. 10, pp. 129-150.
15. Bjerrum, L. (1972) "Embankments on Soft Grounds," Proceedings of the ASCE Specialty Conference on Performance of Earth and Earth-Supported Structures, Purdue University, Vol. Ⅱ, pp. 1-54.
16. Bowen, N. L. (1922) "The Reaction Principles in Petrogenesis," Journal of Geology, Vol. 30,

pp. 177–198.

17. Bowles, J. E. (1986) Engineering properties of soils and their measurements, 3rd. ed. McGraw–Hill Book Company, New York.
18. Casagrande, A. (1936) "Characteristics of Cohesionless Soils Affecting the Stability of Slopes and Earth Fills," J. Boston Soc. Civil Engrs., 23, No.1, pp. 13–32.
19. Casagrande, A. and Fadum, R. E. (1940) "Notes on Soil Testing for Engineering Proposes," Harvard Graduate School of Engineering Soil Mechanics Series, No. 8.
20. Casagrande, A. (1975) "Liquefaction and Cyclic Deformation of Sand – a Critical Review," Proc. 5th Pan American Conf. on Soil Mech. and Found. Eng., Buenos Aires ; also Published as Harvard Soil Mechanics Series, No. 88, Cambridge, p. 51.
21. Cedergren, H. R. (1977) Seepage, Drainage and Flow Nets, John Wiley and Sons, Inc., New York.
22. Craig, R. F. (1990) Soil Mechanics, 4th ed., Chapman and Hall, London.
23. D'Appalonia, D. J., Whitman, R. V. and D'Appalonia, E. D. (1969) "Sand Compaction with Vibratory Rollers," Journal of the Soil Mechanics and Foundations Division, ASCE, Vol. 95, No. SM 1, pp. 263–284.
24. Das, B. M. (1994) Principles of Geotechnical Engineering, 3rd ed., PWS Publishing Company, Boston.
25. Dunham, J. W. (1954) Pile Foundation for Buildings, Proc. ASCE, Soil Mechanics and Foundations Division, Vol. 80, No. 285.
26. Duncan, J. M. (1992) "State–of–the–Art : Static Stability and Deformation Analysis," ASCE, Geotechnical Special Publication, No. 31, pp. 222–266.
27. Gilboy, G. (1933) "Hydraulic – fill Dams," Proc. Int. Conf. on Large Dams, World Power Conf., Stockholm.
28. Hoek, E. and Bray, J. W. (1977) Rock Slope Engineering, Institute of Mining and Metallurgical Engineering, London.
29. Holtz, R. D. and Kovacs, W. D. (1981) A Introduction to Geotechnical Engineering, Prentice–Hall, Englewoods Cliffs, N. J.
30. Hunt, R. E. (1986) Geotechnical Engineering Techniques and Practices, McGraw–Hill Book Company, New York.
31. Jaky, J. (1944) "The Coefficient of Earth Pressure at Rest", Journal of the Society of Hungarian Architects and Engineers, Vol. 7, pp. 355–358.

32. Lambe, T. W. (1962) "Soil Stabilization," Chapter 4 of Foundation Engineering, Leonards G.A.(ed.), McGraw-Hill Book Company, New York.
33. Lambe, T. W. and Whitman, R. V. (1969) Soil Mechanics, SI-version, John Wiley & Sons, Inc., New York.
34. Leonard, G. A. (1976) "Estimating Consolidation Settlement of Shallow Foundation on Overconsolidated Clay," Transportation Research Board, Special Report 163, Washington, D.C., pp. 13-16.
35. Liao, S. S. C. and Whitman, R. V. (1986) "Overburden Correction Factors for SPT in Sand," J. Geotech, Eng., ASCE, 112, No. 3, pp. 373-377.
36. MaCarthy, D. F. (1988) Essentials of Soil Mechanics and Foundations, 3rd ed., Reston Publishing Company, Inc., Reston, Virginia.
37. Moye, D. G. (1955) Engineering Geology in the Snowy Mountains scheme. J. Inst. Engrs. austral. 27, pp. 281-298.
38. Menard, L. (1975) "The Menard Pressuremeter," Les Editions Sols-Soils, No. 26, pp.7-43.
39. Mitchell, J. K. (1976) Fundamentals of Soil Behavior, John Wiley & Sons, Inc., New York.
40. NAVFAC, (1971) Design Manual-Soil Mechanics, Foundation and Earth Structures, NAVFAC DM-7, U.S. Department of the Navy, Washington D.C.
41. NAVFAC, (1982) Design Manual-Soil Mechanics, NAVFAC DM-7.1/2/3, U.S. Department of the Navy, Washington D.C.
42. Peck, R. B., Hanson, W. E. and Thornburn, T. H. (1974) Foundation Engineering, 2nd ed., John Wiley & Sons, Inc., New York.
43. Poulos, H. G. and Davis, E. H. (1974) Elastic Solutions for Soil and Rock Mechanics, John Wiley & Sons, Inc., New York.
44. Seed, H. B. (1979) "Soil Liquefaction and Cyclic Mobility Evaluation for Level Ground During Earthquakes," J. Geotech. Eng., ASCE, 105, No. 2, pp. 201-255.
45. Skempton, A. W. (1953) "The Colloidal Activity of Clays," Proceeding of the 3rd International Conference on Soil Mechanics and Foundation Engineering, Vol. I, pp. 57-61.
46. Taylor, D. W. (1942) "Research on Consolidation of Clays," Department of Civil and Sanitary Engineering, M.I.T.
47. Taylor, D. W. (1948) Fundamentals of Soil Mechanics, John Wiley and Sons, Inc., New York.
48. Terzaghi, K., Peck, R. B. and Mesri, G. (1996) Soil Mechanics in Engineering Practice, 3rd ed., John Wiley and Sons, Inc., New York.

찾아보기

ㄱ

ㄴ

ㄷ

저자 약력

김기웅(金基雄)

전) 인천대학교 도시과학대학 교수

경희대학교 공과대학 토목공학과 졸업
경희대학교 대학원 토목공학과 공학석사
경희대학교 대학원 토목공학과 공학박사
한국지반공학회 인천지역특별위원회 위원장
인천광역시 지방건설기술심의위원
인천경제자유구역청 설계자문위원

문홍득(文洪得)

전) 경상국립대학교 토목공학과 교수

경북대학교 공과대학 토목공학과 졸업
경희대학교 대학원 토목공학과 공학석사
경희대학교 대학원 토목공학과 공학박사
토질 및 기초 기술사
미국 UC Sacramento visiting scholar
경남 울산 창원 진해 진주시 지방건설기술심의위원

(제2판) **토질역학** **정가 27,000원**

저자 : 김기웅 · 문홍득

발행인 : 임해진
발행처 : 도서출판 구미서관

발행 : 2008년 4월 24일 제1판 1쇄
2010년 2월 11일 제1판 2쇄
2015년 2월 23일 제2판 1쇄
2016년 8월 17일 제2판 2쇄
2018년 1월 29일 제2판 3쇄
2023년 2월 15일 제2판 4쇄

등록 : 1979년 6월 29일 No.9-6호

주소 : 서울시 마포구 신촌로 2길 5-15 구미빌딩
전화 : 02-333-1101
팩스 : 02-335-2201
http://www.goomibook.com

ISBN : 978-89-8225-242-6 (93530)

저자와의 협의 하에 인지를 생략합니다.
파본이나 잘못된 책은 교환하여 드립니다.